한솔아카데미

건축물 에너지 평가사

1차 필기대비

필기시리즈 2 건축환경계획

권 영 철 저

- 1차 필기대비 완전학습을 위한 필독서
- 핵심이론과 필수예제, 예상문제 수록

1·2차 공통범위 2차실기 출제유형 수록

건축물에너지평가사 수험연구회 www.inup.co.kr

INUP
365 / 24
www.inup.co.kr

건축물에너지평가사 전용홈페이지를 통한 최신정보제공, 교재내용에 대한 질의응답이 가능합니다.

홈페이지 주요메뉴

❶ 커뮤니티
- 공지사항
- 학습 질의응답
- 쌤컬럼
- 출석체크

❷ 자료실
- 기출문제
- 모의고사
- 동영상 자료실

❸ 최신정보
- 개정법 정보
- 필기 정오표
- 실기 정오표

❹ 시험정보
- 시험일정
- 응시자격
- 출제기준

❺ 교재안내

❻ 동영상강좌

❼ 학원강좌

❽ 나의 강의실

한솔아카데미 도서는 다릅니다

인터넷 홈페이지 등록회원 학습 관리

본 도서를 구매하신 후 홈페이지에 회원등록을 하시면 아래와 같은 학습 관리시스템을 이용하실 수 있습니다.

01 학습 내용 질의 응답

본 도서 학습 시 궁금한 사항은 전용 홈페이지 학습게시판에 질문하실 수 있으며 함께 공부하시는 분들의 공통적인 질의응답을 통해 보다 효과적인 학습이 되도록 합니다.

전용 홈페이지(www.inup.co.kr) – 학습게시판

02 최신정보 및 개정사항

시험에 관한 최신정보를 가장 빠르게 확인할 수 있도록 제공해드리며, 시험과 관련된 법 개정내용은 개정 공포 즉시 신속히 인터넷 홈페이지에 올려드립니다.

전용 홈페이지(www.inup.co.kr) – 최신정보

03 전국 모의고사

인터넷 홈페이지를 통한 전국모의고사를 실시하여 학습에 대한 객관적인 평가 및 결과 분석을 알려드림으로써 시험 전 부족한 부분에 대해 충분히 보완할 수 있도록 합니다.

• 시행일시 : 시험 실시 (세부내용은 인터넷 공지 참조)

건축물에너지평가사 수험연구회 www.inup.co.kr

Electricity

꿈·은·이·루·어·진·다

부록 칼라사진 모음집

본문 칼라사진, 이미지, 표 등 별도로 모아서 수록되었으니 참고바랍니다.

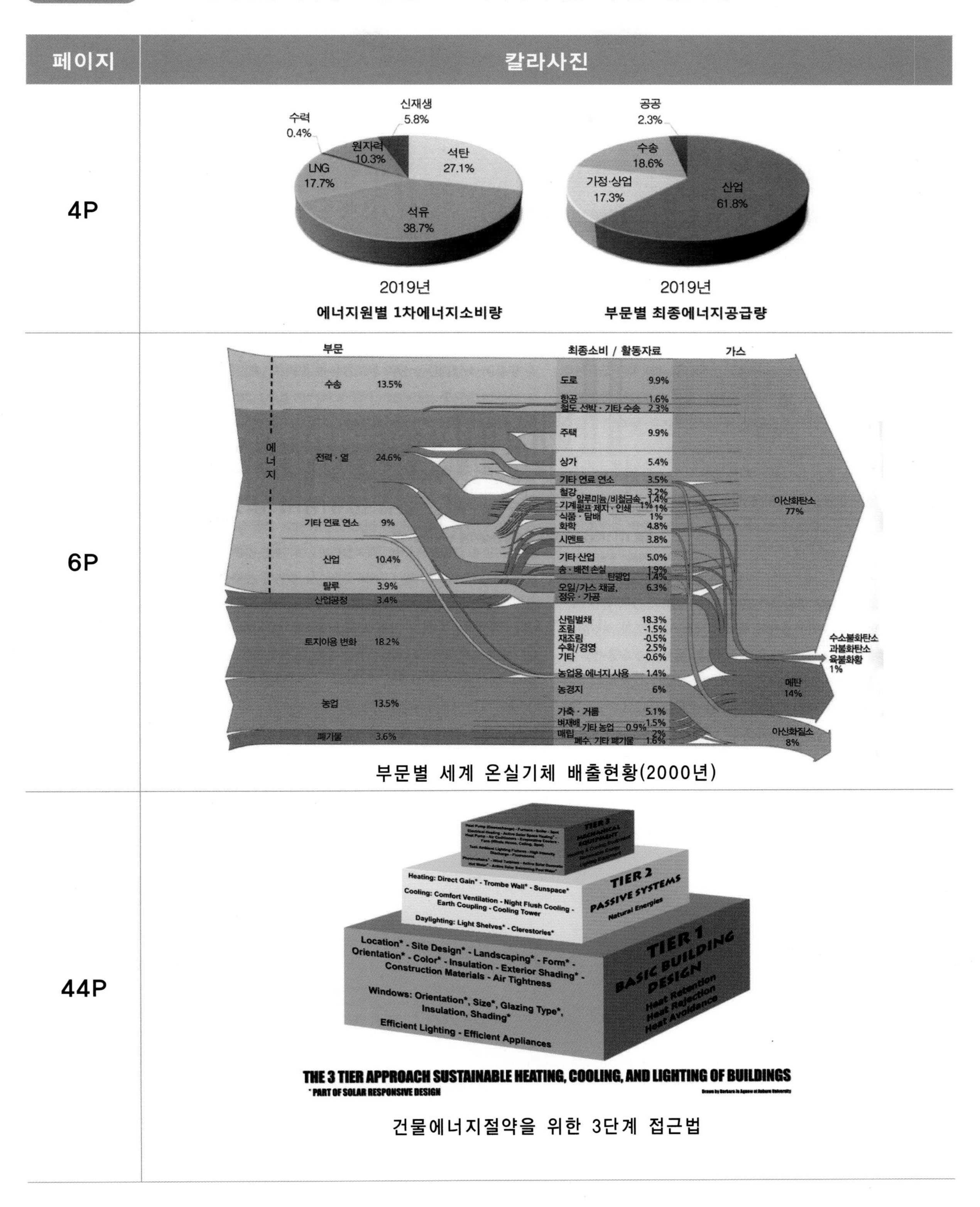

2019년 에너지원별 1차에너지소비량

2019년 부문별 최종에너지공급량

부문별 세계 온실기체 배출현황(2000년)

건물에너지절약을 위한 3단계 접근법

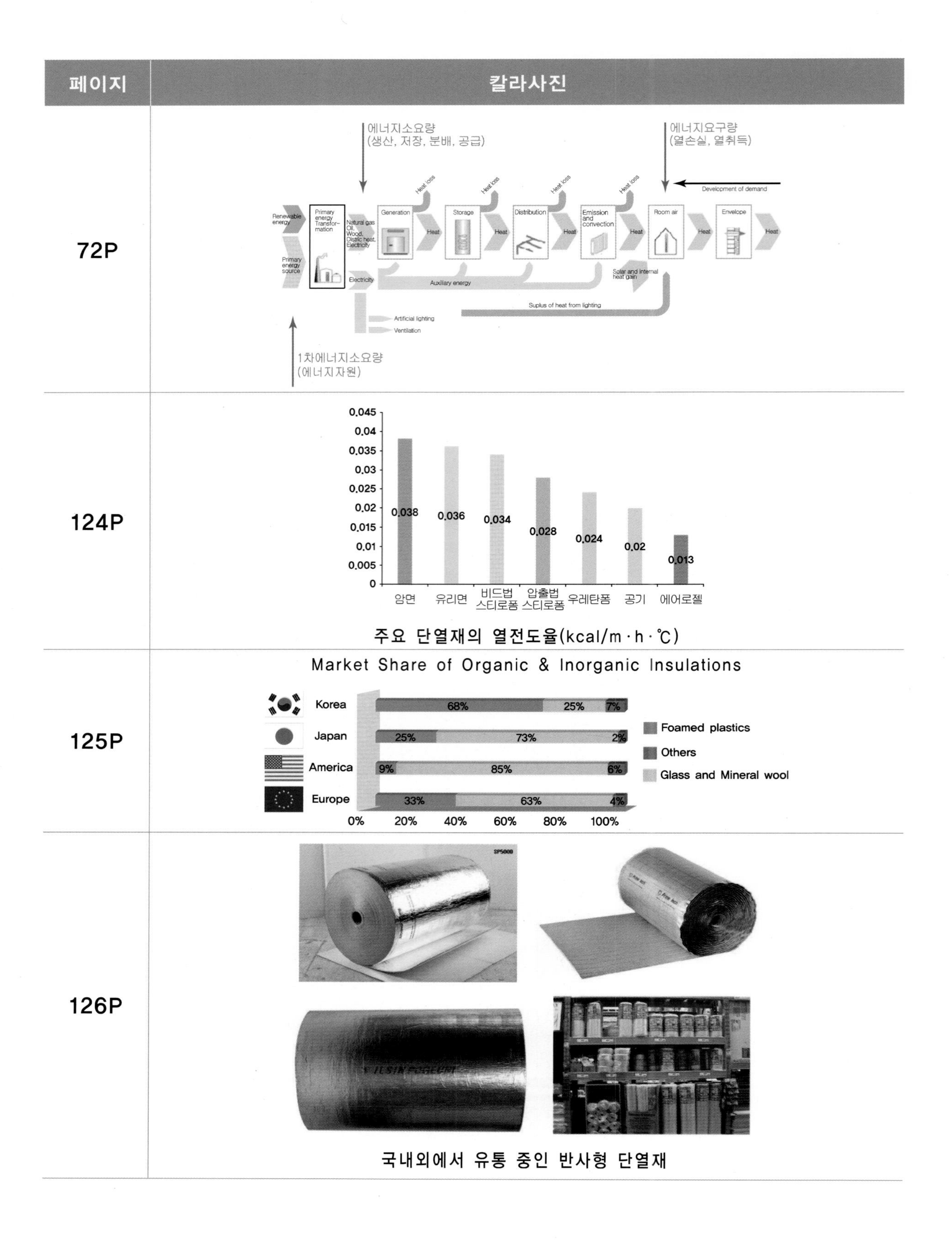

페이지
칼라사진
72P
에너지소요량
(생산, 저장, 분배, 공급)
에너지요구량
(열손실, 열취득)
Development of demand
Renewable energy
Primary energy source
Primary energy Transfor-mation
Natural gas Oil, Wood, Distric heat, Electricity
Generation
Storage
Distribution
Emission and convection
Room air
Envelope
Heat loss
Heat
Electricity
Auxiliary energy
Solar and internal heat gain
Suplus of heat from lighting
Artificial lighting
Ventilation
1차에너지소요량
(에너지자원)
124P
0.045
0.04
0.035
0.03
0.025
0.02
0.015
0.01
0.005
0
0.038
0.036
0.034
0.028
0.024
0.02
0.013
암면
유리면
비드법 스티로폼
압출법 스티로폼
우레탄폼
공기
에어로젤
주요 단열재의 열전도율(kcal/m · h · ℃)
125P
Market Share of Organic & Inorganic Insulations
Korea
Japan
America
Europe
68%
25%
7%
25%
73%
2%
9%
85%
6%
33%
63%
4%
0%
20%
40%
60%
80%
100%
Foamed plastics
Others
Glass and Mineral wool
126P
국내외에서 유통 중인 반사형 단열재

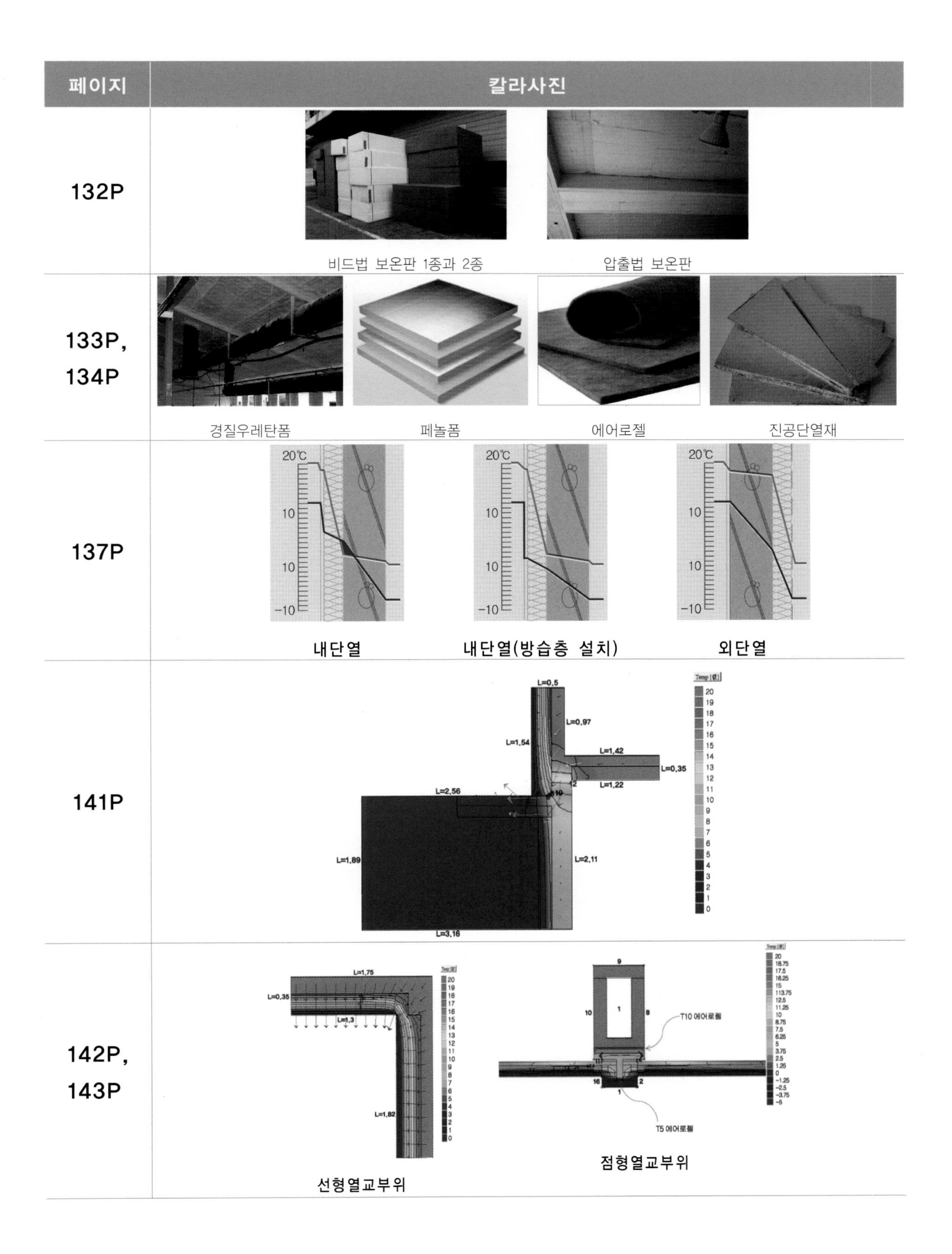

페이지	칼라사진
132P	비드법 보온판 1종과 2종 / 압출법 보온판
133P, 134P	경질우레탄폼 / 페놀폼 / 에어로젤 / 진공단열재
137P	내단열 / 내단열(방습층 설치) / 외단열
141P	
142P, 143P	선형열교부위 / 점형열교부위

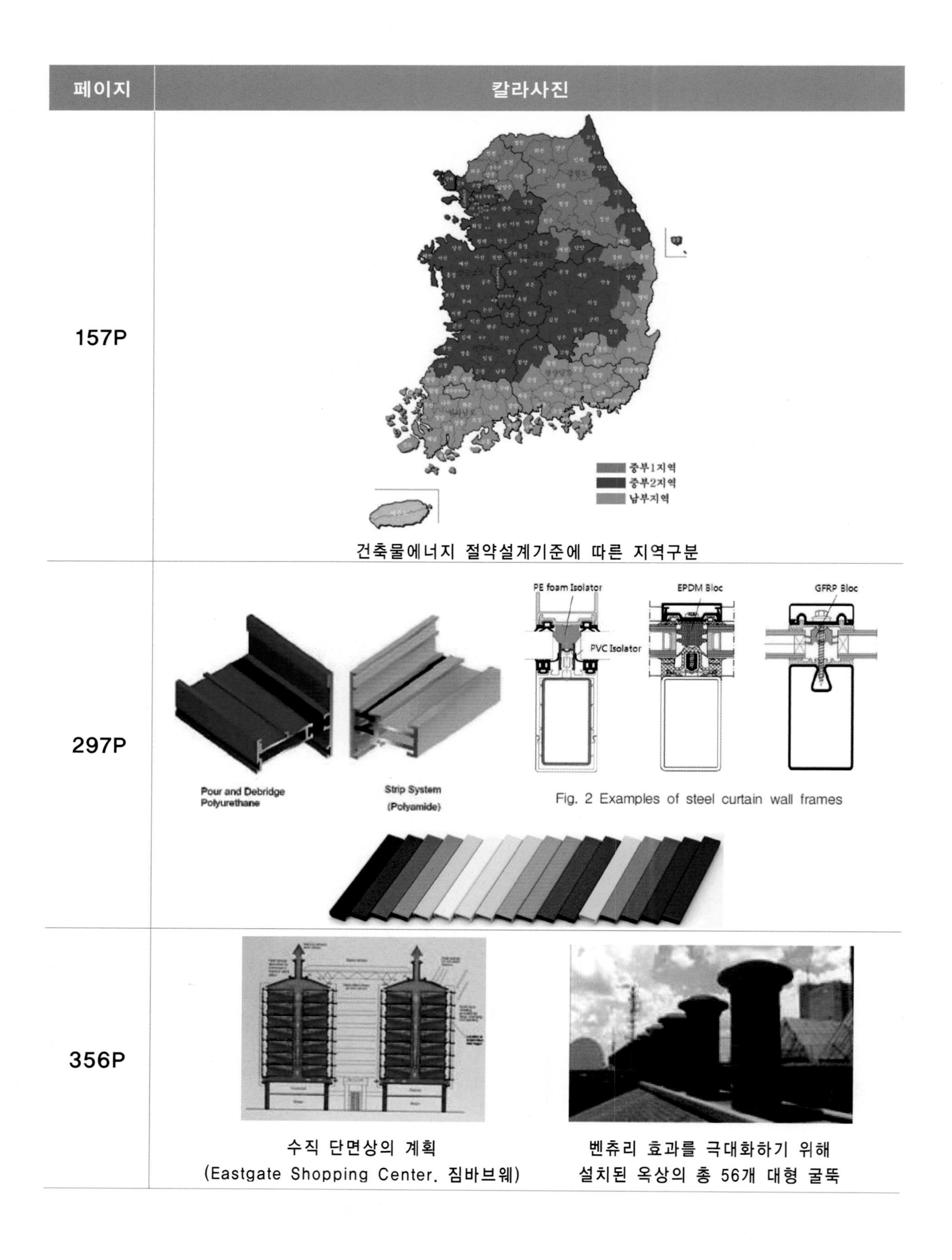

페이지
칼라사진
157P
중부1지역
중부2지역
남부지역
건축물에너지 절약설계기준에 따른 지역구분
297P
PE foam Isolator
EPDM Bloc
GFRP Bloc
PVC Isolator
Pour and Debridge Polyurethane
Strip System (Polyamide)
Fig. 2 Examples of steel curtain wall frames
356P
수직 단면상의 계획
(Eastgate Shopping Center. 짐바브웨)
벤츄리 효과를 극대화하기 위해
설치된 옥상의 총 56개 대형 굴뚝

Preface

건축물에너지평가사 자격시험은...

건축물에너지평가사 시험은 2013년 민간자격(에너지관리공단 주관)으로 1회 시행된 이후 2015년부터는 녹색건축물조성지원법에 의해 국토교통부장관이 주관하는 국가전문자격시험으로 승격되었습니다.

건축물에너지평가사는 녹색건축물 조성을 위한 건축, 기계, 전기 분야 등 종합지식을 갖춘 유일한 전문가로서 향후 국가온실가스 감축의 핵심역할을 할 것으로 예상되며 그 업무영역은 건축물에너지효율등급 인증 업무 및 건물에너지관련 전문가로서 건물에너지 제도운영 및 효율화 분야 활용 등 점차 확대되어 나갈 것으로 전망됩니다.

향후 법제도의 정착을 위해서는 건축물에너지평가사 자격취득자가 일정 인원이상 배출되어야 하므로 시행초기가 건축물에너지평가사가 되기 위한 가장 좋은 기회가 될 것이며, 건축물에너지평가사의 업무는 기관에 소속되거나 또는 등록만 하고 개별적인 업무도 가능하도록 법제도가 추진되고 있어 자격증 취득자의 미래는 더욱 밝은 것으로 전망됩니다.

그러나 건축물에너지평가사의 응시자격대상은 건설분야, 기계분야, 전기분야, 환경분야, 에너지분야 등 범위가 매우 포괄적이어서 향후 경쟁은 점점 높아 질 것으로 예상되오니 법제도의 시행초기에 보다 적극적인 학습준비로 건축물에너지평가사 국가전문자격을 취득하시어 건축물에너지분야의 유일한 전문가로서 중추적인 역할을 할 수 있기를 바랍니다.

본 수험서는 각 분야 전문가 및 전문 강사진으로 구성된 수험연구회를 구성하여 시험에 도전하시는 분께 가장 빠른 합격의 길잡이가 되어 드리고자 체계적으로 차근차근 준비하여 왔으며 건축물에너지평가사 시험에 관한 전문홈페이지(www.inup.co.kr) 통해 향후 변동이 되는 부분이나 최신정보를 지속적으로 전해드릴 수 있도록 합니다.

끝으로 여러분께서 최종합격하시는 그 날까지 교재연구진 일동은 혼신의 힘을 다 할 것을 약속드립니다.

건축물에너지평가사 수험연구회

건축물에너지평가사 제도 및 응시자격

❶ 개요 및 수행직무

건축물에너지평가사는 건물에너지 부문의 시공, 컨설팅, 인증업무 수행을 위한 고유한 전문자격입니다. 건축, 기계, 전기, 신재생에너지 등의 복합지식 전문가로서 현재는 건축물에너지효율등급의 인증업무가 건축물에너지평가사의 고유업무로 법제화되어 있으며 향후 건물에너지 부문에서 설계, 시공, 컨설팅, 인증업무 분야의 유일한 전문자격 소지자로서 확대·발전되어 나갈 것으로 예상됩니다.

❷ 건축물에너지평가사 도입배경

1. 건축물 분야 국가온실가스 감축 목표달성 요구
   2020년까지 건축물 부문의 국가 온실가스 배출량 26.9% 감축목표 설정
2. 건축물 분야의 건축, 기계, 전기, 신재생 분야 등 종합적인 지식을 갖춘 전문인력 양성

❸ 수행업무

1. 건축물에너지효율등급 인증기관에 소속되거나 등록되어 인증평가업무 수행(법 17조의 3항)
2. 그린리모델링 사업자 등록기준 중 인력기준에 해당(시행령 제18조의 4)

❹ 자격통계

구 분		민간 시험 (`13~14년)	제1회 시험 (`15년)	제2회 시험 (`16년)	제3회 시험 (`17년)	제4회 시험 (`18년)	제5회 시험 (`19년)	제6회 시험 (`20년)	제7회 시험 (`21년)	제8회 시험 (`22년)	제9회 시험 (`23년)
1차 시험	응시자(명)	6,495	2,885	1,595	1,035	755	574	382	372	302	369
	합격자(명)	1,172	477	176	207	58	186	116	89	74	155
	합격률(%)	18.0	16.5	11.0	20.0	7.7	32.4	30.4	23.9	24.5	42.0
2차 시험	응시자(명)	1,084	880	426	304	170	191	240	154	107	178
	합격자(명)	108	98	61	82	79	23	27	50	20	21
	합격률(%)	10.0	11.1	14.3	27.0	46.5	12.0	11.3	32.5	18.7	11.8
최종합격자(명)		108	98	61	82	79	23	27	50	20	21

❺ 건축물에너지평가사 응시자격 기준

1. 「국가기술자격법 시행규칙」 별표 2의 직무 분야 중 건설, 기계, 전기·전자, 정보통신, 안전관리, 환경·에너지(이하 "관련 국가기술자격의 직무분야"라 한다)에 해당하는 기사 자격을 취득한 후 관련 직무분야에서 2년 이상 실무에 종사한 자
2. 관련 국가기술자격의 직무분야에 해당하는 산업기사 자격을 취득한 후 관련 직무분야에서 3년 이상 실무에 종사한 자
3. 관련 국가기술자격의 직무분야에 해당하는 기능사 자격을 취득한 후 관련 직무분야 에서 5년 이상 실무에 종사한 자
4. 고용노동부장관이 정하여 고시하는 국가기술자격의 종목별 관련 학과의 직무분야별 학과 중 건설, 기계, 전기·전자, 정보통신, 안전관리, 환경·에너지(이하 "관련학과"라 한다)에 해당하는 건축물 에너지 관련 분야 학과 4년제 이상 대학을 졸업한 후 관련 직무분야에서 4년 이상 실무에 종사한 자
5. 관련학과 3년제 대학을 졸업한 후 관련 직무분야에서 5년 이상 실무에 종사한 자
6. 관련학과 2년제 대학을 졸업한 후 관련 직무분야에서 6년 이상 실무에 종사한 자
7. 관련 직무분야에서 7년 이상 실무에 종사한 자
8. 관련 국가기술자격의 직무분야에 해당하는 기술사 자격을 취득한 자
9. 「건축사법」에 따른 건축사 자격을 취득한 자

건축물에너지평가사 시험정보

❶ 검정방법 및 면제과목

• 검정방법

구 분	시험과목	검정방법	문항수	시험 시간(분)	입실시간
1차 시험 (필기)	건물에너지 관계 법규	4지선다 선택형	20	120	시험 당일 09:30까지 입실
	건축환경계획		20		
	건축설비시스템		20		
	건물 에너지효율 설계·평가		20		
2차 시험 (실기)	건물 에너지효율 설계·평가	기입형 서술형 계산형	10 내외	150	

- 시험시간은 면제과목이 있는 경우 면제 1과목당 30분씩 감소 함
- 관련 법률, 기준 등을 적용하여 정답을 구하여야 하는 문제는 "시험시행 공고일" 현재 시행된 법률, 기준 등을 적용하여 그 정답을 구하여야 함

• 면제과목

구분		면제과목 (1차시험)	유의사항
건축사		건축환경계획	면제과목은 수험자 본인이 선택가능
기술사	건축전기설비기술사	건축설비시스템	
	발송배전기술사		
	건축기계설비기술사		
	공조냉동기계기술사		

- 면제과목에 해당하는 자격증 사본은 응시자격 증빙자료 제출기간에 반드시 제출하여야 하고 원서접수 내용과 다를 경우 해당시험 합격을 무효로 함
- 건축사와 해당 기술사 자격을 동시에 보유한 경우 2과목 동시면제 가능함
- 면제과목은 원서접수 이후 변경 불가함
- 제1차 시험 합격자에 한해 다음회 제1차 시험이 면제됨

❷ 합격결정기준

- **1차 필기시험** : 100점 만점기준으로 과목당 40점 이상, 전 과목 평균 60점 이상 득점한 자
  - 면제과목이 있는 경우 해당면제과목을 제외한 후 평균점수 산정
- **2차 실기시험** : 100점 만점기준 60점 이상 득점한 자

❸ 원서접수

- 원서접수처 : 한국에너지공단 건축물에너지평가사 누리집(http://min24.energy.or.kr/nbea)
- 검정수수료

구분	1차 시험	2차 시험
건축물에너지평가사	68,000원	89,000원

- 접수 시 유의사항
  - 면제과목 선택여부는 수험자 본인이 선택할 수 있으며, 제1차 시험 원서 접수시에만 가능하고 이후에는 선택이나 변경, 취소가 불가능함
  - 원서접수는 해당 접수기간 첫날 10:00부터 마지막 날 18:00까지 건축물에너지평가사 누리집 (http://min24.energy.or.kr/nbea)를 통하여 가능
  - 원서 접수 시에 입력한 개인정보가 시험당일 신분증과 상이할 경우 시험응시가 불가능함

❹ 시험장소

- 1차 시험 : 서울지역 1개소
- 2차 시험 : 서울지역 1개소
  - 구체적인 시험장소는 제1·2차 시험 접수 시 안내
  - 접수인원 증가 시 서울지역 예비시험장 마련

❺ 응시자격 제출서류(1차 합격 예정자)

- 대상 : 1차 필기시험 합격 예정자에 한해 접수 함
  증빙서류 : 졸업(학위)증명서 원본, 자격증사본, 경력(재직) 증명서 원본 중 해당 서류 제출
  - 기타 자세한 사항은 1차 필기시험 합격 예정자 발표시 공지
- 유의사항

– 1차 필기시험 합격 예정자는 해당 증빙서류를 기한 내(13일간)에 제출
– 지정된 기간 내에 증빙서류 미제출, 접수된 내용의 허위작성, 위조 등의 사실이 발견된 경우에는 불합격 또는 합격이 취소될 수 있음
– 응시자격, 면제과목 및 경력산정 기준일 : 1차 시험시행일

건축물에너지평가사 출제기준

[건축물의 에너지효율등급 평가 및 에너지절약계획서 검토 등을 위한 기술 및 관련지식]

❶ 건축물에너지평가사 1차 시험 출제기준(필기)

시험과목	주요항목	출제범위
건물에너지 관계 법규	1. 녹색건축물 조성 지원법	1. 녹색건축물 조성 지원법령
	2. 에너지이용 합리화법	1. 에너지이용 합리화법령 2. 고효율에너지기자재 보급촉진에 관한 규정 및 효율관리기자재 운용규정 등 관련 하위규정
	3. 에너지법	1. 에너지법령
	4. 건축법	1. 건축법령(총칙, 건축물의 건축, 건축물의 유지와 관리, 건축물의 구조 및 재료, 건축설비 보칙) 2. 건축물의 설비기준 등에 관한 규칙 3. 건축물의 설계도서 작성기준 등 관련 하위규정
	5. 그 밖에 건물에너지 관련 법규	1. 건축물 에너지 관련 법령 · 기준 등 (예 : 건축 · 설비 설계기준 · 표준시방서 등)
건축 환경계획	1. 건축환경계획 개요	1. 건축환경계획 일반 2. Passive 건축계획 3. 건물에너지 해석
	2. 열환경계획	1. 건물 외피 계획 2. 단열과 보온 계획 3. 부위별 단열설계 4. 건물의 냉·난방 부하 5. 습기와 결로 6. 일조와 일사
	3. 공기환경계획	1. 환기의 분석 2. 환기와 통풍 3. 필요환기량 산정
	4. 빛환경계획	1. 빛환경 개념 2. 자연채광
	5. 그 밖에 건축환경 관련 계획	
건축설비 시스템	1. 건축설비 관련 기초지식	1. 열역학 2. 유체역학 3. 열전달 기초 4. 건축설비 기초
	2. 건축 기계설비의 이해 및 응용	1. 열원설비 2. 냉난방·공조설비 3. 반송설비 4. 급탕설비
	3. 건축 전기설비 이해 및 응용	1. 전기의 기본사항 2. 전원·동력·자동제어 설비 3. 조명·배선·콘센트설비
	4. 건축 신재생에너지설비 이해 및 응용	1. 태양열·태양광시스템 2. 지열·풍력·연료전지시스템 등
	5. 그 밖에 건축 관련 설비시스템	

시험과목	주요항목	세부항목
건물 에너지효율 설계·평가	1. 건축물 에너지효율등급 평가	1. 건축물 에너지효율등급 인증 및 제로에너지건축물인증에 관한 규칙 2. 건축물 에너지효율등급 인증기준 3. 건축물에너지효율등급인증제도 운영규정
	2. 건물 에너지효율설계 이해 및 응용	1. 에너지절약설계기준 일반(기준, 용어정의) 2. 에너지절약설계기준 의무사항, 권장사항 3. 단열재의 등급 분류 및 이해 4. 지역별 열관류율 기준 5. 열관류율 계산 및 응용 6. 냉난방 용량 계산 7. 에너지데이터 및 건물에너지관리시스템(BEMS) (에너지관리시스템 설치확인 업무 운영규정 등)
	3. 건축, 기계, 전기, 신재생분야 도서 분석능력	1. 도면 등 설계도서 분석능력 2. 건축, 기계, 전기, 신재생 도면의 종류 및 이해
	4. 그 밖에 건물에너지 관련 설계·평가	

❷ 건축물에너지평가사 2차 시험 출제기준(실기)

시험과목	주요항목	출제범위
건물 에너지효율 설계·평가	1. 건물 에너지 효율 설계 및 평가 실무	1. 각종 건축물의 건축계획을 이해하고 실무에 적용할 수 있어야 한다. 2. 단열, 온도, 습도, 결로방지, 기밀, 일사조절 등 열환경계획에 대해 이해하고 실무에 적용할 수 있어야 한다. 3. 공기환경계획에 대해 이해하고 실무에 적용할 수 있어야 한다. 4. 냉난방 부하계산에 대해 이해하고 실무에 적용할 수 있어야 한다. 5. 열역학, 열전달, 유체역학에 대해 이해하고 실무에 적용할 수 있어야 한다. 6. 열원설비 및 냉난방설비에 대해 이해하고 실무에 적용할 수 있어야 한다. 7. 공조설비에 대해 이해하고 실무에 적용할 수 있어야 한다. 8. 전기의 기본 개념 및 변압기, 전동기, 조명설비 등에 대해 이해하고 실무에 적용할 수 있어야 한다. 9. 신재생에너지설비(태양열, 태양광, 지열, 풍력, 연료전지 등)에 대해 이해하고 실무에 적용할 수 있어야 한다. 10. 전기식, 전자식 자동제어 등 건물 에너지절약 시스템에 대해 이해하고 실무에 적용할 수 있어야 한다. 11. 건축, 기계, 전기 도면에 대해 이해하고 실무에 적용할 수 있어야 한다. 12. 난방, 냉방, 급탕, 조명, 환기 조닝에 대해 이해하고 실무에 적용할 수 있어야 한다. 13. 에너지절약설계기준에 대해 이해하고 실무에 적용할 수 있어야 한다. 14. 건축물에너지효율등급 인증 및 제로에너지빌딩 인증기준을 이해하고 실무에 적용할 수 있어야 한다. 15. 에너지데이터 및 BEMS의 개념, 설치확인기준을 이해하고 실무에 적용할 수 있어야 한다.
	2. 그 밖에 건물에너지 관련 설계·평가	

Contents

제2과목 건축환경계획

제1편 건축환경계획 개요

제1장 건축계획 일반

제2장 Passive 건축계획

제3장 건물에너지 해석

제2편 열환경계획

제1장 건물외피계획

제2장 단열과 보온계획

제3장 부위별 단열설계

Contents

제4장 건물의 냉·난방부하

제5장 습기와 결로

제6장 일사와 일조

제3편 공기환경계획

제1장 실내공기환경과 환기

제2장 실내공기질 향상을 위한 건축계획시 고려사항

제3장 환기의 종류

제4장 건축물 패시브 디자인 가이드라인상의 자연환기

제4편 빛환경계획

제1장 빛환경개념

Contents

제2장 자연채광

부 록

과년도 출제문제

제1편

건축환경계획 개요

제 1 장

건축계획 일반

건축계획 일반

1 건축환경설계

1. 건물에너지 절약의 필요성

(1) 전세계적으로 건물부문의 에너지 소비량 : 약 40%

■ 건축환경계획이란 에너지자원 고갈과 지구환경오염이라는 범세계적인 문제에 대응하기 위한 건축계획 측면에서의 일련의 노력으로 자연환경에 순응하고 자연이 주는 혜택을 최대한 이용하려는 건축계획이라 할 수 있다.

① 미국은 건물에너지 소비량 비율이 45%, 영국은 40%, 세계평균 38%, OECD 평균 31%

② 국내의 경우 건물부문의 에너지 소비량 : 약 20%

본 교재의 앞 부록에서 ☞ 칼라사진을 참조하시오.

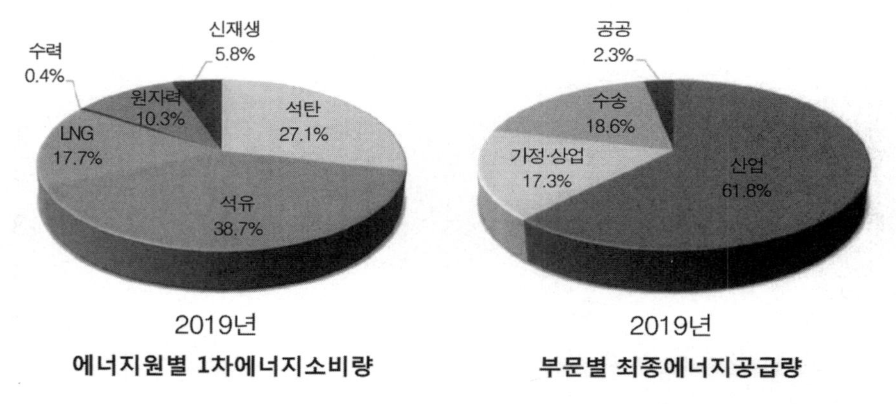

*출처-2021년 에너지통계 핸드북

③ 서울시의 경우 건물이 차지하는 에너지소비량은 전체에너지의 63.4%를 차지하며, 대구시 41.4%, 광주시 43.6%, 대전시 47.7%의 높은 비율

④ 건물 부문은 타 부문에 비해 저급에너지 활용도가 높음. 따라서 에너지 절약 설계를 통해 에너지 사용을 줄이는 노력을 해야 함

⑤ 우리나라는 에너지의 96%를 수입에 의존

(2) 화석연료 사용에 따른 지구온난화

① 에너지 연소에 따른 온실가스가 85% 차지

② 교토의정서상의 6대 온실가스 : 이산화탄소(CO_2), 메탄(CH_4), 아산화질소(N_2O), 수소불화탄소(HFCs), 과불화탄소(PFCs), 육불화황(SF_6)

③ 석유, 석탄, 천연가스 등의 화석에너지는 탄화수소화합물(C_nH_m)로 연소시 수증기(H_2O)와 이산화탄소(CO_2) 등의 온실가스를 발생

④ 지구평균 CO_2 농도는 산업혁명 이후 280ppm에서 400ppm으로 상승(미 해양대기국(NOAA), 2015)

⑤ 450ppm이 되면 세계 평균기온이 산업혁명 이전에 비해 2도 이상 올라갈 것으로 예상

⑥ 파리협정에 근거한 신기후체제에 따른 온실가스 배출량 축소 요구

■ 온실효과(Greenhouse Effect)
고온의 태양에 의해 방사된 복사열은 짧은 파장으로 대기권과 유리를 통과하여 식물이나 물체에 흡수된다. 이러한 물체는 열을 재방사하나 그 온도가 낮으므로 긴 파장의 복사열이 된다. 이러한 긴파장은 유리나 대기권을 통과하지 못하므로 열이 갇혀지게 된다. 이 현상을 온실효과라 한다.

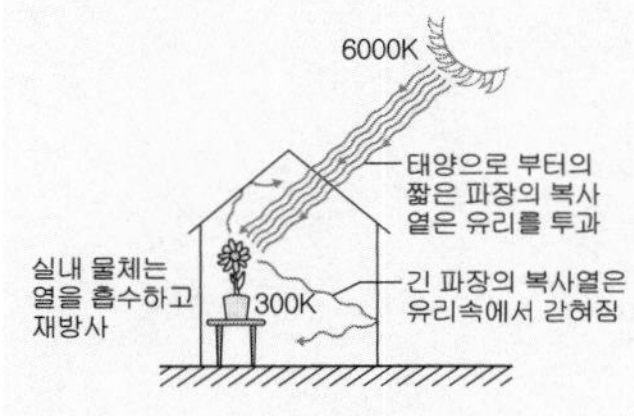

온실효과

이러한 온실효과로 인해 지구 대기의 평균온도는 약 15℃가 유지되고 있으며 온실효과가 없다면 35℃ 정도 온도가 낮아질 수 있다고 한다. 최근에는 화석연료 과다사용으로 인한 CO_2 방출로 인해 지나친 온실효과에 기인한 지구온난화가 문제가 되고 있다.

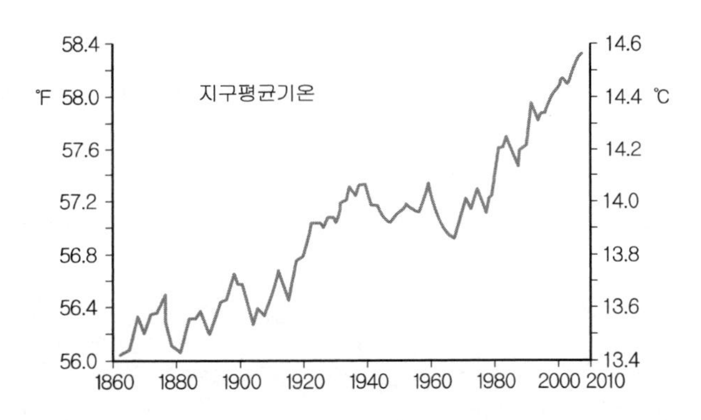

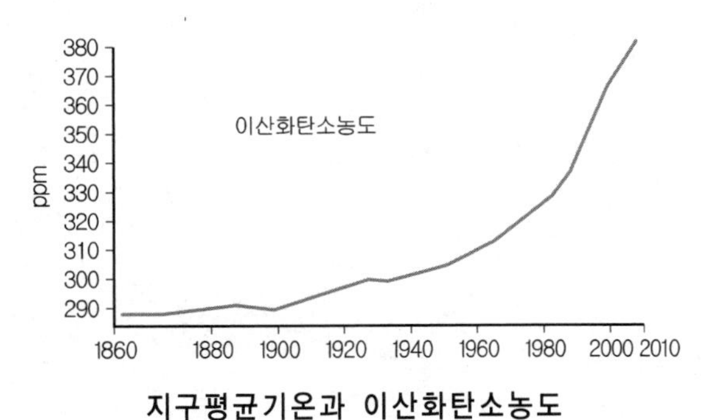

지구평균기온과 이산화탄소농도

*출처 : temperature date from Goddard Institute for Space Studies; carbon dioxide data from Scripps Institution of Oceanography, updated 2007.
Norbert Lechner, Heating, Cooling, Lighting Sustainable Design Methods for Architects, 2009

⑦ 지구온난화지수(GWP : Global Warming Potential)는 온실기체들의 상대적인 대기온도 상승 잠재력을 나타낸 것. 기준이 되는 물질은 이산화탄소

지구온난화지수

온실기체	화학식	GWP 2001
이산화탄소	CO_2	1
메탄	CH_4	21
아산화질소	N_2O	310
수소불화탄소	HFCs	1,300
과불화탄소	PFCs	7,000
육불화황	SF_6	23,900

■ 자료
3차보고서, Intergovernmental Panel on Climate Change, Climate Change 2001 ; The scientific basis(Cambridge, UK; Cambridge University Press, 2001)

⑧ 배출된 온실가스는 이산화탄소가 77%로 가장 큰 비중을 차지
메탄은 14%, 아산화질소가 8%, 기타 온실가스는 전체배출량의 1%를 차지

본 교재의 앞 부록에서 ☞ 칼라사진을 참조하시오.

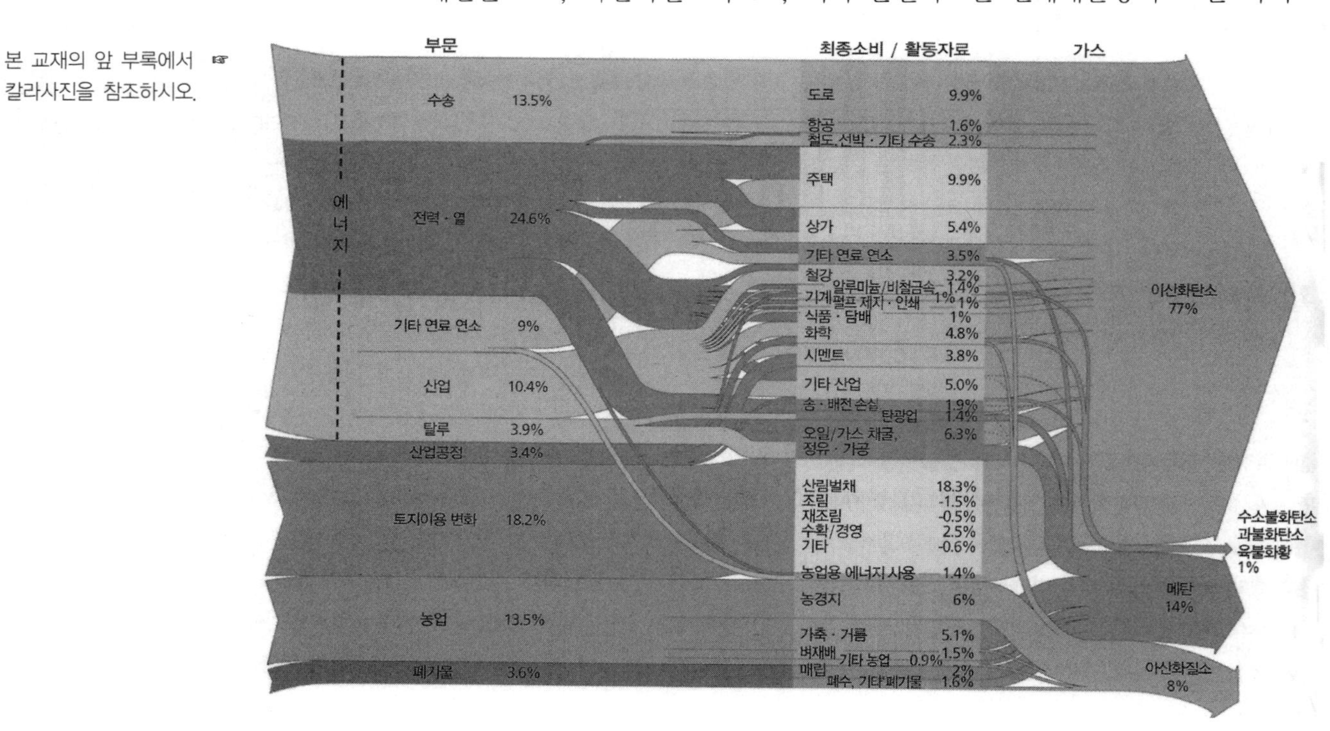

부문별 세계 온실기체 배출현황(2000년)

*출처 WRI, 2005

| 참고 | 신기후변화체제 파리협정(Paris Agreement) 채택

제21차 파리 기후변화협약 당사국총회(COP21)에서, 파리 시각으로 2015. 12. 12. 신기후변화체제인 파리협정(Paris Agreement)이 채택

기존 기후변화체제였던 교토의정서(Kyoto Protocol)를 대체하고, 교토의정서의 한계를 극복하는 기반을 마련

1997년 제3차 교토 기후변화협약 당사국총회(COP3)에서 채택되었던 교토의정서 체제에서는 일부선진국들만이 온실가스 감축의무를 부담하였고, 우리나라를 포함한 개발도상국은 감축의무에서 면제되었으며 무엇보다 CO_2 배출량 1, 2위 국가인 중국(26%)과 미국(16%) 역시 감축의무를 부담하지 않았기 때문에 제2차 공약기간(2013년~2020년)에 참여한 국가들의 온실가스 배출량이 전세계 온실가스 배출량의 약 14%에 불과하여 실효성이 없다는 비판을 받아 왔음

파리협정은 선진국과 개발도상국이 모두 포함된 총 195개국이 참여하고, 참여 국가들의 온실가스 배출량 또한 전세계 배출량의 약 90%에 이르는 점에서 진일보한 체계라는 평가

파리협정은 산업화 이전과 대비하여 지구 평균기온 상승을 2℃ 보다 상당히 낮은 수준으로 유지하는 것으로 하고, 지구평균기온 상승을 1.5℃ 이내로 제한하기 위한 노력을 추구한다는 목표를 제시

파리협정은 각 국가가 국가별 기여방안{Intended Nationally Determined Contributions (INDC)}을 스스로 정하여 매 5년마다 상향된 감축 목표를 제출하도록 하고, 국가 온실가스 인벤토리, 감축목표 달성 경과 등을 의무적으로 보고하도록 규정

5년 단위로 파리협정 이행 전반에 대한 국제사회 공동 차원의 종합적인 이행점검(Global Stocktaking)을 통해 신기후체제의 지속적인 발전 및 투명성을 제고

이행점검은 2023년에 최초로 실시

2015년 12월 현재, 195개 참여국 중 186개국이 제출한 국가별 기여방안을 모두 고려할 경우, 산업화 이전과 대비하여 지구 평균기온 상승을 3.5℃로 유지하는 효과를 갖는 것에 불과

이러한 기여방안이 없었다면 지구 평균 기온 상승은 5-6℃를 초과하였을 것이므로 그 자체로도 의미는 있음

파리협정이 목표로 삼고 있는 상승을 2℃ 이내 유지와는 여전히 큰 폭의 차이를 보이고 있기 때문에 향후 각국의 감축목표가 보다 적극적으로 상향되어야 한다는 근본적인 과제를 남김

파리협정은 55개국 이상이 비준하고, 비준 국가의 온실가스 배출 비중이 전세계 온실가스 배출량의 55% 이상이 되면 발효

우리나라의 경우 온실가스 배출량이 세계 7위 수준

Post-2020 온실가스 감축목표로 2030년 총 국가 배출량 전망치(BAU) 대비 37%를 감축하겠다는 내용의 국가별 기여방안(INDC)를 UN에 제출

파리협정의 체결 이후에는 5년마다 정기적으로 이행실적을 점검하고 보다 상향된 감축목표의 제출을 사실상 강제하는 대외적 압박이 점점 강화될 것이므로, 파리협정의 체결은 실질적으로는 국내 에너지소비주체들에게 상당한 영향을 미치게 될 것으로 예상

(4) 화석에너지 고갈

① 영국석유(BP)에 따르면 현재와 같은 소비율이 지속된다면 석유는 약 50년, 천연가스는 약 51년, 석탄은 약 132년 이내에 고갈될 것으로 예측(BP Statistical Review of World Energy 2019)

② 쉐일가스 개발로 석유와 천연가스의 가채매장량이 늘어난다하더라도 길어야 100년 이내에 고갈

화석연료별 매장량·가채연수

구분	석유	석탄	천연가스	
			전통가스	셰일가스
확인 매장량 (억 TOE)	1888	4196	1684	1687
가채연수	46년	118년	59년	59년

* 확인 매장량은 현재의 기술과 경제성을 고려했을 때 채굴 가능한 매장량을 의미하며, 잠재 매장량은 존재 가능성이 남아 있는 총 추정 매장량을 말함
* 가채연수는 현재의 생산 속도로 추산
* 자료 : 삼성경제연구소

예제문제 01

다음 중 재생가능한 에너지원은?

① 석유　　② 석탄
③ 우라늄　　④ 태양열

해설
- 재생가능한 에너지원(Renewable Energy Sources) : 태양열, 태양광, 풍력, 지열, 바이오 에너지, 수력, 해양력, 폐기물에너지
- 재생불가능한 에너지원(Non-Renewable Energy Sources) : 석유, 석탄, 천연가스, 우라늄

답 : ④

예제문제 02

신기후체제인 파리협정에서 채택한 내용과 관계가 없는 것은?

① 선진국과 개발도상국이 모두 포함된 총 195개국이 참여
② 산업화 이전과 대비하여 지구 평균기온 상승을 2℃보다 상당히 낮은 수준으로 유지
③ 각 국가가 국가별 기여방안을 스스로 정하여 매 5년마다 상향된 감축 목표를 제출하고, 국가 온실가스 인벤토리, 감축목표 달성 경과 등을 의무적으로 보고하도록 규정
④ 105개국 이상이 비준하고, 비준 국가의 온실가스 배출 비중이 전세계 온실가스 배출량의 55% 이상이 되면 발효

해설
- 55개국 이상이 비준하고, 비준 국가의 온실가스 배출 비중이 전세계 온실가스 배출량의 55% 이상이 되면 발효

답 : ④

예제문제 03

교토의정서에서 정한 6가지 온실가스에 포함되지 않는 것은?

① CO_2　　② CFCs
③ CH_4　　④ HFCs

해설
- 교토의정서에서 정한 6가지 온실가스 : 이산화탄소(CO_2), 메탄(CH_4), 아산화질소(N_2O), 수소불화탄소(HFCs), 육불화황(SF_6)
- 포함되지 않는 것 : 오존(O_3), 일산화탄소(CO), 이산화황(SO_2), 이산화질소(NO_2), 프레온(CFCs)

답 : ②

2. 에너지 절약을 위한 건축환경조절

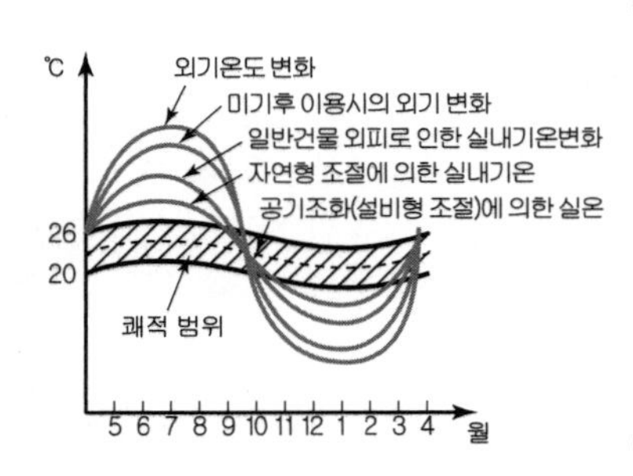

환경조절의 의미

(1) 자연형 조절(Passive Control)

기계장치를 이용하지 않고 건축설계 수법을 통해 자연이 가진 이점을 최대한 이용함으로써 에너지를 절약하고 환경을 보존할 수 있는 방법

예 남면경사지 이용, 남향배치, 단열, 축열, 일사차폐, 자연통풍, 자연채광 등

(2) 설비형 조절(Active Control)

에너지를 소모하는 기계장치를 이용하는 적극적인 환경조절방법으로 외부환경과 무관하게 일정한 수준으로 조절가능

예 공기조화, 난방, 조명, 기계환기, 국부배기 등

(3) 자연형 조절과 설비형 조절 관계

각각 별개의 방법이 아닌 상호보완적인 방법이며, 자연형 조절이 우선되어야 하고 설비형 조절은 자연형조절의 한계를 보완하는 보조수단으로 생각해야 한다.

예제문제 04

다음의 건축환경조절 방법 중 자연형 조절기법이 아닌 것은?

① 남향배치　　② 단열
③ 자연통풍　　④ 공기조화

해설
공기조화(Air-conditioning)란 실내로 공급되는 공기의 온도, 습도, 기류, 청정도 등을 공기조화기(Air handling Unit)라는 설비장치를 이용하여 적극적으로 조절하는 것으로 설비형 조절에 속함

답 : ④

3. 기후지역과 자연형 조절 기법

(1) 한랭기후

① 용적에 대한 표면적비 작도록 → 에스키모 이글루
② 최소한의 개구부를 풍향에 대해 직각으로 설치 → 침기방지와 열손실 최소화
③ 건물외피 고단열
④ 개구구 크기 작을수록 유리
⑤ 창유리는 2중 또는 3중으로

■ 세계의 주요 기후지역별 풍토건축을 통해 자연형 조절기법을 배울 수 있다.
- **한랭기후** : 고단열, 고기밀
- **온난기후** : 계절에 따른 일사차단 및 일사유입
- **고온건조기후** : 용량형 단열, 중량구조, 야간천공복사, 증발냉각, 밝은색 외피마감, 개구부 최소화
- **고온다습기후** : 저항형 단열, 경량구조, 개구부 극대화, 통풍 극대화

(2) 온난기후

① 동절기에는 한랭기후에서와 거의 같은 환경조절방법이 요구
② 일사획득이 겨울에는 바람직하지만 여름에는 과열원인
→ 태양고도가 높은 여름에는 창문을 차폐,
태양고도가 낮은 겨울에는 일사를 받도록 차양계획
③ 동절기 난방을 위한 온돌과 하절기 냉방을 위한 마루가 함께 발달

(3) 고온건조기후

① 18~22℃에 이르는 큰 일교차
→ 열용량이 매우 큰 외피구조와 개구부 크기 최소화
② 주 개구부가 중정을 향하는 형태의 건물 선호
→ 중정내 분수나 연못으로부터의 증발냉각효과
③ 높은 열용량의 중량 벽체 및 지붕은 긴 타임랙(Time Lag)으로 인해 주간의 열전달을 지연시키고 야간에 천공으로 열을 방사
④ 건물표면은 백색과 같은 밝은 색으로 마감
→ 일사흡수율은 광택성 금속표면과 비슷, 복사율은 8배
⑤ 중동아시아나 인디아반도 지역에서는 매우 밀집된 거주지 군락을 이룸
→ 인접건물에 의한 그림자 제공으로 직사일광 피할 수 있음

(4) 고온다습기후

① 반사성이 큰 지붕재 사용, 지붕속 완충공간의 환기, 저항형 단열재의 천장 사용

② 열대야 현상에 대비하여 건물 자체의 열용량이 극히 낮은 경량구조

③ 개구율을 매우 높여 통풍효과 증대 → 고상식 주거

예제문제 05

자연형 조절이 어려운 고온다습한 기후에서 환경조절 방법을 설명한 것이다. 틀린 것은?

① 통풍효과를 높일 수 있는 구조로 한다.

② 축열을 피하기 위하여 경량구조로 한다.

③ 천장에는 용량형 단열재를 쓴다.

④ 낮의 일사를 피하기 위하여 동쪽과 서쪽으로 창을 없애고 저항형 단열재를 설치하며 반사형 표면을 만들어 준다.

해설

고온건조 기후에서는 용량형 단열재, 고온다습 기후에서는 저항형 단열재를 쓴다.

답 : ③

예제문제 06

고온건조한 기후 지역에서의 패시브 냉방기법으로 가장 적절하지 않은 것은?

【18년 출제유형】

① 일사열획득을 최소화하기 위해 반사율이 높은 외부 표면 마감재를 사용한다.

② 열용량이 큰 재료로 구조체를 구성하여 열전달을 지연시킨다.

③ 넓은 창을 다수 설치하여 주간에 통풍을 원활하게 한다.

④ 연못을 두어 증발냉각 효과를 얻는다.

해설

개구부를 최소화하여 외부로부터 더운 공기가 유입되는 것을 최소화한다.

답 : ③

예제문제 07

고온 건조한 기후 지역의 자연형 냉방기법에 대한 설명으로 가장 적절하지 않은 것은? 【19년 출제유형】

① 증발냉각의 원리를 활용한다.
② 야간 환기를 이용하여 구조체 온도를 낮춘다.
③ 반사율이 높은 재료로 외관을 마감한다.
④ 축열을 줄이기 위해 경량 구조를 사용한다.

해설
④ 열용량이 큰 중량구조를 사용한다.

답 : ④

2 건축과 자연환경

1. 기후요소

(1) 기후(climate)

특정지역에 있어서 일정기간에 걸친 기상의 평균상태를 의미하며, 여기서 기상(weather)이란 시시각각으로 변화하는 대기의 상태를 말한다.

■ **일교차**
하루 중 최고기온과 최저기온의 차이로 태양열에 의한 지면복사가 최대가 되는 오후 2시경의 기온과 해뜨기 바로 직전의 기온차

■ **연교차**
1년 중 가장 더운 달과 가장 추운 달의 월평균 기온차

(2) 기후요소

기후의 특성을 나타내는 요소로 기온, 습도, 풍속, 풍압, 운량(雲量), 일조, 일사, 강수량과 그 연간분포 따위를 말함

(3) 기후인자

기후요소의 지리적 분포를 지배하는 인자로 해륙의 분포, 위도, 표고, 해류 또는 고기압이나 저기압의 위치 등을 말함

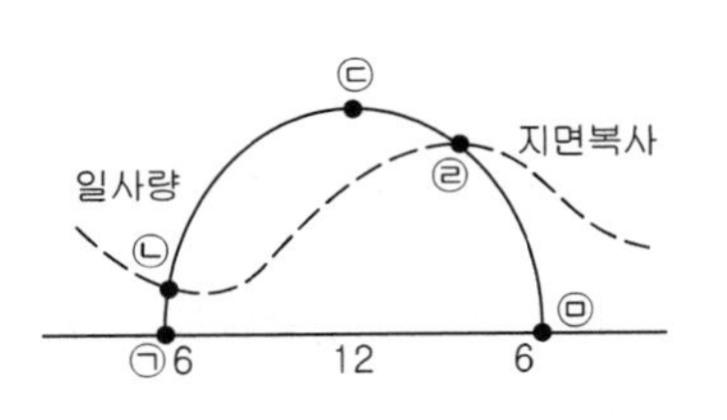

㉠ : 일출시간(해 뜨는 시간)
㉢ : 태양이 정남에 위치하는 정오
㉣ : 지면복사가 최대인 오후 2시경
㉤ : 일몰시간(해지는 시간)

∴ 일교차란 ㉣에서의 기온과 ㉠에서의 기온의 차가 된다.

일교차 도해

예제문제 08

다음 그림에서 일교차는 어느 때와 어느 때의 차이인가?

① ㉢과 ㉠의 차이
② ㉢과 ㉡의 차이
③ ㉣과 ㉠의 차이
④ ㉣과 ㉡의 차이

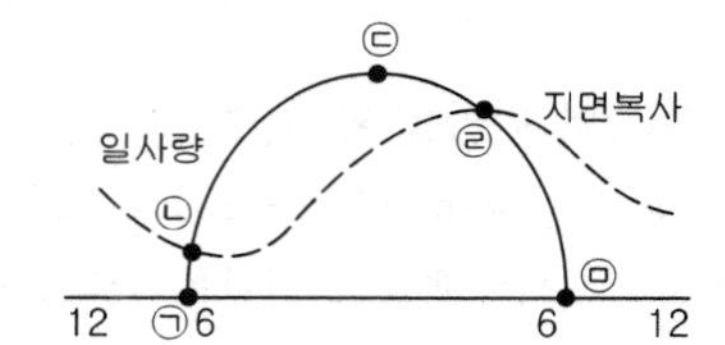

답 : ③

2. 미기후(microclimate) 영향요소

미기후(microclimate)란 대지가 위치한 곳의 국지적인 특성으로 인해 지역기후(macroclimate)와 다른 특성을 보이는 기후를 말한다.

특정 대지의 미기후를 결정하는 요소에는 다음과 같은 것들이 있다.

① 해발고도(elevation)와 방위(orientation)
② 대지의 방향과 경사도
③ 수원(water body)의 크기, 모양, 근접성
④ 토양구조(soil structure)
⑤ 식생(vegetation) : 나무, 관목, 목초, 곡물
⑥ 인공구조물(manmade structure) : 건물, 길, 주차장 등

예제문제 09

단지계획에서 미기후(microclimate)에 직접 영향을 주는 요소가 아닌 것은 어느 것인가?

① 지질　　② 토지의 경사도 및 방향
③ 식생　　④ 인공구조물

해설 **미기후 발생요소**
① 지형 : 경사도, 방위, 풍우의 정도, 해발고도, 언덕, 계곡 등
② 지표면 : 자연상태 혹은 인공적인 정도의 유무에 의한 지표면 반사율, 침투율, 토양온도, 토질 등
③ 3차원적 물체 : 나무, 울타리, 벽, 건물 등에 의한 기류의 변화와 응달형성지질은 지표 내의 성질로 미기후에 직접적인 영향을 주지는 않는다.

답 : ①

3. 각종 기후도

(1) 생체기후도(Bioclimatic chart) : Victor Olgyay 제안

열환경 쾌적조건과 함께 기후요소에 따른 자연형조절 가능성 제시

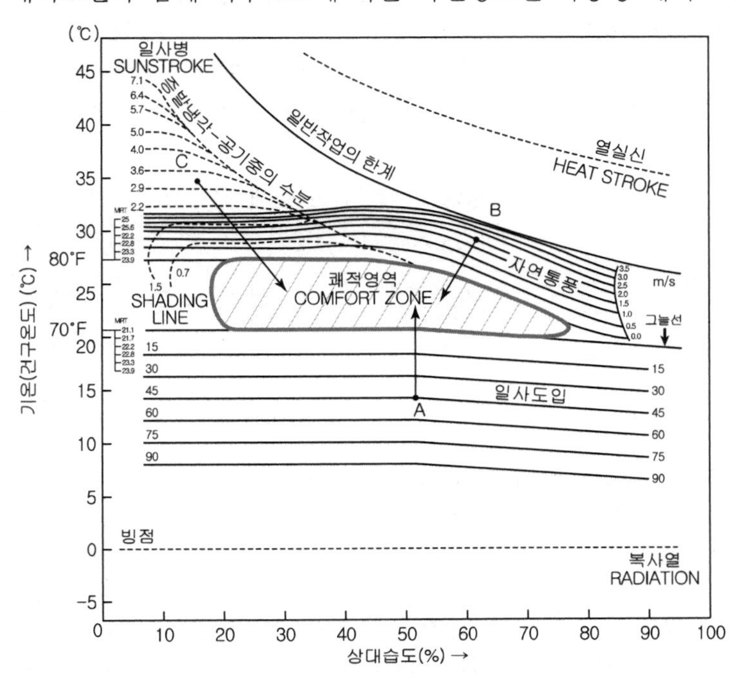

Olgyay의 생체기후도

- 점 A의 상태는 기온 15℃, 상대습도 50%로 쾌적조건에 벗어나 있지만 인체에 약 45W의 복사열이 공급된다면 쾌적대에서와 같은 쾌적감을 느끼게 된다. 이는 일사도입을 통한 자연형조절의 가능성을 나타내주고 있다. 점 B는 기온 30℃, 상대습도 60%로 고온다습한 환경이지만 약 2.0m/s의 기류에 노출되면 쾌적감을 느끼게 되며, 자연통풍에 의한 냉방효과를 설명하고 있다. 점 C는 기온 35℃, 상대습도 20%로 고온건조한 상태이지만 약 3.0g/kg의 수증기에 의한 증발 냉각효과에 의해 인체는 쾌적감을 얻게 되며, 식재나 연못 등에서의 수분증발과 같은 자연형조절의 가능성을 보여주고 있다.

(2) 건물생체기후도(Building Bioclimatic Chart) : Givoni와 Milne가 제안

자연형조절과 설비형조절을 포함한 환경설계기법을 습공기선도에 도시

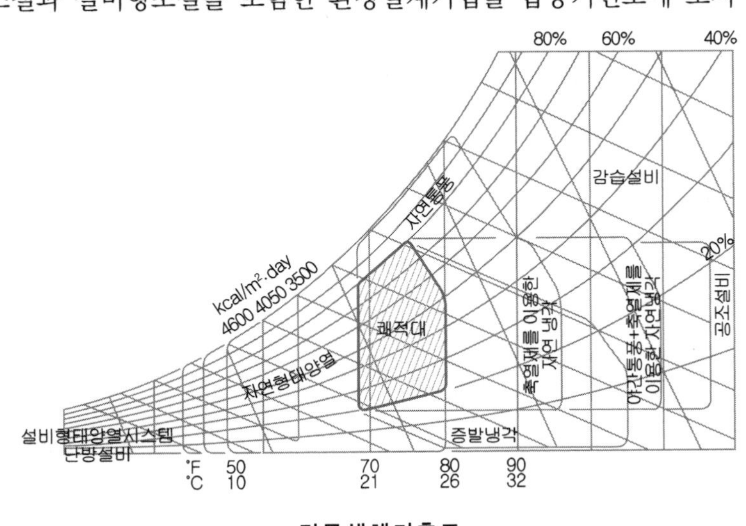

건물생체기후도

- 기온 10℃, 상대습도 50%인 기후지역이라면 자연형 태양열 시스템을 이용하면 쾌적감을 느낄 수 있고, 기온 32℃, 상대습도 20% 기후지역이라면 축열체를 이용한 자연냉각을 통해 쾌적감을 얻을 수 있음을 나타내고 있다.

| 참고 | 건물생체기후도를 이용한 패시브디자인계획

건축물에서 생활하는 재실자가 쾌적한 열환경에서 생활하기 위해서는 체내의 열을 충분히 방사할 수 있도록 항상 피부온도가 체내온도(37℃)보다 낮아야 한다. 체내의 열방사가 충분히 이루어지는 실내 환경의 온도범위를 쾌적영역(Comfort Zone)이라고 하며, 일반적으로 온도, 습도, 기류, 평균복사온도의 관계를 조합하여 80% 이상 대다수의 성인들이 쾌적하다고 느끼는 환경의 범위를 설정한 것으로 개인의 심리 및 활동상태 등에 따라 차이가 있으며, 습공기선도(psychrometric chart) 상에서 표시된다.

냉·난방장치의 용량계산을 위한 실내 온·습도 기준

구분	난방	냉방	
	건구온도(℃)	건구온도(℃)	상대습도(%)
공동주택	20~22	26~28	50~60
업무시설	20~23	26~28	50~60

■ **건물생체기후도(building bioclimatic chart)**

인체가 느끼는 생체기후적 요구(bioclimatic needs)에 의거하여, 특정 기후조건에 있어서 인체를 쾌적한 상태로 만들어주기 위해 필요한 건축설계 기술들의 존(zone)을 습공기선도 상에 표시하고, 해당 기후데이터를 뽑아 쓸 수 있게 만든 차트이다. 설계자가 건축물이 쾌적영역을 유지하도록 설계단계부터 대지가 위치한 지역의 기후를 고려하여 건물생체기후도를 통해 우선순위의 패시브 계획을 검토할 필요가 있다.

예제문제 10

재실의 열쾌적을 고려하여 건물의 패시브 설계 전략을 결정하는 도구로 건물 생체기후도가 유용하게 이용될 수 있다. 다음 건물생체기후도에서 ㉠~㉣과 같은 기후특성을 갖는 지역에 적절한 패시브 설계전략에 대한 설명 중 틀린 것은?

【13년 2급 출제유형】

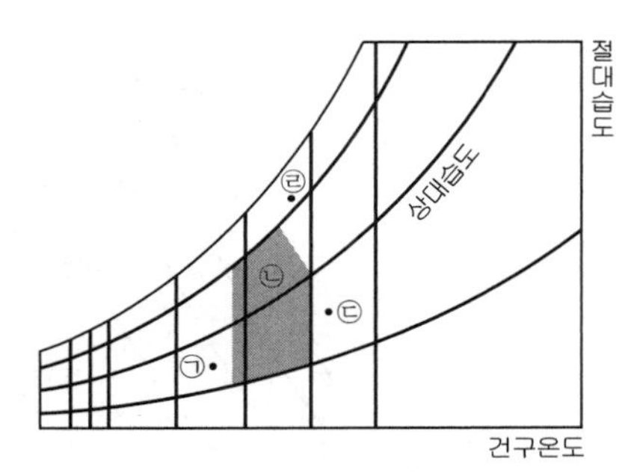

① 지역의 기후특성이 ㉡일 경우, 온도 및 습도의 쾌적조건을 만족하므로 일사조절 등 기본적인 설계전략만을 고려하면 된다.

② 지역의 기후특성이 ㉠일 경우, 자연형 태양열 시스템 설계를 고려한다.

③ 지역의 기후특성이 ㉢일 경우, 축열체를 이용한 자연냉각을 고려한다.

④ 지역의 기후특성이 ㉣일 경우, 증발 냉각을 촉진시키는 설계를 고려한다.

해설

㉣은 다습한 경우로 자연통풍을 활용한다. 증발냉각은 고온건조한 경우에 알맞은 환경조절방법이다.

답 : ④

예제문제 11

습공기선도 상에 온도와 상대습도에 따른 인체의 쾌적 범위를 표시할 수 있다. 겨울철 평균복사온도가 상승하는 경우 표시된 쾌적 범위는 습공기선도상에서 어떻게 이동하는가?

【16년 출제유형】

① 오른쪽으로 이동　　② 왼쪽으로 이동

③ 위로 이동　　④ 아래로 이동

해설

② 복사패널설치 등을 통해 평균복사온도가 상승하면 실내기온은 다소 낮아지더라고 쾌적감을 얻을 수 있다.

답 : ②

예제문제 12

다음 그림은 기후특성이 반영된 패시브 건축계획 수립을 위한 건물생체기후도(Building bioclimatic chart)를 나타낸 것이다. 굵은 선으로 둘러싸인 부분이 열쾌적 영역일 경우 ㉠~㉣ 지점에 대한 패시브 건축계획으로 가장 적합하지 않은 것은?

【17년 출제유형】

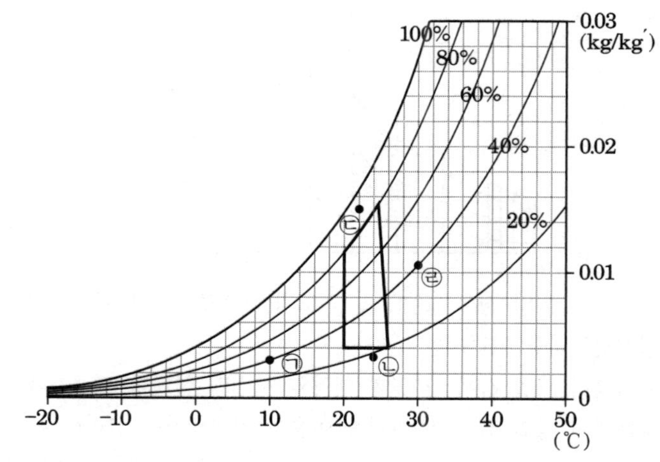

① ㉠지점 : 단열, 침기차단, 태양열 획득
② ㉡지점 : 차양, 증발냉각
③ ㉢지점 : 차양, 통풍냉각
④ ㉣지점 : 차양, 축열냉각

해설
③ ㉢ 지점: 자연 통풍

답 : ③

예제문제 13

특정 조건에서의 쾌적범위를 습공기선도에 표시한 결과가 ⓐ와 같을 때, 쾌적범위를 ⓑ와 같이 이동시키는 온열환경 요소의 변경 조건을 보기에서 모두 고른 것은?

【21년 출제유형】

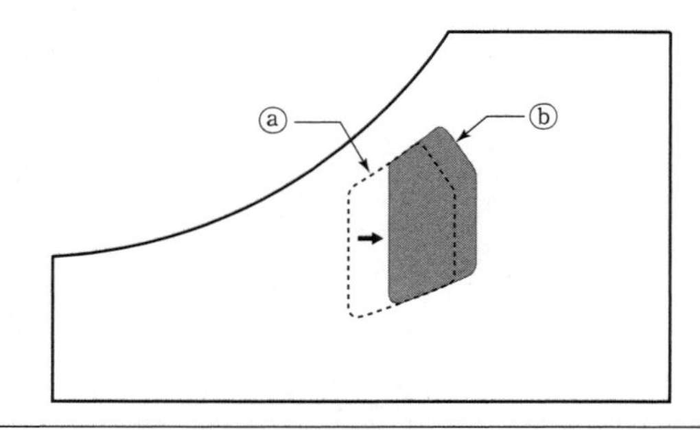

〈조건〉

㉠ 건구온도의 감소
㉡ 기류속도의 증가
㉢ 착의량(clo)의 감소
㉣ 활동량(met)의 증가

① ㉠, ㉡
② ㉡, ㉢
③ ㉠, ㉢
④ ㉡, ㉣

해설

열을 발산할 수 있는 요소를 찾는다.

답 : ②

예제문제 14

다음 그림은 패시브 건축 계획 수립을 위한 건물 생체기후도(building bioclimatic chart)를 나타낸 것이다. 보기 중 ④∼⑥ 지점별 패시브 전략이 적합하게 선정된 것을 모두 고른 것은? 【22년 출제유형】

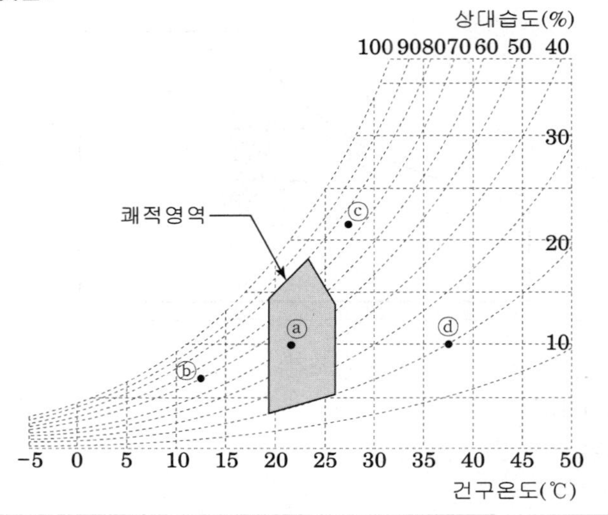

〈보기〉

ⓐ : 외부차양
ⓑ : 트롬월(trombe wall)
ⓒ : 증발냉각
ⓓ : 축열냉각(thermal mass)

① ⓐ, ⓑ
② ⓐ, ⓑ, ⓓ
③ ⓒ
④ ⓑ, ⓓ

해설
ⓒ는 자연통풍

답 : ②

예제문제 15

 실기 출제유형 [20년]

다음은 습공기선도에 특정지역의 쾌적범위와 환경조절기법을 통해 쾌적성을 달성할 수 있는 영역을 구분하여 표시한 건물 생체기후도(bioclimatic chart)이다. A~E 영역에서 쾌적성을 달성하는데 가장 적절한 건축 환경조절기법을 보기 중에 하나씩 골라 쓰시오. (3점)

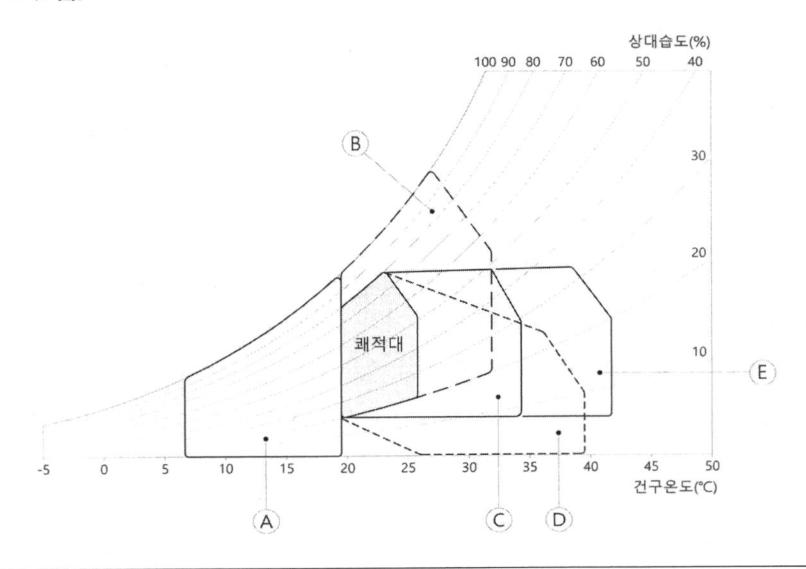

〈보기〉

① 축열체를 이용한 자연냉각
② 축열체를 이용한 자연냉각+야간통풍
③ 증발냉각
④ 태양열 난방
⑤ 자연통풍

해설

A-④, B-⑤, C-①, D-③, E-②

3 환경친화형 건축

1. 환경친화건축(Environment-Friendly Architecture)

에너지 절약, 자원 절약, 지구환경 보존 등을 목표로 재생가능한 자연에너지를 활용하고 자연이 주는 혜택을 최대한 활용하는 건축으로 생태건축(Ecological Architecture), 지속가능한 건축(Sustainable Architecture) 등이 모두 여기에 해당된다. 지속가능한 개발 이론에 따른 환경친화적 건축의 개념은 환경친화적이고 지속가능한 개발의 기본개념을 제시한 WCED(World Commission on Environment and Development, 환경과 개발에 관한 세계위원회)의 "인간과 자연과의 조화"와 "자연한계를 무너뜨리지 않는 인간의 활동"에 따라 크게 "자연과의 조화를 이루는 건축"과 "자연환경에 미치는 영향을 최소화하는 건축"으로 분류하였다. 이에 따라 환경오염과 자연환경의 파괴, 그리고 인간소외 현상을 건축적인 면에서 해결할 수 있는 방안을 도출하였다. 이렇게 도출된 개념에 지속가능한 설계원리를 도입한 환경친화적 건축의 개념을 정리하면 다음과 같다.

환경친화형 건축개념 정립

구분	기본항목	세부항목
자연환경에 미치는 영향의 최소화	에너지절약형 건축	에너지 소비절감 방안
		자연에너지 이용 방안
		폐(열)에너지 이용 방안
	자원절약형 건축	자원을 재활용, 재사용 방안
		자원을 절감하는 방안
		자원을 보존하는 방안
	환경오염의 최소화 건축	공기(대기)오염 방지 방안
		수질오염 방지 방안
		폐기물 처리 방안
자연환경과의 조화	자연친화형 건축	옥외 물의 공간 조성
		옥외 녹지 공간 조성
		실내에 자연요소를 도입
	지역특성화 건축	지역의 자연적 특성 보전
		지역의 문화, 사회적 특성 보존 방안

예제문제 16

지속가능한 건축(Sustainable Architecture)을 주목표로 한 건축대안으로서 가장 부적절한 것은?

① 내풍·내진건축
② 자연환경과의 조화
③ 자원절약 건축
④ 에너지절약 건축

답 : ①

2. Passive House 인증 성능기준과 개념도

(1) Passive House 인증 성능기준

1) 난방에너지 요구량

15kWh/m²yr 이하(난방등유 1.5L/m²yr 또는 도시가스 1.5m³/m²yr 이하)
또는 최대난방부하 : 10W/m² 이하

2) 냉방에너지 요구량

15kWh/m²yr 이하

3) 기밀성능 테스트

n50조건에서 0.6ACH 이하

4) 급탕, 난방, 냉방, 전열, 조명 등 전체 에너지 소비에 대한 1차 에너지 소요량

120kWh/m²yr 이하

5) 전열교환기 효율

75% 이상

이상의 요구성능에 대한 모든 계산은 PHPP(Passive House Planning Package)에 의해 이루어져야 함

(2) Passive House 요소기술

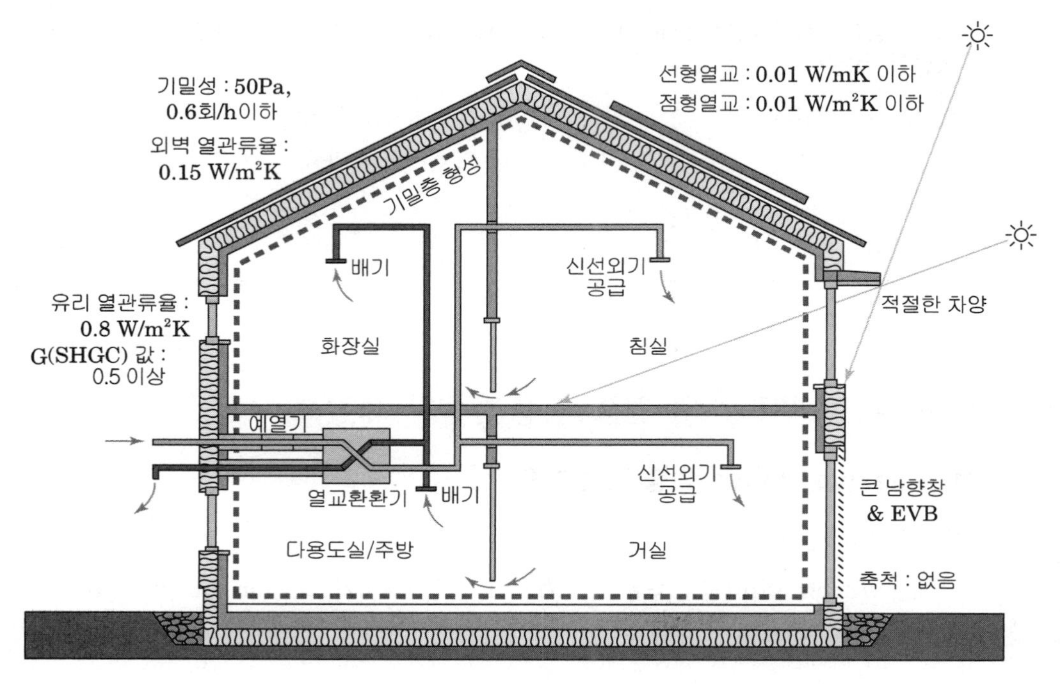

Passive House 요소기술 개념도

| 참고 | Passive House의 U값과 SHGC

Passive House는 기본적으로 겨울철에는 창을 통한 일사획득을 최대로 하고, 여름철에는 외부차양을 활용하여 일사차단을 하여 냉난방부하를 줄이는 계획을 하고 있다. 따라서 남면창의 SHGC는 가능하면 높을수록 좋다.

그런데 U값을 0.8W/m^{2}K 이하로 하기 위해서는 3중 Low-E 유리를 써야하는데, 공기층을 다수 확보하여 U값을 낮출수록 SHGC도 대체로 낮아진다.

U값은 낮추면서, 이들 유리의 SHGC를 0.5~0.6로 높이는 것이 유리기술이다.

보통 4mm 유리 + 12mm 공기층 + 4mm 유리 + 12mm 공기층 + 4mm 유리로 구성된다.

3. Zero Energy Building 프로세스

(1) Zero Energy Building 기술

1) 건물부하 저감기술

① 건물의 향, 건물형태

② 고단열, 고기밀, 고효율 창호, 고효율 전열교환

■ 설계를 통한 건물부하저감 기술을 통해 건물에너지의 80% 저감 가능

2) 시스템 효율향상기술

각종 설비시스템들의 효율향상

3) 신재생에너지 활용기술

태양열, 태양광, 지열, 풍력, 바이오 에너지 활용

4) 통합 유지관리기술

설비별 작동시간 최적제어, 종합적인 유지관리

(2) 에너지절약형 건축물의 구현 전략

전략	목표	기술 개요
건축부문 부하저감	건물의 에너지 요구량을 최소화	창면적비 조정, 차양, 고성능단열재, 고효율 창호 등 외피 부하를 최소화하는 건축설계 및 재료의 선정
설비부문 효율 향상	건물의 에너지 소요량을 최소화	고효율 설비시스템, 고효율 조명기기 등을 이용하여 건물의 에너지 요구량을 효율적으로 해소
신재생부문 에너지 생산	건물의 에너지 소요량을 생산	태양열, 지열 등 신재생 에너지를 활용하여 건물의 에너지 소요량을 해결

(3) 제로에너지건물 프로세스 개념도

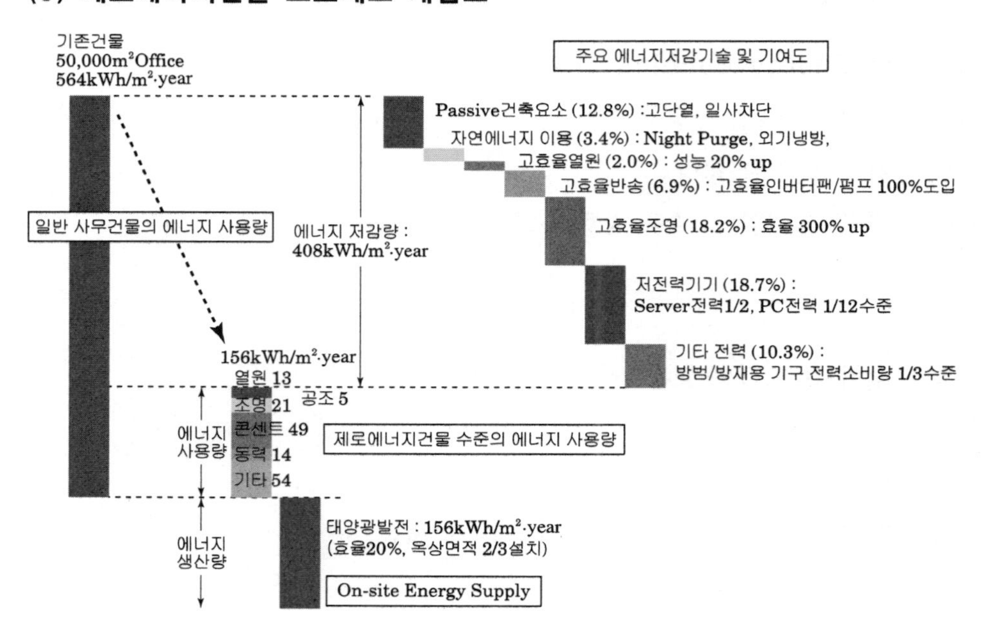

| 참고 | 용어정리

(1) 에너지 요구량

특정조건(내/외부온도, 재실자, 조명기구)하에서 실내를 쾌적하게 유지하기 위해 건물이 요구하는 에너지량

① 건축조건만을 고려하며 설비 등의 기계 효율은 계산되지 않음

② 설비가 개입되기 전 건축 자체의 에너지 성능

③ 건축적 대안(Passive Design)을 통해 절감 가능

(2) 에너지 소요량

건물이 요구하는 에너지요구량을 공급하기 위해 설치된 시스템에서 소요되는 에너지량

① 시스템의 효율, 배관손실, 펌프 동력 계산(시스템에서의 손실)

② 설비적 대안(Active Design) 및 신재생에너지의 설치를 통해 절감 가능

(3) 1차 에너지 소요량

에너지 소요량에 연료를 채취, 가공, 운송, 변환 등 공급 과정 등의 손실을 포함한 에너지량으로 에너지 소요량에 사용연료별 환산계수를 곱하여 얻을 수 있음

① 1차 에너지 : 가공되지 않은 상태에서 공급되는 에너지, 화석연료의 양(석탄, 석유)

② 2차 에너지 : 1차 에너지를 변환 가공해서 얻은 전기, 가스 등
(에너지 변환손실 + 이동손실)

에너지 소요량 × 사용 연료별 환산계수

■ 사용 연료별 환산계수

연료 1.1, 전력 2.75, 지역난방 0.728, 지역냉방 0.937

예제문제 17

겨울철 난방 에너지 절감을 위한 건물형태계획에 대한 설명 중 틀린 것은?
【13년 1급 출제유형】

① 동일한 체적에서 외피표면적이 클수록 단위바닥면적당 열손실은 크다.
② 한 층의 바닥면적이 같다면 바닥면적을 둘러싼 길이가 짧을수록 단위 바닥면적당 열손실이 크다.
③ 동일한 연면적에서 층고가 높아질수록 단위 바닥면적당 열손실은 커진다.
④ 한 층의 바닥면적이 같은 경우 층수가 증가할수록 단위면적당 열손실이 작아진다.

해설
② 바닥면적을 둘러싼 길이가 짧을수록 단위면적당 열손실은 적다.

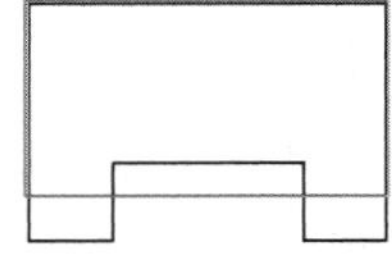

그림에서 바닥면적이 같지만 요철이 많은 평면의 외피면적이 더 커서 바닥면적당 열손실이 크다.

답 : ②

예제문제 18

체적에 비해 지붕면적이 큰 대형 판매시설의 냉방 및 난방에너지를 모두 절감하는데 효과적인 패시브 건축 기법으로 가장 적절한 것은? (단, 해당 건축물은 우리나라 중부지역에 위치함)
【22년 출제유형】

① 지붕을 남향으로 10-20° 경사지게 계획한다.
② 교목과 관목 등으로 이루어진 옥상녹화를 조성한다.
③ 반사율이 높은 흰색 마감재를 사용하여 쿨루프(cool roof)를 조성한다.
④ 지붕면 위에 파고라(pergola) 형태의 고정 구조물을 설치한다.

답 : ②

실기 출제유형[22년]

예제문제 19

건축물 전과정평가의 개념을 평가범위, 내용, 목적을 포함하여 서술하고, 전과정 평가에서 고려하는 환경영향범주 중 세 가지를 쓰시오. (4점)

정답
- 개념 : 전과정평가 즉, 환경영향평가(Life Cycle Assessment)는 제품의 전과정인 원료 획득 및 가공, 제조, 수송 유통, 사용, 재활용, 폐기물 관리 과정 즉 생산단계, 시공단계, 운영단계, 폐기단계의 평가범위 동안 소모되고 배출되는 에너지 및 물질의 양을 정량화하여, 이들이 환경에 미치는 영향을 총체적으로 평가하고, 이를 토대로 환경개선의 방안을 모색하고자 하는 목적의 객관적이며 적극적인 환경영향 평가방법을 말함
- 환경영향범주 : 지구온난화지수, 오존층영향, 산성화, 부영양화, 광화학적 산화물 생성, 자원소모

4 열쾌적 지표

1. 인체의 열생산과 열방사

(1) 대사(代謝 : Metabolism)

■ 인간은 하루 평균 2000kcal의 음식을 섭취하며, 신진대사와 근육운동으로 열이 생산되고 그 생산열량은 몸 표면 및 호흡으로 방열된다. 인체는 항온동물이므로 생산열량과 방열량의 균형을 유지하여 체온을 일정하게 유지한다.

열생산이라는 신체의 생리학적 과정으로 인체의 열생산은 주로 음식물의 소화와 근육운동으로 이루어지는데 이를 인체의 대사작용(metabolism)이라고 하며, 그 양은 주로 met 단위로 측정한다. 1met는 조용히 앉아있는 성인남자의 신체 표면적 $1m^2$에서 발산되는 평균열량으로 $58.2W/m^2$, 혹은 $50kcal/m^2 \cdot h$에 해당한다. 인체의 열발산량은 개인에 따라 다르고, 나이가 많을수록 감소하며, 성인여자의 경우 남자의 약 85% 정도이다. 표는 성인남자의 대표적인 열발산량을 met 단위로 나타낸 것이다. 성인남자의 평균 신체표면적을 약 $1.8m^2$로 가정하면 실제 열발산량을 계산할 수 있다.

■ 인체의 체온조절원리
흔히 체온은 36.5℃라 한다. 하지만 이 온도는 겨드랑이, 입속 등의 온도이고 신체부위에 따라 실제온도는 다르다. 이를테면 피부의 표면온도는 대개 34~35℃ 범위이고, 심장을 포함한 신체 내부기관들의 온도는 36.5℃보다 훨씬 높은 온도를 유지하고 있다.
소화작용이나 근육활동으로 인해 신체내부에서 많은 열이 발생되면 우리 신경계는 심장에서 피부에 이르는 혈관을 팽창하여 다량의 혈액을 통해 과다한 열을 피부로 전달하며, 피부에서는 복사, 대류, 증발(땀)에 의해 외부로 열을 발산한다. 이러한 발산열량을 조절하기 위해 우리는 계절에 따라 짧고, 긴 의복을 걸치는 것이다.

활동정도에 따른 열발산량

활동정도	열발산량(단위 : met)
취침	0.7
조용히 앉아 휴식하는 상태	1.0
천천히 걷기(3.2km/h)	2.0
청소	2.0~3.4
일반사무	1.1~1.3
강의	1.6
댄스	2.4~4.4
테니스	3.6~4.6
골프	1.4~2.6

(2) 인체의 열손실

체내 깊숙한 곳의 근육조직에서 생산된 열은 피부 표면으로 운반되며 대류, 복사, 증발, 전도에 의해 주위로 방출한다. 전도에 의한 열손실이 없을 경우 복사 45%, 대류 30%, 증발 25%로 복사에 의한 손실열량이 가장 많다.

2. 열쾌적

(1) 물리적 변수

1) 기온(DBT)

인체의 쾌적에 가장 큰 영향을 미친다.

① 건구온도의 쾌적범위 : 16℃~28℃

② 우리나라의 공기조화를 하는 실내의 온도는 겨울철 18℃, 여름철 26℃를 권장하고 있다.

■ 쾌적감이란 "환경조건에 만족감을 느끼는 마음의 상태"라고 정의되므로 매우 주관적인 심리적 상태를 의미한다. 따라서 쾌적환경이란 개개인에 따라 다를 수 있고, 문화적 배경, 지역적 차이, 계절적 요인 등에 따라 다르므로 일률적으로 규정할 수는 없으나 대개 대다수의 사람이 만족하는 환경조건의 범위를 설정하여 설계의 기준으로 삼게 되는데 이를 쾌적영역(comfort zone) 혹은 쾌적대라 한다.

2) 습도(RH)

극단적으로 높거나 낮지 않는 한 쾌적에는 거의 영향을 미치지 않으나 증발에는 큰 영향을 미친다.

• 쾌적온도 범위 내에서의 쾌적습도 범위 : 55±15%(40~70%)

■ 쾌적 온습도 범위

	온도	습도
여름	26±2℃	50%
겨울	20℃±2℃	50%

3) 기류

공기의 흐름

① 피부로부터 열방산 증가
- 대류에 의한 열손실 증가
- 증발촉진에 의한 인체냉각

② 기류속도에 대한 인체의 반응
- 더운 상태 : 1m/s 정도가 쾌적, 1.5m/s 정도가 허용 범위
- 추울 때 난방상태 : 0.2m/s 이하가 쾌적, 0.1m/s 이하면 답답함
- 외부 : 5.0m/s가 쾌적의 최대한계치

③ 공기조화를 하는 실내의 기류는 0.5m/s 이하를 권장하고 있다.

4) 복사열

기온 다음으로 온열감에 영향을 미친다.

• 차가운 유리창 부근에 있을 경우 찬바람이 들어오는 것으로 오인

• 가장 쾌적한 상태 : MRT가 기온(DBT)보다 2℃ 정도 높은 상태

$$MRT = \frac{A_1T_1 + A_2T_2 + A_2T_3 + ...}{A_1 + A_2 + A_3 + ...}$$

여기에서 A_1, A_2, A_3는 실내 각 부분의 면적, T_1, T_2, T_3는 실내 각 부분의 온도이다.

■ MRT
(Mean Radiant Temperature)
평균복사온도를 말하는 것으로 어떤 실을 둘러싸고 있는 표면들의 평균표면온도라 할 수 있다.

■ 1clo란 양복정장을 한 신사의 의복단열값에 해당한다.

■ 인체의 열쾌적에 영향을 미치는 요소(변수)
① 물리적 변수
- 기온(DBT)
- 습도(RH)
- 기류
- 복사열(MRT)

② 개인적(주관적)변수
- 착의상태(clothing)
- 활동량(activity)
- 나이(age)
- 성별(sex)
- 신체형상
- 건강상태

(2) 개인적(주관적) 변수

1) 착의상태

의복의 단열성능을 측정하는 무차원단위인 clo(clothes)로 나타낸다.

① 1clo의 조건 : 기온 21℃, 상대습도 50%, 기류 0.1m/s의 실내에서 착석, 휴식 상태의 쾌적유지를 위한 의복의 열저항값 (0.155m^2·K/W)

② 실온이 약 6.8℃ 내려갈 때마다 1clo의 의복을 겹쳐 입는다.

- 수영복 : 0.05clo
- 반바지 : 0.1clo
- 반바지와 짧은 소매셔츠 : 0.2clo
- 양복정장 : 1clo
- 면내의, 모양말, 3겹의 두꺼운 겨울의복 : 1.5clo
- 극지방의 방한복 : 4.0~4.5clo

2) 활동량

인체의 물리적 활동에 따라 인체로부터의 열발산량이 달라진다. 인체로부터의 열발산량은 met라는 단위를 사용한다. 1met는 조용히 앉아있는 성인남자의 신체 표면적 1m^2에서 발산되는 평균열량으로 58.2W/m^2, 혹은 50kcal/m^2·h에 해당한다. 인체의 열발산량은 개인에 따라 다르고, 나이가 많을수록 감소하며, 성인여자의 경우 남자의 약 85% 정도이다. 표는 성인남자의 대표적인 열발산량을 met 단위로 나타낸 것이다. 성인남자의 평균 신체표면적을 약 1.8m^2로 가정하면 실제 열발산량을 계산할 수 있다.

활동정도에 따른 열발산량

활동정도	열발산량 (단위 : met)
취침	0.7
조용히 앉아 휴식하는 상태	1.0
천천히 걷기(3.2km/h)	2.0
청소	2.0~3.4
일반사무	1.1~1.3
강의	1.6
댄스	2.4~4.4
테니스	3.6~4.6
골프	1.4~2.6

3) 기타

① 환경에 대한 적응도

② 연령과 성별

③ 신체형상, 피하지방량

④ 건강실태

⑤ 음식과 음료

⑥ 재실시간

예제문제 20

열환경에 대한 인간의 쾌적도에 영향을 주는 변수가 아닌 것은 다음 중 어느 것인가?

① 나이 및 성별 ② 활동량

③ 착의량 ④ 벽체의 단열 정도

답 : ④

예제문제 21

인체의 열쾌적에 대한 설명으로 가장 적절하지 않은 것은? 【18년 출제유형】

① 착의량의 단위인 clo는 W/㎡·K에 해당한다.

② 활동량의 단위인 met는 W/㎡에 해당한다.

③ 동일한 건구온도에서 습구온도와 차이가 클수록 상대습도는 낮다.

④ 겨울철에 평균복사온도가 상승하는 경우 습공기선도 상의 열쾌적 범위는 왼쪽으로 이동한다.

해설

① clo는 의복의 열저항을 나타내는 단위로 1clo는 $0.155m^2K/W$에 해당

답 : ①

3. 열쾌적 지표(THERMAL COMFORT INDEX)

온열감에 영향을 미치는 네 가지 물리적인 요소 즉 기온, 습도, 기류, 복사열 중 3~4가지를 조합해서 만든 종합쾌적지표이다.

(1) 유효온도(ET : Effective Temperature)

① 기온, 습도, 기류를 조합한 감각지표

② 1923년, 미국의 F.C.Houghton과 C.P.Yaglou가 창안

③ 실험대상자로 하여금 아래와 같은 A실과 B실을 왕복하게 하여 B실의 상태와 같은 온감을 주는 A실의 기온을 유효온도(체감온도, 효과온도)라 한다.

④ 쾌적환경의 유효온도

- 겨울 17.2 – 21.7℃ (평균 18.9℃)
- 여름 18.9 – 23.9℃ (평균 21.7℃)

A 실 습도 100%, 기류 0m/sec(무풍상태)이고 기온은 임의로 설정할 수 있는 실	⇔	B 실 기온, 습도, 기류를 임의로 바꿀 수 있는 실

■ 유효온도의 의미

A실(기준실)	B실(실험실)
100%(고정)	50%
0m/sec(고정)	0.5m/sec
25℃(가변)	30℃

유효온도란 기온, 습도, 기류가 조합된 쾌적지표로 상대습도 100%, 기류 0m/sec인 기준실과 같은 느낌을 주는 실험실의 무한개의 모든 기온, 습도, 기류의 조합을 기준실의 온도와 같은 유효온도라 하는데, 위의 B실 조건은 유효온도 25℃ ET가 된다.

⑤ 단점

- 습도의 영향이 저온역에서 과대, 고온역에서는 과소
- 복사열이 고려되지 않음

(2) 수정유효온도(CET : Corrected Effective Temperature)

건구온도 대신 글로브온도를 사용하여 복사열을 고려한 쾌적 지표

(3) 신유효온도(ET*)

유효온도의 습도에 대한 과대평가를 보완하여 상대습도 100% 대신 50%선과 건구온도의 교차로 표시한 쾌적지표

(4) 표준유효온도(SET : Standard Effective Temperature)

신유효온도를 발전시킨 최신쾌적지표로서 ASHRAE에서 채택하여 세계적으로 널리 사용되고 있다. 상대습도 50%, 풍속 0.125m/s, 활동량 1Met, 착의량 0.6clo의 동일한 표준환경조건에서 환경변수들을 조합한 쾌적지표로서 활동량, 착의량 및 환경조건에 따라 달라지는 온열감, 불쾌적 및 생리적 영향을 비교할 때 매우 유용하다.

(5) 흑구온도(GT : Globe Temperature, t_g)

보통온도계의 감온부위를 약 15cm 지름의 흑색구의 중심부에 위치시켜 측정한 흑구온도는 기온과 기류 및 평균복사온도를 종합한 지표로서 평균복사온도를 산정하는 방법으로도 사용되고 있다.

$$T_{mrt}{}^4 = T_g{}^4 + C\sqrt{v}(t_g - t_a)$$

여기서, T_{mrt} : 평균복사온도(K)

T_g : 흑구온도(K)

v : 기류속도(m/s)

t_g, t_a : 흑구온도 및 기온(℃)

C : 0.247×10^9

(6) 작용온도(OT : Operative Temperature)

기온과 주변의 복사열 및 기류의 영향을 조합시킨 쾌적지표로서 습도의 영향이 고려되지 않았다.

$$OT = \frac{h_r \cdot MRT + h_c \cdot t_a}{h_r + h_c}$$

여기서, h_r : 복사열전달률

h_c : 대류열전달률

MRT : 평균복사온도(℃)

t_a : 기온(℃)

■ **열쾌적 지표**

온열쾌적 영향요소 4가지의 조합으로 나타나는 종합쾌적지표로 다음과 같은 것들이 있다.

- 유효온도 : 기온, 습도, 기류 조합
- 수정유효온도 : 기온, 습도, 기류, 복사열 조합
- 흑구온도 : 기온, 기류, 복사열 조합
- 작용온도 : 기온, 기류, 복사열 조합
- 합성온도 : 기온, 기류, 복사열 조합

※ 실내에서의 작용온도 : 기류가 0m/s에 가까운 실내에서는 복사열전달율(h_r)과 대류열 전달률(h_c)은 거의 같다.

따라서 $h_r = h_c = h$ 라 하면 $OT = \frac{MRT + t_a}{2}$ 가 된다.

즉, 실내에서의 작용온도는 평균복사온도와 기온의 평균값이다.

(7) 합성온도(RT : Resultant Temperature)

기온, 기류, 복사열의 조합으로 다음 식으로 구한다.

$$RT = \frac{MRT + DBT\sqrt{10V}}{1 + \sqrt{10V}}$$

만약, $v = 0.1\text{m/s}$이면 $RT = \frac{MRT + DBT}{2}$

쾌적지표(실험적 지표)

	기호	기온	습도	기류	복사열
유효온도	ET	○	○	○	
수정유효온도	CET	○	○	○	○
신유효온도	ET*	○	○	○	○
표준유효온도	SET	○	○	○	○
흑구온도	GT	○		○	○
작용온도	OT	○		○	○
합성온도	RT	○		○	○

예제문제 22

인체의 쾌적상태에 영향을 미치는 물리적 요소 4가지를 조합하여 만든 쾌적지표는?

① 유효온도 ② 수정유효온도
③ 흑구온도 ④ 합성온도

답 : ②

(8) 불쾌지수(Discomfort Index, Temperature-Humidity Index)

온도와 습도의 조합시킨 지표로 다음의 식으로 구한다.
불쾌지수(DI)=(건구온도+습구온도)*0.72+40.6

(9) 예상온열감(Predicted Mean Vote)

- 온열 6요소인 기온, 습도, 기류, 복사열, 착의량, 대사량을 함수로 하여 인체가 느끼는 온열감을 −3(매우 춥다)에서 +3(매우 덥다)까지 7단계로 나타내어 투표하여 예측하는 지표이다.
  다음의 식으로 구한다.

$$PMV = (0.303e^{-0.036m} + 0.028)(M - E - R - C)$$

여기서, M : 인체의 열생산량　　E : 증발에 의한 발열량
R : 복사에 의한 발열량　　C : 대류에 의한 발열량

- 재실자의 90% 이상이 쾌적감을 느끼는 PPD < 10%인 조건을 충족하기 위한 PMV의 범위는 −0.5 < PMV < 0.5
- PPD(Predicted Percentage of Dissatisfied)란 예상온열감값에 대해 사람들이 느끼는 불만족 정도를 %로 나타내는 값이다.

예제문제 23

온열환경지표에 대한 설명으로 가장 적절하지 않은 것은? 【19년 출제유형】

① 일반적으로 권장되는 쾌적범위는 PPD 〈 10%, − 0.5 〈 PMV 〈 +0.5 이다.
② PMV 값이 클수록 더 더운 환경이라는 것을 나타낸다.
③ PMV=0이라 하더라도 PPD는 5% 정도가 된다.
④ 유효온도(ET)는 상대습도 60%인 경우의 실내온도로 나타낸다.

해설
④ 60% → 100%

답 : ④

실기 출제유형 [16년]

예제문제 24

다음 그림은 온열환경의 쾌적상태를 표현하는 쾌적지표인 PMV(Predicted Mean Vote) 및 PPD(Predicted Percentage of Dissatisfied)의 상관관계를 나타낸 것이다. 다음 질문에 답하시오. (10점)

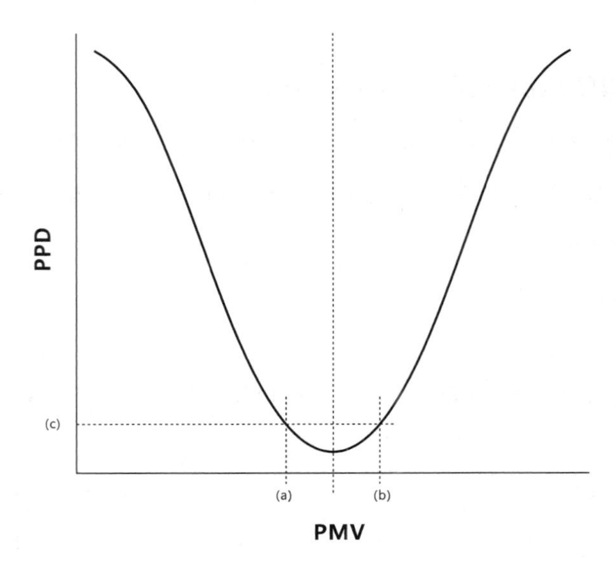

2-1) PMV 산출에 요구되는 물리적 온열환경 인자 4개와 개인적 인자 2개를 제시하고, PMV 척도의 최대, 최소값 및 그 크기에 따른 온열 쾌적상태에 대해 서술하시오. (5점)

정답

- PMV 산출에 요구되는 6가지 열환경요소 : 기온, 습도, 기류, 평균복사온도, 대사량, 착의량
- PMV 척도의 최대, 최소값 : −3, +3
- PMV 척도 크기에 따른 온열쾌적상태

−3	−2	−1	0	+1	+2	+3
매우춥다	춥다	약간춥다	적당하다	약간덥다	덥다	매우덥다

2-2) 위 그림에서 곡선의 최소값은 PMV=0의 상태를 의미한다. 이때의 PPD 값을 단위와 함께 제시하고, PPD에 대한 정의 및 이 값이 0이 아닌 이유에 대해 서술하시오. 또한 위 그림에서 열적 쾌적범위를 나타내는 PMV값 (a), (b) 및 PPD 값(c)를 쓰시오. (5점)

정답
- PMV=0 상태의 PPD값 : 5%
- PPD의 정의 : PPD란 예상온열감(PMV) 값에 대해 사람들이 느끼는 불만족정도를 %로 나타낸 것
- PMV=0 에서도 PPD가 0이 아닌 이유 : PMV=0 에서도 5%의 사람들은 불만족 할 수 있으므로
- PMV 값 (a), (b) : (a)=-0.5, (b)=+0.5
- PPD 값 (c) : 10%

예제문제 25

실기 출제유형[20년]

온열쾌적감을 나타내는 지표인 PMV를 결정하는 6가지 요소를 <표>에 기입하고, 각 요소별로 PMV를 낮추는 조절방법에 "○" 를 표시하시오. (4점)

요소	조절방법	
	높인다	낮춘다
①		
②		
③		
④		
⑤		
⑥		

정답

요소	조절방법	
	높인다	낮춘다
① 기온		○
② 습도		○
③ 기류	○	
④ 평균복사온도		○
⑤ 대사량		○
⑥ 착의량		○

실기 출제유형 [22년] 

예제문제 26

건축물의 환경 및 에너지효율화 계획에 대한 다음 물음에 답하시오.
어느 사무실의 PMV가 +1.5로 평가되었다. PMV를 결정하는 여섯 가지 요소를 기입하고, 이 사무실의 온열쾌적감을 향상시키기 위한 각 요소별 조절방법을 선택("✔" 표시)하시오. (4점)

요소	조절방법	
	높인다	낮춘다
①	□	□
②	□	□
③	□	□
④	□	□
⑤	□	□
⑥	□	□

정답

요소	조절방법	
	높인다	낮춘다
① 기온	□	☑
② 습도	□	☑
③ 기류	☑	□
④ 평균복사온도	□	☑
⑤ 대사량	□	☑
⑥ 착의량	□	☑

| 참고 | 콜드 드래프트(Cold Draft)

인체에 불쾌감을 주는 냉기류를 콜드 드래프트(Cold Draft)라 한다.
겨울철 외벽에서 벽보다 상대적으로 차가운 유리창 면에서 냉각된 냉풍이 하강하거나, 여름철 차가운 공조공기가 빠른 속도로 피부에 와 닿으면 Cold Draft를 느끼게 된다.

- 인체 주위의 온도가 낮을 때
- 인체주위의 습도가 낮을 때
- 인체주위의 기류속도가 클 때
- 주위의 벽면 온도가 낮을 때
- 동절기 창문의 극간풍(틈새바람)이 많을 때
- 인체의 열생산보다 열손실이 클 때 주로 발생한다.
- 바닥복사 난방이나 창측의 방열기 설치로 Cold Draft를 줄일 수 있다.

01 종합예제문제

1 다음 온실가스 중 지구온난화지수(GWP : Global Warming Potential)가 가장 높은 것은?

① 이산화탄소 ② 메탄
③ 아산화질소 ④ 수소불화탄소

지구온난화지수(GWP)

온실기체	화학식	GWP 2001
이산화탄소	CO_2	1
메탄	CH_4	21
아산화질소	N_2O	310
수소불화탄소	HFCs	1300
과불화탄소	PFCs	7000
육불화황	SF_6	23900

2 다음 중 건물에너지절약을 위한 자연형 건축설계 기법으로 보기에 어려운 것은?

① 외피부하를 줄이기 위한 고단열 및 고기밀
② 건물구조체를 이용한 축열 및 환기를 통한 전열교환
③ 고효율 설비 및 신재생에너지의 활용
④ 맞통풍 및 굴뚝효과를 이용한 자연환기

③ 고효율 설비 및 신재생에너지의 활용은 설비형 환경조절(Active Control) 기법이라 볼 수 있다.

3 기후대별 토속건축물의 환경조절방법에 대한 설명으로 가장 부적합한 것은?

① 온난기후대에서는 태양고도에 따라 여름에는 창문을 차폐시키고 겨울에는 일사를 받을 수 있도록 한다.
② 고온건조기후대에서는 벽돌, 석재, 진흙 등 열용량이 큰 재료를 사용하여 주간과 야간의 큰 일교차를 극복한다.
③ 고온다습기후대에서는 그늘을 만들기 위하여 건축물을 밀집시켜 통풍효과를 최소화한다.
④ 한랭기후대에서는 열손실을 줄이기 위하여 건축물의 표면적과 창문의 면적을 최소화하고 단일성이 높은 재료를 사용한다.

고온다습기후대에서는 통풍이 잘될 수 있도록 거리를 두고 배치한다.

4 건축환경(실내, 실외)계획시 대지의 미기후(Micro climate)를 결정하는 요소 중 가장 적합한 것은?

① 연간 일조량 ② 대지의 규모
③ 대지 경사면의 방향 ④ 연간 강수량

대지 경사면의 방향이 남향이냐 북향이냐에 따라 대지의 미기후에 큰 차이가 발생한다.

5 단지계획에서 미기후(Micro climate)에 직접 영향을 주는 요소가 아닌 것은 어느 것인가?

① 해발고도, 언덕, 계곡
② 대지의 경사도 및 방향
③ 식생 및 인공구조물
④ 지질 및 지중온도

미기후는
① 지표면의 자연상태 또는 인공구조물의 유무에 따른 지표면 반사율, 침투율, 토양온도, 토질 등과
② 지형의 경사도, 방위, 풍우의 정도, 해발고도, 언덕, 계곡 등과
③ 3차원적 물체인 나무, 울타리, 벽, 건물 등에 의한 기류의 변화와 응달형성 등에 영향을 받는다.

해설 1. ④ 2. ③ 3. ③ 4. ③ 5. ④

6 건강한 건축과 가장 관계가 적은 것은?

① 생태건축 ② 자연친화형 건축
③ 재개발 건축 ④ 지속가능한 건축

7 다음 중 건축계획상 사용하는 기후요소가 아닌 것은?

① 기온과 습도 ② 일조와 일사
③ 눈과 비 ④ 위도와 지형

위도, 지형, 해류, 대기환류, 고·저기압, 기상 등은 기후 요소에 영향을 미치는 기후인자들이다. 기후요소에는 기후특성을 나타내는 기온, 습도, 풍속, 풍압, 운량, 일조, 일사, 강수량과 그의 연간분포 등이 있다.

8 실내공간에서 사람의 온열감각에 영향을 미치는 4가지 요소로서 가장 적당한 것은 다음 중 어느 것인가?

① 기온, 습도, 전도, 주벽의 복사열
② 기온, 습도, 기류, 주벽의 복사열
③ 열관류, 열전도, 주벽의 복사열, 대류열
④ 열전도, 기온, 습도, 기류

온열 쾌적감에 영향을 미치는 4가지 물리적 변수에는 기온(DBT), 습도(RH), 기류, 복사열(MRT) 등이 있다.

9 활동량, 착의량 및 환경조건에 따라 달라지는 온열감, 불쾌적 및 생리적 영향을 비교하는 데 매우 유용한 쾌적지표는 다음 중 어느 것인가?

① 유효온도(ET) ② 표준유효온도(SET)
③ 수정유효온도(CET) ④ 작용온도(OT)

표준유효온도란 신유효온도를 발전시킨 최신쾌적지표로 ASHRAE(American Society of Heating, Refrigerating and Air-conditioning Engineers)에서 채택하여 세계적으로 널리 사용하고 있으며, 상대습도 50%, 풍속 0.125m/s, 활동량 1Met, 착의량 0.6clo의 동일한 표준환경조건에서 환경변수들을 조합한 쾌적지표로, 활동량, 착의량 및 환경조건에 따라 달라지는 온열감, 불쾌적 및 생리적 영향을 비교할 때 매우 유용하다.

10 유효온도(감각온도, Effective Temperature) 22℃란 다음의 어느 조건에 해당하는가?

① 기온 22℃, 습도 50%, 풍속 0m/s
② 기온 22℃, 습도 100%, 풍속 0m/s
③ 기온 22℃, 습도 50%, 풍속 0.5m/s
④ 기온 22℃, 습도 0%, 풍속 0.5m/s

유효온도 실험에서 기준실 조건은 습도 100%, 기류 0m/sec, 온도는 임의로 조절가능한 것으로, 유효온도 22℃란 습도 100%, 기류 0m/sec, 기온 22℃와 같은 느낌을 주는 다양한 습도, 기류, 온도 조합을 말하는 것이다. 예를 들면 50%, 0.5m/sec, 27℃ 상태에 100%, 0m/sec, 22℃인 때와 같다면 습도 50%, 기류 0.5m/sec, 기온 27℃의 조건을 22℃ ET라 하며 유효온도 22℃라 한다.

11 인체의 쾌적감에 영향을 주는 열적 환경요소로 가장 부적합한 것은?

① 기온 ② 습도
③ 기류 ④ 조명

쾌적환경의 4가지 요소는 기온, 습도, 기류, 복사열이다.

12 통상적으로 사람들이 가장 쾌적하다고 느끼는 습도는?

① 10~20% ② 40% 미만
③ 40~60% ④ 70% 이상

13 안정시 인체 열 손실비율에 대한 설명 중 틀린 것은?

① 호흡 – 55% ② 복사 – 45%
③ 대류 – 30% ④ 증발 – 25%

전도에 의한 열손실이 없을 경우, 복사 45%, 대류 30%, 증발 25%로 복사에 의한 열손실량이 가장 많다.

해설 6. ③ 7. ④ 8. ② 9. ② 10. ② 11. ④ 12. ③ 13. ①

14 최근 환경문제의 심각성이 대두되면서 생태건축에 대한 관심이 높아지고 있다. 다음 중 생태건축의 개념과 가장 관계가 없는 것은 어느 것인가?

① 재활용 ② 재건축
③ 재사용 ④ 자원절약

> 재건축은 많은 양의 건설폐기물을 만들어내므로 생태건축개념과 직접적인 관계가 없다.

15 다음은 Passive House 인증 성능기준이다. 잘못된 것은?

① 난방에너지 요구량 : 15kWh/m²·yr 이하
② 기밀성능 : n50 조건에서 0.6ACH 이하
③ 난방, 급탕, 냉방, 조명 등 전체 에너지 소비에 대한 1차 에너지 소요량 : 120kWh/m²·yr 이하
④ 전열교환기 효율 : 85% 이상

> 전열교환기(Heat Exchanger) 효율은 75% 이상

16 건물의 열손실과 관련하여 건축물의 형태 계획으로 다음 중 옳은 것을 고르면?

① A/P비(면적/둘레길이)는 낮을수록 열성능이 유리하다.
② 일반적으로 남북으로 긴 형태의 건물이 일사수열 면에서 유리하다.
③ S/F비(외피면적/바닥면적)가 낮을수록 열성능이 불리하다.
④ 가장 유리한 표면적대 부피비(S/V비) 형태는 반구형의 건물형태이다.

> ① A/P비(평면 밀집비)는 높을수록 열성능이 유리하다.
> ② 일반적으로 동서로 긴 형태의 건물이 일사수열 면에서 유리하다.
> ③ S/F비가 낮을수록 열성능이 유리하다.
> ④ 반구형태의 건축물이 S/V가 가장 낮다.

17 방한, 방서에 관한 기술 중 부적당한 것은?

① 주택에 있어서 기밀성을 향상시켜도 열손실계수는 거의 변하지 않는다.
② 외벽을 백색으로 하면 차열효과를 얻을 수 있다.
③ 건물의 실내온도와 외기온과의 차이는 단열성이 좋으면 커진다.
④ 고온다습한 지역에서, 방서에 필요한 건물의 평면계획을 할 때는 동서축을 길게 하는 것이 바람직하다.

> 열손실계수(BLC, Building Loss Coefficent)=외피손실율+환기손실율로 건물전체로부터 단위시간동안, 단위온도차 조건에서의 손실량을 바닥면적으로 나눈 값이다. 기밀성이 향상되면 환기손실율이 작아져 열손실계수도 작아진다.
> 나. 백색은 일사흡수율이 낮다. 백색 – 0.30, 흑색 – 0.96, 붉은색 – 0.65
> 다. 단열성이 좋을수록 열흐름이 차단됨에 따라 실내외 온도차가 커진다.
> 라. 적도지방의 태양경로 생각: 주로 동쪽에서 떠서 머리 위를 지나 서쪽으로 진다. 따라서 동서축으로 길게 하고 동서면과 수평면에는 창을 두지 않고 고단열구조로 하며, 남측과 북측면에 개구부를 둔다.

18 건축환경(실내, 실외)계획시 대지의 미기후(Microclimate)를 결정하는 요소 중 가장 거리가 먼 것은?

① 대지주변의 인공구조물
② 대지의 규모
③ 대지 경사면의 방향
④ 대지주변의 식생

> 대지주변 인공구조물의 종류, 식생종류 및 분포, 대지 경사면의 방향이 남향이냐 북향이냐에 따라 대지의 미기후에 큰 차이가 발생한다.
> 대지규모는 미기후에 영향을 미치지 않는다.

해설 14. ② 15. ④ 16. ④ 17. ① 18. ②

19 열환경 평가 지표 중에서 습도의 영향이 고려되지 않은 것은?

① Operative Temperature
② Effective Temperature
③ Corrected Effective Temperature
④ Standard Effective Temperature

> ① 기온, 기류, 복사열을 반영

20 열환경 평가 지표 중에서 신유효온도를 발전시킨 최신쾌적지표로서 활동량, 착의량 및 환경조건에 따라 달라지는 온열감, 불쾌적 및 생리적 영향을 비교할 때 매우 유용한 것은?

① Operative Temperature
② Effective Temperature
③ Corrected Effective Temperature
④ Standard Effective Temperature

> 표준유효온도(SET, Standard Effective Temperature)에 대한 설명이다.

21 재실자의 90% 이상이 쾌적감을 느끼는 PPD < 10%인 조건을 충족하기 위한 PMV의 범위는 어떻게 되는가?

① PMV=0
② $-0.25 < PMV < 0.25$
③ $-0.5 < PMV < 0.5$
④ $-2 < PMV < 2$

> PPD(Predicted Percentage of Dissatisfied)란 예상온열감값에 대해 사람들이 느끼는 불만족 정도를 %로 나타내는 값이다.

22 인체에 불쾌감을 주는 냉기류인 Cold Draft 에 관한 설명으로 옳지 않은 것은?

① 겨울철 외벽에서 벽보다 상대적으로 차가운 유리창 면에서 냉각된 냉풍이 하강하는 현상을 말한다.
② 인체주위의 기류속도가 작을 때 주로 발생한다.
③ 인체의 열생산보다 열손실이 클 때 주로 발생한다.
④ 바닥복사 난방이나 창측의 방열기 설치로 Cold Draft 를 줄일 수 있다.

> ② 인체주위의 기류속도가 클 때 주로 발생한다.

23 다음 중 덥고 건조한 기후지역에서 적용할 수 있는 자연 냉방 기법이라 보기 어려운 것은?

① 용량형 단열
② 야간천공복사
③ 통풍의 극대화
④ 증발냉각

> 고온 다습한 지역에서 적용하는 기법이다.
> 고온 건조 기후지역에서는 개구부를 최소화하여 실내외 기류흐름을 억제한다.

해설 19. ① 20. ④ 21. ③ 22. ② 23. ③

제 2 장

Passive 건축계획

Passive 건축계획

1 건물에너지 절약을 위한 접근법

■ 효율적인 건축설계를 통해 건물에너지의 80% 절약이 가능하다.

본 교재의 앞 부록에서 ☞ 칼라사진을 참조하시오.

*출처 : www.cadc.auburn.edau/sun-emulator

THE 3 TIER APPROACH SUSTAINABLE HEATING, COOLING, AND LIGHTING OF BUILDINGS

* PART OF SOLAR RESPONSIVE DESIGN

Drawn by Barbara Jo Agnew at Auburn University

건물에너지절약을 위한 3단계 접근법

(1) 1단계 : 건물의 기본설계

① 겨울에는 열손실을 최소화하고, 여름에는 열획득을 최소화

② 효과적인 기본설계를 통해 건물에너지의 60% 절감 가능

③ 기본 설계 단계에서의 주요 설계 요소에는 다음과 같은 것이 있음

- 미기후를 고려한 **대지선정**
- 태양경로를 고려한 **배치계획**
- 계절별 일사획득과 일사차단을 고려한 **조경계획**
- S/V비를 최소화하고 일사영향을 고려한 **형태계획**

- 계절별 일사획득량을 고려한 방위계획
- 일사흡수율을 고려한 외피마감 색상계획
- 외피의 고단열계획
- 냉방기간 동안 일사를 차단할 수 있는 외부차양계획
- 투습, 방수, 축열 성능 등을 고려한 건축재료 선정
- 침기에 따른 열손실을 줄일 수 있는 기밀계획
- 일사획득과 차단을 고려한 방위별 창호계획
- 방위별 창호의 크기, 유리의 종류, 단열성능, 차폐성능 결정
- 고효율 조명, 고효율 기기장치 선정

(2) 2단계 : 자연에너지의 적극적인 활용을 위한 Passive System 적용

① 겨울철 태양열 획득을 위한 직접획득방식, 축열벽 방식, 부착온실 방식 등 적용
② 여름철 냉방부하 저감 및 실내열 방출을 위한 Earth Coupling, Comfort Ventilation, Night Flush Cooling 적용
③ 자연채광 도입을 위한 광선반, 고창 등 계획
④ 이상과 같은 Passive System 적용을 통해 추가로 약 20%의 에너지 절감 가능

(3) 3단계 : 효율적인 기계설비 계획

① 고효율 보일러, 냉동기 등의 열원설비 계획
② 고효율 팬, 펌프 등의 반송장치 계획
③ LED, 고광도 방전등 등의 고효율 조명계획
④ 설비형 태양열 시스템, 태양전지, 지열교환 히트펌프, 폐열회수 장치 등의 적용
⑤ 이상과 같은 고효율 기계 설비계획을 통해 추가로 약 8%의 에너지 절감 가능

이상의 단계별 접근법에서 기술했듯이 건물의 기본설계와 자연에너지 이용계획을 통해 건물에너지의 약 80%를 절감할 수 있다. 따라서 건물 자체의 에너지 성능을 높일 수 있는 초기단계의 에너지절약 설계가 요구된다.

예제문제 01

건축물의 에너지 절약을 효과적으로 하기 위해서는 설계초기단계부터 건축사, 설비전문가, 에너지전문가 등이 참석하는 통합설계(Integrated Design)가 요구된다. 일반적으로 건물의 에너지 절약에 가장 큰 영향을 미칠 수 있는 의사결정 전문가는?

① 건축사
② 기계설비기술자
③ 전기설비기술자
④ 신재생에너지전문가

해설
건축설계를 효과적으로 함으로써 일반건축물 대비 80% 전후의 에너지 절감이 가능하며, 이러한 역할은 건축사의 몫이다.

답 : ①

예제문제 02

건물에너지 효율화를 위한 열적조닝(Thermal Zoning) 계획으로 가장 부적합한 것은?
【15년 출제유형】

① 열적조닝 기준이 되는 것은 실 설정온도, 실 사용시간, 실 용도 등이다.
② 상하층으로 분리된 실이라도 열적특성이 동일한 경우 하나의 존으로 설정할 수 있다.
③ 대규모 급식시설의 조리실과 식사공간은 별도의 열적조닝이 필요하다.
④ 대규모 개방형 사무공간(Open Office)에서는 칸막이 벽에 의한 공간 구획이 없으므로 열적조닝이 불필요하다.

해설
대규모 사무소 건물의 경우, 방위와 위치에 따라 조닝이 필요

답 : ④

예제문제 03

난방에너지 절약을 위한 공동주택의 일반적인 계획 기법으로 가장 적합하지 않은 것은?
【17년 출제유형】

① 외피의 열관류율을 작게 한다.
② 실내외 온도차를 줄이기 위한 열적완충공간을 둔다.
③ 주동 출입구는 방풍실을 두거나 회전문으로 한다.
④ 평면상에서 외벽은 일자형보다는 요철형으로 한다.

해설
④ 외피면적이 작은 일자형이 좋다.

답 : ④

2 자연형 태양열 시스템

1. 기본원리

태양열 시스템이란 태양에너지를 건축물의 난방 혹은 냉방에 이용하는 방법이다. 시스템은 크게 집열부, 축열부 그리고 이용부의 3가지로 구성되며, 각 구성부간의 에너지 전달방법이 자연순환, 즉 전도·대류·복사 등의 현상에 의한 것으로 특별한 기계장치 없이 태양에너지를 자연적인 방법으로 집열, 저장하여 이용할 수 있도록 한 것이 자연형 태양열 시스템이다. 따라서, 경제성이 높은 것은 물론 고장이 잘 안 나고 오래 쓸 수 있으며, 관리가 쉽다는 장점이 있다.

(1) 태양열 시스템(Solar System)

자연형과 설비형 두 종류가 있다.

설비형 태양열 시스템(Active Solar System)이란 집열판, 축열조, 순환펌프, 보조보일러 등의 기계장치를 별도로 설치하여 태양열을 급탕과 난방 등에 보다 적극적으로 이용하는 것을 말하며, 자연형 태양열 시스템(Passive Solar System)이란 별도의 기계장치 없이 건축물을 효과적으로 설계함으로써 태양열을 최대한 이용할 수 있도록 하는 기법들을 말한다.

(2) 설비형 태양열 시스템(Active Solar System)

태양에너지를 냉·난방 열원으로 이용하기 위해 집열판, 축열조, 순환펌프, 보조보일러 등과 같은 기계설비를 이용하는 시스템

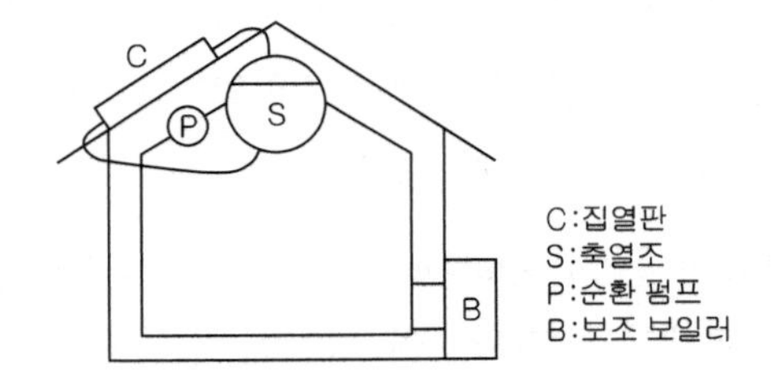

■ 설비형 태양열 시스템 구성 요소
- **집열판**(Solar Collector) : 설비형 태양열시스템을 구성하는 주요 요소로서 태양열을 집열하기 위해 경사지붕이나 벽면에 설치되며, 평판형과 진공관형 등이 있다.
- **축열조**(Thermal Storage Tank) : 설비형 태양열시스템에서 집열판에서 데워진 물을 저장하는 탱크
- **순환펌프**(Circulating Pump) : 설비형 태양열시스템에서 온수를 순환시키는 장치
- **보조보일러**(Auxiliary Heater) : 일사가 충분치 않거나 매우 추운 날 온수 온도를 높여주는 보조열원장치

■ 자연형 태양열 시스템 구성 요소

- **집열창(Solar Glazing)** : 태양열을 집열하기 위해 축열체 또는 실내에 일사를 도입하는 것을 주목적으로 하여 설치되는 투과체로서 투명 또는 반투명 재료(플라스틱)를 사용한다.
- **축열체(Thermal Mass)** : 축열을 목적으로 설계, 설치되는 구조체의 총칭으로서 벽, 바닥의 건축부위, 물벽 등이다. 축열체의 역할은 낮동안에 집열된 열을 야간에 이용할 수 있도록 저장하고 운반하는 것으로 외기온도와 실내온도와의 차이를 좌우하는 것이므로 실내의 쾌적도를 나타내는 지표가 된다. 보통 열용량, 단위 중량이 큰 것을 사용한다.
- **축열벽(Thermal Storage Wall)**
벽돌이나 물벽 등과 같은 축열체를 태양열을 저장하기 위해 벽으로 이용하는 것을 말한다. 태양열은 이러한 벽체에 주간(특히 오전 9시~오후3시)에 축열이 되고, 일몰 후 시간이 경과함에 따라 실온이 낮아질 때 이를 방출시킨다.
- **상변화 물질 (PCM, Phase Change Materials)**
물체의 상태가 변화할 때 출입하는 잠열을 이용하는 것으로서 크게 파라핀, 왁스같은 유기물과 망초나 염화칼슘수화물 등의 무기수화염으로 나눌 수 있다. 이 PCM을 자연형태양열 시스템에 이용하면 과열현상을 방지할 수 있고, 실내온도를 낮추기 위한 환기 등으로 야기되는 에너지의 낭비를 줄일 수 있으며, 축열체의 용량도 작아져 매우 유리한 재료이다. 그러나 상변화물질이 잠열저장재로 사용되기 위해서는 여러 가지 조건에 부합되어야 한다. 즉, 저장재의 전이온도가 원하는 온도영역이고, 열용량과 잠열이 크며, 과냉각현상이 작으며, 또한 화학적으로 안정하여 반복사용이 가능하고, 재현성이 좋아야 하는 점 등을 들 수 있다.

| 참고 | 태양열 시스템

> 태양열 시스템을 자연형과 설비형으로 나눌 수 있다.
> 서로 별개의 다른 시스템이다.
>
> 자연형 태양열 시스템은 집열창, 축열체(축열벽, 축열지붕 등), 부착온실 등의 건축적인 요소들로 구성되어 있고, 열전달이 자연적인 전도, 대류, 복사에 의해 이루어진다.
>
> 설비형 태양열 시스템은 집열판, 축열조, 순환펌프, 보조보일러, 제어장치 등의 설비장치들로 구성되어 있고, 순환펌프를 이용하여 온수를 순환시키는 방식이다.

2. 시스템의 종류

(1) 적용 방법상의 분류

자연형 태양열 시스템은 태양열을 집열, 저장, 이용(분배)하는 방식에 따라 기본적으로 직접획득형, 간접획득형, 분리획득형의 3가지로 구분된다.

① 직접획득형(direct gain system) : 남향면의 집열창을 통하여 겨울철에 많은 양의 햇빛이 실내로 유입되도록 하여 얻어진 태양에너지를 바닥이나 실내 벽에 열에너지로서 저장하여 야간이나 흐린 날 난방에 이용할 수 있도록 한다.

② 간접획득형(indirect gain system) : 태양에너지를 석벽, 벽돌벽 또는 물벽 등에 집열하여 열전도, 복사 및 대류와 같은 자연현상에 의하여 실내 난방효과를 얻을 수 있도록 하는 것이다. 태양과 실내난방공간 사이에 집열창과 축열벽을 두어 주간에 집열된 태양열이 야간이나 흐린 날 서서히 방출되도록 하는 것이다. 간접획득형으로서는 축열벽형(trombe wall 시스템)과 축열지붕형(roof pond 시스템) 등이 있다.

③ 분리획득형(isolated gain system) : 집열 및 축열부와 이용부(실내난방공간)를 격리시킨 형태를 말한다. 이 방식은 실내와 단열되거나 떨어져 있는 부분에 태양에너지를 저장할 수 있는 집열부를 두어 실내난방 필요시 독립된 대류작용에 의하여 그 효과를 얻을 수 있다. 즉, 태양열의 집열과 축열이 실내 난방공간과 분리되어 있어 난방효과가 독립적으로 나타날 수 있다는 점이 특징이다. 이러한 시스템들은 실제 적용시 적당히 조합하여 이용하는 경우가 대부분이다.

상기의 3가지 기본적인 분류 외에도 구조 형상의 분류로서 직접획득형, 축열벽형, 축열지붕형, 부착온실형, 자연대류형, 2중외피구조형이 널리 사용된다.

(2) 물리적 구조 형태상의 분류

1) 직접획득방식(Direct Gain System)

기본원리는 기본적인 분류상의 직접획득형과 동일하다. 냉방효과를 위하여 실내의 환기를 원활히 할 수 있도록 환기창을 둔 축열은 별도의 축열조보다 거주공간의 구조체 자체를 축열체로 이용한다.

■ 야간단열막(Night Insulation)
낮 동안 남면의 집열창을 투과하여 축열된 열이 밤 동안 외부로 다시 방열되는 것을 방지하기 위한 가동식 단열장치로써 주로 상하향 커텐식을 사용하며 열관류율은 1.22~0.55kcal/m²hr℃의 범위이다.

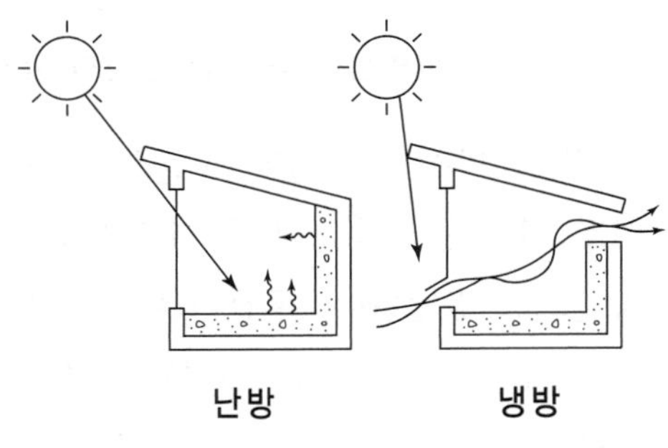

직접획득형의 냉난방 개념도

① 장점
- 일반화되고 비교적 설치비가 저렴하다.
- 계획 및 시공이 용이하다.
- 창의 재배치도 가능하다.
- 투과체는 다양한 기능을 할 수 있다.(자연채광, 조망 등)
- 축열조가 없어도 된다.

② 단점
- 유리창이 넓으므로 실내가 외부에 노출된다.
- 주간에 많은 현휘현상을 초래한다.
- 자외선에 의한 건축물과 사진의 퇴화 현상이 발생한다.
- 축열체가 구조적인 역할을 겸하지 못하면 시공비가 비싼 편이다.
- 과열난방이 초래되기 쉽다.
- 야간 단열재를 하지 않으면 열손실이 많다.

■ **트롬벽(Trombe Wall)**
남면의 고체 집열벽으로써 낮동안 집열창으로 사입되는 태양열을 축열벽의 상하부의 통기구(vent)를 통하여 실내에 전도, 대류, 복사에 의한 열전달로 실내를 난방시키는 것이다. 프랑스의 Trombe씨와 Michel씨가 처음 고안하였다고 하여 Trombe-Michel wall이라고도 한다.

2) 축열벽방식(Trombe Wall System)

축열벽형은 일종의 간접획득방식으로서 열을 주간에 모았다가 야간에 이용하는 것이다. 사용되는 축열재의 재료에 따라 조적조 방식 및 물벽형으로 구분된다.

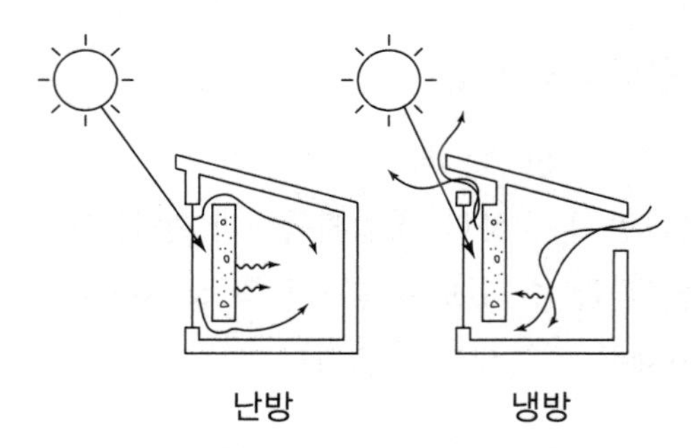

축열벽형(조적조)의 냉난방 개념도

① 조적조(콘크리트, 벽돌) 방식 : 집열과 축열은 실내 공간으로부터 분리되지만 열적으로는 상호 연결되어 벽을 통한 전도에 의해 에너지가 전달되며 복사에 의해 실내공간으로 전달된다. 주간의 대류에 의한 난방을 위해서 축열벽 상·하부에 환기구를 둘 수 있다. 이때는 야간의 역류를 방지하기 위한 댐퍼를 두어야 한다.

② 물벽형(water wall : WW) : 난방개념 및 원리는 조적조 방식과 동일하며 축열재료로서 물을 사용한다는 점만 다르다. 일반적으로 물은 조적조에 비해 축열성능이 매우 우수하다. 물벽방식은 불투명한 재료인 조적조에 비해 자연채광 효과를 충분히 이용할 수 있는 장점이 있다.

㉠ 장점
- 현휘와 자외선에 의한 퇴화현상이 생기지 않는다.
- 거주 공간내의 온도변화가 적다.
- 축열된 복사 에너지는 야간에 방출하여 난방시킨다.
- 여러 방식 중 현재 가장 많이 개발된 방식이다.
- 비교적 추운 기후에 유리하다.

㉡ 단점
- 남측벽의 일면은 투과체로, 다른 면은 축열체로 된 이중면이어야 한다.
- 벽의 부피가 크고 고가이며, 조망에 다소 장해가 있다.
- 축열벽은 건축물내 유효공간을 점유한다.
- 추운 기후에서는 야간에 투과체를 단열하지 않으면 열손실이 많다.
- 가동식 야간 단열막은 고가이며, 아직은 기술상태가 미비하다.

3) 축열지붕방식(Roof Pond System)

축열지붕형은 축열체인 액체가 지붕에 설치된다. 난방기간의 주간에는 단열패널을 열어 축열체가 태양열을 받도록 하며, 야간에는 저장된 에너지가 건축물의 실내로 복사되도록 단열패널이 축열체 위를 덮어씌우도록 되어 있다. 냉방기간에는 이러한 과정이 반대가 되는데, 주간에는 실내의 열이 지붕 축열체에 흡수되고 강한 여름 태양열은 차단된다. 야간에는 축열체가 천공으로 열을 복사하도록 단열패널을 열어둔다. 수조의 깊이는 15~30cm가 적당하다.

■ 축열지붕형은 냉난방에 모두 효과적이다.

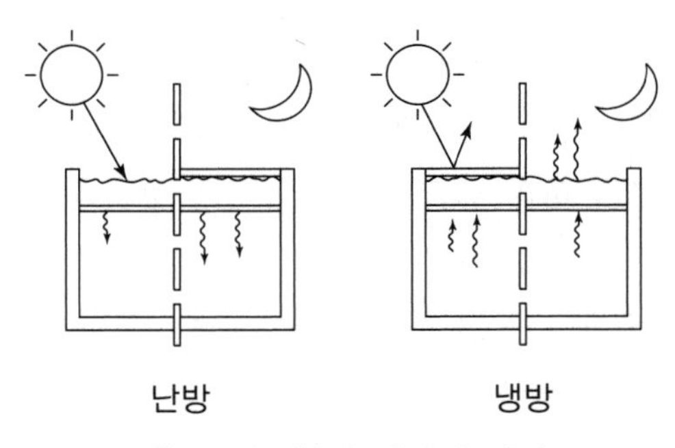

축열 지붕형의 냉난방 개념도

① 장점
- 냉난방 효과를 건축물 전체에 골고루 분배할 수 있다.
- 건축물내 온도변화가 적다.
- 현휘나 자외선에 의한 퇴화현상이 생기지 않는다.
- 냉·난방에 모두 효과적이다.

② 단점
- 천정위의 무거운 축열체가 심리적으로 부담스럽게 느껴진다.
- 축열지붕의 면적은 최소한 바닥면적의 50%가 필요하다.
- 건축물 디자인을 보다 세련되게 할 필요가 있다.
- 무거운 축열체를 구조적으로 처리하는 데 비용이 많이 든다.

4) 부착온실방식(Attached Sun Space System)

부착온실형은 집열창과 기본적인 축열체가 주거공간과 분리된다. 즉, 태양열 시스템이 건축물의 난방공간과는 독립적으로 작용하게 되어 있어 분리획득형의 일종이라는 점이다. 온실은 주로 대류열을 유도하며 하절기의 과열을 방지하기 위하여 적절한 차양장치가 필요하다.

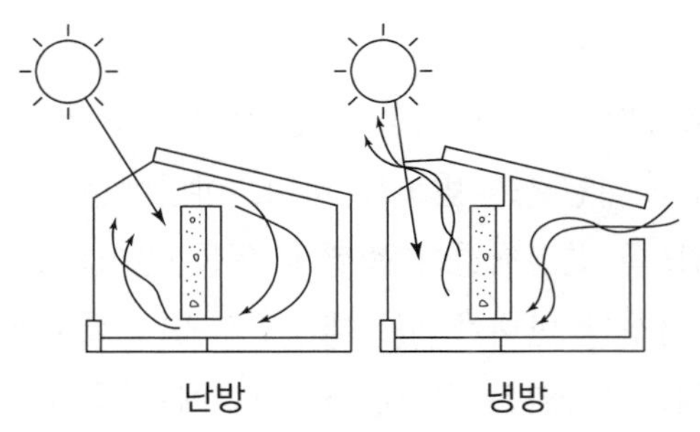

부착 온실형의 냉난방 개념도

① 장점

- 인접된 주거공간의 온도변화가 적다.
- 채소나 다른 식물을 키울 수 있는 공간이 확보된다.
- 완충지대의 역할을 하며 건축물의 열손실을 줄인다.
- 자연과 가까이 할 수 있다.
- 기존 건축물에 쉽게 적용할 수 있다.
- 온실이 확보되므로 건축물 디자인은 자연을 도입할 장식적인 공간이 형성된다.

② 단점

- 디자인에 따라 열성능이 크게 다르다.
- 상업적인 가치가 있도록 잘 시공하려면 시공비가 비싸다.
- 여름에 과열의 우려가 있다.

5) 자연대류방식(Convective-Loop System)

자연대류방식은 공기가 데워지고 차가워짐에 따라 자연적으로 일어나는 공기의 대류에 의한 유동현상을 이용한 것이다. 태양이 집열판 표면을 가열함에 따라 공기가 데워져서 상승하고 동시에 축열체 밑에서 차가운 공기가 상승하여 자연대류가 일어난다. 이 시스템은 별도로 집열면적을 증가시킬 수 있고 열손실이 적으며 기존 건축물에 쉽게 이용할 수 있다. 그러나 축열체의 위치 등을 고려하여 대류가 잘 이루어지도록 계획해야 한다.

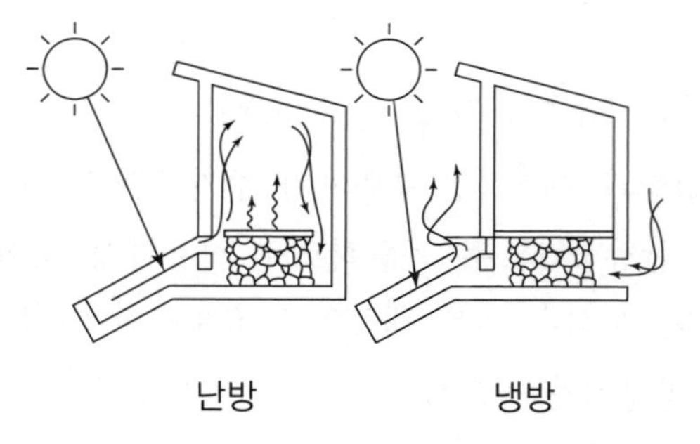

자연 대류형의 냉난방 개념도

① 장점

- 현휘나 자외선에 의한 퇴화현상이 생기지 않는다.
- 가장 저렴한 방식이다.
- 기존 건축물에 쉽게 적용될 수 있다.
- 열손실이 가장 적은 방식이다.
- 집열판의 부착이 가능하다.

② 단점

- 세심한 시공과 기술이 필요하다.
- 축열체의 축열이 직접 이루어지지 못하고 대류 공기에 의하여 이루어지므로 축열이 다른 방식보다 나쁘다.
- 건축물 및 축열조의 위치를 고려하여 집열기는 하부에 설치하여야 한다.

| 참고 | 시스템별 특징 요약

1. 직접획득 방식
일반건물에서 쉽게 적용되고 투과체가 다양한 기능을 갖지만 과열현상이 초래된다.

2. 축열벽 방식
추운지방에서 유리하고 거주공간 내 온도변화가 적으나 조망이 결핍되기 쉽다.

3. 부착온실 방식
기존 재래식 건물에 적용하기 쉽고 여유공간을 확보할 수 있으나 시공비가 높게 된다.

4. 축열지붕 방식
냉난방에 모두 효과적이고 성능이 우수하나 구조적 처리가 어렵고 다층건물에서는 활용이 제한된다.

5. 자연대류 방식
열손실이 가장 적으며 설치비용이 저렴하지만 설치위치가 제한되고 축열조가 필요하다.

예제문제 04

자연형 태양열 난방 시스템의 기본 형식이 아닌 것은?

① 축열벽형 ② 축열지붕형
③ 부착온실형 ④ 집열판 지붕부착형

답 : ④

예제문제 05

자연형 태양열 건물의 설계기법에 대한 설명 중 틀린 것은? 【13년 1급 출제유형】

① 트롬월(Trombe Wall) 방식은 직접 획득 방식 자연형 태양열 설계기법이다.
② 여름철에는 과열방지를 위한 조치가 필요하다.
③ 열류조절을 위해 야간단열막, 통기구, 댐퍼 등이 사용된다.
④ 축열 재료로는 열용량이 큰 콘크리트, 벽돌, 물, 상변화 물질(PCM : Phase Change Materials) 등이 이용된다.

해설
① 트롬월 방식은 간접획득방식이다.

답 : ①

예제문제 06

자연형 태양열 시스템(Passive Solar System) 의 특징 중 가장 적절하지 않은 것은? 【16년 출제유형】

① 자연형 태양열 시스템은 전도, 대류, 복사 등 자연에너지의 흐름을 이용한다.
② 자연형 태양열 시스템은 태양, 야간천공과 같은 자연에너지원을 활용한다.
③ 자연형 태양열 시스템은 직접획득방식, 축열벽방식, 온실방식, 이중외피방식, 쿨튜브방식 등이 있다.
④ 자연형 태양열 시스템은 설비형 태양열 시스템에 비해 경제적인 반면 성능면에서 불리하다.

해설
③ 쿨튜브방식은 지중열 이용 시스템

답 : ③

예제문제 07

우리나라에서 에너지 절약을 위한 건축계획으로 가장 적절하지 않은 것은?

【20년 출제유형】

① 건축물의 연면적에 대한 외피면적의 비는 가능한 작게 한다.
② 트롬월(Trombe Wall)은 건물의 남측보다 북측에 설치하는 것이 유리하다.
③ 공동주택 주동 출입구에 방풍실을 설치하면 겨울철 연돌효과를 줄일 수 있다.
④ 외피의 열관류율을 낮게 하면 열손실이 감소한다.

해설

② 트롬월(Trombe Wall)은 자연형 태양열 시스템으로 태양열이 많이 유입되는 건물의 남측에 설치해야 한다.

답 : ②

3 Passive Cooling(자연냉방)

여름철 열쾌적을 얻기 위해 우선 열을 피하는 전략을 쓸 수 있는데, 주요 내용은 아래와 같다.

① 남향배치
② 식생을 활용한 그늘 확보
③ 적절한 차양계획
④ 외피의 밝은 색 마감
⑤ 외피단열
⑥ 창의 SHGC 조절
⑦ 자연채광 활용을 통한 조명발생열 감소
⑧ 내부발생열 조절

자연냉방기법에는 자연통풍, 증발냉각, 야간천공복사, 용량형 단열, 지중냉각, 제습제를 활용한 제습 등이 있다.

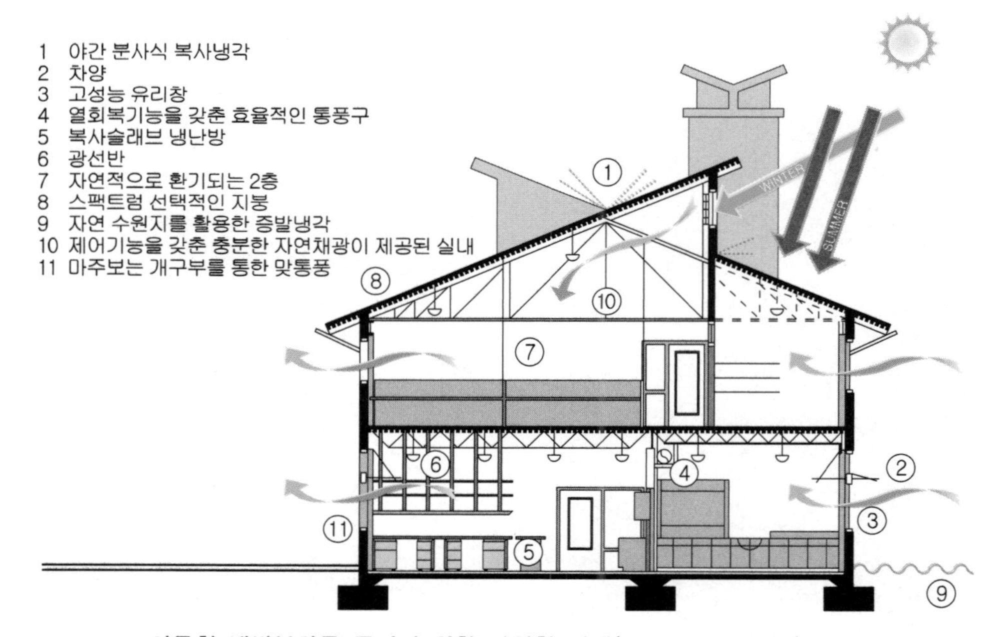

여름철 냉방부하를 줄이기 위한 자연형 설계(Passive Design) 기법

예제문제 08

다음 중 여름철 냉방에너지를 줄이기 위한 설계대안이 아닌 것은?

① 남북축 배치　　② 차양 및 외피단열
③ 자연통풍　　④ 저발열 조명 및 기기

해설
① 건물을 남북축으로 배치하면 건물의 동서면이 강한 일사에 노출되므로 일사획득열이 많아진다. 따라서 동서축으로 배치하여 동서면을 통한 일사획득량을 줄이고 남면에는 일사차폐장치를 설치함으로써 일사의 실내유입을 차단한다.

답 : ①

예제문제 09

실기 출제유형[20년]

우리나라 중부지역에 소재한 건축물의 평지붕에 적용할 수 있는 냉방에너지 절약을 위한 자연형 조절(passive control) 기법 중 단열을 제외한 3가지 기법을 나열하시오.(2점)

정답
- 옥상조경 : 조경으로 인한 일사차단 및 용량형 단열효과
- 쿨루프 : 지붕의 일사흡수율을 낮춰 일사흡수 저감
- 파라솔 루프 : 추가 지붕을 통한 일사차폐

예제문제 10

건물의 지붕 표면을 밝을 색으로 처리하는 쿨 루프(cool roof)에 대한 설명으로 가장 적절하지 않은 것은? 【21년 출제유형】

① 쿨 루프용 도료는 높은 표면 반사율 속성을 갖는다.
② 도료 처리방식 외에도 백색콘크리트 마감, 흰색 자갈 도포 등 다양한 방식으로 구현이 가능하다.
③ 체적 대비 지붕면적이 큰 건물에 적용하는 것이 쿨 루프의 효과를 보는데 유리하다.
④ 건물 냉방부하 저감에 기여하지만 열섬효과를 가중시킨다는 단점이 있다.

해설
④ 열섬 효과를 줄일 수 있다.

답 : ④

실기 출제유형 [22년]

예제문제 11

다음은 설계중인 어느 판매시설 아트리움 부위의 하절기 냉방 가동 조건에서의 단면 온도분포를 시뮬레이션 한 결과이다. 3층 복도 거주역의 온열환경을 개선하기 위한 건축 계획적 보완 방안 두 가지를 쓰고, 각 방안 적용 시 예상되는 개선 효과(원리)를 온도분포 변화를 중심으로 서술하시오.(단, 차양설치 또는 유리사양 변경 등 유입일사 저감 방안은 제외하며, 각종 법령 등 건축 계획적 제한은 없는 것으로 가정한다.)(4점)

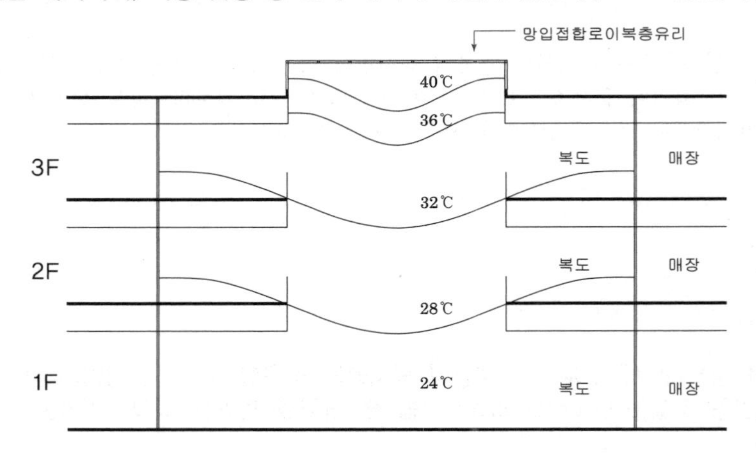

정답

① 아트리움 상부 개구
아트리움 상부개구를 통해 굴뚝효과를 이용한 아트리움 상부에 정체되어 있는 고온의 공기를 배출함으로써 아트리움 3층과 1층 부위 공기온도 편차를 줄일 수 있음.

② 아트리움 상부 높이 상향
아트리움 상부를 높게 함으로써 공기성층화에 따라 고온의 상부공기를 상부공간으로 모이게 하여 거주영역의 온도분포가 기존보다 낮아질 수 있음

③ 매장과 복도사이 벽체개방
매장과 복도사이 벽체 개방을 통해 아트리움 공간의 고온공기가 매장 쪽 공간으로 분산되게 함으로써 3층 복도 거주역의 온도를 낮출 수 있음

④ 복도와 매장 상부 지붕의 단열강화
지붕의 단열강화를 통해 일사열 획득과 관류열 획득량을 줄임으로써 3층 복도 거주역의 온도를 낮출 수 있음

⑤ Cool Roof System도입
지붕에 일사 흡수율이 낮은 흰색 페인트를 칠함으로써 지붕을 통한 일사열획득을 줄여 3층 복도 거주역의 온도를 낮출 수 있음

4 지중열(Geothermal Energy) 이용

지중열원은 5m 이하로 내려가면 연중 온도 변화가 작고, 외기에 비해 상대적으로 변화의 폭이 작으며, 연평균 기온에 수렴한다. 지중의 큰 열용량으로 인해 시간지연 효과로 동절기에는 외기보다 높은 온도를 하절기에는 낮은 온도를 유지하기 때문에 이를 이용할 경우 냉난방을 에너지 절약적으로 효과적으로 할 수 있다. 지중열의 이용은 지중온도와 외기의 온도차를 이용하기 때문에, 연중 추운 한대지방이나 연중 무더운 열대지방에서는 이용이 불가능하며, 우리나라와 같이 계절별 온도차가 큰 경우 이용이 가능하다.

1. 지중열에 대한 이해

(1) 지중열 이용 방법

지중열을 이용하는 방법은 매우 다양하다. 지열히트펌프를 이용하여 냉난방을 하는 액티브 기법과 지중매설관(cool tube) 혹은 피트, 트렌치를 이용한 패시브 기법이 있다. 이용방법에 따라 다양한 이름으로 나타나며, 구조체의 피트를 이용할 경우 Earth Pit 혹은 트렌치, 쿨링(히팅)피트로 불린다. 계절별 외기와 지중열 간의 온도차가 클수록 에너지 절감효과가 크다.

(2) 지중열 이용 시스템의 기본 개념

지중열 이용 시스템의 기본 개념은 지중의 적정 깊이에 플라스틱관 혹은 금속관을 매입하고 건물 공조에 필요한 외기를 유입하는 것이다. 유입된 신선 외기는 지중을 통과하면서 지중과 열교환함으로써 동절기에는 외기보다 높은 온도로, 하절기에는 낮은 온도로 유입되어 예열·예냉효과가 발생한다. 시스템이 비교적 단순하고 안정적이기 때문에 건물에 적용이 쉽다는 장점이 있으나 토목공사를 포함한 초기투자비용에 비해 시스템 효율이 높지 않은 단점도 있다.

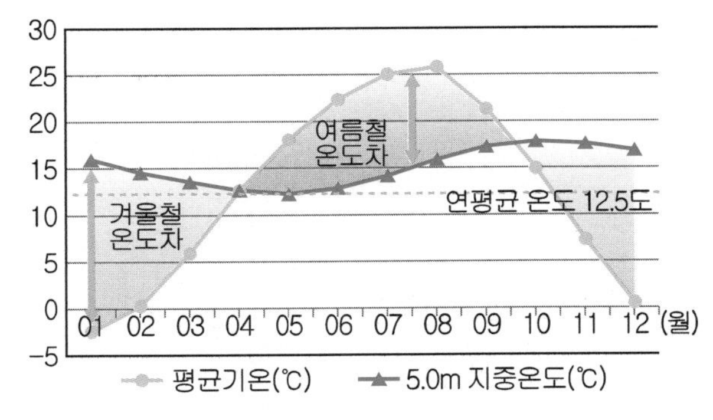

서울지방 월평균기온과 지중온도

예제문제 12

우리나라에서 에너지 절약을 위한 패시브 및 자연에너지 활용 건축기법에 대한 설명으로 가장 적절하지 않은 것은? 【18년 출제유형】

① 고기밀 시공이 중요하며, 결로·곰팡이 방지 및 실내공기질 유지를 위해서는 폐열회수형 기계 환기가 필요할 수 있다.

② 고단열 시공과 열교의 최소화가 필요하며, 창을 통한 일사열획득 수준을 높여 난방에너지요구량을 낮춘다.

③ 지중에 설치한 외기 도입용 쿨튜브는 단열을 철저히 하여 열손실을 방지한다.

④ 외기 도입용 지중 덕트에서 지중을 덜 거치는 바이패스 경로로 두면 중간기(봄, 가을)팬 동력 절감에 효과적이다.

해설

③ 지중에 설치되는 쿨튜브는 열전도율이 높아야 지중과의 열교환이 쉽게 일어난다.

답 : ③

예제문제 13

지중에 관을 매설하여 외기의 유입 통로로 사용하는 쿨튜브 시스템에 관한 설명으로 가장 적절하지 않은 것은? 【20년 출제유형】

① 외기와 지중의 온도차가 클수록 에너지 절감 효과가 줄어든다.

② 쿨튜브의 길이가 길어질수록 쿨튜브 내의 공기와 지중 간의 열교환량이 증대된다.

③ 여름철 쿨튜브를 통해 외기를 예냉하여 실내에 공급하면 냉방에너지를 감소시킬 수 있다.

④ 쿨튜브의 성능은 매설깊이, 토양의 열전도율 및 수분함유율에 영향을 받는다.

해설

① 외기와 지중의 온도차가 클수록 에너지 절감 효과가 커진다.

답 : ①

5 이중외피(Double Skin) 시스템

건물 남측 면에 유리로 된 이중 외피를 설치하여 여름철에는 태양빛에 의한 열이 직접 건물내부에 유입되는 것을 방지하고 겨울철에는 열을 모아 건물 내의 난방에 쓰이는 에너지 절약형 시스템이다. 더블스킨공법이라고도 하며 커튼월의 에너지 절약형으로 볼 수 있다. 내외피사이의 중간공기층은 작게는 220mm에서 크게는 800mm까지 다양하게 적용된다. 이 중간층에 일사조절을 위한 블라인드가 설치된다.

1. 이중외피 시스템의 특징

(1) 자연환기 유도

① 창문개폐가 자유로워 자연환기가 가능하며 신선한 공기를 유통시킬 수 있음
② 초고층건물에서 풍압의 감소로 인해 창문 개폐가 가능

(2) 에너지 절약

① 겨울철 열적 공간이 형성되어 난방부하 절감이 가능
② 여름철 포화된 공기를 환기하여 냉방부하 감소

(3) 차양역할

일정한 너비의 중공층에 의해 하절기 태양의 직접적인 일사를 감소

(4) 유지관리비

① 이중외피로 인한 건축공사비가 증가할 수 있음
② 냉·난방 부하 감소로 인해 공조설비 비용의 축소가 가능하고 유지보수비 절감

2. 이중외피 시스템의 종류

(1) 박스형 이중외피시스템

창호 부분만 이중외피형식이고 그 외의 부분은 일반건물과 마찬가지의 외벽체로 구성

(2) 복도형 이중외피시스템

각 층의 상부와 하부에 급기구와 배기구를 설치하여 각 층별 급기와 배기가 가능하게 한 시스템

(3) 다층형 이중외피 시스템

급기구는 건물의 최하층부에, 배기구는 건물의 최상층부에 설치한 시스템

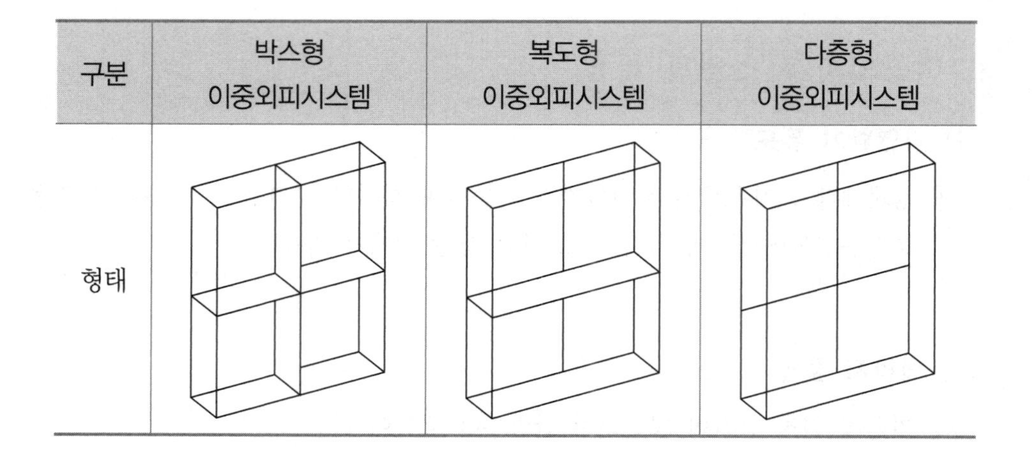

구분	박스형 이중외피시스템	복도형 이중외피시스템	다층형 이중외피시스템
형태			

예제문제 14

업무시설의 이중외피(더블스킨) 커튼월시스템에 대한 설명으로 가장 적절하지 않은 것은? 【18년 출제유형】

① 주요 구성요소는 외측 및 내측 스킨과 중공층, 내부차양(블라인드)이다.
② 개구부 개방에 의한 자연환기가 곤란하다.
③ 중공층을 열적 완충공간으로 활용하여 난방 및 냉방 에너지 요구량을 절감할 수 있다.
④ 내부차양(블라인드) 제어가 중요하며, 여름철에 가열된 중공층 공기는 배기하여 냉방 에너지 사용을 줄인다.

해설
② 개구부 개방에 의한 자연환기가 가능하다.

답 : ②

02 종합예제문제

1 다음의 특징을 갖는 자연형 태양열 시스템은 어느 것인가?

> ① 거주공간내 온도변화가 적다.
> ② 현휘현상이 안 생긴다.
> ③ 집열 에너지를 야간에 방출한다.
> ④ 남측 유리창이 건물외관의 특징이다.

① 직접획득방식　② 축열벽방식
③ 부착온실방식　④ 자연대류방식

> 직접획득방식, 축열벽방식, 축열지붕방식, 부착온실방식, 자연대류방식 등의 특징은 알고 있어야 한다.

2 자연형 태양열 시스템이 아닌 것은 어느 것인가?

① 축열벽 시스템
② 부착온실 시스템
③ 집열장치 시스템
④ 이중외피구조 시스템

> 집열장치 시스템은 설비형 태양열시스템

3 자연형 태양열 시스템(Passive Solar System)의 유형과 가장 거리가 먼 것은?

① 직접획득방식(Direct Gain System)
② 태양전지방식(Photovoltaic System)
③ 축열벽방식(Thermal Storage Wall System)
④ 온실방식(Attached Sun Space)

> 태양전지는 설비형에 속한다.

4 다음 중 패시브 디자인 요소가 아닌 것은?

① 건물배치 및 대지 활용 계획
② 외피 계획
③ 자연채광 및 자연환기 계획
④ 고효율설비 및 신재생에너지 활용계획

> ④ 고효율설비 및 신재생에너지 활용계획은 설비형(Active) 디자인 요소이다.

5 다음 중 여름철 냉방부하를 줄이기 위한 설계대안이 아닌 것은?

① 남향배치　② 차양 및 외피단열
③ 자연통풍　④ 일사획득

> ④ 일사획득은 겨울철 난방부하를 줄이는 설계대안이 되지만, 여름철에는 냉방부하요인이 된다.

6 자연형 냉방시스템 설계의 중요한 원리가 아닌 것은 다음 중 어느 것인가?

① 증발냉각
② 높은 열용량을 가진 축열체
③ 자연환기
④ 주간 천공 복사

> 주간에는 태양으로부터 복사열을 획득하게 되며, 야간에는 낮은 온도(−40 ~ −50℃)의 천공으로 전자기파를 복사함으로써 냉방효과를 볼 수 있다. 즉, 야간 천공복사가 되어야 한다.

해설 1. ②　2. ③　3. ②　4. ④　5. ④　6. ④

7 다음 중 건물에너지절약을 위한 자연형 건축설계 기법으로 보기에 어려운 것은?

① 외피부하를 줄이기 위한 고단열 및 고기밀
② 건물구조체를 이용한 축열 및 환기를 통한 전열교환
③ 고효율 설비 및 신재생에너지의 활용
④ 맞통풍 및 굴뚝효과를 이용한 자연환기

③ 고효율 설비 및 신재생에너지의 활용은 설비형 환경조절(Active Control) 기법이라 볼 수 있다.

8 다음 중 자연형 태양열 시스템 구성요소와 거리가 먼 것은?

① 야간단열막 ② 집열창
③ 축열조 ④ 드럼월

③ 축열조는 설비형 태양열 시스템 구성요소이다. 축열체(Thermal Mass), 축열벽, 축열지붕 등은 자연형 태양열 시스템 구성요소이다.

9 자연형 태양열 시스템(Passive Solar System)에 사용되는 구성요소와 관계가 먼 것은?

① 축열조(Thermal Storage Tank)
② 집열창(South-facing Glazing)
③ 상변화물질(PCM, Phase Change Material)
④ 야간단열막(Night Insulation)

① 축열조(Thermal Storage Tank)는 집열판(Solar Collector), 순환펌프, 보조보일러, 제어장치와 함께 설비형 태양열 시스템(Active Solar System) 구성요소이다.

10 자연형 태양열 시스템(Passive Solar System)에 사용되는 구성요소와 관계가 먼 것은?

① 축열체(Thermal Mass)
② 온실(Sunspace)
③ 집열판(Solar Collector)
④ 야간단열막(Night Insulation)

③ 집열판(Solar Collector)은 축열조(Thermal Storage Tank), 순환펌프, 보조보일러, 제어장치와 함께 설비형 태양열 시스템(Active Solar System) 구성요소이다.

11 자연형 태양열 시스템 중 직접획득방식(Direct Gain System)에 대한 설명으로 적합한 것은?

① 추운지방에서 유리하고 거주공간내 온도변화가 적으나 조망이 결핍되기 쉽다.
② 일반건물에서 쉽게 적용되고 투과체가 다양한 기능을 갖지만 과열현상이 초래된다.
③ 기존 재래식 건물에 적용하기 쉽고 점유공간을 확보할 수 있으나 시공비가 높게 된다.
④ 냉난방에 모두 효과적이고 성능이 우수하나 구조적 처리가 어렵고 다층건물에서는 활용이 제한된다.

① 축열벽방식(Thermal Storage Wall System, Trombe Wall System, Water Wall System, Drum Wall System)
③ 부착온실방식(Attached Sunspace System)
④ 축열지붕방식(Thermal Storage Roof System, Roof Pond System)

12 여름철 냉방부하를 줄이기 위한 자연형 설계기법중 외부요소에 해당되지 않는 것은?

① 광선반을 이용한 자연채광 활용으로 조명 발생열 감소
② 흡수율은 높고 방사율이 낮은 지붕재료 선택
③ 식생을 활용한 그늘 확보
④ 남서향 투과체에 대한 적절한 차양계획

② 일사흡수율은 낮고 방사율이 높은 지붕재료 선택

해설 7. ③ 8. ③ 9. ① 10. ③ 11. ② 12. ②

제 3 장

건물에너지 해석

건물에너지 해석

1 건물에너지 해석 개괄

1. 건물에너지 해석의 목적

다양한 설계대안에 대해 논리적인 분석작업을 통해 에너지 효율을 높이기 위해 건물에너지해석이 요구된다. 건물에너지해석의 목적은 일 년 또는 일정 기간 동안에 발생하는 건물의 에너지소비량을 예측하고 건물의 열성능에 영향을 주는 설계인자들의 원인분석, 냉방, 난방, 조명, 환기 등에 소비되는 에너지의 소비패턴분석, 시간에 따른 소비특성분석 등을 통하여 건축설계의 향상과 더불어 건물에너지소비량을 줄이는데 있다.

2. 건물에너지 해석 단위

건물에너지 해석을 통하여 의사결정을 하는데 사용하는 해석단위에는 부하(loads), 에너지 사용량(energy consumption), 에너지 비용(energy cost)의 3가지가 있다. 주로 경제성 평가를 위한 에너지 비용이 가장 유용한 단위로 고려되고 있으나, 최근에는 설계단계에 따른 부하 및 에너지 사용량에 대한 분석도 많이 이루어지고 있다.

3. 건물에너지 해석기법의 종류

건물의 열에너지 해석과 밀접한 관련이 있는 것이 건물 열부하계산이며, 때로는 이 둘이 혼용되기도 한다. 열부하계산법을 대별하면 최대열부하계산법과 동적열부하계산법으로, 각각 장비용량산정과 에너지 사용량의 산정에 주된 목적이 있다. 한편 건물의 에너지 해석에는 전통적으로 사용되어온 정적해석법과 여기에서 주로 다룰 동적해석법으로 구분할 수 있으며, 후자의 경우 계산에 HVAC의 포함여부에 따라 다음과 같이 부르는 경향이다.

동적해석법의 HVAC 포함 여부

분류	HVAC 포함 여부	주목적
동적열부하계산	비포함 혹은 이상적인 냉난방기기 적용	건물의 에너지 소모량 파악
동적열에너지 해석	포함	· 장비에 따른 건물의 에너지 소모량 파악 · 경제성 분석(LCC 해석) · HVAC 및 제어계통의 적정성 분석

동적열부하계산이 건물 자체의 에너지 평가가 주된 용도라면, 동적열에너지해석을 통해서는 건물의 성능은 물론 선정된 HVAC 시스템의 적합성 여부까지 판정할 수 있으며, 필요하면 대안에 대한 분석도 가능하다. 또한 HVAC 각 구성요소의 에너지 소비량 등으로부터 LCC분석 및 경제성 평가가 가능하게 된다.

(1) 정적 해석법

정적 해석법에서는 실내외 조건을 정상상태로 가정하여 건물에서의 열이동을 계산하게 된다. 많은 방법이 있으나, 이하에서는 기본적인 몇 가지 방식에 대해서만 소개하기로 하고 그 구체적인 알고리즘은 생략한다.

1) 냉난방도일법

이 방법은 에너지 소비량이 추정기간 중의 도일(degree - day)에 비례한다는 것을 나타내는 장기간의 평균치 개념이다. 일평균 외기온이 18.3℃(65℉) 이상일 때 태양열과 내부발생열이 건물의 열손실과 상쇄되며, 또한 연료소비량은 이 일평균 외기온과 18.3℃와의 차에 비례한다는 가정에 근거를 둔 냉난방에너지 소요량의 산정법이다.

2) 확장도일법

냉난방도일법을 일반화시킨 것으로서, 도일법의 개념을 갖고 있으면서 건물이 난방이나 냉방을 요구하지 않는 평균외기온도로 정의한 균형점 온도를 기준으로 한 도일을 계산에 넣는 방식이다. 이 방식은 건물에 공급되는 에너지가 실내외 온도차에 비례한다고는 하지만, 실제 난방기기가 소비하는 에너지는 태양열과 내부에서 발생하는 열이 담당하지 않는 부분만을 충족시키면 된다는 가정에 근거를 둔 것이다.

3) 표준 빈법(Bin Method)

이 방법은 여러 가지 외기기상 상태에서 일어나는 순간 열부하를 계산한 후, 그 결과를 외기조건을 포함하는 이른바 '빈(bin)'으로 불리우는 일정한 시간간격의 빈도수(time frequency)에 따라 열부하를 가중·계산하는 방식이다. 빈은 임의의 간격으로 정할 수 있으나 보통 2.8℃의 간격을 많이 사용한다. 이 방법에서는 건물의 점유기간과 비점유기간 동안의 열부하를 계산하는 것이 보통이며, 평형점 온도(balance point temperature)를 사용하여 내부 발생열과 태양열 취득의 영향을 고려하기도 한다.

4) 수정 빈법(Modified Bin Method)

종래의 빈법에 평균부하 또는 다변부하(diversified load)의 개념을 도입하여 태양열 취득과 내부 발생열을 기상조건과 발생 정도에 맞도록 가중계산된 평균값을 적용하여 각각의 빈에서 계산하는 방식이다. 창을 통한 일사열 다변부하, 벽체의 일사성분 관류열 다변부하, 관류열 다변부하, 내부발생부하, 외기부하 등의 다변부하 요소들로 구성되어 있으며 정적 해석법 중에서 비교적 정밀한 연간 냉난방부하를 산정하는 방법이다.

(2) 동적 해석법

건물의 열부하를 계산할 때 시시각각 변화하는 외기조건을 정상상태로 가정하는 것으로는 실내에서 발생하는 열부하를 정확히 파악하기 어렵다. 즉, 실제로 건물의 실내외 조건은 수시로 변화하는 비정상상태이기 때문에 정확한 열부하를 계산하기 위해서는 각각의 변화요소들을 시간의 함수로 처리하는 동적계산이 필요하게 된다.

1) 해석적인 방법

현재 국내에서 이용되고 있는 대다수의 동적 해석방식이 이 부류에 포함된다. 응답계수법(response factor)과 가중계수법(weighting factor)을 적용한 미국의 DOE-2 및 일본의 HASP, ASHRAE의 전달함수법에 의한 TRNSYS 등이 대표적이며, 최근 국내에서 개발된 동적 해석 프로그램의 대다수가 여기에 해당한다.

2) 수치적인 방법

이 방식의 발전은 컴퓨터 산업의 급속한 성장과 관계된다. 유한차분법과 같은 수치해석에 근간을 두고 있으며, 선형 및 비선형 모델을 모두 포함하여 시스템 구성에 유연성이 큰 장점을 가진 반면 요구되는 계산량이 방대하여 비용과 연산시간면에서 비효율적인 것으로 간주되어 왔다. 그러나 최근의 컴퓨터 환경을 고려할 때 이러한 문제는 더 이상 제약사항이 될 수 없으며 오히려 그 활용범위가 더욱 더 확대되고 있다. ESP-r, BLAST, Energy Plus가 여기에 포함되며, 해석적인 방법의 장점이 사라지고 있는 상황에서 향후 완전히 대체하게 될 가능성도 충분히 있다. 동적 에너지 해석은 매 시간 또는 일정한 시간 간격으로 건물의 각 부분에서 아래에 열거한 여러 가지 열전달 경로를 통하여 동시에 발생되는 열부하를 통합해야 한다.

① 벽체의 축열효과를 고려한 외벽을 통한 관류열
② 시간에 따른 재실자, 조명, 기기 등으로부터의 현열 및 잠열 발열
③ 자연 또는 강제환기 및 침기에 의한 열손실 및 열취득
④ 내외부표면에 대한 일사의 영향
⑤ 외벽체와 주위 건물 지표면 하늘과의 복사열 교환
⑥ 내벽체 사이의 복사열 교환
⑦ 주위 건물 및 물체에 의한 투명/불투명 벽체에 대한 음영의 영향
⑧ 건물 내외부의 대류에 의한 열교환

예제문제 01

도일법에 대한 설명 중 틀린 것은? 【13년 1급 출제유형】

① 난방도일은 기준온도보다 일평균 외기온도가 낮은 경우 그 온도차의 합을 나타낸다.
② 난방도일법은 난방에너지 소요량을 추정할 수 있는 간이계산법이다.
③ 기준온도가 균형점 온도로 대치된 경우, 가변도일법이라 부른다.
④ 난방설정온도가 20℃이고, 외기온도가 10℃인 건물에서 난방가동 없이 실내온도가 18℃를 유지할 때, 균형점 온도는 외기온도와 실내온도의 평균인 14℃이다.

해설

④ 균형점 온도(Balance Point Temperature)란 건물의 열획득과 열손실이 균형을 이룰 때의 외기온도로 난방개시온도라고도 한다. 따라서 10℃가 균형점 온도이다.

답 : ④

예제문제 02

건물에너지 및 그 해석과 관련된 설명이 틀린 것은? 【13년 1급·2급 출제유형】

① 1kWh란 1kW의 일률로 1시간 동안 사용할 수 있는 에너지이다.
② 냉난방도입법은 실내외 온도조건을 비정상상태로 가정하여 건물의 냉난방부하를 추정하는 동적해석법이다.
③ 동적계산법은 건물의 열적 거동을 시간의 함수에 따라 계산하며 주로 컴퓨터를 이용한다.
④ 최대부하계산은 일반적으로 냉난방설비의 용량을 산정하는데 활용되며 기간부하계산은 일정기간 동안 건물의 에너지 사용량을 계산하는데 활용된다.

해설
② 냉난방도일법은 실내외 온도조건을 정상상태로 가정하는 정적해석법이다.

답 : ②

예제문제 03

건물에너지 해석방법에 대한 설명으로 가장 부적합한 것은? 【15년 출제유형】

① 최대 냉난방 부하는 위험률을 고려한 설계외기 온도로 산정하며, 장치용량 산정에 활용된다.
② 구조체의 축열효과를 고려한 에너지요구량 계산에는 수정 빈(Modified BIN)법을 활용할 수 있다.
③ 회귀분석과 신경망 기법은 과거 데이터를 활용하여 에너지 사용량을 예측하는 기법이다.
④ 동적해석에 활용되는 표준기상데이터는 TRY, TMY, WYEC 방식 등으로 작성된다.

해설
구조체의 축열량을 고려한 건물에너지 요구량 계산에는 동적해석법이 사용된다.

답 : ②

| 참고 | 회기분석과 신경망 기법

회귀분석이나 신경망기법은 모두 과거 데이터를 활용하여 에너지사용량을 예측할 수 있는 방법이라 볼 수 있겠다.

신경망기법은 인간의 뇌구조를 모방한 데이터 모델링 기법으로 임의의 데이터로부터 반복적인 학습과정을 거쳐 내재되어 있는 패턴을 찾아내는 비선형 통계기법이다.
여러개의 input과 하나의 output 사이의 관계와 패턴을 인식, 학습하게 함으로써 새로운 input이 입력될 경우 기존 자료로 학습된 것에 따라 유사한 패턴의 output를 만들어 준다.

여러 개의 input과 하나의 output 사이의 관계와 패턴을 찾기 위해 과거의 데이타를 활용하게 된다.

수정빈법은 구조체의 축열효과를 고려한 냉방부하계수를 사용하지만 난방부하계산 시에는 구조체의 축열효과를 반영하지 못하는 한계가 있다. 따라서 "구조체의 축열효과를 고려한 에너지요구량 계산에는 수정빈법을 활용할 수 있다"는 문항은 절반만 맞는 것으로 보인다.
하지만 벽체의 축열효과를 고려한 외벽을 통한 관류열을 시간단위로 계산하는 동적해석법에서는 외피의 축열효과를 반영하여 건축물의 냉난방부하를 정밀계산한다.

따라서 가장 잘못된 문항을 2번으로 보는 것이 맞다.

예제문제 04

난방 및 냉방 에너지소요량의 동적 계산(Dynamic simulation)과 가장 관련이 적은 것은? 【17년 출제유형】

① 보일러, 냉동기 및 냉·온수 순환펌프의 부분부하 효율, 제어방식
② 외벽 재료의 비열 및 밀도, 창의 열관류율 및 면적
③ 인체, 조명, 기기 등의 실내 발열밀도 및 발열 스케쥴
④ 난방 및 냉방 디그리데이(Degree day)

해설
④ 냉·난방 도일법은 정적해석법이다.

답 : ④

예제문제 05

난방도일에 관한 설명으로 가장 적절하지 않은 것은? 【19년 출제유형】

① 난방도일은 난방이 필요한 날의 평균 외기온도를 합한 값이다.
② 추운 지역일수록 난방도일이 증가한다.
③ 난방도일 계산 시 외기 습도는 고려하지 않는다.
④ 난방도일을 이용하여 난방연료 소비량을 추정할 수 있다.

해설
① 난방기준 온도와 난방이 필요한 날의 평균외기온도 차를 합한 것이다.

답 : ①

2 건축물에너지효율등급 평가툴

1. 건축물에너지효율등급 평가툴(ECO2) 특성

ECO2 프로그램은 건축물에너지효율등급 인증평가를 위해 에너지공단에서 배포한 에너지시뮬레이션 평가툴로 ISO 52016(2017년 ISO 13790, ISO 13791, ISO 13792가 통합된 규격)를 기준으로 월별 평균 기상데이터를 바탕으로 난방, 냉방, 조명, 급탕, 환기시스템의 5가지 항목만 추출하여 단위면적당 1차 에너지소요량을 산출한다. 또한 ECO2는 Monthly Method를 기본 평가 로직으로 적용하여 사용자 이용 편의를 위해 윈도우 기반으로 구현하였다. ECO2의 에너지흐름에 대한 개념은 아래 그림과 같다.

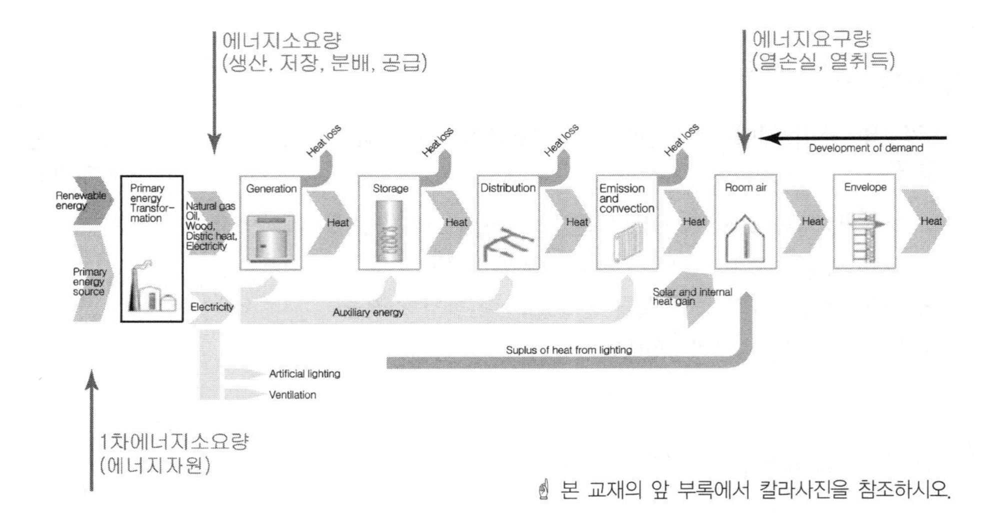

☝ 본 교재의 앞 부록에서 칼라사진을 참조하시오.

프로그램 개요

구분	에너지 요구량	에너지 소요량	1차에너지 소요량
개념	· 실 용도를 고려한 냉·난방 설정온도, 운전시간, 내부 발열량 고려 · 외피 열관류율, 방위 등을 고려 · 건축적 대안을 통해 절감 가능	· 각종 설비기기의 효율 고려 · 냉난방열원 → 분배시스템 → 실내공급시스템으로 열이동에 따른 손실량 고려 · 설비적 대안 및 신재생에너지 설치를 통해 절감 가능	· 에너지소요량에 연료를 채취, 가공, 운송, 변환, 공급 과정 등의 손실을 포함한 에너지량 · 1차 에너지 환산계수 (연료 1.1, 전력 2.75, 지역난방 0.728 지역냉방 0.937)

■ BIS BN EN ISO 13790

Energy Performance of buildings –Calculation of energy use for space heating and cooling

- Buildings
- Thermal design of buildings
- Thermal environment systems
- Energy consumption
- Mathematical calculations
- Space–heating systems
- Heat engineering
- Heat loss
- Heat transfer
- Cooling
- Temperature
- Climate
- Solar radiation
- Ventilation
- Performance
- Energy conservation

■ 에너지 요구량

- 특정조건(내/외부온도, 재실자, 조명기구) 하에서 실내를 쾌적하게 유지하기 위해 건물이 요구하는 에너지
  - 건축조건만을 고려하여 설비 등의 기계 효율은 계산되지 않음
- 설비가 개입되기 전 건축 자체의 에너지 성능
  - 건축적 대안(Passive Design)을 통해 절감 가능

■ 에너지 소요량

- 건물이 요구하는 에너지요구량을 공급하기 위해 설치된 시스템에서 소요되는 에너지량
  - 시스템의 효율, 배관손실, 펌프 동력 계산(시스템에서의 손실) 포함
  - 설비적 대안(Active Design) 및 신재생에너지의 설치를 통해 절감 가능

■ 1차 에너지 소요량

- 에너지 소요량에 연료를 채취, 가공, 운송, 변환 등 공급 과정 등의 손실을 포함한 에너지량
  - 1차 에너지 : 가공되지 않은 상태에서 공급되는 에너지, 화석연료의 량(석탄, 석유, 천연가스 등)
  - 2차 에너지 : 1차 에너지를 변환 가공해서 얻은 전기, 가스 등(에너지 변환손실+이동손실 발생)
- 에너지소요량×사용 연료별 환산계수(환산계수 : 연료 1.1, 전력 2.75, 지역난방 0.728, 지역냉방 0.937

(1) 용도(사용)프로필

건축물에너지효율등급 평가툴(ECO2)는 사용프로필이 주거공간, 사무실 등 20가지 항목으로 나누어져 있으며, 각 사용시간과 운전시간, 연간사용일수, 최소도입외기량, 인체기기 발열량, 일일급탕요구량이 프로그램상 이미 설정되어 있어 사용자의 수정이 불가하다. 각 용도프로필별 세부 설정내용은 다음 표와 같다. 용도프로필 설정 시, 소규모 사무실과 대규모 사무실은 실의 면적에 따라 구분하며 30m² 초과일 경우 대규모 사무실로 구분한다. 구내식당의 경우 다른 용도에 비해 급탕요구량이 매우 높게 설정되므로 급탕부하 증가에 영향이 크며, 특히 전산실은 실내기기발열이 대규모 사무실에 비해 약 15배 높게 설정되고 보통 항온항습기와 같은 개별냉방기기를 사용하므로 냉방부하 증가에 큰 요인이 된다.

■ 실면적 30m² 초과일 경우 대규모 사무실로 구분

용도프로필에 따른 설정값

구 분	사용시간	운전시간	최소외기 도입량 (m³/hm²)	인체발열 (Wh/m²d)	기기발열 (Wh/m²d)	실내온도 (℃)	사용 일수
소규모 사무실	09 : 00 ~18 : 00	07 : 00 ~18 : 00	4	30	42	난방 : 20 냉방 : 26	261
대규모 사무실 (30m² 초과)	09 : 00 ~18 : 00	07 : 00 ~18 : 00	6	55.8	126	난방 : 20 냉방 : 26	261
회의실 / 세미나실	07 : 00 ~18 : 00	07 : 00 ~18 : 00	15	96	8	난방 : 20 냉방 : 26	261
강당	07 : 00 ~18 : 00	07 : 00 ~18 : 00	2	36	24	난방 : 20 냉방 : 26	261
구내식당	08 : 00 ~15 : 00	08 : 00 ~15 : 00	18	177	10	난방 : 20 냉방 : 26	261
화장실	07 : 00 ~18 : 00	07 : 00 ~18 : 00	15	–	–	난방 : 20 냉방 : 26	261
그 외 체류공간	07 : 00 ~18 : 00	07 : 00 ~18 : 00	7	96	8	난방 : 20 냉방 : 26	261
부속공간 (로비, 복도)	07 : 00 ~18 : 00	07 : 00 ~18 : 00	0.15	–	–	난방 : 20 냉방 : 26	261

■ 기기발열이 가장 많은 실은 전산실과 주방/조리실

구 분	사용시간	운전시간	최소외기 도입량 (m^3/hm^2)	인체발열 (Wh/m^2d)	기기발열 (Wh/m^2d)	실내온도 (℃)	사용 일수
창고/ 설비/ 문서실	07 : 00 ~18 : 00	07 : 00 ~18 : 00	0.15	–	–	난방 : 20 냉방 : 26	261
전산실	00 : 00 ~24 : 00	00 : 00 ~24 : 00	1.3	15	1,800	난방 : 20 냉방 : 26	365
주방/조리실	08 : 00 ~15 : 00	08 : 00 ~15 : 00	90	56	1,800	난방 : 20 냉방 : 26	261

(2) 기상데이터 및 냉·난방부하

기상데이터는 ECO2 서버로부터 표준프로파일을 가져오는 방식으로 국내 13개 지역의 월별 평균데이터의 선택이 가능하다. ECO2의 기상데이터는 TMY-기상데이터를 근거로 산출한 월별 평균값으로 월별 평균 외기온도와 방위별 입사각에 따른 월별 평균 일사세기가 포함되어 있다. 냉·난방부하의 경우, 일일 평균 냉·난방부하를 토대로 월별 냉·난방부하가 산출되므로 피크부하는 확인할 수 없다.

| 참고 | 기상데이터 파일

건축물의 에너지 해석에 꼭 필요한 기상 데이터 파일에는 시간별 외기의 건구온도, 절대습도, 일사량, 운량, 풍향, 풍속 등이 필요하다.
기상대에서 측정한 원 기상데이터에서 위 변수들을 추출하거나 만들고 저장하는 방식에 따라 동일 지역이라 하더라도 기후는 매년 달라지므로 해당 지역의 기후특성을 대표하기 위해서는 다년간의 기후데이터에 대한 통계처리가 필요하게 된다.
이러한 과정을 거쳐 작성된 기상데이터를 표준기상데이터라 하며, 통계처리 방식에 따라 다음과 같은 것들이 있다.

(1) TRY(Test Reference Year)

통상 30여년동안의 기상자료를 바탕으로 매우 높거나 낮은 평균기온을 가진 달이 포함되어 있는 그 해의 기상자료를 지워가다 보면 마지막으로 한 해의 기상데이터가 남게 된다. 그 남은 기상테이터를 표준기상데이터로 만든 것이다. 특정 한 해만의 기상데이터로 이루어져 있다는 한계가 있다.

(2) TMY(Typical Meteorological Year)

특정 지역의 일사량 데이터를 잘 나타내고 있는 것이 TMY 기상데이터이다. 이 자료도 대략 30년 정도의 기간에 걸친 매 시간별 다양한 측정데이타를 바탕으로 매

월별로 가장 대표적인 월을 선택하고, 전체 기간에 걸친 월별 평균일사량 데이터를 그 월의 일사량 데이터로 선택한다. 이렇게 하여 1년에 걸친 매 시간별 표준기상데이터를 마련한 것이다.
평균치를 바탕으로 만들어진 데이터이므로 최악의 상황을 분석하는 데에는 한계가 있다.
TMY는 1948~1980년, TMY2는 1961~1990년, TMY3는 1991~2005년까지의 기상데이터를 대상기간으로 하여 각각 미국의 229개, 239개, 1020개 지역에 대한 표준기상데이터를 만든 것이다.

(3) WYEC(Weather Year for Energy Calculations)

30여년 정도의 장기간에 걸친 기상데이터를 바탕으로 통계적인 방법으로 월 평균에 가까운 전형적인 기상월을 추출하여 표준기상데이터를 만든 것이다.
TMY와 함께 장기간에 걸친 그 지역의 표준기상을 반영하고 있어 건축물 에너지 시뮬레이션에 활용되고 있다.

(3) 신재생에너지

지열, 태양광, 태양열, 열병합발전의 4가지의 신재생에너지 입력이 가능하며, 프로그램상 냉·난방기기 부분에 신재생 및 열병합 시스템 연결 여부를 선택하면 에너지소요량(2차 에너지소요량) 출력 시 단위면적당 신재생에너지 발전량을 확인할 수 있다. 1차 에너지소요량에서는 전기비율에 따라 신재생에너지소요량이 각 5가지 항목(냉방, 난방, 급탕, 조명, 환기)으로 차감되어 계산된다.

(4) 환산계수

1차 에너지소요량 산출 시 에너지소요량(2차 에너지소요량)에 전기는 2.75, 연료는 1.1, 지역난방은 0.728, 지역냉방은 0.937의 환산계수를 곱하여 계산된다. 이는 냉·난방에너지원에 따라 시뮬레이션 결과값에 큰 차이가 발생하며, 전기냉·난방기에 비해 지역열원을 사용할 때에 1차 에너지소요량 값이 크게 감소함을 알 수 있다.

(5) 냉·난방시스템 구현

하나의 존에 다수의 냉·난방시스템 설정은 불가하다. 이러한 특성 때문에 하나의 실에 두 가지 이상의 시스템이 연결될 경우 존을 구분하여 입력해야 한다. 열원장치로서 입력이 가능한 것은 흡수식냉동기, 터보냉동기, 항온항습기, EHP,

지역난방, 보일러 등이며 바닥복사 냉난방시스템, 빙축열시스템 등은 구현할 수 없다. 또한 공조방식으로는 대류형 냉·난방 방식(정풍량, 변풍량, 팬코일유닛방식)이 입력가능하며, 바닥취출방식은 풍량, 동력, 정압을 제시 할 수 있으면 구현 가능하다.

2. 시뮬레이션 분석 시 분야별 필요서류

(1) 건축분야

건축분야에서는 평면도, 단면도, 입면도와 같은 기본도면과 각 실별 바닥면적 산출도가 기본적으로 필요하다. 또한 벽체, 바닥, 지붕 레이어에 따른 열관류율 및 창호의 차폐계수, 열관류율이 표기된 부위별 성능내역서가 필요하다. 마지막으로 건물 외피전개도가 필요하며 작성방법 및 샘플은 다음 그림과 같다.

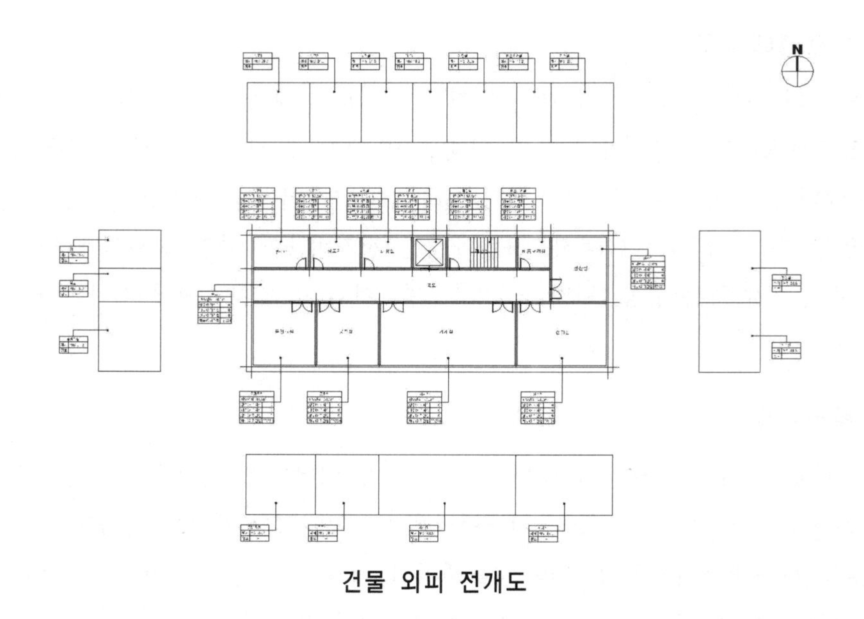

건물 외피 전개도

구분	건물 외피전개도 작성방법
작성법	· 벽체/창호의 구분기호를 부위별 성능내역서와 일치하도록 작성 · 건물 외피 전개부분은 모든 실별로 구획하여 작성(기존의 입면도와 같이 층 전체를 하나로 묶어서 작성하지 않음) · 실별 바닥면적 및 상하부 외기/비공조 면적 정보는 외기에 면하지 않는 내주부를 포함하여 "모든 실에 대하여 작성"

(2) 기계분야

기계분야에서는 장비일람표, 열원흐름도, 공조배관/덕트 계통도 및 평면도가 기본적으로 필요하며, 기계부하계산서 및 장비용량계산서, 배관길이계산서가 필요하다. 작성방법은 다음 표와 같다.

기계분야 필요서류 작성법

구분	작성방법
장비일람표	• 장비의 효율과 관련된 데이터(정격용량, 소비동력, 연료소비량 등)를 모두 기입하거나, 효율을 직접 명기 • EHP의 경우 7℃, −15℃ 조건에 대한 난방용량, 소비전력 명기 • EHP 실내기, 항온항습기, 환기장치 등 송풍기 장착형 장비의 경우 송풍기의 최대풍량, 최대 기외정압, 소비동력 기입 • 열원설비에 대한 대수분할제어(순차제어) 여부 기입 • 순환펌프에 대한 인버터제어 여부 기입
부하계산서	• 실별 냉난방 부하 데이터(실별 바닥면적, 방위별 외벽/외부창 면적)를 포함하되, 최대한 건축 도서의 내용과 일치하도록 작성
장비용량 계산서	• 장비일람표의 내용과 일치하도록 작성
배관길이 내역서	• 난방, 급탕 배관에 대하여 용도 및 기기별 총 배관길이를 산출 (관경에 상관없이 용도 및 기기별 전체 배관길이를 합산)

(3) 전기분야

전기분야에서는 조명제어설비 계통도, 전등 평면도, 조명기구 상세도가 기본적으로 필요하며, 특히 비공조실을 포함한 모든 실에 대한 조명밀도계산서가 필요하다. 태양광발전 적용 시에는 태양광 모듈의 종류, 셀 면적, 설치상태가 확인 가능한 도서가 추가적으로 필요하다.

3. 시뮬레이션 평가방법

ECO2 프로그램은 총 10개의 입력부문이 있으며, 이를 건축입력, 시스템 입력, 신재생에너지 입력으로 구분하였다. 먼저 입력존, 입력면, 열관류율 부문은 건축입력으로 구분하였으며, 공조처리, 난방기기, 난방공급시스템, 난방분배시스템, 냉방기기, 냉방분배시스템은 시스템 입력으로 구분하였다. 마지막으로 신재생 및 열병합 부문은 신재생에너지 입력으로 구분하였다. 각 부문별 구분 및 입력요소는 다음 표와 같다.

부문별 구분 및 입력요소

구분		주요입력내용
건축 입력	입력존	· 용도별 조닝(냉난방 / 공조가 동일한 실) · 사용프로필, 바닥면적, 천장고 등 실의 데이터 입력 · 냉난방공급시스템, 열생산, 공조처리 연결
	입력면	· 입력존에서 구분된 조닝을 반영한 실별 외피면적 입력
	열관류율	· 바닥, 지붕, 벽체의 레이어 입력으로 열관류율 산출
시스템 입력	공조처리	· 각종 공조처리기기 데이터 입력(AHU, 전열교환기, 급배기팬 등)
	난방기기	· 열생산기기의 데이터 입력(온수보일러, 항온항습기, EHP 실외기 등)
	난방공급 시스템	· 실내로 열을 공급하는 기기에 대한 데이터 입력(항온항습기, EHP 실내기, FCU, CON 등)
	난방분배 시스템	· 난방기기와 난방공급시스템을 연결해주는 배관 데이터 입력(열원 이동 시 배관에서의 열손실 계산을 위함)
	냉방기기	· 열생산기기의 데이터 입력 (흡수식냉동기, 항온항습기, EHP 실외기 등)
	냉방분배 시스템	· 냉방기기와 연결된 펌프데이터 입력 (냉방 및 냉각수 순환펌프 등)
신재생 입력	신재생 및 열병합	· 지열, 태양광, 태양열 및 열병합 등 신재생에너지 시스템의 종류 및 설치용량에 대한 데이터 입력

(1) 건축입력

건축입력에 해당하는 입력존, 입력면, 열관류율 부문은 각 실의 데이터 및 건물 외피에 대한 데이터를 입력하는 부문이다. 특히 입력존의 경우에는 건축적인 데이터 뿐 아니라, 냉난방 공급시스템, 열생산, 공조처리기기 등 각 실의 냉방, 난방, 급탕, 조명, 환기부하를 담당하는 시스템을 연결해야 한다.

1) 열관류율

열관류율에는 부위별 성능내역서에 따라 각 건축 부위를 구성하는 레이어별 물성치(열전도율)를 선택하고 두께를 입력해야 한다. ECO2 프로그램에서는 레이어별 물성치(열전도율)가 정해져 있어 부위별 해당 물성치를 선택하고 두께를 입력하면 자동으로 열관류율이 산출된다. 만약 정해진 열전도율이 아닌 시험성적서에 있는 값을 직접 입력하는 경우에는 추후 성적서를 제출해야 한다. 특히 창호의 경우 일사에너지 투과율(G-Value) 값을 입력해야 하고, 이를 근거로 창호를 통한 일사획득량을 계산하며 이는 냉·난방부하에 큰 영향을 미친다.

■ **G-Value란 SHGC(Solar Heat Gain Coefficient)를 의미**
창호에 도달한 태양에너지에 대한 직접 투과된 태양에너지의 비율과 창호에 흡수되었다가 대류, 적외선 장파 복사와 같은 형태로 실내에 재유입되는 태양에너지의 비율의 합. 보통 차폐계수(SC)에 0.86을 곱한 값으로 입력

2) 입력존

입력존에는 사용프로필, 바닥면적, 천장고, 열저장능력, 열교가산치, 침기율, 조명에너지 부하율 입력 및 각종 설비시스템을 연결하도록 되어있다. 사용프로필의 경우 주거공간, 사무실, 회의 및 세미나실, 강당, 구내식당 등 총 20개의 사용프로필 중 해당하는 내용을 선택해야 하며, 각 프로필마다 냉난방 설정온도, 운전시간, 내부발열량, 급탕부하 등이 다르게 설정되므로 정확히 입력해야 한다. 특히 전산실의 경우 내부 기기발열량이 매우 높으므로 건축도면 상의 실명뿐 아니라, 개별 냉방기기(항온항습기 등)의 설치유무를 확인하고 설정하는 것이 중요하다. 존 설정시에는 사용프로필이 동일하고, 난방, 냉방, 공조가 동일한 경우에는 하나의 존으로 분류하여 입력하는 것이 전체 입력존을 최소화 할 수 있으므로, 시뮬레이션 초기에 전체적인 실의 용도 및 냉난방 설비도면을 숙지하여 존을 설정하는 것이 시뮬레이션 수행시간을 줄일 수 있는 방법이다.

3) 입력면

입력면에는 입력존에서 생성했던 각 존에 대한 건축부위, 방위, 외피면적, 열관류율을 입력한다. 건축부위는 외벽(벽체, 지붕, 바닥), 내벽(벽체, 지붕, 바닥), 간벽, 외부창, 내부창으로 구분하여 입력하도록 되어있는데 해당 존이 외기에

면하면 외벽이나 외부창, 비공조존과 면하면 내벽이나 내부창, 공조존과 면하면 간벽으로 선택하여 입력하면 된다. 간벽의 경우 공조존 사이에는 열의 이동이 없다고 보기 때문에 보통 입력하지 않으나, 같은 공조존이라도 내부설정온도가 다른 경우에는 입력해야 한다. 방위 입력시에는 8방위, 수평, 일사없음으로 구분해서 입력하는데, 지붕인 경우에는 수평, 지하외벽 및 바닥인 경우에는 일사없음으로 입력하고, 나머지 지상층의 외벽은 8방위에 맞게 입력하면 된다. 열관류율은 값을 직접 입력하지 않고, 열관류율 부문에서 생성한 건축부위 열관류율을 선택하면 된다.

(2) 시스템 입력

시스템 입력에 해당하는 공조처리, 난방기기, 난방공급시스템, 난방분배시스템, 냉방기기, 냉방분배시스템 부문은 열생산기기, 공조기, 반송동력, 배관길이 등 건물 내 난방, 냉방, 급탕, 환기부하를 담당하는 시스템의 효율 및 장비용량, 순환펌프 동력 등의 스펙을 입력한다.

1) 공조처리

공조처리에는 공조기, 전열교환기, 급배기팬 등의 공조방식, 급배기풍량, 동력, 공조급기온도설정치, 리턴공기혼합여부, 외기냉방제어유무를 입력한다. 공조방식은 정풍량과 변풍량 방식으로 구분하여 입력하며, 공조급기온도설정치는 열원기기가 아닌 경우에는 난방 20℃와 냉방 26℃로 입력한다. 리턴공기혼합여부는 배기 시 실내공기의 순환(외기와의 혼합) 유무로 설정하며, 외기냉방제어유무는 냉방 시 외기온도가 실내설정온도보다 낮을 경우 외기도입을 통해 냉동기 가동율을 줄이는 제어방식의 적용유무로 설정한다.

- **정풍량**(CAV, constant air volume system)
  급기온도 변동(부하변동에 따른 온도조절)
- **변풍량**(VAV, variable air volume system)
  급기온도 고정(부하변동에 따른 풍량조절)
  - 부하측에 VAV유닛이 적용되어 있을 경우 변풍량 방식으로 설정함

2) 난방기기

난방기기에는 보일러, 항온항습기, 흡수식냉온수기, EHP 실외기 등 열생산기기의 스펙을 입력한다. 열생산기기 방식에 따라 보일러, 지역난방, 전기보일러, 히트펌프로 구분하며, 각 장비의 용량 및 효율을 입력한다. 특히 보일러 용량 산정 시 같은 스펙의 다수 보일러가 설치되었을 경우에는 평균용량을 입력하고 설치대수를 입력하면 된다.(냉방기기의 경우는 전체 용량을 기입한다) 히트펌프의 경우에는 난방 정격 COP와 혹한기 COP를 함께 입력하며, 실내외기의 최대

배관길이를 산정하여 입력해야 한다. 난방순환펌프 동력 입력 시에는 예비용은 제외한 동력합계를 적용하여 입력한다. 또한 지열히트펌프 등 신재생에너지를 설치했을 경우에는 적용한 신재생에너지 시스템과 연결해야 한다.

3) 난방공급시스템

난방공급시스템에는 항온항습기, EHP실내기, FCU, CON 등 실내로 열을 공급하는 기기의 스펙을 입력한다. 열공급 시스템은 노출형방열기, 바닥난방(열/전기), 전기난방으로 구분하여 입력할 수 있으며 열공급 생산기기에는 난방기기에 생성한 시스템과 연결한다. 열공급 시스템 특성치에는 제어기, 팬/송풍기, 펌프의 동력을 입력한다.

4) 난방분배시스템

난방분배시스템은 난방기기에서 난방공급시스템으로 열원 이동 시 배관에서의 열손실을 계산하기 위해 배관의 길이를 입력한다. 생산기기구분에는 난방기기를 선택하여 연결하며, 정확한 배관의 길이를 모를 경우에는 표준치 경계조건을 선택하여 건물길이 및 너비, 층고 및 층수, 연결관 장소를 입력한다.

5) 냉방기기

냉방기기는 흡수식냉동기, 터보냉동기, EHP실외기, 항온항습기 등 냉동기의 스펙을 입력한다. 냉동기 방식에 따라 압축식, 흡수식, 지역냉방으로 구분하며, 각 장비의 용량 및 열성능비(COP)를 입력한다. 특히 지역냉방의 경우에는 COP 값을 1로 적용하며, 난방기기와는 달리 동일 스펙의 다수의 냉동기가 설치되었을 경우에는 전체 용량을 산정하여 입력한다. 또한 지열히트펌프 등 신재생에너지를 설치했을 경우에는 적용한 신재생에너지 시스템과 연결해야 한다.

6) 냉방분배시스템

냉방분배시스템에는 냉방기기와 연결된 펌프데이터를 입력한다. 냉동기용 냉수 및 냉각수 순환펌프의 급수/환수온도 및 배관의 압력손실, 개별저항 비율, 펌프동력, 공급범위의 길이/너비/층수 및 층고를 입력하여 열원 이동 시 배관의 열손실과 반송동력이 계산된다.

(3) 신재생에너지 입력

신재생 및 열병합에는 태양열, 태양광, 지열, 열병합에 대한 데이터를 입력할 수 있으며, 냉·난방기기 부분에 신재생 및 열병합 시스템 연결 여부를 선택하면 에너지소요량(2차 에너지소요량) 출력 시 단위면적당 신재생에너지 발전량을 확인할 수 있다. 태양광시스템의 경우에는 별도의 시스템 연결없이 생산되는 전기에너지가 에너지소요량 출력 시 그대로 차감되어 난방, 냉방, 급탕, 조명, 환기에너지가 계산된다.

1) 태양열시스템

태양열시스템은 급탕 또는 급탕+난방에 연결하여 에너지를 절감할 수 있다. 집열기 유형에 따라 평판형과 진공관형으로 구분하여 입력하며 프레임 면적을 제외한 집열판 면적을 입력하여, 설치용량을 산정한다. 솔라펌프의 정격동력에는 태양열시스템의 순환펌프 동력을 입력하며, 태양열시스템의 성능은 보통 표준치로 설정하고, 성적서가 있을 시에는 성능치로 입력이 가능하다. 태양열시스템은 보통 급탕기기와 연결하여, 급탕에너지를 절감시킨다.

2) 태양광시스템

태양광시스템은 별도의 냉·난방기기에 연결하지 않고, 전체 전력사용량에서 생산량이 차감된다. 태양광 모듈면적에는 프레임 면적을 제외한 순수 셀면적을 입력하며, 태양광 모듈 기울기는 22.5도를 기준으로 수평과 45도로 구분하며, 벽이나 창에 설치된 BIPV는 수직으로 입력한다. 태양광 모듈방위는 발전량에 큰 영향을 미치므로 정확히 구분하여야 하며, 모듈 기울기가 수평인 경우에는 해당사항이 없다. 태양광 모듈적용타입은 태양광 모듈의 통풍 여부를 선택하는 것인데, BIPV는 밀착형, 일반 PV는 후면통풍형, 팬을 이용한 환기장치가 부착된 경우에는 기계환기형으로 입력한다.

3) 지열시스템

지열히트펌프는 냉난방기기에 연결하여 에너지를 절감할 수 있다. 지열히트펌프용량은 난방과 냉방을 분리하여 생성할 때는 각각의 용량을 기입하고, 하나의 지열히트펌프로 만들 경우에는 냉·난방 용량의 평균으로 적용한다. 열성능비는 난방, 냉방 시 COP를 적용하고 히트펌프 여러 대의 경우 가중 평균을 이용하여 입력한다. 1/2차 펌프동력에는 지중 열교환기용 지열순환펌프 동력을 기입하며, 지열팽창탱크가 있을 경우에는 탱크 체적을 입력한다.

4) 열병합시스템

열병합시스템의 경우 전력생산량은 프로그램 내부적으로 1차 에너지 소요량에서 차감해주나, 신재생에너지 생산량으로는 포함되지 않으며, 열생산 부분은 난방기기에 생성 후 연결하여 에너지를 절감할 수 있다. 그러나 열병합시스템에서 사용되는 가스사용량은 추가적으로 에너지 소요량에 포함된다.

| 참고 | 건축물에너지효율등급 평가툴(ECO2)

1. ECO2 개요

- 건축물에너지효율등급 평가툴(ECO2)은 ISO 13790과 DIN V18599를 기준으로 월별 평균 기상데이터를 바탕으로 난방, 냉방, 조명, 급탕, 환기시스템의 5가지 항목을 추출하여 단위면적당 1차 에너지소요량을 산출
- 기상데이터는 Monthly Method를 기본 평가 로직으로 적용하고 있으며, 사용프로필의 사용자 설정이 제한적이고 일일평균 냉·난방부하를 토대로 월별 냉난방부하가 산출

2. ECO2 분석을 위한 필요서류

- 건축분야에서는 평면도, 단면도, 입면도와 같은 기본도면과 부위별 성능내역서, 건물 외피전개도
- 기계분야에서는 장비일람표, 열원흐름도, 공조배관/덕트 계통도 및 평면도, 부하계산서, 장비용량 계산서, 배관길이계산서
- 전기분야에서는 조명제어설비 계통도, 전등평면도, 조명기구상세도, 모든 실에 대한 조명밀도 계산서
- 신재생에너지 적용 시에는 해당 신재생에너지원에 대한 설치면적, 설치방법, 효율 등 기본적인 데이터

3. ECO2 입력구분

- ECO2 프로그램에는 총 10개의 입력부문이 있으며, 이를 건축입력, 시스템 입력, 신재생에너지 입력으로 구분
- 입력존, 입력면, 열관류율 부문은 건축입력으로 구분하며, 이는 외피단열성능 및 용도프로필과 관련이 깊은 에너지요구량과 상관관계
- 공조처리, 난방기기, 난방공급시스템, 난방분배시스템, 냉방기기, 냉방분배시스템은 시스템 입력으로 구분하며, 이는 설비시스템 효율과 관련이 깊은 에너지소요량(2차 에너지소요량)과 상관관계
- 신재생 및 열병합 부문은 신재생에너지 입력으로 구분

예제문제 06

표준 기상데이터에 대한 설명 중 틀린 것은? 【13년 1급 출제유형】

① TMY2 형식은 일사, 건구온도, 노점온도 및 풍속을 고려하여 작성된다.
② 장기간의 추정 기상자료를 통계처리하여 선정된 대표성을 갖는 1개년의 데이터를 의미한다.
③ 냉난방설비의 장치용량을 산정하는데 사용된다.
④ 건물의 에너지소요량을 예측하는데 사용될 수 있다.

해설

③ 냉난방설비의 장치용량은 최대부하계산법으로 한다. 표준 기상데이터는 시시각각으로 변하는 기상상태를 반영하여 건물의 기간부하, 즉 에너지 소요량을 예측하는데 사용된다.

답 : ③

예제문제 07

다음 보기 중 건물에너지 해석에 대한 설명으로 적절하지 않은 것을 모두 고른 것은? 【22년 출제유형】

〈보기〉

㉠ 에너지 요구량은 단열 등의 패시브적 요소로 절감이 가능하다.
㉡ 에너지 소요량은 에너지 요구량보다 항상 크다.
㉢ 1차 에너지 소요량은 에너지 소요량보다 항상 크다.
㉣ 건물에너지의 동적 해석을 위해서는 기상데이터가 반드시 필요하다.
㉤ 건물에너지의 해석 방법 중 대표적인 정적 해석법으로는 도일법(degree-day method)이 있다.

① ㉠, ㉣ ② ㉡, ㉢
③ ㉡, ㉢, ㉣ ④ ㉢, ㉣, ㉤

해설

㉡ 신재생에너지 생산으로 에너지 소요량이 작아질 수 있다.
㉣ 신재생에너지 생산으로 1차에너지 소요량이 작아질 수 있다.

답 : ②

03 종합예제문제

1 건물에너지 해석에 관한 다음 설명 중 옳지 않은 것은?

① 다양한 설계대안에 대해 논리적인 분석작업을 통해 에너지 효율을 높이기 위해 건물에너지 해석이 요구된다.
② 건물에너지 해석을 통해 일년 또는 일정기간 동안에 발생하는 건물의 에너지 소비량을 예측할 수 있다.
③ 건물에너지 해석의 목적은 건물의 열성능 영향인자 분석, 냉난방, 조명, 환기 등의 에너지 소비패턴분석 등을 통해 건물에너지소비량을 줄이는 데 있다.
④ 건물에너지 해석에는 실내외 조건을 정상상태로 가정하여 건물에서의 열이동을 계산하는 동적해석법과 시시각각으로 변화하는 외기조건을 반영하는 정적해석법이 있다.

④ 정적해석법과 동적해석법의 설명이 바뀌어 있다.

2 국내에서 건축물에너지효율등급 평가툴로 사용되고 있는 ECO2에 대한 설명으로 잘못된 것은?

① ISO 52016을 기준으로 월별 평균기상데이터를 바탕으로 난방, 냉방, 조명, 급탕, 환기시스템의 5가지 항목을 추출하여 단위면적당 1차 에너지 소요량을 산출한다.
② 시뮬레이션 분석을 위해서는 건축분야에서는 평면도, 단면도, 입면도와 같은 기본도면과 부위별 성능내역서, 건물 외피전개도가 필요하다.
③ 기계설비분야에서는 장비일람표, 열원흐름도, 공조배관/덕트계통도 및 평면도, 부하계산서, 장비용량계산서, 배관길이 계산서가 필요하다.
④ ECO2 프로그램에는 총 5개의 입력부문이 있다.

④ ECO2 프로그램에는 건축입력에 해당하는 입력존, 입력면, 열관류율 부문, 설비시스템 입력에 해당하는 공조처리, 난방기기, 난방공급시스템, 난방분배시스템, 냉방기기, 냉방분배시스템 부문, 신재생에너지 입력에 해당하는 신재생 및 열병합부문 등의 총 10개 입력부문이 있다.

3 다음의 건물에너지 해석방법 중 동적해석법에 해당하는 것은?

① 냉난방도일법 ② 확장도일법
③ 수정빈법 ④ 가중계수법

④ 가중계수법과 응답계수법은 대표적인 동적해석법이다.

4 다음 중 건물에너지 해석단위가 아닌 것은?

① 부하 ② 에너지 사용량
③ 에너지 효율 ④ 에너지 비용

③ 건물에너지 해석단위에는 부하, 에너지 사용량, 에너지 비용의 3가지가 있다.

5 다음은 건물부하 및 에너지해석에 관한 설명이다. 옳지 않은 것은?

① 장치용량산정을 위한 최대부하와 1년간의 에너지사용량 산정을 위한 기간부하가 있다.
② 최대냉방부하와 최대난방부하 산정을 위해서는 표준기상데이터자료가 요구된다.
③ 기간부하를 산정하는 방법에는 정적해석법과 동적해석법이 있다.
④ 최대난방부하는 구조체를 통한 열손실과 환기에 의한 열손실을 합하면 된다.

② 최대냉방부하와 최대난방부하 산정을 위해서는 건축물에너지 절약기준에서 정하고 있는 냉난방설비의 용량계산을 위한 실내온습도 기준과 지역별 위험율 2.5%를 고려한 외기 온습도 기준을 사용한다. 표준기상테이타는 동적열해석에 따른 기간부하를 정밀계산할 때 사용된다.

해설 1. ④ 2. ④ 3. ④ 4. ③ 5. ②

6 건물에너지 및 그 해석과 관련된 설명이 틀린 것은?

① 최대부하란 보일러, 냉동기 등의 설비장치 용량산정을 목적으로 산출하며 표준기상데이터가 요구된다.
② 냉난방도일법은 실내외 온도조건을 정상상태로 가정하여 건물의 냉난방부하를 추정하는 정적해석법으로 단일척도방식이라고 한다.
③ 표준기상데이터는 장기간의 추정 기상자료를 통계처리하여 선정된 대표성을 갖는 1개년의 데이터를 의미하며, 통계처리방식에 따라 TRY, TMY 등이 있다.
④ 확장디그리데이법에서 외기온도가 10℃인 건물에서 난방가동 없이 실내온도가 18℃를 유지할 때, 이때의 외기온도인 10℃를 균형점 온도로 보고, 이 온도보다 일평균외기온이 낮은 날에 대한 난방도일을 적용한다.

① 최대부하 계산시에는 위험율 2.5%를 고려한 냉난방설계외기온도를 사용하여 최대냉난방부하를 산출하며, 동적해석법에 의한 기간부하 산정시 표준기상데이터가 요구된다.

7 건물에너지 해석에 관한 다음 설명 중 옳지 않은 것은?

① 다양한 설계대안에 대해 논리적인 분석작업을 통해 에너지 효율을 높이기 위해 건물에너지 해석이 요구된다.
② 건물에너지 해석을 통해 일년 또는 일정기간 동안에 발생하는 건물의 에너지 소비량을 예측을 할 수 있으며, 이를 토대로 냉난방 설비용량을 산정할 수 있다.
③ 건물에너지 해석의 목적은 건물의 열성능 영향인자 분석, 냉난방, 조명, 환기 등의 에너지 소비패턴분석 등을 통해 건물에너지소비량을 줄이는 데 있다.
④ 건물에 너지 해석에는 실내외 조건을 정상상태로 가정하여 건물에서의 열이동을 계산하는 정적해석법과 시시각각으로 변화하는 외기조건을 반영하는 동적해석법이 있다.

② 냉난방 장치용량은 최대냉난방부하를 토대로 산정된다. 일년 또는 일정기간 동안 발생하는 건물의 에너지 소비량을 예측하는 것은 기간부하로 설비용량 산정에는 사용할 수 없으며, 해당 기간동안의 냉난방 에너지 소비량을 예측하는 데 사용된다.

8 다음의 건물에너지 해석방법 중 평균부하 또는 다변부하 개념을 도입하여 태양열 취득과 내부발생열을 기상조건과 발생정도에 맞도록 가중계산된 CLTD(냉방부하온도차)와 함께 구조체의 축열성능도 동시에 고려할 수 있는 CLF(냉방부하계수) 등을 사용함으로써 비교적 정밀한 냉난방부하를 계산할 수 있는 단순다중척도 방식은?

① 냉난방도일법
② 확장도일법
③ 수정빈법
④ 가중계수법

③ 수정빈법(Modified Bin Method)에 대한 설명이다.

9 다음 중 동일 건물에 대한 값이 일반적으로 가장 작은 것은?

① 건물에너지 요구량
② 건물에너지 소요량
③ 건물에너지 사용량
④ 건물의 1차에너지 소요량

① 건물에너지 요구량은 건물자체의 에너지 부하
② 건물에너지 소요량은 설비시스템이 필요로 하는 에너지량으로 설비시스템의 효율 및 변환손실, 이동손실 등이 감안되어 건물에너지 요구량보다는 대체로 크다.
③ 건물에너지 사용량은 건물의 실제 에너지 사용량
④ 건물의 1차에너지 소요량은 건물에너지 소요량에 사용 연료별 환산계수가 곱해진 값으로 가장 큰 값이 된다.

해설 6. ① 7. ② 8. ③ 9. ①

10 국내에서 건축물에너지효율등급 평가툴로 사용되고 있는 ECO2에 대한 설명으로 잘못된 것은?

① ISO 52016을 기준으로 월별 평균기상데이터를 바탕으로 난방, 냉방, 조명, 급탕, 환기시스템의 5가지 항목을 추출하여 단위면적당 1차 에너지 소요량을 산출한다.
② 시뮬레이션 분석을 위해서는 건축분야에서는 평면도, 단면도, 입면도와 같은 기본도면과 부위별 성능내역서, 건물 외피전개도가 필요하다.
③ 기계설비분야에서는 장비일람표, 열원흐름도, 공조배관/덕트계통도 및 평면도, 부하계산서, 장비용량계산서, 배관길이 계산서가 필요하다.
④ ECO_2 프로그램에서는 궁극적으로 건물에너지 요구량을 산정하는 데 목적이 있다.

> ④ ECO_2 프로그램에서는 궁극적으로 건물의 단위면적당 1차에너지 소요량을 산정한다.

11 다음 중 건물에너지 해석을 위한 주요 변수에 해당되지 않은 것은?

① 인체발열 내부기기 발생열
② 창호의 열관류율, 환기량
③ 건물운영 스케쥴, 냉난방설정온도
④ 내부간벽의 열관류율

> ④ 건물에너지 해석을 위한 주요 고려사항에는 침기량, 창면적비, 건물단열, 공조시스템, 환기량, 급탕량, 내부기기부하, 조명부하, 인체발열부하, 건물 운영 스케쥴, 냉난방설정온도, 창호의 열관류율값, 충고 등이 있다.
> 내부간벽은 간벽을 낀 두 실 간의 온도차가 없으므로 열관류율은 중요하지 않다.

12 동적 에너지 해석은 매시간 또는 일정한 시간 간격으로 건물의 각 부분에서 발생되는 여러 가지 열부하를 통합해야 한다. 다음 중 고려해야 할 열부하가 아닌 것은?

① 시간에 따른 재실자, 조명, 기기 등으로 부터의 현열 및 잠열
② 자연 또는 강제환기 및 침기에 의한 열손실 및 열취득
③ 외벽체와 주위 건물, 지표면, 하늘과의 복사열 교환
④ 냉난방 설비 시스템의 효율 및 손실열량

> ④ 냉난방 설비 시스템의 효율 및 손실열량은 건물외피 및 실내 설정조건에 따른 열부하가 결정된 다음 이를 해결하기 위한 설비 시스템 선정 시 고려하는 것으로 건물 자체의 열부하 계산과는 관계가 없다. 에너지 소비량 산정과 밀접한 관계가 있다.

해설 10. ④ 11. ④ 12. ④

memo

building energy valuator

제2편

열환경계획

제 1 장

건물외피계획

CHAPTER 01 건물외피계획

1 열전달

■ English, Metric, SI Units
물리량을 나타내는데 사용되는 단위에는 inch, feet, yard, mile, pound, ℉, BTU 등을 사용하는 도량형 단위(Imperial Units)와 cm, m, km, kg, ℃, cal 등을 사용하는 미터 단위(Metric Units)와 주로 미터 단위에 근거한 국제표준단위(SI Units)가 있다. 모든 단위는 SI 단위로 통일해가는 추세이다. SI 단위에서는 길이는 m, 질량은 kg, 시간은 s, 열역학적 온도는 K, 힘은 N, 에너지는 J, 일률은 W를 사용한다. 따라서 우리가 주로 사용하는 cal와 SI 단위의 J, W와의 관계를 알아야 한다.

1J = 0.24cal
1W = 0.86kcal/h
1W = 1J/sec
= 0.24cal/sec
= 0.00024kcal/sec ×3600sec/h
= 0.86kcal/h
1kcal/h = 1.16W

열과 온도는 쉽게 혼동되는 개념인데, 열이란 물질내에서 분자를 진동시키는 에너지이며, 온도란 물질을 구성하고 있는 분자 각각의 진동에너지를 평균한 값이라 볼 수 있다. 다시 말해 온도란 물질내의 열량을 측정하는 수단이다. 실제로 지구상의 모든 물질은 열을 지니고 있는데, 이는 그들 분자들이 항상 운동하고 있기 때문이다. 모든 분자운동이 정지되는 온도를 "절대영도" (0K, -273.15℃, -459.69℉)로 정의하고 있는데, 분자진동이 빠르면 빠를수록 온도는 높아지게 된다.

일상 경험으로부터 대부분의 사람들은 화씨나 섭씨온도는 잘 알고 있으나, 열 단위인 BTU나 칼로리에 대해서는 잘 모르고 있는데, 1BTU란 물 1파운드의 온도를 1℉ 올리는데 요구되는 열량이다. 1calorie란 4℃의 순수한 물 1g을 온도 1℃ 올리는데 소요되는 열량이다.

열이란 항상 온도가 높은 곳에서 온도가 낮은 곳으로 이동한다. 따라서 온도차가 없다면 열흐름 및 열전달도 없게 된다. 예를 들어 어떤 방에 온도가 서로 다른 물질들이 여러 개 놓여 있다고 가정해 보자. 따뜻한 물질들은 차가워질 것이고, 차가운 물질들은 따뜻해져서, 결국에는 모든 물질이 동일한 온도에 도달하게 될 것이다. 이와 같은 온도 평형은 전도, 대류, 복사라는 세 종류 열전달에 의해 이루어지는 것이다.

- 전도(Conduction) : 고체 또는 정지한 유체(공기, 물 등)에서 분자 또는 원자의 열에너지 확산에 의해 열이 전달되는 형태
- 대류(Convection) : 유체(공기, 물 등)의 이동에 의해 열이 전달되는 형태
- 복사(Radiation) : 고온의 물체 표면에서 저온의 물체표면으로 공간을 통해 전자파에 의해 열이 전달되는 형태

전도와 대류는 반드시 열을 전달하는 매체 즉 열매가 있어야 열이 전달되는 반면 복사의 경우에는 진공상태에서도 열전달이 이루어진다.

| 참고 |

보온병의 보온 원리

보온병의 구조를 보면 두 겹의 유리 사이가 진공으로 되어 있고, 진공을 둘러싸고 있는 유리면은 방사율과 흡수율이 매우 낮은 은빛으로 코팅되어 있다. 따라서 진공을 통한 전도와 대류란 일어날 수 없고, 복사에 의한 열전달 또한 방사율과 흡수율이 낮은 은빛 코팅으로 인해 매우 미미하게 일어날 수밖에 없다.

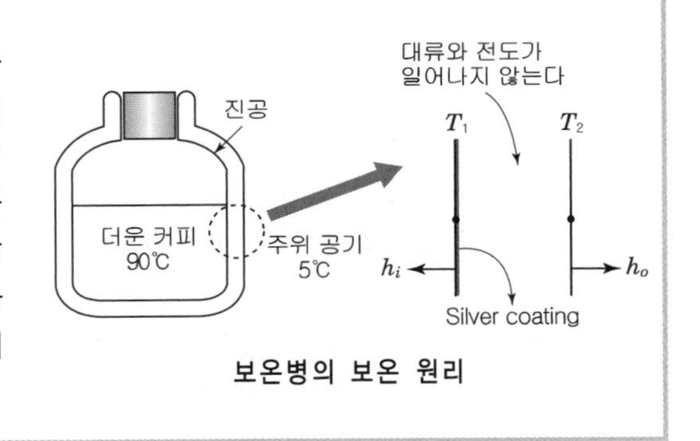

보온병의 보온 원리

2 건물 내의 전열과정

1. 건물 내의 전열과정

- 열전도 : 고체내의 전열과정(예 벽체내의 전열)
- 열전달 : 고체와 유체간의 전열과정. 전도, 대류, 복사가 동시에 일어나지만 전열의 주체는 대류이다.(예 실내공기와 내벽표면간의 전열, 외벽표면과 실외공기간의 전열)
- 열복사 : 방사만에 의한 서로 떨어져있는 고체면간의 전열(예 내벽과 외벽간의 전열)

※ 열관류 : 고체로 격리된 공간(예를 들면 외벽)의 한쪽에서 다른 한쪽으로의 전열을 말하며 열통과라고도 한다.

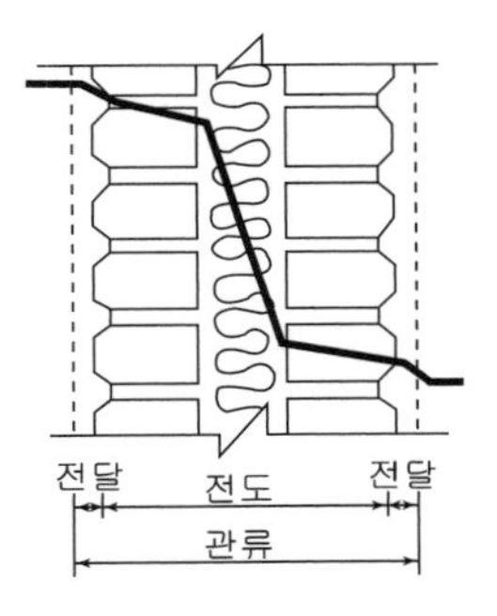

벽체의 열관류

2. 열전도

고체벽 내부의 고온측에서 저온측으로 열이 이동하는 현상

(1) 열전도율 λ(thermal conductivity, kcal/mh℃ 또는 W/m·K)

① 물체의 고유성질로서 전도에 의한 열의 이동정도를 표시
② 두께 1m의 재료 양쪽온도차가 1℃일 때 단위시간 동안에 흐르는 열량
③ 작은 공극이 많으면 열전도율이 작다.
④ 같은 종류의 재료일 경우 비중이 작으면 열전도율은 작다.

■ 단일재로 구성된 1m×1m×1m의 입방체에서 고온측과 저온측의 표면온도차가 1℃일 때 $1m^2$의 재료면을 통해 1시간 동안 1m 두께를 지나온 열량(kcal/m²·h·℃/m)
보통 Conc.의 경우 1.4kcal/m·h·℃

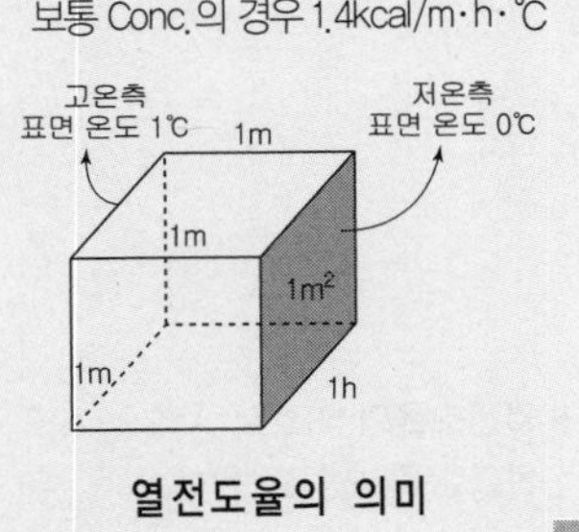

열전도율의 의미

⑤ 재료에 의해 습기가 차면 열전도율은 커진다.

⑥ 열전도율의 역수 $1/\lambda$ 을 열전도비저항(단위 : m·h·℃/kcal 또는 m·K/W)이라 한다.

|참고| 공학단위와 국제표준단위의 열전도율 정의

공학단위에서는 열전도율을 1m*1m*1m의 시편에 대해 양쪽 표면온도차가 1℃일 때, $1m^2$ 면적을 통해 1m를 지나오는 열량이 1시간당 몇 kcal인지를 의미한다.

그래서 단위를 kcal/mh℃를 쓴다. 이를 국제표준단위로 변환하면 W/mK로 나타낼 수 있다.

국제표준단위에서는 열전도율을 1m*1m*1m의 시편에 대해 양쪽 표면온도차가 1K일 때, $1m^2$ 면적을 통해 1m를 지나오는 열량이 1초당 몇 J인지를 의미한다. 국제표준단위에서 일률을 표현하는 방법인 W란 단위는 J/s를 의미한다.

(2) 전도열량 계산 Q_c

$$Q_c = \frac{\lambda}{d} \cdot A \cdot \Delta t (\mathrm{kcal/h, W})$$

여기에서
λ : 열전도율(kcal/m·h·℃, W/m·K)
d : 두께(m)
A : (열류방향에 수직한) 표면적(m^2)
Δt : 두 지점간의 온도차(℃)

$\frac{\lambda}{d}$를 그 물체의 열 콘덕턴스(기호 : C, 단위 : kcal/m^2·h·℃ 또는 W/m^2·K)라 하고 그 역수 $\frac{d}{\lambda}$를 열전도저항(단위 : m^2·h·℃/kcal 또는 m^2·K/W)이라 한다.

(3) 각종 건축재료의 열전도율(kcal/m·h·℃)

■ 열전도율의 기호로 λ를 쓰기도 하고 k를 쓰기도 한다.

일반적으로 건축재료의 열전도율은 같은 재료라 하더라도 밀도, 온도, 함수율에 비례한다.

① 동판 : 320 kcal/m·h·℃ 알루미늄 : 230W/m·K
② 보통 콘크리트 : 1.4 kcal/m·h·℃ (1.6W/m·K) Steel : 60W/m·K
Stainless Steel : 16W/m·K
③ 모르터 : 1.2 kcal/m·h·℃
④ 유리 : 1.0 kcal/m·h·℃
⑤ 벽돌 : 0.5~0.8 kcal/m·h·℃
⑥ 경량 콘크리트 : 0.5 kcal/m·h·℃
⑦ 플라스터 : 0.3 kcal/m·h·℃
PVC : 0.2W/m·K
⑧ ALC : 0.15 kcal/m·h·℃
⑨ 질석 : 0.1 kcal/m·h·℃
⑩ 목재 : 0.1 kcal/m·h·℃
⑪ 스티로폴(폴리스티렌폼보오드), 유리섬유(글래스울) : 0.035 kcal/m·h·℃
⑫ 폴리우레탄폼 : 0.025 kcal/m·h·℃
⑬ 공기 : 0.02kcal/m·h·℃ (0.023W/m·K)
아르곤 : 0.016W/m·K
크립톤 : 0.009W/m·K

- 1kcal/h = 1.16W
- 1kcal/m·h·℃ = 1.16W/m·K

예제문제 01

열전도에 대한 설명으로 가장 적절하지 않은 것은? **【18년 출제유형】**

① 건축재료의 열전도율은 일반적으로 금속이 크고 보통콘크리트, 목재 순으로 작아진다.
② 단열재 열전도율은 일반적으로 수분을 포함하면 커진다.
③ 중공층 외 각 재료층의 열전도저항은 재료의 열전도율을 재료의 두께로 나눈 값이다.
④ 한국산업규격에서 정하는 비드법보온판 2종은 비드법보온판 1종에 비해 열전도율이 낮다.

해설
③ 중공층 외 각 재료층의 열전도저항은 재료의 두께를 재료의 열전도율로 나눈 값이다.

답 : ③

3. 열전달

고체벽과 이에 접하는 공기층과의 전열현상

■ 벽체표면온도와 공기온도차가 1℃일 때 1시간 동안 1m² 의 벽면을 통해 흘러가는 열량(25kcal/m²·h·℃) - 외표면에 풍속 4m/sec가 작용한다고 가정

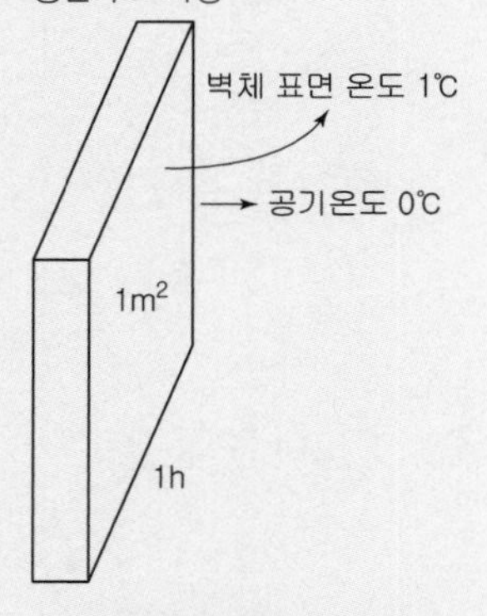

외표면 열전달율 의미

(1) 열전달율 α (heat transfer coefficient, kcal/m²·h·℃ 또는 W/m²·K)

① 벽 표면과 유체간의 열의 이동정도를 표시

② 벽 표면적 1m², 벽과 공기의 온도차 1℃일 때 단위시간 동안에 흐르는 열량

③ 열전달율 α = 대류열전달율 α_c + 복사열전달율 α_r

④ 풍속이 커지면 대류 열전달율은 커진다.

⑤ 열전달율의 실용치

- 실내측
  - 수직면(벽면) 7~8kcal/m²·h·℃
  - 수평면의 상향(천정) 7~8kcal/m²·h·℃
  - 수평면의 하향(바닥) 4~5kcal/m²·h·℃
- 실외측 - 풍속이 3~6m/s일 때 20~30kcal/m²·h·℃

⑥ 열전달율의 역수 $1/\alpha$을 열전달저항(기호 : r, 단위 : m²·h·℃/kcal)이라 한다.

■ 복사열전달의 주요포인트

① 거친 검은색 표면이 일사 흡수율 및 복사열 방사가 가장 크다.

② 흐린 날 구름층이 차가운 천공과 지표면 사이에서 단열재 역할을 한다.

마감재료		일사 흡수율 (α)	방사율 (ε, 50℃에서)
벽돌	흰색	0.25	0.95
	밝은 색	0.45	0.90
	어두운색	0.80	0.90
지붕	아스팔트	0.90	0.95
	빨간타일	0.65	0.85
	흰타일	0.40	0.50
	알루미늄	0.20	0.11
페인트	흰색	0.30	0.95
	무광흑색	0.96	0.96

(2) 전달열량 계산

$$Q_v = \alpha \cdot A \cdot \Delta t(\text{kcal/h, W})$$

여기에서
α : 열전달율 (kcal/m²·h·℃, W/m·K)
A : 벽체와 공기의 접촉면적(m²)
Δt : 벽체와 공기의 온도차(℃)

(3) 중공층의 열전달

① 대류열전달과 복사열전달이 혼합된 형태의 전열

② 대류열전달은 공기층의 두께, 열흐름의 방향, 공기의 밀폐도에 따라 변화하며 공기층의 두께가 20mm 정도일 때를 열저항의 극대로 본다.

$$Q_a = \frac{1}{r_a} \cdot A \cdot \Delta t(\text{kcal/h, W})$$

여기에서
A : 벽체(유리) 면적(m²)
Δt : 마주보는 두 표면의 온도차 $t_1 - t_2$(℃)
r_a : 공기층의 열저항(m²·h·℃/kcal, m²·K/W)

공기층의 두께가 20mm일 때

- 수직(벽체, 유리) : 0.17(공기층 한쪽 면에 알루미늄박 부착 : 0.6)
- 수평(열상향, 천정) : 0.18
- 수평(열하향, 바닥) : 0.22

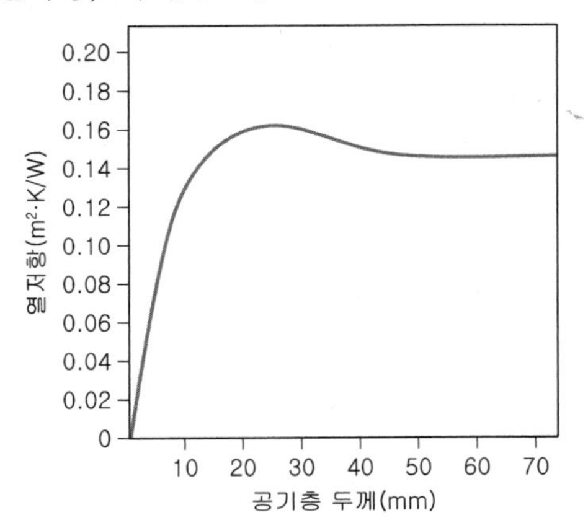

공기층 두께별 열저항

■ The optimum wall or window air space thickness is about 3/4 in. (2cm). Note that this is for air spaces not faced with reflective material. (after Climatic Design by D. Watson and K. Labs, 1983.)

■ 물체 표면의 복사열량은 표면의 절대온도의 4제곱에 비례하며, 서로 마주보고 있는 두 면에 있어서는 온도가 높은 쪽에서 낮은 쪽으로 복사열이동이 발생된다. 복사열의 흡수율은 물체의 표면 거칠기와 마감색상에 따라 달라지는데 흑색무광페인트의 경우 흡수율이 95% 가까이 되며, 알루미늄판은 약 20%이다.

(4) 무한 평행 2평면간의 복사열 전달

① 중공층(공기층)이 있는 벽체 또는 이중유리 사이에서의 전열

② 외벽과 내벽 사이의 전열

③ 복사열량은 절대온도의 4제곱에 비례한다 : Stefan-Boltzmann의 법칙

④ 물체의 방사율은 같은 온도에 있어서 흡수율과 같다. : Kirchhoff의 법칙

$$Q_r = \epsilon_{12} \cdot A \cdot C_b \left\{ \left(\frac{T_1}{100} \right)^4 - \left(\frac{T_2}{100} \right)^4 \right\} = 4.88$$

$$\epsilon_{12} \cdot A \left\{ \left(\frac{T_1}{100} \right)^4 - \left(\frac{T_2}{100} \right)^4 \right\} (\text{kcal/h})$$

$$\epsilon_{12} = \text{유효방사율} = \frac{1}{\frac{1}{\epsilon_1} + \frac{1}{\epsilon_2} - 1}$$

C_b : 흑체(black body) 의 복사상수

$C_b = 10^8 \sigma_b = 10^8 \times 4.88 \times 10^{-8} = 4.88\ \text{kcal/m}^2\text{hK}^4$

여기에서 σ_b는 Stefan-Boltzmann 상수로써 $4.88 \times 10^{-8}\ \text{kcal/m}^2\text{hK}^4$이다.

■ **복사열의 흡수, 반사, 방사**

① 흡수(Absorption) : 복사열을 물체 내부로 받아들이는 것

② 반사(Reflection) : 어떤 물체가 복사열을 받아 흡수하지 않고 재발산하는 것을 말한다.
흡수율(α)+투과율(τ)+반사율(ρ) = 1
반사율(ρ) = 1 : 완전반사면
흡수율(α) = 1 : 완전흡수면

③ 방사(Emission) : 어떤 물체가 보유하고 있는 내부열을 방출시키는 것
- 거친 검은색 표면 : 대부분의 열을 흡수하고 대부분의 열을 방사
- 빛나는 은빛 표면 : 대부분의 복사열은 반사시키고 적은 열을 흡수하고 적은 열을 방사. 즉, 복사열에 대하여 최하의 흡수체이며 방사체

예제문제 02

다음의 복사열의 전달에 관한 설명 중 맞지 않는 것은?

① 복사열의 방사(emission)는 표면이 매끄러울수록 작게 된다.
② 이론적으로 복사량은 복사열원의 절대온도의 네제곱에 비례한다.
③ 복사열의 흡수(absorption)는 흑색 표면이 백색 표면보다 많게 된다.
④ 건물의 야간 복사열 손실은 맑은 날보다 흐린 날 더 많게 된다.

해설
흐린 날은 구름층이 단열재 역할을 하여 야간천공복사가 적다.

답 : ④

예제문제 03

구조체 내부 중공층의 단열효과에 관한 설명 중 가장 적절하지 않은 것은? 【16년 출제유형】

① 중공층의 기밀성능이 떨어지면 단열효과가 저하된다.
② 중공층 내부에서는 대류와 복사에 의하여 열전달이 이루어진다.
③ 중공층의 두께가 두꺼울수록 단열성능이 향상된다.
④ "건축물의 에너지절약설계기준"에서 두께 1cm 초과 현장시공 공기층의 열저항은 0.086m^2·K/W로 규정된다.

해설
③ 중공층의 두께가 20mm 일 때 열저항이 가장 크다. 20mm보다 두꺼워질수록 단열성능이 오히려 떨어진다.

답 : ③

예제문제 04

열전달에 대한 설명으로 가장 적절하지 않은 것은? 【18년 출제유형】

① 복사에 의한 열의 이동에는 공기가 필요하지 않다.
② 벽체의 실내표면열전달저항은 일반적으로 외기에 직접 면한 실외표면열전달저항보다 크다.
③ 벽체 표면 근처의 풍속이 커질수록 해당 표면 열전달저항이 커진다.
④ 방사율이 낮은 재료로 벽체 표면에 부착 시키면 복사에 의한 열전달을 줄일 수 있다.

해설
③ 벽체 표면 근처의 풍속이 커질수록 해당 표면 열전달저항이 작아진다.

답 : ③

예제문제 05

다층재료로 구성된 벽체의 중간에 형성되어 있는 공기층에 대한 설명 중 가장 적절한 것은? 【21년 출제유형】

① 벽체 내에 공기층을 설치할 경우, 동일 두께의 저항형 단열재를 설치하는 것보다 단열성능이 우수하다.

② 벽체 내에 형성되어 있는 공기층 내부로 통풍을 유도하여 겨울철 난방부하를 절감시킬 수 있도록 해야 한다.

③ 벽체 내에 형성되어 있는 공기층은 단열 성능과 축열 성능을 이용하는 것이다.

④ 동일 두께의 공기층을 벽체 내에 구성하는 경우 단층(single-layer) 보다는 다층(multi -layer) 구조로 하는 것이 단열성능에 유리하다.

해설

① 우수하다 → 떨어진다.

② 중공층은 밀폐하여야 열저항이 더 커진다.

③ 공기는 열용량이 적어 축열능력은 없다.

답 : ④

4. 열관류

고체로 격리된 공간의 한 쪽에서 다른 한 쪽으로의 전열

(1) 열관류율 K(heat transmission coefficient, kcal/m²·h·℃ 또는 W/m²·K)

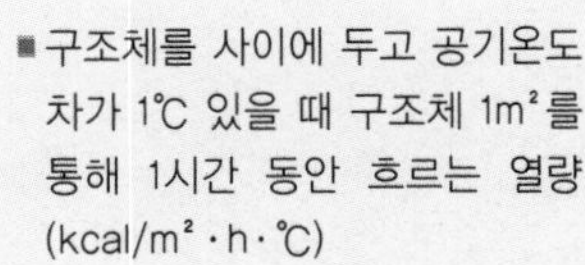
■ 구조체를 사이에 두고 공기온도 차가 1℃ 있을 때 구조체 1m²를 통해 1시간 동안 흐르는 열량(kcal/m²·h·℃)

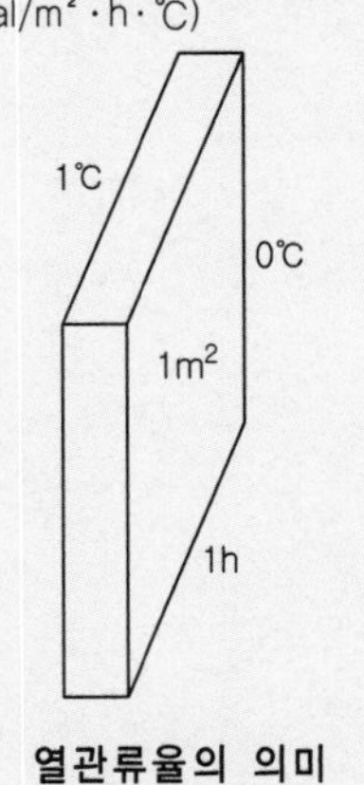

열관류율의 의미

구 분	공기층이 없는 경우	공기층이 있는 경우
외벽, 지붕 내벽 (칸막이벽)	$K=\dfrac{1}{R}=\dfrac{1}{\dfrac{1}{\alpha_i}+\sum\dfrac{d}{\lambda}+\dfrac{1}{\alpha_o}}$	$K=\dfrac{1}{R}=\dfrac{1}{\dfrac{1}{\alpha_i}+\sum\dfrac{d}{\lambda}+r_a+\dfrac{1}{\alpha_o}}$

열관류율의 역수(1/K)를 열관류저항(기호 : R, 단위 : m²·h·℃/kcal)이라 한다.

(2) 단위시간당 열관류량 계산 : Q

$$Q=K\cdot A\cdot \Delta T\ (\text{kcal/h, W})$$

■ 1W = 0.86 kcal/h
1kcal/h=1.16W
1℃ = 1K
따라서 전열 관련 용어들의 단위를 SI Unit(국제 표준 단위)로 나타내면 다음과 같다.
열전도율 : kcal/m·h·℃ → W/m·K
열전달율, 열관류율, 열콘덕턴스 : kcal/m²·h·℃ → W/m²·K
열관류저항 : m²·h·℃/kcal → m²·K/W
열전도비 저항 : m·h·K/kcal → m·K / W
즉, kcal/h 대신 W, ℃ 대신 K를 쓰면 된다.
• 요약 정리된 용어에 대한 완벽한 이해와 암기가 필요하다.

(3) 요약정리

① 열전도율(λ) : 재료자체의 물성으로, 재료의 양쪽 표면 온도차가 1℃일 때 1시간 동안 1m²의 면을 통해 1m 두께를 통과하는 열량(kcal/m²·h·℃/m = kcal/m·h·℃)

② 열전달율(α) : 유체와 고체 사이에서의 열이동을 나타내는 것으로, 공기와 벽체 표면의 온도차가 1℃일 때 벽면적 1m²를 통해 1시간 동안 전달되는 열량(kcal/m²·h·℃)

내표면 열전달율(α_i) = 7~8kcal/m²·h·℃

외표면 열전달율(α_o) = 20~30kcal/m²·h·℃

③ 열관류율(K) : 공기층·벽체·공기층으로의 열전달을 나타내는 것으로 벽체를 사이에 두고 공기온도차가 1℃일 경우 1m²의 벽면을 통해 1시간 동안 흘러가는 열량(kcal/m²·h·℃)

$$K = \frac{1}{R} = \frac{1}{\frac{1}{\alpha_i} + \sum \frac{d}{\lambda} + \frac{1}{\alpha_o}}$$

K : 열관류율(kcal/m²·h·℃)

R : 열관류저항(m²·h·℃/kcal)

④ 열관류 저항(R) : 열관류율의 역수로 열이 흘러가는 것을 막으려는 힘이라 생각할 수 있다. 열관류율의 단위가 kcal/m²·h·℃이므로 단위는 m²·h·℃/kcal가 된다.

⑤ 열전도비 저항(1/λ) : 열전도율의 역수로 고체내에서 열의 흐름을 막는 힘이 된다. 열전도율의 단위가 kcal/m·h·℃이므로, 단위는 m·h·℃/kcal 가 된다.

⑥ 열콘덕턴스(C) : 열전도율이 단위두께에서의 전열량을 나타내는 것인데, 열콘덕턴스는 주어진 두께의 재료 1m² 를 통한 1시간 동안의 전열량이다.(kcal/m²·h·℃)

| 참고 | 열콘덕턴스

> 열콘덕턴스란 벽체를 구성하고 있는 주어진 두께의 건축부재를 통한 단위온도차당 단위면적당 단위시간당의 전열량이다.
>
> 열콘덕턴스는 그 건축부재의 열저항(두께/열전도율)의 역수로 이해하면 된다.
>
> 열관류율은 벽체를 통한 실내외 공기의 단위온도차당 단위면적당 단위시간당 전열량인데 반해, 열콘덕턴스는 벽체내의 특정 구성부재의 내외부 경계면의 단위온도차당 단위면적당 단위시간당 전열량을 의미한다.
>
> 열전도율이 단위 두께를 통과하는 전열량을 말하는 데, 열콘덕턴스는 주어진 두께의 재료를 통과하는 전열량을 의미한다.

(4) 지역별 건축물 부위의 열관류율(제21조 관련)

2018.9.1 시행(단위 : W/㎡·K)

건축물의 부위 \ 지역			중부1지역[1]	중부2지역[2]	남부지역[3]	제주도
거실의 외벽	외기에 직접 면하는 경우	공동주택	0.150 이하	0.170 이하	0.220 이하	0.290 이하
		공동주택 외	0.170 이하	0.240 이하	0.320 이하	0.410 이하
	외기에 간접 면하는 경우	공동주택	0.210 이하	0.240 이하	0.310 이하	0.410 이하
		공동주택 외	0.240 이하	0.340 이하	0.450 이하	0.560 이하
최상층에 있는 거실의 반자 또는 지붕	외기에 직접 면하는 경우		0.150 이하		0.180 이하	0.250 이하
	외기에 간접 면하는 경우		0.210 이하		0.260 이하	0.350 이하
최하층에 있는 거실의 바닥	외기에 직접 면하는 경우	바닥난방인 경우	0.150 이하	0.170 이하	0.220 이하	0.290 이하
		바닥난방이 아닌 경우	0.170 이하	0.200 이하	0.250 이하	0.330 이하
	외기에 간접 면하는 경우	바닥난방인 경우	0.210 이하	0.240 이하	0.310 이하	0.410 이하
		바닥난방이 아닌 경우	0.240 이하	0.290 이하	0.350 이하	0.470 이하
바닥난방인 층간바닥			0.810 이하			
창 및 문	외기에 직접 면하는 경우	공동주택	1.900 이하	1.000 이하	1.200 이하	1.600 이하
		공동주택 외	1.200 이하	1.500 이하	1.800 이하	2.200 이하
	외기에 간접 면하는 경우	공동주택	1.300 이하	1.500 이하	1.700 이하	2.000 이하
		공동주택 외	1.500 이하	1.900 이하	2.200 이하	2.800 이하
공동주택 세대현관문 및 방화문	외기에 직접 면하는 경우 및 거실 내 방화문		1.400 이하			
	외기에 간접 면하는 경우		1.800 이하			

■ 비고

1) 중부1지역 : 강원도(고성, 속초, 양양, 강릉, 동해, 삼척 제외), 경기도(연천, 포천, 가평, 남양주, 의정부, 양주, 동두천, 파주), 충청북도(제천), 경상북도(봉화, 청송)

2) 중부2지역 : 서울특별시, 대전광역시, 세종특별자치시, 인천광역시, 강원도(고성, 속초, 양양, 강릉, 동해, 삼척), 경기도(연천, 포천, 가평, 남양주, 의정부, 양주, 동두천, 파주 제외), 충청북도(제천 제외), 충청남도, 경상북도(봉화, 청송, 울진, 영덕, 포항, 경주, 청도, 경산 제외), 전라북도, 경상남도(거창, 함양)

3) 남부지역 : 부산광역시, 대구광역시, 울산광역시, 광주광역시, 전라남도, 경상북도(울진, 영덕, 포항, 경주, 청도, 경산), 경상남도(거창, 함양 제외)

예제문제 06

전열에 관련된 다음 설명 중 잘못된 것은?

① 두께 10cm인 콘크리트의 열전도율은 두께 20cm인 콘크리트의 열전도율의 두 배이다.
② 일반적으로 실외측 표면 열전달율이 실내측보다 큰 것은 외측에 작용하는 바람에 의한 대류의 증가 때문이다.
③ 어떤 물체로부터의 복사열량은 물체 표면의 절대온도의 4제곱에 비례한다.
④ 열관류율이 작은 벽체를 만들기 위해서는 재료의 열전도율은 작게, 두께는 크게 하는 것이 좋다.

해설
열전도율은 동일재료일 경우 두께에 관계없이 일정하다.

답 : ①

예제문제 07

주택의 거실에서 외벽 면적이 12m²일 때, 외벽을 통한 열손실량은? (단, 외벽의 열관류저항 0.8m²·K/W, 실내온도 20℃, 외기온도 -5℃이다.) 【13년 2급 출제유형】

① 225W ② 275W
③ 325W ④ 375W

해설
$$H = K \cdot A \cdot \Delta t = \frac{1}{0.8} \times 12 \times 25 = 375\text{W}$$

답 : ④

예제문제 08

다음 보기 중 구조체를 통한 열전달에 대한 설명으로 적절한 것을 모두 고른 것은?

【19년 출제유형】

〈보 기〉

㉠ 단열성능 및 기밀성능을 높일수록 하계 냉방부하 중 일사부하의 비중이 줄어든다.
㉡ 열관류율은 벽체 표면의 풍속이 커질수록 증가한다.
㉢ 중공층 내에 공기가 없더라도 복사에 의한 열전달이 일어난다.
㉣ 중공층의 열저항은 중공층 기밀성과 무관하다.

① ㉠, ㉡
② ㉠, ㉢
③ ㉡, ㉢
④ ㉡, ㉣

해설

㉠ 관류열 부하와 환기부하가 줄어들면 일사부하는 상대적으로 커진다.
㉣ 중공층이 기밀할수록 열저항은 커진다.

답 : ③

예제문제 09

건축물 전열에 대한 설명으로 가장 적절하지 않은 것은? 【20년 출제유형】

① 중공층 열저항 값은 공기의 기밀도, 두께에 따라 변화한다.
② 외벽 단열성능과 기밀성능을 향상시키면 창으로 부터의 일사 유입에 의한 실온 상승 영향이 커지게 된다.
③ 벽체의 열관류저항은 실내·외 표면 열전달 저항과 벽체 각층의 열저항을 합한 값이다.
④ 공기층 이외의 벽체 각층 열전도저항값은 재료의 열전도율을 두께로 나눈 값이다.

해설

④ 공기층 이외의 벽체 각층 열전도저항값은 재료의 두께를 열전도율로 나눈 값이다.

답 : ④

예제문제 10

열전달과 관련한 설명으로 가장 적절한 것은? **【21년 출제유형】**

① '전도'란 물체 내에서 분자가 이동하면서 열에너지를 직접 전달하는 것을 말한다.
② '대류'란 유체입자의 움직임에 의해 열에너지가 전달되는 것을 말한다.
③ '복사'란 전자기파에 의한 열에너지의 전달을 말하여 복사열 전달은 주위 공기 온도의 영향을 받는다.
④ '열관류율'이란 전도와 대류에 의한 열전달을 혼합하여 하나의 값으로 나타낸 것이며 복사열 전달은 포함되지 않는다.

해설

① 이동 → 진동
③ 받는다 → 받지 않는다
④ 포함되지 않는다 → 포함된다

답 : ②

3 온도구배

■ $\frac{\text{특정재료의 열저항 } r}{\text{열관류저항 } R} = \frac{\text{특정재료를 지나면서 생긴 온도변화 } t}{\text{전체온도변화 } T}$

건물외피에서 내외부 온도차가 있으면 그 구조체내의 각 점의 온도는 일정한 상태로 유지된다. 이 각 점의 온도를 선으로 이으면 기울기를 가진 직선으로 나타나는데 이를 온도구배라 한다. 온도구배는 온도차/재료 두께이므로 동일한 두께일 때 온도차가 클수록 온도구배가 커진다. 따라서 열전도율이 작은 재료일수록 온도구배는 커진다. 어느 특정한 재료층을 통한 온도변화는 다음과 같다.

$$\Delta T_i = \frac{R_i}{R_T}\Delta T \rightarrow \frac{\Delta T_i}{\Delta T} = \frac{R_i}{R_T}$$

여기서 ΔT_i : 어느 특정한 재료층을 통한 온도변화
R_i : 어느 특정한 재료층의 열저항
R_T : 구조체의 열관류저항
ΔT : 구조체 전체를 통한 온도 차이

예제문제 11

두께 150mm, 열관류율 2.0W/m²·K인 벽체의 실내측 표면온도와 표면결로 발생여부는? (단, 실내 공기온도 20℃, 실내 노점온도 17℃, 외기온도 -4℃이고, 실내측 표면 열전달율은 8.0W/m²·K이다.) 【13년 2급 출제유형】

① 14℃, 결로 발생
② 18℃, 결로 발생
③ 22℃, 결로 발생하지 않음
④ 24℃, 결로 발생하지 않음

해설

1. $\frac{r}{R}=\frac{t}{T}$

$$\frac{\frac{1}{8.0}}{\frac{1}{2.0}}=\frac{x}{20-(-4)}$$

$$\frac{0.125}{0.5}=\frac{x}{24}$$

$x=6℃$

∴ 실내 표면온도$=20℃-6℃=14℃$

2. 실내 표면온도(14℃)가 실내공기의 노점온도(17℃)보다 낮으므로 결로 발생

답 : ①

예제문제 12

실내온도 20℃, 외기온도 0℃, 벽체의 실내측 열전달저항이 0.11m²·K/W, 실외측 열전달저항이 0.03m²·K/W, 실내공기의 노점온도 18℃, 벽체에서 단열재를 제외한 부분의 열관류저항이 0.45m²·K/W, 단열재의 열전도율이 0.034W/m·K일 때 표면결로가 발생하지 않기 위한 단열재의 두께는 얼마 이상이 되어야 하는가? 【13년 1급 출제유형】

① 19mm
② 18mm
③ 20mm
④ 17mm

해설

실내공기의 노점온도가 18℃이므로 실내측 표면온도가 18℃보다 낮지 않아야 한다. 따라서 실내표면온도가 실내공기온도(20℃)보다 2℃ 이상 낮아지지 않도록 하는 조건을 구하면 된다.

$\frac{r}{R}=\frac{t}{T}$에서 t가 2일 경우보다 R값이 더 큰 단열 두께를 구하면 된다.

$$\frac{0.11}{0.11+0.45+\frac{x}{0.034}+0.03}=\frac{2}{20}$$

$$0.59+\frac{x}{0.034}=1.1$$

$x=0.0173(\text{m})=17.3(\text{mm})$

∴ 18mm 이상이 되어야 함

답 : ②

예제문제 13

실외온도가 -10℃이고, 실내온도가 20℃일 때 벽체의 실내표면온도는? (단, 벽체 열관류율은 0.250W/m^2·K, 실내표면열전달저항은 0.1m^2·K/W) 【15년 출제유형】

① 18.50℃ ② 18.75℃

③ 19.25℃ ④ 19.50℃

해설

$$\frac{r}{R}=\frac{t}{T}$$

$$\frac{0.1}{\frac{1}{0.25}}=\frac{x}{30}$$

$x = 0.75$

20℃ − 0.75℃ = 19.25

답 : ③

예제문제 14

아래 벽체에서 실내표면 온도(℃)를 구하시오. (단, 실내표면 열전달저항은 0.11, 실외표면 열전달 저항은 0.043, 공기층의 열저항은 0.086$\mathrm{m^2 \cdot K/W}$로 한다.) 【17년 출제유형】

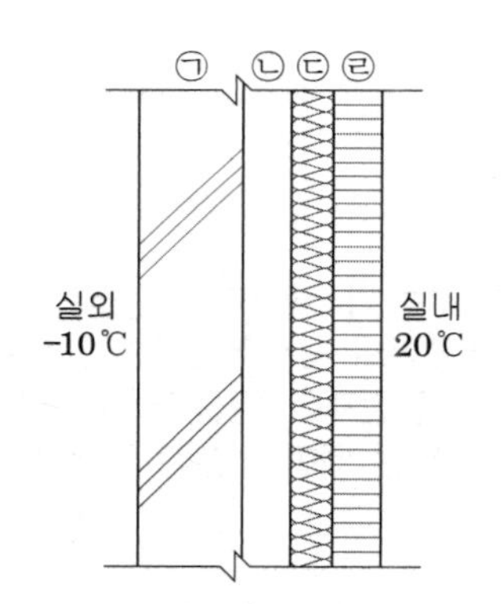

	재료	두께(mm)	열전도율(W/m · K)
㉠	콘크리트	200	1.6
㉡	공기층	20	–
㉢	그라스울	140	0.035
㉣	석고보드	18	0.18

① 18.7 ② 19.0

③ 19.3 ④ 19.6

해설 ③ $\frac{r}{R}=\frac{t}{T}=\frac{t_i - t_{si}}{t_i - t_o}=\frac{0.11}{4.464}=\frac{20-t_{si}}{20-(-10)}$ $t_{si} = 19.26$

답 : ③

예제문제 15

실기 출제유형 [16년]

외기에 직접 면하는 창에서 유리 중앙부의 열관류율 2.6W/m²·K, 실내 공기온도 20.0℃, 노점온도 12.0℃로 일정할 때, 이 부위의 실내 측 표면에서 결로가 발생하기 시작하는 외기온도를 구하시오. (단, 실내 측 표면의 열전달 저항은 0.11m²·K/W로 고려함) (5점)

정답

$\frac{r}{R} = \frac{t}{T} = \frac{t_i - t_{si}}{t_i - t_0}$ 에서 $\frac{0.11}{\frac{1}{2.6}} = \frac{20-12}{20-t_0}$

$t_0 = -7.97$(℃)

따라서, 유리 중앙부 실내측 표면에서 결로가 발생하기 시작하는 외기온도는 −7.97℃

답 : −7.97℃

예제문제 16

다음 그림의 겨울철 외벽 내부의 정상상태 온도 분포를 나타낸 것이다. 이에 대한 설명으로 맞는 내용을 모두 나타낸 것은? (단, 복사의 영향은 고려하지 않는다.)

【16년 출제유형】

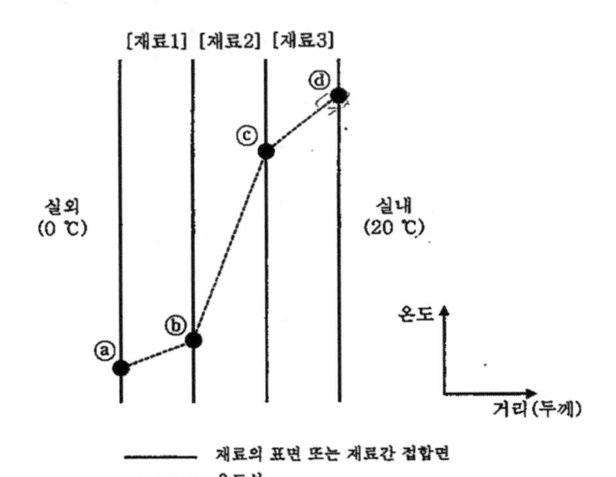

㉠ ⓐ지점의 표면온도는 0℃ 이다.
㉡ ⓓ지점의 표면온도는 20℃ 보다 낮다.
㉢ 벽체의 단열 성능 향상을 위해서는 [재료1]의 두께를 증가시키는 것이 가장 효과적이다.
㉣ [재료1]의 열전도율이 [재료2]의 열전도율보다 높다.
㉤ ⓐ–ⓑ 구간의 열저항값이 ⓒ–ⓓ 구간의 열저항값보다 크다.

① ㉠, ㉣ ② ㉠, ㉤
③ ㉡, ㉣ ④ ㉡, ㉢, ㉤

해설

㉠ 외표면 공기층 저항이 있어 ⓐ면의 온도는 0℃보다 높다.
㉢ 재료1 → 재료2
㉤ 크다 → 작다

답 : ③

예제문제 17

겨울철 외벽 내부의 1차원 정상상태 온도분포가 다음 그림과 같은 경우 이에 대한 설명으로 가장 적합하지 않은 것은?(단, ㉠, ㉡, ㉢ 재료는 고체이며 두께가 같다. A-B, C-D의 온도 기울기는 같으며, 복사의 영향은 고려하지 않는다.) 【17년 출제유형】

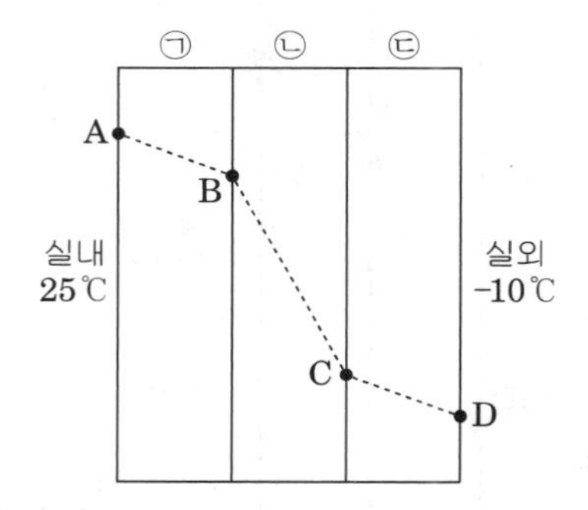

① 실내 상대습도가 100%인 경우 A점에서는 결로가 발생한다.
② ㉠재료의 열저항은 ㉢재료보다 크다.
③ 방습층은 B점이 위치한 면에 설치한다.
④ ㉡재료의 열전도율은 ㉢재료보다 작다.

해설

② 온도구배가 같으면 열저항도 같다.

답 : ②

예제문제 18

건물 외피의 열전달에 관한 다음 기술 중 적절하지 않은 것은? 【22년 출제유형】

① 외피의 열관류율 값이 클수록 단열성능이 좋지 않다.
② 외피 구성요소 중 열전도율이 가장 높은 재료에서 온도기울기가 가장 급하게 나타난다.
③ 실온을 외기온에 가깝게 설정할수록 벽체를 통한 열전달량은 감소한다.
④ 외피의 표면 대류열전달저항은 풍속이 높을수록 낮아진다.

해설
② 높은 → 낮은

답 : ②

예제문제 19

다음 그림은 겨울철 외벽 내부의 정상상태 온도 분포를 나타낸다. 이에 대한 설명으로 가장 적절한 것은? (단, 재료는 모두 고체로 두께가 같고 ⓐ~ⓓ점은 재료의 표면 또는 재료간 접합면에 위치하며, 복사의 영향은 고려하지 않음) 【20년 출제유형】

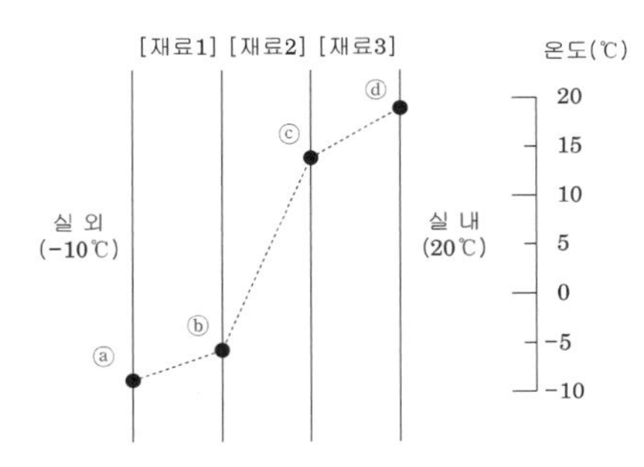

① 실외표면열전달저항이 커지면 ⓐ점이 위쪽으로 이동한다.
② [재료2]를 동일 두께의 열전도율이 높은 재료로 교체하는 경우 ⓑ점이 아래쪽으로 이동한다.
③ 실내 습공기의 건구온도 변화 없이 엔탈피가 증가하는 경우 ⓓ점이 아래쪽으로 이동한다.
④ ⓑ－ⓒ 구간의 기울기 변경은 [재료2]를 변경하는 경우에만 발생한다.

해설
② [재료2]를 동일 두께의 열전도율이 높은 재료로 교체하는 경우 ⓑ점이 위쪽으로 이동한다.
③ 실내 습공기의 건구온도 변화 없이 엔탈피가 증가하는 경우 ⓓ점이 위쪽으로 이동한다.
④ ⓑ－ⓒ 구간의 기울기 변경은 [재료2]를 변경 또는 벽체 열저항의 합이 변하는 경우에 발생한다.

답 : ①

예제문제 20

겨울철 외벽 내부의 정상상태 온도 분포가 다음 그림과 같은 경우, 이에 대한 설명으로 가장 적절하지 않은 것은? (단, 벽체는 모두 고체 재료로 구성 되어 있으며, 실외 표면열전달저항은 $0.05m^2 \cdot K/W$임) 【22년 출제유형】

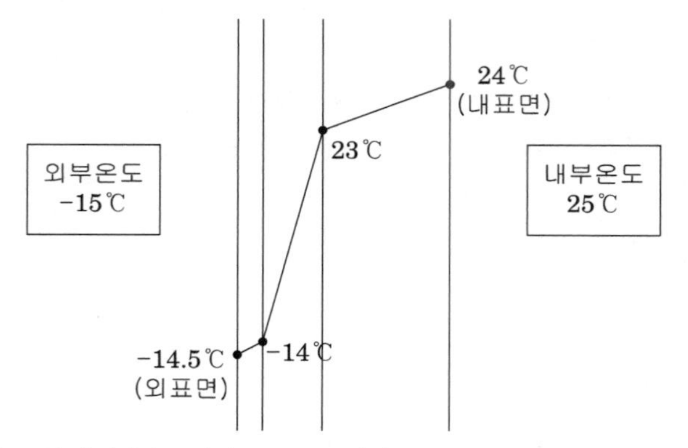

① 이 벽체의 온도차이비율(TDR)은 0.025 이다.

② 이 벽체의 열관류율은 $0.25W/m^2 \cdot K$ 이다.

③ 단열재 층의 열저항은 $3.50m^2 \cdot K/W$ 이다.

④ 정상상태 조건에서 전체 부위의 열저항 변화가 없다면 실내 온도가 20℃로 변경되어도 온도 차이비율(TDR)은 변하지 않는다.

해설

① $TDR = \frac{25-24}{25-(15)}$

$= 0.025$

② $\frac{r}{R} = \frac{t}{T}$

$\frac{0.05}{R} = \frac{0.5}{40}$

$R = 4 \quad \therefore K = \frac{1}{R} = 0.25$

③ $\frac{r}{R} = \frac{t}{T}$

$\frac{r}{4} = \frac{37}{40}$

$r = 3.7$

답 : ③

4 K 값의 조정

추가의 단열 재료를 설치할 때 K 값에 미치는 영향을 계산하거나 또는 주어진 K 값을 얻기 위하여 재료의 두께를 얼마로 하여야 할 것인가를 계산하는 것이 필요한 경우가 있다. K 값은 서로를 합하거나 빼어서는 안 된다. 그러나 열 저항은 서로를 빼거나 합할 수 있으므로, 새로운 K값의 계산은 기존의 K 값을 이루는 열저항의 조정을 거쳐서 이루어질 수 있다.

예제문제 21

 실기 예상문제 

외벽의 K 값이 0.6W/m²K이다. 이 벽체에 스티로폼판을 덧붙여서 K 값을 0.3W/m²K로 낮추려 할 때 요구되는 스티로폼의 최소 두께는 얼마인가? 스티로폼의 열전도율은 0.033W/m·K이다.

정답

새로운 K 값	$K_2 = \frac{1}{R_2} = 0.3$
새로운 열관류 저항($1/K_2$)	$R_2 = 3.333$
기존의 K 값	$K_1 = \frac{1}{R_1} = 0.6$
기존의 열관류 저항($1/K_1$)	$R_1 = 1.667$
추가로 필요한 열 저항	$R_2 - R_1 = 1.666$
재료의 열저항	$R = \frac{d}{\lambda} = 1.666$
단열 재료의 열전도율	$\lambda = 0.033$
재료의 두께	$d = R \times \lambda = 0.055\text{m}$

그러므로 요구되는 단열판의 최소 두께 = 55mm

답 : 55mm

예제문제 22

외벽 열관류율 값이 0.350W/m^2·K 인 경우, 열관류율을 0.250W/m^2·K 이하로 낮추기 위해 추가로 설치해야 하는 단열재의 최소 두께를 다음에서 고르시오. (단, 단열재의 열전도율은 0.035W/m·K) 【15년 출제유형】

① 20mm　② 30mm
③ 40mm　④ 50mm

정답

$R_1 = \frac{1}{0.35} = 2.857$

$R_2 = \frac{1}{0.25} = 4.000$

$\Delta R = 1.143$

$\frac{x}{0.035} = 1.143$

$x = 0.040(\mathrm{m})$

답 : ③

예제문제 23

실내 공기 온도 20℃, 외기 온도 −20℃, 실내공기 노점온도 16.5℃일 때, 열관류율 2W/m²·K인 벽체에서 표면결로를 방지하기 위해 추가하여야 하는 단열재의 최소 두께는? (단, 실내표면열전달저항은 0.1m²·K/W이고, 단열재의 열전도율은 0.03W/m·K이다.) 【19년 출제유형】

① 10mm　② 15mm
③ 20mm　④ 25mm

정답

① 기존 벽체의 열저항

$R_1 = \frac{1}{K_1} = \frac{1}{2} = 0.5\mathrm{m^2 \cdot K/W}$

② 표면결로방지를 위한 최소 열저항

$\frac{0.1}{R_2} = \frac{t_i - t_{si}}{t_i - t_0} = \frac{20 - 16.5}{20 - (-20)}$

$R_2 = 1.143\mathrm{m^2 \cdot K/W}$

③ 추가될 최소 단열재 두께

- $\triangle R = R_2 - R_1 = 0.643$
- $\frac{d}{0.03} = 0.643$

$d = 0.019m = 19mm$

답 : ③

5 평균 K값

벽체 또는 지붕, 바닥이 서로 다른 K값(U값)을 가진 여러 구조로 이루어져 있다면 전체 단열값은 여러 구조의 상대적인 면적에 의하여 결정된다. 예를 들어 어떠한 벽체가 2/3는 벽돌로, 1/3은 유리창으로 구성되어 있다면 이 벽체의 평균 K값(평균 U값)은 벽돌벽의 K값의 2/3와 유리창의 K값의 1/3을 합한 것과 같다. 일반적인 공식은 다음과 같다.

■ 열관류율에 대한 기호를 K 대신 U를 쓰기도 한다.

$$K(\text{평균}) = \frac{A_1K_1 + A_2K_2 + \cdots}{A_1 + A_2 + \cdots}$$

여기서, A_1, A_2, …는 K값이 K_1, K_2, …인 부분의 면적

예제문제 24

단열외벽의 전체 면적은 8m²이며 이 중 2m²은 유리창이다. 단열외벽 부분의 K값은 0.2W/m²K, 유리창 부분의 K값은 2.0W/m²K이다. 이 벽체의 평균 K값을 계산하여라.

정답

$K_1 = 0.2$, $A_1 = 8-2=6$, $K_2 = 2.0$, $A_2 = 2$, K(평균)=?

$K = \frac{A_1K_1 + A_2K_2}{A_1 + A_2}$를 이용하여 $K = \frac{(6\times0.2)+(2\times2.0)}{6+2} = \frac{1.2+4.0}{8}$

평균 K값$= 0.65\,\text{W/m}^2\text{K}$

답 : 0.65W/m²K

예제문제 25

외기에 직접면한 면적 10m²의 벽체와 면적 5m²의 창호로 구성된 외벽이 있다. 벽체와 창호의 열관류율이 각각 0.270W/m²·K, 1.500W/m²·K 라고 할 때, 외벽의 평균 열관류율(W/m²·K)은 얼마인가? 【16년 출제유형】

① 0.059　　② 0.680
③ 0.885　　④ 1.770

정답

$$\frac{10\times0.270+5\times1.500}{10+5} = 0.680$$

답 : ②

예제문제 26

창면적비 40%, 창호(창세트)의 열관류율 1.800W/m^2·K, 벽체의 열관류율 0.300W/m^2·K인 외기에 직접 면하는 외벽 구성체에서 단열성능 향상을 위한 대안으로 가장 우수한 것은? (단, 일사의 영향은 고려하지 않는다.) 【16년 출제유형】

① 열관류율 1.500W/m^2·K의 창호로 교체한다.
② 창면적비를 30%로 변경한다.
③ 열전도율 0.020W/m·K인 단열재 100mm를 벽체에 추가한다.
④ 창면적비를 35%로 변경하고 열전도율 0.020W/m·K인 단열재 30mm를 벽체에 추가한다.

정답

① $1.5 \times 0.4 + 0.3 \times 0.6 = 0.78$

② $1.8 \times 0.3 + 0.3 \times 0.7 = 0.75$

③ $R_1 = \frac{1}{0.3} = 3.333$

$R_2 = 3.333 + 5 = 8.333$

$K_2 = \frac{1}{8.333} = 0.120$

$1.8 \times 0.4 + 0.12 \times 0.6 = 0.792$

④ $R_2 = 3.333 + 1.5 = 4.833$

$K_2 = \frac{1}{4.833} = 0.207$

$1.8 \times 0.35 + 0.207 \times 0.65 = 0.765$

답 : ②

예제문제 27

실내온도 20℃, 실외온도 -10℃인 경우, 창이 있는 외벽체를 통한 정상상태에서의 열손실량은? (단, 창면적 10m², 창을 제외한 외벽체 면적 20m², 창의 열관류율 1.5W/m²·K, 창을 제외한 외벽 열관류율 0.2W/m²·K로 함) 【20년 출제유형】

① 510W
② 570W
③ 630W
④ 690W

해설

1. 외피의 평균열관류율: (10×1.5+20×0.2)/(10+20) = 0.633W/m²·K
2. 외피를 통한 전체 열손실량: 0.633W/m²·K*30m²*30℃ = 570W

답 : ②

예제문제 28

다음 조건에서 산출된 관류부하를 20% 줄이기 위해 창의 면적을 조절하고자 한다. 조절 후의 창의 면적으로 가장 적절한 것은? (단, 주어진 조건 외에는 고려하지 않음)

【21년 출제유형】

〈조건〉
- 벽체 면적 : $10m^2$
- 벽체 열관류율 : $0.3W/m^2 \cdot K$
- 창 면적 : $5m^2$
- 창 열관류율 : $1.8W/m^2 \cdot K$

※ 총 외피면적(벽체+창호) $15m^2$는 유지함

① $1.1m^2$　　② $2.3m^2$
③ $3.4m^2$　　④ $4.6m^2$

해설

1. 기존 벽체의 평균 열관류율

$$\frac{10 \times 0.3 + 5 \times 1.8}{15} = 0.8(W/m^2 \cdot K)$$

2. 관류부하 20% 줄이는 창면적(x)

$$\frac{(15-x) \times 0.3 + 1.8x}{15} = 0.64(W/m^2 \cdot K)$$

$4.5 + 1.5x = 9.6$　　$x = 3.4(m^2)$

답 : ③

예제문제 29

다음 조건을 갖는 외기의 직접 면하는 외벽 구성체에서 단열성능 향상을 위한 대안으로 가장 우수한 것은?(단, 일사의 영향은 고려하지 않음)

【22년 출제유형】

〈조건〉
- 창면적비 : 45%
- 창호(창세트) 열관류율 : $1.500W/m^2 \cdot K$
- 벽체 열관류율 : $0.240W/m^2 \cdot K$

① 열관류율 $1.200W/m^2 \cdot K$의 창호로 교체한다.
② 창면적비를 35%로 변경한다.
③ 벽체에 $10m^2 \cdot K/W$의 열저항 층을 추가한다.
④ 창면적비를 40%로 변경하고 벽체의 열관류율을 $0.150W/m^2 \cdot K$로 보강한다.

해설

평균열관류율을 비교한다.

① $0.24 \times 0.55 + 1.2 \times 0.45 = 0.672$

② $0.24 \times 0.65 + 1.5 \times 0.35 = 0.681$

③ $K = 0.24\text{W/m}^2 \cdot \text{K}$, $R = \dfrac{1}{K} = 4.167(\text{m}^2 \cdot \text{K/W})$

$R' = 14.167$, $K' = \dfrac{1}{R'} = 0.071$

$0.071 \times 0.55 + 1.5 \times 0.45 = 0.714$

④ $0.15 \times 0.6 + 1.5 \times 0.4 = 0.69$

답 : ①

| 참고 |

에너지성능지표 중 외벽/지붕/최하층 거실바닥 평균 열관류율 기준

항목	기본배점(a)				배점(b)						평점
	비주거		주거								
	대형 (3,000m² 이상)	소형 (500~3,000m² 미만)	주택1	주택2		1점	0.9점	0.8점	0.7점	0.6점	(a×b)
외벽 평균 열관류율 U_e (W/m²·K) (창 및 문을 포함)	21	34			중부1	0.380 미만	0.380~0.430 미만	0.430~0.480 미만	0.480~0.530 미만	0.530~0.580 미만	
					중부2	0.490 미만	0.490~0.560 미만	0.560~0.620 미만	0.620~0.680 미만	0.680~0.740 미만	
					남부	0.620 미만	0.620~0.690 미만	0.690~0.760 미만	0.760~0.840 미만	0.840~0.910 미만	
					제주	0.770 미만	0.770~0.860 미만	0.860~0.950 미만	0.950~1.040 미만	1.040~1.130 미만	
			31	28	중부1	0.300 미만	0.300~0.340 미만	0.340~0.380 미만	0.380~0.410 미만	0.410~0.450 미만	
					중부2	0.340 미만	0.340~0.380 미만	0.380~0.420 미만	0.420~0.460 미만	0.460~0.500 미만	
					남부	0.420 미만	0.420~0.470 미만	0.470~0.510 미만	0.510~0.560 미만	0.560~0.610 미만	
					제주	0.550 미만	0.550~0.620 미만	0.620~0.680 미만	0.680~0.750 미만	0.750~0.810 미만	
지붕의 평균 열관류율 U_r (W/m²·K) (천창 등 투명 외피부분을 제외한 평균 열관류율)	7	8	8	8	중부1	0.090 미만	0.090~0.100 미만	0.100~0.110 미만	0.110~0.130 미만	0.130~0.150 미만	
					중부2	0.090 미만	0.090~0.100 미만	0.100~0.110 미만	0.110~0.130 미만	0.130~0.150 미만	
					남부	0.110 미만	0.110~0.120 미만	0.120~0.140 미만	0.140~0.150 미만	0.150~0.180 미만	
					제주	0.150 미만	0.150~0.170 미만	0.170~0.190 미만	0.190~0.210 미만	0.210~0.250 미만	
최하층 거실바닥 평균 열관류율 U_f (W/m²·K)	5	6	6	6	중부1	0.100 미만	0.100~0.110 미만	0.110~0.130 미만	0.130~0.150 미만	0.150~0.180 미만	
					중부2	0.120 미만	0.120~0.130 미만	0.130~0.150 미만	0.150~0.170 미만	0.170~0.210 미만	
					남부	0.150 미만	0.150~0.170 미만	0.170~0.190 미만	0.190~0.210 미만	0.210~0.260 미만	
					제주	0.200 미만	0.200~0.220 미만	0.220~0.250 미만	0.250~0.280 미만	0.280~0.340 미만	

* 대형 : 연면적 3,000m² 이상
소형 : 연면적 500m² 이상~3,000m² 미만
** 주택1 : 난방(개별난방, 중앙집중식 난방, 지역난방) 적용 공동주택
주택2 : 난방(개별난방, 중앙집중식 난방, 지역난방) 및 중앙집중식 냉방 적용 공동주택
※ U_e : U of envelope(외피의 열관류율)
U_r : U of roof(지붕의 열관류율)
U_f : U of floor(바닥의 열관류율)

예제문제 30

아래 그림과 같은 벽체에 있어서

(1) 열관류율(K)을 계산하라.(단, 실외측 표면열전달율은 23W/m² K, 실내측 표면열전달율은 9W/m² K, 공기층의 열저항은 0.086m² K/W이다.) (2점)

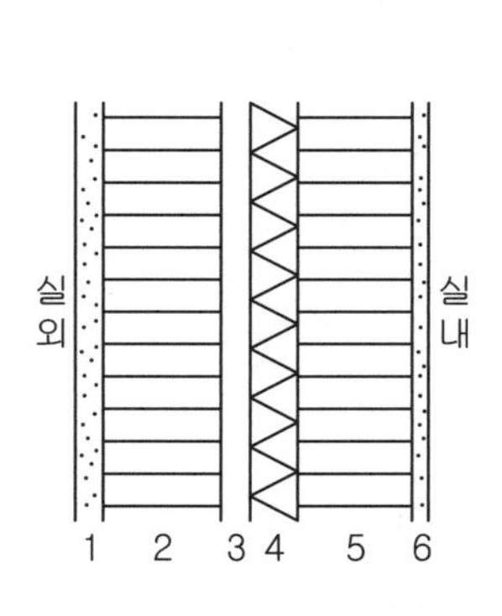

번호	구조	두께(mm)	열전도율(W/mK)	열저항(m² K/W)
실외측 열전달저항				
1	모르타르	20	1.4	
2	벽돌	90	0.62	
3	공기층	–	–	
4	단열재	50	0.03	
5	벽돌	90	0.62	
6	모르타르	20	1.4	
실내측 열전달저항				
전체 열저항			(m² K/W)	
열관류율			(W/m² K)	

(2) 벽체의 크기가 4m×10m, 실내측 공기온도 20℃, 실외측 공기온도 –10℃라면 이 벽을 통한 단위시간당 손실열량은? (2점)

(3) 실내측 표면(모르타르 표면)의 온도를 계산하라.(1점)

(4) 위 그림에 있는 벽체의 열관류율을 0.270으로 낮추려면 추가해야 할 단열재의 두께는 몇 mm인가? 단열재는 기존의 단열재와 같은 재료로 한다.(2점)

(5) 위 그림에 있는 벽체의 실내공기 노점온도가 19℃라면 실내측 표면결로 발생여부와 그 근거는? (1점)

(6) 5)에서 표면결로를 방지하려면 추가해야 할 단열재의 두께는 몇 mm인가? 단열재는 기존의 단열재와 같은 재료로 한다.(1점)

(7) 조건이 (1) 및 (2)와 같을 때 ②와 ③의 경계면온도를 계산하라.(1점)

정답

(1) 열관류율(K)

번호	구조	두께(mm)	열전도율(W/mK)	열저항(m² K/W)
실외측 열전달저항				0.043
1	모르타르	20	1.4	0.014
2	벽돌	90	0.62	0.145
3	공기층	–	–	0.086
4	단열재	50	0.03	1.667
5	벽돌	90	0.62	0.145
6	모르타르	20	1.4	0.014
실내측 열전달저항				0.111
전체 열저항			2.225(m²K/W)	
열관류율			0.449(W/m²K)	

■ $1W = 1J/s = 3.6kJ/h$
$1Wh = 3.6kJ$

(2) 구조체를 통한 열손실율 $H_c = K \cdot A \cdot (t_i - t_o) = 0.449 \times 40 \times 30 = 538.8\,(W)$, 단위 시간당 손실열량은 538.8Wh 또는 1939.7kJ

(3) 실내에서 내벽표면까지 열전달로 이동된 열량과 구조체 전체를 통해 열관류로 이동된 열량은 같으며 이것을 식으로 나타내면 다음과 같다.
$\alpha_i \cdot A \cdot (t_i - t_s) = K \cdot A \cdot (t_i - t_o)$
A(구조체의 면적)는 양쪽 항에 공통이므로 삭제한 후 문제에서 요구한 내표면의 온도 t_x에 대하여 정리하고 주어진 값들을 대입하면

$$t_s = t_i - \frac{K}{\alpha_i}(t_i - t_o) = 20 - \frac{0.449}{9}(20-(-10)) = 20 - 1.5 = 18.5℃$$

(4) 기존벽체의 열관류저항 $R = 2.225\,m^2 \cdot K/W$
단열재 추가벽체의 열관류율 $K' = 0.270 = \frac{1}{R'}$ 에서 $R' = 3.704\ m^2 \cdot K/W$
그러므로 $\Delta R = 3.704 - 2.225 = 1.479 = \frac{d}{\lambda} = \frac{d}{0.03}$
따라서 추가 두께 $d = 1.479 \times 0.03 = 0.04437m = 44.37mm ≒ 45mm$

(5) 표면결로는 발생한다. - 표면온도(18.5℃)가 노점온도(19℃)보다 낮기 때문에

(6) 표면결로가 발생하지 않으려면 표면온도가 노점온도보다 같거나 높아야 하므로 표면온도를 19℃로 하고 벽체 열관류율을 구하면
$K \cdot (t_i - t_o) = \alpha_i \cdot (t_i - t_s)$ 에서 $K \cdot (20-(-10)) = 9 \cdot (20-19)$
$\rightarrow K = 0.3$
즉 현재 $K = 0.449$를 $K' = 0.3$으로 하려면 단열재를 추가하여야 한다.
기존벽체의 열관류저항 $R = 2.225\,m^2 \cdot K/W$
단열재 추가벽체의 열관류율 $K' = 0.3 = \frac{1}{R'}$ 에서 $R' = 3.333\,m^2 \cdot K/W$
그러므로 $\Delta R = 3.333 - 2.225 = 1.108 = \frac{d}{\lambda} = \frac{d}{0.03}$
따라서 추가 두께 $d = 1.108 \times 0.03 = 0.03324m = 33.24mm ≒ 34mm$

(7) 벽체내의 어느 지점의 온도(t_x)는

$$t_x = t_i - \frac{\Delta R}{R_T}(t_i - t_o)$$

또는 $t_x = t_o + \frac{\Delta R}{R_T}(t_i - t_o)$를 이용하여 구할 수 있다.

$$t_x = t_o + \frac{\Delta R}{R_T}(t_i - t_o)$$
$$= -10 + \frac{0.043 + 0.014 + 0.145}{2.225}(20-(-10)) = -10 + 2.7 = -7.3℃$$

01 종합예제문제

1 열전도율이 가장 낮은 것은 다음 중 어느 것인가?

① 벽돌 ② 경량콘크리트 블록
③ 섬유단열판 ④ 공기

건축재료 중 밀도가 가장 작은 공기가 가장 작은 0.02kcal/m·h·℃를 갖고 있다. 섬유단열판은 0.034, 경량콘크리트 블록은 0.1, 벽돌은 0.5~0.8kcal/m·h·℃의 열전도율을 갖고 있다.

2 건물의 열성능에 관한 다음 기술 중 부적당한 것은 어느 것인가?

① 외벽의 열관류 저항이 클수록 열성능이 유리하다.
② 열전도율이 작을수록 열성능이 유리하다.
③ 열관류율이 클수록 열성능이 유리하다.
④ 온도차가 클수록 전도열량이 증가한다.

열저항이 클수록, 열전도율, 열전달율, 열관류율, 실내외 온도차가 작을수록 열성능이 유리하다.

3 0℃ 외기에 접하고 있는 벽의 열관류율이 1.2W/m²·K인 경우에서 벽의 실내 측 표면 열전달율이 9.3W/m²·K이고, 실내공기온도가 20℃라고 하면 이 벽의 실내 측 표면 온도는?

① 14.35℃ ② 15.35℃
③ 16.35℃ ④ 17.35℃

$\frac{r}{R}=\frac{t}{T}$에서

$R=\frac{1}{K}=\frac{1}{1.2}=0.83$

$r=\frac{1}{\alpha_i}=\frac{1}{9.3}=0.11$

$\frac{0.11}{0.83}=\frac{x}{20}$

$x=2.65(℃)$

실내측 표면온도 = 20 − 2.65 = 17.35℃

4 외벽의 K값이 0.6W/m² K이다. 이 벽체에 스티로폼 판을 덧붙여서 K값을 0.3W/m² K로 낮추려 할 때 요구되는 스티로폼의 최소 두께는 얼마인가? 스티로폼의 열전도율은 0.033W/m·K이다.

① 40mm ② 45mm
③ 55mm ④ 60mm

$K=\frac{1}{R}=\frac{1}{\frac{1}{\alpha_i}+\sum\frac{d}{\lambda}+\frac{1}{\alpha_o}}$에서 단열재를 추가하더라도 α_i와 α_o는 변함이 없다. 따라서 벽체의 열저항차는 추가되는 스티로폼의 $\frac{d}{\lambda}$라 볼 수 있다.

새로운 K값	$K_2=\frac{1}{R_2}=0.3$
새로운 열관류 저항($1/K_2$)	$R_2=3.333$
기존의 K값	$K_1=\frac{1}{R_1}=0.6$
기존의 열관류 저항($1/K_1$)	$R_1=1.667$
추가로 필요한 열 저항	$R_2-R_1=1.666$
재료의 열저항	$R=\frac{d}{\lambda}=1.666$
단열 재료의 열전도율	$\lambda=0.033$
재료의 두께	$d=R\times\lambda=0.055$m

그러므로 요구되는 단열판의 최소 두께 = 55mm

5 여름철 최대 외기온(外氣溫)이 나타나는 시간은 대략 오후 1시경이다. 자연상태의 최대 실온(室溫)이 오후 4시~5시경에 나타나는 이유는?

① 건물 구조체의 축열 성능 때문
② 건물 구조체의 단열 성능 때문
③ 건물 구조체의 일사 반사 성능 때문
④ 건물 구조체의 일사 흡수 성능 때문

용량형 단열
- 열용량은 질량(kg)과 비열(kcal/kg℃)의 곱이다.
- 건물 외피의 축열용량을 이용한 것으로, 건물 외표면에 작용하는 복사열에 의한 온도변화와 건물 내표면에 작용하는 온도변화의 시간지연(time-lag)을 이용한 것이다. 벽체 또는 지붕 표면에서의 큰 주기적 열변화는 실내에서 진폭이 크게 감소되며 표면에서의 열류 주기보다 몇 시간 늦게 발생한다.

해설 1. ④ 2. ③ 3. ④ 4. ③ 5. ①

6 건물의 열성능에 관한 다음 기술 중 부적당한 것은 어느 것인가?

① 외벽의 열관류 저항이 클수록 단열성능이 좋다.
② 열콘덕턴스가 작을수록 전도열량이 증가된다.
③ 외벽의 열관류율이 작을수록 단열성능이 높아진다.
④ 온도차가 클수록 관류열손실이 증가된다.

> ② 열콘덕턴스란 주어진 두께의 특정재료를 통한 단위온도차에서 단위시간동안 통과하는 열량으로, 단위는 kcal/m²·h·℃ 또는 W/m²·K로 나타낼 수 있다. 따라서 열콘덕턴스와 전도열량은 비례관계가 있다. 일반적으로 열저항이 클수록, 열전도율, 열콘덕턴스, 열전달율, 열관류율, 실내외 온도차가 작을수록 열전달량이줄어든다.

7 벽체의 전열에 관한 다음의 기술 중 부적당한 것은 어느 것인가?

① 벽체의 열전도저항은 그 구성재료가 습기를 함유하면 작게 되며, 외벽의 열관류 저항이 클수록 열성능이 유리하다.
② 두께 10cm인 콘크리트의 열콘덕턴스는 두께 20cm인 콘크리트의 열콘덕턴스의 두 배이다.
③ 열전도율, 열전달율, 열관류율, 실내외 온도차가 작을수록 열성능이 유리하다.
④ 벽체는 구성재료가 두꺼울수록 열저항이 작아져서 외피를 통한 열손실을 줄이는데 도움이 된다.

> ④ 벽체는 구성재료가 두꺼울수록 열저항이 커져서 외피를 통한 열손실을 줄이는데 도움이 된다.

8 열관류저항과 온도구배에 대한 설명으로 맞지 않는 것은?

① 내외부 온도차가 있는 건물외피에서 각 구조체내의 각 점의 온도는 일정한 상태로 유지되는데 이 때 각 점의 온도를 선으로 이은 직선을 온도구배선이라 한다.
② 동일한 두께일 경우 온도차가 클수록 온도구배는 커진다.
③ 온도변화량은 각 재료별 열저항값에 비례한다.
④ 열전도율이 큰 재료일수록 온도구배는 커진다.

> ④ 열전도율이 작은 재료일수록 온도구배는 커진다.

9 열전도율에 관한 기술에서 잘못된 것은?

① 재료가 다공질이 되면 열전도율 값은 커진다.
② 재료가 흡습하면 열전도율 값은 커진다.
③ 일반적으로 온도가 높을수록 재료의 열전도율 값이 크다.
④ 금속에 있어서 열을 전하기 쉬운 재료는 열전도율 값이 크다.

> · 공기는 열전도율이 가장 낮은 건축재료 – 0.022kcal/m·h·℃
> · 함수율과 열전도율은 비례
> · 온도가 높을수록 분자의 운동 활발
> · 참고 : 전기절연체는 일반적으로 열절연체

10 열관류율이 0.3W/m²K인 벽의 1/3에 해당하는 면적에 열관류율이 2.0W/m²K인 유리창을 끼웠을 때 구조체의 열성능을 바르게 설명한 것은?

① 벽의 보온력이 크게 개선된다.
② 벽의 열관류율은 변함이 없다.
③ 벽의 열관류율은 3배 정도가 된다.
④ 벽의 열관류율은 5배 정도가 된다.

> 벽체의 평균 열관류율=(K1·A1+K2·A2)/(A1+A2)
> (0.3×2/3+2.0×1/3)/(2/3+1/3)=0.87W/m²K

해설 6. ② 7. ④ 8. ④ 9. ① 10. ③

11 창의 열관류율이 1.8 W/m²K, 외벽의 열관류율이 0.23 W/m²K ,창면적비가 20%일 때의 전체 벽의 열관류율은 얼마이며, 전체 외벽의 열관류율을 0.4 W/m²K 이하로 하고자 할 때 창면적비는 얼마이하로 낮추어야 하는가?

① 0.36 W/m²K, 9.5% 이하
② 0.54 W/m²K, 10.8% 이하
③ 0.36 W/m²K, 12.5% 이하
④ 0.54 W/m²K, 17.4% 이하

> ① 창면적비가 20%일 때의 전체 벽의 열관류율
> =1.8*0.2+0.23*(1−0.2)=0.54 W/m²K
> ② 창면적비를 x라고 할 때 0.4=1.8*x+0.23*(1−x)
> x =0.108

12 창의 열관류율이 1.8W/m²K, 외벽의 열관류율이 0.23W/m²K ,창면적비가 20%일 때의 전체 벽체 면적이 10m², 실내외 공기온도차가 20℃인 경우, 외벽을 통한 열손실은 얼마인가?

① 30.6W ② 54.5W
③ 108.8W ④ 155.5W

> ① 창면적비가 20%일 때의 전체 벽의 평균열관류율=1.8*0.2+0.23*(1−0.2)=0.544 W/m²K
> ② 구조체를 통한 열손실량은 K · A · ΔT=0.544 W/m²K * 10m² * 20K = 108.8W

13 다음 표와 같은 벽체의 열관류율은 약 얼마인가?(단, 내표면 열전달율은 8.5W/m²·K, 외표면 열전달율은 33W/m²·K)

번호	재료명	두께 [m]	열전도율 [W/m·K]
①	콘크리트	0.12	1.4
②	단열재	0.10	0.03
③	시멘트벽돌	0.09	1.3
④	시멘트몰탈	0.03	1.3

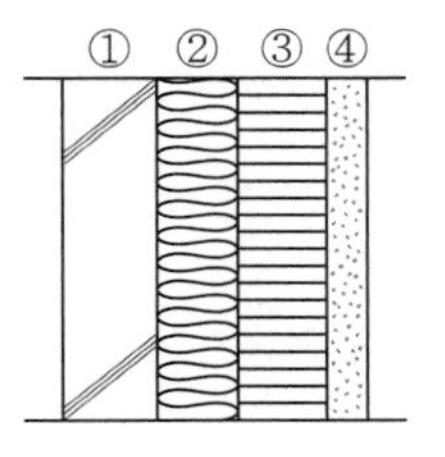

① 0.27[W/m²·K] ② 0.36[W/m²·K]
③ 0.47[W/m²·K] ④ 0.60[W/m²·K]

> 열관류율$(K)=\dfrac{1}{\dfrac{1}{\alpha_1}+\Sigma\dfrac{d}{\lambda}+\dfrac{1}{\alpha_2}}$[W/m²·K]
> α : 열전달률[W/m²·K], λ : 열전도율[W/m·K], d : 두께[m]
> ∴ 열관류율$(K)=\dfrac{1}{\dfrac{1}{\alpha_1}+\Sigma\dfrac{d}{\lambda}+\dfrac{1}{\alpha_2}}$
> =1/(1/8.5+0.12/1.4+0.10/0.03+0.09/1.3+0.03/1.3+1/33)
> = 1/(0.12+0.09+3.33+0.07+0.02+0.03)
> = 1/3.66
> = 0.27[W/m²·K]

해설 11. ② 12. ③ 13. ①

memo

제 2 장

단열과 보온계획

단열과 보온계획

1 단열의 원리

■ 건물외피(building envelope)
외부와의 열교환이 이루어진다고 생각되는 난방이나 냉방되는 공간을 둘러싸는 건축요소를 말한다. 즉, 지붕, 벽, 바닥, 개구부 등을 말한다.

단열은 건축물 외피와 주위 환경간의 열류를 차단하는 역할을 하며, 단열메카니즘의 형태에는

① 저항형(기포형)

② 반사형

③ 용량형

의 3가지가 있다.

1. 저항형 단열재

■ 흔히 혹독한 자연환경으로부터 인간의 몸을 보호하기 위한 보호막 역할을 하는 것이 3개가 있는데, 첫째가 피부(Skin), 둘째가 의복(Clothing), 셋째가 바로 건물외피(Building Envelope)이다.

다공질 또는 섬유질의 열전도율이 0.03kcal/m·h·℃ 정도로 낮은 기포성 단열재로 현재 쓰이고 있는 대부분의 단열재가 해당되며, 열전달을 억제하는 성질이 뛰어나다. [유리섬유(Glass Wool), 스티로폼(Polystyrene Foam Board), 폴리우레탄(Polyurethane Foam)등]

본 교재의 앞 부록에서 ☞
칼라사진을 참조하시오.

■ 1kcal/m·h·℃ = 1.16W/m·k
1W/m·k = 0.86kcal/m·h·℃

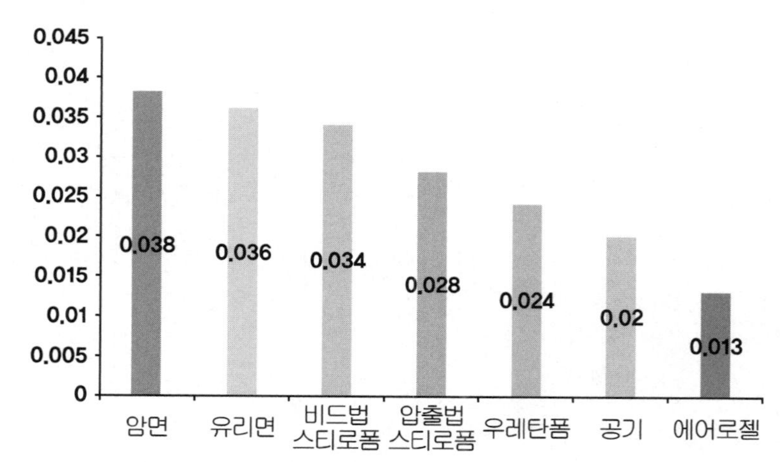

주요 단열재의 열전도율(kcal/m·h·℃)

*출처 : 권영철, "친환경건축을 위한 고효율 단열", 친환경건축설계아카데미, 대한건축사협회(2013)

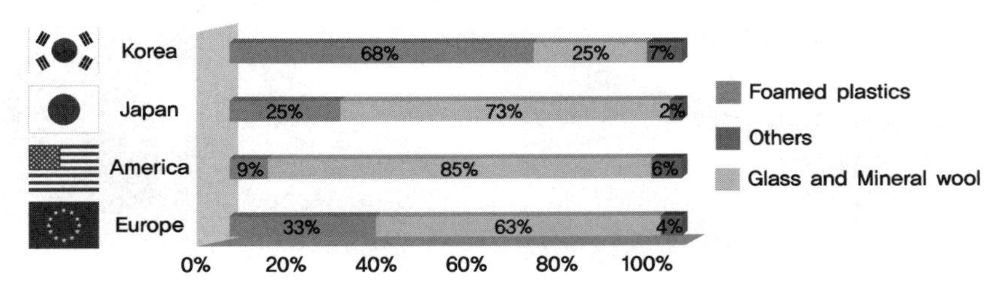

*출처 : Young Cheol Kwon, "Insulation Applications for Buildings in Korea", Proceedings of 7th Global Insulation Conference(2012)

☜ 본 교재의 앞 부록에서 칼라사진을 참조하시오.

2. 반사형 단열재

복사의 형태로 열이동이 이루어지는 공기층에 유효하며, 방사율과 흡수율이 낮은 광택성 금속박판이 쓰인다. [알루미늄 호일(Aluminum Foil), 알루미늄 시트(Aluminum Sheet) 등]

다양한 건축자재의 표면 방사율

Material Surface	Emittance
Asphalt	0.90~0.98
Aluminum foil	0.03~0.05
Brick	0.93
Concrete	0.85~0.95
Fiberglass/Cellulose	0.8~0.90
Glass	0.95
Marble	0.93
Paint : white lacquer	0.80
Paint : white enamel	0.91
Paper	0.92
Silver	0.02
Steel(mild)	0.12
Wood	0.90

■ 건축공사 표준시방서에서는 반사형 단열재의 표면방사율이 0.1 이하인가를 확인하도록 되어있다. 국내에서는 시멘트 알칼리에 대한 내부식성을 확보하기 위해 PET 필름을 알루미늄 표면에 붙인 제품이 있는데, 이러한 제품들은 표면방사율이 0.5~0.6으로 반사형 단열성능이 거의 없다.

■ 복사차단재와 공기층의 열저항 ($m^2 \cdot K/W$)

공기층 위치	일반 공기층	복사차단재 설치 공기층
벽체	0.17	0.6
겨울천장 (열류상향)	0.17	0.5
여름천장 (열류하향)	0.17	2.0

본 교재의 앞 부록에서 ☞ 칼라사진을 참조하시오.

국내외에서 유통 중인 반사형 단열재

*출처 : 권영철, "친환경 건축을 위한 고효율 단열", 친환경건축설계아카데미, 대한건축사협회(2014)

| 참고 | 반사율과 방사율

반사형 단열재는 방사율이 낮은 표면 특성을 지니고 있다.

반사형 단열재 표면재로 사용되는 알루미늄 박판의 표면 방사율은 0.03~0.05, 반사율은 0.97~0.95라고 보면 된다.
즉, 3~5%만 방사하고, 95~97%는 반사하는 성질을 지니고 있다.

중공층에 설치된 반사형 단열재는 겨울에는 내부열을 3~5%만 방사하고 여름에는 외부에서 들어오는 열을 95~97%나 반사시키기 때문에 계절에 관계없이 단열효과가 나타나는 것이다.

불투명 재료의 복사열 흡수율과 반사율의 합이 1이라 보면 된다.
반사율이 0.1이라면 흡수율이 0.9가 된다.

반사율이 0.1이란 1이라는 에너지가 입사될 경우, 0.1만큼이 표면에서 반사되고 0.9만큼이 흡수된다는 의미이다.

방사율이 0.1이란 물체가 보유하고 있는 내부열을 표면에서 방사하는 비율이 0.1이라는 의미로 복사에 의한 열전달이 크지 않다는 말이다.

3. 용량형 단열재

주로 중량구조체의 큰 열용량을 이용하는 단열방식으로, 열 전달을 지연시키는 성질이 뛰어나다. (두꺼운 흙벽, 콘크리트 벽 등)

(1) 비열

① 어떤 물질 1kg을 1℃ 높이는데 필요한 열량(kcal/kg·℃)

② 공기의 비열 : 0.24kcal/kg·℃, 물 : 1kcal/kg·℃, 콘크리트 : 0.2kcal/kg·℃

(2) 밀도

① 단위체적의 질량 kg/m^3

② 공기의 밀도 : $1.2kg/m^3$, 물 : $1,000kg/m^3$, 콘크리트 : $2,400(kg/m^3)$

(3) 열용량

① 어떤 물질을 1℃ 높이는데 필요한 열량으로 비열과 질량 또는 비열과 밀도의 곱이다.

② 열용량(kcal/℃) = 비열(kcal/kg·℃) × 질량(kg)

③ 한편, 밀도(단위체적당 질량)를 이용하여 공기, 물, 콘크리트의 단위 체적당 열용량($kcal/m^3\cdot℃$)을 계산·비교해보면 다음과 같다.

- 공기의 열용량 = 0.24 kcal/kg·℃ × 1.2 kg/m^3 = 0.29 $kcal/m^3\cdot℃$
- 물의 열용량 = 1 kcal/kg·℃ × 1,000 kg/m^3 = 1,000 $kcal/m^3\cdot℃$
- 콘크리트의 열용량 = 0.2 kcal/kg·℃ × 2,400 kg/m^3 = 480 $kcal/m^3\cdot℃$

따라서 물이 콘크리트보다 단위체적당 열용량이 크므로 우수한 축열체이다.

| 참고 |

■ **타임랙(Time Lag)**

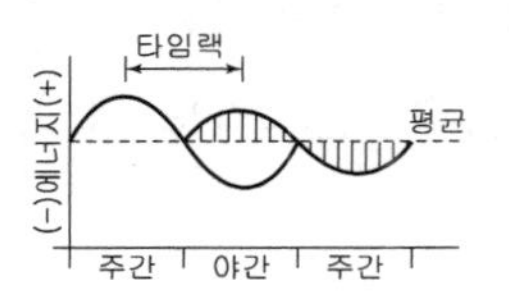

타임랙

축열량과 밀접한 관계를 갖고 있는 것으로 어떤 재료의 한쪽 면에 열이 도달한 시간과 그 열이 반대편 표면에 도달하여 배출되는 시간의 차이를 말한다. 즉 상당외기온의 변화가 실내에 영향을 주는데 소요되는 시간을 나타내는 것으로, 이는 재료의 선택 및 알맞은 디자인으로 조절이 가능하다.

■ **진폭감쇄율(Decrement Factor)**

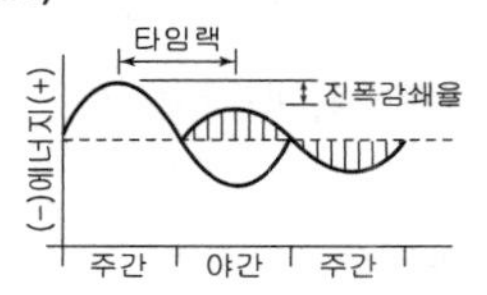

진폭감쇄율

외벽체에 설치된 축열체에서 일어난 열류의 최대편차와 열용량이 0으로 가정된 구조체 내에서 발생하는 열류의 최대편차와의 비를 말한다.

예제문제 01

단열에 대한 설명으로 가장 적절한 것은? 【18년 출제유형】

① 용량형 단열의 효과는 재료의 비열 및 질량과 관련이 있다.
② 반사형 단열은 높은 방사율을 가지는 재료를 사용하여 복사열 에너지를 반사하는 것이다.
③ 쿨루프(cool roof)의 주요 원리는 열전도율이 낮은 지붕재료에 의한 저항형 단열이다.
④ 저항형 단열은 열용량이 큰 재료를 활용하여 열전달을 억제하는 방법이다.

해설
② 높은 → 낮은
③ 열전도율 → 일사흡수율, 저항형 → 반사형
④ 저항형 → 용량형

답 : ①

예제문제 02

벽체 열용량에 대한 설명으로 가장 적절하지 않은 것은? 【20년 출제유형】

① 벽체 열용량은 벽체의 온도를 1℃ 높이는데 필요한 열량을 의미한다.
② 벽체 열용량은 "비열×밀도×체적"으로 구한다.
③ 일반적으로 동일 체적의 철근콘크리트 벽체의 열용량은 목재 벽체보다 작다.
④ 벽체 열용량이 클수록 타임랙이 커진다.

해설
③ 일반적으로 동일 체적의 철근콘크리트 벽체의 열용량은 목재 벽체보다 크다.

답 : ③

예제문제 03

용량형 단열 계획과 관련한 설명으로 가장 적절하지 않은 것은? 【21년 출제유형】

① 용량형 단열이란 열전달을 지연시키는 축열의 성질을 이용하는 단열 방식이다.
② 일교차가 큰 고온 건조한 지역에 적용하면 효과가 크다.
③ 축열체에서 감쇄계수(decrement factor)에 의한 열류 변화는 열저항에 의한 것과 유사하다.
④ 콘크리트는 물보다 열용량이 큰 물질로 용량형 단열에 최적화된 재료이다.

해설
물이 콘크리트 보다 2배 이상의 열용량

답 : ④

예제문제 04

단열재에 대한 설명 중 가장 적절하지 않은 것은? 【21년 출제유형】

① 반사형 단열재는 주변 재료와 최대한 밀착시켜 단열성능을 높일 수 있도록 시공해야 한다.
② 지붕에 설치되는 반사형 단열재는 태양의 복사에너지를 반사하여 냉방부하 절감에 효과가 있다.
③ 저항형 단열재는 무수한 기포로 구성되어 있는 다공질 또는 섬유질의 형태를 갖고 있다.
④ 지면에 면해 설치되는 저항형 단열재는 흡수율이 낮고 투습저항이 큰 재료를 선택한다.

해설
① 밀착시켜 → 공기층을 확보하여

답 : ①

예제문제 05

단열계획과 관련하여 다음 설명 중 가장 적절한 것은? 【22년 출제유형】

① 열저항이 큰 재료일수록 타임랙(time-lag) 또한 크게 나타난다.
② 공기층이 두꺼워질수록 공기층에 의한 열저항은 커진다.
③ 동일한 콘크리트 벽체라도 내단열 구조인 경우와 외단열 구조인 경우의 타임랙(time-lag)은 다르게 나타난다.
④ 저항형 단열은 열용량이 큰 재료를 사용할수록 저항효과가 높아진다.

해설
① 온도진폭은 작아지나 타임 랙은 변화가 없다
② 공기층은 20mm일 때 열저항이 가장 크다.
④ 저항형 단열재들은 열용량이 거의 없다.
저항형 → 용량형

답 : ③

| 참고 | 투명단열재(Transparent Insulating Material; TIM)

투명단열재는 기존의 건물외피를 통한 열손실방지라는 열차단 뿐만 아니라 열취득을 동시에 할 수 있는 건물외피의 복합단열구조 시스템이다. 투광성과 단열성을 가진 재료를 접목하여 투과된 빛을 열로 전환시켜 건물의 난방부하 절감을 위해 사용할 수 있는 기술이며, 건물유리, 벽체, 태양열 집열판 등에 설치되어 에너지 절약효과를 극대화할 수 있는 기술이다.

투명단열재의 일반적인 단면구조는 전체적으로 두꺼운 복층 유리의 구조로 되어있고, 공기층이 단열을 위해 충분한 너비를 가지며 이 사이에 대류를 억제하기 위해 투명단열물질이 삽입 된다. 투명단열물질은 일반적으로 수직배열구조와 수평배열구조, 균일체구조로 구분할 수 있다.

수직배열구조는 tube 형태나 허니컴(honeycomb) 형태로 되어 있으며, 이러한 기하학적인 구조의 장점은 태양복사열을 반사하여 내부로 직접 모아주는 역할을 한다는 점이다. 튜브의 직경은 1.4mm 범위이며, honeycomb형태는 단면적이 4㎟정도의 공동이 형성되도록 되어 있다.

수평배열구조는 판유리와 투명단열물질이 평행한 구조로 되어 있어 투과율을 낮추기 위해서 사용된다. 투명단열물질의 구성재료로는 폴리카보네이트 (polycarbonate), 아크릴계수지(poly methyl-methacrylate)나 유리를 사용한다.

균일체 구조에서는 대부분실리카 aerogel이 사용된다. 실리카 aerogel은 미세기공 구조를 가지며 기공의 크기는 100㎚ 정도로 열의 전도를 제한할 정도 이다. 실리카 aerogel은 단일물의 덩어리나 과립상의 형태로 만들어진다. 그러나 aerogel은 변색과 물에 의해 잘 파괴된다는 단점이 있고 과립형 aerogel의 경우 두 개의 유리판 사이에 고착되어 붙는다는 단점도 있다. 이 경우 물질의 부피는 감소하고 온도차가 커져 시간경과에 따라 부분적 침하가 발생하여 상부는 빈공간이 되어 심한 경우 유리가 파손되기도 한다. 실리카 aerogel의 가장 큰 장점은 수직배열구조보다 내화성과 열저항성이 좋아 두께가 얇더라도 낮은 열관류율을 얻을 수 있다는 점이다.

투명단열재 유사 건축재료로는 폴리카보네이트 쉬트를 온실 보온 채광용으로, 허니컴 형상을 공장지붕 채광용으로 일부 사용하고 있는 실정이다. 최근 온실 보온 채광용으로의 사용영역이 확대되면서 국내 일부업체에서 투명 단열재에 대한 선진국의 연구현황 및 개발여부를 검토 중이다.

1980년대초부터 독일, 영국을 중심으로 투명단열재를 포함하는 신단열 시스템 개발기술을 활발히 추진하여 주택, 기숙사, 사무용건물 등에 다양한 응용 및 성능분석 실험을 진행하고 있다.

일부 투명단열재료를 이용한 벽체는 일부 건물에 적용되고 있으나, aerogel의 경우에는 안정성문제와 과난방등의 문제점들을 해결하기 위한 연구가 진행되고 있다. 모세관 유리다발로 이루어진 투명단열재나 허니컴, 모세관 형태의 폴리카보네이트 투명단열재는 실용화단계이다.

본 교재의 앞 부록에서 칼라사진을 참조하시오.

비드법 보온판 1종과 2종

| 참고 | Expanded polystyrene foam (EPS), 비드법 보온판

폴리스티렌수지에 발포제를 넣은 다공질의 기포플라스틱(Foam Plastic)이다. 흔히 스티로폴Styropor 혹은 스티로폼Styrofoam이라고 부르는 데, 이는 독일과 미국 회사의 제품명으로 정식 명칭은 'EPS(Expanded Poly-Styrene, 발포 폴리스티렌) 단열재' 다. 단열 성능이 뛰어나고, 경량으로 운반과 시공성이 우수하며, 최고 70℃까지 사용할 수 있다. 그러나 자외선에 약하고 화재시 불이 옮겨 붙어 유독가스가 발생할 위험이 있다.

EPS 단열재는 비드법 1종과 2종으로 구분한다. 밀도에 따라 1호 30kg/㎥이상, 2호 25kg/㎥이상, 3호 20kg/㎥이상, 4호 15kg/㎥이상으로 분류하고 있으며, 밀도가 클수록 단단하며 열전도율이 낮은 특성을 갖고 있다. 열전도율은 0.031~0.043W/mK까지로 종류와 밀도에 따라 다르다.

비드법 보온판 1종:구슬 모양의 '비드' 를 가열한 후 1차 발포시키고 적당한 시간 숙성한 후 판모양의 금형에 채워 다시 가열해 2차 발포에 의해 융착, 성형한 제품으로 흰색을 띠고 있으며, "나" 와 "다" 등급에 속함. 열전도율은 1호 0.036W/mK, 2호 0.037W/mK, 3호 0.040W/mK, 4호 0.043W/mK으로 비드법 보온판 2종보다 열전도율이 높다.

비드법 보온판 2종:폴리스티렌수지에 탄소를 함유한 합성물질인 그라파이트(흑연)를 첨가해 제조한 제품으로 회색빛을 띠고 있으며, "가" 등급에 속함. 열전도율은 1호 0.031W/mK, 2호 0.032W/mK, 3호 0.033W/mK, 4호 0.034W/mK로 압출법 보온판보다 열전도율이 높다.
비드법 보온판은 무엇보다 시공성이 우수한 게 장점이지만, 물 흡수율이 높아 물과 직접 닿거나 습기가 많은 곳에는 시공할 수 없다.

압출법 보온판

| 참고 | Extruded polystyrene foam (XPS), 압출법 보온판

압출법 보온판은 원료를 가열 · 용융해 연속적으로 압출 · 발포시켜 성형한 제품으로, 압출 폴리스티렌폼(Extruded Polystyrene Foam)을 말하며 보통 XPS로 불린다. 대표적인 제품이 아이소핑크. 물리적 성질은 비드법 보온판과 비슷하나 단열성이 우수하며 어느 정도의 투습 저항을 지닌 것이 특징이다. 내열 온도가 낮아 난연재를 첨가해 건축용 단열재나 완충포장재로 주로 사용한다. "가" 등급에 속하며, 열전도율은 특호 0.027W/mK, 1호 0.028W/mK, 2호 0.029W/mK, 3호 0.031W/mK로 비드법 보온판보다 낮다.

| 참고 | Rigid Poly Urethane Foam (PU), 경질 폴리우레탄폼

열전도율이 0.023~0.025W/mK로 단열 성능이 뛰어나 보온, 보냉에 사용하는 단열재로 폴리우레탄폼을 발포, 성형한 유기 발포체(독립 기포 구조)로 구성되며, PU라고도 한다. 단열성과 저온 특성이 좋으며, 판상형의 생산품을 붙이는 방법이 있으나 건축 현장에서는 주로 직접 발포해(뿜칠) 시공한다.

현장에서 발포 시공할 시에는 분사 각도가 30° 를 넘지 않게 하며, 스프레이건과 피착면과의 거리를 일정하게 하면서 동일방향으로 연속분사해야 균일한 두께를 얻을 수 있다. 그리고 1회 30㎜ 이하로 분사 발포하고 분사압을 최대로 해 작은 입자가 되도록 한다.

열경화성 수지인 폴리우레탄폼은 플라스틱류와 같이 명확한 연화점이나 응고점이 없다. 관련 업계에서는 일반적으로 고온은 100℃, 저온은 -70℃까지 사용할 수 있고, 특수제조공정을 거치면 -170℃까지도 시공이 가능하다.

다른 단열재는 온도 변화에 민감하고, 물이나 습기를 흡수하면 단열 효과가 저하되는 단점이 있지만, 폴리우레탄 폼은 90% 이상이 독립 기포로 이뤄져 강한 내수성 및 내습성을 보인다. 또한, 뛰어난 접착력으로 표면에 먼지 등의 이물질을 제거하면 재질과 관계없이 반영구적으로 사용할 수 있다.
화재 시 치명적인 맹독성의 시안가스가 발생하는 문제가 있다.

본 교재의 앞 부록에서 칼라사진을 참조하시오.

경질우레탄폼

| 참고 | Phenolic Foam (PF), 페놀폼

- 열전도율 0.019W/mK로 유기질 단열재 중 단열성능이 가장 뛰어남
- 페놀수지를 발포하여 만든 열경화성 수지로 난연2급의 준불연성을 지니고 있음
- 90%이상 독립미세기포로 이루어진 Closed Cell 구조

페놀폼

| 참고 | Aerogel Blanket, 에어로젤

- 에어로젤의 열전도율은 0.011~0.015W/mK로 스티로폼, 우레탄 등의 유기질 단열재의 열전도율의 거의 절반밖에 되지 않음
- 사용가능 온도범위가 -200~650℃까지여서 극저온에서부터 초고온까지 보냉과 보온을 동시에 할 수 있음
- 밀도는 100~170kg/m^3로 유리섬유 보다 높음
- 유연한 구조로 시공이 용이하고 높은 압축강도를 지니고 있음
- 물리화학적으로 안정되어 있고 1,200℃의 가스불꽃에도 타지 않는 불연성을 지니고 있음
- 물속에 담가 두어도 물에 젖지 않는 높은 발수성을 지니고 있음
- 비결정질 실리카겔 사용으로 인체에 무해함

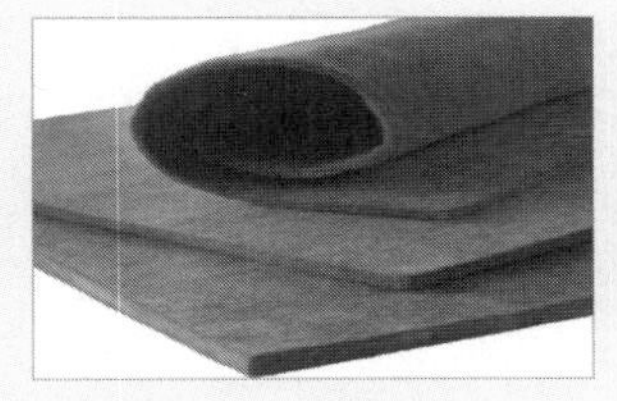
에어로젤

본 교재의 앞 부록에서 칼라사진을 참조하시오.

진공단열재

| 참고 | Vacuum Insulation Panel (VIP), 진공단열재

현존하는 단열재 중 가장 열전도율이 낮은 진공단열재(VIPs; Vacuum Insulation Panels)는 특수한 재질의 외피재(Envelope)와 외피재 내부의 심재(Core Material)로 구성되고, 단열성능을 극대화하기 위해 내부를 진공처리한 제품이다.

진공단열재의 외피재는 알루미늄 박막 필름이 주로 사용되며, 진공단열재의 수명 및 신뢰성을 결정하는 중요한 소재이다.

진공단열재의 심재는 글래스울, 흄드실리카 등이 주로 사용되고 있으며, 외피재의 형태 유지 및 내부 가스 분자의 이동을 차단하여 열전달을 최소화한다. 뿐만 아니라, 진공단열재의 내부는 진공에 가까운 극저압을 유지하기 때문에 심재는 진공단열재가 압착되지 않을 정도의 강성을 지니거나 저압상태에서 압축하여 심재의 복원력을 이용하여 진공단열재의 형상을 유지한다.

유리섬유 심재를 사용한 진공단열재의 열전도율은 0.002W/mK, 흄드실리카 심재를 사용한 진공단열재는 열전도율 0.004W/mK을 갖고 있다.

예제문제 06

다음 중 주로 중공벽이나 천정과 지붕 사이 공간 등에 설치하여, 복사에 의한 열전달을 차단하는데 사용되는 단열재는 어느 것인가?

① 유리섬유 ② 스티로폼
③ 폴리우레탄 ④ 알루미늄 시트

해설
반사형 단열재로 사용되는 것을 말한다.

답 : ④

예제문제 07

단열재의 종류별 특징을 설명한 것 중 틀린 것은? 【13년 1급 출제유형】

① 스티로폼, 우레탄, 유리섬유, 암면 등은 저항형 단열재이다.
② 저항형 단열재는 섬유질이나 기포성으로 전도에 의한 열전달차단효과가 크다.
③ 반사형 단열재는 방사율이 높아 복사열전달을 차단하는데 효과적이다.
④ 용량형 단열재는 구조체의 높은 열용량을 활용하여 열이 흘러가는 시간을 지연시킨다.

해설
반사형 단열재는 방사율이 낮아 복사열전달차단효과가 크다.

답 : ③

예제문제 08

단열재에 대한 설명으로 가장 적합한 것은? **【15년 출제유형】**

① 압출법보온판은 그라스울보온판에 비해 투습저항이 크고 화재시 유독가스 발생 위험이 적다.
② 비드법보온판 2종은 그라파이트를 첨가하여 기존 비드법보온판 1종보다 열전도율은 높아졌으나 재료의 열화를 늦춰 장기 단열성능이 개선되었다.
③ 투과형 단열재(Transparent Insulation Material)에는 모세관형, 허니콤형 등이 있으며, 일사열 획득이 가능하다.
④ 진공단열재는 단열두께를 크게 줄일 수 있으며, 보통 심재와 방사율이 높은 외부피복재로 구성된다.

해설
① 압출법보온판은 화재 발생시 유독가스 발생
② 비드법보온판은 2종이 1종 보다 열전도율이 낮음
④ 진공단열재는 방사율이 낮은 알루미늄 필름으로 외부 피복

답 : ③

예제문제 09

실기 출제유형 [17년]

진공단열재(Vacuum Insulation Panel, VIP)에 대한 아래 설명의 빈 칸에 가장 적합한 것을 <보기>에서 골라 기재하시오.(6점)

〈보기〉

• 폴리스티렌 폼	• 흄드 실리카	• 폴리우레탄 폼
• 대류	• 전도	• 복사
• 한 겹으로 나란하게	• 여러 겹으로 엇갈리게	

1) VIP의 심재(Core)로는 심재 내부 압력이 대기압 수준으로 높아져도 열전도율이 상대적으로 낮은(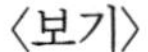)이(가) 주로 사용된다.(2점)

2) VIP의 피복재(Envelope)로 사용되는 금속필름은 VIP의 심재를 보호하고, ( )열전달을 줄이는 역할을 한다.(2점)

3) 열전도율이 높은 피복재로 인해 VIP 설치 시, VIP간 조인트에 선형 열교가 발생할 수 있다. 이러한 열교 현상을 줄이기 위해서는 VIP를( ) 설치하는 것이 효과적이다.(2점)

정답

1)

VIP의 심재(Core)로는 심재 내부 압력이 대기압 수준으로 높아져도 열전도율이 상대적으로 낮은(흄드 실리카)이(가) 주로 사용된다.

2)

VIP의 피복재(Envelope)로 사용되는 금속필름은 VIP의 심재를 보호하고, (복사)열전달을 줄이는 역할을 한다.

3)

열전도율이 높은 피복재로 인해 VIP 설치 시, VIP간 조인트에 선형 열교가 발생할 수 있다. 이러한 열교 현상을 줄이기 위해서는 VIP를(여러겹으로 엇갈리게) 설치하는 것이 효과적이다.

2 내단열과 외단열

1. 내단열

구조체 내부 쪽에 단열재 설치

① 내단열은 낮은 열용량을 갖고 있기 때문에 빠른 시간에 더워지므로 간헐 난방을 필요로 하는 강당이나 집회장과 같은 곳에 유리하다.

② 한쪽의 벽돌벽이 차가운 상태로 있기 때문에 내부결로가 발생하기 쉽다.

③ 모든 내단열 방법은 고온측에 방습막을 설치하는 것이 좋다.

④ 내단열에서는 칸막이나 바닥에서의 열교현상에 의한 국부열손실을 방지하기가 어렵다.

■ 일반적으로 단열재의 위치는 열이 흘러 나가는 쪽에 설치하는 것이 효과적이다. 반면 내부결로 방지를 위한 방습층은 습도가 높은 실내측(열이 흘러들어오는 쪽 즉, 단열재보다 고온측)에 설치하는 것이 바람직하다.

2. 외단열

구조체 외부 쪽에 단열재 설치

① 내부측의 열관성이 높기 때문에 연속난방에 유리하다.

② 전체 구조물의 보온에 유리하며 내부결로의 위험도 감소시킬 수 있다.

③ 외단열은 벽체의 습기 뿐만 아니라 열적 문제에서도 유리한 방법이다.

④ 외단열은 단열재를 건조한 상태로 유지시켜야 하고, 내구성과 외부 충격에 견딜 뿐 아니라 외관의 표면처리도 보기 좋아야 한다.

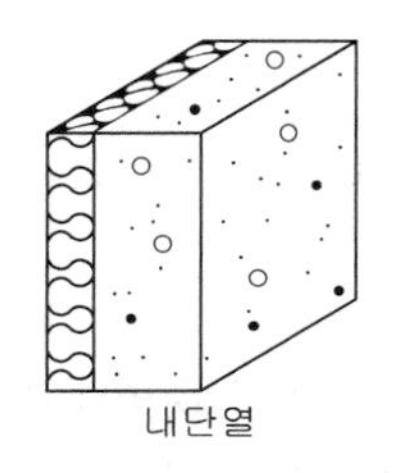

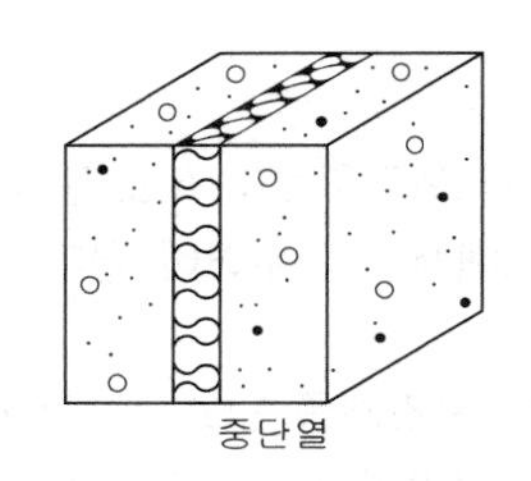

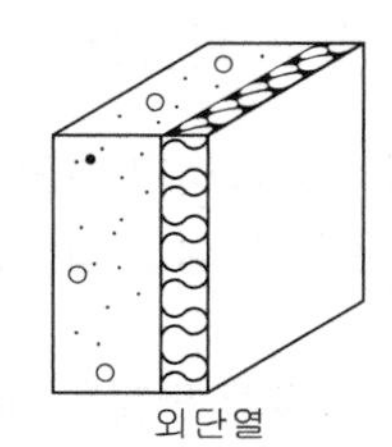

내단열, 중단열, 외단열

3. 단열재 설치위치와 결로문제

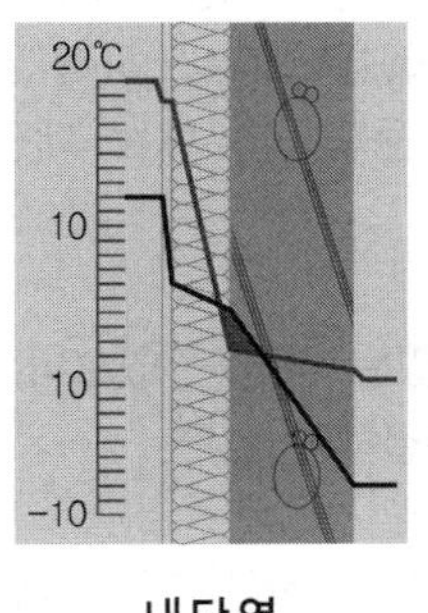

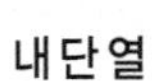

내단열

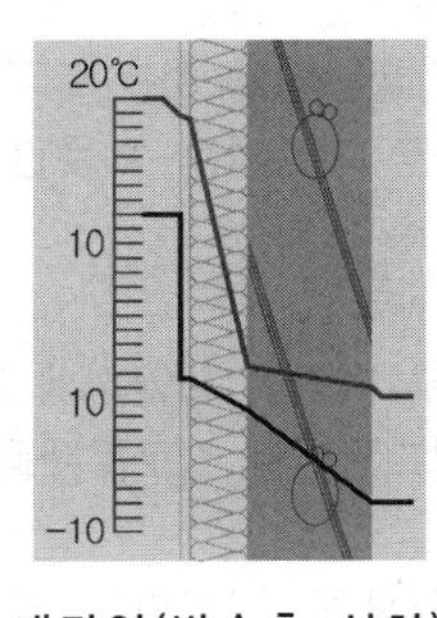

내단열(방습층 설치)

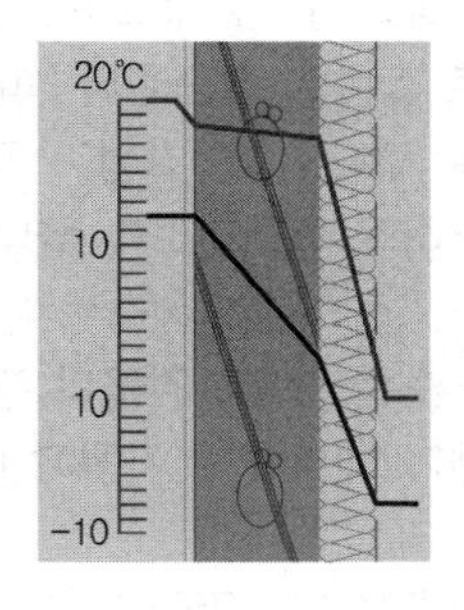

외단열

*출처 : 권영철, "친환경 건축을 위한 고효율 단열", 친환경건축설계아카데미, 대한건축사협회(2013)

☞ 본 교재의 앞 부록에서 칼라사진을 참조하시오.

- 단열재 위치와 결로 위험

  단열재는 열이 흘러나가는 쪽에 설치(외단열)하는 것이 구조체의 온도를 높여 결로를 방지할 수 있음. 내단열의 경우 반드시 방습층을 단열재보다 고온측에 설치하여 습기이동을 차단해야 결로를 방지할 수 있음

| 참고 | 내단열과 외단열

내단열이라고 에너지 측면에서 외단열보다 무조건 나쁘다고 하기보다는 두 단열방식 간에 열적 특성을 잘 비교해서 알아두어야 한다.

외단열은 축열체 역할을 하는 구조체를 단열재가 감싸고 있어 축열체가 일단 데워진 후에는 잘 식지 않아 연속난방에 유리하고, 내단열에 비해 열교로 인한 열손실이 적다. 내단열에 비해 표면결로나 내부결로 발생위험도 적다. 따라서 외단열은 항상 기거하는 주거용 건물에 유리하다.

내단열은 축열체 역할을 할 수 있는 구조체가 외부에 있어 겨울철에 전혀 축열체 역할을 할 수 없으며, 실내측에 있는 단열재의 열용량이 작아 난방을 하자마자 바로 실온이 상승한다. 따라서 간헐난방을 하는 경우에는 외단열보다 오히려 유리할 수 있다. 습기발생이 적고 가끔 사용하는 체육관, 강당 등의 경우에는 내단열이 오히려 외단열보다 좋다고 할 수 있다.

노출콘크리트 건물의 경우 외부 마감을 깔끔하게 할 수 있는 장점이 있으나, 단열재가 내부에 설치됨에 따라 열교문제와 결로문제를 잘 해결해야 한다.

결론적으로 건물의 종류와 사용패턴, 난방방식, 습기발생정도 등을 고려하여 알맞는 단열방식을 선택해야 한다.

예제문제 10

철근 콘크리트 구조물에서 외단열과 내단열을 비교한 설명 중 틀린 것은?

【13년 1급·2급 출제유형】

① 외단열은 내단열에 비해 난방중지시 실온강하속도가 느리다.
② 외단열은 내단열에 비해 구조체 축열효과가 커서 연속난방에 유리하다.
③ 외단열은 내단열에 비해 실내 표면결로방지에 불리하다.
④ 외단열은 내단열에 비해 열교 발생 가능성이 작다.

해설
③ 외단열이 결로방지에 유리하다.

답 : ③

예제문제 11

다음 그림은 겨울철 정상상태에 있는 외벽내부에 온도 분포를 나타낸 개념도이다. 이에 대한 설명 중 틀린 것은? (단, 벽체 면적과 벽체를 통한 열손실률은 동일하며 그림 중 ㉠, ㉡은 재료의 종류를 나타낸다.) 【13년 1급 출제유형】

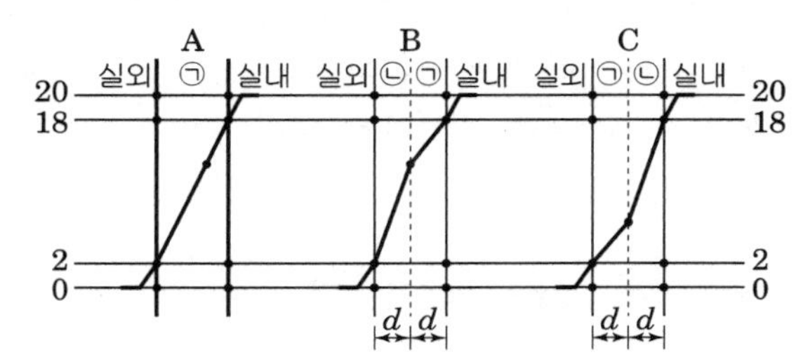

① 구조체의 열관류율은 A, B, C 모두 같다

② 간헐난방에 유리한 단열방식을 나타낸 것은 C이다.

③ ㉡의 열전도율은 ㉠의 열전도율보다 크다.

④ C에서 내부 결로 방지를 위한 방습층 설치위치는 ㉡과 실내가 접한 부분이다.

해설

③ ㉡의 온도구배가 급구배이므로 ㉠보다 열전도율이 작다.

답 : ③

예제문제 12

저항형 단열재를 사용한 외단열과 내단열 방식의 특징 중 가장 적절하지 않은 것은? 【16년 출제유형】

① 열교현상과 결로현상 방지에는 외단열이 더 적합하다.

② 구조체의 축열성능 활용에는 외단열이 더 적합하다.

③ 초기 난방시(Warm-up) 실내 설정온도에 신속하게 도달하는 데는 외단열이 더 적합하다.

④ 모든 벽체 구성요소의 열전도율과 두께가 동일한 경우 단열재의 위치와 관계없이 열관류율 계산값은 동일하다.

해설

③ 외단열 → 내단열

답 : ③

예제문제 13

내단열과 외단열에 대한 설명으로 가장 적절하지 않은 것은? 【20년 출제유형】

① 일반적으로 외단열은 내단열보다 열교 방지에 유리하다.
② 외단열보다는 내단열이 간헐난방을 하는 공간에 적합하다.
③ 재료 및 두께가 동일하다면 내단열과 외단열의 열저항 합계는 변하지 않는다.
④ 야간 외기도입을 통한 구조체 축열을 활용하는 경우 내단열이 외단열보다 더 유리하다.

해설
④ 야간 외기도입을 통한 구조체 축열을 활용하는 경우 외단열이 내단열보다 더 유리하다.

답 : ④

3 열교현상

■ 열교란 말 그대로 열이 지나가는 가교란 의미이다. 단열재가 계속되다가 끊어지면 그 부위를 통해 열이 대량으로 빠져 나가게 된다.

① 벽이나 바닥, 지붕 등의 건축물부위에 단열이 연속되지 않은 부분이 있을 때, 이 부분이 열적 취약 부위가 되어 이 부위를 통한 열의 이동이 많아지며, 이 것을 열교(heat bridge, thermal bridge) 또는 냉교(cold bridge)라고 한다.

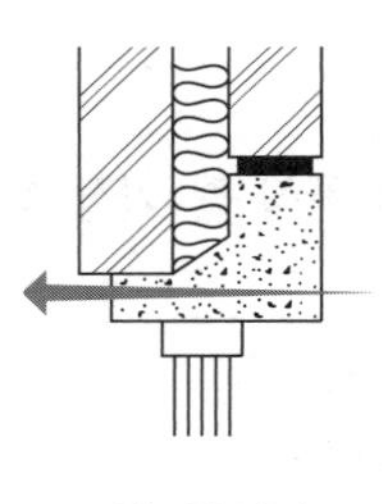
창 윗인방

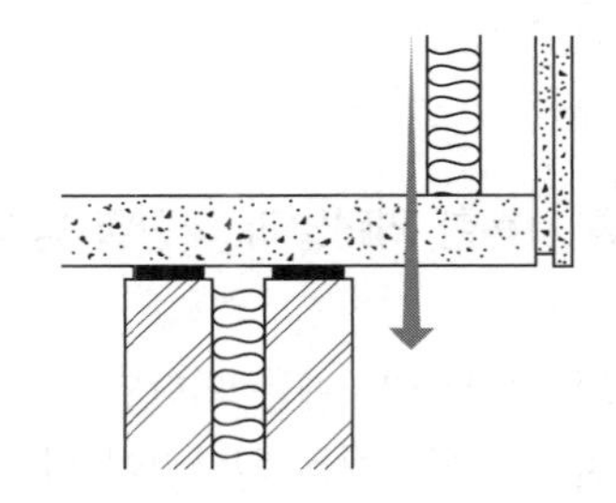
캔틸레버 콘크리트 바닥

열교현상

② 열교현상이 발생하면 구조체의 전체 단열성이 저하된다.
③ 열교는 구조체의 여러 형태로 발생하는 데 단열구조의 지지 부재들, 중공벽의 연결 철물이 통과하는 구조체, 벽체와 지붕 또는 바닥과의 접합 부위, 창틀 등에서 발생한다.
④ 열교현상이 발생하는 부위는 표면온도가 낮아지며 결로가 발생되므로 쉽게 알 수 있다.
⑤ 열교현상을 방지하기 위해서는 접합 부위의 단열설계 및 단열재가 불연속됨이 없도록 철저한 단열시공이 이루어져야 한다.

⑥ 콘크리트 라멘조나 조적조 건축물에서는 근본적으로 단열이 연속되기 어려운 점이 있으나 가능한 한 외단열과 같은 방법으로 취약 부위를 감소시키는 설계 및 시공이 요구된다.

예제문제 14

다음 공동주택 부위 중 열교부위가 아닌 것은?

① 창틀 주위의 콘크리트인방 ② 켄틸레버 콘크리트 바닥
③ 세대 경계벽 ④ 단열외벽

해설
단열외벽은 단열이 연속되어 열교가 일어나지 않는다.

답 : ④

| 참고 | 열교와 선형열관류율

1. 열교의 정의

건물을 설계하다 보면 벽/바닥/지붕의 접합부에서 다른 열전도율을 갖는 재료가 건물외피의 단열라인의 일부분을 관통할 때, 혹은 구성물의 두께 변화에 의해 열저항값이 크게 차이가 나는 건물의 외피부분을 말한다.(ISO 10211 기준)

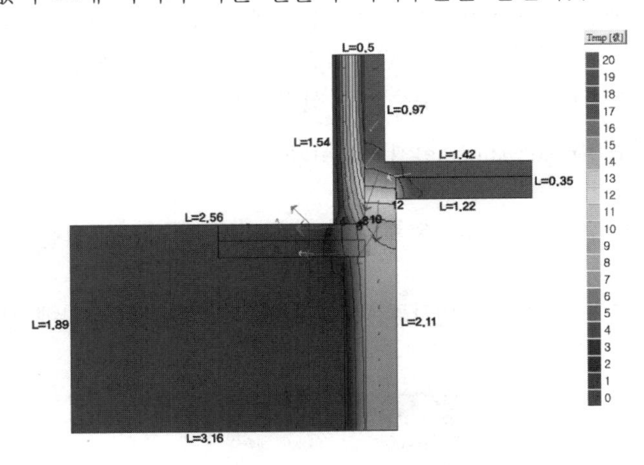

☞ 본 교재의 앞 부록에서 칼라사진을 참조하시오.

그림1. THERMAL BRIDGES ACCORDING TO EN ISO 10211:
Thermal transmittance coefficient:
Ψ(선형열관류율)=L2D−(Uw*Lh+Uw*Lv)
=0.6305−(1.32*0.104+1.92*0.155)
=0.195W/m·K

세부 발생부위는 다음과 같다.(ISO10211-2기준)

1. 건물기초부위(바닥) 2. 창 및 출입문
3. 벽체와 슬라브 접합부 4. 테라스, 발코니 부분
5. 지붕 부위

그림1은 지면과 접하는 부위의 단열재 끊김에 따른 열교부위 검토다. 열교부위는 에너지 손실, 실내측 결로 발생, 곰팡이 발생 그리고 열쾌적성에 대한 문제가 발생하기 때문에 여기에 대한 조치가 필요하다.

국내 열교관련 내용은 "건축물에너지 절약설계기준"에서 단열조치관련 내용으로 "외피의 모서리 부분은 열교가 발생하지 않도록 단열재를 연속적으로 설치하고 충분히 단열되도록 한다."고 언급되어 있으며, 창호 열관류율 계산에서 선형열관류율값이 명시되고 있다.

$$U_W = \frac{\sum A_g U_g + \sum A_f U_f + \sum l_g \Psi_g}{\sum A_g + \sum A_f}$$

열관류율 계산식은 윗 식에 의한다.

U_W : 창호의 열관류율
A_g : 유리의 면적(그림 3번 부문)
A_f : 프레임의 면적(그림 1번 및 2번 부문)
U_g : 유리의 열관류율(그림 3번 부문)
U_f : 프레임의 열관류율(그림 1번 및 2번 부문)
l_g : 유리 가장자리 길이(그림 3번 유리와 2번 부위가 만나는 가장자리 길이)
Ψ_g : 유리, 프레임, 간격재의 복합적인 선형 열관류율. 유리와 창틀에서 발생되어지는 열교부위로 흔히 단열감봉으로 불려지는 부위다. 단열감봉의 성능에 따라 0.06~0.03 수준으로 선형열관류율값이 발생한다.

열교는 선형열교(linear thermal bridge)와 점형열교(point thermal bridge)의 2가지로 구분된다.

- 선형열교: 세 개의 직교 축 중 하나의 축에 연속적으로 균일한 단면에서 발생하는 열교
- 점형열교: 열교의 영향이 점 열관류율로 표현될 수 있는 국소부분에 집중된 열교

본 교재의 앞 부록에서 칼라사진을 참조하시오. ☞

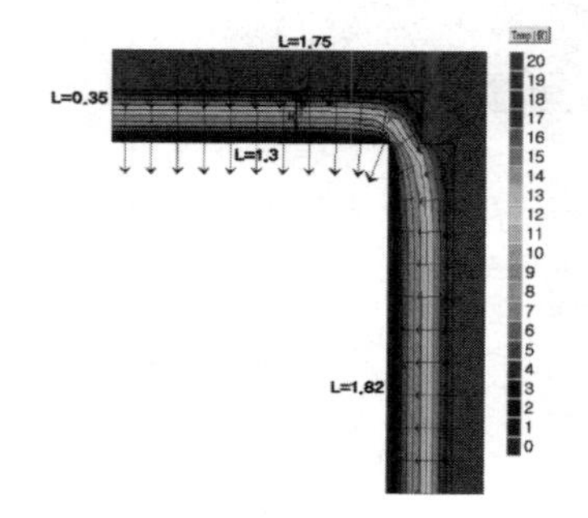

선형열교부위

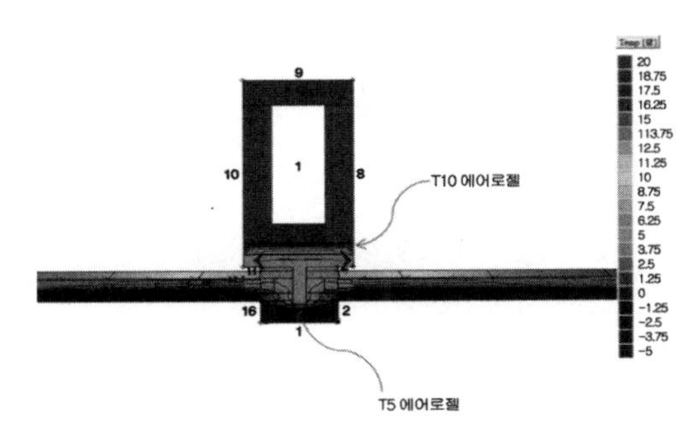

점형열교부위

본 교재의 앞 부록에서 칼라사진을 참조하시오.

2. 선형 열관류율 계산

$$\psi = \frac{\phi}{t_i - t_o} - \sum U_i l_i$$

ψ : 선형열관류율[W/m·K]

ϕ : 평가대상부위 전체를 통한 단위길이당 전열량[W/m]

t_i : 실내온도[℃]

t_o : 외기온도[℃]

U_i : 열교와 이웃하는 일반부위의 열관유율[W/m^2·K]

l_i : U_i의 열관류율 값을 가지는 일반부위 길이[m]

예제

다음 그림에서 C 열교부위의 선형 열관류율을 구하시오. 구조체를 통한 단위길이당 총 열류량은 20W/m, 열교와 이웃하는 일반벽체의 열관류율은 0.2W/m^{2}K, 실내온도는 20℃, 외기온도는 0℃이다.

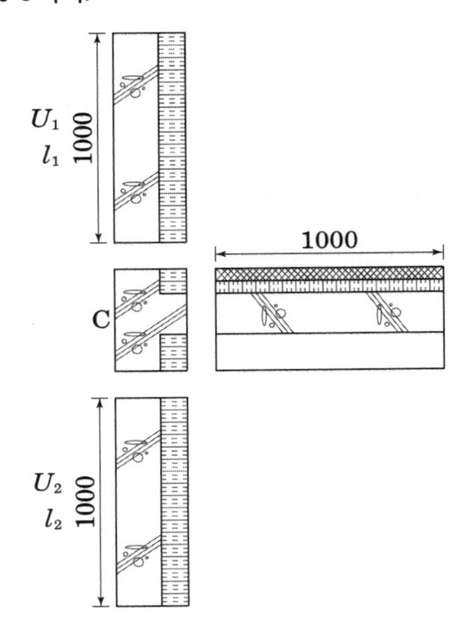

해설 선형열관류율 계산

$$\psi = \frac{\phi}{t_i - t_o} - \Sigma U_i l_i$$

= 20/(20-0)-0.2*2

= 0.6W/mK

3. 건물에너지 계산

선형열관류율에 의한 건물에너지 손실은 다음 식에 의해 계산한다.

$$Q_t = \Psi \times \ell \times f_t \times G_t$$

- Q_t : 구조체 열손실(kWh/년)
- Ψ : 선형열관류율 (W/m·K)
- ℓ : 길이(m)
- f_t : 온도 보정계수
- G_t : 기후데이터값으로 연간 해당되는 시간을 반영한 실내외 온도차(kKh/년) (실내온도기준 20℃/난방시작온도 12℃)

예제문제 15

건물외피계획에서의 열교에 대한 설명으로 틀린 것은? 【13년 1급 출제유형】

① 열교부위에서는 일차원이 아닌 다차원의 열류경로가 발생한다.
② 열교부위에서는 겨울철 외벽 실내측 표면온도가 낮아져 결로가 발생하기 쉽다.
③ 열교란 인접 부위에 비해서 열전달저항이 작은 부위를 말한다.
④ 열교부위의 단열성능은 열관류율(U-factor)로 평가한다.

해설

④ 열교부위의 단열성능은 선형열관류율(W/m·K)로 나타낸다.

답 : ④

예제문제 16

건물 외피의 열교에 대한 설명으로 가장 적합한 것은? 【15년 출제유형】

① 선형 열교에서는 3차원 열전달이, 점형 열교에서는 2차원 열전달이 발생한다.
② 선형 열관류율, 선형 열교가 연속되는 길이, 실내외 온도차를 곱하면 선형 열교부위를 통한 전열량을 구할 수 있다.
③ 선형 열관류율의 단위는 $W/m^2 \cdot K$이다.
④ 동계 난방시 야간에 열교부위에서는 열손실이 증가하여 실외 표면온도는 낮아지고 실내 표면온도는 높아진다.

해설
① 선형 열교에서는 2차원 열전달이, 점형 열교에서는 3차원 열전달이 발생
③ 선형 열관류율의 단위는 $W/m \cdot K$
④ 열교부위에서 열손실이 증가하면 실외 표면온도는 높아지고 실내 표면온도는 낮아짐

답 : ②

예제문제 17

건물 외피의 열교 관련 설명으로 가장 적합하지 않은 것은? 【17년 출제유형】

① 단열층을 관통하는 자재 고정용 철물 등은 점형 열교가 되므로 가급적 설치를 최소화 한다.
② 구조체 접합부에서의 열교 방지를 위해서는 내단열보다 외단열이 효과적이다.
③ 열교 부위는 인접한 비열교 부위보다 동계 야간 난방시 실외 표면온도가 높게 된다.
④ 선형 열교를 통한 실내외 단위 온도차당 전열량은 보통 선형 열관류율과 선형 열교 면적의 곱으로 구한다.

해설
④ 선형 열관류율($W/m \cdot K$) × 선형열교길이(m)로 구함

답 : ④

예제문제 18

다음 그림과 같은 선형 열교를 포함한 구조체에 대해 2차원 정상상태 전열해석으로 구한 총 열류량은 40 W/m이다. A 및 C 부위의 열관류율이 0.25 W/m²·K인 경우 열교 부위의 선형 열관류율로 가장 적절한 것은? (단, 선형 열관류율은 실내측 치수를 기준으로 구한다.) 【18년 출제유형】

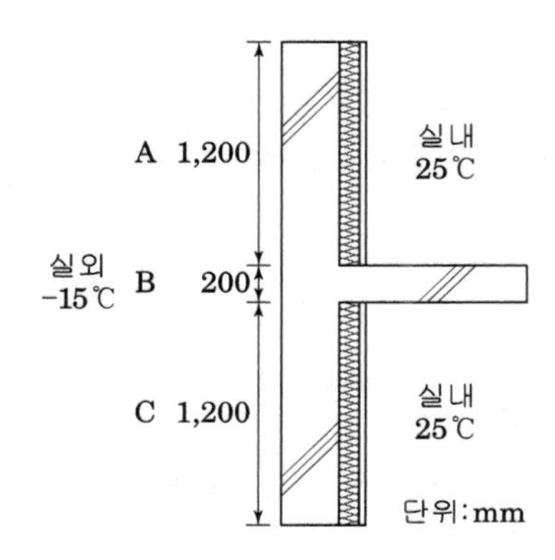

① 0.6 W/m·K
② 0.5 W/m·K
③ 0.4 W/m·K
④ 0.2 W/m·K

해설

$$\psi = \frac{40}{25-(-15)} - 0.25 \times 2.4 = 0.4 \text{ W/m·K}$$

답 : ③

예제문제 19

다음 보기 중 단위가 같은 것끼리 묶은 것은? 【19년 출제유형】

〈보기〉

㉠ 열관류율　　㉡ 열전도율
㉢ 대류열전달계수　　㉣ 선형열관류율

① (㉠, ㉢) − (㉡, ㉣)
② (㉠, ㉢, ㉣) − (㉡)
③ (㉠, ㉣) − (㉡, ㉢)
④ (㉠, ㉣) − (㉡) − (㉢)

해설

㉠ $W/m^2·K$, ㉡ $W/m·K$, ㉢ $W/m^2·K$, ㉣ $W/m·K$

답 : ①

예제문제 20

다음 그림은 벽체 접합부 열교 발생 부위와 개선 대안을 나타낸다. 이에 대한 설명으로 가장 적절한 것은? (단, 단열보강과 단열위치 변경을 제외한 모든 조건은 기본안과 대안이 동일함) 【20년 출제유형】

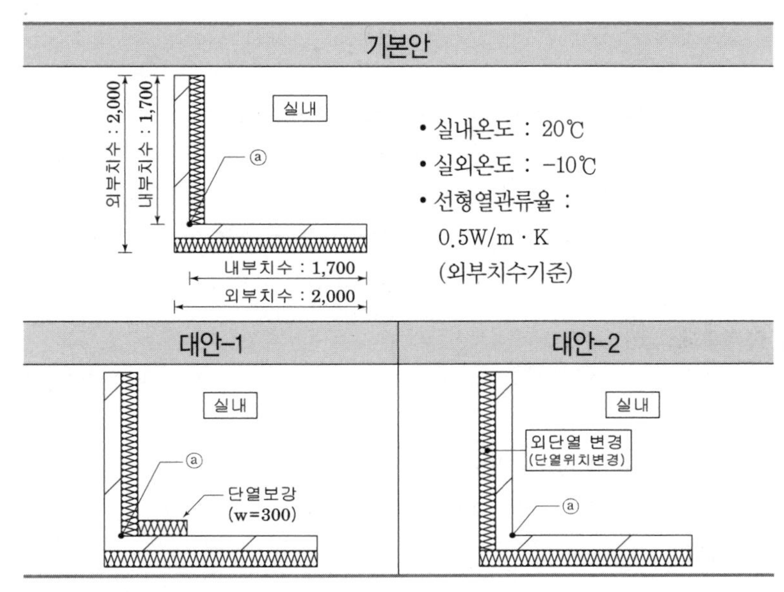

※ 그림은 검토 부위에 대한 평면도를 나타냄

① 기본안의 선형열관류율 산출 방식을 내부 치수 기준으로 변경하면 구조체 총 열류량이 변경된다.
② 기본안의 선형열관류율을 내부 치수 기준으로 구하면 0.5W/m · K 보다 높은 값으로 산출된다.
③ ⓐ지점의 온도는 기본안에서 가장 낮게 나타난다.
④ 대안-2 조건에서는 열교가 발생하지 않으므로 선형열관류율은 0W/m · K이 된다.

해설

① 기본안의 선형열관류율 산출 방식을 내부 치수 기준으로 변경하더라도 구조체 총 열류량은 변하지 않는다.
② 기본안의 선형열관류율을 내부 치수 기준으로 구하면 $\psi = \frac{\phi}{t_i - t_o} - \sum U_i l_i$에서 l_i가 줄어들어 ψ는 0.5W/m · K 보다 높은 값으로 산출된다.
③ ⓐ지점의 온도는 대안-1에서 가장 낮게 나타난다.
④ 대안-2 조건에서는 열교가 발생하지 않으므로 선형열관류율은 0W/m · K보다 작은 - 값이 된다.

답 : ②

실기 출제유형 [13년1급]

예제문제 21

열교부위 단열성능을 열관류율($W/m^2 \cdot K$)로 평가할 수 없는 이유를 서술하고, 열교부위 단열성능 평가에 활용할 수 있는 기준인 선형 열관류율, 점형열관류율, 온도저하율, 온도차이비율 중 한 개에 대하여 개념 및 구하는 방법을 서술하시오. (5점)

정답

1. 열교부위 단열성능 열관류율($W/m^2 \cdot K$)로 평가할 수 없는 이유

   열교부위는 단열재가 연속되지 못해 선형이나 점형으로 나타나므로 열교부위의 단열성능은 단위길이당, 단위시간당 열손실량인 선형열관류율($W/m \cdot K$)이나 점형열교부위를 통한 단위시간당 열손실량인 점형열관류율(W/K)로 나타낸다. 따라서 단위면적당 단위 온도차에서의 열류량을 나타내는 열관류율($W/m^2 \cdot K$)로 나타낼 수 없음

2. 선형 열관류율

(1) 정상상태에서 선형 열교부위만을 통한 단위 길이당, 단위 실내외 온도차당 전열량($W/m \cdot K$)

(2) 선형 열교(Linear Thermal Bridge)란 공간상의 3개 축 중 하나의 축을 따라 동일한 단면이 연속되는 열교 현상

(3) 구하는 방법

$$\psi = \frac{\Phi}{t_i - t_o} - \sum U_i\, l_i$$

ψ : 선형열관류율($W/m \cdot K$)

Φ : 평가대상부위 전체를 통한 단위길이당 전열량(W/m)

t_i : 실내온도(℃), t_o : 외기온도(℃)

U_i : 열교와 이웃하는 일반 부위의 열관류율($W/m^2 \cdot K$)

l_i : U_i의 열관류율 값을 가지는 일반 부위 길이(m)

3. 온도저하율, 온도차이비율(TDR : Temperature Difference Ratio)

(1) 실내와 외기의 온도차이에 대한 실내와 적용 대상 부위의 실내표면의 온도차이를 표현하는 상대적인 비율을 말하는 것으로 그 값이 낮을수록 표면결로방지성능이 우수

(2) 구하는 방법

$$TDR = \frac{t_i - t_s}{t_i - t_o}$$

(t_i : 실내온도, t_o : 외기온도, t_s : 실내표면온도)

(3) 위의 식에서 t_s가 실내공기의 노점온도보다 낮아지지 않도록 TDR값을 설정함으로써 표면결로방지를 할 수 있음

예제문제 22

실기 출제유형 [13년1급]

다음과 같은 커튼월 평면 상세도에서 구조적 성능을 유지하면서 열교현상을 감소시키기 위해 주로 활용할 수 있는 기술을 다음 2가지 부위를 대상으로 서술하시오.(5점)

1. 멀리언
2. 스페이서(간봉)

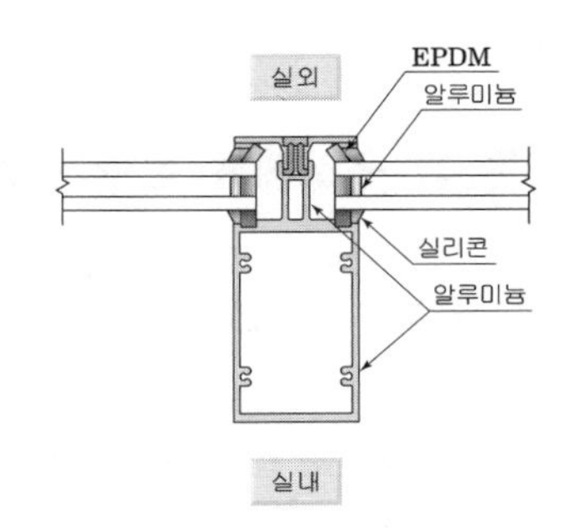

정답

1. 멀리언
   - 열교 방지를 위해서는 알루미늄 프레임의 연속성을 단절시켜야 함
   - 프레임 설계시 Thermal Break(폴리 아미드 소재)를 이용해 프레임과 프레임을 연결시킴
   - Insulation Bar(단열바)를 적용해 단열성 향상시킴

2. 스페이서(간봉)
   - 열전도율이 높은 알루미늄간봉은 열교로 인한 단열성능에 취약하기 때문에 플라스틱, 우레탄 등의 열전도율이 낮은 재질을 이용하여 간봉을 만들고 있음
   - 단열 스페이서를 사용해 선형 열관류율을 낮추고 전체적인 단열성능을 향상
   - 단열스페이서 : TPS, Swisspacer 등의 메이커가 있음

4 에너지 절약 설계 방안

난방부하(Heating Load)는 구조체를 통한 열손실량(H_c)과 환기에 의한 열손실량(H_i)의 합으로 구해진다.

(1) 벽, 바닥, 지붕, 유리, 문 등 구조체를 통한 손실열량 H_c(kcal/h, W)

$$H_c = K \cdot A \cdot \Delta t \text{(kcal/h, W)}$$

K : 열관류율(kcal/m²·h·℃, W/m²·K

A : 구조체 면적(m²)

Δt : 실내외 온도차(℃)

(2) 환기에 의한 손실열량 H_i(kcal/h, W)

- 1W = 0.86kcal/h
- 1kcal/h=1.16W
- 1kcal=1.16Wh

$$H_i = 0.29 \cdot Q \cdot \Delta t \text{(kcal/h)} = 0.29 \cdot n \cdot V \cdot \Delta t \text{(kcal/h)}$$
$$= 0.34 \cdot Q \cdot \Delta t \text{(W)} = 0.34 \cdot v \cdot V \cdot \Delta t \text{(W)}$$

0.29 : **공기의 용적비열(0.29 kcal/m³·℃)**

0.34 : 공기의 용적비열(0.34 Wh/m³·K)

Q : 환기량(m³/h)

n : 환기회수(회/h)

V : 실의 체적(m³)

Δt : 실내외 온도차(℃)

- 여름철 냉방부하를 줄이기 위해서는 고단열, 고기밀, 실내온도 설정과 함께 일사차단을 할 수 있는 식재 및 차양계획, 저발열 조명 및 기기 장치 설치가 필요

먼저, 구조체를 통한 열손실 및 열획득을 줄이기 위해서는 $K \cdot A \cdot \Delta t$를 줄여야 한다.

따라서 $K = \dfrac{1}{\dfrac{1}{\alpha_i} + \sum \dfrac{d}{\lambda} + \dfrac{1}{\alpha_o}}$ 에서 d(벽체두께)는 크게, α_i, α_o는 작게(기류를 최소화), λ(열전도율)가 낮은 재료를 쓴다. 즉, 단열을 강화한다.

A를 줄이기 위해서는 외피면적을 가급적 줄인다. 즉, S/V비(체적대 표면적비)

를 낮춘다. Δt를 줄이기 위해서는 실내 설정온도를 외기온과 가깝게 한다. 즉, 난방시에는 실내온도를 낮게(20℃→18℃로), 냉방시에는 실내온도를 높게(26℃→28℃로) 설정한다. 환기에 의한 열손실을 줄이기 위해서는 외피를 고기밀 구조로 하여 환기량 Q를 줄인다.

예제문제 23

다음 공식은 무엇을 구하는 식인가?

$$H = 0.29\,Q\,\Delta t\,(\text{kcal/h}) = 0.34\,Q\,\Delta t\,(\text{W})$$

① 보일러의 부하　② 냉동기의 부하
③ 관류에 의한 손실 열량　④ 환기에 의한 손실열량

답 : ④

02 종합예제문제

1 다음은 외단열과 내단열을 비교설명한 것이다. 가장 부적당한 것은?

① 외단열은 난방정지시 실온변동이 작으나 내단열은 난방정지시 실온변동이 크다.
② 외단열은 결로가 쉽게 발생되지 않으나 내단열은 내부결로로 구조체를 손상시킬 수 있다.
③ 외단열은 축열효과가 있어 간헐난방에 유리하고 내단열은 장시간 난방을 요하는 장소에 유리하다.
④ 외단열은 열교부위에서 열손실을 최소화하고 내단열은 국부결로발생 가능성이 크다.

> ③ 외단열은 축열효과가 있기 때문에 연속난방에 유리하고 내단열은 쉽게 데워지기 때문에 간헐난방에 유리하다.

2 건축벽체의 단열보온재에 관한 기술 중 부적당한 것은?

① 단열 보온재료는 밀도(kg/m^3)가 작고 어느 것이나 많은 기포와 공극을 가지고 있다.
② 보통물질 중에서 공기가 가장 열의 불량도체이다.
③ 단열·보온재료의 열전도율이 높을수록 열전도저항이 크다.
④ 단열·보온재가 수분을 포함하면 단열 기능이 저하된다.

> 열전도율과 열전도저항은 역수 관계, 따라서 열전도율이 높을수록 열전도저항은 작아진다.

3 건물외벽의 단열시공 방법을 내단열로 했을 경우에 대한 설명으로 부적합한 것은 다음 중 어느 것인가?

① 실내측에 축열체가 없으므로 실온변동은 외단열보다 크다.
② 열교부분의 단열보호처리가 용이하지만 온열교로 되기 때문에 국부결로가 발생하기 쉽다.
③ 난방정지시 벽표면온도가 쉽게 강하하므로 표면 결로가 발생하기 쉽다.
④ 단열재의 실내측에 완전한 방습층을 설치하지 않는 한 내부결로를 방지하기 어렵다.

> 내단열은 단열보호처리 어렵고, 냉열교가 되어 표면결로 및 내부결로 발생 가능성이 크다.

4 외단열의 특성에 대한 기술 중 가장 적당하지 않은 것은 어느 것인가?

① 난방이 멈출 때 온도가 적게 내려간다.
② 구조체 내부의 온도가 내단열보다 상대적으로 높으므로 내부 결로가 발생하기 쉽다.
③ 축열효과가 뛰어나므로 상시 거주하는 공간에서 유리하다.
④ 실내기온의 변화가 적어서 최대 냉방부하를 줄일 수 있다.

> 외단열이 내단열에 비해 내부결로 발생가능성이 낮다.

5 열교(thermal bridge)현상에 관한 설명으로 가장 부적당한 것은?

① 벽이나 바닥, 지붕 등의 건축물 부위에 단열이 연속되지 않는 부분이 있을 때 생긴다.
② 열교현상을 줄이기 위해서는 콘크리트 라멘조의 경우 가능한 한 내단열로 시공한다.
③ 열교현상이 발생하는 부위는 표면온도가 낮아져서 결로가 쉽게 발생한다.
④ 열교현상이 발생하면 전체 단열성이 저하된다.

> 외단열로 해야 구조체의 온도가 실내기온과 비슷하게 유지되며, 열교부위도 줄어든다.

해설 1. ③ 2. ③ 3. ② 4. ② 5. ②

6 외단열과 내단열의 비교 설명으로 가장 적합하지 않은 것은?

① 외단열은 난방 정지시 실온변동이 적은 반면, 내단열은 실온변동이 크다.
② 외단열은 내단열에 비해 열교가 더 많이 발생할 수 있다.
③ 외단열은 전체 구조물 보온에 유리하여 내부결로에 유리한 반면, 내단열은 내부결로가 발생할 수 있다.
④ 외단열은 연속난방에 유리하며 내단열은 간헐난방에 유리하다.

내단열이 외단열에 비해 열교가 더 많이 발생한다.

7 겨울철 단열계획으로 가장 적합하지 않은 것은?

① 건물체적에 대한 표면적 비가 높을수록 단열계획에 유리하다.
② 외기가 접하는 곳에 비난방 공간을 매개공간으로 배치하면 단열계획에 유리하다.
③ 북향 경사지를 피하는 것은 단열계획에 유리하다.
④ 외벽면적 중 개구부 비율이 낮을수록 단열계획에 유리하다.

체적대비 표면적비가 낮을수록 유리하다.

8 철근 콘크리트 구조물에서 외단열과 내단열을 비교한 설명 중 틀린 것은?

① 외단열은 내단열에 비해 난방중지시 실온강하속도가 느리므로 체육관, 강당 등과 같이 간헐난방이 요구되는 건물에 적합하다.
② 내단열에 외단열에 비해 내부결로 발생 위험이 있어, 단열재 고온측에 반드시 방습층을 설치한다.
③ 외단열은 내단열에 비해 실내 표면결로방지에 유리하며, 열교발생 가능성도 적다.
④ 내단열은 외단열에 비해 구조체의 온도가 외기의 영향을 많이 받아 연간 구조체 온도변화폭이 크다.

① 체육관, 강당 등과 같이 간헐난방이 요구되는 건물에는 내단열이 적합하다. 외단열로 하면 난방시 구조체를 데우는데 많은 시간과 에너지가 소비되므로 비경제적이다.

해설 6. ② 7. ① 8. ①

memo

제 3 장

부위별 단열설계

부위별 단열설계

1 건축물 에너지절약 설계기준에 따른 부위별 단열설계

건물외피를 통한 겨울철 열손실과 여름철 열획득을 줄이기 위해서는 외피단열 및 고기밀 시공이 요구된다. 또한 투명 창호의 단열성능 및 태양열 획득 성능 등도 함께 고려되어야 한다. 따라서 이번 장에서는 「건축물에너지 절약설계 기준」에 따른 지역별-부위별 열관류율과 단열두께, 「건축물 패시브 디자인 가이드라인」에서 제시하는 부위별 단열개선안, 한국건축친환경설비학회에서 제정한 건축물의 기밀성능 기준에 대해 알아보고자 한다.

1. 지역별 건축물 부위의 열관류율(제21조 관련)

2018.9.1 시행(단위 : W/㎡·K)

건축물의 부위 \ 지역			중부1지역[1]	중부2지역[2]	남부지역[3]	제주도
거실의 외벽	외기에 직접 면하는 경우	공동주택	0.150 이하	0.170 이하	0.220 이하	0.290 이하
		공동주택 외	0.170 이하	0.240 이하	0.320 이하	0.410 이하
	외기에 간접 면하는 경우	공동주택	0.210 이하	0.240 이하	0.310 이하	0.410 이하
		공동주택 외	0.240 이하	0.340 이하	0.450 이하	0.560 이하
최상층에 있는 거실의 반자 또는 지붕	외기에 직접 면하는 경우		0.150 이하		0.180 이하	0.250 이하
	외기에 간접 면하는 경우		0.210 이하		0.260 이하	0.350 이하
최하층에 있는 거실의 바닥	외기에 직접 면하는 경우	바닥난방인 경우	0.150 이하	0.170 이하	0.220 이하	0.290 이하
		바닥난방이 아닌 경우	0.170 이하	0.200 이하	0.250 이하	0.330 이하
	외기에 간접 면하는 경우	바닥난방인 경우	0.210 이하	0.240 이하	0.310 이하	0.410 이하
		바닥난방이 아닌 경우	0.240 이하	0.290 이하	0.350 이하	0.470 이하
바닥난방인 층간바닥			0.810 이하			
창 및 문	외기에 직접 면하는 경우	공동주택	0.900 이하	1.000 이하	1.200 이하	1.600 이하
		공동주택 외	1.200 이하	1.500 이하	1.800 이하	2.200 이하
	외기에 간접 면하는 경우	공동주택	1.300 이하	1.500 이하	1.700 이하	2.000 이하
		공동주택 외	1.500 이하	1.900 이하	2.200 이하	2.800 이하
공동주택 세대현관문 및 방화문	외기에 직접 면하는 경우 및 거실 내 방화문		1.400 이하			
	외기에 간접 면하는 경우		1.800 이하			

■ 비고

1) 중부1지역 : 강원도(고성, 속초, 양양, 강릉, 동해, 삼척 제외), 경기도(연천, 포천, 가평, 남양주, 의정부, 양주, 동두천, 파주), 충청북도(제천), 경상북도(봉화, 청송)

2) 중부2지역 : 서울특별시, 대전광역시, 세종특별자치시, 인천광역시, 강원도(고성, 속초, 양양, 강릉, 동해, 삼척), 경기도(연천, 포천, 가평, 남양주, 의정부, 양주, 동두천, 파주 제외), 충청북도(제천 제외), 충청남도, 경상북도(봉화, 청송, 울진, 영덕, 포항, 경주, 청도, 경산 제외), 전라북도, 경상남도(거창, 함양)

3) 남부지역 : 부산광역시, 대구광역시, 울산광역시, 광주광역시, 전라남도, 경상북도(울진, 영덕, 포항, 경주, 청도, 경산), 경상남도(거창, 함양 제외)

☞ 본 교재의 앞 부록에서 칼라사진을 참조하시오.

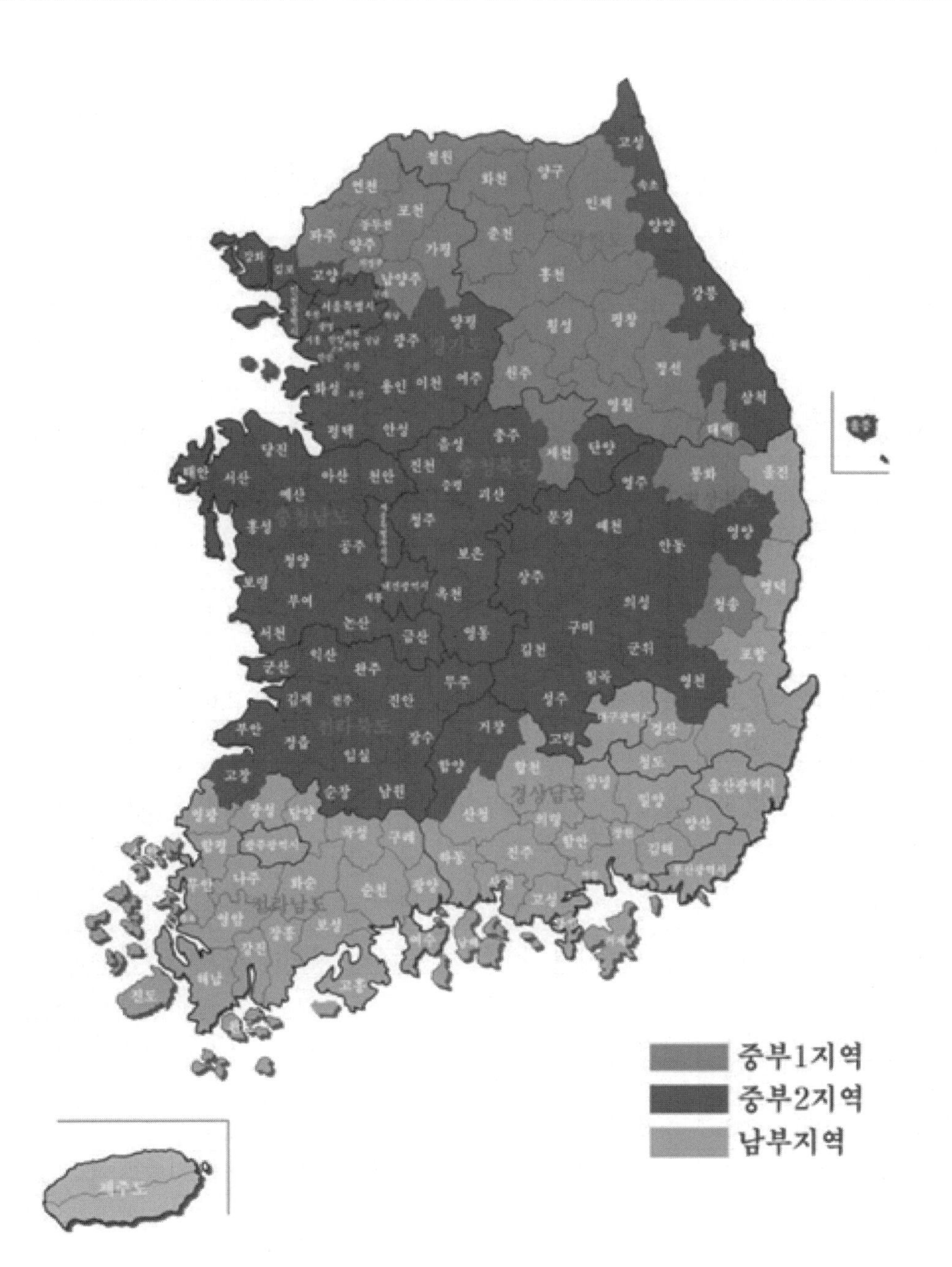

건축물에너지 절약설계기준에 따른 지역구분

[별표4] 창 및 문의 단열성능

(단위 : W/m² · K)

창 및 문의 종류			창틀 및 문틀의 종류별 열관류율								
			금속재						플라스틱 또는 목재		
			열교 차단재[1] 미적용			열교 차단재 적용					
유리의 공기층 두께[mm]			6	12	16 이상	6	12	16 이상	6	12	16 이상
창	복층창	일반복층창[2]	4.0	3.7	3.6	3.7	3.4	3.3	3.1	2.8	2.7
		로이유리(하드코팅)	3.6	3.1	2.9	3.3	2.8	2.6	2.7	2.3	2.1
		로이유리(소프트코팅)	3.5	2.9	2.7	3.2	2.6	2.4	2.6	2.1	1.9
		아르곤 주입	3.8	3.6	3.5	3.5	3.3	3.2	2.9	2.7	2.6
		아르곤 주입 +로이유리(하드코팅)	3.3	2.9	2.8	3.0	2.6	2.5	2.5	2.1	2.0
		아르곤 주입 +로이유리(소프트코팅)	3.2	2.7	2.6	2.9	2.4	2.3	2.3	1.9	1.8
	삼중창	일반삼중창[2]	3.2	2.9	2.8	2.9	2.6	2.5	2.4	2.1	2.0
		로이유리(하드코팅)	2.9	2.4	2.3	2.6	2.1	2.0	2.1	1.7	1.6
		로이유리(소프트코팅)	2.8	2.3	2.2	2.5	2.0	1.9	2.0	1.6	1.5
		아르곤 주입	3.1	2.8	2.7	2.8	2.5	2.4	2.2	2.0	1.9
		아르곤 주입 + 로이유리(하드코팅)	2.6	2.3	2.2	2.3	2.0	1.9	1.9	1.6	1.5
		아르곤 주입 + 로이유리(소프트코팅)	2.5	2.2	2.1	2.2	1.9	1.8	1.8	1.5	1.4
	사중창	일반사중창2)	2.8	2.5	2.4	2.5	2.2	2.1	2.1	1.8	1.7
		로이유리(하드코팅)	2.5	2.1	2.0	2.2	1.8	1.7	1.8	1.5	1.4
		로이유리(소프트코팅)	2.4	2.0	1.9	2.1	1.7	1.6	1.7	1.4	1.3
		아르곤 주입	2.7	2.5	2.4	2.4	2.2	2.1	1.9	1.7	1.6
		아르곤 주입+로이유리(하드코팅)	2.3	2.0	1.9	2.0	1.7	1.6	1.6	1.4	1.3
		아르곤 주입 +로이유리(소프트코팅)	2.2	1.9	1.8	1.9	1.6	1.5	1.5	1.3	1.2
	단창		6.6			6.10			5.30		
문	일반문	단열 두께 20mm 미만	2.70			2.60			2.40		
		단열 두께 20mm 이상	1.80			1.70			1.60		
	유리문 단창문	유리비율[3] 50% 미만	4.20			4.00			3.70		
		유리비율 50% 이상	5.50			5.20			4.70		
	유리문 복층창문	유리비율 50% 미만	3.20	3.10		3.00	2.90		2.70	2.60	
		유리비율 50% 이상	3.80	3.50		3.30	3.10		3.00	2.80	
	방풍구조문		2.1								

■ 비고
- 주1 열교 차단재 : 열교 차단재라 함은 창호의 금속프레임 외부 및 내부 사이에 설치되는 폴리염화비닐 등 단열성을 가진 재료로서 외부로의 열흐름을 차단할 수 있는 재료를 말한다.
- 주2 복층창은 단창+단창, 삼중창은 단창+복층창, 사중창은 복층창+복층창을 포함한다.
- 주3 문의 유리비율은 문 및 문틀을 포함한 면적에 대한 유리면적의 비율을 말한다.
- 주4 창호를 구성하는 각 유리의 공기층 두께가 서로 다를 경우 그 중 최소 공기층 두께를 해당 창호의 공기층 두께로 인정하며, 단창+단창, 단창+복층창의 공기층 두께는 6mm로 인정한다.
- 주5 창호를 구성하는 각 유리의 창틀 및 문틀이 서로 다를 경우에는 열관류율이 높은 값을 인정한다.
- 주6 복층창, 삼중창, 사중창의 경우 한 면만 로이유리를 사용한 경우, 로이유리를 적용한 것으로 인정한다.
- 주7 삼중창, 사중창의 경우 하나의 창호에 아르곤을 주입한 경우, 아르곤을 적용한 것으로 인정한다.

예제문제 01

 실기 출제유형 [13년2급] 

창틀의 플라스틱, 유리의 공기층 두께가 6mm인 경우, 건축물 에너지절약 설계기준에 근거하여 가~라 창틀 중, 단열성능이 우수한 것부터 순서대로 나열하시오. (3점)

가. 로이유리(하드코팅) 복층창	나. 로이유리(소프트코팅) 복층창
다. 아르곤 주입 복층창	라. 일반 삼중창

정답

라. 일반 삼중창 2.4

나. 로이유리(소프트코팅) 복층창 2.6

가. 로이유리(하드코팅) 복층창 2.7

다. 아르곤 주입 복층창 2.9

답 : 라 – 나 – 가 – 다

| 참고 | 복층창과 이중창

복층창, 삼중창, 사중창은 밀폐 공기층을 갖고 있는 일체형 구조라 보면 된다.

예를들어,
24mm 복층창의 경우, 6mm유리 + 12mm 공기층 + 6mm 유리
42mm 삼중창의 경우, 6mm유리 + 12mm 공기층 + 6mm 유리 + 12mm 공기층 + 6mm 유리 로 구성되어 있다.

(단창 + 단창) 경우는 단창유리에 각각의 프레임을 갖고 있는 이중창으로, 일반적으로 단창과 단창 사이에 밀폐되지 않은 수 센티미터의 공기층을 갖고 있는 구조이다.
(단창 + 복층창)의 경우도 단창과 복층창 사이에 밀폐되지 않은 수 센티미터 두께의 공기층을 갖고 있는 구조로 삼중창에 포함되는 것으로 보면 된다.
(복층창 + 복층창)의 경우도 복층창과 복층창 사이에 밀폐되지 않은 수 센티미터 두께의 공기층을 갖고 있는 구조로 사중창에 포함되는 것으로 보면 된다.

실기 출제유형 [15년]

예제문제 02

"건축물의 에너지절약 설계기준" [별첨 4] 창 및 문의 단열성능에서 창의 단열성능에 영향을 주는 6가지 요소를 제시하고, 각 요소별로 단열성능이 달라지는 원리를 열전달 방식과 연계하여 서술하시오. (8점)

정답 창의 단열성능에 영향을 주는 6가지 요소

1. 창틀의 종류
   금속재 창틀의 재료인 알루미늄의 열전도율은 230W/m·K, Steel의 열전도율은 60W/m·K로, 목재와 PVC의 열전도율 0.1~0.2W/m·K보다 매우 높음
2. 열교차단재
   열전도율이 0.25W/m·K인 폴리아미드 등의 열교차단재를 사용하여 열전도율이 230W/m·K인 알루미늄 창틀의 열교를 차단
3. 유리 공기층 두께
   공기층의 두께가 클수록 공기층의 전도저항 증가
4. 유리간 공기층의 개수
   유리의 열전도율은 1.0W/m·K로 열전도율이 0.023W/m·K인 공기층을 많이 가질수록 창의 열관류율이 낮아짐
5. 로이 코팅
   유리표면에 저방사 코팅을 하여 공기층을 통한 복사열 전달량을 감소
6. 비활성가스(아르곤) 충진
   공기보다 열전도율이 낮은 아르곤(0.016W/m·K) 또는 크립톤(0.009W/m·K)등을 충진하면 전도에 의한 열전달 감소

예제문제 03

일반적인 복층 유리창(창세트)의 에너지 성능 관련 설명으로 가장 적합하지 <u>않은</u> 것은? 【17년 출제유형】

① SHGC가 클수록 패시브 난방에 효과적이다.
② 창틀 단면에서의 중공(Cavity)은 대류열전달을 줄이기 위해 작은 크기로 구획한다.
③ 아르곤 주입은 로이코팅보다 일반적으로 열관류율 감소 효과가 크다.
④ 금속재 창틀에는 폴리우레탄이나 폴리아미드 재질의 열교 차단재를 설치하여 열손실을 줄인다.

해설
③ 로이코팅이 아르곤 주입보다 열관류율 감소효과가 크다.

답 : ③

예제문제 04

창의 열성능에 대한 설명으로 가장 적절하지 않은 것은? 【18년 출제유형】

① 유리의 색깔은 태양열취득률 및 가시광선 투과율에 큰 영향을 준다.
② 복층유리 중공층에 공기 대신 아르곤이나 크립톤 가스를 주입하면 복사 열전달을 억제하는 효과가 크다.
③ 알루미늄 대신 플라스틱 스페이서를 설치하면 유리 모서리의 결로 위험을 줄일 수 있다.
④ 로이코팅을 하면 복사 열전달을 줄여 창의 열관류율을 낮출 수 있다.

해설
② 복사 → 전도

답 : ②

2. 지역별·부위별 단열재 두께(제21조 관련)

(1) 지역별 건축물 부위별 단열두께(중부1지역[1])

2018.9.1 시행 (단위 : mm)

건축물의 부위 \ 단열재의 등급			단열재 등급별 허용 두께			
			가	나	다	라
거실의 외벽	외기에 직접 면하는 경우	공동주택	220	255	295	325
		공동주택 외	190	225	260	285
	외기에 간접 면하는 경우	공동주택	150	180	205	225
		공동주택 외	130	155	175	195
최상층에 있는 거실의 반자 또는 지붕	외기에 직접 면하는 경우		220	260	295	330
	외기에 간접 면하는 경우		155	180	205	230
최하층에 있는 거실의 바닥	외기에 직접 면하는 경우	바닥난방인 경우	215	250	290	320
		바닥난방이 아닌 경우	195	230	265	290
	외기에 간접 면하는 경우	바닥난방인 경우	145	170	195	220
		바닥난방이 아닌 경우	135	155	180	200
바닥난방인 층간바닥			30	35	45	50

(2) 지역별 건축물 부위별 단열두께(중부2지역[2])

2018.9.1 시행 (단위 : mm)

건축물의 부위 \ 단열재의 등급			단열재 등급별 허용 두께			
			가	나	다	라
거실의 외벽	외기에 직접 면하는 경우	공동주택	190	225	260	285
		공동주택 외	135	155	180	200
	외기에 간접 면하는 경우	공동주택	130	155	175	195
		공동주택 외	90	105	120	135
최상층에 있는 거실의 반자 또는 지붕	외기에 직접 면하는 경우		220	260	295	330
	외기에 간접 면하는 경우		155	180	205	230
최하층에 있는 거실의 바닥	외기에 직접 면하는 경우	바닥난방인 경우	190	220	255	280
		바닥난방이 아닌 경우	165	195	220	245
	외기에 간접 면하는 경우	바닥난방인 경우	125	150	170	185
		바닥난방이 아닌 경우	110	125	145	160
바닥난방인 층간바닥			30	35	45	50

(3) 지역별 건축물 부위별 단열두께(남부지역[3])

2018.9.1 시행 (단위 : mm)

건축물의 부위 \ 단열재의 등급			단열재 등급별 허용 두께			
			가	나	다	라
거실의 외벽	외기에 직접 면하는 경우	공동주택	145	170	200	220
		공동주택 외	100	115	130	145
	외기에 간접 면하는 경우	공동주택	100	115	135	150
		공동주택 외	65	75	90	95
최상층에 있는 거실의 반자 또는 지붕	외기에 직접 면하는 경우		180	215	245	270
	외기에 간접 면하는 경우		120	145	165	180
최하층에 있는 거실의 바닥	외기에 직접 면하는 경우	바닥난방인 경우	140	165	190	210
		바닥난방이 아닌 경우	130	155	175	195
	외기에 간접 면하는 경우	바닥난방인 경우	95	110	125	140
		바닥난방이 아닌 경우	90	105	120	130
바닥난방인 층간바닥			30	35	45	50

(4) 지역별 건축물 부위별 단열두께(제주도)

2018.9.1 시행 (단위 : mm)

건축물의 부위 \ 단열재의 등급			단열재 등급별 허용 두께			
			가	나	다	라
거실의 외벽	외기에 직접 면하는 경우	공동주택	110	130	145	165
		공동주택 외	75	90	100	110
	외기에 간접 면하는 경우	공동주택	75	85	100	110
		공동주택 외	50	60	70	75
최상층에 있는 거실의 반자 또는 지붕	외기에 직접 면하는 경우		130	150	175	190
	외기에 간접 면하는 경우		90	105	120	130
최하층에 있는 거실의 바닥	외기에 직접 면하는 경우	바닥난방인 경우	105	125	140	155
		바닥난방이 아닌 경우	100	115	130	145
	외기에 간접 면하는 경우	바닥난방인 경우	65	80	90	100
		바닥난방이 아닌 경우	65	75	85	95
바닥난방인 층간바닥			30	35	45	50

3. 단열재의 등급분류(단열법규)

2018.9.1 시행 (단위 : mm)

등급분류	열전도율의 범위 (KS L 9016에 의한 20±5℃ 시험조건에 의한 열전도율)		관련 표준	단열재 종류
	W/m·K	kcal/m·h·℃		
가	0.034 이하	0.029 이하	KS M 3808	·압출법보온판 특호, 1호, 2호, 3호 ·비드법보온판 2종 1호, 2호, 3호, 4호
			KS M 3809	·경질우레탄폼보온판 1종 1호, 2호, 3호 및 2종 1호, 2호, 3호
			KS L 9102	·그라스울 보온판 48K, 64K, 80K, 96K, 120K
			KS M ISO 4898	·페놀 폼 Ⅰ종A, Ⅱ종A
			KS M 3871-1	·분무식 중밀도 폴리우레탄 폼 1종(A, B), 2종(A, B)
			KS F 5660	·폴리에스테르 흡음 단열재 1급
			·기타 단열재로서 열전도율이 0.034 W/mK (0.029 ㎉/mh℃)이하인 경우	
나	0.035 ~0.040	0.030 ~0.034	KS M 3808	·비드법보온판 1종 1호, 2호, 3호
			KS L 9102	·미네랄울 보온판 1호, 2호, 3호 ·그라스울 보온판 24K, 32K, 40K
			KS M ISO 4898	·페놀 폼 Ⅰ종B, Ⅱ종B, Ⅲ종A
			KS M 3871-1	·분무식 중밀도 폴리우레탄 폼 1종(C)
			KS F 5660	·폴리에스테르 흡음 단열재 2급
			·기타 단열재로서 열전도율이 0.035~0.040 W/mK (0.030~0.034 ㎉/mh℃)이하인 경우	
다	0.041 ~0.046	0.035 ~0.039	KS M 3808	·비드법보온판 1종 4호
			KS F 5660	·폴리에스테르 흡음 단열재 3급
			·기타 단열재로서 열전도율이 0.041~0.046 W/mK (0.035~0.039 ㎉/mh℃)이하인 경우	
라	0.047 ~0.051	0.040 ~0.044	·기타 단열재로서 열전도율이 0.047~0.051 W/mK (0.040~0.044 ㎉/mh℃)이하인 경우	

■ **열전도율과 열관류율의 의미**

- 열전도율
  재료의 표면온도차가 1℃일 때 1시간 동안 1m² 면적을 통해 1m 두께를 통과하는 열량(kcal/m h℃ 또는 W/m·K)
- 열관류율
  벽체를 사이에 두고 공기온도차가 1℃일 때 1시간 동안 1m² 면적을 통해 통과하는 열량(kcal/m² h℃ 또는 W/m² K)

예제문제 05

건축물의 에너지절약 관련 다음 설명 중 가장 적합하지 않은 것은? 【17년 출제유형】

① 공동주택은 인동간격을 넓게하여 저층부의 일사 수열량을 증대시킨다.
② 야간난방이 필요한 숙박시설 및 공동주택에는 창의 열손실을 줄이기 위해 단열셔터 등 야간 단열장치를 설치한다.
③ 학교의 교실, 문화 및 집회시설의 공용부분은 1면 이상 자연채광이 가능하도록 한다.
④ 「건축물의 에너지절약설계기준」에서 단열재의 등급분류는 단열재의 열전도율 및 밀도의 범위에 따라 등급을 분류한다.

해설
④ 단열재 등급 분류는 열전도율 범위에 따른다.

답 : ④

| 참고 |

■ **단열재의 단열성능 측정방법**

① 열전도율과 두께로부터 열저항을 구하는 방법(열전도율 테스트에 기초)
② Hot Box를 이용하여 온도차와 열류량을 이용해서 구하는 방법(열관류율 테스트에 기초)
- R = d/k(두께/열전도율) ASTM C 518 [Heat Flow Meter] (국내의 경우, KS L 9016)
- R = ΔT/q(온도차/열류량) ASTM C 1363 [Hot Box Facility] (국내의 경우, KS F 2277)

■ **열전도율과 열관류율의 측정**

1. 열전도율

시편 크기는 0.3m×0.3m×0.05m 전후로 1m×1m×1m 크기로 환산하기 위해서는 측정값의 222배 해야 함

2. 열관류율

- 시편은 1.5m×1.5m×시편두께 주어진 시편을 통한 열류량과 온도차를 이용하여 실제 그 시편의 열저항을 구함
- 따라서 건축재료의 열저항은 열관류율 측정을 통해 구하는 것이 보다 정확하지만, 시험편의상 열전도율을 사용하고 있는 것

2 건축물 패시브 디자인 가이드라인상의 단열 개선안

1. 옥상 파라펫 부위 Roof

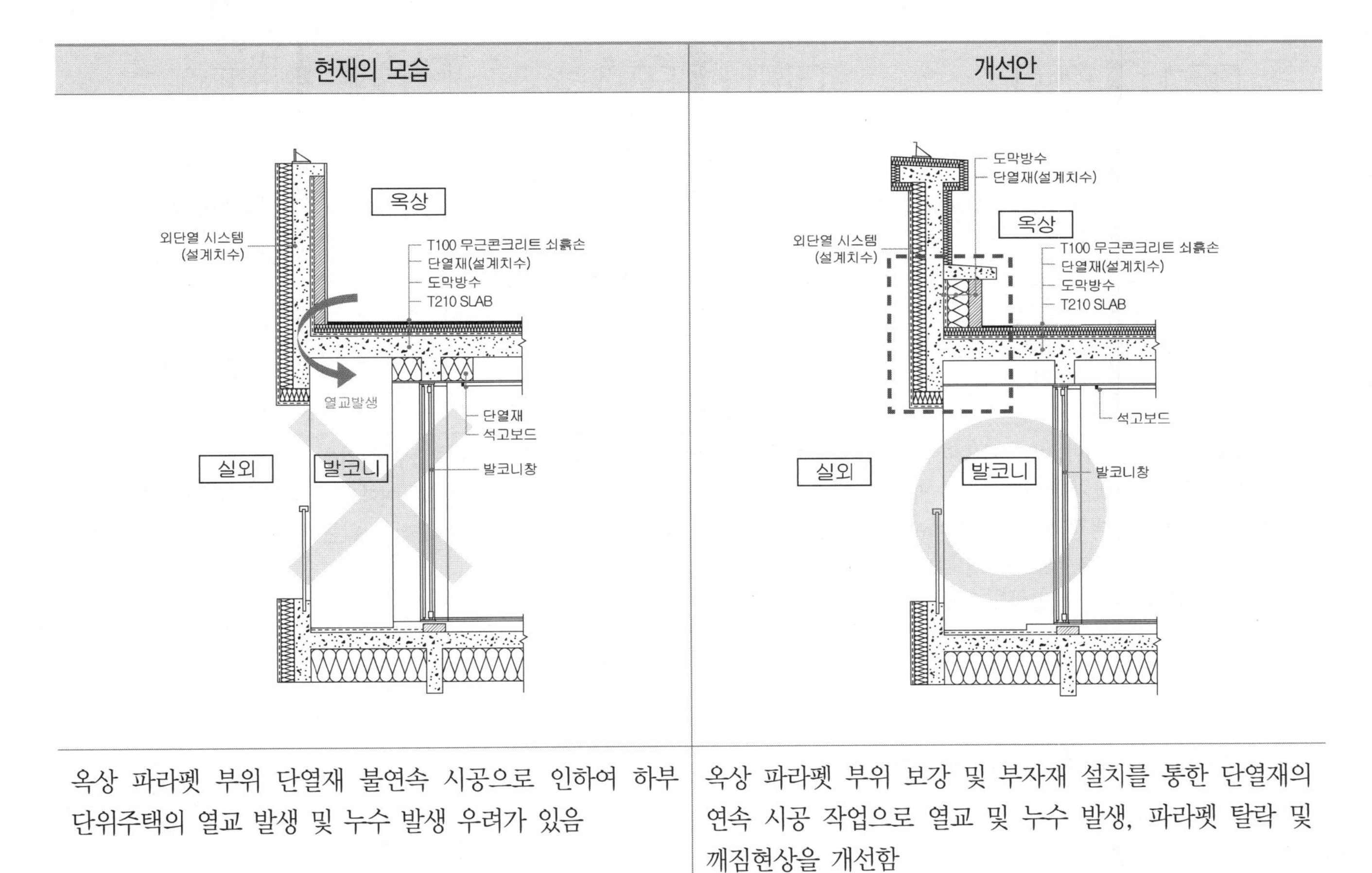

현재의 모습	개선안
옥상 파라펫 부위 단열재 불연속 시공으로 인하여 하부 단위주택의 열교 발생 및 누수 발생 우려가 있음	옥상 파라펫 부위 보강 및 부자재 설치를 통한 단열재의 연속 시공 작업으로 열교 및 누수 발생, 파라펫 탈락 및 깨짐현상을 개선함

2. 외벽 Facade

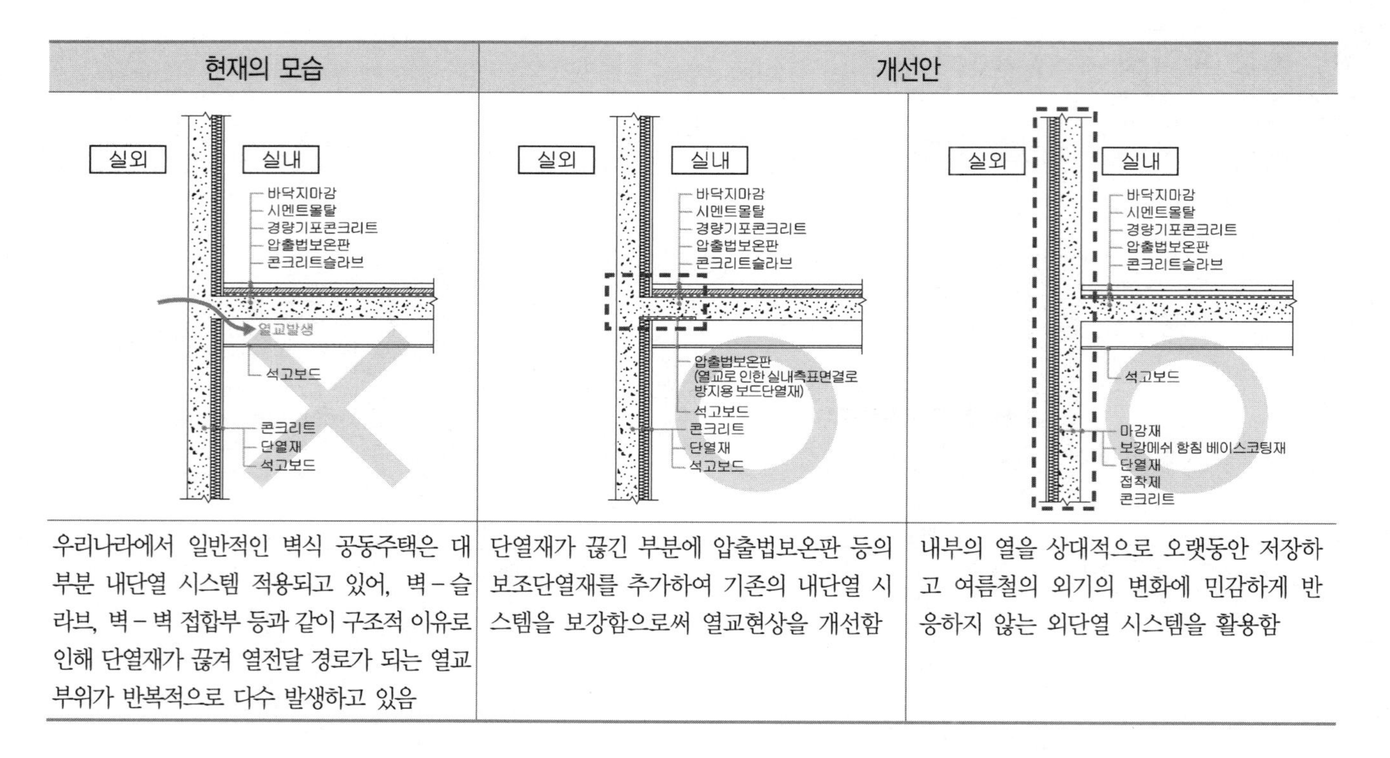

현재의 모습	개선안	
우리나라에서 일반적인 벽식 공동주택은 대부분 내단열 시스템 적용되고 있어, 벽－슬라브, 벽－벽 접합부 등과 같이 구조적 이유로 인해 단열재가 끊겨 열전달 경로가 되는 열교부위가 반복적으로 다수 발생하고 있음	단열재가 끊긴 부분에 압출법보온판 등의 보조단열재를 추가하여 기존의 내단열 시스템을 보강함으로써 열교현상을 개선함	내부의 열을 상대적으로 오랫동안 저장하고 여름철의 외기의 변화에 민감하게 반응하지 않는 외단열 시스템을 활용함

3. 골조와 창호 접합부위 Joint

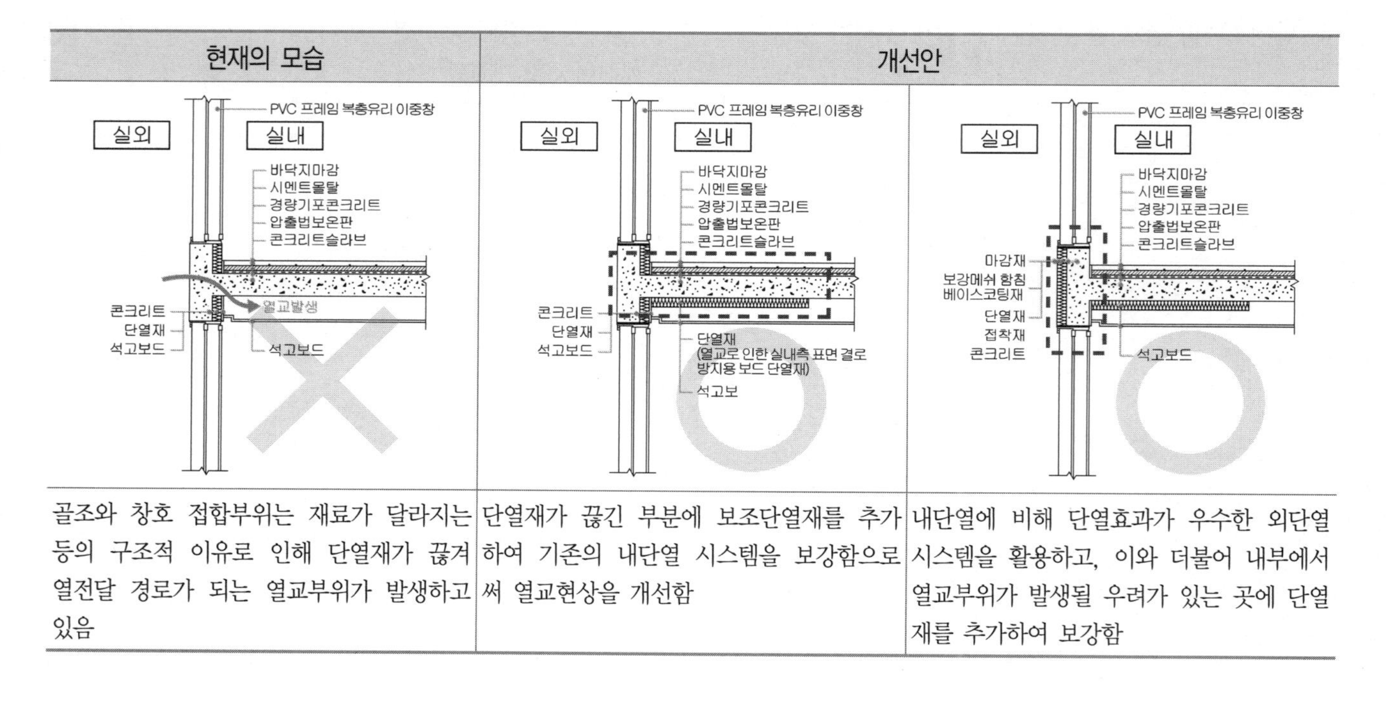

현재의 모습	개선안	
골조와 창호 접합부위는 재료가 달라지는 등의 구조적 이유로 인해 단열재가 끊겨 열전달 경로가 되는 열교부위가 발생하고 있음	단열재가 끊긴 부분에 보조단열재를 추가하여 기존의 내단열 시스템을 보강함으로써 열교현상을 개선함	내단열에 비해 단열효과가 우수한 외단열 시스템을 활용하고, 이와 더불어 내부에서 열교부위가 발생될 우려가 있는 곳에 단열재를 추가하여 보강함

4. 기초 Foundation

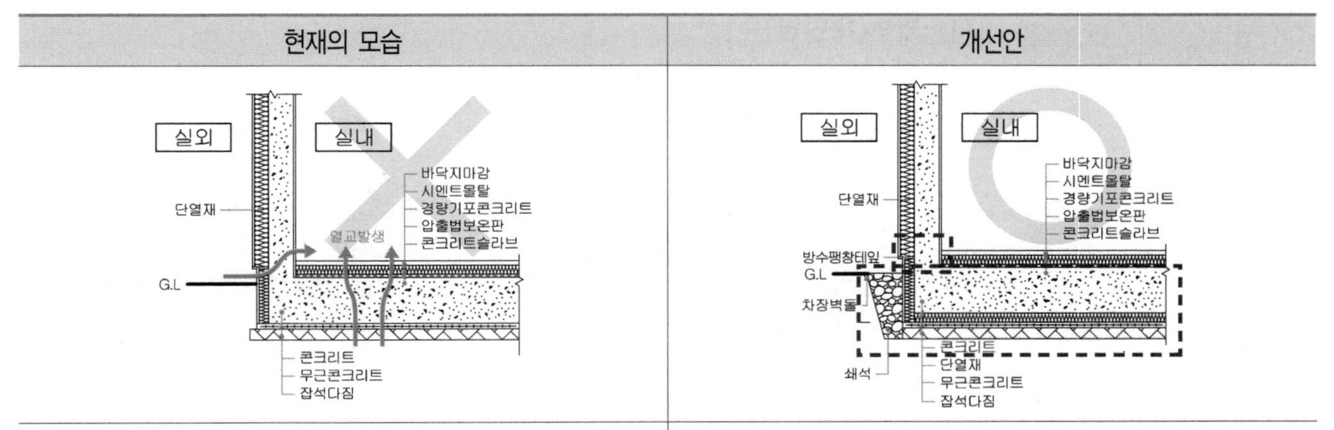

현재의 모습	개선안
일반적으로 기초 하단까지는 외단열로 내리고 실내측에는 콘크리트 상부에 단열재를 두껍게 까는 방법을 취함. 이런 경우, 외단열 시스템과 지면과의 접촉에 의한 벽면 강성 저하 및 오염 발생 및 구조체의 단절로 인한 단열성능 하락 등의 문제점 발생	기초의 외벽을 따라 단열재로 전체를 감싸주는 것이 효과적임. 또한 외벽을 따라서 콩자갈이나, 쇄석을 깔아주는 것이 외벽 하단의 비올 때 흙 튀김에 의한 오염을 막아, 외벽을 항상 청결하게 유지시키도록 함

5. 커튼월 Curtain Wall

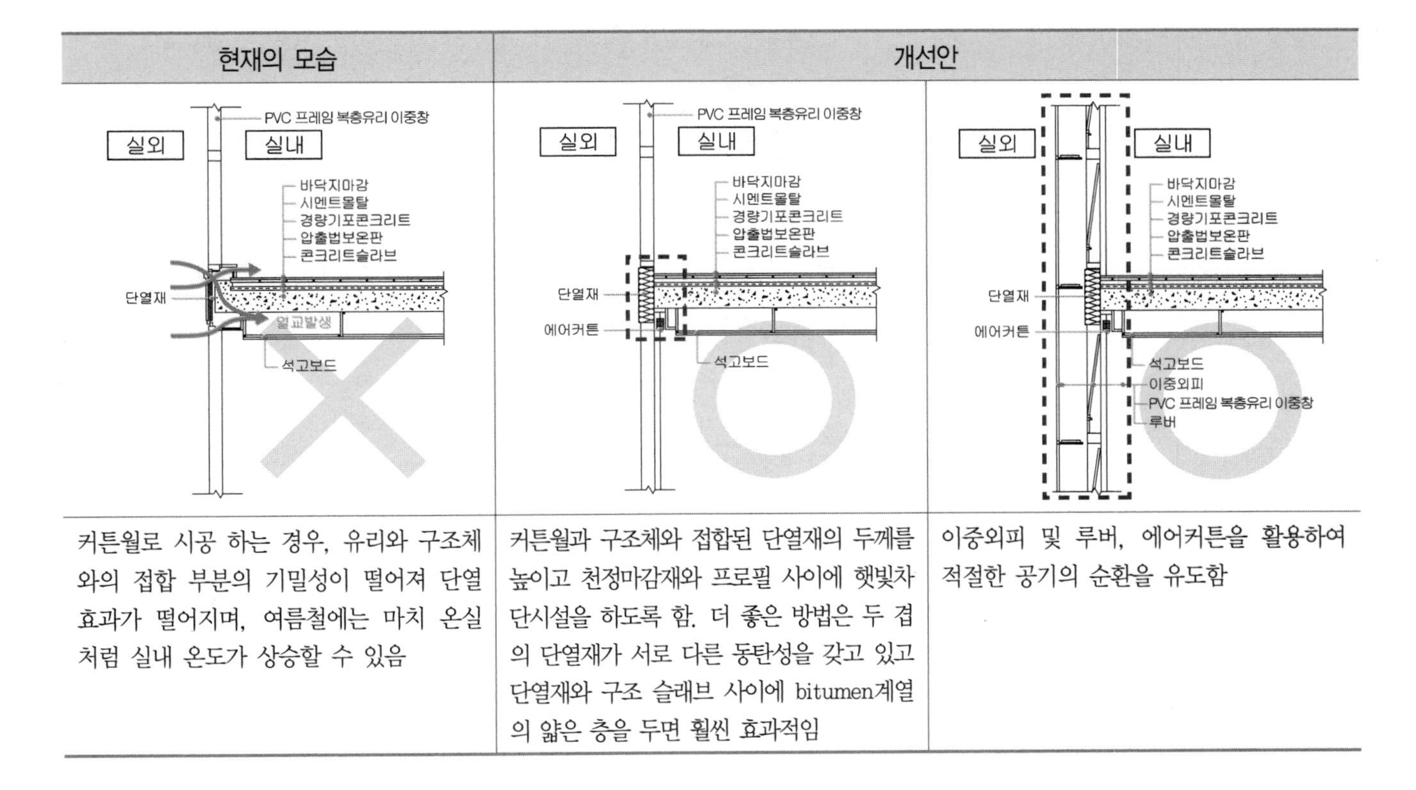

현재의 모습	개선안	
커튼월로 시공 하는 경우, 유리와 구조체와의 접합 부분의 기밀성이 떨어져 단열효과가 떨어지며, 여름철에는 마치 온실처럼 실내 온도가 상승할 수 있음	커튼월과 구조체와 접합된 단열재의 두께를 높이고 천정마감재와 프로필 사이에 햇빛차단시설을 하도록 함. 더 좋은 방법은 두 겹의 단열재가 서로 다른 동탄성을 갖고 있고 단열재와 구조 슬래브 사이에 bitumen계열의 얇은 층을 두면 훨씬 효과적임	이중외피 및 루버, 에어커튼을 활용하여 적절한 공기의 순환을 유도함

3 열교부위의 단열개선 방안

(1) 외벽(내단열)[1]

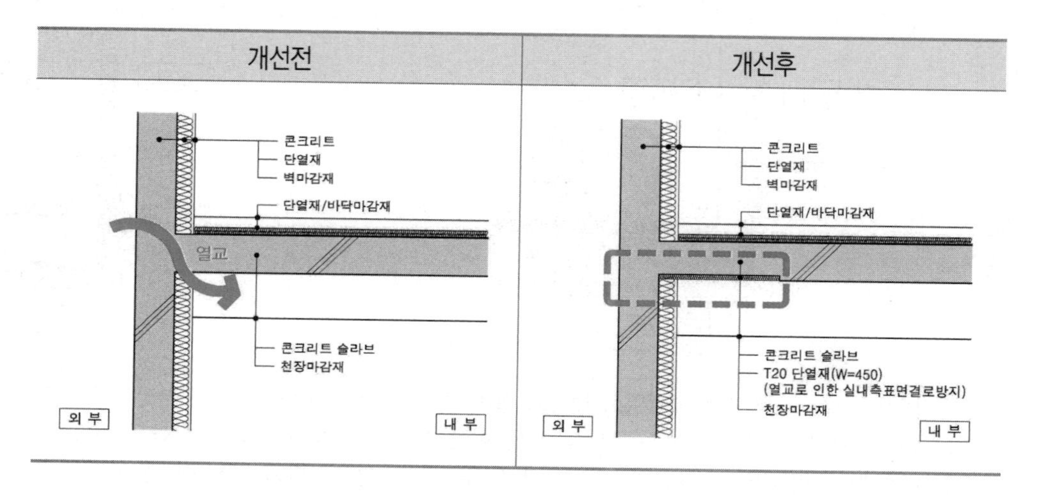

(2) 최상층지붕보(내단열)

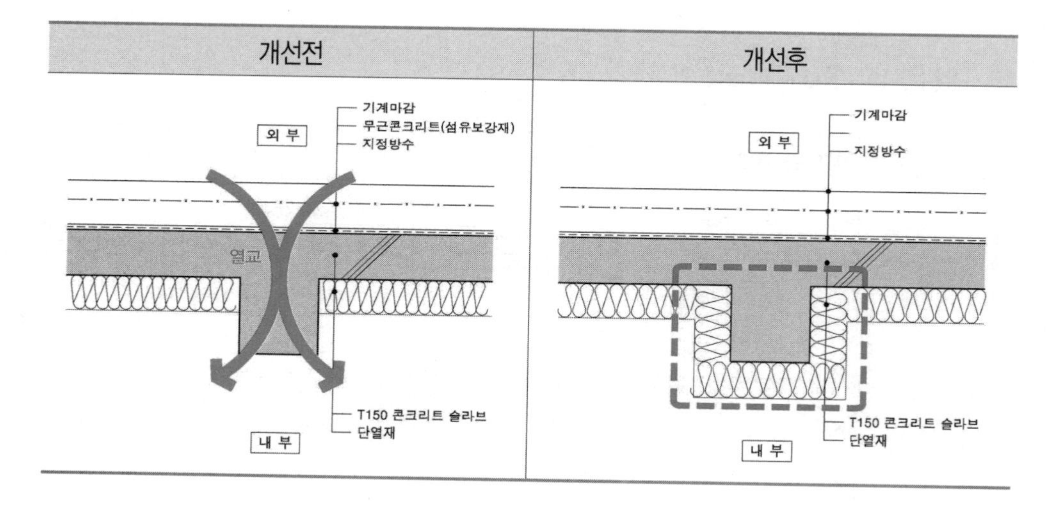

1) 콘크리트면을 노출하지 않아도 되는 외장마감에는 반드시 외단열로 적용해야 열교현상으로 생기는 에너지 손실을 막을 수 있다.

출처 : 서울특별시건축사회, "단열재의 현장적용 방법에 관한 연구", 서울건축산업연구원, 2016, p.92~96

(3) 필로티상부 바닥보

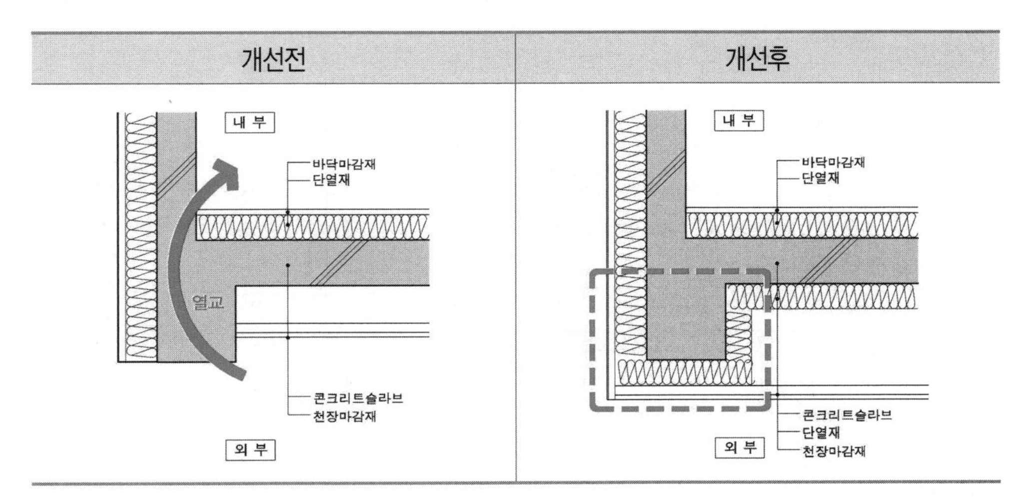
개선전
개선후
내 부
바닥마감재
단열재
열교
콘크리트슬라브
천장마감재
외 부
내 부
바닥마감재
단열재
콘크리트슬라브
단열재
천장마감재
외 부

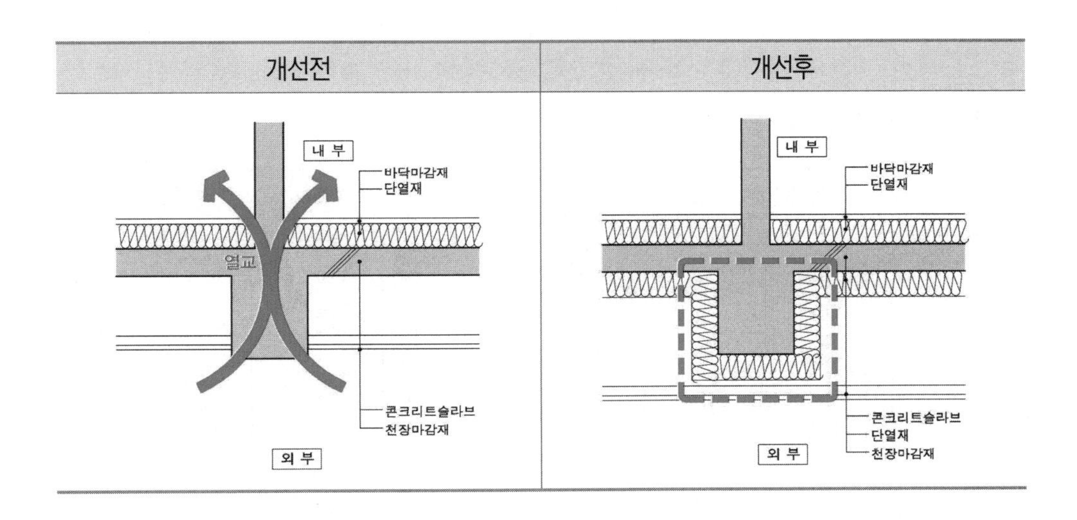
개선전
개선후
내 부
바닥마감재
단열재
열교
콘크리트슬라브
천장마감재
외 부
내 부
바닥마감재
단열재
콘크리트슬라브
단열재
천장마감재
외 부

(4) 파라펫(외단열)

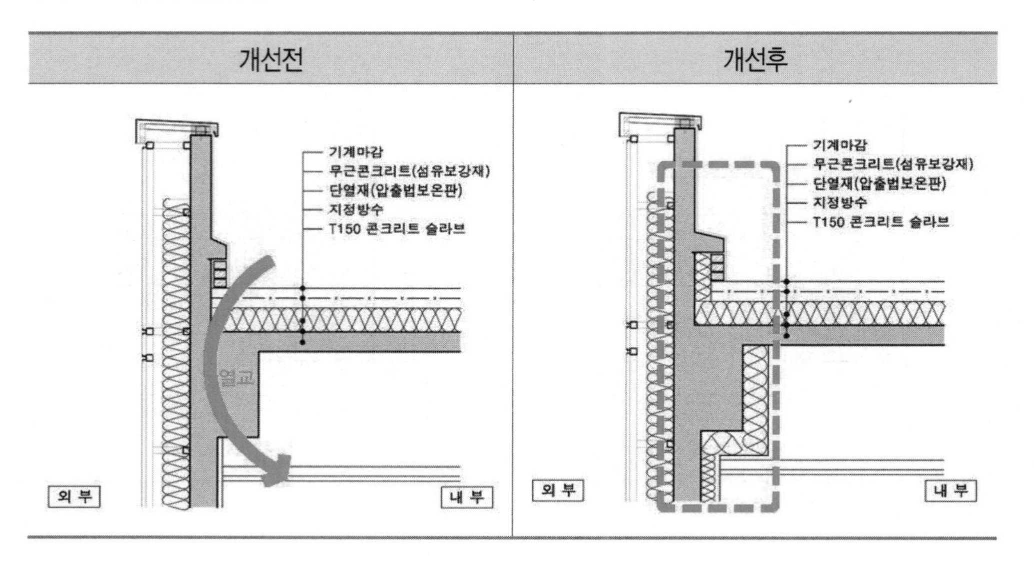

(5) 파라펫(내단열)

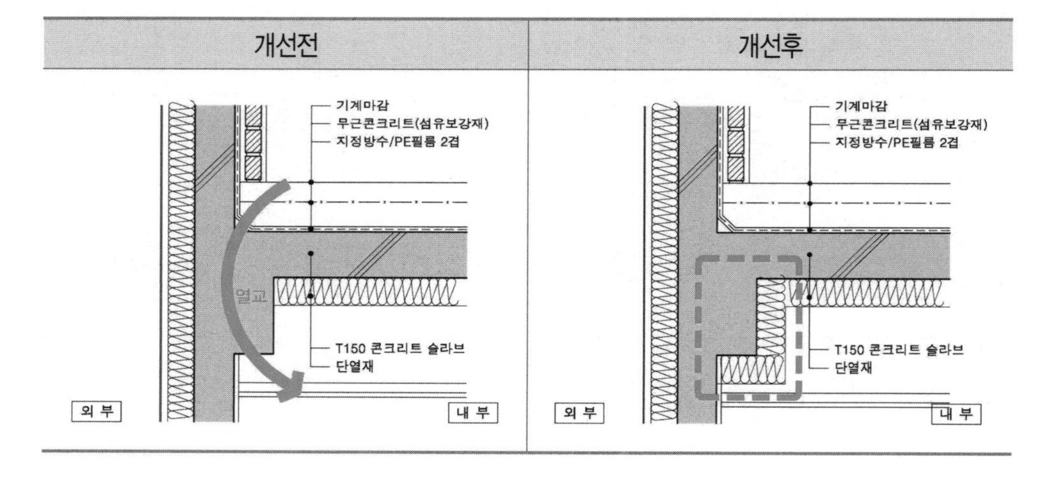

(6) 창호설치 부위-1(외단열)

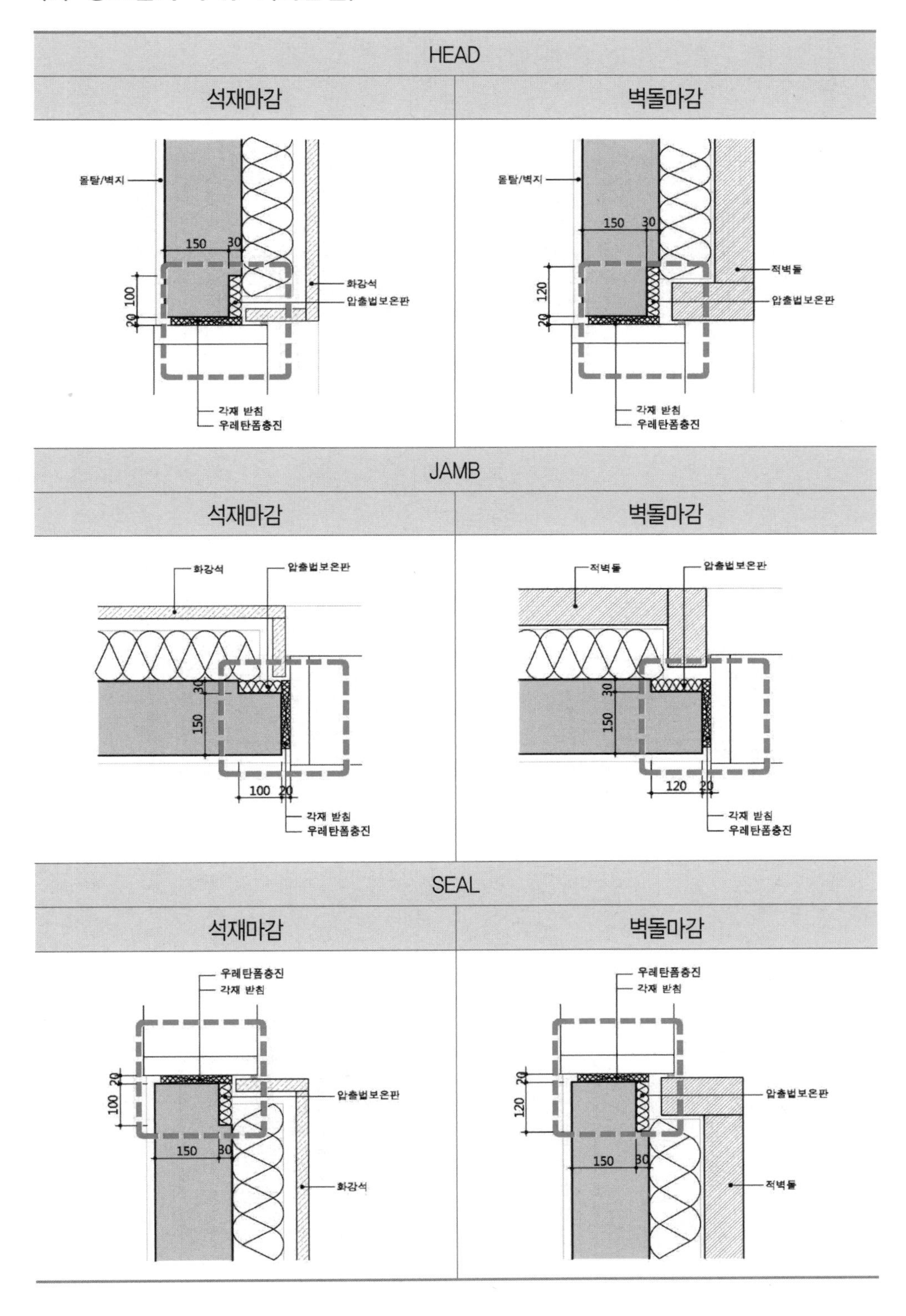

(7) 창호설치 부위-2(내단열)

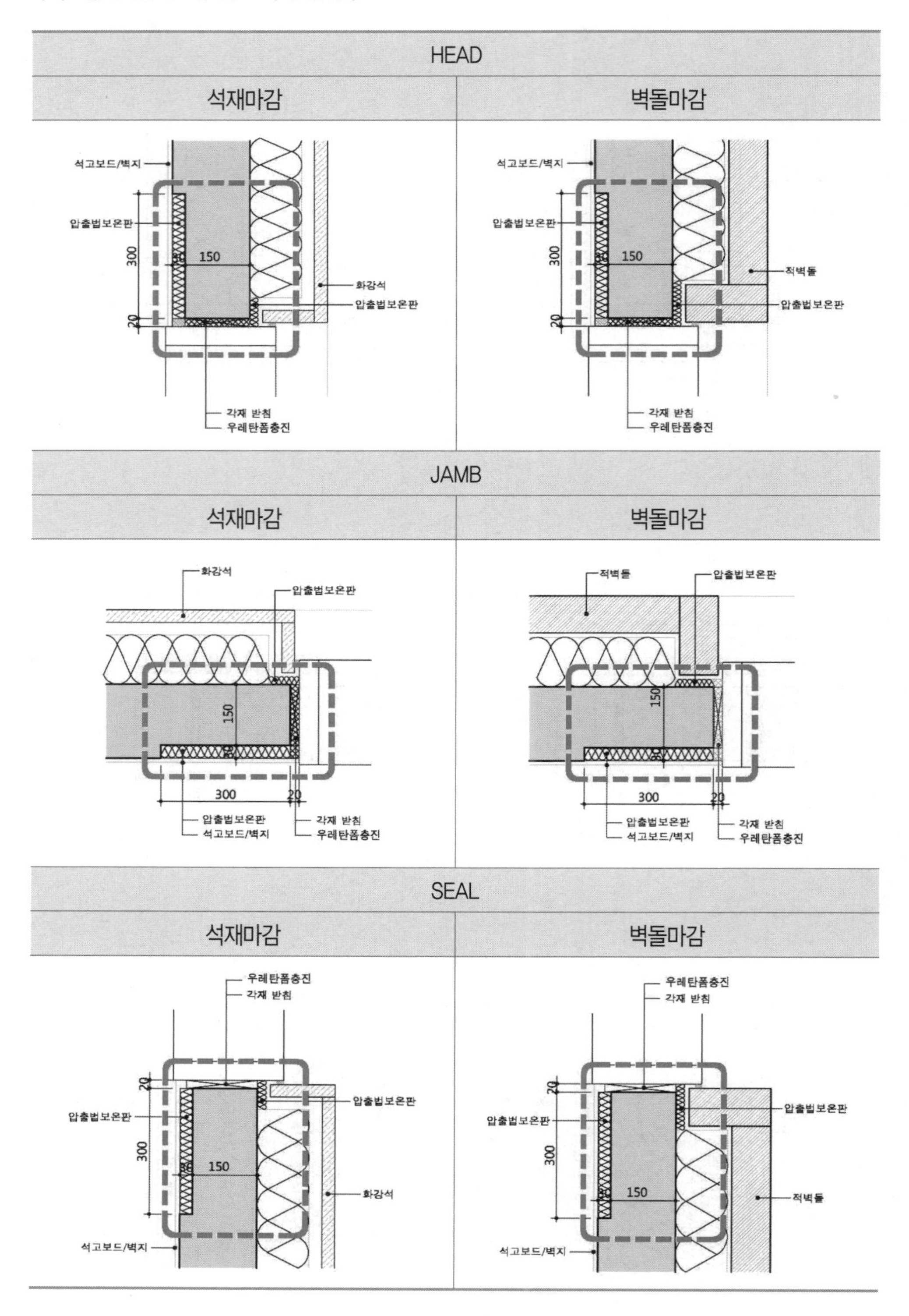

예제문제 06

 실기 출제유형 [19년] 

건축물에서 주로 발생할 수 있는 열교부위 2가지를 <예 시>와 같이 그림으로 제시하고, 각각의 열교현상을 개선하기 위한 방안을 간단히 서술하시오. (5점)

〈예 시〉

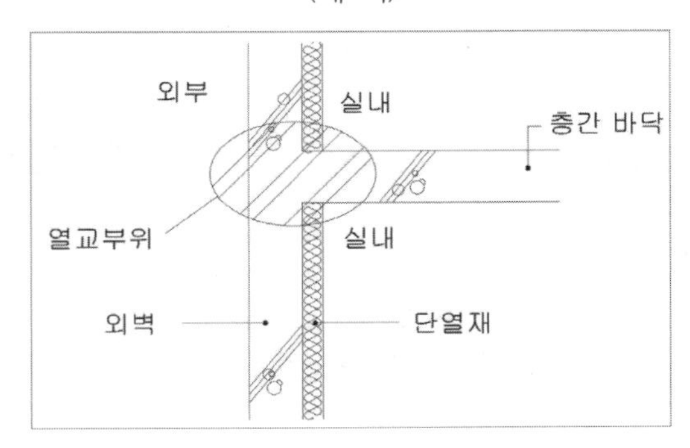

* 예시와 동일한 부위의 그림은 정답으로 인정 불가

정답

1. 최상층 지붕보

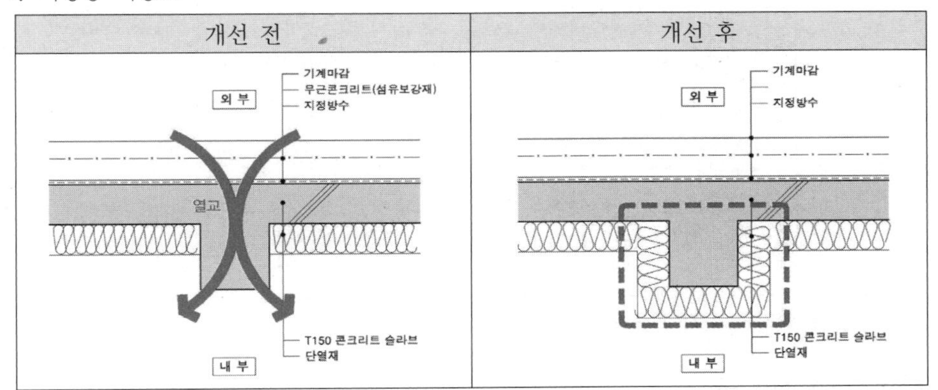

\- 단열이 연속될 수 있도록 보 아래에 단열을 추가한다.

2. 필로티 상부 바닥보

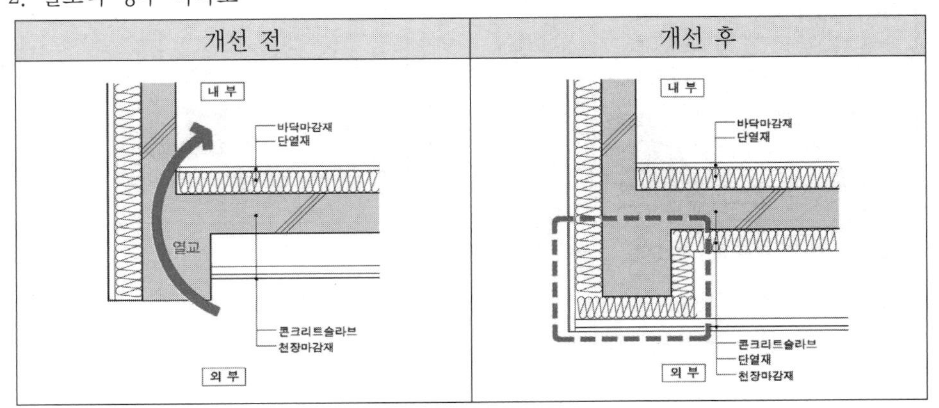

\- 필로티 상부 바닥보 전체를 단열재로 감싼다.

3. 외단열 파라펫

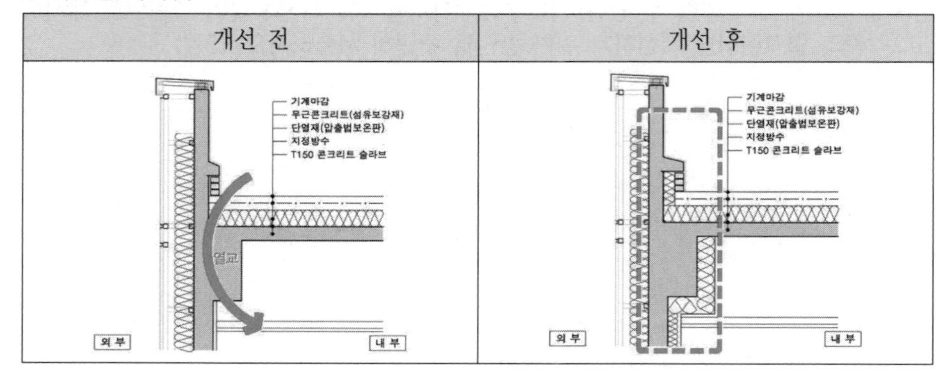

- 파라펫 돌출부위를 단열재로 완전히 감싸거나, 열교부위에 외단열 및 내단열을 추가하여 열전달 경로를 길게 한다.

4. 내단열 파라펫

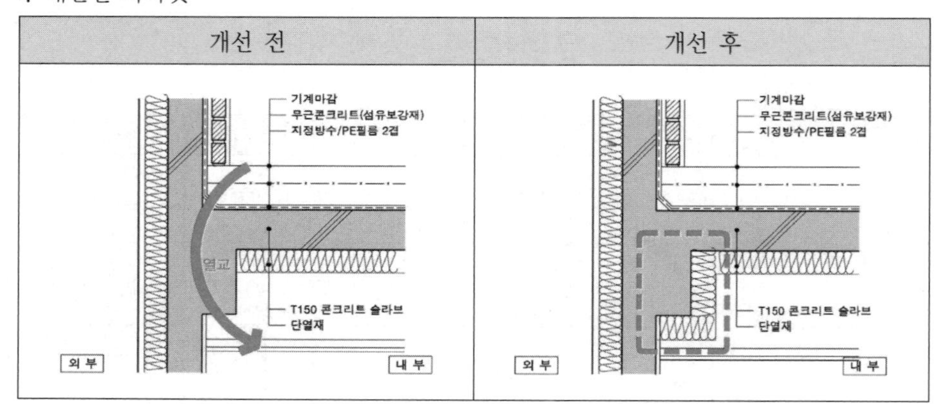

- 내단열을 연장하여 열전달경로를 길게 한다.

5. 창호주위 열교

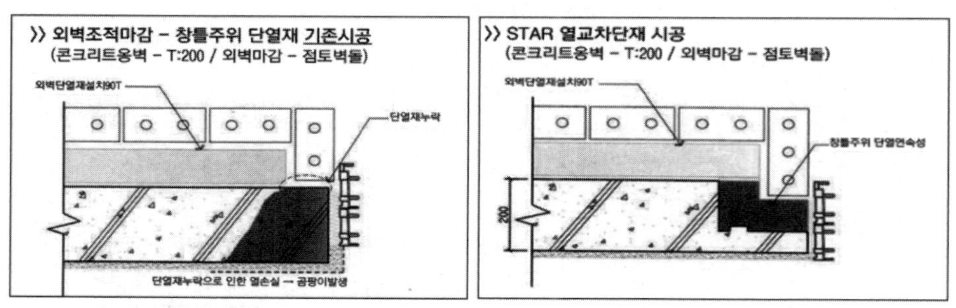

- 창호주위의 열교를 차단하기 위해 열교차단재를 설계시공한다.

6. 측벽과 층간 슬래브 접합부

개선 전	개선 후

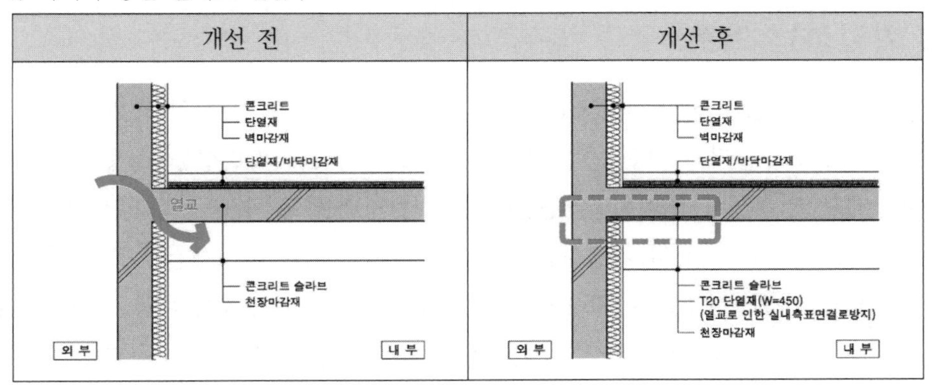

- 외단열로 하거나, 슬래브 하부에 결로방지용 단열재를 추가한다.

7. 발코니 캔틸레버

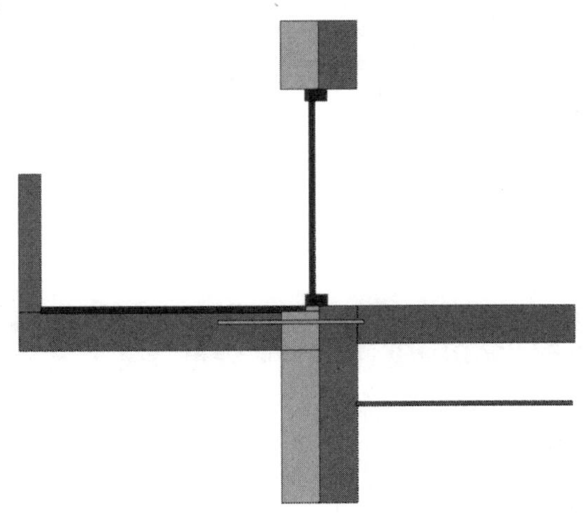

단열재가 연속될 수 있도록 열교차단재를 설치하거나, 발코니를 외단열 건축물의 단열재 외부에 별도의 구조로 설치함으로써 외단열이 연속될 수 있도록 한다.

4 건축물의 기밀성능 기준(Building Airtightness Criteria)

1. 기밀성능 기준

■ Build Tight, Ventilate Right

① 냉난방을 실시하고 재실자(또는 목적물)가 이용하는 공간(건물 외피 또는 경계벽으로 둘러 싸여진 공간)은 5.0 ACH50 이하의 기밀성능을 가져야 한다.

② 대상 건축물이 에너지절약건물(또는 친환경건물)로 평가(인증)받기 위해서는 3.0 ACH50 이하의 기밀성능, 제로에너지건물(또는 패시브건물)로 평가(인증) 받기 위해서는 1.5 ACH50 이하의 기밀성능 수준을 만족해야 함을 권장한다.

③ 단, 1.5 ACH50 이하의 기밀성을 가지는 건물은 건축법에서 요구하는 적정 환기를 보장하기 위한 환기계획을 하거나 환기장치를 설치하는 것이 필요하다.

구분	기밀성능 기준	비고	
모든 건물	5.0	기본 기준	–
에너지절약건물	3.0	권장 사항	–
제로에너지건물	1.5	권장 사항	적정 환기를 보장함이 필요

2. 기밀성능 관련 용어 및 정의(Term and definitions)

(1) 기밀성능(airtightness)

건물의 외피전체 또는 외피를 구성하는 재료나 자재의 공기유출입에 저항하는 정도로 기밀하게 시공된 수준을 의미한다. 건물의 기밀성능을 표현하는 방법은 다음과 같다.

① CMH50(m^3/h) : CMH50은 실내외 압력차를 50Pa로 유지하기 위해 실내에 불어 넣거나 빼주어야 할 공기량을 표현한 것. (50Pa은 기후조건의 영향을 최소화하기 위한 압력차로 약 9m/s의 바람이 불어올 때 생기는 압력에 상응함)

② ACH50(회/h) : CMH50값을 실체적(측정되어지는 것으로 규정된 공간의 총체적)로 나눈 값. 즉, 건물에 50Pa의 압력차가 작용하고 있을 때, 침기량 또는 누기량이 한 시간 동안 몇 번 교환되었는가로 표현한 것. 서로 다른 크기의 건물에서 기밀성능을 비교할 때 유용한 척도

③ Air Permeability(m^3/hm^2) : CMH50값을 외피면적으로 나눈 것으로 외피 단위면적당 누기량을 나타내는 척도

④ ELA(cm^2/m^2) 또는 EqLA(cm^2/m^2) : 설정된 압력차에서 발생하는 침기량 또는 누기량이 발생할 수 있는(이에 상응하는) 구멍의 크기를 나타낸 것으로 일반적으로 ELA(Effective Leakage Area)는 4Pa, EqLA(Equivalent Leakage Area)는 10Pa의 압력차를 의미하지만 설정 압력차는 확인이 필요함

(2) 기밀층(air barrier)

공기 유출입에 저항하는 자재와 부품으로 구성되어 있으며, 조절하지 않는 공간(비공조)과 조절하는 공간(공조)을 분리함

(3) 환기율(air change rate)

의도된 개구부나 장치를 통하여 외부 공기가 실내공간에 유출입 되는 공기량과 실체적에 대한 비율을 말하며 이것은 ACH(회/h)로 표현함

(4) 침기율(또는 누기율, air leakage rate)

의도되지 않은 경로를 통하여 실내공간에 유출입 되는 공기량과 실체적에 대한 비율을 말하며 이것은 ACH50(회/h)로 표현함

(5) 침기 또는 누기(infiltration 또는 exfiltration)

건물 외피에서의 균열과 의도하지 않은 개구부를 통하여 외부 공기가 안으로 들어오는 것 또는 내부 공기가 바깥으로 누출되는 것

(6) 환기(ventilation)

사용자의 의도로 인하여 자연적 또는 기계장치에 의해 외부 공기가 실내로 공급되거나 제거되는 것

(7) 누기부위(air leakage path)

침기가 건물에 드나드는 경로 또는 건축재료를 통해 공기가 흐르는 경로

(8) 난방공간 또는 공조공간(conditioned zone)

건물에서 냉난방을 필요로 하며, 기본적으로 기밀층의 경계에 해당하는 사용중인 공간

(9) 외피면적(envelope area)

외부 환경으로부터 건물의 내부 체적이 분리되는 경계 또는 벽, 공기누기가 되는 공간에 상응하는 외벽과 지붕의 면적, 바닥층 면적을 포함

(10) 팬 가압법(fan pressurization test)

설정된 압력차를 유지하기 위하여 풍량을 알 수 있는 fan 또는 blower를 이용하여 건물의 기밀성능을 측정하는 방법

(11) 실체적(building volume)

건물에서 난방되는 공간의 실체적의 합으로 기밀경계층을 기준으로 산정함

예제문제 07

실내외 압력차 50 Pa에서 외피면적당 누기량(air permeability)이 3 $m^3/h \cdot m^2$인 기밀성능을 ACH_{50}으로 나타낸 값은? (단, 건물의 실내 체적 300 m^3, 외피면적 400 m^2이다.) **【18년 출제유형】**

① 3 ② 4
③ 5 ④ 6

해설

$Q = 3m^3/h \cdot m^2 \times 400m^2 = 1{,}200m^3/h$

$ACH_{50} = \dfrac{1{,}200m^3/h}{300m^3/회} = 4회/h$

답 : ②

예제문제 08

주택의 침기량 변화가 가장 작은 경우는? 【19년 출제유형】

① 외기 풍속이 증가하였다.
② 실내외 습도차이가 커졌다.
③ 실내외 온도차이가 커졌다.
④ 주방 후드 배기팬 풍량을 증가시켰다.

해설
실내의 습도차와 침기량과는 관계가 없다.

답 : ②

5 건물의 기밀성능 현장실측방법

1. 기밀성능 측정방법

현재 가장 일반적으로 사용되는 건물의 기밀성능 측정방법으로는 Tracer Gas Method(추적가스법)와 Blower Door를 이용한 가압법/감압법이 있음

(1) Tracer gas test(추적가스법)

일반적인 공기 중에 포함되어 있지 않거나 포함되어 있어도 그 농도가 낮은 가스를 실내에 대량으로 한 번에 또는 일정량을 정해진 시간 간격으로 분사시키고 해당 공간에서 추적가스 농도의 시간에 따라 감소량을 측정하여 건물 또는 외피 부위별 침기/누기량, 또는 실 전체의 환기량을 산정하는 방법

(2) Blower door test(압력차법)

외기와 접해있는 개구부에 팬을 설치하고 실내로 외기를 도입하여 가압(pressurization)을 하거나, 반대로 실내 공기를 외부로 방출시켜 실내를 감압(depressurization)시킨 후 실내외 압력차가 임의의 설정 값에 도달하였을 때 팬의 풍량을 측정하여 실측대상의 침기량 또는 누기량을 산정하는 방법

2. 기밀성능 측정방법별 장·단점

① Blower door test는 추적가스법에 비해 비교적 적은 비용으로 신속하게 측정대상의 기밀성능을 파악할 수 있다는 장점이 있어 상대적으로 현장 실측에 많이 사용

② Blower door를 이용하여 건물의 기밀도를 측정할 때에는 일반적으로 실내외 압력차를 50Pa 또는 그 이상의 압력차로 가압하거나 감압한 후 팬 풍량을 조절하여 5~10Pa 간격으로 압력차를 낮추면서 각 압력차에서의 침기량 또는 누기량을 측정

③ Blower door test에서는 외부의 바람이나 실내외 온도차에 의해 자연적으로 발생하는 실내외 압력차보다 훨씬 큰 압력차를 인위적으로 발생시켜 기밀도 측정 시 외부조건 변화에 의한 영향을 감소시킬 수 있어 실측 시기 결정이 상대적으로 자유롭다는 장점이 있음

기밀성능 측정방법별 장·단점

구분	내용	
추적 가스법	장점	· 건물 전체의 기밀성능 평가에 이용가능 · 시간에 따른 침기량 변화 측정
	단점	· 특정 침기 부위를 구분하기 어려움 · 외부 기상조건의 영향을 많이 받음 · 실측 비용이 상대적으로 높음
Blower door test (압력차법)	장점	· 건물 전체, 부위별 기밀성 평가가능 · 신속한 측정이 가능 · 실측 비용이 상대적으로 낮음 · 외부 기상조건의 영향을 적게 받음
	단점	· 낮은 차압조건 하에서 침기량 측정 어려움

3. 기밀성능(airtightness) 표현방법

기밀성능이란 건물의 외피전체 또는 외피를 구성하는 재료나 자재의 공기유출입에 저항하는 정도로 기밀하게 시공된 수준을 의미한다. 건물의 기밀성능을 표현하는 방법은 다음과 같다.

(1) CMH50(m^3/h)

CMH50은 실내외 압력차를 50Pa로 유지하기 위해 실내에 불어 넣거나 빼주어야 할 공기량을 표현한 것.(50Pa은 기후조건의 영향을 최소화하기 위한 압력차로 약 9m/s의 바람이 불어올 때 생기는 압력에 상응함)

(2) ACH50(회/h)

CMH50값을 실체적(측정되어지는 것으로 규정된 공간의 총 체적)로 나눈 값. 즉, 건물에 50Pa의 압력차가 작용하고 있을 때, 침기량 또는 누기량이 한 시간 동안 몇 번 교환되었는가로 표현한 것. 서로 다른 크기의 건물에서 기밀성능을 비교할 때 유용한 척도

(3) Air Permeability(m^3/hm^2)

CMH50값을 외피면적으로 나눈 것으로 외피 단위면적당 누기량을 나타내는 척도

(4) ELA(cm^2/m^2) 또는 EqLA(cm^2/m^2)

설정된 압력차에서 발생하는 침기량 또는 누기량이 발생할 수 있는(이에 상응하는) 구멍의 크기를 나타낸 것으로 일반적으로 ELA(Effective Leakage Area)는 4Pa, EqLA(Equivalent Leakage Area)는 10Pa의 압력차를 의미하지만 설정 압력차는 확인이 필요함

실기 출제유형 [13년2급]

예제문제 09

건물의 기밀성능 평가 방법 중 압력차 측정법에 대한 다음 사항을 쓰시오.(6점)

1. 측정 원리(2점)
2. 기밀성능 표시방법 중 CMH50, ACH50의 정의(2점)
3. 측정 전 대상 공간에 취해야 하는 조치(2점)

정답

1. Blower Door를 이용한 가압법/감압법

외기와 접해있는 개구부에 팬을 설치하고 실내로 외기를 도입하여 가압(pressurization)을 하거나, 반대로 실내 공기를 외부로 방출시켜 실내를 감압(depressurization)시킨 후 실내외 압력차가 임의의 설정 값에 도달하였을 때 팬의 풍량을 측정하여 실측대상의 침기량 또는 누기량을 산정하는 방법

2. 기밀성능 표시방법 중 CMH50, ACH50의 정의(2점)

① CMH50(m^3/h) : CMH50은 실내외 압력차를 50Pa로 유지하기 위해 실내에 불어 넣거나 빼주어야 할 공기량을 표현한 것(50Pa은 기후조건의 영향을 최소화하기 위한 압력차로 약 9m/s의 바람이 불어올 때 생기는 압력에 상응함)

② ACH50(회/h) : CMH50값을 실체적(측정되어지는 것으로 규정된 공간의 총 체적)로 나눈 값. 즉, 건물에 50Pa의 압력차가 작용하고 있을 때, 침기량 또는 누기량이 한 시간 동안 몇 번 교환되었는가로 표현한 것. 서로 다른 크기의 건물에서 기밀성능을 비교할 때 유용한 척도

3. 측정 전 대상 공간에 취해야 하는 조치(2점)

■ Blower Door Test를 위한 사전조치 사항

① 검사대상이 되는 건물은 하나의 압력형성시 하나의 존이 되어야 한다.

② 설비

- 실내공기를 사용하는 보일러는 꺼야 한다.
- 기계적 공기 조화기 작동중지
- 외기와 연결되는 배기 및 흡입구는 막아야 하며 혹은 중앙기계의 배관을 막는다.
- 화장실의 배기구, 부엌의 후드는 작동을 멈추되 기밀하게 밀폐하지는 않는다.
- 개폐조작이 불가능한 승강기의 환기구등은 기밀하게 합당한 테이프로 밀폐한다.

③ 벽난로가 있는 경우는 사용을 중지하고 재를 제거해야 함

④ 실내의 문은 활짝 열러 놓은 상태로 만일을 위해 물건으로 고정시킨다.

⑤ 검사대상이 되는 건물의 내부의 압력차는 형성되는 전체 압력의 10%이상을 초과해서는 안 된다.(소규모의 건물에서는 문제가 되지 않음)

⑥ 계획상 존재하는 창호나 기타 개구부는 닫는다.

⑦ 화장실의 배수구가 아직 물로 채워지지 않았을 경우는 해당되는 관을 막는다.

⑧ 건물의 상태를 꼼꼼히 기록을 해야함(창호, 외피, 임시적으로 설치한 기밀층 그리고 그 외에 검사를 위해 취한 모든 사항을 가급적이면 자세하게 기록, 테스트기의 설치 위치도 이에 속함)

6 가스추적법에 의한 환기량 측정

실의 환기량은 환기구나 개구부, 틈새에서의 침기를 각각 측정하기가 매우 복잡하므로 일반적으로 가스 추적법(tracer gas method)을 이용해 측정한다. 이것은 CO_2, Ar, He 등의 가스를 주입하여 일정시간이 지난 후 그 가스의 농도변화를 측정하여 환기량을 계산하는 방법이다. 실내에 가스 발생원이 없는 경우(사람의 호흡 등에 의한 CO_2의 증가 등) 환기량을 측정하는 식은 다음과 같다.

$$Q = 2.303\frac{V}{t}\log_{10}\frac{C_r - C_o}{C_t - C_o}$$

여기서, Q : 환기량(m^3/h), V : 실의 용적(m^3), t : 경과된 시간(h)

C_r : 최초의 실내 가스량 또는 농도(%)

C_t : t시간 경과후의 가스량 또는 농도(%)

C_o : 외기 중의 가스량 또는 농도(%)

예제문제 10

실기 예상문제

실의 크기가 15m×20m×3m인 강의실이 있다. 환기량을 측정하기 위해 CO_2를 방출한 직후 그 농도를 측정하였더니 0.64%였고, 30분 후에 다시 측정하였더니 0.24%였다. 외기의 CO_2 농도가 0.04%일 때의 환기량과 이 실의 환기횟수를 구하라.

정답

실의 용적 15×20×3=900m³이므로 환기량 Q는 다음과 같다.

$$Q = 2.303\times\frac{900}{0.5}\times\log\frac{0.64-0.04}{0.24-0.04}$$

$$= 2.308\times 1{,}800\times\log_{10}3$$

$$= 1{,}978\,m^3/h$$

따라서 시간당 환기량은 1,978m^3/h이다.

환기회수는 $\frac{Q}{V}$ 이므로, $\frac{1{,}978}{900} = 2.2$[회/h]

답 : 환기량 1,978m^3/h, 환기횟수 2.2[회/h]

03 종합예제문제

1 2018년 9월 1일부터 시행된 외기에 직접 면한 공동주택 외벽의 지역별 열관류율 기준은?

(단위 : $W/m^2 \cdot K$)

	중부지역	남부지역	제주도
①	0.36 이하	0.45 이하	0.58 이하
②	0.27 이하	0.34 이하	0.44 이하
③	0.21 이하	0.26 이하	0.36 이하
④	0.15 이하	0.22 이하	0.29 이하

① 2011.2.1 시행
② 2013.9.1 시행
③ 2016.7.1 시행
④ 2018.9.1 시행

2 2018년 9월 1일부터 적용된 중부1지역 외기에 직접 면한 사무소 건물 외벽의 단열재 등급별 허용두께가 바로 연결된 것은?

	(가) 등급	(나) 등급		(가) 등급	(나) 등급
①	85mm	100mm	②	120mm	140mm
③	125mm	145mm	④	190mm	225mm

① 2011.2.1 시행
② 2013.9.1 시행
③ 2016.7.1 시행
④ 2018.9.1 시행

3 다음 중 건축물에너지절약기준에 따른 (가)등급의 단열재가 아닌 것은?

① 압출법 보온판　② 비드법 보온판 2종
③ 경질우레탄폼 보온판　④ 비드법 보온판 1종

④ 비드법 보온판 1종은 일반적인 스티로폼으로 (나)등급에 해당. 비드법 보온판 2종은 흑연을 포함하여 회색을 띄고 있는 (가)등급 단열재

4 건축물의 기밀성능 관련 용어 및 정의에 관한 다음 설명 중 잘못된 것은?

① 기밀성능(airtightness)이란 건물의 외피전체 또는 외피를 구성하는 재료나 자재의 공기유출입에 저항하는 정도로 기밀하게 시공된 수준을 의미한다.
② 기밀층(air barrier)이란 공기유출입에 저항하는 자재와 부품으로 구성되어 있으며, 조절하지 않는(비공조) 공간과 조절하는(공조) 공간을 분리한다.
③ 환기율(air change rate)이란 의도된 개구부나 장치를 통하여 외부공기가 실내공간에 유출입되는 공기량과 실체적에 대한 비율을 말하며 이것은 ACH(회, 1/h)로 표현한다.
④ 환기(ventilation)란 건물외피에서의 균열과 의도하지 않은 개구부를 통하여 외부공기가 안으로 들어오는 것을 말한다.

④ 침기(infiltration)에 대한 설명이다. 환기(ventilation)란 사용자의 의도로 인하여 자연적으로 또는 기계장치에 의해 외부공기가 실내로 공급되거나 제거되는 것을 말한다.

5 다음 중 기밀성능을 표현하는 방법이 아닌 것은?

① CMH　② ACH50
③ Air Permeability　④ ELA

CMH는 환기량의 단위로 시간당 환기량(m^3/h)를 의미. 기밀성능은 CMH_{50}으로 표현

해설 1. ④ 2. ④ 3. ④ 4. ④ 5. ①

6 다음 용어 중 기밀성능을 표현하는 방법이 아닌 것은?

① CMH_{50} ② ACH
③ Air Permeability ④ ELA

ACH는 환기량을 나타내는 용어. 기밀성능은 ACH_{50}을 사용

7 다음 중 건축물에너지절약기준에 따른 (가)등급의 단열재가 아닌 것은?

① 비드법 보온판 2종
② 글라스울 보온판 48K
③ 경질우레탄폼 보온판
④ 비드법 보온판 1종

④ 비드법 보온판 1종은 일반적인 스티로폴로 (나)등급에 해당.
비드법 보온판 2종은 흑연을 포함하여 회색을 띄고 있는 (가)등급 단열재.
글라스울 보온판의 경우, 밀도가 높은 48K, 64K, 80K, 96K, 120K는 (가)등급,
밀도가 낮은 24K, 32K, 40K는 (나)등급 단열재.

8 다음의 단열재 중 동일두께 기준으로 열저항이 가장 큰 재료는?

① 24K 유리섬유
② 비드법 보온판 2종
③ Closed Cell 페놀폼
④ 압출법 보온판 특호

① 24K 유리섬유는 "나" 등급 단열재로 열전도율 0.036W/mK 이상
② 비드법 보온판 2종은 "가" 등급 단열재로 열전도율 0.034W/mK 이하
③ Closed Cell 페놀폼은 열전도율 0.02W/mK전후이며, Open Cell 페놀폼은 0.035W/mK 이상
④ 압출법 보온판의 열전도율은 0.027W/m K전후

9 다음 중 건축물에너지절약기준에 따른 (가)등급의 단열재가 아닌 것은?

① 비드법 보온판 2종
② 글라스울 보온판 48K
③ 경질우레탄폼 보온판
④ 비드법 보온판 1종

④ 비드법 보온판 1종은 일반적인 스티로폴로 (나)등급에 해당.
비드법 보온판 2종은 흑연을 포함하여 회색을 띄고 있는 (가)등급 단열재.
글라스울 보온판의 경우, 밀도가 높은 48K, 64K, 80K, 96K, 120K는 (가)등급,
밀도가 낮은 24K, 32K, 40K는 (나)등급 단열재.

10 다음 건축용 단열재 중 열전도율이 가장 높은 것은?

① 비드법 보온판 2종 1호
② 글라스울 보온판 48K
③ 경질우레탄폼 보온판
④ 비드법 보온판 1종 1호

① 비드법 보온판 2종 1호는 흑연을 포함하여 회색을 띄고 있는 (가)등급 단열재로 열전도율은 0.031W/mK 이하.
② 글라스울 보온판의 경우, 밀도가 높은 48K, 64K, 80K, 96K, 120K는 (가)등급 단열재로 열전도율은 0.034W/mK 이하.
③ 경질우레탄폼 보온판은 (가)등급 단열재로 종류에 따라 0.025W/mK 전후의 열전도율을 갖는다.
④ 비드법 보온판 1종 1호는 밀도 30kg/m³ 이상인 일반적인 스티로폴로 (나)등급에 해당되며 열전도율은 0.036W/mK 이하.

해설 6. ② 7. ④ 8. ③ 9. ④ 10. ④

11 **아파트의 발코니 공간을 활용한 열환경 계획에 관한 다음 설명 중 부적당한 것은?**

① 발코니 공간은 여름철에는 차양역할을, 겨울철에는 온실역할을 할 수 있도록 계획한다.

② 발코니 공간은 각 세대의 냉난방부하 저감에 상당한 기여를 할 수 있으므로 확장은 지양한다.

③ 인접세대가 확장하지 않은 경우 열교로 인한 열손실이 발생하므로, 추가적인 단열계획이 요구된다.

④ 확장할 경우에는 단열성능이 우수한 창호를 설치하여 확장부위의 벽체와 천정부분의 결로발생을 방지한다.

④ 확장 발코니의 천장과 벽체에는 반드시 추가단열을 해야 표면결로를 방지할 수 있다. 우수한 창호설치를 통해 창호에 발생하는 결로는 방지할 수 있으나 열교부위인 벽체와 천정부분은 반드시 추가단열을 통해 발코니 공간의 공기의 노점온도보다 높은 표면온도를 유지해야 한다.

해설 11. ④

제 4 장

건물의 냉·난방부하

건물의 냉·난방부하

1 냉·난방부하의 의미

1. 난방부하(Heating Load)

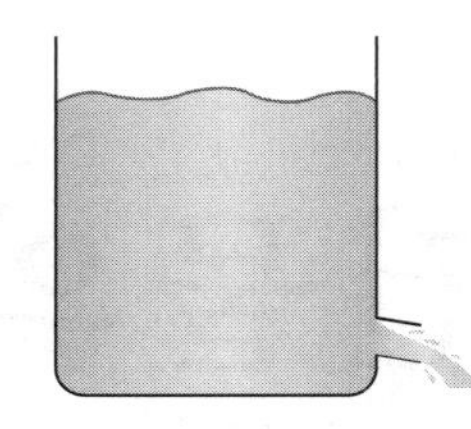

물이 담겨있는 용기에 구멍이 뚫려있다면 이 구멍을 통해 물이 새어 나올 것이다. 일정 수위를 유지하기 위해서는 구멍을 막든지 흘러나가는 양만큼을 보충해 주어야 한다.

건물에서 구멍을 막는 노력이 바로 단열과 기밀이다.

난방기간(Heating Season) 동안 건물로부터 흘러나가는 열량만큼을 난방을 통해 공급해주어야 하는데, 이 양이 난방 부하가 된다.

즉, 손실 열량 = 난방부하라 볼 수 있다.

■ 건물열손실
= 구조체를 통한 열손실
+ 환기에 의한 열손실

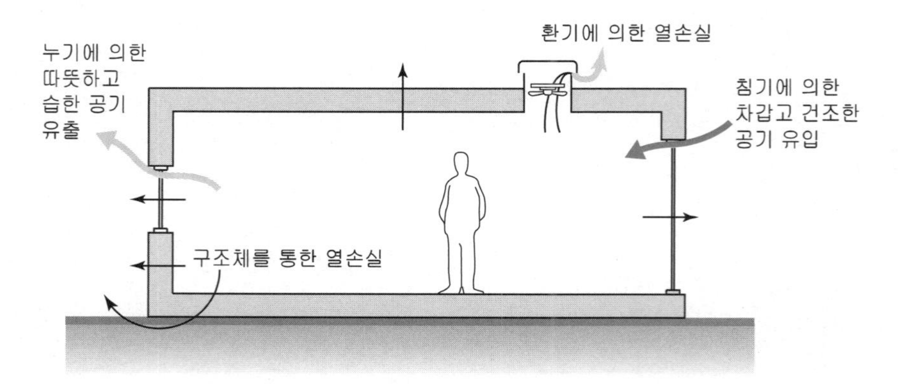

건물에서의 열손실

건물의 열손실(Heat Loss)은 벽체, 창, 지붕, 바닥 등의 건물외피(Building Envelopes) 구조체를 통한 관류열손실과 환기 및 침기에 의한 환기열손실의 합이다. 따라서 건물의 난방부하를 줄이기 위해서는 외피의 고단열, 고기밀 설계·시공이 요구된다.

2. 냉방부하(Cooling Load)

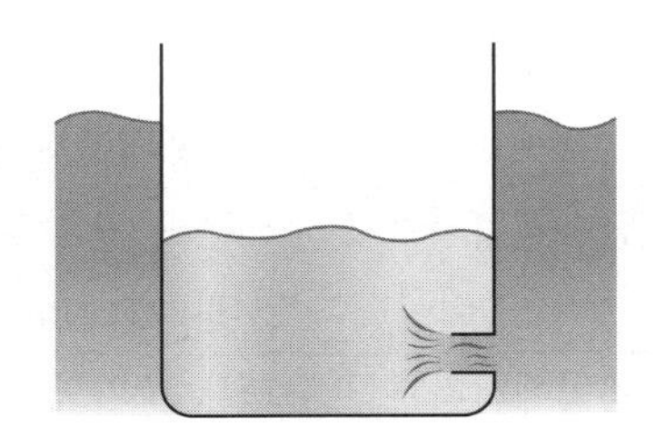

구멍 뚫린 용기가 높은 수위의 물 속에 잠겨있다면 이 구멍을 통해 용기 속으로 물이 흘러들어올 것이다.
일정 수위를 유지하기 위해서는 구멍을 막든지 흘러들어오는 양 만큼을 퍼내야 할 것이다.
냉방기간(Cooling Season) 동안 건물로 흘러들어오는 열량만큼을 제거해 주어야 하는데, 이 양이 냉방부하가 된다.
즉, 획득열량 = 냉방부하라 볼 수 있다.

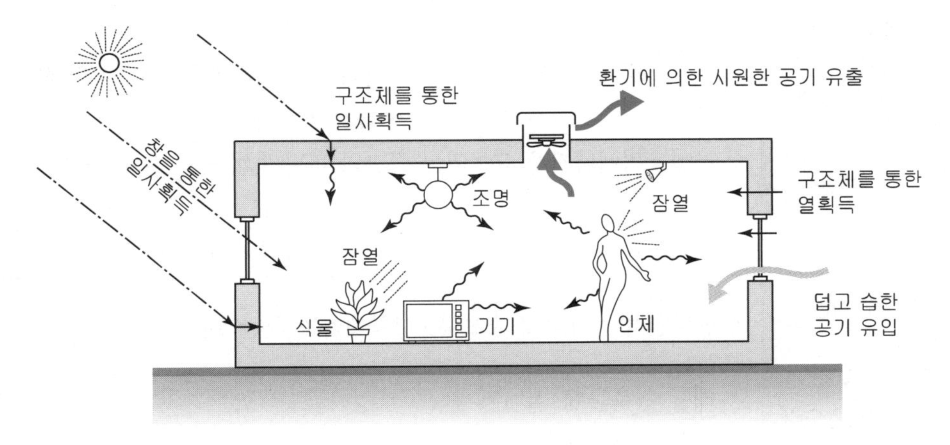

건물에서의 열획득

건물에서의 열획득(Heat Gain)은 건물외피를 통한 관류열획득과 환기에 의한 열획득, 그리고 난방부하에는 없었던 일사열획득, 내부발생열(인체, 조명, 기기장치)에 의해 이루어진다.
따라서 건물의 냉방부하를 줄이기 위해서는 외피의 고단열, 고기밀 설계와 함께 일사차단을 위한 식재 및 차양계획, 저발열 고효율 조명 및 기기장치 설치가 요구된다.

3. 건축물 에너지절약 설계기준상의 연간 1차 에너지 소요량 계산법

[별표10] 연간 1차 에너지 소요량 평가기준

단위면적당 에너지 요구량	$= \frac{\text{난방에너지 요구량}}{\text{난방에너지가 요구되는 공간의 바닥면적 또는 실내 연면적}} + \frac{\text{냉방에너지 요구량}}{\text{냉방에너지가 요구되는 공간의 바닥면적 또는 실내 연면적}} + \frac{\text{급탕에너지 요구량}}{\text{급탕에너지가 요구되는 공간의 바닥면적 또는 실내 연면적}} + \frac{\text{조명에너지 요구량}}{\text{조명에너지가 요구되는 공간의 바닥면적 또는 실내 연면적}}$
단위면적당 에너지 소요량	$= \frac{\text{난방에너지 소요량}}{\text{난방에너지가 요구되는 공간의 바닥면적 또는 실내 연면적}} + \frac{\text{냉방에너지 소요량}}{\text{냉방에너지가 요구되는 공간의 바닥면적 또는 실내 연면적}} + \frac{\text{급탕에너지 소요량}}{\text{급탕에너지가 요구되는 공간의 바닥면적 또는 실내 연면적}} + \frac{\text{조명에너지 소요량}}{\text{조명에너지가 요구되는 공간의 바닥면적 또는 실내 연면적}} + \frac{\text{환기에너지 소요량}}{\text{환기에너지가 요구되는 공간의 바닥면적 또는 실내 연면적}}$
단위면적당 1차 에너지 소요량	= 단위면적당 에너지 소요량 × 1차에너지 환산계수
※ 에너지 소요량	= 해당 건축물에 설치된 난방, 냉방, 급탕, 조명, 환기시스템에서 소요되는 에너지량
※ 실내 연면적	= 옥내 주차장시설 면적을 제외한 건축 연면적

(1) 에너지 요구량

특정조건(내/외부온도, 재실자, 조명기구)하에서 실내를 쾌적하게 유지하기 위해 건물이 요구하는 에너지량

① 건축조건만을 고려하며 설비 등의 기계 효율은 계산되지 않음

② 설비가 개입되기 전 건축 자체의 에너지 성능

③ 건축적 대안(Passive Design)을 통해 절감 가능

(2) 에너지 소요량

건물이 요구하는 에너지요구량을 공급하기 위해 설치된 시스템에서 소요되는 에너지량

① 시스템의 효율, 배관손실, 펌프 동력 계산(시스템에서의 손실)

② 설비적 대안(Active Design) 및 신재생에너지의 설치를 통해 절감 가능

(3) 1차 에너지 소요량

에너지 소요량에 연료를 채취, 가공, 운송, 변환 등 공급 과정 등의 손실을 포함한 에너지량으로 에너지 소요량에 사용연료별 환산계수를 곱하여 얻을 수 있음

① 1차 에너지 : 가공되지 않은 상태에서 공급되는 에너지, 화석연료의 양(석탄, 석유)

② 2차 에너지 : 1차 에너지를 변환 가공해서 얻은 전기, 가스 등(에너지 변환 손실 + 이동손실)

에너지 소요량 × 사용 연료별 환산계수

■ 사용 연료별 환산계수
연료 1.1, 전력 2.75, 지역난방 0.728, 지역냉방 0.937

예제문제 01

1시간 이하 시간간격의 동적건물에너지해석을 통한 에너지요구량 계산시 고려하지 않는 것은? 【16년 출제유형】

① 창호를 통한 일사열
② 공조기(AHU)의 팬 효율
③ 시간에 따른 재실자, 조명, 기기 등에 의한 현열 및 잠열
④ 자연환기 또는 침기에 의한 열손실 및 열획득

해설

② 에너지요구량은 건물자체의 에너지성능으로 공조기의 팬 효율은 에너지 소요량 계산 시 고려사항

답 : ②

실기 출제유형[15년] 

예제문제 02

다음 그림은 어느 사무소 건물의 연간 에너지 소비 특성을 일평균 외기온도와 에너지사용량의 관계로 나타낸 것이다. 다음 물음에 답하시오. (6점)

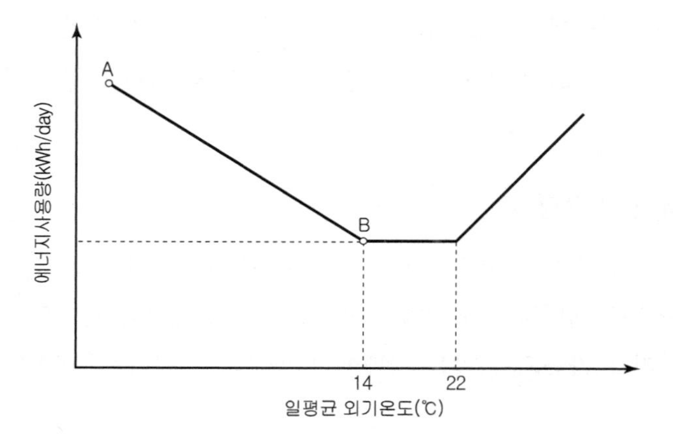

1. 점 B의 에너지사용량이 의미하는 것을 서술하시오. (2점)
2. 이 건물의 단열성능을 개선할 때, 점B와 선분AB의 변화 및 그 의미에 대하여 서술하시오. (4점)

해설

1. 난방이 중지되거나 개시되는 시점의 에너지 사용량으로 냉난방을 제외한 급탕, 조명, 환기 등에 의한 에너지 사용량
2. • 점B는 왼쪽으로 이동한다. 점B의 급탕, 조명, 환기 등에 의한 에너지 사용량은 단열성능에 영향을 받지 않지만, 단열성능향상에 따라 난방개시온도는 낮아진다.
   • AB선분의 기울기는 감소하며, 단열성능개선에 따라 난방부하 감소로 외기온이 낮아질수록 난방에너지 사용량이 줄어든다.

예제문제 03

 실기 출제유형 [21년]

다음 그림은 어느 사무소 건물의 연간 에너지소비 특성을 일평균 외기온도와 일별 에너지 사용량의 관계로 나타낸 것이다. ㉠점B, 점C, 점D의 변화 없이 점A를 아래 방향으로 이동시키고자 할 때 선택할 수 있는 설계기법을 서술하고, ㉡이 건물 창호의 단열성능을 강화 할 경우 점B의 주된 이동 방향을 화살표로 나타내시오.(6점)

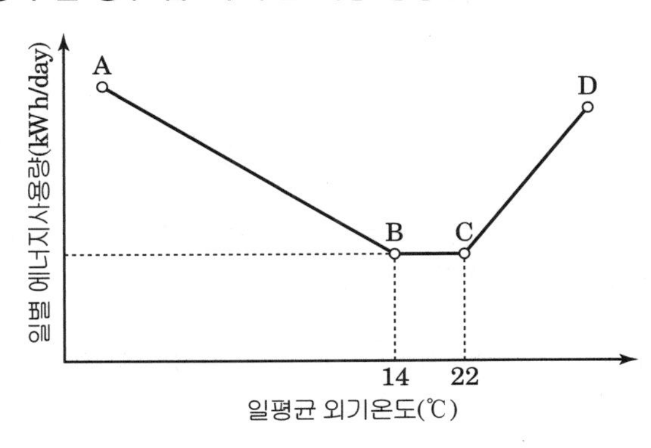

정답

㉠ 건물외피의 고단열, 고기밀, 창면적비 축소 등의 자연형 조절기법을 사용하면 난방개시온도인 점B가 왼쪽으로 이동하게 된다.
점B, 점C, 점D의 변화 없이 점A를 아래 방향으로 이동시키기 위해서는 자연형 조절이 아닌 설비형 조절이 요구된다.
따라서, 보일러의 효율향상, 난방순환용 펌프 동력저감 및 펌프·팬 등의 인버터 제어, 배관이나 덕트의 단열강화, 실내의 배관길이를 줄이는 조닝 등이 있다.

㉡

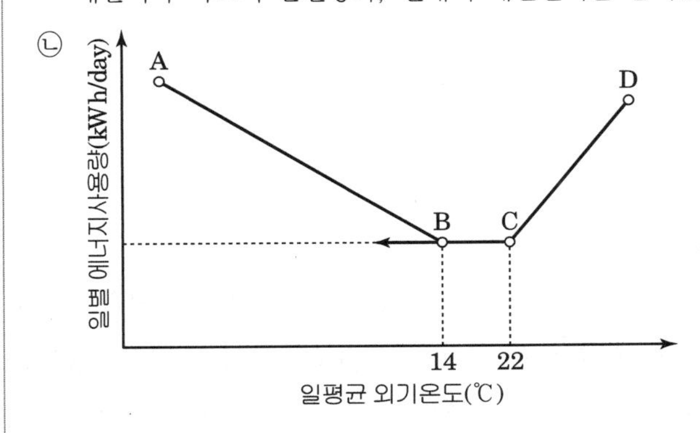

실기 출제유형 [21년]

예제문제 04

다음 용어의 정의를 관련 규정에 근거하여 서술하시오.(3점)

㉠ 에너지요구량
㉡ 에너지소요량
㉢ 1차에너지소요량

정답

㉠ 에너지 요구량 : 건축물의 냉방, 난방, 급탕, 조명 부문에서 표준 설정조건을 유지하기 위하여 해당 공간에서 필요로 하는 에너지량
㉡ 에너지 소요량 : 에너지요구량을 만족시키기 위하여 건축물의 냉방, 난방, 급탕, 조명, 환기 부문의 설비기기에 사용되는 에너지량
㉢ 1차에너지소요량 : 단위면적당 에너지소요량에 [별표3]의 1차에너지 환산계수와 [별표2]의 용도별 보정계수, 제7조의2에 따른 신기술을 반영하여 산출한 값

2 공기조화 부하계산

1. 공조부하의 종류

■ 공조부하
- 최대부하
  - 냉방부하
  - 난방부하
- 기간부하
  - 정적해석법
  - 동적해석법

실내의 온습도를 쾌적한 상태로 유지하기 위하여 공기조화기에서는 냉각, 가열, 감습, 가습을 하여야 하는데 이 때 필요한 열량을 공기조화부하라 한다. 공기조화부하에는 냉방부하와 난방부하가 모두 포함되며 1년 중 가장 큰 부하인 최대부하와 일정기간 또는 1년 동안의 부하를 누적한 기간부하(년간부하)로 구분된다. 흔히 부하라 하면 최대냉방부하, 최대난방부하 등의 최대부하를 말한다.

(1) 최대부하

냉동기, 보일러, 공조기, FAN, PUMP 등 냉난방 장비용량 산정을 목적으로 하며 건물 설비설계시 필수적으로 계산하여야 한다.

■ 현열 : 물질의 온도변화에 따른 출입열량
잠열 : 물질의 상태변화(습도변화)에 따른 출입열량

1) 냉방부하

냉방부하의 종류

부하의 종류		내용	현열(S) 잠열(L)	그림의 기호
실부하	외피부하	· 전열부하(온도차에 의하여 외벽, 천장, 바닥, 유리 등을 통한 관류 열량)	S	①~⑥
		· 일사에 의한 부하	S	⑦
		· 틈새바람에 의한 부하	S, L	⑧
	내부부하	· 실내 발생열 ─ 조명기구	S	⑨
		· 실내 발생열 ─ 인체	S, L	⑩
		· 실내 발생열 ─ 기타 열원기기	S, L	⑪~⑫
외기부하		· 환기부하(신선외기에 의한 부하)	S, L	⑬
장치부하		· 송풍기 부하	S	⑭
		· 덕트의 열획득	S	⑮
		· 재열부하	S	⑯
		· 혼합 손실(2중 덕트의 냉·온풍 혼합손실)	S	
열원부하		· 배관 열획득	S	⑰
		· 펌프에서의 열획득	S	⑱

■ 틈새바람, 환기를 위한 신선외기, 인체에 의한 부하 등은 실내 온도뿐만 아니라 습도에도 변화를 주므로 현열뿐만 아니라 잠열도 계산하여야 한다.

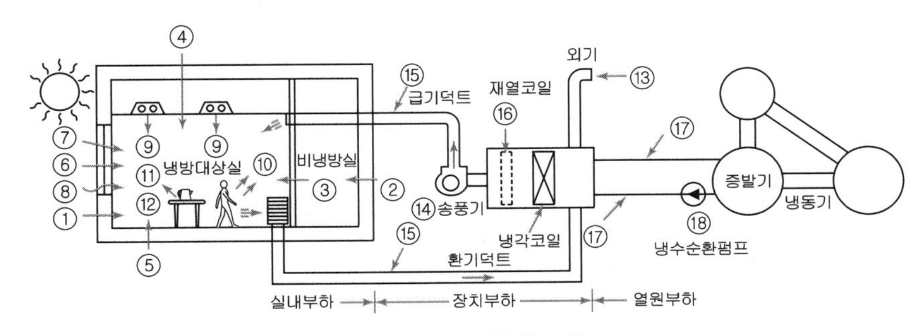

냉방부하의 발생요인

■ 난방도일(Heating Degree Days)
- 정의 : 난방도일은 어느 지방의 추위정도를 표시하는 지표로서 연료소비량을 추정하는데 편리하여 자주 이용되며, 난방기준온도(균형점온도)와 일평균기온과의 차의 합을 의미
- 계산방법 :
  HD = Σ(18℃-(일최고기온+일최저기온)/2)
  HDD = Σ{(18℃-(일최고기온+일최저기온)/2)×day}

■ 균형점온도(Balance Point Temperature)
- 정의 : 내부열 및 태양열 획득으로 인해 난방기간 동안 실외온도 보다 실내온도가 더 높게 된다. 따라서 건물외피나 환기를 통해 잃은 열량이 태양열이나 내부 발생열로 인해 얻은 열량과 같은 때에는 난방을 하지 않아도 된다. 건물에서의 열손실량과 열획득량이 균형을 이룰 때, 이때의 실외 온도를 "균형점 온도"라 하며, 이 균형점 온도는 난방개시 시점을 말해준다.
- 계산방법 :
  qi=BLC(Ti-Tb)로부터
  Tb = Ti-qi/BLC
  여기서, Tb : 균형점 온도(℃)
  Ti : 일평균 실내온도(℃)
  qi : 내부열 및 태양열 획득(W)
  BLC : 건물 총열손실률(W/℃)

■ BLC(Building Loss Coefficient)
- 정의 : 건물로부터의 총열손실률을 의미하는 것으로 단위온도차에 따른 구조체를 통한 열손실과 환기에 의한 열손실을 합한 개념
- 계산방법 :
  BLC = 외피손실률+환기손실률
  = ΣKA+0.34Q(W/℃)
  여기서,
  K : 구조체의 열관류율(W/m^2K)
  A : 구조체의 면적(m^2)
  0.34 : 공기의 용적비열(Wh/m^3K)
  Q : 환기량(m^3/h)

2) 난방부하

난방부하도 냉방부하와 같이 계산을 하나 유리창을 통한 일사의 취득, 인체나 기기의 발열은 실온을 상승시키는 요인으로 작용하기 때문에 안전율로 생각하고 일반적으로는 고려하지 않는다. 따라서 구조체(벽, 바닥, 지붕, 창, 문)를 통한 열손실과 환기를 통한 열손실의 합이 난방부하가 된다.

(2) 기간부하(년간부하)

일정기간 또는 1년 동안의 에너지 소비량 산출을 목적으로 한다.

1) 정적해석법

외기나 실내조건을 정상상태(steady state : 시간에 관계없이 온습도가 일정한 상태)로 보고 부하계산. 디그리데이법(난방, 수정, 가변, 확장 디그리데이법)과 BIN방식(BIN방식, 수정 BIN방식)이 있다.

2) 동적해석법

외기나 실내조건을 비정상상태(unsteady state : 시간에 따라 온습도가 계속 변하는 상태)로 보고 부하계산(정밀시뮬레이션), 기상데이터 및 계산량이 방대하여 컴퓨터의 사용이 필수적이다.

예제문제 05

다음 냉방부하 발생요인 중에서 잠열부하 요인이 아닌 것은? 【13년 2급 출제유형】

① 인체 ② 환기
③ 취사 ④ 조명

해설
④ 조명은 현열부하만 있다.

답 : ④

예제문제 06

다음 중 최대난방부하 계산시 반드시 고려하지 않아도 되는 것은? 【13년 1급 출제유형】

① 구조체 열관류
② 침기에 의한 열손실
③ 환기열손실
④ 일사

해설
④ 일사획득열은 냉방부하 계산시에만 고려한다.

답 : ④

예제문제 07

다음 도시의 동지날 외기온도가 아래 표와 같을 경우, 하루의 난방도일 값으로 가장 적합한 것은? (단, 균형점 온도는 15℃로 함) 【15년 출제유형】

구 분	최고 외기온도(℃)	최저 외기온도(℃)
서울	0	−14
홍콩	20	6

① 서울 18℃·day, 홍콩 0℃·day
② 서울 20℃·day, 홍콩 1℃·day
③ 서울 22℃·day, 홍콩 2℃·day
④ 서울 24℃·day, 홍콩 3℃·day

해설
서울 : 15−(−7)=22℃·day
홍콩 : 15−13=2℃·day

답 : ③

예제문제 08

난방도일에 대한 설명 중 가장 적절하지 않은 것은? 【16년 출제유형】

① 난방도일이 크다는 것은 기후가 춥다는 것과 난방을 위해 연료비가 많이 드는 것을 의미한다.
② 난방도일은 잠열을 고려하지 않기 때문에 외기의 습도와는 관계가 없다.
③ 난방도일은 지역 간의 난방투입열량을 비교하기 위한 목적으로 사용된다.
④ 난방도일은 외기온이 기준실온보다 높아지는 기간 중의 온도차 합으로 나타낸다.

해설
④ 높아지는 → 낮아지는

답 : ④

예제문제 09

A사무소 건물의 2014년 에너지진단 결과 건물외피의 열손실계수가 1,200W/℃이고 보일러의 효율이 70%였다. 아래와 같이 리모델링을 수행할 경우 예상되는 2015년 난방에너지 사용량으로 가장 적합한 것은? (단, 2015년 예상 난방도일은 3,700℃ · day)

【15년 출제유형】

- Case-1 : 건물외피 단열성능 20% 강화
- Case-2 : 효율 90% 보일러로 교체

① Case-1 : 7.6MWh, Case-2 : 4.9MWh
② Case-1 : 121.8MWh, Case-2 : 118.4MWh
③ Case-1 : 182.7MWh, Case-2 : 118.4MWh
④ Case-1 : 9.1MWh, Case-2 : 4.9MWh

해설

건물의 난방에너지 사용량은
난방부하(Wh) = 건물의 총 열손실계수(W/℃) * 난방도일(℃day) * 24h/day

난방부하를 해소하기 위해 보일러를 사용하는 경우에는 보일러의 효율에 따른 에너지사용량이 계산될 수 있다. 만일 난방부하가 80MWh이고, 보일러효율이 80%일 경우라면 실제 에너지 사용량은 100MWh가 필요하다.

단열성능이 20% 향상되면 건물의 열손실은 20% 감소하는 것으로 볼 수 있다.
따라서 구해진 난방에너지 사용량에 0.8을 곱하면 된다.

보일러효율 70% 상태에서 100MWh를 공급해야 한다면 실제에너지 사용량은
0.7:100=1:x라는 비례식으로 x를 구하면 된다.

CASE-1
1) 단열 20% 향상시의 연간 난방부하 :
1,200W/℃*0.8*3,700℃day*24h/day = 85,248,000Wh
2) 보일러 효율 70%로 난방부하 감당해야 함으로 실제에너지 사용량은 0.7:85,248,000 = 1:x
x = 121,782,857Wh
= 121.8MWh

CASE-2
1) 건물의 열손실계수와 난방도일에 따른 연간 난방부하:
1,200W/℃*3,700℃day*24h/day = 106,560,000Wh
2) 보일러 효율이 90%이므로 실제 에너지사용량은 0.9:106,560,000 = 1:x
x = 118,400,000Wh
= 118.4MWh

답 : ②

예제문제 10

건물에서 연중 열획득에만 관계되는 요소로 가장 적절하지 않은 것은? 【16년 출제유형】

① 복사기
② 고휘도방전램프(HID)
③ 그라스울 보온판
④ 재실자

해설
③ 내부발생열원에는 인체, 조명기구, 기기장치가 있다.

답 : ③

예제문제 11

건축물의 냉방부하에 영향을 미치는 요소를 보기에서 모두 고른 것으로 가장 적절한 것은? 【20년 출제유형】

〈보 기〉

㉠ 외벽의 열관류율
㉡ 조명밀도
㉢ 실내 수증기 발생량
㉣ 재실자의 수
㉤ 실내 미세먼지 발생량

① ㉠, ㉡
② ㉠, ㉡, ㉢
③ ㉠, ㉡, ㉢, ㉣
④ ㉠, ㉡, ㉢, ㉣, ㉤

해설
㉤ 실내 미세먼지 발생량은 직접 냉방부하에 영향을 미치지는 않는다. 환기량은 냉방부하 영향요소이다.

답 : ③

2. 부하계산의 설계조건

(1) 실내조건

부하계산에 있어서 실내 온습도는 매우 중요한 설계조건의 하나이다. 실의 사용목적에 따라 그 조건이 각기 다르며, 또한 사람의 경우에 있어서도 쾌적온도 범위가 서로 다르나 우리나라의 경우 에너지 절약을 목적으로 냉방온도 26℃ 이상, 난방온도 18℃ 이하로 하도록 규제하고 있다.

[별표8] 냉·난방설비의 용량계산을 위한 실내 온·습도 기준(2013.10.1 시행)

구분 / 용도	난방	냉방	
	건구온도(℃)	건구온도(℃)	상대습도(%)
공동주택	20~22	26~28	50~60
학교(교실)	20~22	26~28	50~60
병원(병실)	21~23	26~28	50~60
관람집회시설(객석)	20~22	26~28	50~60
숙박시설(객실)	20~24	26~28	50~60
판매시설	18~21	26~28	50~60
사무소	20~23	26~28	50~60
목욕장	26~29	26~29	50~75
수영장	27~30	27~30	50~70

중앙관리 방식의 공기조화설비의 기준

구 분	기준치
부유 분진량	공기 $1m^3$ 당 0.15mg 이하
CO 함유율	10ppm 이하
CO_2 함유율	1,000ppm 이하
온도	17℃ 이상 28℃ 이하
상대습도	40% 이상 70% 이하
기류	0.5m/s 이하

(2) 외기조건

최대냉방부하는 가장 불리한 상태일 때의 조건으로 구한 부하로 이는 냉방장치용량을 결정하는데 도움을 주나, 부하가 최대일 때를 위한 장치용량이므로 매우 비경제적이 되기 쉽다. 그래서 ASHRAE의 TAC(technical advisory committee)에서 위험률 2.5~10%의 범위 내에서 설계조건을 삼을 것을 추천하고 있다. 위험률 2.5%의 의미는 예를 들어 어느 지역의 냉방 기간이 3000시간이라면 이 기간 중 2.5%에 해당하는 75시간은 냉방설계 외기조건을 초과한다는 것을 의미한다. 아래 표는 우리나라의 주요 도시의 TAC 2.5%로 계산한 설계용 외기조건을 나타낸 것이다.

[별표7] 냉·난방설비의 용량계산을 위한 설계 외기온·습도 기준(2013.10.1 시행)

구분 / 도시명	냉방		난방	
	건구온도(℃)	습구온도(℃)	건구온도(℃)	상대습도(℃)
서 울	31.2	25.5	−11.3	63
인 천	30.1	25.0	−10.4	58
수 원	31.2	25.5	−12.4	70
춘 천	31.6	25.2	−14.7	77
강 릉	31.6	25.1	−7.9	42
대 전	32.3	25.5	−10.3	71
청 주	32.5	25.8	−12.1	76
전 주	32.4	25.8	−8.7	72
서 산	31.1	25.8	−9.6	78
광 주	31.8	26.0	−6.6	70
대 구	33.3	25.8	−7.6	61
부 산	30.7	26.2	−5.3	46
진 주	31.6	26.3	−8.4	76
울 산	32.2	26.8	−7.0	70
포 항	32.5	26.0	−6.4	41
목 포	31.1	26.3	−4.7	75
제 주	30.9	26.3	0.1	70

■ 유리를 통한 냉방부하 계산시에는 온도차에 의한 관류열 뿐만 아니라 태양 복사열(일사열) 획득도 고려하여야 한다.

3. 부하계산식

(1) 냉방부하 계산식

1) 유리창을 통한 일사 열부하 : q_G (kcal/h, W)

$$q_G = I \cdot SC \cdot A$$

여기에서 I : 일사량 (kcal/m²·h, W/m²)

SC : 차폐계수(보통유리 – 1.0, 중간색 블라인드 설치 – 0.75 밝은 색 블라인드 설치 – 0.65, 반사유리(복층) – 0.5 정도)

A : 유리창 면적(m²)

2) 구조체(벽, 바닥, 지붕, 유리)를 통한 관류열부하 : q_c (kcal/h, W)

① 일사의 영향을 무시할 때(그늘 부분)

$$q_c = K \cdot A \cdot (t_0 - t_r)$$

② 일사의 영향을 고려할 때

$$q_c = K \cdot A \cdot \Delta t_e$$

여기에서 K : 벽체의 열관류율(kcal/m²·h·℃, W/m²·K)

A : 벽체면적(m²)

Δt_e : 상당외기 온도차 $=(t_e - t_r)$

t_e : 상당외기온도(℃)

t_r : 실내온도(℃)

■ 상당외기온도 (Sol-Air Temperature)

외벽에 일사를 받으면 복사열에 의해서 외표면온도가 상승한다. 이 상승되는 온도와 외기온도를 고려한 것이 상당외기온도이다.

$$t_{sol} = \frac{\alpha}{\alpha_o} I + t_o$$

여기서

t_{sol} : 상당외기온도(℃)

α : 일사 흡수율

α_o : 표면열전달율 (kcal/m²·h·℃, W/m²·K)

I : 일사량 (kcal/m²·h, W/m²)

t_o : 외기온도(℃)

3) 틈새바람에 의한 외기부하 : q_{IS}, q_{IL}(kcal/h, W)

$$q_{IS}(\text{현열}) = 0.29\,Q\,(t_o - t_r)\,(\text{kcal/h}) = 0.34\,Q\,(t_o - t_r)\,(\text{W})$$

$$q_{IL}(\text{잠열}) = 717\,Q\,(x_o - x_r)\,(\text{kcal/h}) = 834\,Q\,(x_o - x_r)\,(\text{W})$$

x_o : 외기의 절대습도 (kg/kg')

x_r : 실내의 절대습도 (kg/kg')

Q : 틈새바람량 (m³/h) – 환기회수법, 창문면적법, 틈새길이법 등으로 계산한다.

4) 실내발생열 부하

① 인체에 의한 발생열 q_{HS}, q_{HL}(kcal/h, W)

$$q_{HS}(\text{현열}) = n \cdot h_S \qquad q_{HL}(\text{잠열}) = n \cdot h_L$$

여기에서		예) 사무소	식당	볼링장
n : 재실자수(인)				
h_S : 인체발생현열량(kcal/인·h)	–	49	56	121
h_L : 인체발생잠열량(kcal/인·h)	–	53	69	244

② 조명에 의한 발생열 q_L, q_F(kcal/h, W)

$$q_L(\text{백열전등}) = 0.86 \times W(kcal/h) = W(W)$$

$$q_F(\text{형광등}) = 0.86 \times 1.25 \times W(kcal/h) = 1.25 \times W(W)$$

여기에서 W : 소비전력(W)

③ 기기로부터의 발생열 – 전동기, 가스스토브, 커피포트

■ 틈새바람에 의한 환기량 계산

① 환기회수법

$Q = n \cdot V$

n : 환기회수(회/h)

V : 실의 체적(m³/회)

② 창문면적법

$Q = B \cdot A$

B : 창문 1m²당의 풍량 (m³/m²·h)

A : 창문면적(m²)

③ 틈새길이법

$Q = C \cdot L$

C : 틈새길이 1m당의 풍량 (m³/m·h)

L : 틈새의 길이(m)

■ 힘든 일을 할수록 현열 및 잠열 발생 모두가 증가하나 잠열 발생의 증가가 더 크다.

(2) 난방부하 계산식

실내의 온도를 일정하게 유지하기 위하여 손실되는 만큼의 열량을 계속 공급하여야 하는데 그 공급열량을 난방부하 (H_L : Heating Load)라 한다.

1) 벽, 바닥, 천정, 유리, 문 등 구조체를 통한 손실열량 H_C(kcal/h, W)

$$H_C = K \cdot A \cdot \Delta t (kcal/h, W)$$

K : 열관류율(kcal/m²·h·℃, W/m²·K))

A : 구조체 면적(m²)

Δt : 실내외 온도차(℃)

이 때 외벽 및 유리에 대해서는 방위에 따른 안전율의 개념으로서 방위계수를 곱해 주기도 한다. (남측 : 1.0, 동측, 서측 : 1.1, 북측 : 1.2)

■ 열관류율이 0.44kcal/m²h℃인 동향 벽체의 크기가 3m×6m, 실내온도가 20℃, 실외온도가 −10℃일 때의 손실열량을 계산하라.

H_C = 방위계수·K·A·Δt
= 1.1×0.44×18×30
= 261.36kcal/h

2) 환기(틈새바람)에 의한 손실열량 H_i(kcal/h, W)

■ 환기횟수가 1회/h인 8m×10m×3m인 강의실의 틈새바람에 의한 손실열량을 계산하라. 단, 실내 온도는 20℃, 실외 온도는 −10℃이다.

$H = 0.29 \cdot n \cdot V \cdot \Delta t$
$= 0.29 \times 1 \times (8 \times 10 \times 3) \times 30$
$= 2,088$kcal/h

$$H_i = 0.29 \cdot Q \cdot \Delta t = 0.29 \cdot n \cdot V \cdot \Delta t (\text{kcal/h})$$
$$= 0.34 \cdot Q \cdot \Delta t = 0.34 \cdot n \cdot V \cdot \Delta t (\text{W})$$

0.29 : 공기의 용적비열(0.29kcal/m³·℃)
0.34 : 공기의 용적비열(0.34W·h/m³·K)
Q : 환기량 (m³/h)
n : 환기회수 (회/h)
V : 실의 체적 (m³/회)
Δt : 실내외 온도차(℃)

3) 어떤 실의 총손실 열량(Heat loss)

$$1) + 2) = H_C + H_i (\text{kcal/h, W})$$

유리를 통한 태양복사열, 인체나 조명기구, 기기 등으로부터 열획득이 있으나 이는 난방에 유리하게 작용하기 때문에 난방부하 계산시 일반적으로 고려하지 않는다. 그러므로 어떤 실의 난방부하는 결국 손실열량과 같게 된다.

예제문제 12

열관류율 0.260W/m²·K, 외표면 열전달률 20W/m²·K, 일사흡수율 0.6인 면적 2m²의 외벽에서 외기온도 30℃, 실내온도 26℃, 외벽면 전일사량 300W/m²인 경우 상당외기온도차에 의한 총관류열량(W)은 얼마인가? 【16년 출제유형】

① 2.08　② 3.38
③ 6.76　④ 20.28

해설

$te = \frac{\alpha}{\alpha_0} \times I + t_0 = \frac{0.6}{20} \times 300 + 30 = 39$　$H = K \times A \times \Delta te = 0.260 \times 2 \times (39 - 26) = 6.76$

답 : ③

예제문제 13

다음과 같이 직달일사가 도달하고 있는 건물 벽체 부위에 대하여 단위면적당 상당외기온도차에 의한 관류열량을 구한 것으로 가장 적절한 것은? (단, 일사량은 직달일사 성분만 고려) 【21년 출제유형】

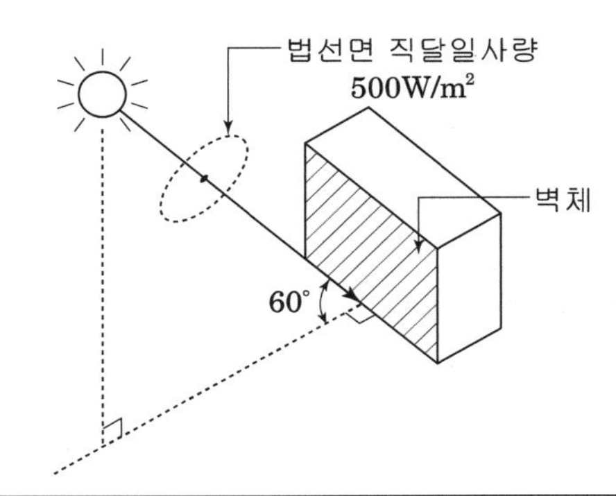

〈조건〉

- 외기온도 : 28℃
- 실내온도 : 24℃
- 벽체의 열관류율 : 0.2W/m²· K
- 벽체의 외표면 열전달저항 : 0.05m²· K/W
- 벽체의 일사흡수율 : 0.6

① 2.30W/m² ② 3.40W/m²
③ 3.80W/m² ④ 6.00W/m²

해설

1. 벽면일사량 : $500 \times \cos 60° = 250(W/m^2)$

2. 상당외기온도 : $T_e = \dfrac{\alpha}{\alpha_o} \times I + t_o$

$$= \frac{0.6}{2.0} \times 250 + 28$$

$$= 35.5(℃)$$

3. 열관류열량 $Q = K \cdot A \cdot \Delta T_e (W)$

단위면적당 열관류 :

$= 0.2W/m^2 \cdot K \times (T_e - T_i)K$

$= 0.2 \times (35.5 - 24)$

$= 2.3(W/m^2)$

답 : ①

예제문제 14

건물의 최대 난방부하 계산과 가장 거리가 먼 요소는? 【16년 출제유형】

① 유리의 태양열취득률(SHGC)
② 단열재의 종류와 두께
③ 건물의 기밀도
④ 환기량

해설
① SHGC는 최대냉방부하 계산에 사용된다.

답 : ①

예제문제 15

다음 중 최대 냉 · 난방부하 계산시 부하요인 - 부하종류 - 부하구분 연결이 틀린 것은? 【17년 출제유형】

① 침기 - 현열, 잠열 - 냉방, 난방
② 조명 - 현열 - 냉방
③ 인체 - 현열, 잠열 - 냉방, 난방
④ 환기 - 현열, 잠열 - 냉방, 난방

해설
③ 인체 발생열은 냉방부하만 계산

답 : ③

예제문제 16

냉방부하 계산시, 일사유입에 의한 획득열량 산출에 필요 없는 것은? 【17년 출제유형】

① 유리의 차폐계수
② 유리창 면적
③ 실내외 온도차
④ 일사량

해설
$q_G = I \cdot SC \cdot A$

답 : ③

예제문제 17

다음과 같은 조건에서 외벽의 열관류율과 상당외기온도차를 이용하여 계산한 총 열류량이 21W 일 때, 이 벽체의 열관류율은? 【18년 출제유형】

- 외기온도 = 32 ℃
- 실내온도 = 26 ℃
- 실외표면열전달저항 = 0.05 ㎡·K/W
- 외벽면에 입사하는 전일사량 = 320 W/㎡
- 외벽의 일사흡수율 = 0.5
- 외벽 면적 = 5 ㎡

* 문제에서 제시한 이외의 조건은 무시한다.

① 0.20 W/㎡·K
② 0.25 W/㎡·K
③ 0.30 W/㎡·K
④ 0.35 W/㎡·K

해설

$21W = K \times 5m^2 \times (te - 26℃)$

$te = \frac{0.5}{20} \times 320 + 32 = 40℃$

$K = 0.30W/m^2{\cdot}K$

답 : ③

예제문제 18

외기온도가 35℃ 일 때, 표면열전달계수가 20W/m²K, 일사흡수율이 0.4, 상당외기온도가 45℃인 수직 불투명 벽체와 같은 면에 있는 유리를 통해 획득되는 일사부하가 250W/m² 일 때, 이 유리의 SHGC는? 【22년 출제유형】

① 0.4
② 0.5
③ 0.6
④ 0.7

해설

1. $t_e = \frac{\alpha}{\alpha_o} \cdot I + t_o$

$45 = \frac{0.4}{20} \times I + 35$

$I = 500(W/m^2)$

2. $SHGC = \frac{250}{500} = 0.5$

답 : ②

예제문제 19

실내 온도와 절대습도는 22℃, 0.009kg/kg′ 이고, 외기 온도와 절대습도는 2℃, 0.002kg/kg′ 이다. 침기량이 30m³ /h일 때, 침기에 따른 현열부하와 잠열부하의 합은? (단, 공기의 밀도, 정압비열, 증발 잠열은 각각 1.2kg/m³ , 1.0kJ/kg·℃, 2,500kJ/kg 이다.) 【19년 출제유형】

① 350W ② 375W

③ 400W ④ 425W

해설

① 1W = 1J/s = 3.6kJ/h

$1\text{kJ/h} = \frac{1}{3.6}\text{W}$

② 헌열부하

$1.2\text{kg/m}^3 \times 1.0\text{kJ/kg}\cdot℃ = 1.2\text{kJ/m}^3\cdot℃$

$1.2\text{kJ/m}^3\cdot℃ \times 30\text{m}^3/\text{h} \times 20℃ = 720\text{kJ/h} = 200\text{W}$

③ 잠열부하

$1.2\text{kg/m}^3 \times 2{,}500\text{kJ/kg} = 3{,}000\text{kJ/m}^3$

$3{,}000\text{kJ/m}^3 \times 30\text{m}^3/\text{h} \times 0.007 = 630\text{kJ/h} = 175\text{W}$

④ 총부하

$200\text{W} + 175\text{W} = 375\text{W}$

답 : ②

예제문제 20

다음 조건에서 침기에 따른 현열부하와 잠열부하의 합은? 【22년 출제유형】

〈조건〉

- 실내 온도 : 20℃
- 실내 절대습도 : 0.009kg/kg′
- 외기 온도 : 2℃
- 외기 절대습도 : 0.003kg/kg′
- 침기량 : $26\text{m}^3\text{h}$
- 공기의 밀도 : 1.2kg/m^3
- 공기의 정압비열 : 1.0kJ/kg · K
- 공기의 증발잠열 : 2,500kJ/kg

① 169W ② 220W

③ 286W ④ 1,456W

해설

1. $H_S = 0.34 \cdot Q \cdot \Delta T(W) = 0.34 \times 26 \times 18 = 159(W)$
2. $H_L = 834 \cdot Q \cdot \Delta x(W) = 834 \times 26 \times 0.006 = 130(W)$
3. $H_S + H_L = 289(W)$

답 : ③

04 종합예제문제

1 다음 중 건축물 에너지절약 설계기준 상의 연간 1차 에너지 소요량 계산에 필요한 사항이 아닌 것은?

① 난방에너지 소요량　② 냉방에너지 소요량
③ 조명에너지 소요량　④ 전열에너지 소요량

> ④ 열(콘센트 부하)은 포함되지 않는다.
> 단위면적당 난방, 냉방, 급탕, 조명, 환기시스템에서 소요되는 에너지량에 1차 에너지 환산계수를 곱하여 단위면적당 1차 에너지 소요량을 구한다.

2 다음 중 단위 면적당 1차 에너지 소요량 산정에 필요한 1차 에너지 환산계수가 잘못된 것은?

① 가스 : 1.1　② 전력 : 2.75
③ 지역난방 : 0.728　④ 지역냉방 : 1.937

> 지역냉방 0.937이다.

3 사무실의 설계용 실내 온·습도조건으로 가장 적당한 것은 어느 것인가?

① 겨울·여름 관계없이 실온 20℃, 습도 55%로 한다.
② 겨울에는 실온 26℃, 습도 40%로 한다.
③ 겨울에는 실온 15℃, 습도 50%로 한다.
④ 여름에는 실온 26℃, 습도 50%로 한다.

> **서울의 설계 외기온도**
> • 냉방기 : 31.2
> • 난방기 : −11.3
> **설계 실내온·습도**
> • 냉방기 : 26℃, 50%
> • 난방기 : 20℃, 50%

4 공기조화설계시 실부하에 해당되지 않는 것은?

① 태양 복사열
② 틈새 바람에 의한 열
③ 송풍기의 동력열
④ 실내 발생열

> 송풍기 부하는 장치부하이다.

5 실내의 냉방부하가 29,000kcal/h이고, 실내기온을 25℃로 유지하고자 한다. 송풍 온도차가 10℃(즉, 송풍공기의 온도는 15℃)일 때 요구되는 송풍공기량으로 가장 적당한 것은?(단, 공기의 정압비열은 0.29kcal/m³·℃임)

① 1,000 m³/h　② 2,500 m³/h
③ 5,000 m³/h　④ 10,000 m³/h

> **환기에 의한 열손실량 계산식**
> $H_i = 0.29 \cdot Q \cdot \Delta T$로부터 냉방에 필요한 송풍공기량을 구할 수 있다.
> 즉, 29,000kcal/h = 0.29kcal/m³·℃ × Q × 10℃ 에서 Q가 송풍공기량이다.

6 다음 냉방부하 중 현열과 잠열부하가 동시에 발생하는 부하가 아닌 것은?

① 일사에 의한 부하　② 틈새바람에 의한 부하
③ 인체발생열　④ 실내기기

> 일사부하는 현열부하만 있다.

해설 1. ④　2. ④　3. ④　4. ③　5. ④　6. ①

7 건물의 부하계산에 대한 설명으로 가장 부적당한 것은?

① 일반적으로 위험률 2.5%를 고려하여 설계외 기온으로 설정한다.
② 최대난방부하를 계산할 때 일사획득과 내부발생열은 제외한다.
③ 최대냉방부하를 계산할 때 시스템의 과도한 용량산정을 방지하려면 구조체의 열적지연효과를 고려해야 한다.
④ 냉방부하를 계산할 때 일사획득은 매우 가변적이므로 계산과정에서 제외한다.

난방부하 계산시에는 일사획득과 내부발생열은 제외하지만, 냉방부하에서는 반드시 고려해야 한다.

8 다음 중 최대난방부하 계산시 필요한 내용이 아닌 것은?

① 구조체 열관류율
② 환기량
③ 실내외 공기온도
④ 상당외기온도

④ 상단외기온도는 냉방부하 계산시에만 필요하다.

9 외기온도가 35℃, 일사량이 500 W/m², 표면열전달계수가 20 W/m²℃, 일사흡수율이 0.4일 때 상당외기온도는 얼마인가?

① 30℃
② 35℃
③ 40℃
④ 45℃

$$T(sol) = T_O + \frac{\text{흡수율*일사량}}{\text{외표면열전달계수}}$$

T(sol)=35+(0.4*500)/20=45℃

10 실내의 냉방부하가 34,000W이고, 실내기온을 25℃로 유지하고자 한다. 송풍 온도차가 10℃(즉, 송풍공기의 온도는 15℃)일 때 요구되는 송풍공기량으로 가장 적당한 것은?(단, 공기의 정적비열은 0.34Wh/m³·K 임)

① 1,000 m³ /h ② 2,500 m³ /h
③ 5,000 m³ /h ④ 10,000 m³ /h

환기에 의한 열손실량 계산식
$H_i = 0.34 \cdot Q \cdot \Delta T$로부터 냉방에 필요한 송풍공기량을 구할 수 있다.
즉, $34,000W = 0.34Wh/m^3K \times Q \times 10K$에서 Q가 송풍공기량이다.

11 환기회수가 2회/h, 실의 체적 1,000m³인 경우 환기에 의한 현열부하는?(단, 실내외 공기온도차는 24℃이다)

① 16,320[W] ② 26,680[W]
③ 32,320[W] ④ 59,320[W]

① 환기량 $Q = nV = 2 \times 1,000 = 2,000m^3/h$
② 현열부하 = 0.34W·h/m³·K×2,000m³/h×24K
= $0.34 \cdot Q \cdot \Delta T$(W)
= 16,320W

해설 7. ④ 8. ④ 9. ④ 10. ④ 11. ①

제 5 장

습기와 결로

습기와 결로

1 습기

■ 우리의 생활 주변에 있는 공기의 성분은 체적비율로서 질소(N_2) 78%, 산소(O_2) 21%, 아르곤(Ar) 0.93%, 탄산가스(CO_2) 0.03% 정도와 약 1% 수증기가 포함되어 있다.
여기서, 수증기 이외의 성분은 지구상에서 거의 일정한 양을 유지하나, 수증기는 기후에 따라 변화가 심하다.
여름철이 겨울철보다 수증기 함유량이 많고, 비오는 날은 특히 많다. 공기중의 수증기 함유량은 공기의 온도에 따라 달라지며, 최대 함유량 이상의 수증기가 공기중에 있으면 여분의 수증기는 작은 물방울이 된다.

습기란 공기 속 또는 재료 속에 기체 또는 액체의 형태로 존재하는 수분을 말한다. 습기의 함유상태에 따라 공기는 다음과 같이 분류된다.

- 건조공기(Dry Air) : 수증기를 전혀 함유하지 않은 공기
- 습 공기(Moist Air) : 수증기를 함유한 통상의 공기
- 포화공기(Saturated Air) : 공기속의 수분이 수증기의 형태로만 존재할 수 없는 상태의 공기로서 냉각하면 수증기가 물방울로 맺힘(김, 안개 → 비)

우리가 접하는 모든 공기는 습공기이며 눈에 보이지 않는 수증기를 체적비율 기준으로 약 1% 정도 포함하고 있다.
습공기의 조성은 그림과 같이 1kg에 x[kg]의 수증기를 혼합하여 같은 체적 V[m^3]의 습공기를 만들었다면 습공기의 중량은 (1+x)[kg]이 되며 압력 P[kPa]는 (Pa+Pv)[kPa]가 된다.
즉, 동일체적의 건공기와 수증기를 혼합하면 동일체적의 습공기가 되는데 이때 습공기의 압력은 건공기의 압력과 수증기 압력의 합과 같으며, 또 습공기의 중량도 건공기의 중량과 수증기 중량의 합과 같다.

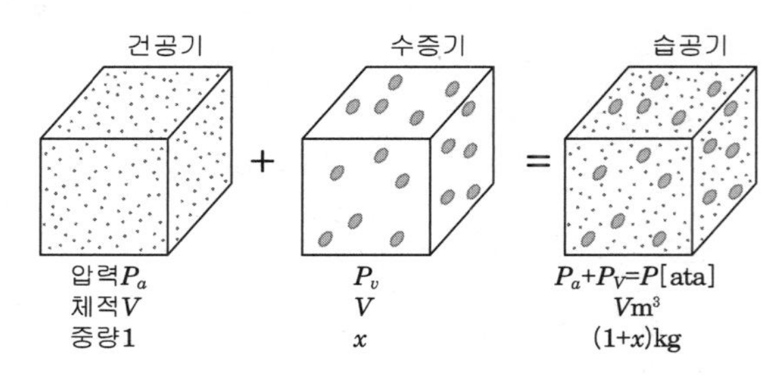

습공기의 조성

1. 건구온도, 습구온도, 노점온도

(1) 건구온도(DBT, Dry Bulb Temperature)

보통온도계로 측정한 온도

(2) 습구온도(WBT, Wet Bulb Temperature)

건구온도계 감지부에 젖은 천을 감은 다음 3m/sec 이상의 바람을 불면 젖은 천에 있던 수분이 증발하면서 감지부의 온도를 떨어뜨려, 즉 습구강하를 일으켜 건구온도보다 낮은 온도가 나타나는데, 이를 습구온도라 한다.

(3) 노점온도(DPT, Dew Point Temperature)

습공기의 온도를 내리면 상대습도가 차츰 높아지다가 포화상태에 이르게 되는데, 습공기가 포화상태일 때의 온도 즉, 공기속의 수분이 수증기의 형태로만 존재할 수 없어 이슬로 맺히는 온도

공기온도 20℃의 상대습도별 노점온도 T_C

상대습도(%)	노점온도(℃)	상대습도(%)	노점온도(℃)
10	−11.18	60	12.01
20	−3.21	70	14.37
30	1.92	80	16.45
40	6.01	90	18.31
50	9.27	100	20.00

2. 절대습도, 상대습도, 수증기분압

(1) 절대습도(Absolute Humidity)

건조공기 1kg을 포함하는 습공기 중의 수증기 중량으로 냉각하거나 가열하여도 변하지 않는다. (단위: kg/kg′, kg/kg[DA])

(2) 상대습도(Relative Humidity)

■ 우리의 일상생활에서 주로 사용되는 습도는 상대습도(RH)로 상대습도가 50%일 때 가장 쾌적하다고 한다. 상대습도 50%의 의미는 어떤 온도에서 공기가 최대한 담을 수 있는 수증기량(포화수증기량)이 100일 경우 현재 그 공기가 담고 있는 수증기량이 50임을 의미한다.
상대습도 50%의 공기는 주위 습도를 조절하는 기능이 있다. 즉, 주위물체가 건조하면 보습을, 습하면 제습한다.

어떤 온도에서의 습공기의 수증기압을 그 온도에서의 포화수증기압으로 나누어 100을 곱한 것으로 공기를 가열하면 포화수증기압이 증가되어 상대습도는 낮아지고, 냉각하면 포화수증기압이 낮아져 상대습도는 높아진다. (단위 : %)

$$상대습도(RH,\ \%) = \frac{어떤\ 온도에서의\ 현재\ 수증기압}{그\ 온도에서의\ 포화수증기압} \times 100(\%)$$

(3) 수증기 분압(Vapor Pressure)

습공기는 건조공기와 수증기로 이루어져 있으며, 습공기의 압력은 건공기압력과 수증기 압력의 합계인데, 수증기가 차지하는 부분압력을 수증기분압이라 한다. 수증기분압은 수증기 중량에 비례한다. (단위 : mmHg, Pa)

예제문제 01

다음 중 습도의 표시 방법이 아닌 것은?

① 절대습도　　② 노점온도
③ 수증기분압　　④ 엔탈피

답 : ④

3. 엔탈피, 현열비

(1) 엔탈피(Enthalpy)

건조공기 1kg을 포함하는 습공기가 지니고 있는 현열과 잠열의 합으로, 건조공기 0℃의 엔탈피를 0으로 보고 구한 값

$$엔탈피(i) = 0.24t + x(0.441t + 597)\ kcal/kg[DA]$$

t : 건구온도, x : 절대습도(kg/kg[DA])

(2) 현열비(SHF, Sensible Heat Factor)

현열과 잠열의 합인 전열량에 대한 현열의 비율

$$SHF = \frac{현열량}{현열량 + 잠열량}$$

(3) 현열, 잠열

에너지는 크게 2가지 일을 할 수 있는데, 물질의 온도를 올릴 수도 있고 상태를 변화시킬 수도 있다. 즉, 얼음에 열을 가하면 얼음의 온도가 올라가다가 물로 바뀌게 되는데, 얼음에서 물로 바뀌는 동안에는 에너지는 계속 공급되지만 온도변화가 없다. 이와 같이 온도변화없이 상태를 변화시키는데 사용된 열을 잠열이라 한다. 그리고 얼음이나 물, 증기 등의 온도를 변화시키는데 사용된 열을 온도계에 나타나는 열이라 하여 현열이라 한다.

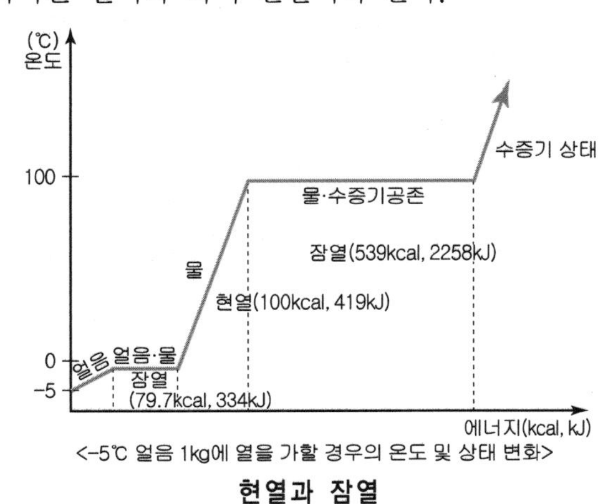

<-5℃ 얼음 1kg에 열을 가할 경우의 온도 및 상태 변화>

현열과 잠열

■ **현열과 잠열**
- 현열 : 온도변화와 함께 출입하는 열 – 온수난방에 이용
- 잠열 : 상태변화와 함께 출입하는 열 – 증기난방에 이용
- 물의 증발잠열 : 100℃ 물 1kg이 100℃ 증기 1kg으로 되는 동안 흡수하는 열량으로539kcal/kg (2,258kJ/kg)이다.

습도의 표시방법

용 어	기 호	단 위	정 의	ASHRAE 표기
절대 습도	x	kg/kg(DA)	습공기에서 건조 공기 1kg에 대한 수증기의 질량비	Humidity ratio, Absolute humidity
상대 습도	φ	%	현재의 수증기압(P)과 동일 온도의 포화 수증기압(P_s)간 백분율 $\varphi = 100\ (P/P_s)$	Relative humidity
비교 습도 (포화도)	ψ	%	현재의 절대습도(x)와 동일 온도의 포화공기 절대 습도(x_o)간 백분율 $\psi = 100\ (x/x_o)$	Degree of saturation
습구 온도	t′	℃	습구온도계로 측정한 온도	Wet bulb temperature
노점 온도	t″	℃	불포화 습공기를 냉각시켜 포화상태로 될 때의 온도	Dew point temperature
수증기 분압	h	mmHg	습공기중의 수증기 분압	Partial pressure of vapor in moist air
	p	kg/cm^2		

예제문제 02

0℃의 얼음 2kg을 20℃의 물로 변화시킬 때 필요한 열량은? (단, 융해열은 334 kJ/kg) 【15년 출제유형】

① 668kJ ② 688kJ
③ 836kJ ④ 13,360kJ

해설
① 0℃얼음 2kg을 0℃물로 바꾸기 위한 잠열 : 2kg×334kJ/kg=668kJ
② 0℃물 2kg을 20℃ 물로 바꾸기 위한 현열 : 2kg×4.19kJ/kg×20℃=167.6kJ
③ 668kJ + 167.6kJ=835.6kJ

답 : ③

예제문제 03

표준대기압(1기압)에 해당하는 값으로 가장 적절하지 않은 것은? 【19년 출제유형】

① 101,325Pa ② 760mmHg
③ 1.0332kgf/m^2 ④ 1,013.25mbar

해설
1atm=760mmHg
=1,013mbar
=1,013hPa
=101,325Pa
=1.033kgf/cm^2

답 : ③

2 습공기 선도

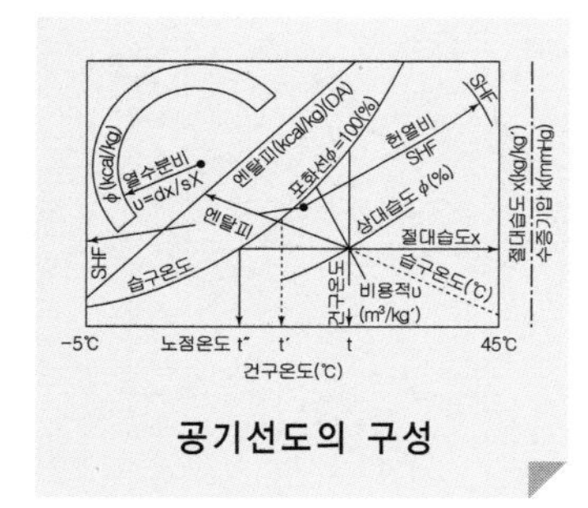

공기선도의 구성

습공기 선도(Psychrometric chart) : 습공기의 여러가지 특성치를 나타내는 그림으로서 인간의 쾌적범위 결정, 결로판정, 공기조화 부하계산 등에 이용된다.

① 습공기 선도를 구성하는 요소들 : 건구온도, 습구온도, 절대습도, 상대습도, 수증기분압, 비용적, 엔탈피 등
② 습공기 선도를 구성하고 있는 요소들 중 2가지만 알면 나머지 모든 요소들을 알아낼 수 있다.
③ 공기를 냉각 가열하여도 절대습도는 변하지 않는다.
④ 공기를 냉각하면 상대습도는 높아지고 공기를 가열하면 상대습도는 낮아진다.
⑤ 습구온도와 건구온도가 같다는 것은 상대습도가 100%인 포화공기임을 뜻한다.
⑥ 습구온도가 건구온도보다 높을 수는 없다.

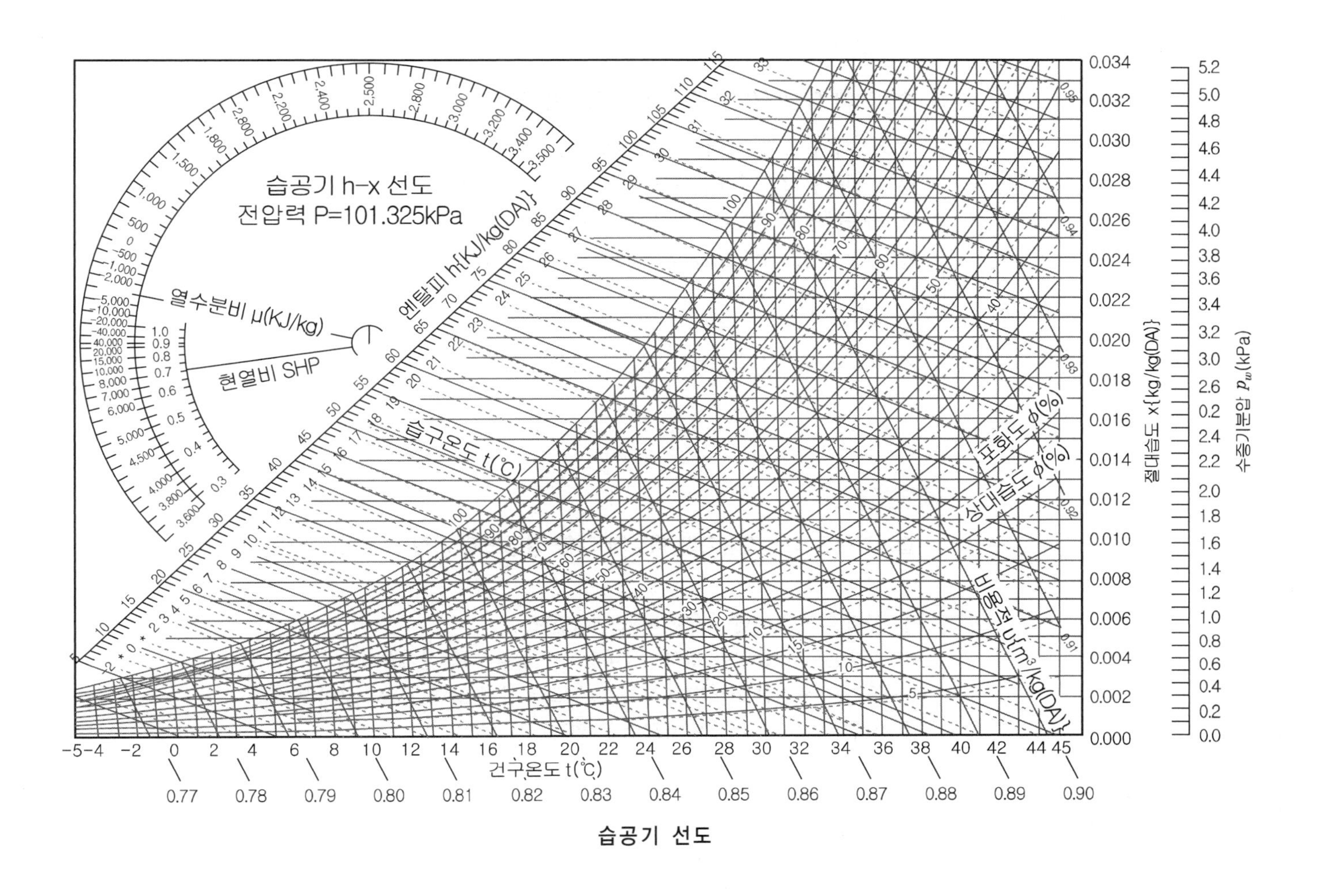

습공기 선도

예제문제 04

습공기에 대한 설명 중 잘못된 것은?

① 상대습도 100%인 포화상태에서는 건구온도, 습구온도, 노점온도가 같다.
② 공기를 가열하면 상대습도는 낮아지고 절대습도는 높아진다.
③ 엔탈피란 현열과 잠열을 모두 합한 전열량으로, 건조공기 1kg을 포함하고 있는 습공기의 보유 열량이다.
④ 현열비란 전열량에 대한 현열의 비율로, 건조공기의 현열비는 1이다. 습한 공기일수록 현열비는 작은 값을 갖는다.

해설

공기를 가열, 냉각하더라도 절대습도는 변하지 않는다.

답 : ②

예제문제 05

습공기에 대한 설명으로 가장 부적합한 것은? 【15년 출제유형】

① 상대습도 100%에서는 건구온도, 습구온도, 노점온도가 동일하다.
② 가열하면 건구온도는 높아지고 상대습도는 낮아진다.
③ 가습하면 수증기분압이 높아진다.
④ 가열하면 노점온도가 높아진다.

해설
가열하더라도 절대습도와 노점온도 변화는 없다.

답 : ④

예제문제 06

습공기선도에서 습공기의 특성에 대한 설명으로 가장 적절하지 않은 것은? 【18년 출제유형】

① 공기를 가열하면 습구온도도 변화한다.
② 건구온도가 동일한 경우, 상대습도가 높을수록 절대습도도 높아진다.
③ 공기를 노점온도까지 냉각하면 온도와 함께 상대습도도 낮아진다.
④ 건구온도가 높아지면 포화수증기압도 높아진다.

해설
③ 공기를 노점온도까지 냉각하면 온도와 함께 상대습도는 높아진다.

답 : ③

예제문제 07

습공기선도에 대한 설명으로 가장 적절하지 않은 것은? 【19년 출제유형】

① 공기를 가열하면 습구온도가 높아진다.
② 절대습도가 높아지면 수증기분압이 높아진다.
③ 공기를 가열하면 수증기분압이 높아진다.
④ 절대습도가 높아지면 노점온도가 높아진다.

해설
③ 공기를 가열하더라도 절대습도와 수증기분압은 변하지 않는다.

답 : ③

예제문제 08

다음 습공기선도에 대한 설명으로 적절하지 않은 것은? 【22년 출제유형】

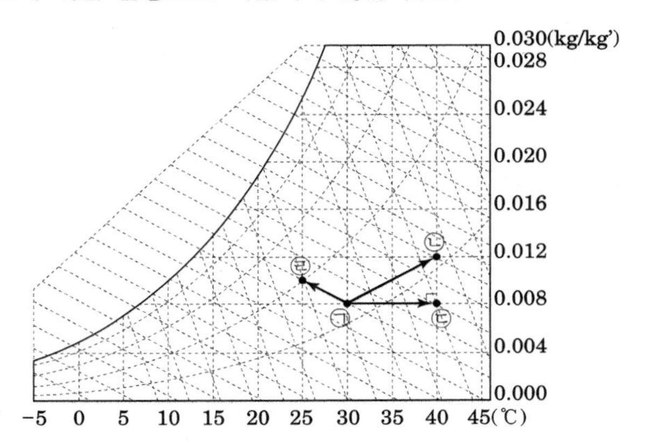

① ㉠에서 ㉡으로 공기상태 변화 시 현열과 잠열이 동시에 증가한다.
② ㉠에서 ㉢으로 공기상태 변화 시 노점온도는 변화하지 않는다.
③ ㉠에서 ㉡으로 공기상태 변화 시 현열비가 ㉠에서 ㉢으로 상태 변화 시 현열비보다 크다.
④ ㉠에서 ㉣으로 공기상태 변화 시 엔탈피는 동일하다.

해설
③ 현열비는 수평일 때가 가장 큰 1이고, 기울기가 커질수록 작아진다.

답 : ③

3 결로

> ■ 냉장고에서 물병을 꺼내 놓으면 금방 물병 표면에 물방울이 맺히는 것을 볼 수 있다. 이러한 현상은 물병의 표면온도가 주위 공기의 노점온도보다 낮기 때문에 발생되는 것이다.
> 이와 같은 우리 눈에 보이는 물방울로 되기 위해서는 크기에 따라 다르기는 하지만 공기 중의 수증기입자가 수만 개에서 수십만 개가 합쳐져야 한다.

결로란 구조체의 표면온도가 주위공기의 노점온도보다 낮아 표면에 이슬이 맺히는 현상을 말한다. 이와 같이 구조체 표면에 생긴 결로를 표면결로라 하며, 구조체 내에서도 이와 같이 물방울이 맺힐 수 있는데 이를 내부결로라 한다.
결로는 실내에서의 수증기 과다발생, 단열차단으로 인한 열교부위 발생, 환기부족 등이 복합적으로 작용해서 발생하게 된다.

1. 결로의 원인

(1) 실내외 온도차

실내외 온도차가 클수록 많이 생긴다.

(2) 실내 습기의 과다발생

가정에서 호흡, 조리, 세탁 등으로 하루 약 12kg의 습기 발생

(3) 생활 습관에 의한 환기부족

대부분의 주거활동이 창문을 닫은 상태인 야간에 이루어짐

(4) 구조체의 열적 특성

단열이 어려운 보, 기둥, 수평지붕

(5) 시공불량

단열시공의 불완전

(6) 시공 직후의 미건조 상태에 따른 결로

콘크리트, 모르터, 벽돌

2. 결로의 원인제거 방법

결로란 구조체의 표면 또는 내부온도가 주위공기의 노점온도보다 낮거나, 실내 공기의 수증기압이 그 공기에 접하는 벽의 표면온도에 따른 포화수증기압보다 높으면 발생되는 것이다.
높은 실내표면온도 유지를 위한 외피단열강화와 실내난방, 환기를 통한 실내 과다습기 배출을 통해 결로 원인을 제거할 수 있다. 구조체 내부 결로를 방지하기 위해서 단열재는 구조체 외부에, 방습층은 실내측에 설치한다.

(1) 단열

구조체를 통한 열손실 방지와 보온역할

(2) 난방

건물내부의 표면온도를 올린다.

낮은 온도의 연속난방이 높은 온도의 짧은 난방보다 효과적임

(3) 환기

습한 공기를 제거하여 실내의 결로를 방지한다.

(4) 방습층 설치

방습층은 반드시 단열재보다 고온측에 설치하여 습기 이동을 차단한다.

3. 결로의 발생 및 방지

(1) 표면결로

1) 발생

① 건물의 표면온도가 접촉하고 있는 공기의 노점온도보다 낮을 때 표면에 발생

② 실내공기의 수증기압이 그 공기에 접하는 벽의 표면온도에 따른 포화수증기압보다 높을 때 발생

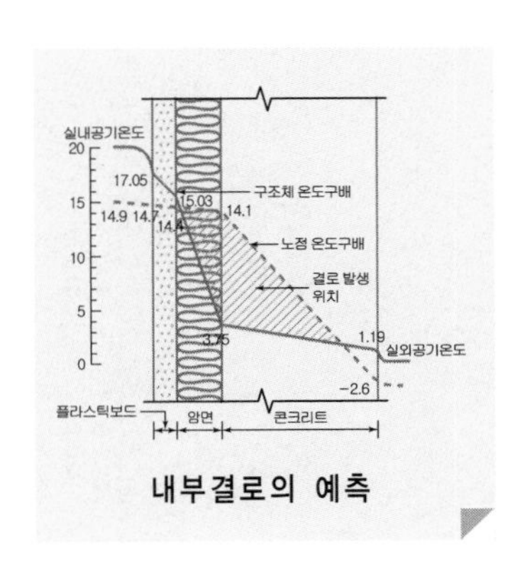

내부결로의 예측

2) 방지대책

① 벽표면 온도를 실내공기의 노점온도보다 높게 할 것

② 실내의 수증기 발생 억제 및 환기를 통한 발생습기의 배제

(2) 내부결로

1) 발생

① 실내가 외부보다 습도가 높고 벽체가 투습력이 있으면 벽체내에 수증기압 구배가 생긴다. 벽체내의 어느 부분의 건구 온도가 그 부분의 노점온도보다 낮을 때 내부결로가 발생

② 벽체내의 어느 부분의 수증기압이 그 부분의 온도에 해당하는 포화수증기압보다 높을 때 발생

2) 방지대책

① 벽체 내부온도를 그 부분의 노점온도보다 높게 할 것. 단열재를 가능한 한 벽의 외측에 설치

② 벽체 내부의 수증기압을 포화수증기압보다 작게 한다.
적절한 투습저항을 갖춘 방습층을 벽의 내측에 설치하여 실내의 수증기 투과 억제

예제문제 09

건물의 결로에 관한 다음 기술 중 잘못된 것은? 【13년 1급 출제유형】

① 구조체의 표면이나 내부온도가 주위 공기의 노점온도보다 낮아지면 결로가 발생한다.
② 결로방지대책으로는 단열, 난방, 환기, 방습층 설치 등이 있다.
③ 내단열 벽체에서 내부결로를 방지하기 위해 방습층을 단열재 외측에 설치한다.
④ 내단열의 경우 외단열에 비해 결로발생 가능성이 크다.

해설
방습층은 반드시 단열재보다 고온측에 설치하여 실내로부터의 습기이동을 차단한다.

답 : ③

예제문제 10

주거용 건물의 결로에 관한 설명으로 가장 적절하지 않은 것은? 【16년 출제유형】

① 외벽의 접합부나 모서리 부위는 열교면적이 상대적으로 커서 결로 발생 우려가 높다.
② 습도가 높은 장마철에 지하 주차장의 결로 문제를 해결하기 위해 충분한 외기를 도입하여 환기한다.
③ 내표면결로는 난방이 제공되는 실보다 비난방실이나 창고 등에서 발생 우려가 높다.
④ 가구 후면 결로방지를 위해 외벽에서 일정거리를 두어 통기가 이루어지도록 한다.

해설
② 습도가 높은 장마철에는 환기를 하면 오히려 표면결로가 더 많이 발생한다.

답 : ②

예제문제 11

실내 표면 온도가 일정하고 결로가 발생하지 않는 상태에서, 다음과 같이 실내공기의 상태가 변할 때 표면 결로 발생 가능성이 높이지는 경우가 아닌 것은? 【19년 출제유형】

① 건구온도의 변화없이 엔탈피만 높아지는 경우
② 엔탈피의 변화없이 건구온도만 낮아지는 경우
③ 건구온도의 변화없이 절대습도만 높아지는 경우
④ 상대습도의 변화없이 건구온도만 낮아지는 경우

해설
④ 노점온도가 낮아진다.

답 : ④

예제문제 12

다음 그림의 벽체에서 발생할 수 있는 겨울철 결로를 방지하기 위한 대책으로 가장 적절하지 않은 것은? 【21년 출제유형】

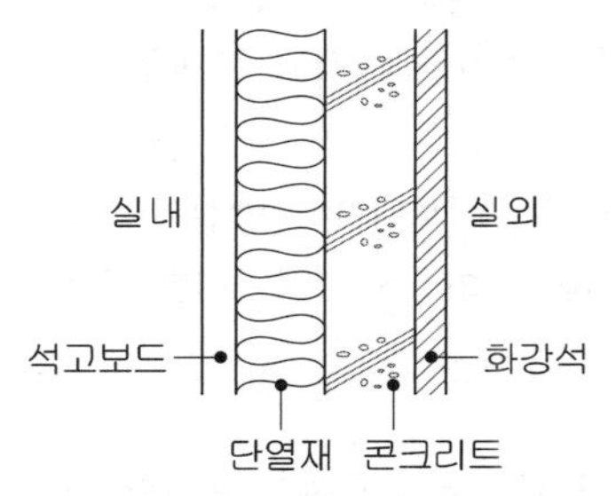

① 벽체 내부결로를 방지하기 위해 석고보드와 단열재 사이에 방습층을 계획한다.
② 벽체 내부결로를 방지하기 위해 단열재와 콘크리트의 위치를 서로 바꿔서 계획한다.
③ 벽체 내부결로를 방지하기 위해 벽체 내부의 수증기압을 포화수증기압 보다 높게 유지한다.
④ 벽체 표면결로를 방지하기 위해 난방을 실시하여 실내표면온도를 높인다.

해설
③ 높게 → 낮게

답 : ③

 실기 예상문제 

예제문제 13

건물에서 발생되는 (1) 결로의 종류, (2) 결로의 원인, (3) 결로의 발생조건, (4) 결로 방지 대책을 서술하시오.

정답
1. 결로의 종류

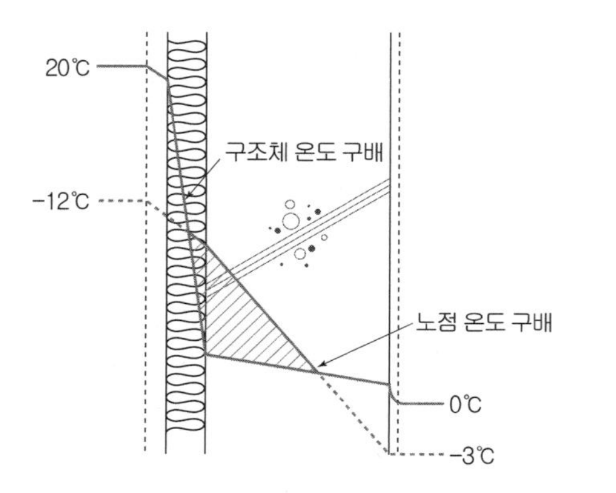

결로란 구조체의 표면온도가 주위공기의 노점온도보다 낮아 표면에 이슬이 맺히는 현상을 말한다. 이와 같이 구조체 표면에 생긴 결로를 표면결로라 하며, 구조체 내에서도 이와 같이 물방울이 맺힐 수 있는데 이를 내부결로라 한다.
표면결로는 주로 열교가 발생되는 벽체의 내부표면과 우각부, 발코니 벽체, 창고 내부 벽체표면 등에서 주로 발생하고 내부결로는 내단열 벽체에서 단열재의 외측 구조체에서 주로 발생한다.
내단열 벽체에서 구조체의 온도구배가 노점온도구배보다 낮은 부위에 내부결로 발생가능

2. 결로의 원인
결로는 실내에서의 수증기 과다발생, 단열차단으로 인한 열교부위 발생, 환기 부족 등이 복합적으로 작용해서 발생하게 된다.
① 실내외 온도차 : 실내외 온도차가 클수록 많이 생긴다.
② 실내 습기의 과다발생 : 가정에서 호흡, 조리, 세탁 등으로 하루 약 12kg의 습기 발생
③ 생활 습관에 의한 환기부족 : 대부분의 주거활동이 창문을 닫은 상태인 야간에 이루어짐
④ 구조체의 열적 특성 : 단열이 어려운 보, 기둥, 수평지붕 등의 열교부위
⑤ 시공불량 : 단열시공의 불완전 및 부실 단열시공
⑥ 시공직후의 미건조 상태에 따른 결로 : 콘크리트, 모르터, 벽돌 등이 미건조된 상태에서 내장마감

3. 결로의 발생조건
결로란 구조체의 표면 또는 내부온도가 주위공기의 노점온도보다 낮거나, 실내공기의 수증기압이 그 공기에 접하는 벽의 표면온도에 따른 포화수증기압보다 높으면 발생되는 것이다.

4. 결로방지대책
높은 실내표면온도 유지를 위한 외피단열강화와 실내난방, 환기를 통한 실내과다 습기 배출을 통해 결로 원인을 제거할 수 있다. 구조체 내부결로를 방지하기 위해서 단열재는 구조체 외부에, 방습층은 실내측에 설치한다.
① 단열 : 외단열을 통해 구조체를 통한 열손실 방지와 보온역할을 통해 구조체 표면과 내부온도 상승 내단열을 통해 벽체 표면온도를 주위공기의 노점온도보다 높일 수 있음
② 난방 : 난방을 통한 건물내부 구조체의 표면온도 및 내부온도 상승. 낮은 온도의 연속난방이 높은 온도의 짧은 난방보다 효과적임
③ 환기 : 습한 공기를 제거하여 실내 공기의 노점온도를 낮춤
④ 방습층 설치 : 방습층은 반드시 단열재보다 고온측에 설치하여 실내로부터 구조체 내부로의 습기이동을 차단

4 습기 이동

① 열이 온도가 높은 곳에서 낮은 곳으로 이동하듯이 습기는 수증기 분압이 높은 곳에서 낮은 곳으로 이동

② 수증기의 량은 g 또는 $\mu g(=10^{-6}g)$으로 측정

③ 공기 중의 수증기압은 Pa(=N/m²)로 측정

④ 수증기의 투습률(δ)은 열전도율과 비슷한 개념으로 1Pa의 압력차가 있을 때 1m²의 면적을 통해 1m 두께를 1초간 통과하는 수증기량으로

$$\mu g \cdot \mathrm{m/m^2 \cdot Pa \cdot s} = \mu g \cdot \mathrm{m/N \cdot s}$$

라는 단위를 사용

⑤ 투습률의 역수를 투습비 저항(vapor resistivity : r_v)이라 하며, MNs/gm라는 단위를 사용

⑥ 투습비 저항(r_v)이란 어떤 재료의 단위 두께당 습기에 대한 저항값

주요 재료의 투습률과 투습비 저항

재료	투습률 δ [μgm/Ns]	투습비 저항 γ_v [MNs/gm]
공기	0.182	5.5
조적재	0.006~0.042	25~100
시멘트 도장	0.010	100
콘크리트	0.01~0.03	30~100
폴리스티렌판	0.002~0.007	145~500
석고보드	0.017~0.023	45~60
합판	0.002~0.007	1500~6000
알루미늄박	0.00025	4000
페인트 마감	0.025~0.133	7.5~40
비닐벽지	0.1~0.2	5~10

⑦ 투습계수(Vaper permeance : π)는 열관류율과 비슷한 개념으로 1Pa의 압력차가 있을 때 1m²의 면적을 통해 1초간 이동하는 수증기량을 의미하며, $\mu g/\mathrm{m^2 \cdot Pa \cdot s}$ 또는 $\mu g/\mathrm{N \cdot s}$라는 단위를 사용

⑧ 투습계수(π)의 역수를 투습저항(vapor resistivity : R_V)이라 하며, 특정두께를 가진 재료의 투습저항을 의미

⑨ 재료의 투습저항(R_V)은 다음 식으로 구할 수 있음

$$R_v = r_v \cdot d$$

여기서, R_V : 재료의 투습저항(MNs/g)

r_v : 재료의 투습비저항(MNs/g·m)

d : 재료의 두께(m)

⑩ 다층구조체의 투습저항은 구성부재 각각의 투습저항을 모두 합한 값으로 다음과 같이 나타낼 수 있음

$$R_{VT} = R_{V1} + R_{V2} + ... + R_{Vn}$$

주요 재료의 투습계수

재료	투습계수 π[μg/Ns]
코르크판 25mm	0.4~0.54
섬유판	
12mm	1.2~3.34
25mm	0.93~2.68
석고보드 10mm 붙인	
알루미늄박	0.006~0.024
방수지면 알루미늄박	0.0001
폴리에틸렌필름 0.06mm	0.004
석고보드 10mm	2~2.86
목재 25mm	0.08

5 노점온도 구배

① 벽체와 같은 다층재료를 통한 온도변화는 다음의 식에 의하여 구할 수 있다.

$$\Delta t = \frac{R}{R_T} \times \Delta t_T$$

여기서, Δt : 특정재료 통과시 온도강하

R : 특정재료의 열저항

Δt_T : 벽체 전체 온도강하

R_T : 벽체 전체의 열저항

② 아래의 공식에 의하여 특정재료를 통과할 때 떨어지는 수증기압(vapor pressure)을 구할 수 있다.

$$\Delta P = \frac{R_V}{R_{VT}} \times \Delta P_T$$

여기서, ΔP : 특정재료 통과시 수증기압 강하

R_V : 특정재료의 투습저항

ΔP_T : 벽체 전체의 수증기압 강하

R_{VT} : 벽체 전체의 투습저항

③ 다층재료 경계면의 수증기압을 알면 습공선도상에서 노점온도를 찾을 수 있다.

실기 예상문제

예제문제 14

외벽의 내측에서부터 두께 10mm의 석고판과 두께 25mm의 폴리스티렌 폼, 그리고 두께 150mm의 콘크리트로 구성되어 있다. 각 부위의 열저항은 내부표면 = 0.123, 석고판 0.06, 폴리스티렌 폼 = 0.75, 콘크리트 = 0.105, 외부표면 = 0.055[m²K/W]이며, 투습비저항은 석고보드 = 50, 폴리스티렌 폼 = 100, 콘크리트는 30(MNs/gm)이다. 실내공기의 온도는 20℃, 상대습도(RH) = 59%, 외부공기의 온도는 0℃, 상대습도는 포화상태일 때 아래 벽체에 온도구배와 노점온도구배를 그리고, 내부결로의 유무를 검토하시오.

층	두께 d[m]	열저항 [m²K/W]	투습비저항 r_V (MNs/gm)
내표면 공기층		0.123	
석고판	0.010	0.06	50
폴리스티렌폼	0.025	0.75	100
콘크리트	0.150	0.105	30
외표면 공기층		0.055	

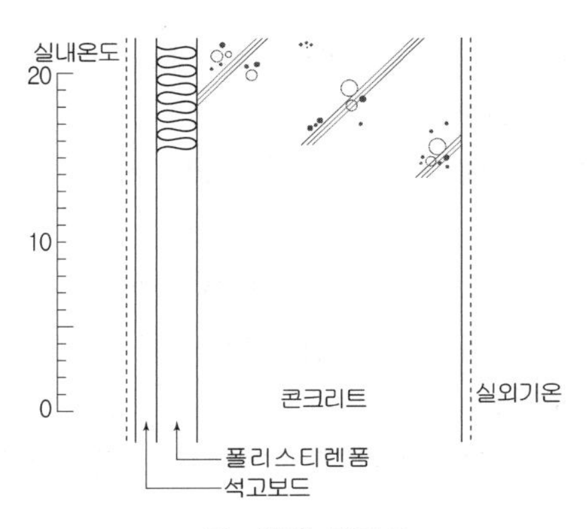

그림. 벽체 단면도

정답

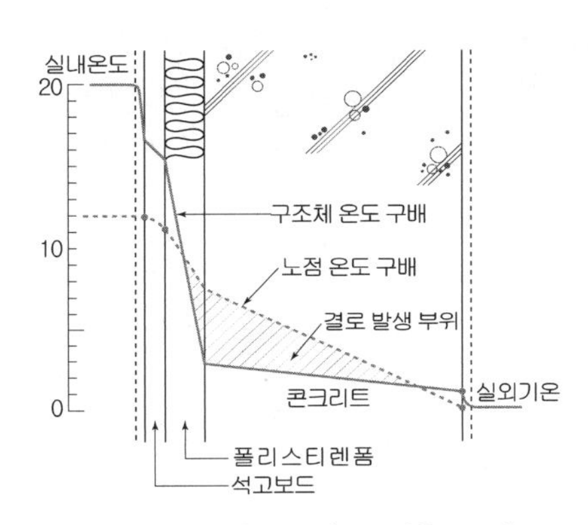

결로발생 부위, 온도구배, 노점온도구배

• 1단계 : 각 재료의 열저항을 사용하여 각 재료 통과시 온도강하와 각 경계면온도를 계산한다.

층	열저항[m²K/W]	온도강하 $\left(\Delta t = \dfrac{R}{R_T} \times \Delta t_T\right)$	각 재료 다음의 경계면 온도[℃]
실내공기			20
내표면공기층	0.123	$\dfrac{0.123}{1.093} \times 20 = 2.3$	17.7
석고판	0.06	$\dfrac{0.06}{1.093} \times 20 = 1.1$	16.6
폴리스티렌폼	0.75	$\dfrac{0.75}{1.093} \times 20 = 13.7$	2.9
콘크리트	0.105	$\dfrac{0.105}{1.093} \times 20 = 1.9$	1.0
외표면공기층	0.055	$\dfrac{0.055}{1.093} \times 20 = 1.0$	0
외기			0
$R_T = 1.093$			

- 2단계 : 그림과 같이 벽의 축척단면도상에 경계온도를 기입하고 온도기울기를 알기 위해 그 점들을 연결한다.
- 3단계 : 각 층을 통과할 때 감소한 수증기압을 계산하기 위하여 투습저항을 사용한다.
  습공기선도 상에서 각 경계에서의 노점온도를 찾는다.
  내부수증기압 = 1,400Pa, 외부수증기압 = 600Pa을 습공기선도로부터 찾는다.
  전체 수증기압 감소=800Pa
- 4단계 : 그림과 같이 노점온도 기울기를 알기 위해 단면도상에 경계면 노점온도를 기입한다.

층	두께 d[m]	투습비 저항 r_V	투습저항 $R_V=r_v d$	수증기압 강하 $\Delta P=\frac{R_V}{R_{VT}}\times P_T$	각 재료 다음 경계면의 수증기압 [Pa]	각 재료 다음 경계면의 노점온도 [℃]
내표면					1,400	12
석고판	0.010	50	0.5	$\frac{0.5}{7.5}\times 800=53$	1,347	11.5
폴리스티렌폼	0.025	100	2.5	$\frac{2.5}{7.5}\times 800=267$	1,080	8.2
콘크리트	0.150	30	4.5	$\frac{4.5}{7.5}\times 800=480$	600	0
외표면					600	0
		$R_{VT}=7.5$				

- 내부결로 유무 검토
  ① 구조체의 온도구배가 노점온도보다 낮은 폴리스티렌폼과 콘크리트에는 내부결로 발생
  ② 이와 같은 내부결로를 방지하기 위해서는 폴리스티렌폼(단열재)보다 고온측에 방습층 설치함으로써 구조체의 온도구배가 노점온도 구배보다 높게 함

예제문제 15

실기 출제유형 [13년2급]

다층 재료로 구성된 벽체의 내부 결로 발생가능성 산정에 필요한 물성치와 판정과정에 대하여 쓰시오. (3점)

정답

1. 물성치
 ① 다층재료의 열저항을 구하기 위한 재료의 열전도율, 두께, 공기층의 열저항
 ② 다층재료 경계면의 수증기압을 구하기 위한 재료의 투습비저항, 두께
 ③ 경계면 온도 및 노점온도 산정을 위한 실내외 공기온도, 상대습도, 습공기선도

2. 판정과정
 (1) 벽체의 온도구배 산정
 (2) 벽체의 노점온도구배 산정
 (3) 벽체의 온도구배가 노점온도구배보다 낮은 부분에 내부결로 발생
  ① 벽체와 같은 다층재료를 통한 온도변화는 다음의 식에 의하여 구할 수 있다.

$$\Delta t = \frac{R}{R_T} \times \Delta t_T$$

여기서, Δt : 특정재료 통과시 온도강하
R : 특정재료의 열저항
Δt_T : 벽체 전체 온도강하
R_T : 벽체 전체의 열저항

  ② 아래의 공식에 의하여 특정재료를 통과할 때 떨어지는 수증기압(vapor pressure)을 구할 수 있다.

$$\Delta P = \frac{R_V}{R_{VT}} \times \Delta P_T$$

여기서, ΔP : 특정재료 통과시 수증기압 강하
R_V : 특정재료의 투습저항
ΔP_T : 벽체 전체의 수증기압 강하
R_{VT} : 벽체 전체의 투습저항

  ③ 다층재료 경계면의 수증기압을 알면 습공기선도상에서 노점온도를 찾을 수 있다.

실기 출제유형[20년] 

예제문제 16

다음은 중부지역에서 계획 중인 건축물의 벽체 단면에 온도와 노점온도를 나타낸 그림이다. A, B, C, D 영역 중 결로발생이 예상되는 부위를 모두 쓰고, 이 구조에서 결로를 방지하기 위한 방습층의 설치 위치와 방습층 설치 후 변화된 온도구배를 표시하고 그 원리를 설명하시오. (3점)

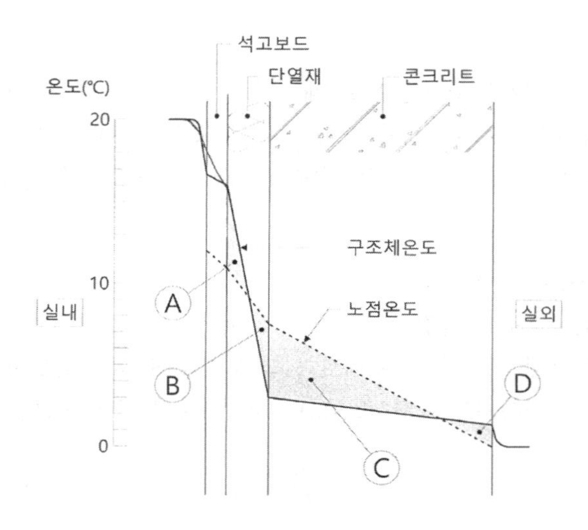

구조체의 온도와 노점온도

정답

1. 결로발생 예상부위 : B, C
2. 결로방지를 위한 방습층 설치위치 : 단열재보다 고온측인 석고보드와 단열재 사이
3. 변화된 온도구배 :

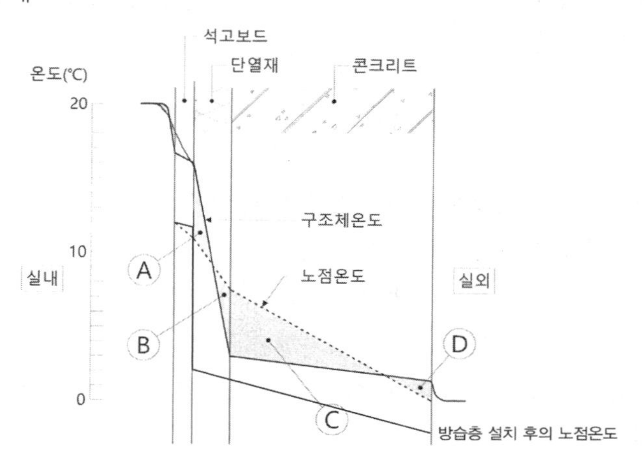

4. 원리 : 투습저항이 높은 방습층을 단열재 보다 고온측에 설치함으로써 수증기 분압이 높은 실내측에서 벽체내로의 습기이동을 차단하여 방습층 이후에 있는 단열재와 콘크리트 부분의 노점온도구배를 온도구배보다 낮게 함으로써 단열재와 콘크리트에 발생했던 내부결로를 방지할 수 있음

6 결로예측

1. 표면결로

결로의 발생유무를 알기 위해 건물 내외의 공기온도 및 습도를 알아야만 어떤 특정 부위의 온도와 노점을 알 수 있다. 표면온도는 아래 식을 사용하여 계산할 수 있다.

$$\Delta t = \frac{R}{R_T} \times \Delta t_T$$

$$\frac{\Delta t}{\Delta t_T} = \frac{R}{R_T}$$

$$\frac{t_i - t_{si}}{t_i - t_o} = \frac{R_{si}}{R_T}$$

$$t_i - t_{si} = \frac{(t_i - t_o)}{R_T} \times R_{si}$$

$$t_{si} = t_i - \frac{(t_i - t_o)}{R_T} \times R_{si}$$

위의 식에서 구한 실내 표면온도(t_{si})가 주위 공기의 노점온도보다 낮으면 벽체 표면에 결로가 발생한다.

2. 내부결로

습한 공기가 내부에서 외부로 구조체를 통과할 때 그 공기는 구조체의 온도구배를 따라서 점차 온도가 낮아진다. 노점온도 역시 각 부재를 통과하며 감소하는 수증기압의 구배를 따라 낮아진다. 내부결로는 구조체의 온도구배가 노점온도구배 이하로 떨어지는 영역에서 발생된다.

실기 예상문제

예제문제 17

주택의 실내절대습도가 6.8g/kg[DA]이고 실내온도가 거실에는 20℃, 난방이 안 된 실은 10℃, 외부온도가 0℃일 때 다음 실내표면 위에 결로의 발생여부를 예측하라.

(1) 단창
(2) 복층창(중공 공기층 저항, $R_a = 0.18$m²K/W)
(3) 외벽(열관류율 $K = 2.1$W/m² K, 내표면저항 $R_{si} = 0.12$m²K/W, 외표면저항 $R_{so} = 0.06$m²K/W)

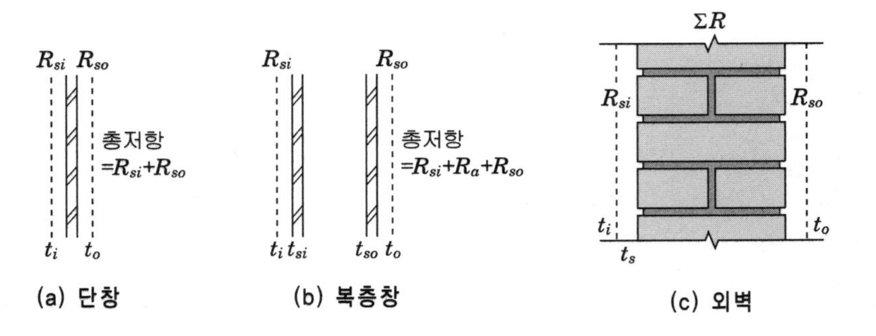

(a) 단창 (b) 복층창 (c) 외벽

정답

습공기선도상의 절대습도 6.8g/kg[DA]로부터 수평선을 따라 포화수증기선상에서 습온도를 찾으면 그것이 바로 노점온도이다.
따라서 절대습도 6.8g/kg[DA]에 해당하는 노점온도는 8.5℃가 된다.

유리창은 표면저항($R_{si} + R_{sa}$)에 근거하여 계산하고 복층창에서는 중공 공기층의 저항(R_a)을 추가하여 계산한다.

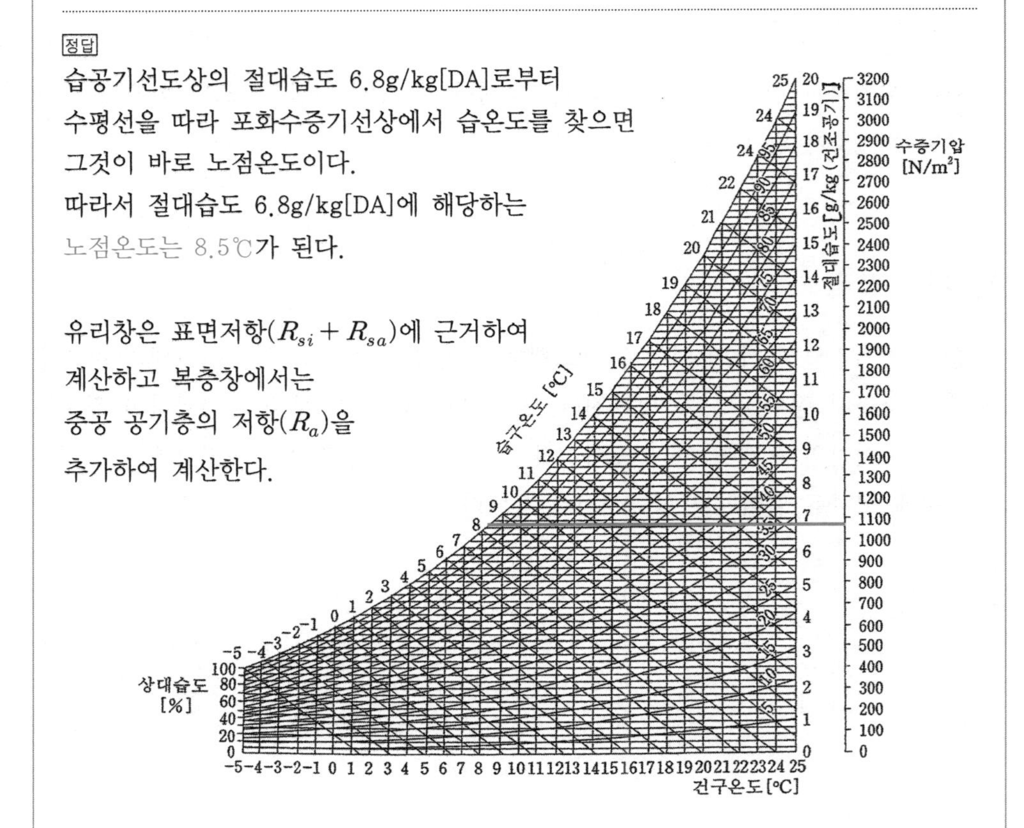

1. 단창

유리창의 표면저항 통과시, 온도강하는 다음 식에 의해 계산될 수 있다.

$$\frac{\text{온도차(유리창 표면과 실내공기)}}{\text{온도차(내부공기와 외부공기)}} = \frac{\text{표면저항}}{\text{전체저항}}$$

$$\frac{t_i - t_{si}}{t_i - t_o} = \frac{R_{si}}{R_{si} + R_{s0}}$$

여기서, t_{si} : 내표면온도, t_i : 내부온도, t_o : 외부온도

$$t_i - t_{si} = \frac{(t_i - t_o)}{R_{si} + R_{s0}} \times R_{si}$$

여기서, $t_o = 0℃$, $R_{si} = 0.12\,\text{m}^2\text{K/W}$, $R_{so} = 0.06\,\text{m}^2\text{K/W}$

① $t_i = 20℃$

$$20 - t_{si} = \frac{(20-0)}{(0.12+0.06)} \times 0.12,\ t_{si} = 20 - 13.3 = 6.7℃$$

내표면온도 $= 6.7℃$

② $t_i = 10℃$

$$10 - t_{si} = \frac{(10-0)}{(0.12+0.06)} \times 0.12,\quad t_{si} = 10 - 6.7 = 3.3℃$$

2. 복층창

$$t_i - t_{si} = \frac{(t_i - t_o)}{(R_{si} + R_a + R_{so})} \times R_{si}$$

여기서, $t_o = 0℃$, $R_{si} = 0.12\,\text{m}^2\text{K/W}$, $R_a = 0.18\,\text{m}^2\text{K/W}$,

$R_{so} = 0.06\,\text{m}^2\text{K/W}$

① $t_i = 20℃$

$$20 - t_{si} = \frac{(20-0)}{0.12+0.18+0.06)} \times 0.12$$

$t_{si} = 20 - 6.7 = 13.3℃$

내표면온도$= 13.3℃$

② $t_i = 10℃$

$$10 - t_{si} = \frac{10-0}{(0.12+0.18+0.06)} \times 0.12$$

$t_{si} = 10 - 3.3 = 6.7℃$

내표면온도$= 6.7℃$

3. 외벽

내표면공기층 통과시

$$\text{온도강하} = \frac{\text{온도차(내부공기와 외부공기)}}{\text{벽의 전체 열저항}} \times \text{표면저항}$$

벽의 전체 열저항 $R_T = \frac{1}{K}$

여기서, $K = 2.1\,m^2K/W$, $R_T = \frac{1}{2.1} = 0.48\,m^2K/W$, $t_o = 0℃$

$R_{si} = 0.12\,m^2K/W$, $R_T = 0.48\,m^2K/W$

① $t_i = 20℃$

$20 - t_{si} = \frac{(20-0)}{0.48} \times 0.12$, $t_{si} = 20 - 5 = 15℃$

내표면온도 $= 15℃$

② $t_i = 10℃$

$10 - t_i = \frac{(10-0)}{0.48} \times 0.12$, $t_{si} = 10 - 2.5 = 7.5℃$

내표면온도 $= 7.5℃$

4. 표면결로 발생여부 예측

여기서, 내표면온도가 노점온도인 8.5℃보다 낮을 때 결로가 발생한다.
종합해보면 다음 표와 같다.

	표면결로발생여부	
	$t_i = 20℃$	$t_i = 10℃$
단 창	6.7 〈 8.5(○)	3.3 〈 8.5(○)
복층창	13.3 〉 8.5(×)	6.7 〈 8.5(○)
외 벽	15 〉 8.5(×)	7.5 〈 8.5(○)

* ○ : 결로 발생, × : 발생하지 않음

실기 예상문제

예제문제 18

실내공기온도가 10℃, 실내공기의 노점온도가 8.5℃, 외기온이 0℃일 경우, 표면결로를 방지하기 위한 벽체의 열관류율을 구하시오. (단, 내표면 공기층 저항은 0.12m²K/W이다.)

정답

내부온도(t_i)$= 10$℃, $t_{si} = 8.5$℃, $t_o = 0$℃, $R_{si} = 0.12\,\text{m}^2\text{K/W}$

벽표면 공기층 통과시

$$\text{온도강하} = \frac{\text{온도차(내부공기와 외부공기)}}{\text{벽의 전체 열저항}} \times \text{내표면 공기층 저항}$$

$$t_i - t_{si} = \frac{t_i - t_o}{\sum R} \times R_{si}$$

여기서, $\sum R$: 노점온도(8.5℃)보다 높은 내표면온도를 유지하기 위한 열저항

$$10 - 8.5 = \frac{10 - 0}{\sum R} \times 0.12$$

$$\sum R = \frac{10 \times 0.12}{1.5} = 0.8\,\text{m}^2\text{K/W}$$

$$K = \frac{1}{\sum R} = \frac{1}{0.8} = 1.25\,\text{W/m}^2\text{K}$$

따라서 위의 조건에서는 표면결로 발생을 방지하기 위해 벽의 열관류율값은 1.25W/m²K보다 작아야 한다.

실기 출제유형 [21년]

예제문제 19

다음 설계 조건에서 실내측 결로가 생기지 않도록 하는 창의 열관류율 최댓값을 구하시오.(단, 창의 부위별 열저항 차이는 없는 것으로 가정함. 열관류율은 소수 넷째자리에서 반올림)(4점)

〈설계 조건〉

- 설계외기온도 : −11.3℃
- 실내표면열전달저항 : $0.11m^2 \cdot K/W$
- 실내설정온도 : 22℃
- 실외표면열전달저항 : $0.043m^2 \cdot K/W$
- 실내노점온도 : 19℃

정답

① 노점온도를 기준으로 창표면에 결로가 발생할 수 있는 열저항과 열관류율값

$$\frac{r}{R} = \frac{t}{T}$$

$$\frac{0.11}{R} = \frac{22-19}{22-(-11.3)}$$

$$R = 1.221(m^2 \cdot K/W)$$

$$K = \frac{1}{R} = \frac{1}{1.221}$$

$$K = 0.819(W/m^2 \cdot K)$$

② 실내측 표면에 결로가 생기지 않도록 하는 창의 열관류율 최대값은 $0.819W/m^2 \cdot K$ 보다 작아야 함.

7 방습층 설치

구조체에 발생하는 내부결로의 위험은 습한 공기가 구조체 내로 침투하는 것을 방지함으로써 막을 수 있다. 방습층(防濕層 : vapor barriers)은 수증기 투과를 방지하는 투습저항이 큰 건축재료의 층이다. 방습층 또는 습기차단층은 적용되는 형태에 따라 여러 가지로 분류된다.

① 방수막 : 아스팔트용액, 고무제 또는 실리콘제의 페인트, 광택 페인트 등

② 성형구조막 : 알루미늄박판, 후면 폴리에틸렌 접착판, 폴리에틸렌 시트, 아스팔트 펠트, 비닐지 등

구조체에 이 부재들을 시공할 때 벽과 천장의 이음새 같은 부분과 재료의 이음 부분에서 완전히 봉입되지 않으면 효과가 적다.
방습층의 시공은 정밀을 요하므로, 만약 페인트막이 갈라지거나 폴리에틸렌에 구멍이 생기고, 알루미늄 박판의 연결부가 접착되지 않았다면 방습의 목적을 달성할 수 없게 된다. 가장 나쁜 상황은 다층구성재의 외측(저온측)에 방습층이 있을 때에 일어난다. 이와 같은 현상은 방수피막을 제일 위쪽에 설치한 지붕에서 자주 발생하는데, 이 경우에 방수피막 내측의 수증기압은 실내측의 공기와 거의 같게 되며, 온도는 외기와 거의 같아진다. 이와 같은 경우의 내부결로는 지붕에서 비가 새는 것과 같이 심하다.
실의 다른 면보다 훨씬 차가운 면을 설치하는 것도 유효한 경우가 있다. 이중창이고 단열이 잘 된 건물에 $1m^2$ 이하의 단창을 설치하고 창틀에 물을 제거할 수 있는 시설을 완벽하게 해둔다면 결로는 우선적으로 이 벽면에서 발생하여 이 결로수량이 실내습도의 증가를 제한하는데 도움을 주게 된다.
일반적으로 방습층은 단열재보다 고온측에 설치한다.

예제문제 20

방습층에 대한 설명으로 가장 부적합한 것은? **【15년 출제유형】**

① 결로 방지를 위하여 지붕, 벽체, 최하층 바닥 등 외피 구조체에 설치하는 것이다.
② 방습층은 단열재의 고온측에 설치하여야 한다.
③ 내수 합판 등 투습방지 처리가 된 합판으로서 이음새가 투습방지가 될 수 있도록 시공된 경우도 방습층으로 인정될 수 있다.
④ 모르타르 마감이 된 조적벽, 콘크리트벽, 타공알루미늄판 등은 방습층으로 인정될 수 있다.

해설
타공알루미늄판은 방습성이 없다.

답 : ④

예제문제 21

외기에 직접 면하는 공동주택 벽체의 결로에 대한 설명으로 가장 적절하지 않은 것은? 【20년 출제유형】

① 내단열인 경우 투습계수가 낮은 단열재가 높은 단열재보다 겨울철 내부결로 방지에 유리하다.

② 내부결로 방지를 위해 두께 0.1mm의 폴리에틸렌 필름을 설치하면 온도차이비율(TDR)이 현저하게 줄어들어 표면결로 방지에도 유리하다.

③ 벽체 각 재료층의 투습저항이 외부로 갈수록 점차 작아지게 구성하면 겨울철 내부결로 방지에 유리하다.

④ 내단열인 경우 방습층을 단열재의 실내측에 설치하면 겨울철 내부결로 방지에 유리하다.

해설

② 방습층으로 사용되는 폴리에틸렌 필름은 열저항이 작아 온도차이비율(TDR)에는 영향을 미치지 않으며, 투습저항이 크기 때문에 실내로부터 벽체내부로의 습기이동을 차단하여 내부결로방지에 도움이 된다.

답 : ②

예제문제 22

외기에 직접 면하는 공동주택 외벽의 동절기 결로 방지 계획에 대한 설명으로 가장 적절한 것은? 【22년 출제유형】

① 벽체 내부결로를 방지하기 위해 단열재를 방습층보다 고온측에 위치시킨다.

② 벽체 내부결로를 방지하기 위해 벽체 내부의 수증기압이 포화수증기압보다 낮게 유지될 수 있도록 계획한다.

③ 벽체 각 재료층의 투습계수가 외부로 갈수록 낮아지게 구성하면 내부결로 방지에 유리하다.

④ 단열재를 구조체의 실내측에 설치하는 것보다 외부측에 설치하는 것이 실내 표면결로 발생 방지에 유리하다.

해설

① 방습층은 단열재보다 고온측에 위치

③ 투습계수 → 투습저항

④ 실내표면결로방지를 위해서는 단열재를 실내측에 설치

답 : ②

8 공동주택 결로방지를 위한 설계기준

제1장 총칙

제1조 【목적】

이 기준은 「주택건설기준 등에 관한 규정」 제14조의3에 따라 공동주택 결로 방지를 위한 성능기준 등에 관하여 위임된 사항과 그 시행에 필요한 세부적인 사항을 정하여 공동주택 세대 내의 결로 저감을 유도하고 쾌적한 주거환경을 확보하는데 기여하는 것을 목적으로 한다.

제2조 【정의】

이 기준에서 사용하는 용어의 뜻은 다음과 같다.

1. **"온도차이비율(TDR : Temperature Difference Ratio)"**이란 '실내와 외기의 온도 차이에 대한 실내와 적용 대상부위의 실내표면의 온도차이'를 표현하는 상대적인 비율을 말하는 것으로, 제2호의 "실내외 온습도 기준" 하에서 제4조에 따른 해당부위의 "결로 방지 성능"을 평가하기 위한 단위가 없는 지표로써 아래의 계산식에 따라 그 범위는 0에서 1 사이의 값으로 산정된다.

$$\text{온도차이비율(TDR)} = \frac{\text{실내온도} - \text{적용대상 부위의 실내표면온도}}{\text{실내온도} - \text{외기온도}}$$

2. "실내외 온습도 기준"이란 공동주택 설계시 결로 방지 성능을 판단하기 위해 사용하는 표준적인 실내외 환경조건으로, **온도 25℃, 상대습도 50%**의 실내조건과 별표1의 구분에 따른 외기온도(지역Ⅰ은 −20℃, 지역Ⅱ는 −15℃, 지역Ⅲ는 −10℃를 말한다.) 조건을 기준으로 한다.
3. "외기에 직접 접하는 부위"란 바깥쪽이 외기이거나 외기가 직접 통하는 공간에 접한 부위를 말한다.

제3조 【적용범위】

이 기준은 「주택법」(이하 "법"이라 한다) 제16조에 따른 사업계획승인을 받아 건설하는 500세대 이상의 공동주택에 적용한다.

제2장 결로 방지 성능기준

제4조 【성능기준】

공동주택 세대 내의 다음 각 호에 해당하는 부위는 별표1에서 정하는 온도차이비율 이하의 결로 방지 성능을 갖추도록 설계하여야 한다.

1. 출입문 : 현관문 및 대피공간 방화문
2. 벽체접합부 : 외기에 직접 접하는 부위의 벽체와 세대 내의 천정 및 바닥이 동시에 만나는 접합부
3. 창 : 난방설비가 설치되는 공간에 설치되는 외기에 직접 접하는 창(비확장 발코니 등 난방설비가 설치되지 않은 공간에 설치하는 창은 제외한다.)

[별표 1] 주요 부위별 결로 방지 성능기준

1. 지역을 고려한 주요 부위별 결로 방지 성능기준은 다음 표와 같다.

<table>
<tr><th colspan="3" rowspan="2">대상부위</th><th colspan="3">TDR값[주1), 주2)]</th></tr>
<tr><th>지역Ⅰ</th><th>지역Ⅱ</th><th>지역Ⅲ</th></tr>
<tr><td rowspan="2">출입문</td><td rowspan="2">현관문
대피공간 방화문</td><td>문짝</td><td>0.30</td><td>0.33</td><td>0.38</td></tr>
<tr><td>문틀</td><td>0.22</td><td>0.24</td><td>0.27</td></tr>
<tr><td colspan="3">벽체접합부</td><td>0.25</td><td>0.26</td><td>0.28</td></tr>
<tr><td colspan="2" rowspan="3">외기에 직접 접하는 창</td><td>유리 중앙부위</td><td>0.16(0.16)</td><td>0.18(0.18)</td><td>0.20(0.24)</td></tr>
<tr><td>유리 모서리부위</td><td>0.22 0.26)</td><td>0.24(0.29)</td><td>0.27(0.32)</td></tr>
<tr><td>창틀 및 창짝</td><td>0.25(0.30)</td><td>0.28(0.33)</td><td>0.32(0.38)</td></tr>
</table>

주1) 각 대상부위 모두 만족하여야 함

주2) 괄호 안은 알루미늄(AL)창의 적용기준임

주3) PVC창과 알루미늄(AL)창이 함께 적용된 복합창은 PVC창과 알루미늄(AL)창에 대한 TDR값의 평균값을 적용함

2. 제1호의 지역Ⅰ, 지역Ⅱ, 지역Ⅲ은 다음 표와 같이 구분한다.

지역	지역구분주)
지역Ⅰ	강화, 동두천, 이천, 양평, 춘천, 홍천, 원주, 영월, 인제, 평창, 철원, 태백
지역Ⅱ	서울특별시, 인천광역시(강화 제외), 대전광역시, 세종특별자치시, 경기도(동두천, 이천, 양평 제외), 강원도(춘천, 홍천, 원주, 영월, 인제, 평창, 철원, 태백, 속초, 강릉 제외), 충청북도(영동 제외), 충청남도(서산, 보령 제외), 전라북도(임실, 장수), 경상북도(문경, 안동, 의성, 영주), 경상남도(거창)
지역Ⅲ	부산광역시, 대구광역시, 광주광역시, 울산광역시, 강원도(속초, 강릉), 충청북도(영동), 충청남도(서산, 보령), 전라북도(임실, 장수 제외), 전라남도, 경상북도(문경, 안동, 의성, 영주 제외), 경상남도(거창 제외), 제주특별자치도

주) 지역Ⅰ, 지역Ⅱ, 지역Ⅲ은 최한월인 1월의 월평균 일 최저외기온도를 기준으로 하여, 전국을 -20℃, -15℃, -10℃로 구분함

예제문제 23

구조체의 실내 표면결로 평가지표인 온도차이비율(TDR)에 대한 설명으로 가장 부적합한 것은? 【15년 출제유형】

① 특정 실내외 온도로 구한 TDR은 정상상태 조건에서 구조체의 열저항에 변화가 없다면 실내외 온도가 달라져도 변하지 않는다.

② 실내외 온도차에 대한 구조체 실내 표면온도와 실외 온도차의 비율로 정의된다.

③ 실내외 온도와 실내 노점온도를 알면 구조체에서 실내 표면결로가 발생하기 시작하는 TDR을 알 수 있다.

④ 유사 지표로서 ISO 10211:2007 에서는 Temperature Factor를 제시하고 있으며, 1에서 TDR을 뺀 값이다.

정답

실내외 온도차에 대한 구조체 실내 표면온도와 실내온도차의 비율

답 : ②

예제문제 24

다음 조건에서 온도차이비율(TDR)을 산출하고, "공동주택 결로 방지를 위한 설계기준"의 만족 여부로 가장 적합한 것은? 【17년 출제유형】

- 위치 : 속초
- 검토부위 : 벽체접합부
- 실내표면온도 : 15℃
- 결로방지 성능기준

대상부위	TDR값		
	지역 I	지역 II	지역 III
벽체접합부	0.25	0.26	0.28

- 소수 셋째자리에서 반올림

① TDR : 0.25, 기준만족
② TDR : 0.25, 기준미달
③ TDR : 0.29, 기준만족
④ TDR : 0.29, 기준미달

정답

④ • $TDR = \frac{t_i - t_{si}}{t_i - t_o} = \frac{25-15}{25-(-10)} = \frac{10}{35} = 0.29$

• 속초는 지역Ⅲ에 속하여 TDR 0.28 미만이 되어야 하므로 기준 미달

답 : ④

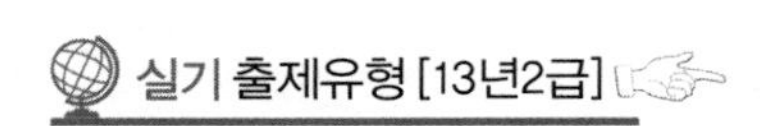
실기 출제유형 [13년2급]

예제문제 25

"공동주택 결로 방지를 위한 설계기준"에서의 결로 방지 성능 평가 지표와 그 산출식에 대하여 쓰시오. (3점)

정답

1. 해당부위의 "결로 방지 성능"을 평가하기 위한 단위가 없는 지표로 "온도차이비율(TDR : Temperature Difference Ratio)"이 사용됨
2. "온도차이비율(TDR : Temperature Difference Ratio)"이란 '실내와 외기의 온도 차이에 대한 실내와 적용 대상 부위의 실내표면의 온도차이'를 표현하는 상대적인 비율을 말하는 것으로, 아래의 계산식에 따라 그 범위는 0에서 1사이의 값으로 산정된다.

$$\text{온도차이비율(TDR)} = \frac{\text{실내온도} - \text{적용대상 부위의 실내표면온도}}{\text{실내온도} - \text{외기온도}}$$

예제문제 26

결로 방지대책에 관한 설명으로 가장 적절하지 않은 것은? 【16년 출제유형】

① 실내의 수증기 발생을 억제한다.
② 외부 공기 습도가 낮은 경우 환기를 통하여 실내 습한 공기를 제거한다.
③ 방습층을 단열층의 온도가 높은 곳에 설치한다.
④ 표면결로 방지를 위해 온도차이비율(TDR) 값을 높게 한다.

정답
④ 온도차이비율(TDR) 값을 낮게 한다.

답 : ④

예제문제 27

공동주택에서의 결로 방지에 관한 설명으로 가장 적합하지 않은 것은? 【17년 출제유형】

① 표면 결로를 방지하기 위해 온도차이비율(TDR)을 작게 한다.
② 창에서 유리 중앙보다는 유리 모서리가 특히 결로에 취약하므로 주의가 필요하다.
③ 복층유리의 간봉(Spacer)내부 공간에는 흡습재를 두어 중공층 내부결로를 방지한다.
④ 출입문, 벽체접합부, 외기에 직접 · 간접 접하는 창은 「공동주택 결로 방지를 위한 설계기준」에 따라 결로방지성능을 만족해야 한다.

정답
④ 외기에 간접 면하는 창은 제외

답 : ④

예제문제 28

1차원 정상상태 열전달 조건에서 구한 벽체 실내 표면의 온도차이비율(TDR)이 0.05이고 실내온도 20 ℃, 외기온도 -10 ℃, 실내표면열전달계수가 9.1 $W/m^2 \cdot K$인 경우, 벽체의 실내표면온도와 열관류율은? 【18년 출제유형】

① 19.2 ℃, 0.228 $W/m^2 \cdot K$
② 19.2 ℃, 0.455 $W/m^2 \cdot K$
③ 18.5 ℃, 0.228 $W/m^2 \cdot K$
④ 18.5 ℃, 0.455 $W/m^2 \cdot K$

정답

$$\frac{0.11}{R} = \frac{20 - tsi}{20-(-10)} = 0.05$$

$R = 2.2$

$tsi = 18.5℃$

$K = 0.455 W/m^2 \cdot K$

답 : ④

예제문제 29

실내온도가 20℃이고, 실외온도가 -10℃인 실에서 벽체의 온도차이비율(TDR)은? (단, 벽체 열관류율은 0.27$W/m^2 \cdot K$, 실내표면 열전달률은 9.0$W/m^2 \cdot K$으로 함) 【20년 출제유형】

① 0.030
② 0.045
③ 0.647
④ 0.955

해설

1. r/R=t/T=(ti−tsi)/(ti−to)=TDR
2. (1/9.0)/(1/0.27)=0.030

답 : ①

예제문제 30

열관류율 4W/m^2 · K로 계획된 지중벽체에서의 하절기 실내측 표면결로를 방지하기 위해 단열층을 추가하고자 한다. 다음 조건에서 요구되는 단열층의 최소 두께로 가장 적절한 것은? **【21년 출제유형】**

〈조건〉

- 벽체의 표면열전달저항 : 0.1m^2· K/W
- 지중온도 : 12℃
- 실내온도 : 28℃
- 실내습공기의 노점온도 : 24℃
- 단열층의 열전도율 : 0.030W/m· K

① 3mm ② 4mm
③ 5mm ④ 6mm

해설

$$\frac{r}{R}=\frac{t}{T}$$

$$\frac{0.1}{\frac{1}{4}+\frac{x}{0.03}}=\frac{28-24}{28-12}$$

$x=0.0045(\mathrm{m})=4.5\mathrm{mm}$

답 : ③

예제문제 31

실기 출제유형 [15년]

"공동주택 결로 방지를 위한 설계기준"과 관련하여 다음 물음에 답하시오. (6점)

1) 공동주택의 결로 방지 성능평가를 위해 온도차이비율(TDR)을 산정해야 하는 부위는 (　　　), (　　　), (　　　)이다 (3점)
2) 지역 I(외기온도 : -20℃)에 위치한 공동주택 단위세대에서 TDR 산출부위의 실내표면온도가 16℃일 때 TDR 값을 산출하시오. (3점)

정답

1) 출입문, 벽체 접합부, 외기에 직접 면하는 창
2) 계산과정 작성란

$$TDR=\frac{\text{실내온도}-\text{대상부위의 실내표면온도}}{\text{실내온도}-\text{외기온도}}$$

$$=\frac{25-16}{25-(-20)}$$

$$=0.2$$

실기 출제유형 [22년]

예제문제 32

다음 벽체 부위의 ㉠실내표면온도(℃), ㉡열관류율($W/m^2 \cdot K$), ㉢실외표면온도(℃)를 구하시오.(4점)

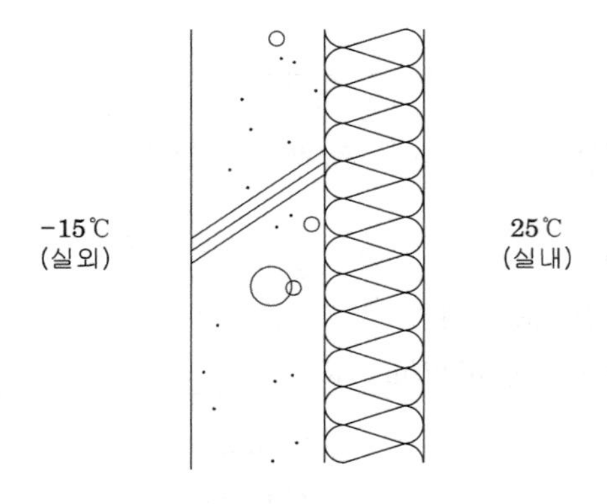

〈조건〉

- 벽체 부위의 TDR : 0.02
- 실내표면열전달저항 : 0.110 $m^2 \cdot K/W$
- 실외표면열전달저항 : 0.043 $m^2 \cdot K/W$

정답

㉠ 실내표면온도

$$\frac{r}{R} = \frac{t}{T} = \frac{t_i - t_{si}}{t_i - t_o} = TDR$$

$$\frac{0.110}{R} = \frac{25 - t_{si}}{25 - (-15)} = 0.05$$

$\therefore\ R = 2.2(m^2 \cdot K/W)$

$t_{si} = 23℃$

㉡ 열관류율

$$K = \frac{1}{R} = \frac{1}{2.2} = 0.455\,W/m^2 \cdot K$$

㉢ 실외표면온도

$$\frac{r}{R} = \frac{t}{T} = \frac{t_{so} - t_o}{25 - (-15)}$$

$$\frac{0.043}{2.2} = \frac{t_{so} - (-15)}{40}$$

$t_{so} = -14.22℃$

05 종합예제문제

1 습공기선도(psychrometric chart)에 나타나 있지 않는 것은 다음 중 어느 것인가?

① 수증기압 ② 건구온도
③ 습구온도 ④ 풍속

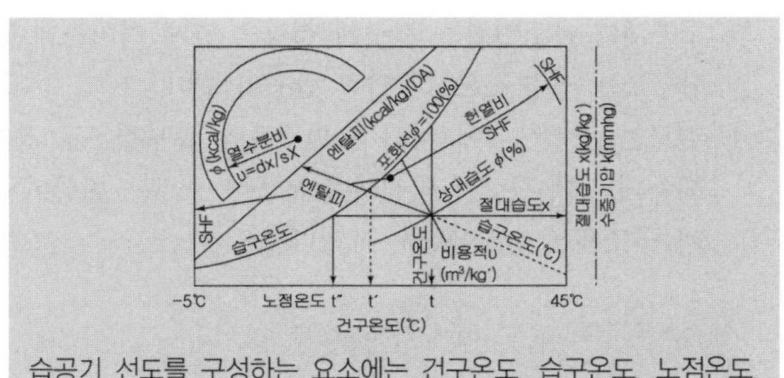

습공기 선도를 구성하는 요소에는 건구온도, 습구온도, 노점온도, 절대습도, 상대습도, 수증기분압, 비용적, 엔탈피 등이 있다.

2 겨울철 결로방지에 관한 기술 중 가장 옳은 것은?

① 표면 결로는 벽체표면 온도가 접촉하고 있는 공기의 노점 온도보다 높아야 방지할 수 있다.
② 각 실의 공기체적을 크게 하고 실내의 열용량을 크게 한다.
③ 벽이나 천장의 실내측 표면 온도를 낮추어 실내외 온도차를 적게 한다.
④ 온도 구배를 낮게 하고, 노점 온도의 구배를 높게 한다.

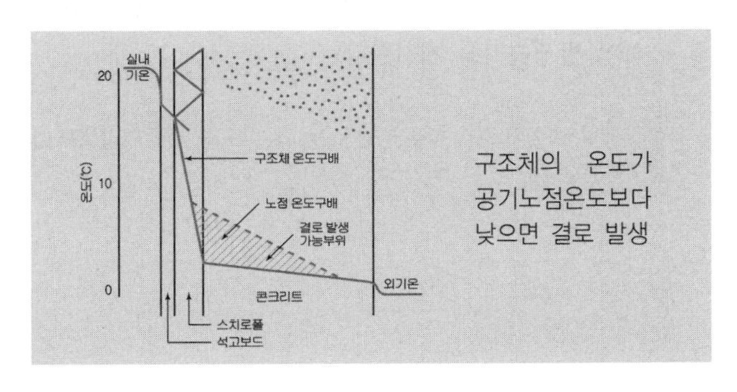

구조체의 온도가 공기노점온도보다 낮으면 결로 발생

3 내부결로 방지를 위한 벽체의 설계방법으로 부적당한 것은 다음 중 어느 것인가?

① 단열재의 위치를 방습층보다 실내측에 두는 것은 절대로 피한다.
② 각 재료층의 열저항값은 내부에서 외부에 면한 방향으로 점차 작아지게 한다.
③ 구조체 내부에 있는 수증기는 밖으로 배출할 수 있어야 하므로 외벽표면은 방수를 하더라도 수증기가 통과될 수 있도록 계획한다.
④ 각 재료층의 투습저항값은 내부에서 외부에 면한 방향으로 점차 작아지게 한다.

열저항이 높은 단열재는 열류흐름 반대방향 즉, 저온측에 설치한다. 따라서 열저항값은 내부에서 외부로 갈수록 커지는 것이 구조체 내부온도를 높게 유지할 수 있어 내부결로를 방지할 수 있다. 힌트, 내단열보다는 외단열이 내부결로 방지에 유리하다.

4 다음 중 결로 방지방법이 아닌 것은?

① 습기발생 억제
② 열손실 방지를 위한 구조의 기밀화
③ 난방을 통한 실내기온 상승
④ 단열을 통한 열손실 감소

구조가 기밀화됨에 따라 틈새를 통한 열손실은 줄일 수 있으나, 환기부족에 따른 습기의 실내정체로 결로발생 가능성이 높아질 수 있다.

해설 1. ④ 2. ① 3. ② 4. ②

5 겨울철 벽체의 결로 방지를 위한 방안으로 가장 부적합한 것은?

① 방습층은 벽체의 외벽면에 가깝게 설치한다.
② 실내 습도를 낮춘다.
③ 벽체의 단열 성능을 높인다.
④ 환기를 자주하도록 한다.

방습층은 벽체의 실내측(고온측)에 설치한다.

6 결로현상에 대한 설명 중 적합하지 않은 것은 어느 것인가?

① 실내의 상대습도가 높으면 표면결로가 발생하기 쉽다.
② 열교(Heat Bridge)가 생기면 결로하기 쉽다.
③ 결로는 단열과 관계가 있으나 방습층과는 무관하다.
④ 실내공기의 노점이 실내 벽의 표면온도보다 높으면 결로가 생긴다.

방습층을 단열재의 고온측에 설치하면 구조체의 내부결로를 줄일 수 있다.

7 대기중의 습도를 나타내는 설명 중 가장 부적당한 것은?

① 절대 습도 : $1cm^3$의 공기중에 포함되어 있는 수증기의 무게(g/cm^3)
② 비습 : 1kg의 공기중에 포함되어 있는 수증기의 무게(g/kg)
③ 수증기압 : 습한 공기의 압력가운데 수증기만이 차지하는 압력 또는 장력(mmHg)
④ 포화상태 : 공기가 실제로 포함할 수 있는 모든 수증기를 포함하고 있는 상태

비습이란 비교습도의 줄인 말로 상대습도의 다른 표현이라 볼 수 있다.
$\frac{\text{그 온도에서의 현재 수증기량}}{\text{어떤 온도에서의 포화수증기량}} \times 100(\%)$로 나타낼 수 있다.

8 건물의 결로(結露)에 대한 다음 설명 중 가장 부적당한 것은?

① 다층구성재(多層構成材)의 외측(저온측)에 방습층이 있을 때 결로를 효과적으로 방지할 수 있다.
② 온도차에 의해 벽표면 온도가 실내공기의 노점온도보다 낮게 되면 결로가 발생하며, 이러한 현상은 벽체내부에서도 생긴다.
③ 구조체의 온도변화는 결로에 영향을 크게 미치는데, 중량구조는 경량구조보다 열적 반응이 늦다.
④ 결로는 발생부위에 따라 표면결로와 내부결로로 분류되는데, 내부결로가 발생되면 부풀어 오르는 현상이 생겨 구조체에 손상을 줄 수 있다.

방습층은 내측(고온측)에 설치한다.

9 표면결로에 대한 설명으로 가장 부적합한 것은?

① 실내공기의 수증기압이 벽의 표면온도에 따른 포화 수증기압보다 낮을 때 발생한다.
② 결로방지를 위해서는 벽체의 표면온도를 실내공기의 노점온도보다 높게 한다.
③ 건물의 표면온도가 공기의 노점온도보다 낮을 때 발생한다.
④ 방지대책으로 실내 수증기 발생을 억제하고 환기를 통하여 발생습기를 제거한다.

실내공기 수증기압이 벽표면 온도에 따른 포화 수증기압보다 높을 때 발생

해설 5. ① 6. ③ 7. ② 8. ① 9. ①

10 **건축물의 결로현상에 대한 설명으로 가장 부적합한 것은?**

① 결로의 원인으로는 실내·외 온도차, 실내습기의 과다발생, 시공불량 등이 있다.
② 결로는 온도차에 의해 벽표면 온도가 실내공기의 노점온도보다 낮게 되면 발생한다.
③ 발생부위에 따라 표면결로와 내부결로로 분류된다.
④ 결로는 외벽의 열관류율이 낮을수록 심하다.

외벽의 열관류율이 높을수록 심하다.

11 **일반거실의 공기의 성질에 관한 기술 중 부적당한 것은?**

① 온도 이외의 조건이 같다면 차가운 공기를 가열해도 절대습도는 변하지 않는다.
② 온도가 같다면 상대습도가 높아질 때 절대습도와 수증기분압도 높아진다.
③ 상대습도가 같다면 온도가 낮은 공기와 높은 공기는 같은 량의 수증기를 포함한다.
④ 외기에 접한 창유리의 온도가 실내공기의 노점온도보다 낮게 되면, 그 창유리의 실내측 표면에 결로가 생기게 된다.

③ 상대습도가 같을 경우, 온도가 높은 공기가 더 많은 수증기량을 포함한다.

12 **실내의 습한 공기에 관한 다음의 기술 중 가장 적당하지 않는 것은?**

① 상대습도가 동일한 상태에서 건구온도가 증가하면 습공기 중에 포함된 수증기량도 증가한다.
② 건구온도가 일정한 경우, 상대습도가 낮아지면 노점온도도 낮아진다.
③ 건조한 공기일수록 건습구온도차가 작으며, 현열비는 크다.
④ 상대습도를 일정하게 유지한 채, 건구온도를 상승시키기 위해서는 가열과 가습이 필요하다.

건조한 공기일수록 건습구온도차가 크고, 현열비는 크다.

13 **실내의 습한 공기(수증기를 포함한 공기)에 관한 다음의 기술 중 가장 적당하지 않는 것은?(단, 대상으로 한 습한 공기는 1기압으로 하고, 또 실내는 무풍상태로 한다.)**

① 상대습도가 동일해도 건구온도가 다르면, 공기 $1m^3$ 중에 포함된 수증기량은 다르다.
② 건구온도가 일정한 경우, 상대습도가 낮은 만큼 노점온도도 낮게 된다.
③ 외기에 접한 창유리의 온도가 실내공기의 노점온도보다 낮게 되면, 그 창유리의 실내측의 면에 결로가 생기게 된다.
④ 상대습도를 일정하게 유지한 채, 건구온도를 상승시키기 위해서는 가열과 제습을 동시에 행할 필요가 있다.

가열과 가습을 해야 한다.

해설 10. ④ 11. ③ 12. ③ 13. ④

14 벽체의 결로 발생에 대한 설명 중 옳지 않은 것은?

① 실내공기의 수증기압이 항상 포화수증기압보다 낮으면 표면 결로는 일어나지 않는다.
② 표면결로는 실온을 높이거나 실내수증기압을 낮추면 막을 수 있다.
③ 구조체의 내부 결로는 구조체의 온도구배가 항상 구조체의 노점온도 구배보다 높으면 발생하지 않는다.
④ 구조체의 내부 결로는 구조체 어느 위치에 있어서의 수증기압이 그 위치의 온도에 해당하는 포화수증기압보다도 낮으면 발생한다.

> 구조체의 내부 결로는 구조체 어느 위치에 있어서의 수증기압이 그 위치의 온도에 해당하는 포화수증기압보다도 높으면 발생한다.

15 그림과 같은 단면의 벽체에서 벽체내부의 노점온도 분포가 점선과 같은 경우, 이 벽체의 내부 결로에 관한 다음 기술 중 가장 적당한 것은 무엇인가?(단, 벽체에 A~E면의 온도는 표에 나타난 대로 한다.)

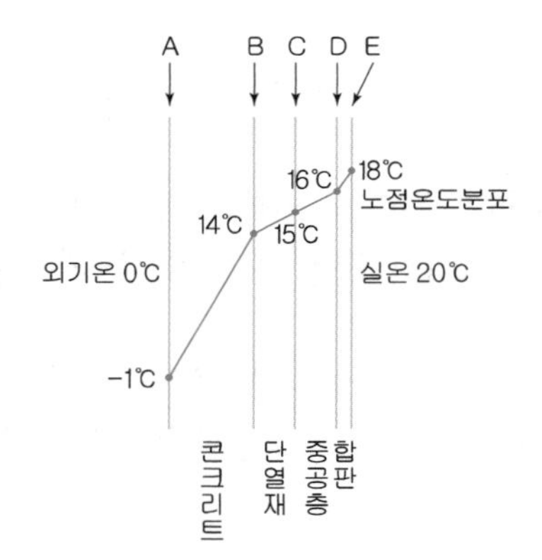

A~E면의 온도

면	온도
A	0.3℃
B	1.1℃
C	16.3℃
D	18.3℃
E	18.7℃

① 내부 결로는 발생하지 않는다.
② 콘크리트의 내부에서 결로가 발생한다.
③ 콘크리트의 내부와 단열재의 내부에서 결로가 발생한다.
④ 콘크리트의 내부와 단열재의 내부 및 중공층의 내부에서 결로가 발생한다.

> 온도구배가 노점온도보다 낮은 구간을 찾는다.

16 방습층의 시공에 관한 설명 중 틀린 것은?

① 방습층은 보통 단열층의 온도가 낮은쪽에 설치하면 효과적이다.
② 방습층은 보통 단열층의 온도가 높은쪽에 설치하면 효과적이다.
③ 외부표면은 방수처리를 하더라도 수증기는 투과할 수 있도록 하는 것이 좋다.
④ 단열재가 천장 쪽에 설치된 찬지붕의 경우 방습층은 단열층에서 따뜻한 쪽으로 설치한다.

> ① 방습층은 항상 열이 흘러들어오는 쪽에 설치하여야 한다. 따라서 온도가 높은 쪽에 설치

17 주거용 건물의 방습층 및 단열재 설치 위치에 대한 설명 중 틀린 것은?

① 다층 구성재로 이루어진 외피의 경우, 열이 흘러나가는 쪽에 열저항이 큰 재료를 배치한다.
② 내단열의 경우 방습층은 보통 단열층의 온도가 높은 쪽에 설치하면 효과적이다.
③ 투습저항이 큰 재료는 열이 흘러들어가는 방향에 설치하는 것이 좋다.
④ 구조체내의 내부결로를 방지하기 위해 구조체의 노점온도구배가 온도구배보다 높게 유지되도록 단열재와 방습층을 설치한다.

> ④ 구조체내의 내부결로를 방지하기 위해 구조체의 온도구배가 노점온도구배보다 높게 유지되도록 단열재와 방습층을 설치한다.

해설 14. ④ 15. ③ 16. ① 17. ④

18 다음 건축자재 중 투습비저항이 가장 큰 것은?

① 공기
② 콘크리트
③ 폴리스티렌판
④ 알루미늄박

위의 재료들의 투습비저항은 아래와 같다.
① 공기: 5.5MNs/gm
② 콘크리트: 30~100MNs/gm
③ 폴리스티렌판: 145~500MNs/gm
④ 알루미늄박: 4000MNs/gm

19 다음 중 벽체의 노점온도를 구하기 위해 필요한 정보가 아닌 것은?

① 실내외 공기온도
② 실내외 수증기분압
③ 벽체 구성 재료의 두께
④ 벽체 구성 재료의 투습비저항

벽체의 노점온도를 구하기 위해서는 벽체 구성 재료의 두께, 투습비저항, 실내외 공기의 수증기압, 습공기선도 등이 필요하다

20 국내 건축물 에너지 절약 설계기준에서 정하고 있는 방습층의 기준으로 맞는 것은?

① 투습도 하루 30g/m² 이하
② 투습 저항 0.28g/m²·h·mmhg 이상
③ 투습계수 0.004μg/Ns 이하
④ 투습계수 0.28g/m²·h·mmhg 이하

투습도 24시간당 30g/m² 이하
투습계수 0.28g/m²·h·mmhg 이하

21 온도차이비율에 대한 설명으로 맞지 않는 것은?

① 실내온습도와 외부온도와의 관계에 따라 해당부위에 결로발생여부를 판단하는 지표로 활용한다.
② 0~1사이의 값으로 낮을수록 결로방지성능이 뛰어남을 의미한다.
③ 국내 결로방지성능기준의 TDR값은 실내조건이 온도 20℃, 상대습도 50%에 맞춰있다.
④ 창의 TDR 값은 부위가 3개소로 나누어 평가한다.

③ 국내 결로방지성능기준의 TDR값은 실내조건이 온도 25℃, 상대습도 50%에 맞춰있다.

22 공동주택 결로방지를 위한 설계기준에 관한 다음 설명 중 옳지 않은 것은?

① 온도차이비율(TDR: Temperature Difference Ratio)이란 실내와 외기의 온도차에 대한 실내와 적용대상부위의 실내표면온도차를 말한다.
② 부위별 표면결로 방지를 위해서는 TDR값이 지역을 고려한 주요 부위별 결로방지 성능기준보다 높아야 한다.
③ TDR 계산을 위한 실내온습도는 25℃, 50%, 외기온도는 Ⅰ, Ⅱ, Ⅲ지역별로 -20℃, −15℃, −10℃를 적용한다.
④ 공동주택 세대 내의 출입문, 벽체접합부, 외기에 직접 접하는 창은 결로방지 성능에서 정하는 온도차이비율 이하의 결로 방지 성능을 갖추도록 설계해야 한다.

② TDR값이 지역을 고려한 주요 부위별 결로방지 성능기준보다 낮아야 표면결로를 방지할 수 있다.
온도차이비율(TDR)

$$= \frac{\text{실내온도} - \text{적용대상 부위의 실내표면온도}}{\text{실내온도} - \text{외기온도}} \text{ 에서}$$

적용대상부위의 표면온도가 높을수록 표면결로발생가능성이 낮아지며, TDR값도 낮아진다.

해설 18. ④ 19. ① 20. ④ 21. ③ 22. ②

memo

제 6 장

일사와 일조

일사와 일조

1 기초사항

1. 태양의 방사

■ 일조는 자외선에 의한 생육작용과 살균작용을 중심으로 한 태양에너지 효과를 의미하나, 일사는 적외선에 의한 복사열 효과를 말한다.

태양광선은 약 200~3,000nm(nanometer = 10^{-9}m)의 파장을 갖고 있는 전자기파(electromagnetic wave)로 구성되어 있으며 파장의 길이에 따라 다음과 같이 분류할 수 있다.

(1) 자외선(紫外線)

파장이 200~380nm로, 생물에 대한 생육작용과 살균작용을 한다.

■ 태양으로부터 복사되는 에너지의 48%는 적외선역에 있는 전자기파에 의한 것이다.

(2) 가시광선(可視光線)

파장이 380~760nm로 눈에 보이는 빛이다.

(3) 적외선(赤外線)

파장이 760~3,000nm로 열적효과를 갖고 있어 열선이라고도 한다.

2. 진태양시, 평균태양시, 균시차

(1) 진태양시

실제로 태양이 남중했을 때부터 다음 남중시까지를 하루로 하고 그것을 균일하게 등분한 시간으로 24시간 ±15 범위에서 조금씩 변한다.

(2) 평균태양시

현재 사용하고 있는 시간지표로 진태양시를 1년에 걸쳐 평균한 값으로 1일을 24시간으로 함

(3) 균시차

진태양시와 평균태양시와의 차, 1년 중 균시차가 0이 되는 즉, 진태양시와 평균태양시가 같은 경우는 4번 있다.

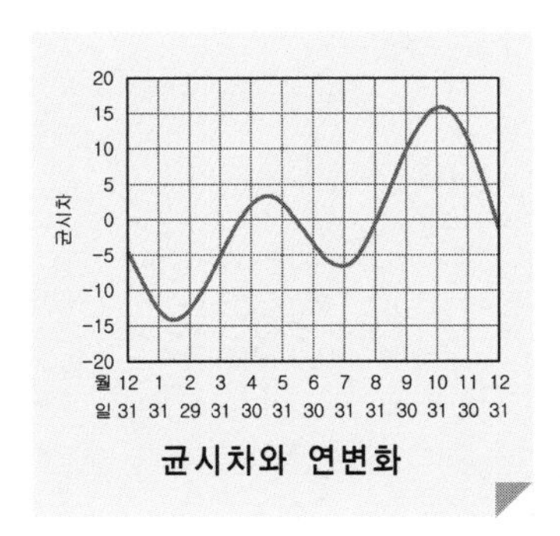

균시차와 연변화

3. 태양의 위치

지상에 도달하는 태양광선의 양은 태양의 위치, 대기의 상태 및 주변환경 조건 등에 의해 변한다. 태양의 위치는 태양의 고도(h)와 방위각(A)으로 표시하며, 그 지방의 위도와 일년 중의 계절 및 하루 중의 시간에 따라 결정된다.

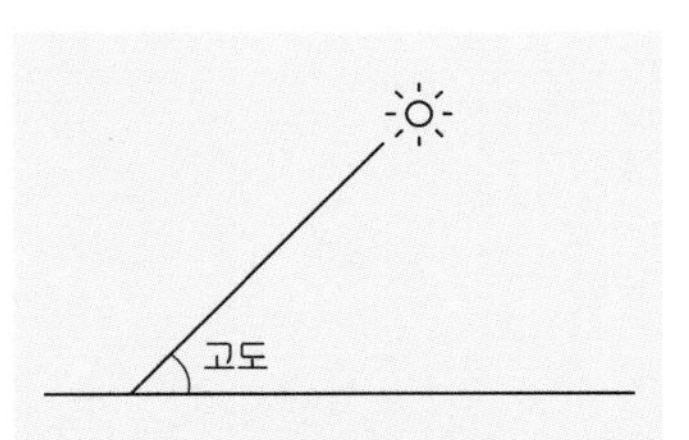

■ 태양고도 : 지평선과 태양이 이루는 각도

(1) 위도에 따른 태양의 남중고도 약산법

태양고도(h) = 90° − 그 지방의 위도 + 적위(±23.5°)

하지 때의 적위는 +23.5°, 동지 때의 적위는 −23.5° 이므로 서울(위도 37.5°)의 태양고도를 계산해 보면 다음과 같다.

① 하지 때의 태양남중고도(h) = 90° − 37.5° + 23.5 = 76°

② 동지 때의 태양남중고도(h) = 90° − 37.5° − 23.5 = 29°

남중고도란 태양이 정남에 왔을 때, 즉 정오의 태양고도를 말한다.

N
W E
방위각
S

■ 방위각 : 정남으로부터의 각도

(2) 태양의 방위각

정남(0°)를 중심으로 동쪽은 −, 서쪽은 +를 붙여 사용하며 춘추분 때 일출시의 태양고도는 0°, 방위각은 −90° 이며, 일몰시의 방위각은 +90° 이다.

■ 태양 남중고도 약산법

90°
−37.5° (위도)

52.5° (춘·추분)
±23.5° (태양의 적위)

76° (하지)
29° (동지)

(3) 태양의 경로

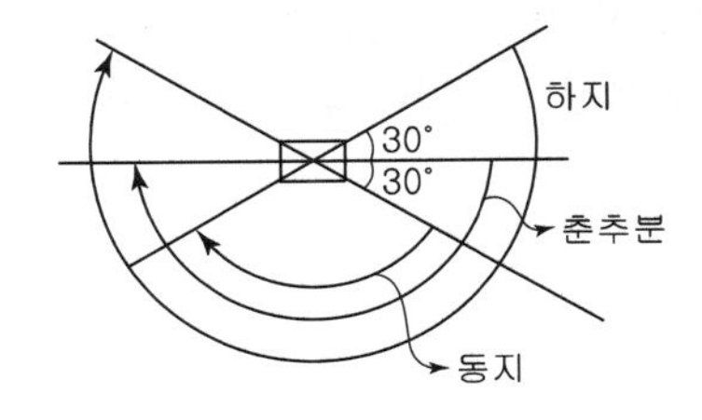

춘추분(3월 21일과 9월 21일)에는 태양이 정동에서 떠서 정서로 지므로 낮과 밤의 길이가 각각 12시간으로 같다. 동지(12월 21일)때는 태양이 정동에서 남쪽으로 30° 지난 방향에서 떠서 정서에서 남쪽으로 30° 치우친 방향으로 진다. 태양은 24시간 동안 360°를 이동하므로 1시간에 15° 이동한다. 따라서 동지 때는 춘추분에 비해 해가 2시간 후에 떠서 2시간 전에 진다. 그래서 낮의 길이는 8시간, 밤의 길이는 16시간이다. 하지 때는 이와 반대현상이라 보면 된다.

예제문제 01

위도 34.5°인 부산 지역에서, 동지 때 태양이 남중시 높이 H인 건물의 일영길이는?

【13년 1급 출제유형】

① 1.2H ② 1.4H
③ 1.6H ④ 1.8H

해설

1. 태양의 남중고도

$$\begin{array}{r} 90° \\ -34.5° \\ -23.5° \\ \hline 32° \end{array}$$

2.

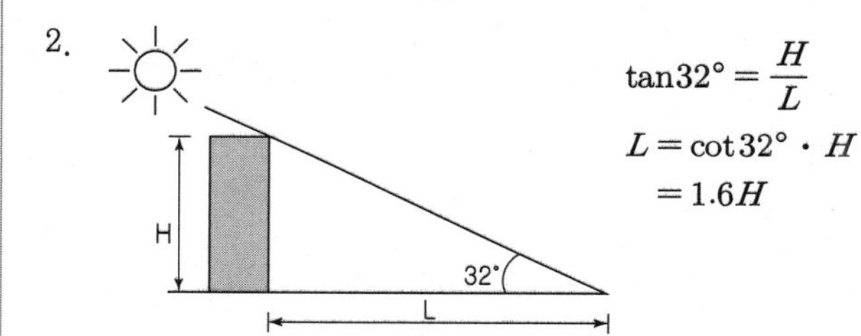

$$\tan 32° = \frac{H}{L}$$

$$L = \cot 32° \cdot H = 1.6H$$

답 : ③

예제문제 02

태양위치 및 일사에 대한 설명으로 가장 적합하지 않은 것은? **【17년 출제유형】**

① 진태양시와 평균태양시의 차이를 균시차라하며, 지구 공전속도가 일정하지 않기 때문에 발생한다.
② 태양이 남중할 때 태양방위각을 0이라고 하면, 정남에서 동(오전)은 +, 서(오후)는 -값을 갖는다.
③ 지구 대기권 표면에 도달하는 연평균 법선면 일사량을 태양정수라 하며, 통상 1,353W/m^2값을 갖는다.
④ 지표면에 도달하는 법선면 직달일사량을 태양정수로 나눈 값을 대기투과율이라 하며, 대기중 수증기량과 오염도에 따라 값이 변화한다.

해설

② 태양 방위각은 동쪽은 −, 서쪽은 + 값을 갖는다.

답 : ②

예제문제 03

다음 그림과 같이 위도 35.0° N인 지역에 건물 A와 건물 B가 남북방향으로 배치되어 있을 때, 동짓날 남중 시 건물 A에 의해 건물 B에 발생하는 음영의 높이(L)로 가장 적절한 것은? 【21년 출제유형】

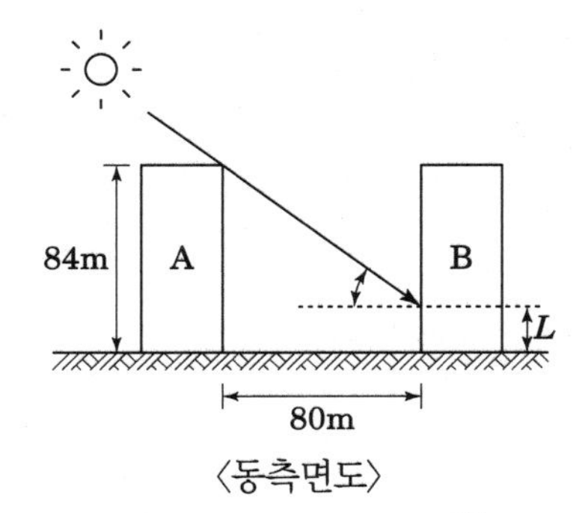

〈동측면도〉

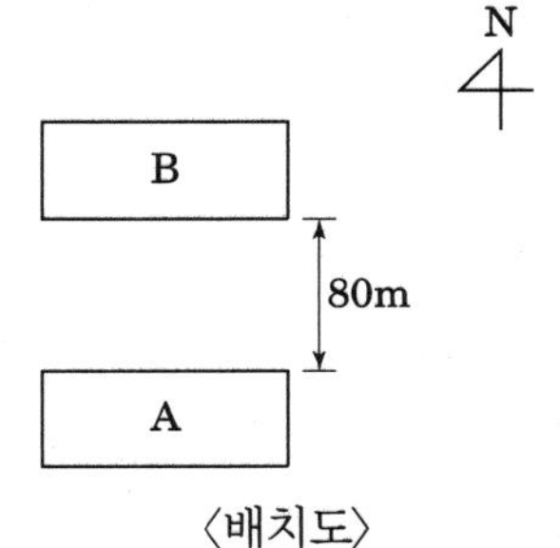

〈배치도〉

① 21m　　② 35m
③ 44m　　④ 52m

해설

1. 동지 남중고도

$$\begin{array}{r} 90^\circ \\ -35^\circ \\ -23.5^\circ \\ \hline 31.5^\circ \end{array}$$

2. 음영이 생기지 않는 A 건물 높이

$80 \times \tan 31.5^\circ = 49(m)$

3. B 건물의 음영높이

$84 - 49 = 35(m)$

답 : ②

4. 신태양궤적도

균시차를 고려한 태양궤적도로 특정월일의 태양궤적과 시각선이 나타나 있어 태양고도와 방위각을 쉽게 찾을 수 있다.

시각선 중 실선은 동지부터 하지까지, 점선은 하지부터 동지까지를 나타낸다.

사용방법은 우선 구하고자 하는 지역의 위도에 맞는 태양궤적도를 찾고, 태양궤적도에서 알고자 하는 월·일의 태양궤적을 찾아, 시각선과 만나는 교점을 표시한다. 이 교점의 동심원 값이 태양고도이며, 그 점에서 방사선으로 그었을 때 외주원호와 만나는 점의 값이 방위각이다.

■ 그림에서 P점은 서울의 3월 6일 15시의 태양위치이며, 태양 고도는 36°, 태양방위각은 44°를 나타내고 있다.

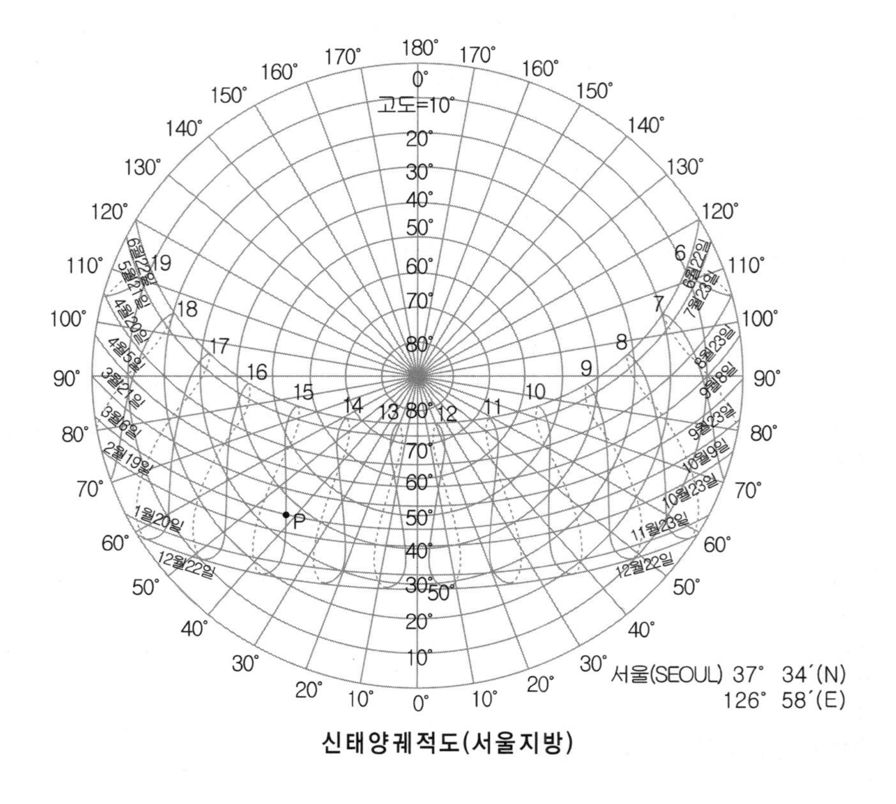

신태양궤적도(서울지방)

5. 신월드램 태양궤적도

신월드램 태양궤적도(太陽軌跡圖)는 관측자가 천구상의 태양경로를 수직평면상의 직교좌표로 나타낸 것으로 태양의 궤적을 입면상에 그릴 수 있기 때문에 매우 이해하기 쉽고 편리한 방법이다. 특히 태양열 획득을 위한 건물의 좌향, 외부공간의 계획, 내부의 실배치, 창, 차양장치, 식생 및 태양열 집열기(集熱器) 설계를 하는데 있어서는 필수적이다.

■ 특정지역의 위도에 따른 연중태양궤적을 고도와 방위각으로 표현하고 있어, 일조분석지점에서 일조를 방해하는 구조물의 고도각과 방위각을 산출하여 표시함으로써 일조확보정도, 가조시간 등을 구할 수 있다.

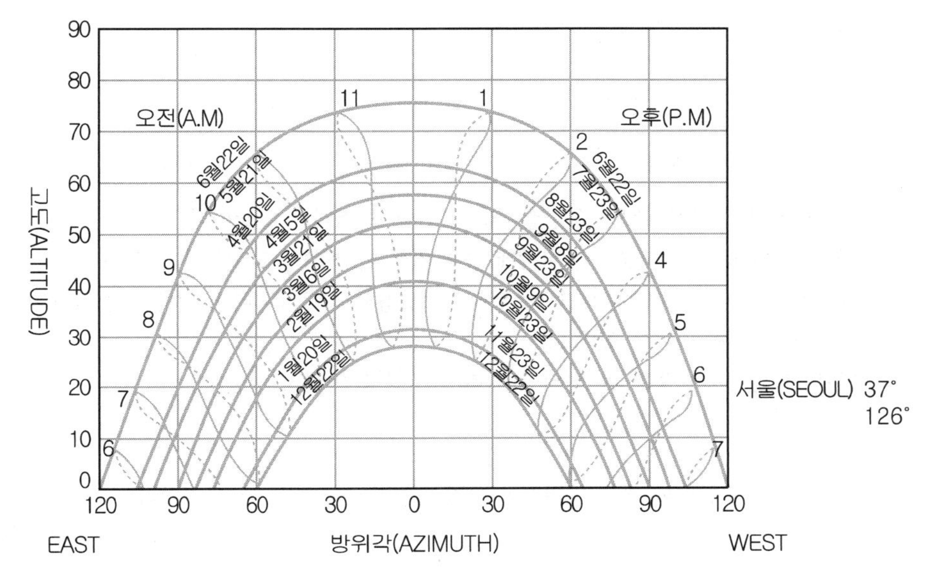

신월드램 태양궤적도

예제문제 04

다음 그림과 같이 서울 지역에 위치한 건물의 남향 입면 커튼월에 의한 태양광 경면 반사 영향을 검토하고자 한다. 이에 대한 내용으로 가장 적절하지 <u>않은</u> 것은? (단, 남측 입면은 수직면이며 모두 경면 반사체인 유리로 가정) 【20년 출제유형】

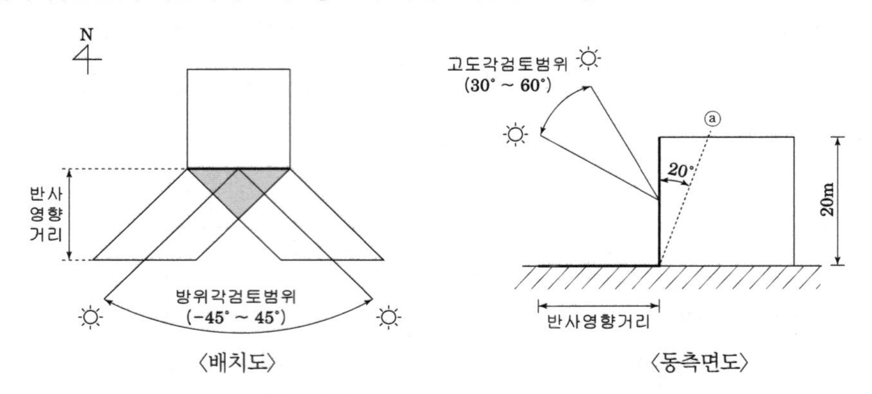

〈배치도〉 〈동측면도〉

① 남중시 태양 고도각 45도 조건에서의 반사 영향 거리는 20m이다.
② 태양 고도각이 동일한 경우 방위각에 관계 없이 반사 영향 거리는 동일하게 나타난다.
③ 남향 입면을 ⓐ와 같이 수직면으로부터 20도 경사지게 계획하면 남중 조건에서 반사 영향 거리가 증가될 수 있다.
④ 유리의 태양열취득률은 반사 영향 거리에 영향을 미치지 않는다.

해설
② 태양 고도각이 동일한 경우 방위각이 커질수록 반사영향거리는 증가한다.

답 : ②

2 일사(日射)

1. 우리나라의 일사

그림은 서울지방의 청명일에 벽체의 단위면적당 입사하는 일사량을 방위 별로 나타낸 것이다. 이 그림에서 수평면 일사량은 여름에 매우 많고, 남향 수직면의 일사량은 여름에 적은 반면 겨울에는 많아지며, 동서향 수직면에서는 일사량이 여름에 많아지고 겨울에 적은 것을 알 수 있다.

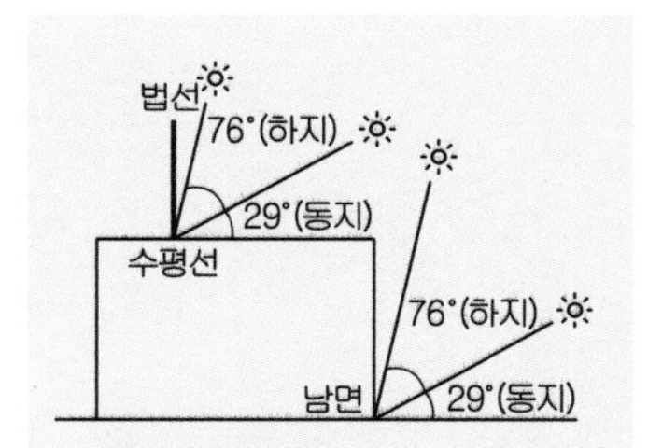

■ 어느 지점에 입사되는 일사량은 법선 기준의 입사각이 작을수록 크다. 남면의 경우 동지 정오의 입사각은 29°, 하지의 입사각은 76° 이다. 따라서 겨울철 일사량이 여름철 일사량보다 많다. 수평면의 경우 하지 정오의 입사각은 14° (90° – 76°)로서 동지 정오의 입사각 61° (90° – 29°)보다 작으므로 여름철 일사량이 겨울철 일사량보다 많다.

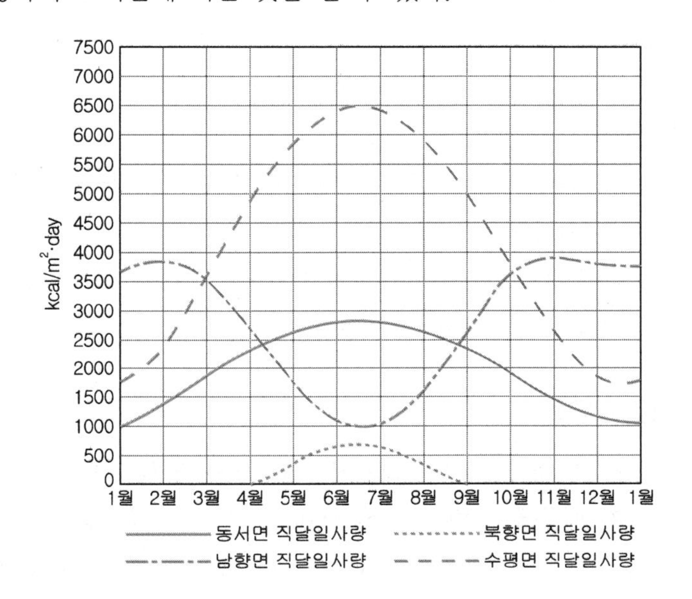

방위별 단위면적당 일평균 직달일사량

2. 일사량

일사는 태양으로부터 받는 열의 강함을 표현하는 말이다.

일사량은 단위시간(單位時間)에 단위면적당(單位面積當) 받는 열량으로 표현하며 일반적으로 단위는 W/m²(kcal/m²·h)를 사용하고 있다.

일사는 직달일사와 천공일사(天空日射)로 나눌 수 있으며, 양자를 합하여 전천공 일사(全天空日射)라고 한다.

① 직달일사 : 태양으로부터 복사로 지구 대기권외(大氣圈外)에 도달하여 대기를 투과해서 직접 지표에 도달한 것을 직달일사라고 한다. 그 일사량은 대기 중의 수증기와 먼지, 태양고도와 수조면의 각도 등에 의해 영향을 받는다.

■ 직접 지표면에 도달하는 직달일사량은 대기권 밖의 면이 받는 일사량의 26%에 해당하고 대기 중에서 확산 또는 산란반사되어 지표면에 도달하는 확산일사량은 약 25%에 해당한다. 직달일사량과 확산일사량의 합계를 全日射量(global radiation : 51% 해당)이라고 하며, 보통 일사량이라 할 때는 전일사량값을 의미한다.

② 천공일사(확산일사) : 태양으로부터 복사되어 비교적 파장이 짧은 것은 공기분자, 먼지 등에 의해 산란을 일으켜 천공전체로 부터 방향성이 없는 일사로 되어 지상에 도달한다. 이것을 천공일사라고 한다. 수평면이 받는 천공일사량은 태양고도가 높을수록, 그리고 대기혼탁도가 클수록 크다. 천공일사성분은 청명일에 대기권에서 산란에 의하여 일사의 방향이 달라진 후 지표면에 도달하는 일사량과 담천일에 구름에 반사된 일사량으로 나눌 수 있다.

③ 반사일사 : 직달일사와 천공일사가 지면으로부터 다시 반사되어 받는 일사를 말한다.

(1) 일사량의 측정

기상청 등에서는 보통 직달일사와 천공일사를 합한 전천공일사량을 수평면에서 측정하고, 수평면 일사량으로 데이터를 내놓고 있다.
측정기는 열전대(熱電對)를 사용해서 일사량을 측정하는 에프리형 일사계와 개량형인 네오형 전철일사계가 쓰이고 있다.

(2) 태양정수(太陽定數)

태양으로부터 지구의 대기권 밖에 도달하는 일사량은 지구와 태양의 거리가 항상 일정한 것이 아니기 때문에 계절에 따라 다르다. 그러나 1년을 평균하면 일사의 방향에 수직인 면에서 받는 법선면 일사량(法線面 日射量)은 1373W/m²(1180kcal/m²·h)이다. 이것을 태양상수(또는 태양정수)라 하며, J_0로 표시한다. 이와 같이 일부는 대기중의 수증기와 먼지에 의해 흡수되거나 산란되어 지표에 도달하는 것이 불가능하지만 태양정수는 대기중에 흡수되기 전의 일사량으로 본다.

(3) 대기투과율

■ 대기투과율이 클수록 대기혼탁도가 낮을수록 직달일사 성분이 많아지고 천공일사 성분이 줄어든다.

대기중에 수증기와 먼지의 양이 많으면 대기를 투과하는 일사량은 적게 된다.
지표에 도달한 법선면 직달일사량을 J로 하면 J/J_0 즉, 태양정수에 대한 직달일사량의 값을 대기투과율이라 하며, P로 표시한다. 이것은 대기의 투명도를 표시하는 값으로서 대기오염 지역은 그 밖의 지역보다 일반적으로 그 값이 작게 나온다.

(4) 직달일사량

직달일사량 가운데는 방사되는 방향에 수직으로 받는 법선면일사량 J가 수평면, 수직면 등의 수조면 가운데서 최대치를 표시한다. 이것은 태양고도에 의해 차이가 나며, 고도가 높을수록 일사량도 커진다. J는 다음 식에 의해 구할 수 있다.

직달일사량 : $J = J_O \cdot P\mathrm{cosec}h(\mathrm{kcal/m^2 \cdot h})$

여기서 p : 대기투과율
h : 태양고도(°)
J_O : 태양정수($1180\mathrm{kcal/m^2 \cdot h}$)

위의 식에서 구한 J를 사용한 수평면직달일사량(水平面直達日射量) J_H와 연직면직달일사량(鉛直面直達日射量) J_V도 구할 수 있고 다음 식과 같이 표현할 수 있다.

$$J_H = J \cdot \sin h(\mathrm{kcal/m^2 \cdot h})$$
$$J_V = J \cdot \cos h \cdot \cos(A-a)(\mathrm{kcal/m^2 \cdot h})$$

여기서 A : 태양방위각(진남향을 0°로 한다.)
a : 계산할 연직면의 방위(진남향을 0°로 한다.)

예제문제 05

일사에 대한 설명으로 가장 적절하지 않은 것은? **【16년 출제유형】**

① 직달일사는 태양의 복사선이 대기를 투과하여 지상에 도달한 것이다.
② 대기투과율은 대기의 투명도를 표시한 값이다.
③ 태양상수는 지상에 도달하는 평균 일사량이다.
④ 천공일사는 태양의 복사선이 대기 중에 산란되어 지상에 도달한 것이다.

해설
③ 지상 → 대기권

답 : ③

예제문제 06

아래 그림은 우리나라 건물부위별 일사량을 나타낸다. 그림에 대한 설명이 옳은 것은? 【17년 출제유형】

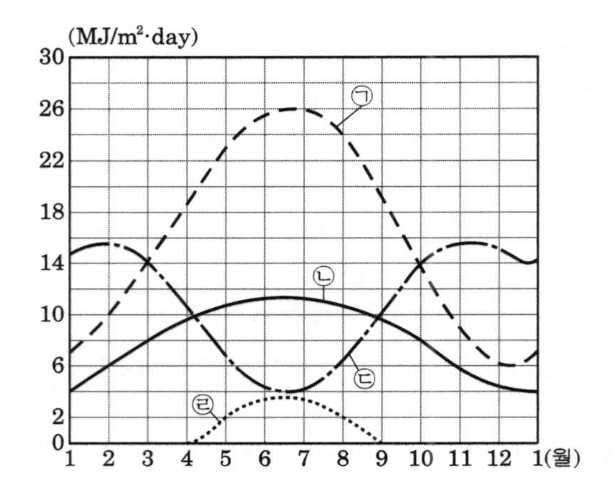

① ㉠ - 남측면 직달일사량
② ㉡ - 동서측면 직달일사량
③ ㉢ - 북측면 직달일사량
④ ㉣ - 수평면 직달일사량

해설

㉠ - 수평면, ㉢ 남면, ㉣ 북면

답 : ②

예제문제 07

일사에 대한 설명으로 다음 보기 중 적절한 내용을 모두 고른 것은? 【18년 출제유형】

〈보 기〉

㉠ 대기투과율이 낮을수록 직달일사량은 많아진다.
㉡ 대기투과율은 태양상수에 대한 지표면 천공일사량으로 계산된다.
㉢ 태양고도가 높을수록 수평면 종일 직달일사량은 많아진다.
㉣ 우리나라에서 정남향 수직면에 도달하는 춘분의 종일 직달일사량이 하지의 종일 직달일사량보다 더 크다.

① ㉠, ㉢
② ㉡, ㉣
③ ㉡, ㉢
④ ㉢, ㉣

해설

㉠ 대기투과율이 높을수록 직달일사량은 많아진다.
㉡ 대기투과율은 태양상수에 대한 지표면 직달일사량으로 계산된다.

답 : ④

예제문제 08

일사에 대한 설명으로 가장 적절하지 않은 것은? 【19년 출제유형】

① 담천공일 때 일사의 대부분은 천공일사이다.
② 태양으로부터의 일사 중 일부는 대기 중 오존과 수증기 등에 의해 흡수되거나 반사된다.
③ 전일사량은 직달일사와 천공일사의 합으로 계산되며, 반사일사는 포함되지 않는다.
④ 대기투과율은 태양상수에 대한 지표면 천공일사량의 비로 계산된다.

해설
④ 천공일사량 → 직달일사량

답 : ④

예제문제 09

일사에 대한 설명으로 가장 적절하지 않은 것은? 【20년 출제유형】

① 태양상수는 대기권 외에서의 법선면일사량의 연간 평균값이다.
② 대기투과율은 태양상수와 지표면에서의 법선면 직달일사량의 비로 나타낸다.
③ 대기투과율이 클수록 천공일사량이 커진다.
④ 대기투과율은 대기중 수증기량과 먼지 등에 영향을 받는다.

해설
③ 대기투과율이 클수록 직달일사량이 커진다.

답 : ③

예제문제 10

우리나라에서 방위에 따른 청천일(晴天日) 일사 특성에 대한 설명으로 가장 적절하지 <u>않은</u> 것은? 【20년 출제유형】

① 하지 수직면 전일(全日) 직달일사량은 정동향이 정남향보다 크다.

② 하지 정남향의 수직면 일사량은 태양고도가 높으므로 차양 등에 의해 용이하게 차폐가 능하다.

③ 정남향의 전일 수직면 직달일사량은 하지보다 동지가 크다.

④ 동지 전일 직달일사량은 정남향 수직면보다 수평면이 크다.

해설

④ 동지 전일 직달일사량은 정남향 수직면보다 수평면이 적다.

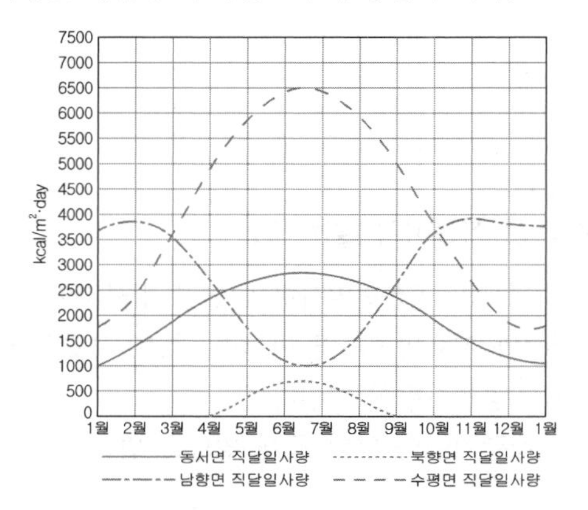

방위별 단위면적당 일평균 직달일사량

답 : ④

3. 일사 조절 계획

일사열 취득은 시간, 계절, 방위에 따라 달라지므로, 년중 건물의 실내쾌적조건을 만족시키는 열평형이 이루어지도록 결정한다.

(1) 방위 계획

① 중요한 건물 벽면(남향)이 난방기간 중 최대일사량을 받고, 냉방기간 중 최소일사량을 받도록 한다.

※ 우리나라의 경우 일사조건상 동서로 긴 남향배치가 유리하다. 특히, 주택의 경우 난방기간중 수직면 일사량을 가장 많이 받는 남향이 가장 유리하다.(남 – 남남동 – 남남서 – 남동 – 남서 순으로 유리) 단, 태양열 주택의 경우 서쪽으로 기울어진 방위가 유리하다.

② 주축의 방위가 없는 건물은 특히 건물외피 및 차양설계를 고려한다.

③ 건물방위 결정시 바람의 영향도 고려한다.

(2) 형태계획

① 건물의 길이, 폭, 높이간의 비율을 조정하여 겨울에는 태양열 획득이 최대가 되고 외부로의 열손실을 극소화하며, 여름에는 최소의 태양열을 받도록 건물의 최적형태를 모색한다.

② 비율조정방법

- S/V비(외피면적/체적) : S/V가 낮을수록 열성능이 유리하다.
- S/F비(외피면적/바닥면적) : S/F비가 낮을수록 열성능이 유리하다. 저층보다는 고층이 유리하다. S/F비는 저층일 때는 층수의 증가에 따라 급격히 감소하지만 20층 이상에서는 큰 차이가 없다.
- 체적비(건물과 체적이 같은 반구의 표면적/건물의 표면적) : 높은 체적비를 갖는 건물이 유리하다.

③ 일반적으로 건물의 최적형태는

- 동서축을 따른 건물로 장·단변비가 1 : 1.5 정도로 동서로 긴 형태
- 정사각형 건물은 어느 위치에서나 최적형태가 아니다.
- 남북축의 건물은 겨울과 여름에는 정사각형 건물보다 수열면에서 불리하다.

■ 일사차폐계획

① 일사에 의한 획득열을 줄이기에 가장 효과적인 방안은 외부 차양장치를 이용한 일사차폐이며, 차양설치가 여의치 않을 경우에는 열선흡수유리, 반사유리 등의 특수유리를 사용하여 일사투과를 줄이고, 블라인드와 같은 내부차양장치를 이용할 수 있다.

② 유리의 종류에 따라 일사투과율이 달라지는데 투명유리의 경우 90%, 열선흡수유리는 80%, 반사유리는 50% 정도의 일사를 투과한다. 로이(Low E) 유리의 경우는 가시광선 영역의 일사성분은 투명유리와 비슷하게 투과시키지만, 적외선 영역의 장파복사열은 차단하는 효과가 있어 일사는 차단하고 자연채광은 도입하고자 할 때 사용된다.

③ 파고라 설치, 활엽수 식재 등을 통한 대지내의 그늘 확보 및 식물의 증산작용을 이용한 자연냉방효과도 거둘 수 있다.

④ 건물외피 마감을 일사흡수율이 낮은 밝은색으로 마감하여 도달된 일사가 흡수되지 않고 반사될 수 있도록 한다.

⑤ 이외에도 자연냉방을 효과적으로 하기 위한 방안으로 마당이나 정원의 연못이나 분수를 이용한 증발냉각, 축열용량이 큰 외피구조를 이용한 용량형 단열, 야간의 천공복사, 개구부를 이용한 자연통풍이용, 조명발열을 줄이기 위한 자연채광이용 등이 있다.

| 참고 | Smart Glass(Glazing), 스마트 유리(유리창)

Smart glass(스마트 유리)나 smart glazing(스마트 유리창)이란 switchable glass(가변유리) 또는 가변 유리창의 다른 이름으로, 전압, 빛 또는 열이 가해질 경우에 유리(유리창)의 빛 투과율이 변하는 유리(유리창)을 말한다. 일반적으로 유리가 반투명에서 투명으로 변하면서 투과하는 빛 파장의 일부(또는 전부)를 차단하기도 하고 투과시키기도 한다.

스마트 유리 기술에는 electrochromic, photochromic, thermochromic, suspended particle, micro-blind and polymer dispersed liquid crystal devices 등이 있다. 스마트 유리가 건물에 적용되면, 냉난방 및 조명 비용을 절약하면서 전동 스크린이나 블라인드나 커튼을 설치하고 유지하는 데 들어가는 비용을 들일 필요가 없는 기후에 적응하는 건물외피가 된다. 대부분의 스마트 유리는 자외선을 차단하여 천의 빛바램을 줄여준다.

스마트 유리 선정 시 고려사항으로는 조절속도, 디밍 가능성 및 투명도와 함께 재료비용, 설치 비용, 전기비용 및 내구성 등이 있다.

예제문제 11

차양을 설치하지 않고 태양의 일사유입을 조절할 수 있는 투과율 가변유리(photochromic glass)의 종류 3가지를 쓰시오. (3점)

정답

1. 서모 크로믹 유리 : 온도에 따라 일사투과율이 달라짐
2. 일렉트로 크로믹 : 전압에 따라 일사투과율이 달라짐
3. 포토 크로믹 유리 : 광량에 따라 일사투과율이 달라짐

(3) 일사차폐계획

1) 창계획

채광, 조명, 환기 등을 고려해서 쾌적조건을 만족시키는 범위내에서 크기를 결정 하며 일사조절을 위해 흡수유리, 반사유리, Low-E 유리 등의 사용이 고려될 수 있다.

2) 차양계획

연간 일사의 차폐범위(과열기간 동안 음영이 필요한 차폐면적)를 고려하여 결정한다.

① 수평차양 : 남쪽 창에 유리(태양의 고도와 관련)

② 수직차양 : 동쪽과 서쪽 창에 유리(방위각과 관련)

③ 수직·수평 복합차양 : 가장 효과적인 차양방법임
계절별, 시간별 대지에서의 태양고도와 방위각이 다르게 나타나는 점을 기초로 남면은 수평차양(높은 태양고도 때문), 동·서면은 수직차양(낮은 태양고도와 큰 방위각 고려)을 설치하는 것이 일사차폐에 효과적이다.

다양한 차폐장치의 차폐계수(SC)와 태양열 획득계수(SHGC)

장 치	차폐계수(SC)	태양열 획득계수(SHGC)
Single glazing		
Clear glass, 1/8 in (3mm) thick	1.0	0.86
Clear glass, 1/4 in (6mm) thick	0.94	0.81
Heat absorbing or tinted	0.6~0.8	0.5~0.7
Reflective	0.2~0.5	0.2~0.4
Double glazing		
Clear	0.84	0.73
Bronze	0.5~0.7	0.4~0.6
Low-e clear	0.6~0.8	0.5~0.7
Spectrally selective	0.4~0.5	0.3~0.4
Triple-clear	0.7~0.8	0.6~0.7
Glass block	0.1~0.7	
Interior shading		
Venetian blinds	0.4~0.7	
Roller shades	0.2~0.6	
Curtains	0.4~0.8	
External shading		
Eggcrate	0.1~0.3	
Horizontal overhang	0.1~0.6	
Vertical fins	0.1~0.6	
Trees	0.2~0.6	

예제문제 12

건물외피계획에 관한 설명으로 가장 적절하지 않은 것은? 【16년 출제유형】

① 구조체의 열용량은 냉난방부하와 실내온도 변화에 영향을 크게 미친다.
② 로이유리는 유리에 투명금속피막 코팅으로 복사열을 반사하여 실내측의 열을 보존한다.
③ 태양열취득률(SHGC)은 3mm 투명유리 대비 태양에너지 취득량의 비율로 구한다.
④ 이중외피 시스템은 외피 사이의 중공층을 이용하여 외부의 자연환경을 적극적으로 활용한다.

해설
③ 3mm 투명유리 대비 태양에너지 취득량 비율은 차폐계수(SC)이다.

답 : ③

예제문제 13

차양장치에 대한 설명 중 틀린 것은?

① 수평차양은 남향창에 설치하는 것이 유리하다
② 외부차양장치보다 내부차양장치가 일사조절에 유리하다
③ 수직차양은 남향보다 동·서향의 창에서 유리하다.
④ 차양장치를 적절히 설계하면 자연채광에 적극 이용할 수 있다.

해설
외부차양장치가 일사차폐에 훨씬 효과적이다.

답 : ②

예제문제 14

하지에 태양이 남중할 때, 그림과 같은 정남향의 창에서 직달일사를 완전히 차폐할 수 있는 수평차양의 최소길이 d에 가장 가까운 값은? (단, 태양고도는 60° 이다.)

【18년 출제유형】

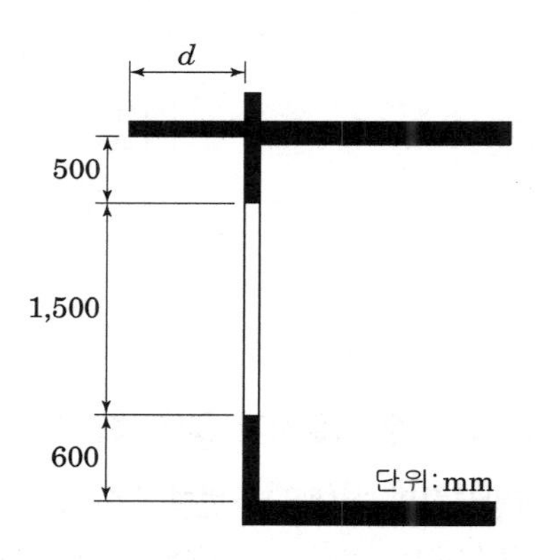

① 920 mm
② 1,000 mm
③ 1,080 mm
④ 1,160 mm

해설

$\tan(90-60)^\circ = \dfrac{d}{2000}$

$d = 2000 \times \tan 30^\circ$

$= 1{,}155\,\text{mm} \fallingdotseq 1{,}160\,\text{mm}$

답 : ④

예제문제 15

건축물의 일사 취득에 대한 설명으로 가장 적절하지 않은 것은? 【19년 출제유형】

① 창의 차폐계수(SC)가 클수록 일사 차단효과가 적어진다.
② 서울 지역에서 하지보다 동지에 남향 수직면이 받는 종일 일사량이 많다.
③ 외벽 마감 및 단열성능을 같게 하여도 방위에 따라 일사 취득량이 달라진다.
④ 일사에 의한 건물 구조체 축열량은 구조체의 열관류율에 의해 결정된다.

해설
④ 구조체의 축열량은 구조체의 열용량에 비례한다.

답 : ④

예제문제 16

창을 통한 열전달에 관한 다음 설명 중 가장 적절 하지 않은 것은? 【22년 출제유형】

① 창을 통한 열전달량은 일조시간과 정비례 관계이다.
② 유리의 차폐계수(SC)는 태양열취득률(SHGC) 보다 언제나 크다.
③ 차폐계수가 높은 창호를 설치하면 겨울철 일사 획득량을 증가시킬 수 있다.
④ 우리나라에서 북측면에 설치하는 복층유리의 로이코팅은 실외측 유리보다 실내측 유리에 하는 것이 난방에 유리하다.

해설
① 일조시간 → 일사량

답 : ①

■ 일조는 자외선에 의한 생육작용과 살균작용을 중심으로 한 태양에너지 효과를 의미하나, 일사는 적외선에 의한 복사열의 효과를 말한다.

3 일조(日照)

1. 일조의 효과

일반적으로 빛이 잘 들어오는 건물은 매우 쾌적하며, 건강함을 느끼게 한다. 태양의 방사선은 눈으로 느낄 수 있는 가시광선 이외에 파장이 짧은 자외선과 파장이 매우 긴 적외선을 갖고 있으며, 이들 중 특히 가시광선, 자외선의 효과를 포함한 부분을 일반적으로 일조에 의한 효과라 할 수 있다. 즉, 빛이 들어오는 것을 의미하여 태양의 열을 대상으로 하는 일사와는 구분하기도 한다.

■ 태양으로부터 복사되는 에너지의 49%는 적외선역에 있는 전자기파에 의한 것이다.

2. 일조시간

일반적으로 장애물이 없는 장소에서 청천시에 일출부터 일몰까지의 시간을 가조 시간이라 한다. 기상학적으로는 태양의 중심이 지평선상에 보일 때의 일출·일몰간의 시간수로 표시하고 있다. 그리고 실제로 직사일광이 지표를 조사한 시간을 일조시간이라 한다. 가조시간에 대한 일조시간의 백분율을 일조율이라 하고, 다음 식으로 표시한다.

$$\text{일조율} = \frac{\text{일조시간}}{\text{가조시간}} \times 100(\%)$$

H
h
L
θ
y

인동거리 산정 개념도

3. 인동 간격

건물의 일조계획시 우선적으로 고려해야 할 사항은 일조권의 확보이며 일조권은 일정한 인동간격을 유지함으로써 얻을 수 있다.

단지와 같이 많은 수의 건축물을 건축할 때에는 상호 일영에 의해 일조를 방해받지 않도록 남북으로 적당한 간격을 두고 배치하지 않으면 안된다. 집합주택의 경우, 동지 때라도 1일에 4시간 이상의 일조가 되도록 남북 방향의 인동간격을 유지하는 것이 바람직하다. 위도에 의해 태양고도가 다르기 때문에 그것에 의하여 필요한 남북 인동간격도 다르게 된다.

건물의 음영길이는 전면 건물높이와 태양고도와의 관계에 의해 정해지지만 대지의 조건(경사방향, 경사도)과 건물법선 방위각, 태양 방위각에 따라 달라진다. 따라서 인동간격은 다음과 같다.

$$인동간격(L) = \frac{\cos(\alpha - w)}{\tan h + \tan\theta \cdot \cos(\alpha - w)} \cdot H$$

여기에서,

α : 태양 방위각
ω : 건물법선 방위각
h : 태양고도 (90° − 위도 ± 23.5°)
θ : 대지 경사도
H : 전면 건물의 높이

서울(37.5° N)의 태양의 남중고도
하 지 : 90° − 37.5° + 23.5° = 76°
춘추분 : 90° − 37.5° = 52.5°
동 지 : 90° − 37.5° − 23.5° = 29°

※ 인동간격 산정시 고려사항

태양고도, 태양방위각, 건물 방위각, 대지 경사도, 전면 건물 높이

예제문제 17

건물의 일조계획에서 일조권 확보를 위한 인동간격 결정시 고려해야 할 사항으로 관계없는 것은 어느 것인가?

① 대지의 위도 ② 건물의 높이
③ 방위각 ④ 일사량

해설

인동간격은 그림자 영향을 고려하여 산정되는 것으로 일사량과는 관계가 없다.

답 : ④

예제문제 18

건물의 일영길이를 계산할 때 필요하지 않은 항목은? 【13년 2급 출제유형】

① 위도 ② 태양상수

③ 일적위 ④ 건물 높이

해설

② 태양상수는 대기권 바깥에 도달하는 태양에너지량으로 항상 일정한 값을 갖는다. 따라서 건물의 그림자 길이에 영향을 미치지 않는다.

답 : ②

4 창호설계 가이드라인

1. 창호 설계 가이드라인 소개

창호는 건물에서 열손실이 발생하는 대표적인 부위로 벽체나 지붕 등에 비해 단열성능이 낮은 경우가 많아 건물 에너지 손실의 주요 원인이 되고 있다. 창호는 겨울에는 열관류에 의한 주요 열손실 경로가 되며 여름에는 과다한 일사 획득 경로가 되므로, 건물의 냉난방 에너지 요구량은 창호 설계에 따라 크게 좌우된다. 또한 창호는 건축물의 에너지 성능 외에도 자연채광의 이용, 열적 쾌적성의 확보, 실내외 조망 확보, 눈부심 방지 등에도 직접적인 영향을 미치므로, 다양한 창호 설계요소들의 영향을 복합적으로 고려하여 계획하여야 한다.

특히 업무용 건축물의 외주부에서 소비되는 에너지는 창호의 향, 창면적비, 차양 설치 여부 및 종류, 창호 유리 및 창틀의 종류, 실내 조명제어 여부 등의 영향을 직접적으로 받는다. 건축물의 설계 단계에서 설계자들은 '건축물이 위치할 지역에 있어 에너지 절약 관점에서 최적의 향, 창면적비 및 유리의 종류는 어떤 것인가, 차양이나 조명제어 시스템을 적용할 때 과연 에너지 절약이 가능할 것인가' 등 다양한 의문사항에 대해 검토하고 의사결정을 하게 될 것이다. 그러나 창호 설계와 관련된 이와 같은 의사결정 과정은 결코 단순하지 않다. 예를 들어, 일반적으로 창면적비가 크면 에너지를 더 많이 소비한다고 알려져 있으나, 기후 조건이나 향에 따라 고성능 유리를 사용할 경우 넓은 창을 가진 공간이 작은 창을 가진 공간에 비해 비슷하거나 오히려 더 적은 수준으로 에너지를 소비할 수도 있다.

따라서 설계자들이 새로운 창호 관련 기술들에 대해 인지하고 창호 설계 요소들이 건축물의 에너지 성능에 미치는 영향을 파악하고 있는 것은 매우 중요하다.

2. 창호 설계 요소

(1) 창호 성능 요소

1) 열관류율(K(U), Overall Thermal Transmittance)

열관류율은 여러 가지 재료로 구성된 구조체를 통한 열전달을 계산할 때 매우 복잡한 형태로 일어나게 되는 전도, 대류, 복사에 의한 열전달의 모든 요인들을 혼합하여 하나의 값으로 나타낸 것이다. 열관류율은 표면적이 $1m^2$인 물체를 사이에 두고 온도차가 1℃일 때 물체를 통한 열류량을 W(와트)로 측정한 값으로 정의되며, 단위는 W/m^2K로 표시한다. 창호의 열관류율 기준은 '건축물의 설비기준 등에 관한 규칙' 제21조 건축물의 손실방지 조항 관련 '별표 4. 지역별 건축물부위의 열관류율표'에 제시되어 있다.

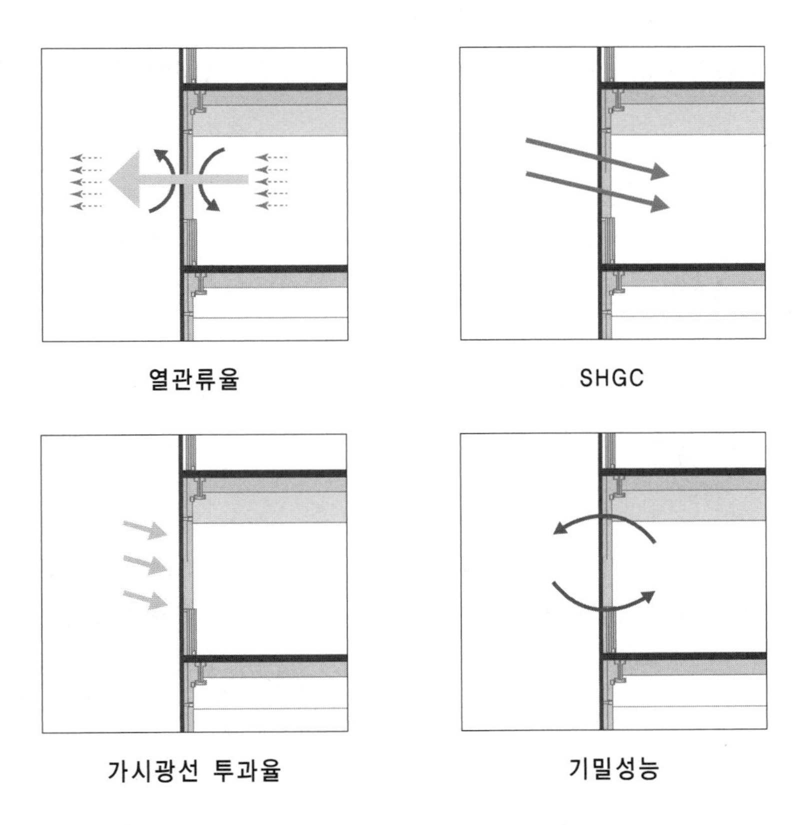

2) 일사획득계수(SHGC, Solar Heat Gain Coefficient)

창호의 일사획득계수는 창호를 통한 일사획득 정도를 나타내는 지표로 직접 투과된 일사량과 유리에서 흡수된 후 실내로 유입된 일사량의 합으로 계산된다. 유리창을 통한 일사량을 나타내는 데에는 일사획득계수와 차폐계수(SC, Shading Coefficient)의 두 가지 방법이 있다. 차폐계수는 일반적으로 3mm 투명 유리를 통한 일사획득에 대한 해당 창호의 일사획득 비율로 계산한다. 일사획득계수는 입사각의 영향을 반영하고 창호 시스템 전체에 관한 성능 표현이 가능하므로, 일사획득에 관한 정확한 지표라 할 수 있어 차폐계수를 대신하여 사용되고 있다. 일사획득계수는 0부터 1까지의 수치로 표현되며, 높은 일사획득계수 값은 창호를 통한 일사획득이 많음을, 낮은 일사획득계수 값은 일사획득이 적음을 의미한다.

3) 가시광선투과율(VLT, Visible Light Transmittance)

가시광선투과율(Visible Light Transmittance)은 태양으로부터의 복사에너지 중 파장 영역 380-760nm인 가시광선이 유리를 투과할 때 투과되는 비율을 표현한 값으로 0부터 1까지의 무차원 수치로 표현된다. 가시광선 투과율은 일사획득계수(SHGC)와도 관련이 있으며, 일반적으로 가시광선 투과율이 낮을수록 일사획득계수(SHGC)도 낮아져 좀 더 많은 일사량이 차단된다. 또한 가시광선 투과율이 낮아지면 눈부심 감소율이 높아져서 눈부심 감소에 보다 효과적이다.

4) 기밀성능(Air Tightness)

실내외에 온도차 또는 풍압에 의해 일정한 압력차가 발생하게 되면, 창호의 틈새를 통해 공기가 빠져나가게 되므로 원하지 않는 열획득 또는 열손실을 유발할 수 있다. 창호의 기밀성능은 이와 같이 압력차가 발생하는 조건에서 공기의 흐름을 억제하는 성능을 말하며, 건축물 전체의 기밀성능을 결정하는 주요 인자로서 냉난방 에너지 소비에 직접적인 영향을 미치게 된다. 창호의 기밀성능은 창의 내외 압력차에 따른 통기량으로 나타내며, 단위는 m^3/m^2h로 표시한다.

5) LSG(Light to Solar Gain)

창호의 성능을 나타내는 것의 하나로 국내에서는 다소 생소하나 미국 등 선진국에서는 널리 활용되는 지표로 이 값이 높을수록 맑고 시원한 유리라 일컫는다.

$$LSG = \frac{VLT(\text{가시광선투과율})}{SHGC(\text{태양열취득률})}$$

예제문제 19

실기 출제유형 [17년]

연간 총 에너지사용량 중 냉방 및 조명에너지소비가 가장 큰 비중을 차지하는 사무소 건물에서 자연채광과 연계된 조명디밍제어 시스템을 적용하고자 한다. 다음 물음에 답하시오. (12점)

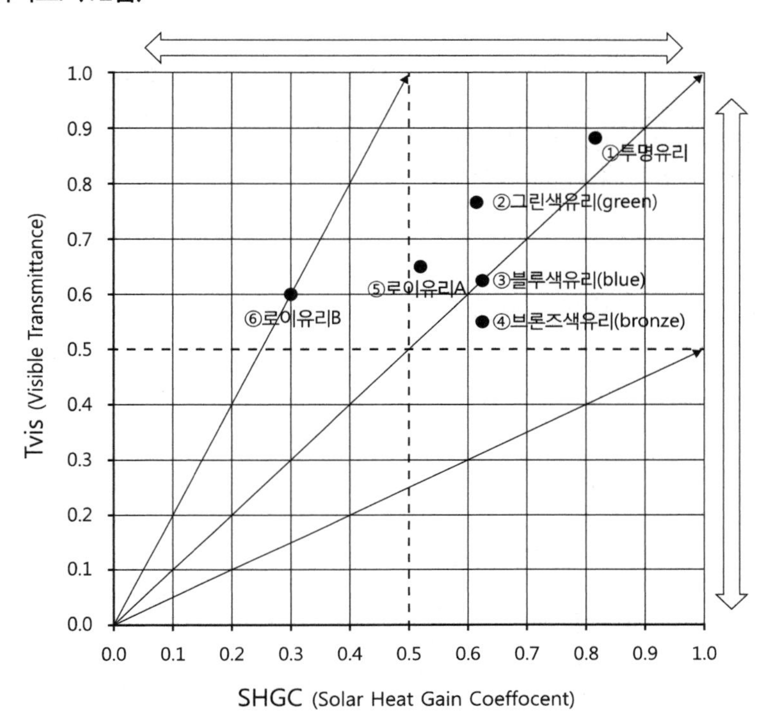

1) 자연채광 연계 조명(디밍)제어 시스템의 도입을 위해 검토하고자 하는 6개 유리의 SHGC와 Tvis의 관계를 도식한 것이다. 이중 색유리(열선흡수유리)에 해당하는 ② 그린색유리(green), ③ 블루색유리(blue), ④ 브론즈색유리(bronze)의 3개 중 가장 적합한 유리를 선택하고, 그 이유를 서술하시오. (4점)

정답

- 자연채광 도입에 가장 적합한 유리는 가시광선투과율(Tvis)이 가장 높은 ②그린색유리이다.
- 그 이유는 일사획득계수(SHGC)는 거의 동일한데, 가시광선 투과율(Tvis)이 가장 높아 자연채광유입이 가장 많을 수 있기 때문이다.

2) SHGC와 Tvis의 관계를 설명하는 성능지표를 제시하고 그 의미를 서술하시오. (4점)

정답

- SHGC와 Tvis의 관계를 설명하는 성능지표 : LSG(Light to Solar Gain)

• LSG의 의미 : 가시광선투과율(Tvis)을 일사획득계수(SHGC)로 나눈 값으로 일사획득에 대한 가시광선 투과율을 뜻하며, 이 값이 클수록 일사획득대비 가시광선유입이 많아 자연채광도입을 통한 조명에너지 절감효과가 클 수 있음

3) ⑥ 로이유리B는 동일 유리면에 3회에 걸쳐 3겹의 로이코팅을 적용한 트리플코팅(triple coating) 로이유리이며, ⑤ 로이유리 A는 1겹의 로이코팅만 적용된 싱글코팅 로이유리이다. 태양복사에 대한 유리의 파장대별(스펙트럼) 투과특성 측면에서 ⑥ 로이유리 B의 특징을 서술하시오. (4점)

정답

• ⑥로이유리 B의 Tvis는 0.6, SHGC는 0.3이므로 파장대가 380~760nm인 가시광선 영역의 투과율이 0.6, 파장대가 760~3,000nm인 적외선 영역의 투과율이 0.3임을 의미한다.

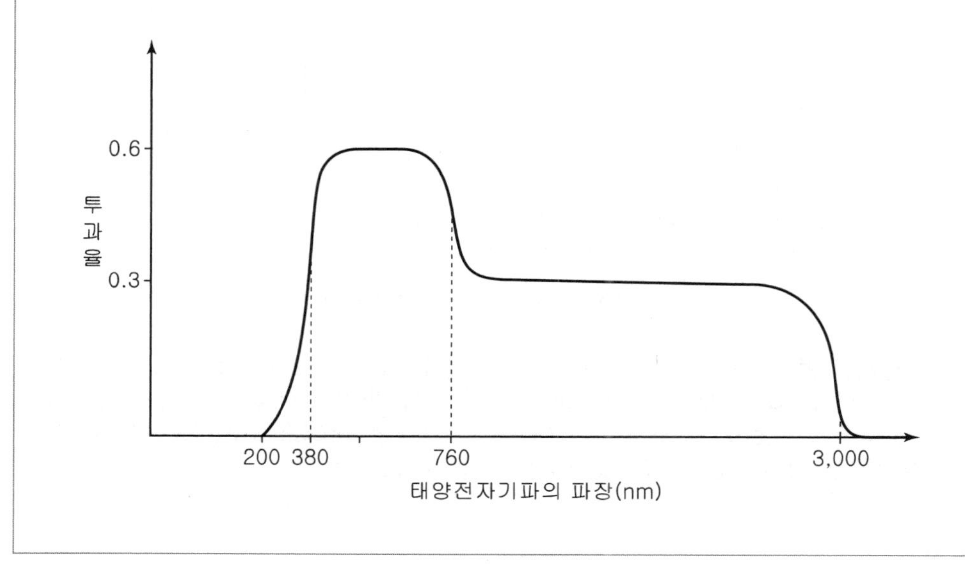

(2) 건축/설비 계획 요소

1) 향

향에 따라 건축물의 외피를 통해 유입되는 일사에너지의 양이 달라지므로, 냉난방 에너지 절약을 위해서는 향에 따라 창호의 면적을 줄이거나 차양을 별도로 계획하는 등 다각적인 접근이 필요하다. 남향은 겨울철에 태양고도가 낮을 때 다량의 일사획득을 유도할 수 있으므로 난방에너지 절감에 유리하다. 일반적으로 북향과 남향 창호는 차양에 의한 일사 차단이 쉬우며, 동향이나 서향 창호에 비해 여름철 일사획득이 적을 뿐만 아니라 눈부심도 적게 유발한다. 반면 동향

과 서향은 여름철에 과도한 일사획득이 유발되며, 특히 서향의 경우 하루 중 가장 더운 오후 시간에 최대 일사량이 유입되므로 되도록 창면적을 제한하는 것이 바람직하다. 현재 국내 기준에서는 향별 창호의 성능이나 설계 기준이 별도로 제시되어 있지 않기 때문에, 설계자가 지역 및 부지 여건에 따라 각 향에 적합한 창호 계획을 하는 것이 중요하다.

2) 창면적비(WWR, Window-to-Wall Ratio)

창호는 재실자들에게 조망을 제공하며 자연채광과 자연환기 및 일사를 도입할 수 있는 유용한 수단이지만 이와 동시에 유리의 열악한 단열 성능으로 인하여 건물 열손실의 가장 큰 요인이 되고 있다. 이와 같이 창호의 긍정적인 측면과 부정적인 측면을 냉방, 난방 및 조명에너지 절약의 측면에서 종합적으로 고려하여 에너지 효율적인 창호 규모를 결정하는 일은 상당히 중요하다. 건축물의 에너지절약설계 기준에서는 창면적비를 '지붕과 바닥을 제외한 건축물 전체 외피면적에 대한 창면적비' (창면적비 = [창면적/(외벽면적 + 창면적)] × 100)로 정의하며, 창면적비 산정 시 창틀은 창면적에 포함하여 계산하고, 계단실 및 승강기의 공간 등은 계산에서 제외한다. 최근 의장적 효과를 위한 유리 커튼월의 적용 사례가 늘어나면서 창면적비가 증가하는 추세에 있으나, 건축물의 에너지 절약에 있어서는 창호의 향 및 종류 등을 고려하여 적정 창면적비를 유지하는 것이 매우 중요하다.

3) 차양

차양은 태양 일사의 실내 유입을 차단하기 위한 장치로서, 차양의 위치에 따라 외부 차양과 내부 차양 그리고 유리간 사이 차양으로 구분하며, 가동 유무에 따라 고정식과 가변식으로 나눌 수 있다. 가변식은 수동식과 전동식, 센서 또는 프로그램에 의하여 가변 작동될 수 있는 것을 말한다. 또한 외부 차양은 방위별 실내 유입 일사량이 최대로 되는 시각에 외부 직달 일사량의 70% 이상을 차단할 수 있는 것에 한하고 있다. 가장 이상적인 차양은 조망과 환기를 최대한 허용하면서 일사를 최대한 차단 혹은 취득하는 것이므로, 이러한 관점에서 일반적으로 내부차양보다 외부차양이 더 효과적이라 할 수 있다. 특히 내부차양은 일사로 인한 열이 건물 내로 입사된 후에 차단되기 때문에 차양과 창 사이에서 열복사가 일어나므로 열 환경적 측면에서 일사가 창에 도달하기 전에 차단이 가능한 외부차양이 더 효과적이다.

4) 조명제어

업무용 건축물과 같이 비주거용 건축물의 조명에너지 소비량은 주거용 건축물에 비해 상대적으로 높으며, 특히 인공조명에 투입되는 전기에너지는 2차 에너지이기 때문에 이를 1차 에너지로 환산하는 경우 전체 에너지 소비량에서 차지하는 비중이 더욱 크다. 비주거용 건축물에서는 주거용 건물에서와 같이 재실자들이 조명기구를 능동적으로 조절하기 어려울 뿐 아니라, 자연광에 의해 충분한 조도가 확보된 구역이나 재실자가 없는 구역에도 조명기기가 켜져 있는 등 불필요한 조명에너지 소비가 발생하는 경우가 다수 존재한다. 또한 조명기기에 의한 발열은 냉방부하의 증가로 연결되어 냉방에너지에도 영향을 미치게 된다. 조명기기의 사용으로 인한 조명에너지 및 냉방에너지는 주광 감지 센서를 활용하여 자연채광으로 최대한 필요 조도를 확보하고 부족한 경우에만 인공조명을 사용하는 조명제어시스템을 적용함으로써 최소화할 수 있다.

예제문제 20

다음 중 창호 설계 요소 중 창호성능 요소가 아닌 것은?

① 열관류율
② 일사획득계수(SHGC)
③ 가시광선투과율
④ 차양

해설
차양은 향, 창면적비와 함께 건축계획요소이다.

답 : ④

예제문제 21

난방에너지 절약을 위한 건물외피계획시 고려할 내용 중 틀린 것은?

【13년 2급 출제유형】

① 외벽 길이 대비 바닥면적의 비가 증가하면 단위 바닥면적당 열손실량은 감소한다.
② 체적 대비 외피표면적 비가 증가하면 단위 바닥면적당 열손실량은 증가한다.
③ 일반적으로 창면적비가 증가하면 열손실은 증가한다.
④ 창의 SHGC(Solar Heat Gain Coefficient)가 증가하면 열손실은 감소한다.

해설
④ SHGC가 증가하면 일사획득이 커진다.

답 : ④

예제문제 22

창호에서 에너지절약을 위한 유리의 성능 검토 시 고려항목으로 가장 부적합한 것은? 【15년 출제유형】

① 태양열취득률 ② 차폐계수
③ 열관류율 ④ 통기량

해설

통기량은 창호의 성능요소이지만, 유리의 성능요소는 아니다.

답 : ④

예제문제 23

아래 각각의 지표들에 대해 정의, 단위, 지표값이 클 때 건물 에너지성능에 미치는 영향을 쓰시오. (10점)

가. 열관류율(U-factor)
나. 일사열획득계수(Solar Heat Gain Coefficient)
다. 가시광선투과율(Visible Transmittance)
라. 풍기량(Air Leakage Rate)

정답

가. 열관류율(U-factor)

① 정의 : 공기층·벽체·공기층으로의 열전달을 나타내는 것으로 벽체를 사이에 두고 공기온도차가 1℃일 경우 $1m^2$의 벽면을 통해 1시간 동안 흘러가는 열량
② 단위 : $kcal/m^2 \cdot h \cdot ℃$ 또는 W/m^2K
③ 값이 커지면 벽체를 통한 열손실과 열획득량 증가로 인해 건물의 냉난방부하가 증가

나. 일사열획득계수(Solar Heat Gain Coefficient)

① 정의 : 창호의 일사획득계수는 창호를 통한 일사획득 정도를 나타내는 지표로 직접 투과된 일사량과 유리에서 흡수된 후 실내로 유입된 일사량의 합으로 계산
② 단위 : 무차원
③ 값이 크면 창을 통한 일사획득량 증가로 난방기간에는 난방부하 저감에 도움이 되며, 냉방기간에는 냉방부하를 증가시킴

다. 가시광선투과율(Visible Transmittance)

① 정의 : 가시광선투과율(Visible Light Transmittance)은 태양으로부터의 복사에너지 중 파장 영역 380-760nm인 가시광선이 유리를 투과할 때 투과되는 비율을 표현한 값

② 단위 : 0부터 1까지의 무차원 수치로 표현
③ 값이 커질수록 자연채광 도입량 증가로 인해 조명부하를 줄일 수 있어 내부발생열 저감에 기여

라. 풍기량(Air Leakage Rate) : 침기율(또는 누기율, air leakage rate)
① 정의 : 의도되지 않은 경로를 통하여 단위 시간 동안 실내공간에 유출입 되는 공기량
② 단위 : $m^3/m^2 \cdot h$
③ 값이 커지면 틈새바람에 의한 열손실과 열획득량 증가로 인해 건물의 냉난방부하가 증가

예제문제 24

우리나라 패시브 건축계획에 대하여 서술한 것 중 가장 적절한 것은? 【21년 출제유형】

① 데이터센터와 같이 실내발열이 높은 건축물은 단열성능을 높여 난방 및 냉방에너지 요구량을 줄이도록 한다.
② 사무소 건축물의 북측 창은 SHGC를 낮춰 난방 및 냉방에너지 요구량을 줄이도록 한다.
③ 사무소 건축물의 동서측 창은 단열성능을 높여 난방에너지 요구량을 줄이고, SHGC를 낮춰 냉방에너지 요구량을 줄이도록 한다.
④ 한냉 기후에서는 단열성능이 우수한 건축물 구조이어야 하며 체적 대비 외피면적 비율을 높이도록 한다.

해설
① 높이 → 낮추어
② SHGC → 열관류율
④ 높이도록 → 낮추도록

답 : ③

3. 창호 성능 개선 기술

창호의 단열성능을 개선시키기 위하여 이중/삼중창의 설치, 복층유리의 사용, 열전달을 억제하는 기체의 충진, 에너지의 전달을 조절하는 코팅이나 필름 처리 등 다양한 기술들이 개발되고 있다. 이와 같은 기술들에 의해 단열성능이 개선된 고성능 창호를 사용하면 창문을 통한 에너지 손실을 현저히 줄일 수 있다.

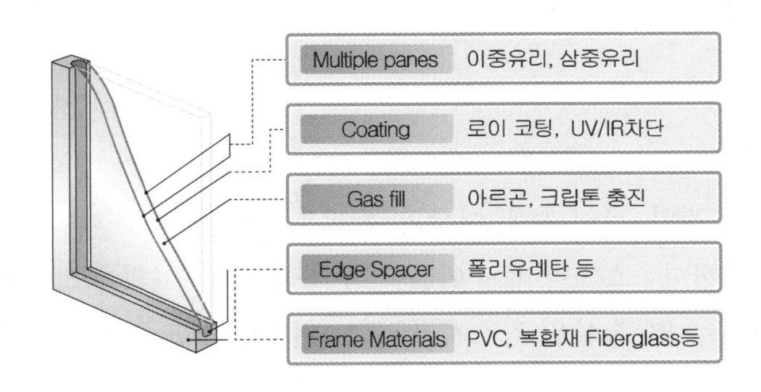

(1) 복층유리

복층유리는 단판유리의 열적 취약점을 극복하기 위해 유리와 유리 사이에 건조공기를 밀봉함으로써 열관류율을 낮춘 것이다. 24mm(6mm 유리+12mm 공기층+6mm 유리) 복층유리가 일반적으로 많이 사용되어 왔으나, 최근에는 보다 단열성능을 강화한 삼중유리의 사용도 늘어나고 있는 추세이다.

(2) 비활성 가스 충진

단열 유리의 열적성능을 개선하려면 유리 사이 공기층의 열전도 특성을 줄여 주어야 한다. 따라서 유리 사이의 공간에는 열전도도가 낮으며, 점성은 더 크고, 움직임이 적은 비활성 기체를 채움으로써 공간 내에서의 대류 현상 및 가스를 통한 열전도를 최소화 시킬 수 있으며 창호의 열관류율을 줄일 수 있다. 아르곤과 크립톤 가스 등 비활성 가스를 주입하면 복층유리의 외부 유리와 내부 유리의 온도차로 인한 열교환 현상을 억제하여 단열성능을 더욱 높일 수 있다.

(3) 로이(Low – E) 코팅

복층유리에서의 열전달은 온도가 높은 유리와 온도가 낮은 유리 사이의 복사열 교환에 의해 이루어지는 것으로, 로이유리는 복층유리의 내측면에 은 등의 투명금속피막을 증착시켜, 그 피막으로 이러한 열복사를 감소시킴으로서 유리를 통한 열흐름을 억제하는 것이다. 즉, 코팅의 위치에 따라 여름철의 일사열이 실내로 입사되는 것을 차단하므로 냉방부하의 저감이 가능하고, 겨울철에는 실내의 열이 실외로 빠져나가지 않게 하므로 난방에너지를 절감할 수 있다.

(4) 스페이서

복층 · 삼중유리와 같이 2개 이상의 유리층 사이에는 스페이서를 두어 적절한 거리를 유지한다. 스페이서는 이러한 구조적 지지 이외에도 유리 모서리 부분에서 발생하는 열 손실을 감소시켜 창호 전체의 열관류율을 개선시키는 역할을 한다. 스페이서는 일반적으로 구조적인 성능을 유지하기 위하여 스테인레스 스틸 등 금속재료가 널리 사용되어 왔으나, 금속 재료의 높은 열전도율로 인하여 창호 전체의 단열 성능을 떨어뜨리게 됨에 따라 최근에는 열전도율이 낮은 폴리우레탄 등의 소재를 사용한 스페이서의 생산도 늘어나고 있는 추세이다.

(5) 창틀

창틀의 재료로는 PVC, 알루미늄, 목재 등 다양한 재료가 이용되며, 전체적인 창문의 단열 성능에 큰 영향을 미친다. 알루미늄과 같은 금속재료는 강성과 내구성이 높고 가공이 용이하여 특히 비주거용 건축물에서 많이 이용되나, 높은 열전도율로 인해 창문 전체의 열관류율을 높이게 되므로 내·외부의 소재를 분리하여 플라스틱과 같이 열전도율이 낮은 소재로 접합시키는 열교 차단 기능이 반드시 필요하다. PVC 소재는 열전도율이 낮아 창틀 재료로서 적합하며, 마모, 부식, 오염에 강한 저항성이 있어 활용도가 높은 소재이다.

예제문제 25

다음 중 창호의 성능개선기술이라 보기 어려운 것은?

① 복층 및 3중 유리
② 아르곤과 크립톤 가스 충진
③ 로이(Low-E) 코팅
④ 내구성이 강한 알루미늄 창틀

해설
창호의 단열성능개선을 위해 창틀은 열전도율이 낮은 PVC 소재를 사용한다.

답 : ④

예제문제 26

창호에 대한 설명으로 가장 부적합한 것은? 【15년 출제유형】

① 로이코팅은 저방사 코팅으로 유리를 통한 복사열전달을 줄여준다.
② 비활성 기체 충진시 크립톤보다 아르곤의 단열성능이 더 우수하다.
③ 로이코팅 방법 중 소프트코팅은 일반적으로 하드코팅보다 방사율이 낮아 단열성능이 더 우수하다.
④ 복층유리에서 알루미늄 스페이서는 주요 열전달 경로가 되어 유리 엣지(Edge) 부위 실내표면결로의 원인이 된다.

해설
아르곤의 열전도율은 0.0163W/mK
크립톤의 열전도율은 0.0087W/m·K
로 크립톤이 아르곤보다 단열성능이 더 우수하다.

답 : ②

예제문제 27

창의 단열성능에 대한 설명으로 가장 적절한 것은? 【21년 출제유형】

① 로이유리는 유리의 가시광선 반사원리를 이용하여 창의 열관류율을 낮추는 것이다.
② 유리와 창틀에서 발생하는 전도, 대류, 복사열전달 저항을 높여 창의 열관류율을 낮출 수 있다.
③ 복층유리를 구성하는 중공층의 두께를 늘릴수록 이에 비례하여 창의 단열성능이 향상된다.
④ 투명유리보다는 색유리 또는 반사유리를 사용하는 것이 창의 열관류율을 낮추는 데에 효과적이다.

해설
① 가시광선 → 적외선(열선)
③ 중공층의 두께는 20mm일 때 열저항이 최대
④ 열관류율 → SHGC

답 : ②

4. 창호 관련 법규 및 제도

(1) 건축물의 에너지절약 설계기준

「건축물의 에너지절약 설계기준」은 건축물의 효율적인 에너지 관리를 위하여 열손실 방지 등 에너지절약 설계에 관한 기준, 에너지 절약계획서 작성기준 및 에너지절약 성능 등에 따른 건축기준 완화에 관한 사항에 대한 것을 정함에 목적이 있다. 에너지성능지표(EPI) 검토서에서 창호와 관련된 항목으로 단열성능, 기밀성능, 창면적비, 차양설치 등에 대한 내용을 평가하도록 하고 있다.

구분	창호 성능 요소		건축/설비 계획요소		
	단열성능	기밀성능	창면적비	향	차양
비주거	외벽 평균 열관류율(중부지방 기준, W/m²·K) 1.0점 : 0.47 미만 0.9점 : 0.47~0.64 미만 0.8점 : 0.63~0.79 미만	1.0점 : 1등급 0.9점 : 2등급 0.8점 : 3등급	바닥 면적의 1/10 이상 적용여부	북측 창면적은 최소화 (권장 사항)	외부차양만 인정. 자동제어가 연계된 내부차양 포함. (남향 및 서향 창면적의 80% 이상 설치 시)

| 참고 | 창호의 기밀성능

우리나라에서는 창호의 기밀성능은 "창호의 기밀성 시험방법 KS F 2292:2008"에 의해 이루어진다.

이 시험 방법은 1.52mx1.52m 크기의 시험체를 이용하여, 한 쪽에서 각각 10,30,50,100Pa의 압력을 가하여 시험체를 통과한 누기량을 시험체의 면적으로 나누는 방법을 사용하고 있다.

기밀성능(㎥/㎡h) = 누기량/실험체면적

시험자체는 10, 30, 50, 100Pa 압력차를 준 상태에서 하지만, 기밀성능을 나타낼 때의 기준압력은 10Pa에서의 누기량으로 표기를 하고 있다. 즉, 기밀성능 1등급이 되려면 10Pa 압력차에서 1㎥/㎡h 미만을 나타내야 한다.

실제로는 누기량 성능 그래프에서 10, 30, 50, 100Pa 마다의 해당 기밀등급선보다 낮은 값을 얻어야 한다.

(2) 창호의 에너지소비효율등급제도

창호의 에너지소비효율등급제도는 2012년 7월부터 창호의 제조(수입)업체들이 생산(수입) 단계에서부터 원천적으로 에너지 절약형 제품을 생산, 판매하도록 하기 위해 만든 제도이다. 창호의 단열성능 및 기밀성능에 따라 1~5등급으로 구분하여 에너지소비효율등급라벨을 표시하며, 등급이 낮을수록 열관류율이 낮고 기밀성능이 우수함을 의미한다.

창호의 에너지소비효율등급제도는 KS F 3117 규정에 의해 건축물 중 외기와 접하는 곳에 사용되면서 창면적이 1m² 이상이고 프레임과 유리가 결합되어 판매되는 창 세트에 적용되며, KS F 2278 규정에 의해 측정한 열관류율과 KS F 2292에 의한 기밀성을 기준으로 한다.

등급	열관류율(W/m²·K)	기밀성능
1	1.0 이하	1등급
2	1.0 초과~1.4 이하	1등급
3	1.4 초과~2.1 이하	2등급 이상 (1등급 또는 2등급)
4	2.1 초과~2.8 이하	묻지 않음
5	2.8 초과~3.4 이하	묻지 않음

■ 2021.10.1일자로 강화

등급	열관류율(W/m²·K)	기밀성능
1	0.9 이하	1등급
2	0.9 초과~1.2 이하	1등급
3	1.2 초과~1.8 이하	2등급 이상 (1등급 또는 2등급)
4	1.8 초과~2.3 이하	묻지 않음
5	2.3 초과~2.8 이하	묻지 않음

실기 출제유형 [13년1급]

예제문제 28

다음 그래프에서 ●표시는 「창호기밀성능시험방법(KSF2292 2013)」에 따른 창호의 통기량 측정결과를 나타낸다. 이 창호의 열관류율이 2.0W/m² K인 경우, 이 창호의 ㉮ 기밀성능 등급과 효율관리기자재 운영 규정에 따른 ㉯ 에너지소비효율등급을 기재하시오. (4점)

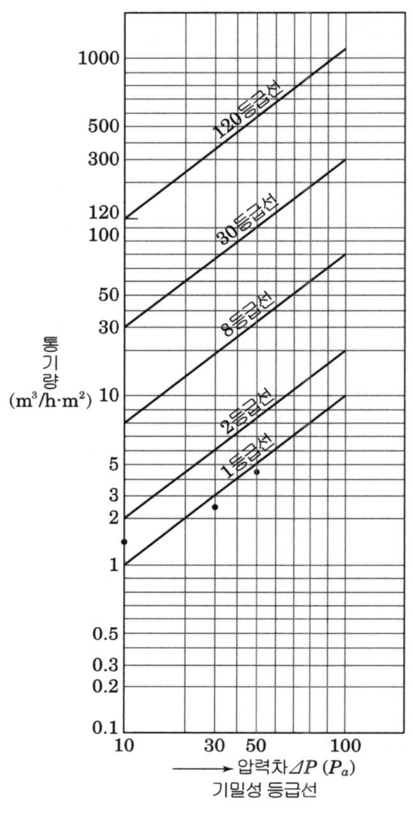

정답

㉮ 기밀성능 등급

압력차 10Pa일 때 기밀성능이 1등급과 2등급 사이에 있으므로 2등급

㉯ 에너지소비효율등급

등급	열관류율(W/m²·K)	기밀성능
1	1.0 이하	1등급
2	1.0 초과 ~ 1.4 이하	1등급
3	**1.4 초과 ~ 2.1 이하**	**2등급 이상(1등급 또는 2등급)**
4	2.1 초과 ~ 2.8 이하	묻지 않음
5	2.8 초과 ~ 3.4 이하	묻지 않음

답 : ㉮ 2등급 ㉯ 3등급

예제문제 29

창호의 에너지소비효율등급제도에 관한 설명 중 잘못된 것은?

① 창호의 단열성능 및 기밀성능에 따라 1~5 등급으로 구분한다.
② 등급이 낮을수록 열관류율이 낮고 기밀성능이 우수함을 의미한다.
③ 외기와 접하는 곳에 사용되는 창면적이 $1m^2$ 이상이고 프레임과 유리가 결합되어 판매되는 창세트에 적용된다.
④ 1등급이란 열관류율 $1.5W/m^2 \cdot K$ 이하, 기밀성능 1등급일 경우이다.

해설 1등급은 열관류율 $1.0W/m^2 \cdot K$ 이하, 기밀성능 1등급일 경우이다.

답 : ④

5. 창호(유리)계획(Glazing Planning)

① 유리의 종류 및 성능 : 유리의 종류는 특성에 따라 투명유리, 컬러유리(혹은 착색유리), 반사유리, 로이유리 등으로 구분되며, 유리의 층수에 따라 단층유리, 이중유리, 삼중유리, 사중유리 등으로 나누어진다. 설계자가 유리의 종류를 선택할 경우 다양한 유리의 성능지표와 건물의 배치, 향, 창의 크기 등을 에너지 및 채광, 환기 목표에 따라 검토해야 한다.

유리의 종류 및 성능

종 류	특 징	제품구성(예)	색상	두께(mm)	가시광선 투과율	열관류율(W/m^2K)	차폐계수 SC	출 처
투명유리	가장 일반적으로 사용되는 투명한 판유리로서 주택, 일반건축물 등에서 널리 사용됨	6CL+12A +6CL(6CL=IGDB 103)	투명	24	0.79	2.70	0.81	Window6 산출값 (NFRC-100-2010 기준)
컬러유리	컬러유리는 투명유리보다 가시광선의 투과율이 낮아 여름철 일사량을 줄여준다. 일반적으로 어두운 컬러일수록 투과율이 낮음	6CL+12A +6CL(6CL=IGDB 8209)	옅은 녹색	24	0.56	2.70	0.52	
		6CL+12A +6CL(6CL=IGDB 11070)	하늘색	24	0.34	2.69	0.50	
		6CL+12A +6CL(6CL=IGDB 11212)	어두운 갈색	24	0.21	2.25	0.12	

종류	특징	제품구성 (예)	색상	두께 (mm)	가시광선 투과율	열관류율 (W/m^2K)	차폐계수 SC	출처
반사유리	반사유리는 유리표면에 반사코팅막을 입혀 가시광선의 실내 유입을 조절하고 여름철 냉방부하를 줄이는 효과가 있음	6STN134 +12A+6CL	은색	24	0.3	2.41	0.36	K사 홈페이지 (ASHRAE 겨울기준 계산값)
		6STN224 +12A+6CL	녹색	24	0.21	2.41	0.27	
로이유리	· 복층유리의 내측면에 투명금속피막을 증착하여 낮은 방사율을 나타냄 · 실내측 코팅 로이는 실내열을 보온하는 효과가 있어 북측면에, 외부측 코팅 로이는 외부의 열유입을 줄이는 효과가 있어 남측면에 적합	6CL+12A +6EVI181	투명	24	0.72	1.76	0.65	
		6CL+12A +6EVT181	투명	24	0.70	1.76	0.66	
		6CL+12A +6EIT182	투명	24	0.72	1.64	0.56	
		6ECT151 +12A+6CL	밝은 은색	24	0.47	1.71	0.38	
		6ECT161 +12A+6CL	밝은 은청색	24	0.56	1.70	0.45	

■ 주 : IGDB(International Glazing Database)

- **투명유리** : 투명유리는 일반적으로 사용하는 창유리로서 공동주택, 일반건축물의 실내외에 광범위하게 적용된다. 투명유리는 가시성이 우수한 장점이 있지만 열적으로 매우 취약한 단점을 또한 가지고 있으며, 여름철에는 높은 차폐계수(SC) 혹은 태양열취득계수(SHGC)로 인해 외부차양이 설치되지 않을 경우 실내과열 및 현휘를 발생시킬 수 있다.
- **컬러유리** : 컬러유리는 유리의 가시성을 유지하면서, 가시광선의 투과량을 줄여 여름철 일사획득량을 줄여주는 장점이 있으며, 착색된 색은 건물의 외관의 중요한 디자인요소가 될 수 있다.

컬러유리가 사용된 Y구청사(한국)와 외부차양이 계획된 블루핀빌딩(영국)

- **반사유리** : 반사유리는 표면에 반사코팅막을 입힌 유리다. 가시광선의 실내 유입을 감소시켜 여름철 냉방부하를 줄이는데 효과가 크지만 외부 보행자의 눈부심을 유발할 수 있다. 그래서 최근에는 저반사 유리의 사용이 늘고 있는 추세다. 일사량 절감에는 비교적 우수하나 단열효과는 별로 개선되지 못하여 복층유리로 활용하되거나 로이유리와 결합된 저반사 로이유리로 활용되기도 한다.
- **로이유리** : 로이유리는 저방사 유리로서 유리에 투명 금속필름을 부착하여 금속필름이 열을 흡수하여 재방사함으로서 실내측의 열을 보존하거나 외부의 열 유입을 줄여준다. 그런데 로이유리가 단열성능 개선효과가 우수하다는 사실만으로 저에너지 건축물을 디자인할 때 향에 상관없이 무분별하게 사용되기도 하는데, 필름의 위치에 따라 열손실이 증대될 수도 있으므로 구분하여 사용되어야 한다.

※ 복층로이유리의 계획방법

- 2면 코팅 로이유리 : 복사열획득이 많은 방향의 창호(= 냉방부하가 많이 발생하는 향)

  예 여름철, 서향 : 2면 로이유리
- 3면 코팅 로이유리 : 관류에 의한 열손실로 난방부하가 많이 발생하는 방향의 창호

  예 겨울철, 북사면 : 3면 로이유리
- 양면 로이유리(2,3면 코팅) : 양면 로이유리는 향에 상관없이 사용이 가능하지만 상대적으로 고가이므로, 부하가 상대적으로 높은 서향이나 북서향 등에 이용하는 것이 유리

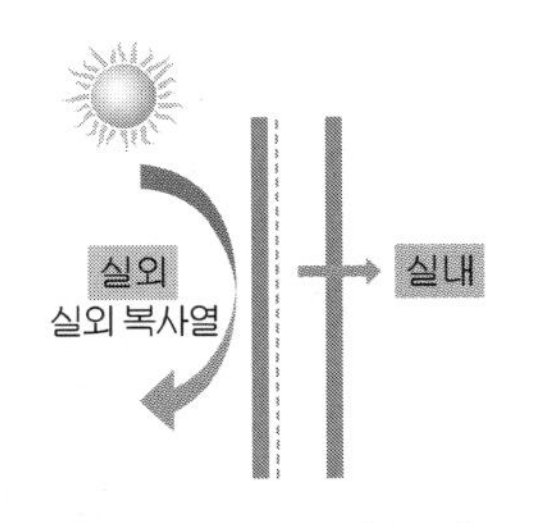

여름 : 로이코팅(2면)

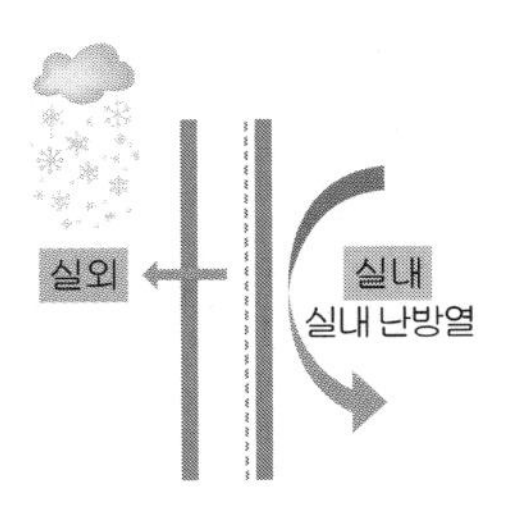

겨울 : 로이코팅(3면)

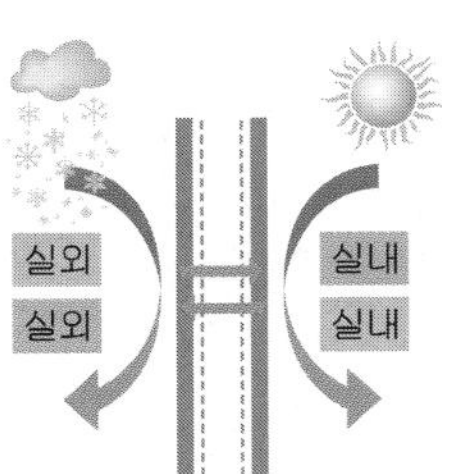

로이코팅(양면)

로이유리의 필름 위치에 따른 열흐름의 차이

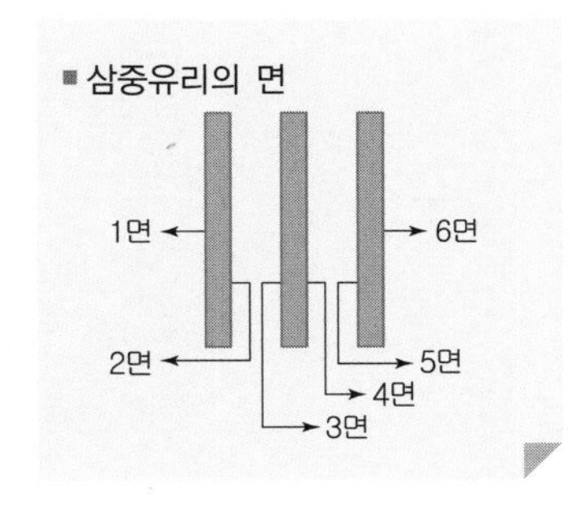

■ 로이유리의 SHGC(태양열 획득계수)

로이유리의 SHGC는 코팅 횟수에 따라 결정되며, 일반적으로 투명유리 기준으로

- single coating인 경우 SHGC = 0.5~0.6
- double coating인 경우 SHGC = 0.38
- triple coating인 경우 SHGC = 0.27

예제문제 30

로이유리의 특성 중 잘못된 것은? 【13년 1급 출제유형】

① 2면 코팅 복층유리는 일사열 획득을 차단하는 데 효과적이다.
② 복층유리의 안쪽에 저방사 코팅을 하여 복사열 이동을 줄임으로서 단열성능을 향상 시켰다.
③ 로이유리의 차폐계수를 낮추기 위해 코팅 횟수를 늘리는 방법이 사용된다.
④ 복층유리는 열저항성능을 좋게 하기 위하여 유리와 유리 사이에 아르곤, 크립톤 및 헬륨 등의 가스를 주입하고 밀봉한 것이다.

해설
비활성가스인 아르곤, 크립톤 등을 사용하지만 헬륨을 쓰지는 않는다.

답 : ④

예제문제 31

다음은 유리창의 단면을 나타낸 그림이다. 에너지 절약 측면에서 국내 건물의 정북향 벽에 가장 적합한 창호 구성은? 【17년 출제유형】

①
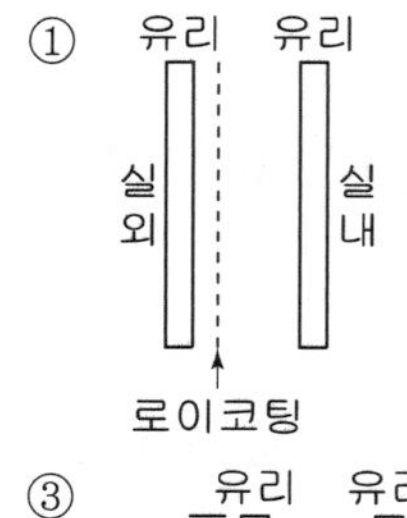

②
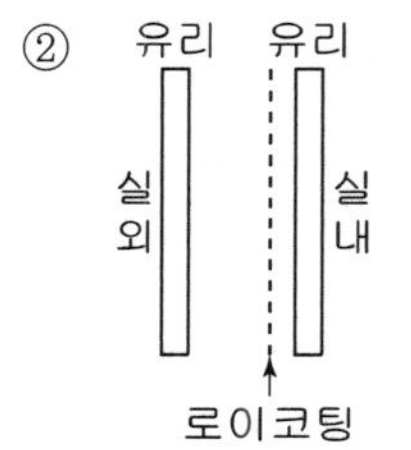

③
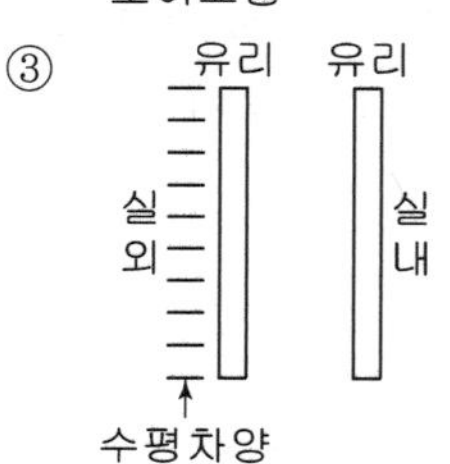

④
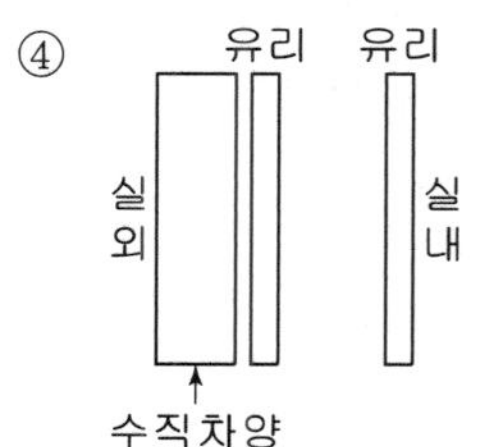

해설
② 3면 로이코팅

답 : ②

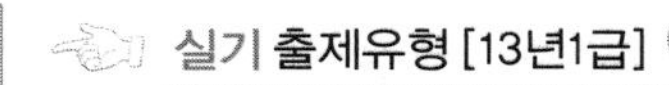

예제문제 32

다음 그림은 복층유리의 단면과 유리면 번호를 나타낸 것이다. 한 개 유리면에 로이 코팅시 ㉮ 실내보온용(난방에너지절약)과 ㉯ 일사차단용도(냉방에너지 절약)에 적합한 로이코팅 번호를 건축공사표준시방서에 근거하여 기재하시오. (단, 로이코팅의 지속적 효과 유지를 고려할 것) (2점)

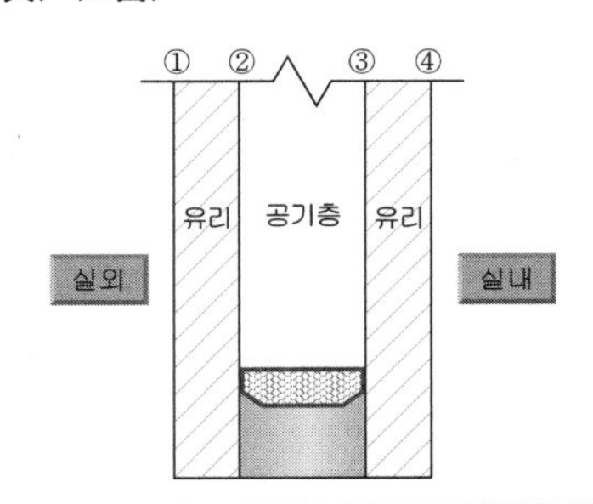

정답

㉮ 실내보온용(난방에너지절약)
③ 3면 코팅

㉯ 일사차단용도(냉방에너지 절약)
② 2면 코팅

- 복층유리 : 창유리는 유리의 레이어 수에 따라 단층, 이층, 삼중, 사중유리 등이 있으며, 최근 고성능 유리의 사용이 증가함에 따라 삼중유리 이상의 사용이 늘고 있다. 일반적으로 복층유리에는 유리사이에 공기층이 존재하며, 이 공기층은 일종의 완충공간으로서 창유리의 단열성 향상에 큰 영향을 미친다. 공기층은 유리와 유리 사이에서 대류를 통한 열의 이동을 일으키므로 창유리 사이의 공간에 아르곤(Ar)을 주입하거나 진공상태를 유지하여 단열성능을 더욱 향상시키기도 한다.
  공기층은 6mm의 공간보다는 12mm의 공간을 이루고 있는 창유리가 단열효과가 더 우수하며 일반적으로 12mm의 공간을 갖는 22mm(5mm유리+12mm공기층+5mm유리) 또는 24mm(6mm유리+12mm공기층+6mm유리)의 복층창을 사용한다.
- 창호의 성능 : 창호는 유리+프레임으로 구성된다. 설계자는 유리의 성능과 더불어 창틀의 열성능 및 기밀성을 확보하여 열손실을 최소화해야 하며, 필수적으로 검토해야 하는 요소는 ① 열관류율 ② 차폐계수(SC) 혹은 태양열취득계수(SHGC) ③ 창틀의 열관류율 및 기밀성이며, 창틀은 열교차단재를 적용한 것을 사용하여 창틀에서 열교가 발생하는 것을 예방해야 한다.

예제문제 33

다음 중 일반적으로 차폐계수가 가장 높은 유리 종류는?

① 투명유리 ② 컬러유리
③ 반사유리 ④ 로이유리

해설
가장 일반적으로 사용되는 투명한 판유리로 가시광선 및 일사 투과율이 가장 높아 차폐계수(SC)가 가장 높다.

답 : ①

예제문제 34

건물 외피계획에 관한 설명으로 가장 적절하지 않은 것은? 【22년 출제유형】

① 차폐계수(SC)는 3mm 투명유리 대비 태양 에너지 취득량의 비율로 구한다.
② 유리와 창틀에서 발생하는 전도, 대류, 복사열 전달 저항을 높여 창의 열관류율을 낮출 수 있다.
③ 구조체의 열용량은 냉난방부하와 실내온도 변화에 영향을 미친다.
④ 로이유리는 유리에 투명금속피막 코팅으로 대류열을 반사하여 실내측의 열을 보존한다.

해설
④ 대류열 → 복사열

답 : ④

| 참고 | 커튼월 프레임

본 교재의 앞 부록에서 칼라사진을 참조하시오.

커튼월 프레임은 알루미늄이나 스틸이 주로 이용되고 있는 데, 알루미늄과 스틸의 열전도율은 각각 230W/mK, 60W/mK로 매우 높다. 그래서 그림과 같이 열전도율이 0.18W/mK인 아존이나 0.25W/mK인 폴리아미드를 열교차단재(Thermal Break)로 사용한다. 이와같이 열교차단재를 사용한 프레임을 단열바라고 한다.

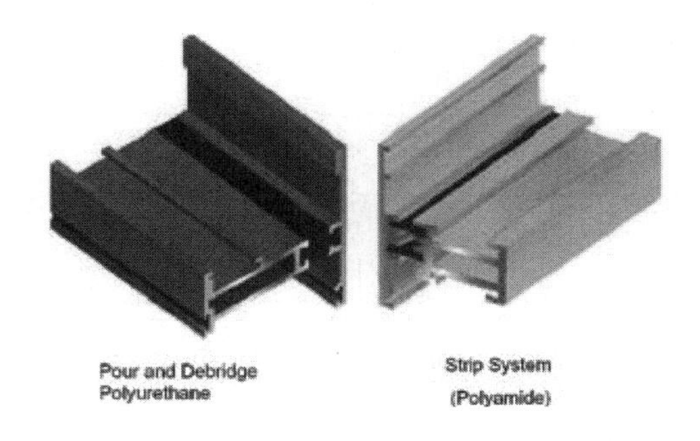

커튼월 프레임의 단열성능을 높이기 위해 첨부의 그림 2와 같이 프레임 중공층에 EPDM(Ethylene Propylene Diene Monomer)이나 GFRP(Glass Fiber Reinforced Polymer) 소재로 된 단열블럭을 충진하거나 PVC, PE Foam Isolator를 적용하기도 한다.

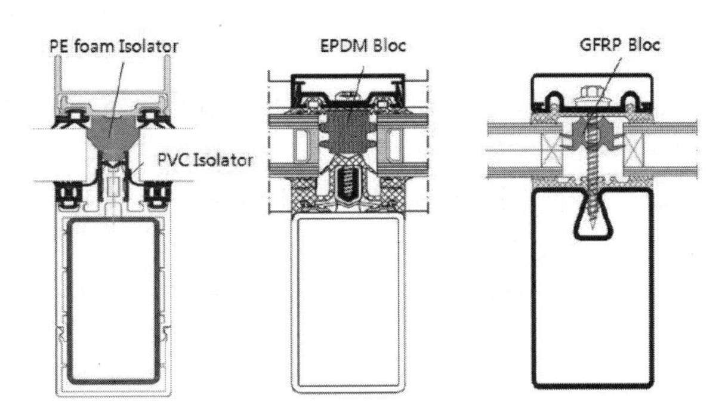

Fig. 2 Examples of steel curtain wall frames

스페이서는 유리와 유리사이에 설치하여 유리면의 간격을 유지하는 부품이다. 이 자재를 사진과 같은 단열성이 있는 특수 강화 플라스틱을 사용하기도 한다.

예제문제 35

금속재 커튼월에 대한 설명으로 가장 부적합한 것은? 【15년 출제유형】

① 외벽에 금속부재와 고정용 철물이 다수 설치되어 열교 방지에 취약하다.
② 멀리온, 트랜섬 등에는 폴리우레탄이나 폴리아미드 등의 열교 차단재를 삽입하여 단열성능을 향상시킬 수 있다.
③ 창 면적비가 클수록 하계에는 일사열획득이 증가하여 냉방에너지 절약에 불리하고, 동계에는 전열손실이 증가하여 난방에너지 절약에 불리하다.
④ 콘크리트 외벽에 비해 타임랙(Time-lag)이 길어진다.

해설
④ 금속재 커튼월이 콘크리트 외벽보다 타임랙이 짧음

답 : ④

예제문제 36

에너지성능 확보를 위한 커튼월 스팬드럴 부위 단열패널 계획에 대한 설명으로 가장 적절하지 않은 것은? (단, 단열패널은 커튼월 프레임과 프레임 사이에 삽입되어 결합된 형식임) 【20년 출제유형】

① "건축물의 에너지절약설계기준"에서 정하는 지역별 외벽의 열관류율 기준을 만족해야 한다.
② 내부결로 발생 방지와 단열 성능 향상을 위해 단열재를 철판으로 완전히 감싸 프레임에 결합하는 것이 좋다.
③ 패널과 결합(연결)되는 프레임의 단면 구조와 패널 외측에 설치되는 유리의 사양도 단열 패널 부위 에너지 성능에 영향을 미친다.
④ 열성능 확보를 위해서는 단열패널과 프레임간 접합부를 기밀하게 처리해야 한다.

해설
② 단열재를 철판으로 완전히 감싸게 되면 철판을 통한 열교로 인해 단열성능 저하와 함께 스팬드럴 실내측 표면에 결로가 발생할 수 있다.

답 : ②

6. 차양계획

건축환경에서 여름철에 건물이 획득하는 열(태양열+도시 인공발열)은 건물 내부에 전달되어 재실자의 열쾌적을 떨어뜨리고 건물의 에너지 사용을 증대시킨다. 이러한 불필요한 열은 설계과정에서 최소화할 필요가 있으며, 건물의 형태, 창호, 차양장치 등 다양한 요소들을 복합적으로 적용하여 최소화할 수 있다.

(1) 계획방법(Commentary)

1) 차양장치의 기본계획

태양열 획득을 줄이기 위한 방법

요 소	열획득 차감 방법
건 물	· 오버행(처마, 발코니 등) · 반사 이용(반사판, 컬러 등) · 경사각 계획(외피의 형태 변형 등)
창 호	· 코팅(로이, 반사 등) · 프린팅(창호 프린팅) · 유리사이에 차양장치가 있는 창호(고정식, 가변식) · 교환식 창호
차 양	· 내부차양(블라인드 등) · 외부차양(고정식, 가변식), 식재 · 고정식, 가변식 복층유리

이중 건물의 차양장치는 여름철에 일사를 차단하여 창문을 통해 들어오는 열부하 경감에 효과적이며, 특히 냉방부하 절감에 크게 기여한다. 또한 광선반이나 루버의 확산을 이용할 경우 실내 조도 조절에도 도움을 준다, 따라서 디자인과 결합하여 효과적으로 계획할 경우 실내 현휘방지, 과열방지, 조도분포조절, 냉방부하 절감 등의 효과를 기대할 수 있다.

① 건물의 용도와 기능을 고려하여 방위를 결정하고 인동간격을 적당히 하여 주요 건물의 일조를 해치지 않도록 계획함. 특히 공동주택의 경우 어린이 놀이터에 겨울철 일정시간 일조가 있는 것이 바람직함

② 건물의 방위는 연중 건물의 열평형이 잘 이루어질 수 있는 방위를 선정하며 국내 기후에서는 일반적으로 동남향이 난방기간 중 최대 일사량을 받고 냉방기간 중 최소 일사를 받을 수 있음

③ 일반적으로 차양 계획은 직사광의 실내유입을 줄이고 확산광 및 산란광의 유입을 늘려 현휘를 줄이고 실내 고른 조도를 유지하는 방향으로 이루어져야 함

2) 차양장치의 종류

차양장치는 조절유무에 따라 고정식과 조절식, 형태에 따라 수평, 수직, 격자 차양, 설치위치에 따라 외부차양, 내부차양 등으로 구분된다. 하지만 방위에 따라 차양장치의 적합/부적합이 있으므로 방위별 태양의 입사각과 적절한 차양면적을 고려하여 위치, 종류, 길이를 산정해야 한다.

① 가변차양

- 주광의 유용성이 낮은 시간이 있거나 태양의 일궤적에 효과적으로 대응하기 위해 설치할 수 있으며, 고정장치보다 계절적 변화에 따른 일사획득량 조절에도 용이
- 위치 : 창유리 사이 공간, 건물 외부 외피공간

가변차양의 종류

	종류	최적향	설명
	오버행 어닝(Awning)	남, 동, 서	강한 비바람이나 겨울철에는 사용이 제한됨
	오버행 가변식 수평루버	남, 동, 서	필요시 겨울철 태양을 제한할 수 있음
	가변식 수직핀	동, 서	경사 고정식핀보다 효과적이나 조망이 우수
	격자차양 수평적 가변 루버	동, 서	· 더운 기후지역에 유리 · 고정식 격자차양보다 효과적이며 조망이 우수
	활엽수, 덩굴식물	동, 서, 남동, 남서	· 조망이 제한되나 미관이 우수 · 공기가 냉각됨
	외부 스크린	동, 서, 남동, 남서	· 개방 및 개폐가 매우 용이함 · 개폐시 조망이 매우 제한됨

② 고정차양

- 여름철 일사 획득을 최소화하기 위해 설치되는 고정 오버행은 연중 일사량을 감소시킬 것 : 오버행은 더운 여름철 주간의 일사를 차단하기 위해 남부 유럽에서 선호되는 고정차양 장치
- 고정차양은 별도의 유지관리가 덜 필요한 장점이 있으나 계절별 입사각을 고려하더라도 돌출된 길이만큼 겨울철 일사량 획득이 부분적으로 감소하므로 고려해야 함

• 아파트의 발코니, 한옥의 처마 역시 고정차양으로서의 역할을 수행함

고정차양의 종류

	종류	최적향	설명
	수평 오버행 (Overhang)	남, 동, 서	눈이나 바람에 의한 부하발생 가능
	오버행 다층수평루버	남, 동, 서	• 자유로운 공기의 이동이 가능 • 눈, 바람에 의한 부하 적음
	오버행 수직적 수평루버	남, 동, 서	• 오버행의 길이를 줄여줌 • 조망이 제한됨 • 루버의 길이를 작게 이용가능
	오버행 수직적 패널	남, 동, 서	• 자유로운 공기의 이동 • 눈에 의한 부하발생 없으며 조망이 제한됨
	수직핀(fin)	동, 서, 북	• 조망 제한 • 더운 기후의 북측면에 사용
	경사진 수직핀	동, 서	• 경사는 북측을 향해야 함 • 조망이 크게 제한됨
	격자차양	동, 서	• 매우 더운 기후 • 조망이 매우 제한되며 더운 공기가 정체됨
	경사진 격자차양	동, 서	• 경사는 북측을 향함 • 조망이 매우 제한되며 매우 더운 기후에서 사용

3) 공간 프로그램별 특성

차양을 계획할 때는 공간의 프로그램을 고려하여야 한다. 먼저 건축물이 내부 발열부하가 큰 업무시설의 경우 사무공간은 외주부에 배치하여 채광 및 환기가 가능하되 과열되지 않도록 차양을 계획해야 하며, 서버실과 같이 과열 공간은 햇빛의 영향이 없는 코어부나 북측면에 배치하도록 한다. 공동주택의 경우 기본적으로 남측면에 약 1.5m 돌출된 발코니는 차양장치의 역할을 수행한다. 하지만 최근 들어 발코니를 확장 계획한 사례가 늘고 있으므로 발코니를 확장한 거실이나, 방의 경우 외부차양을 계획하도록 한다.

4) 방위별 차양계획

건축물은 형태, 창호, 차양 디자인에 따라 과열이 될 수도 있고, 혹은 쾌적한 환경을 제공할 수도 있다. 기본적으로 수평차양은 태양고도가 높은 시점에 효과적이며, 수직차양은 태양고도가 낮은 시점에서 효과적으로 일사의 유입을 차단한다.

① 남측면 차양 : 기본적으로 차양장치는 수평차양, 수직차양 혹은 이 두 가지의 혼합형으로 구성된다. 남측면에 설치하는 수평차양은 창너비보다 크게 설치하거나 격자차양을 설치해야 직달일사를 차단할 수 있다. 이것은 태양이 오전에는 남동에서 오후에 남서로 이동하기 때문이다. 수평차양은 가늘고 긴 창에 사용하는 것이 상대적으로 효과적이다. 차양의 선택은 다음을 고려한다.

- 난방부하보다 냉방부하가 크고 차양이 주된 고려요소이면 고정 수평차양 선택함
- 패시브 난방과 차양이 모두 중요할 경우(여름, 겨울이 길 때) 조절가능한 차양을 선택함

※ 남측 고정 수평차양(냉방 중심)

건물의 지역을 선택하고 4절기(춘추분, 하지, 동지) 태양고도각을 확인한다. 춘추분～동지 사이의 기간을 난방기간으로 가정하고 춘추분과 하지 사이를 과열기간으로 설정하여 차양길이를 그려준다.

이때, 춘추분까지를 완전차양 구간으로 설정한다.

※ 남측 가변차양(냉방+패시브 난방 중심) : 건물의 지역을 선택하고 4절기(춘추분, 하지, 동지) 태양고도각을 확인한다. 여름철 차양길이는 고정 수평차양과 동일하며, 겨울철 차양길이는 하지 시기를 완전차양 구간으로 설정한 차양길이 만큼만 계획하고 그 외의 길이는 줄인다.

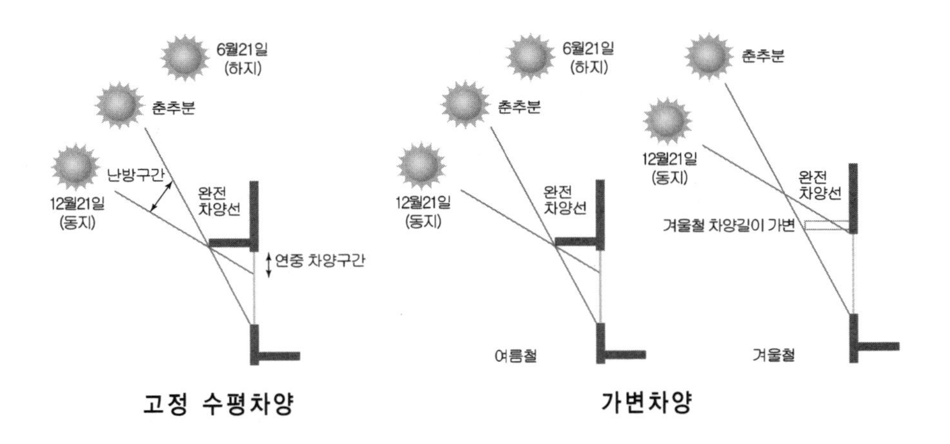

고정 수평차양 가변차양

| 참고 | **남측 수평 고정차양설계**

남측 수평고정차양의 수직음영각 및 차양길이는 춘추분의 태양남중고도를 기준으로 한다.

일반적으로 수평차양설계시 춘추분과 하지 사이를 과열기간으로 본다.

차양이란 냉방이 요구되는 과열기간에 일사유입을 차단하기 위해 설치된다.
특히 7월과 8월 더운 여름 일사를 차단하기 위해서는 춘추분의 태양남중고도를 기준으로 해야 한다.

겨울철 일사획득과 여름철 일사차단을 고려한 수평차양설계가 요구된다는 개념설명을 할 때 하지와 동지의 태양남중고도를 이용하지만, 실제 남측수평차양설계는 춘추분의 태양의 남중고도를 기준으로 하는 것이다.

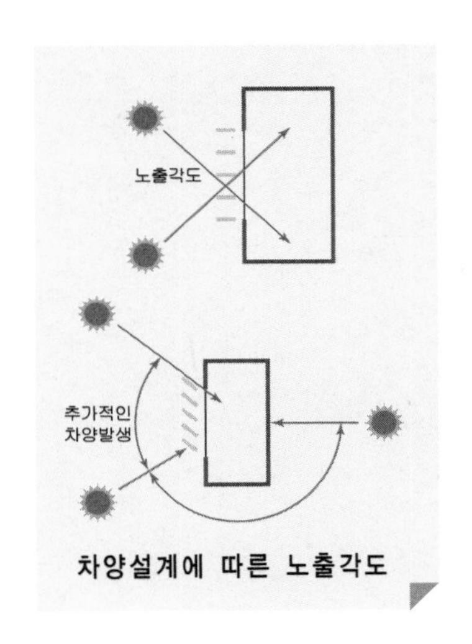

차양설계에 따른 노출각도

② 동서측 차양 : 동서측은 남향과 달리 고정된 돌출로 충분한 차양을 하기 어렵다. 이것은 하루 중 동서측에 이르는 태양의 고도각이 작아 충분한 차양을 얻기 위해서는 돌출부가 길어지기 때문이다. 따라서 수평차양 외에 수직차양을 동시에 고려하여 여름철 하루 중 태양의 이동경로에 따른 노출각도를 최소화해야 한다.

- 동측, 특히 서측의 창은 최소한으로 계획
- 동서측에서 창문을 낼 경우 차양의 핀의 방향이 남측이나 북측을 향하도록 계획
- 기본적으로 수직차양을 계획하며, 조망이 강조될 경우 조절가능한 수평차양을 계획
- 가장 효과적인 조합은 수평차양과 경사진 핀의 조합이며, 차양의 개수를 분할할수록 차양효과가 커짐

※ 서측면의 수평차양

- 수평차양은 동서측의 조망이 우수할 경우 사용을 고려할 수 있으며, 수직차양에 비해 나은 조망을 제공함
- 하지일을 기준으로 과열시간대인 오전 8시부터 오후 4시까지의 동서측 창을 차양할 수 있도록 계획

※ 서측면의 수직차양

- 수직차양은 가급적 경사를 이용하여 계획하며, 조절 가능하도록 계획하여 조망성 저하를 예방함
- 하지일을 기준으로 노출각도를 최소화하여 계획함

예제문제 37

차양에 관한 다음 설명 중 잘못된 것은?

① 차양은 기본적으로 냉방기 일사획득을 줄이기 위해 설치된다.
② 계절별 태양의 위치를 고려할 때 가변차양보다 고정차양이 일사획득량 저감에 효과적이다.
③ 형태에 따라 수평, 수직, 격자차양, 설치위치에 따라 외부차양과 내부차양으로 구분된다.
④ 기본적으로 수평차양은 태양고도가 높은 시점에, 수직차양은 태양고도가 낮은 시점에 효과적이다.

해설
가변차양이 고정차양보다 효과적이다.

답 : ②

예제문제 38

건축물의 일사 조절방법에 대한 설명 중 틀린 것은? 【13년 1급 출제유형】

① 고정차양의 외부 돌출길이는 태양고도가 낮은 동지를 기준으로 설계한다.
② 수직차양은 동서측면의 일사차폐에 효과적이다.
③ 수평차양은 남측면의 일사차폐에 효과적이다.
④ 내부차양보다 외부차양이 일사차폐에 효과적이다.

해설
① 고정차양의 외부 돌출길이는 태양고도가 높은 하지에서 춘추분까지 일사차단을 할 수 있도록 한다.

답 : ①

예제문제 39

건물의 냉방에너지사용량을 줄이기 위한 방법 중 가장 적절한 것은? 【16년 출제유형】

① 서울 소재 건물의 일사 유입을 방지하기 위해 남향은 수직차양, 서향은 수평차양을 사용하는 것이 효과적이다.
② 옥상 쿨루프(Cool Roof)의 경우 낮은 일사 반사율의 재료를 선택하는 것이 좋다.
③ 우리나라와 같은 기후에서는 증발냉각을 활용하는 것이 매우 효과적이다.
④ 연중 내부발열이 매우 많은 건물의 경우 열관류율이 매우 낮은 창을 선택하는 것은 불리할 수 있다.

해설
① 남향은 수평차양, 서향은 수직차양
② 낮은 → 높은
③ 증발냉각 → 자연통풍

답 : ④

예제문제 40

차양에 대한 설명 중 옳지 않은 것은? 【21년 출제유형】

① 외부 롤 스크린은 여름철 일사차단뿐 아니라 겨울철 천공복사에 의한 열손실을 줄일 수 있다.
② 남측에 설치하는 수평 고정차양은 돌출길이가 길어질수록 냉방 및 난방에너지 절감에 유리하다.
③ 태양고도에 따른 일사조절을 위해 수평 고정차양을 설치하고, 태양방위에 따른 일사 조절을 위해 수직 고정차양을 설치하는 것이 유리하다.
④ 냉방 및 난방에너지를 절감하기 위해서는 외부차양, 창의 SHGC, 창의 크기를 고려하여 에너지 절감계획을 수립해야 한다.

해설
② 난방에너지 절감에는 불리

답 : ②

예제문제 41

다음 차양장치(shading device) 계획에 대한 설명 중 가장 적절하지 않은 것은?

【22년 출제유형】

① 우리나라에서 정북방위를 바라보는 창문에는 연중 직사광선이 도달하지 않으므로 차양장치 설치를 고려할 필요가 없다.
② 진태양시를 기준으로 차양장치를 계획하는 경우에는 경도를 고려할 필요가 없다.
③ 형태가 동일한 경우에는 실내차양장치보다 외부차양장치가 냉방부하 절감에 효과적이다.
④ 격자형루버는 수평 · 수직 차양장치의 장점을 모두 가진다.

해설
① 북측창에도 춘분에서 추분까지 6개월 간은 직사광선(직달일사)가 도달하므로 수직차양을 설치하기도 한다.

답 : ①

5 건축물 에너지절약을 위한 단열, 창호 등의 건물외피계획

1. 건물에너지 요구량에 미치는 건물외피(Building Envelopes)의 영향

① 건물외피는 혹독한 외부환경으로부터 보호된 실내환경을 조성하기 위한 중요한 보호막(Shelter)
② 건물외피를 통한 열손실(Heat Loss)과 열획득(Heat Gain)량에 따라 건물에너지 요구량이 결정됨
③ 난방기간(Heating Season)에는 외피를 통한 열손실을 최소화
④ 냉방기간(Cooling Season)에는 외피를 통한 열획득을 최소화

2. 건물외피의 구성 요소

① 건물외피는 불투명 단열외피와 투명 창호로 구성
② 불투명 단열외피에는 지붕, 외벽, 최하층 바닥 등이 있음
③ 투명 창호의 경우, 높은 열관류율로 인해 관류열 손실이 일어나는 주요 부위
④ 외피의 열성능을 조절하는 수단에는 단열 계획, 창호계획, 차양계획 등이 있음

3. 부위별 단열계획

① 불투명 단열외피에 비해 투명 창호의 경우, 일반적으로 열관류율이 6~7배 정도 높아 창면적비를 줄이는 것이 가장 효과적인 에너지 절약 기법

② 연속난방을 하는 주거용 건물의 불투명 외피는 가능하면 외단열로 단열함으로써 열교부위를 최소화

③ 간헐난방을 하는 강당, 체육관 등은 내단열함으로써 예열부하를 줄일 수 있도록 함

④ 열관류율은 지역별, 부위별 단열기준을 최소기준이라 생각하고, 가능하면 최대한 낮게 함으로써 외피를 통한 열손실과 열획득을 최소화

⑤ 단열성과 기밀성을 갖는 창틀을 사용하고 창틀이 금속인 경우 열교차단재가 적용된 제품을 사용함

⑥ 결로분석을 통해 외피의 온도구배가 항상 노점온도구배보다 높아 구조체 표면과 내부에 결로가 발생하지 않도록 단열

4. 방위별 창호계획

향에 따라 건축물의 외피를 통해 유입되는 일사에너지의 양이 달라지므로, 냉난방 에너지 절약을 위해서는 향에 따라 창호의 면적을 줄이거나 차양을 별도로 계획하는 등 다각적인 접근이 필요

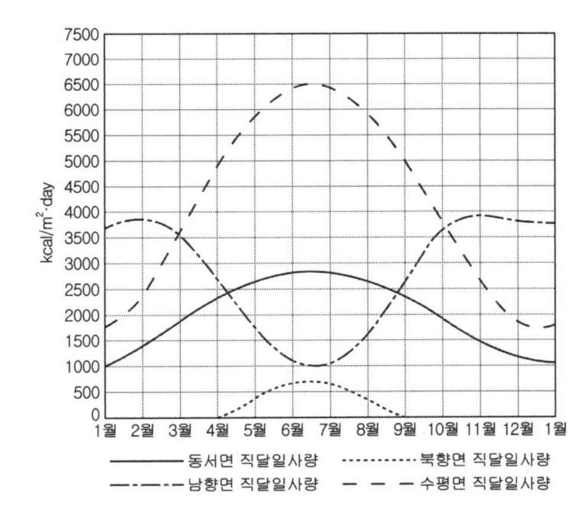

방위별 수직벽의 단위면적당 일평균 직달일사량

(1) 남향

① 남향은 겨울철에 태양고도가 낮을 때 다량의 일사획득을 유도할 수 있으므로 난방에너지 절감에 유리하다. 일반적으로 북향과 남향 창호는 차양에 의한 일사 차단이 쉬우며, 동향이나 서향 창호에 비해 여름철 일사획득이 적을 뿐만 아니라 눈부심도 적게 유발

② 난방기간 동안 일사열 획득과 냉방기간 동안 일사열 차단을 할 수 있도록 차양 계획

③ 남향의 창면적비는 겨울철 일사획득을 고려하여 60% 이내로 함

④ 남면 창을 통한 일사획득을 높일 수 있도록 SHGC(Solar Heat Gain Coefficient)는 높을수록 유리

⑤ 디자인이나 열취득을 위해 창면적을 넓게 계획할 경우 창면적의 80% 이상을 외부차양을 통해 차양이 가능하도록 계획하여 냉방부하 저감

(2) 동향, 서향

① 동향과 서향은 여름철에 과도한 일사획득이 유발되며, 특히 서향의 경우 하루 중 가장 더운 오후 시간에 최대 일사량이 유입되므로 되도록 창면적을 제한하는 것이 바람직

② 동측, 특히 서측의 창은 40% 이하 또는 최소한으로 계획

③ 동향과 서향 창은 SC(Shading Coefficient) 또는 SHGC가 낮은 창호를 적용하여 일사획득에 의한 냉방부하 저감

(3) 북향

① 건물의 창호는 에너지 성능과 설계상의 필요를 고려하되 창면적비 40% 이하 혹은 최소한으로 설계

② 특히 겨울철 열손실이 많은 북측 창면적은 최소화하며, 여름철 남면 유리창과 연계하여 맞통풍이 가능하도록 계획

③ 창호는 단열성능이 떨어지므로 로이(Low-E) 이중유리나 삼중유리를 사용. 겨울철 단열을 위해서 3면 코팅 로이유리(복층유리 경우)를 사용

- 북향의 창호는 열관류율이 낮을수록 유리
- 북향창을 통한 자연채광 유입을 극대화하기 위해 Tvis(가시광선 투과율)가 높은 고효율 유리 적용

06 종합예제문제

1 북위 37.5°인 경우 동지 정오의 태양고도로서 가장 적당한 것은 다음 중 어느 것인가?

① 23.5° ② 29.0°
③ 37.5° ④ 52.5°

태양 남중고도 약산법

90°
− 37.5° (위도)

52.5° (춘·추분)
± 23.5° (태양의 적위)

76° (하지)
29° (동지)

2 외부돌출 차양의 깊이는 다음 중에서 어느 것을 기준으로 설계해야 하는가?

① 춘분~하지 ② 하지
③ 하지~추분 ④ 동지

차양장치는 여름철 과다한 일사의 유입을 차단하기 위해 건물개구부에 설치하는 일련의 장치로서 이 때의 차양의 깊이는 냉방기간을 기준으로 한다.

3 인동계수(L/H) 1로 평행 배치된 판상형 고층아파트에 있어서 북측 뒷동의 중앙부 최저층에서 동지 정오경 직달일사를 받을 수 있는 시간은 다음 중 어느 것인가?

① 0 시간 ② 0.5 시간
③ 1 시간 ④ 2 시간

서울지방(37.5° N)를 기준으로 본다면 동지 때의 남중고도는 29°, 그런데 인동계수가 1이면 남중고도 45° 이상이 되어야 최하층에 일사가 미칠 수 있다. 참고로 동지 때 4시간의 일조를 위해서는 인동계수는 1.5~2가 필요하다.

4 건물을 신축하고자 할 때 일조권 확보 여부를 평가하는 수단으로 월드램(Waldram)분석이 사용되고 있다. 월드램에 대한 설명으로 가장 부적당한 것은?

① 월드램에서 특정지역의 위도에 따라 연중 태양의 궤적을 고도각, 방위각으로 표현하고 있다.
② 일조분석 지점에서 일조를 방해하는 구조물의 고도각, 방위각을 산출하여 표시함으로써 일조확보의 정도를 파악할 수 있다.
③ 월드램 분석을 통해서 가조시간을 파악할 수 있으며, 이를 토대로 법정 일조시간을 만족시키고 있는가를 판단한다.
④ 월드램 상에서 일조권 침해로 인한 일사량 감소효과를 파악할 수 있다.

월드램 궤적도를 이용하여 특정지점의 가조시간과 일조시간 등을 알아낼 수 있으나, 일사량은 알 수 없다.

5 일정한 시간의 일조를 확보하도록 아파트의 인동거리(동과 동사이의 거리)를 결정하려고 할 때에 가장 관계가 적은 것은?

① 건물의 높이 ② 태양의 방위각
③ 건물의 향 ④ 단위세대의 면적

일조를 위한 남북간 인동간격
일조 : 동지 때를 기준으로 하여 최소 4시간 이상 태양의 고도(h)와 방위각(A)을 고려한 인동간격(D)은 D=2H (단, 평지인 경우이며, H=건물의 높이임)

해설 1. ② 2. ③ 3. ① 4. ④ 5. ④

6 로이(Low-E)코팅 유리에 대한 설명으로 가장 부적합한 것은?

① 가시광선을 대부분 투과시켜 자연채광에 큰 영향이 없으며, 적외선에 대한 반사율이 높다.
② 코팅 방법은 보통 소프트코팅과 하드코팅으로 구분된다.
③ 내부 발열이 큰 건축물의 개폐 없는 고정창에 적용 시 난방부하 뿐만 아니라 냉방부하 절감에도 효과적이다.
④ 복층유리 창호시스템에서 중공층에 면하는 유리 표면을 보통 로이코팅 면으로 한다.

내부발열이 큰 건축물의 경우 창을 통한 환기가 이루어지지 않으면 로이유리로 인해 냉방부하가 커진다.

7 인동간격 결정조건과 가장 관계가 없는 것은?

① 접지성 ② 옥외공간의 쾌적성
③ 시각적 개방감 ④ 일조 및 채광

접지성과는 무관하다.

8 북위 33°인 마라도 지역에서의 하지와 동지의 태양의 남중고도는?

① 76°, 29° ② 79°, 32°
③ 80.5°, 33.5° ④ 81.5°, 34.5°

1. 태양의 남중고도

90°
−33°
−(−23.5°)
−(+23.5°)

80.5°
33.5°

9 위도 34.5°인 부산 지역에서, 동지 때 태양이 남중시 높이 H인 건물의 일영길이는?

① 1.2H ② 1.4H
③ 1.6H ④ 1.8H

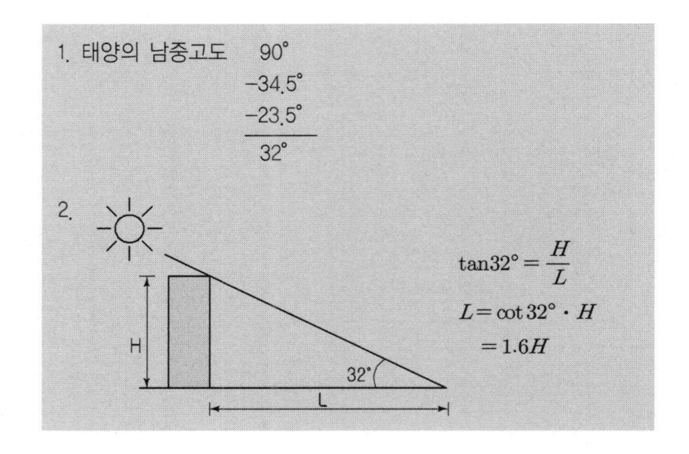

$\tan 32° = \frac{H}{L}$

$L = \cot 32° \cdot H = 1.6H$

10 다음은 서울 지방의 신태양궤적도이다. 그림에서 3월 6일 15시의 태양고도와 태양방위각은?

① 태양고도 33°, 태양방위각 49°
② 태양고도 36°, 태양방위각 44°
③ 태양고도 18°, 태양방위각 37°
④ 태양고도 55°, 태양방위각 75°

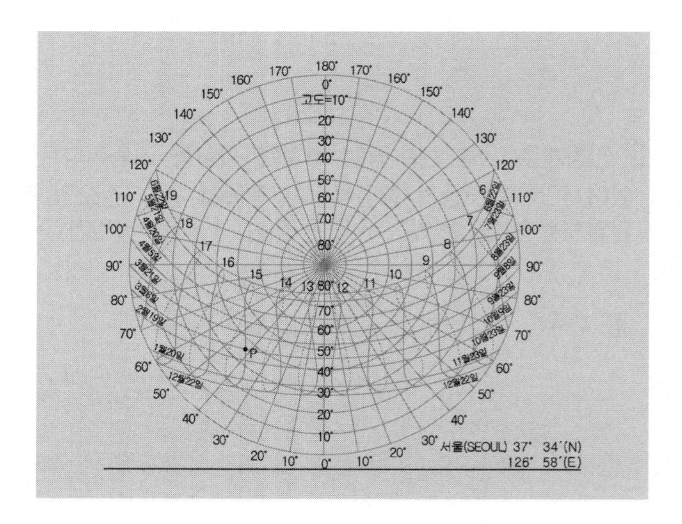

해설 6. ③ 7. ① 8. ③ 9. ③ 10. ②

11 우리나라의 일 평균 수직면 직달일사량에 대한 다음 설명 중 맞는 것은?

① 동향면의 일사량은 여름보다 겨울에 많다.
② 서향면의 일사량은 여름보다 겨울에 많다.
③ 남향면의 일사량은 여름보다 겨울에 많다.
④ 북향면에는 일년 중 직달일사가 도달하지 않는다.

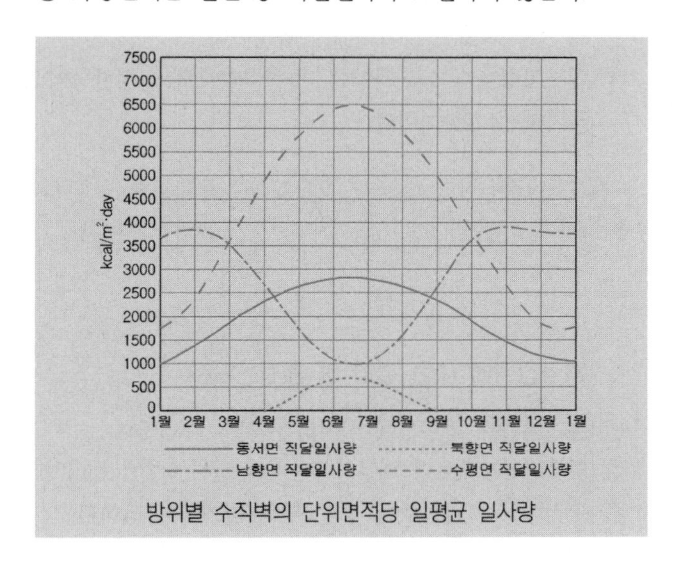

방위별 수직벽의 단위면적당 일평균 일사량

12 다음 중 일반적으로 차폐계수가 가장 낮은 유리 종류는?

① 투명유리 ② 컬러유리
③ 반사유리 ④ 로이유리

투명유리는 가시광선 및 일사 투과율이 가장 높아 차폐계수(SC)가 가장 높으며, 일반적으로 반사유리가 차폐계수가 가장 낮다

13 로이유리는 저방사 유리로서 유리에 은을 코팅하여 실내측의 열을 보존하거나 외부의 열유입을 줄여준다. 로이유리 계획에 대한 설명이 잘못된 것은?

① 로이코팅 횟수를 늘릴수록 창의 G-value가 커진다.
② 여름철 서향 창호에는 2면 코팅 복층로이유리를 계획한다.
③ 소프트코팅 로이유리는 내구성을 고려하여 반드시 유리내부 공기층에 면하도록 한다.
④ 로이유리는 열선을 차단하지만 가시광선 투과율은 높은 특성을 지니고 있다.

로이코팅 횟수를 늘릴수록 창의 G-value(SHGC)가 낮아진다.
single coating 로이유리의 G값은 0.5~0.6
double coating 로이유리의 G값은 0.38
triple coating 로이유리의 G값은 0.27 정도

14 다음 중 복층창의 경우 3면 코팅 로이유리가 사용되기에 적당한 곳은?

① 복사열획득이 많은 방향의 창호
② 냉방부하가 많이 발생하는 향
③ 여름철, 서향
④ 관류에 의한 열손실로 난방부하가 많이 발생하는 방향의 창호

로이유리의 계획 방법

2면 코팅 로이유리	3면 코팅 로이유리	양면 로이유리 (2,3면 코팅)
복사열획득이 많은 방향의 창호(=냉방부하가 많이 발생하는 향) 예 여름철, 서향 : 2면 로이유리	관류에 의한 열손실로 난방부하가 많이 발생하는 방향의 창호 예 겨울철, 북사면 : 3면 로이유리	향에 상관없이 사용이 가능하지만 상대적으로 고가이므로 부하가 상대적으로 높은 서향이나 북서향 등에 이용하는 것이 유리

해설 11. ③ 12. ③ 13. ① 14. ④

15 **로이(Low-E)코팅 유리에 대한 설명으로 가장 부적합한 것은?**

① 가시광선을 대부분 투과시켜 자연채광에 큰 영향이 없으며, 적외선에 대한 반사율이 높다.
② 코팅 방법은 보통 소프트코팅과 하드코팅으로 구분된다.
③ 내부 발열이 큰 건축물의 개폐 없는 고정창에 적용 시 난방부하 뿐만 아니라 냉방부하 절감에도 효과적이다.
④ 복층유리 창호시스템에서 중공층에 면하는 유리 표면을 보통 로이코팅 면으로 한다.

> ③ 내부발열이 큰 건축물의 경우 창을 통한 환기가 이루어 지지 않으면 로이유리로 인해 냉방부하가 커진다.

16 **다음 중 창호 성능 요소에 대한 설명 중 잘못 된 것은?**

① 창호성능요소에는 열관류율, SHGC, VLT, 기밀성능, LSG 등이 있다.
② 사무소건물의 경우, 열관류율과 기밀성능, LSG는 낮을수록 냉난방부하 저감에 도움이 된다.
③ SHGC의 경우, 주거용건물은 높은 것이, 사무소 건물은 낮은 것이 냉난방부하 저감에 도움이 된다.
④ VLT가 높으면 조명에너지를 줄일 수 있어 냉방부하 저감에 도움이 된다.

> ② 열관류율과 기밀성능은 낮을수록, VLT(가시광선투과율)와 LSG(Light to Solar Gain)는 높을수록 사무소 건물의 냉난방부하 저감에 도움이 된다.

17 **건축물의 일사 조절방법에 대한 설명 중 틀린 것은?**

① 남측 수평차양의 외부 돌출길이는 태양고도가 높은 하지를 기준으로 설계한다.
② 고정 수평차양 계획시 춘추분과 하지사이를 과열기간으로 설정하고 춘추분까지를 완전차양구간으로 설정한다.
③ 수평차양은 남측면의 일사차폐에, 수직차양은 동측, 서측, 북측면의 일사차폐에 효과적이다.
④ 내부차양보다 외부차양이, 가변차양보다 고정차양이 일사차폐에 효과적이다.

> ④ 내부차양보다 외부차양이, 고정차양보다 가변차양이 일사차폐에 효과적이다.

18 **차양장치에 대한 설명 중 틀린 것은?**

① 수평차양은 남향창에 설치하는 것이 유리하다
② 외부차양장치보다 내부차양장치가 일사조절에 유리하다.
③ 수직차양은 남향보다 동·서향의 창에서 유리하다.
④ 차양장치를 적절히 설계하면 자연채광에 적극 이용할 수 있다.

> ② 외부차양장치가 내부차양장치보다 일사조절에 유리하다.

19 **위도가 36.5℃인 지역에서 ①동지때 태양이 남중시 건물의 일영길이와 ②하절기 수평 차양길이는 최소 얼마인가? (건물 높이=H, 창 바닥에서 차양의 높이=h)**

① 일영길이: 1.632H, 차양길이: 0.231h
② 일영길이: 1.732H, 차양길이: 0.740h
③ 일영길이: 1.832H, 차양길이: 1.732h
④ 일영길이: 1.932H, 차양길이: 0.431h

> ① 일영길이는 동지의 남중고도를 기준으로 계산한다.
> 일영길이 = 건축물의 높이(H)/tan(90-위도-23.5)=1.732H
> ② 차양길이는 춘추분의 남중고도를 기준으로 계산한다.
> 차양길이 = tan위도x 창에서 차양높이(h)=0.740h

해설 15. ③ 16. ② 17. ④ 18. ② 19. ②

제3편

공기환경계획

제1장 실내공기환경과 환기

제2장 실내공기질 향상을 위한 건축계획시 고려사항

제3장 환기의 종류

제4장 건축물 패시브 디자인 가이드라인상의 자연환기

제 1 장

실내공기환경과 환기

1. 환기의 역할
2. 환기의 종류
3. 실내공기 환경의 중요성
4. 실내공기 오염원
5. 환기횟수, 명목환기시간, 공기령의 의미
6. 새집증후군의 원인과 대책

CHAPTER 01

실내공기환경과 환기

1 환기의 역할

① 신선한 공기 공급을 통한 실내공기질(IAQ)의 향상
② 공기 교체로 인한 열과 습기의 이동을 이용한 실내 온열환경의 조절

■ 공기의 중요성
인간은 음식을 먹지 않고도 여러 달을 버틸 수 있고, 물을 먹지 못하고도 10여일은 목숨을 부지할 수 있다. 하지만 공기(산소) 없이는 단 3분도 살아갈 수 없을 만큼, 공기는 우리의 생명 유지에 있어 매우 중요한 요소이다. 하루 동안 섭취하는 양을 보이더라도 공기의 중요성을 알 수 있는데, 음식과 물은 각각 1~1.5kg 정도를 섭취하지만, 공기는 약 15kg을 들이마시고 있다. 따라서 신선한 공기를 충분히 공급할 수 있도록 환기계획을 하여야 한다.

2 환기의 종류

① 강제환기(인공환기) : 환기팬과 기계장치를 이용하는 가장 효과적인 환기
② 자연환기 : 창과 같은 개구부를 통한 환기로 재실자가 조절가능한 환기
③ 극간풍(침기) : 풍압과 온도차에 의한 압력에 의해 공기가 들어오거나 나가는 현상

3 실내공기 환경의 중요성

인간은 단 몇 분도 공기 없이는 살아갈 수가 없다. 1970년대의 두 차례에 걸친 에너지 파동이후, 건축분야에서의 에너지 절약 노력은 건물 외피의 기밀화로 나타났으며, 이로 인한 환기량의 감소로 실내공기질(IAQ, Indoor Air Quality)은 악화되어 원인모를 두통 등을 호소하는 등의 건물증후군(SBS, sick building syndrome)이라는 새로운 용어까지 등장하기에 이르렀다. 대부분의 현대인들은 하루중 80% 이상을 실내에서 생활하고 있다는 점을 감안할 때 실내공기환경의 중요성은 미루어 짐작할 수 있을 것이다.

■ 빌딩증후군
(Sick Building Syndrome, SBS)
「몸이 불편함을 느낀다고 말하는 사람이 보통보다 많은 건물」로 개개의 오염물질은 전부 허용농도 범위내에 있으면서도 재실자가 두통, 피로, 눈의 아픔 등의 증상으로 불쾌감을 나타내며 반드시 그 원인이 명확하지 않은 경우를 말한다. 주로 새 건물에서 많이 발생하여 새집증후군이라고도 한다.

4 실내공기 오염원

실내공기가 오염되는 원인에는 여러 가지가 있지만 일반적으로 다음과 같은 변화로 나타난다고 볼 수 있다.
① 실내 온·습도의 상승
② 산소의 감소 및 이산화탄소의 증가

③ 취기의 증가
④ 부유분진의 증가
⑤ 세균의 증가
⑥ 일산화탄소, 포름알데히드, 라돈 등의 유해가스의 발생

한편, 발생원별 오염물질을 좀 더 세분해 보면 다음과 같다.

① **인체 및 사람의 활동**에 의해 체취, CO_2, 암모니아, 수증기, 비듬, 먼지, 세균 등이 생성된다.
② **연소**에 의해 CO_2, CO, NO, NO_2, SO_2, 탄화수소, 매연 등이 발생된다.
③ **흡연**에 의해 타르, 니코틴 등의 분진과 CO, CO_2, 암모니아, NO, NO_2 및 각종 발암물질이 방출된다.
④ **건축재료**로부터 석면, 라돈, 포름알데히드 및 벤젠, 톨루엔, 아세톤, 크실렌 등의 휘발성 유기용제가 발생된다.
⑤ **사무기기 및 유지관리용 세제**로부터 암모니아, 오존, 용제, 세제, 진균 등이 발생된다.

- **건축재료에 의한 실내공기오염물질의 발생원 및 인체영향**
  ① 석면 : 단열재, 흡음재로 사용되었으며, 폐암, 기관지암 등을 일으킴
  ② 라돈 : 암반, 토양, 석고보드 등에서 발생되는 방사성 물질로 폐암유발, 무색, 무미, 무취
  ③ 포름알데히드 : 합판, 가구 등의 접착제에서 발생 구토, 두통, 어지러움 유발, 자극성 냄새
  ④ 휘발성 유기용제(VOC's) : 페인트, 접착제 등에서 발생, 폐암을 일으킴

- **환기량의 단위 : m^3/h**
  즉 시간당 교체 공기량
- **환기횟수 단위 : 회/h**
  즉, 그 실의 체적만큼의 공기가 1시간 동안 몇 회 교체되었는가를 의미

예제문제 01

실내 공기를 오염시키는 오염물질에 대한 설명 중 가장 적절하지 않은 것은?

【16년 출제유형】

① 실내공기오염의 대표적인 척도는 인간의 호흡활동에 의해 발생하는 이산화탄소(CO_2)이다.
② 폼알데히드(HCHO)는 건축 마감재, 접착제 등에서 발생하는데 무색의 물질로 자극성 있는 냄새가 난다.
③ 라돈은 토양, 암반, 지하수, 콘크리트 등에 존재하는 무색의 방사성 물질로 암을 유발시키며 자극성 있는 냄새가 난다.
④ 미세먼지는 호흡기에 영향을 주며 입자 크기가 직경 $10\mu m$ 이하인 미세먼지를 PM10 이라고 한다.

해설

라돈가스는 무색, 무미, 무취이다.

답 : ③

■100세대 이상의 신축하거나 리모델링하는 공동주택 등의 경우에 적용하던 시간당 0.7회/h 이상의 환기기준을 0.5회/h 이상으로 하향조정하여 과다한 환기기준에 따른 에너지과소비와 건축비 증가를 방지할 수 있도록 하였음(2013.9.2 시행)

5 환기횟수, 명목환기시간, 공기령의 의미

환기회수란 한 시간 동안의 환기량(m^3/h)을 실의 용적으로 나눈 값으로 단위는 회(回)/h이다. 어떤 실의 환기회수가 1회/h란 말은 그 실의 체적만큼의 공기가 1시간에 1회 교체된다는 의미이다.

환기회수는 실의 종류, 재실자수, 실내에서 발생되는 유해물질, 외기 등의 여러 조건에 의해 결정되며, 환기란 어떤 오염물질의 실내농도를 허용치 이하로 유지하기 위해 필요하며, 이때의 최소풍량을 필요환기량이라 한다.

명목환기시간이란 실내 전체 체적만큼의 공기를 공급하는 데 걸리는 시간을 의미하며, 환기횟수의 역수로 보면된다.

공기령(age of air)이란 국소환기효율을 평가하는 개념으로, 급기구를 통하여 실내로 유입된 공기가 실내의 임의의 점에 도달할 때까지의 소요시간을 의미한다. 공기령이 짧을수록 공기는 신선하며, 환기효율은 높다.

예제문제 02

어떤 실의 체적이 $100m^3$, 환기량이 $200m^3/h$일 경우 이 실의 환기횟수는?

① 0.5 회/h ② 1.0 회/h
③ 1.5 회/h ④ 2 회/h

해설

$$\text{환기횟수} = \frac{\text{환기량}}{\text{실의 체적}} = \frac{200m^3/h}{100m^3/\text{회}} = 2\text{회}/h$$

답 : ④

예제문제 03

공기령(Age of air)에 의한 환기성능 평가에 대한 설명으로 가장 적합하지 않은 것은? 【17년 출제유형】

① 어떤 지점의 공기령이 클수록 신선한 공기가 잘 도달된다.
② 환기횟수가 커지면 급기구로부터 유입된 공기가 배기구까지 흘러가는데 걸리는 시간이 짧아진다.
③ 천정부근 벽체에서 급기하여 반대쪽 벽체천정부근으로 폐기하는 경우, 공기령 편차가 커질 위험성이 있다.
④ 대공간의 거주역만을 대상으로 하는 치환 환기의 경우, 대상 공간의 공기령을 균일하게 설계해야 한다.

해설

① 공기령이 짧을 수록 신선한 공기가 잘 도달된다.

답 : ①

6 새집증후군의 원인과 대책

(1) 빌딩증후군(Sick Building Syndrome, SBS)

몸이 불편함을 느낀다고 말하는 사람이 보통보다 많은 건물로 개개의 오염물질은 전부 허용농도 범위 내에 있으면서도 재실자가 두통, 피로, 눈의 아픔, 구토, 어지러움, 가려움증 등의 증상으로 불쾌감을 나타내며 반드시 그 원인이 명확하지 않은 경우를 말한다. 주로 새 건물에서 많이 발생하여 새집증후군이라고도 한다.

(2) 새집증후군은 에너지 절약을 위하여 고단열, 고기밀을 위주로 건물을 지으면서 건축자재로부터 발생된 공기오염물질들이 환기 부족으로 충분히 제거하지 못해서 생긴다.

- 빌딩증후군(Sick Building Syndrome : SBS), 새집증후군(Sick Housing Syndrome : SHS)이라는 것은 창이 열리지 않는 고기밀·고단열의 건물에서 실내의 톨루엔 toluene, 크실렌 xylene, 트리클로로에틸렌 trichloroethylene, 포름알데히드 formaldehyde) 등의 각종 화학물질에서 나오는 VOC(Volatile Organic Compounds : 휘발성 유기화합물)나 정전기, 집 먼지, 라돈 radon, 이산화탄소 등이 실내에 떠다니는 것에 의해, 그 빌딩 거주자의 건강을 해하는 증상이다.

(3) 건축자재 등으로부터 발생되는 새집증후군 원인 물질

① 합판이나 각종 목질보드류에서 방산되는 포름알데히드
② 도장합판 등에서의 도장·코팅 수지에서 방산되는 VOC
③ 현장의 시공에 사용한 접착제에서 방산되는 각종 VOC
④ 시공 후에 마루바닥재에 도포된 왁스류에서 방산되는 VOC
⑤ 내장재(벽지·벽에 바르는 재료 : 규조토 외)에서 방산되는 포름알데히드와 VOC
⑥ 마루바닥재 아래나 목질 건축재에 도포한 각종 살충제류
⑦ 붙박이 가구나 집기, 선반류에서 방산되는 포름알데히드와 VOC

(4) 새집증후군 방지 대책

① VOC's(휘발성 유기용제), HCHO(포름알데히드)등의 방출강도가 낮은 친환경 건축자재 사용
② 입주 전 bake-out 실시
③ 입주 후 오염물질 배출을 위한 환기

제 2 장

실내공기질 향상을 위한 건축계획시 고려사항

실내공기질 향상을 위한 건축계획시 고려사항

1 오염원 제거

우선 건축재료 선정시 재료에 따른 오염물질 및 그의 방출량을 조사하고 가능하면 오염물질을 방출하지 않는 재료를 선택한다.

2 환기계획

환기에는 환기팬이나 송풍기의 사용유무에 따라 자연환기와 기계환기로 나눌 수 있다. 자연환기에는 실내외의 온도차에 의한 공기의 밀도차가 원동력이 되는 중력환기와 건물의 외벽면에 가해지는 풍압이 원동력이 되는 풍력환기가 있으며, 기계환기에는 송풍기와 배풍기의 사용유무에 따라 제1종(병용식), 제2종(압입식), 제3종(흡출식) 환기방식이 있다.

한편 환기를 행하는 대상 영역에 따라 전반환기와 국소환기가 있다.

열, 수증기, 오염물질의 발생이 실내에 널리 분포하고 있는 경우에는 실 전체의 환기, 즉 전반환기를 계획하여야 하지만, 발생원이 집중되고 고정되어 있는 경우에는 오염물질이 발생한 후 오염이 실내 전체에 확산되기 전에 오염물질을 포착하여 실외로 배제하는 것이 유효한데, 이를 국소환기라 한다. 이상의 여러 종류의 환기는 실의 종류, 오염물질의 종류 및 분포 등을 고려하여 적절히 선택되어야 할 것이며, 이러한 환기를 행하는 것은 다음과 같은 몇가지 환기 기준에 따라 이루어진다. 환기에 대한 기준에는 크게 실내공기질(IAQ)을 규정하는 성능기준과 1인당 필요환기량을 규정하는 지시기준이 있다. 현재 우리나라 건축법에서 규정하고 있는 실내공기의 성능기준을 살펴보면 다음과 같다.

① 부유분진(TSP) : 0.15mg/m³ 이하
② 일산화탄소(CO) : 10ppm 이하
③ 이산화탄소(CO_2) : 1,000ppm 이하
④ 상대습도(RH) : 40% 이상 70% 이하
⑤ 기류 : 0.5m/sec 이하

■ PM10(Particulate Matter 10)
먼지 입경이 10㎛ 이하인 미세먼지로 호흡을 통해 폐까지 전달되어 호흡성 분진이라고도 한다. 다중이용시설의 실내공기질은 PM10을 적용하고 있다.

한편 일반 작업실(거실)에 대한 지시기준으로 기계환기설비를 설치해야 하는 다중이용시설에 대하여 다음과 같은 필요환기량을 규정하고 있다.

기계환기설비를 설치하여야 하는 다중이용시설 및 필요환기량(별표1의6)

<table>
<tr><th colspan="2">다중이용시설 구분</th><th>필요환기량(m^3/인·h)</th><th>비 고</th></tr>
<tr><td rowspan="2">지하시설</td><td>지하역사</td><td>25 이상</td><td></td></tr>
<tr><td>지하도상가</td><td>36 이상</td><td>매장(상점) 기준</td></tr>
<tr><td colspan="2">문화 및 집회시설</td><td>29 이상</td><td></td></tr>
<tr><td colspan="2">판매 및 영업시설</td><td>29 이상</td><td></td></tr>
<tr><td colspan="2">의료시설</td><td>36 이상</td><td></td></tr>
<tr><td colspan="2">교육연구 및 복지시설</td><td>36 이상</td><td></td></tr>
<tr><td colspan="2">자동차 관련시설</td><td>27 이상</td><td></td></tr>
<tr><td colspan="2">그 밖의 시설(찜질방·산후조리원)</td><td>25 이상</td><td></td></tr>
</table>

[별표2] 다중이용시설 등의 실내공기질 관리법 상의 실내공기질 유지기준(제3조 관련)(2011.12.19 개정)

<table>
<tr><th>오염물질 항목 / 다중이용시설</th><th>PM10 (μg/m^3)</th><th>CO_2 (ppm)</th><th>HCHO (μg/m^3)</th><th>총부유세균 (CFU/m^3)</th><th>CO (ppm)</th></tr>
<tr><td>지하역사, 지하도상가·여객자동차터미널의 대합실 및 철도역사의 대합실(연면적 2,000m^2 이상), 공항시설 중 여객터미널(연면적 1,500m^2 이상), 항만시설 중 대합실(연면적 5,000m^2 이상), 도서관·박물관 및 미술관(연면적 3,000m^2 이상), 장례식장 및 찜질방(연면적 1,000m^2 이상), 대규모점포</td><td>150 이하</td><td rowspan="3">1,000 이하</td><td rowspan="3">100 이하</td><td></td><td rowspan="2">10 이하</td></tr>
<tr><td>의료기관(연면적 2,000m^2 이상 또는 병상 수 100개 이상), 국공립 보육시설(연면적 1,000m^2 이상), 국공립 노인전문요양시설·유료노인전문요양시설 및 노인전문병원(연면적 1,000m^2 이상), 산후조리원(연면적 500m^2 이상)</td><td>100 이하</td><td>800 이하</td></tr>
<tr><td>실내주차장(연면적 2,000m^2 이상)</td><td>200 이하</td><td></td><td>25 이하</td></tr>
</table>

3 오염원에 따른 필요 환기량 산정

■ 필요환기량 산정시 1,000ppm을 실내 CO_2 농도의 한계로 잡은 것은 CO_2 자체에 의한 오염문제보다는 환기불량으로 CO_2의 농도가 1,000ppm이 되었을 경우 예상되는 각종 취기로 인해 발생하게 될 불쾌감 등을 고려한 값이라 볼 수 있다.

(1) 이산화탄소(CO_2) 농도에 의한 필요환기량

일반 거실에 대한 필요환기량 산정시 흔히 CO_2 농도가 사용된다.
즉, CO_2의 농도를 1,000ppm 이하로 유지하기 위한 필요환기량을 산정한다. 어떤 실의 시간당 CO_2 발생량을 M m³/h, 실내 CO_2 허용량을 P_i, 외기 CO_2 농도 P_o를 0.04%라 했을 때의 CO_2 농도에 의한 필요환기량 Q는 다음 식에 의해 구해질 수 있다.

$$Q = \frac{M}{P_i(0.001) - P_o(0.0004)} \ (\mathrm{m^3/h})$$

$$= \frac{M}{(1000-400)\times 10^{-6}} \ (\mathrm{m^3/h})$$

■ 환기에 의한 열손실량 계산식을 이용하며 실온상승에 의한 필요환기량을 구할 수 있다.
즉, $H_i = 0.34 \cdot Q \cdot \Delta T$에서 열손실 H_i를 열발생량으로 보면 필요환기량 $Q = \frac{H_i}{0.34 \cdot \Delta T}$로 구해진다.

(2) 실온상승에 의한 필요 환기량

실내에서 HW의 발열이 있을 때, 실온을 t_i℃로 유지하기 위해 필요한 환기량 Q m³/h는 외기온도를 t_o℃로 하면 다음과 같이 구할 수 있다.

$$Q = \frac{H}{0.34(t_i - t_o)} = \frac{H}{\rho \cdot C \cdot (t_i - t_o)} (\mathrm{m^3/h})$$

이때, 0.34 : 공기의 용적비열(Wh/m³·K)
ρ : 공기의 밀도(1.2kg/m³)
C : 공기의 비열(0.28Wh/kg·K)

(3) 분진 및 유해가스 등에 의한 필요환기량

분진 및 각종 유해가스에 의해 필요환기량 Q는 오염물의 발생량을 M mg/h, 유지하고 하는 실내농도를 $C_i$mg/m³, 도입외기 중의 오염물 농도를 $C_o$mg/m³라 한다면 다음과 같이 구할 수 있다.

$$Q = \frac{M}{C_i - C_o}(\mathrm{m^3/h})$$

(4) 수증기 발생량에 따른 필요 환기량

인체나 연소기구 등으로부터 발생된 수증기를 제거하기 위한 필요 환기량 Q는 수증기 발생량을 Wkg/h, 허용실내절대습도를 Gi kg/kg[DA], 신선외기의 절대습도를 G_o kg/kg[DA]라 한다면 다음과 같이 구할 수 있다.

$$Q = \frac{W}{1.2(G_i - G_o)}(\mathrm{m^3/h})$$

이때, 1.2는 공기의 밀도($\mathrm{kg/m^3}$)

(5) 실내 오염물질의 농도계산

특정오염물질의 실내농도(P)는 그 물질의 외기농도(q)와 내부 발생량(K)과 환기량(Q)를 알면 다음 식으로 구할 수 있다.

$$P = q + \frac{K}{Q}$$

예제문제 01

실내 탄산가스 농도를 1,000ppm으로 유지하기 위한 필요 환기량으로 가장 알맞는 것은? (단, 호기중의 탄산가스 토출량은 0.013m³/h·인, 대기중의 탄산가스농도는 300ppm으로 한다.)

① $10\mathrm{m^3/h}$·인　　② $20\mathrm{m^3/h}$·인
③ $30\mathrm{m^3/h}$·인　　④ $40\mathrm{m^3/h}$·인

해설

$$Q = \frac{0.013\mathrm{m^3/h}\cdot 인}{(1{,}000-300)\times 10^{-6}} = 18.57\mathrm{m^3/h}\cdot 인$$

따라서 $20\mathrm{m^3/h}$·인

답 : ②

예제문제 02

바닥면적 $100m^2$, 천장고 3m, 재실인원 36명인 회의실의 환기 횟수를 구하시오. (단, 1인당 CO_2 발생량은 $0.02m^3/h$, 실내 CO_2 허용농도는 0.1%, 외기 CO_2 농도는 0.04%이다.) 【13년 1급 출제유형】

① 2회/h
② 4회/h
③ 6회/h
④ 8회/h

해설

실의체적(V)=$100m^2 \times 3m = 300m^3$

$$\text{필요환기량(Q)} = \frac{0.02m^3/h \cdot 인 \times 36인}{(1000-400)\times 10^{-6}} = \frac{0.72\times 10^6}{600} = 1,200(m^3/h)$$

$$\text{환기횟수(n)} = \frac{\text{필요환기량(Q)}}{\text{실의 체적(V)}} = \frac{1,200m^3/h}{300m^3/회} = 4회/h$$

답 : ②

예제문제 03

체적이 $300m^3$인 실을 5명이 사용한다. 1인당 필요환기량이 $30m^3/h$일 경우 창일체선형 자연환기구의 최소 소요길이는 얼마인가? (단, 자연환기구의 통풍성능은 $50m^3/h \cdot m$이며, 실특성 가중치는 1로 가정함) 【15년 출제유형】

① 3m
② 4m
③ 5m
④ 6m

해설

① 필요환기량 : $5人 \times 30m^3/h \cdot 人 = 150m^3/h$

② 자연환기구 길이 : $\dfrac{150m^3/h}{50m^3/h \cdot m} = 3m$

답 : ①

예제문제 04

수증기발생량이 1.2kg/h인 경우, 실내절대습도를 0.010kg/kg′로 유지하기 위한 필요 환기량$Q(m^3/h)$을 구하시오.(단, 공기밀도는 $1.2kg/m^3$, 외기의 절대 습도는 0.005kg/kg′로 한다.) 【17년 출제유형】

① 100
② 120
③ 200
④ 240

해설

③ $Q = \dfrac{1.2}{1.2 \times (0.010 - 0.005)} = 200m^3/h$

답 : ③

예제문제 05

실내 체적이 200m³인 실에서 수증기 발생량이 2.4kg/h인 경우, 실내 절대습도를 0.010 kg/kg′로 유지하고자 할 때 필요한 환기횟수는? (단, 외기 절대습도는 0.005 kg/kg′, 공기의 밀도는 1.2 kg/m³ 이다.) 【18년 출제유형】

① 1.0 회/h
② 1.2 회/h
③ 2.0 회/h
④ 2.4 회/h

해설

$$Q = \frac{2.4}{1.2 \times (0.01 - 0.005)} = 400\text{m}^3/\text{h}$$

$$\text{환기횟수} = \frac{400\text{m}^3/\text{h}}{200\text{m}^3/\text{회}} = 2\text{회/h}$$

답 : ③

예제문제 06

실내 체적이 120m³인 어느 건물에 환기량이 0.5회/h이고 외기 중 미세먼지를 50% 걸러줄 수 있는 필터가 장착된 환기장치가 설치되어 있다. 실내에서 분당 18μg의 미세먼지가 발생하고 있고 외기의 미세먼지 농도가 80μg/m³일 때, 실내의 미세먼지 농도는? (단, 문제에서 주어진 조건만 고려하고 완전혼합과 정상상태를 가정한다) 【19년 출제유형】

① 38μg/m²
② 58μg/m³
③ 78μg/m³
④ 98μg/m³

해설

$$P = q + \frac{K}{Q}$$

$$= 40\mu\text{g/m}^3 + \frac{1{,}080\mu\text{g/h}}{60\text{m}^3/\text{h}}$$

$$= 58\mu\text{g/m}^3$$

답 : ②

예제문제 07

다음 조건을 갖는 실에서 실내 절대습도가 0.015kg/kg′ 로 유지되고 있는 경우, 실내 절대습도를 0.012 kg/kg′ 까지 낮추기 위해 추가로 도입해야 하는 최소 환기량으로 가장 적절한 것은? **【22년 출제유형】**

〈조건〉

- 실내 수증기발생량 : 0.54kg/h
- 환기량 : $50m^3/h$
- 공기밀도 $1.2kg/m^3$

① $25m^3/h$　　② $30m^3/h$
③ $50m^3/h$　　④ $75m^3/h$

해설

1. $P = P + \dfrac{K}{Q}$

$$0.015 = P + \frac{\dfrac{0.54kg/h}{1.2kg/m^3}}{50m^3/h}$$

$$= P + 0.009$$

$$P = 0.006kg/kg'$$

2. $0.012 = 0.006 + \dfrac{\dfrac{0.54kg/h}{1.2kg/m^3}}{x}$

$$0.006 = \frac{0.45}{x}$$

$$x = 75m^3/h$$

3. $75 - 50 = 25m^3/h$

답 : ①

예제문제 08

체적이 100m³인 실내공간에서 시간당 1.0mg의 TVOC가 배출되고 있다. 10시간이 지난 후 시간당 2.0mg의 TVOC를 제거할 수 있는 공기정화장치를 가동하였다. 배출이 지속될 때, 실내 TVOC의 허용농도 0.05mg/m³를 만족할 수 있는 최소 장치 가동 시간은? (단, 실내 TVOC의 최초 농도는 0.0mg/m³, 흡착 · 분해 · 누출은 고려하지 않으며 완전혼합상태로 가정) 【20년 출제유형】

① 2.5시간　　② 3.5시간
③ 4시간　　④ 5시간

해설

1. 10시간 동안 TVOC 방출량: 1.0mg/h*10h = 10mg
2. 실 전체의 TVOC 허용농도: 0.05mg/m³*100m³ = 5mg
3. 5mg으로 줄이기 위한 시간: 10mg+(1.0−2.0)mg/h*xh = 5mg에서 x=5

답 : ④

예제문제 09

다음 조건을 갖는 실에서 실내온도 24℃ 이하, 실내 CO_2 농도 0.1% 이하의 환경조건을 만족시키기 위해 필요한 최소 환기량은? 【21년 출제유형】

〈조건〉

- 재실인원 : 100인
- 인당 발열량 : 60W
- 인당 CO_2 발생량 : $0.024m^3/h$
- 공기비중 : $1.2kg/m^3$
- 공기비열 : 1.0kJ/kg·K
- 외기온도 : 20℃
- 외기 CO_2 농도 : 0.04%

※ 주어진 조건 외에는 고려하지 않음

① $3,000m^3/h$　　② $3,500m^3/h$
③ $4,000m^3/h$　　④ $4,500m^3/h$

해설

1. CO_2 농도를 0.1% 이하로 유지하기 위한 최소환기량

$$Q = \frac{100\text{인} \times 0.024m^3/h\cdot\ \text{인}}{(1{,}000-400)\times 10^{-6}} = \frac{2.4\times 10^6}{600} = 4{,}000(m^3/h)$$

2. 실내온도를 24℃ 이하로 유지하기 위한 최소환기량

$$Q = \frac{100\times 60\,W}{1.2KJ/m^3\cdot\ K\times(24-20)K} = \frac{100\times 60\times 3.6kJ/h}{4.8kJ/m^3} = 4{,}500(m^3/h)$$

3. 따라서 위의 두 조건을 만족하기 위한 최소환기량은 $4,500m^3/h$

답 : ④

 실기 출제유형[19년] 

예제문제 10

외기온도가 10℃이고 실내온도가 25℃로 유지되고 있는 실내에 현열발열량이 400 W인 가전기기를 가동하였다. 이 때, 외기도입만으로 실내온도를 25℃로 유지하기 위해 필요한 외기도입량(m^3/h)을 구하시오. (단, 공기의 밀도와 비열은 각각 1.2 kg/m^3, 1.0 kJ/kg·K로 일정하고, 잠열 등 제시한 조건 이외의 인자는 고려하지 않는다.) (4점)

정답

외기량 $Q_o = \dfrac{400 \times 10^{-3} \times 3600}{1.0 \times 1.2 \times (25-10)} = 80[\text{m}^3/\text{h}]$

 실기 출제유형[19년] 

예제문제 11

아래 조건을 고려하여 다음 물음에 답하시오. (9점)

〈조 건〉

실내표면열전달율	9 W/m^2·K
실내 온도	22 ℃
실내 수증기발생량	0.66 kg/h
외기 온도	−5 ℃
외기 절대습도	0.002 kg/kg'
환기량	50 m^3/h
공기밀도	1.2 kg/m^3

1) 창의 열관류율이 2 W/m^2·K일 때 실내공기의 노점온도와 창의 실내표면온도를 계산하고, 결로발생 여부를 판정하시오. (단, 투습, 침기, 폐열회수환기 등 제시된 조건 외의 사항은 무시하고, 온도는 소수 둘째자리에서 반올림한다.) (5점)

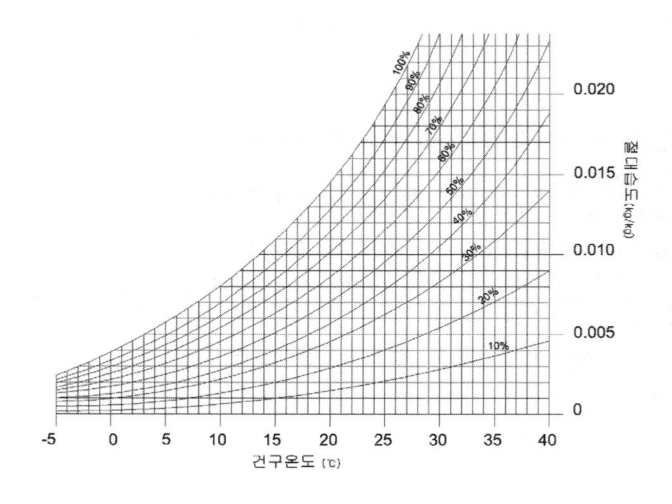

정답

① 실내공기의 노점온도

실내공기의 절대습도(P)

$P = p + K/Q$

$= 0.002\ kg/kg' + (0.66kg/h) \div (1.2\ kg/m^3 \times 50\ m^3/h)$

$= 0.013\ kg/kg'$

따라서 실내공기의 노점온도는 18℃

② 창의 표면온도

$r/R = t/T$

$0.11/0.5 = t/27$

$t = 5.94$

따라서, 창의 표면온도는 22−5.94 = 16.06 = 16.1℃

③ 결로발생여부

창의 표면온도(16.1℃)가 실내공기의 노점온도(18℃)보다 낮으므로 결로발생

2) 바닥 표면온도가 15℃일 때 바닥 표면결로를 방지하기 위해 실내의 수증기 발생량(kg/h)은 얼마 이하로 유지해야 하는지 구하시오. (4점)

정답

① 바닥표면온도가 15℃이므로 노점온도가 15℃보다 낮아야 함

② 노점온도 15℃에서의 실내공기의 절대습도는 0.011 kg/kg'

③ 실내공기의 절대습도(P)

$P = p + K/Q$

$0.011\ kg/kg' = 0.002\ kg/kg' + (x\ kg/h) \div (1.2\ kg/m^3 \times 50\ m^3/h)$

$x = 0.54\ kg/h$

④ 따라서 실내의 수증기 발생량은 0.54 kg/h 보다 작아야 한다.

실기 출제유형[21년] 

예제문제 12

다음 설계 조건을 고려하여 600명을 수용하는 실에서 이산화탄소 허용농도를 1,000 ppm으로 유지하는데 필요한 환기횟수(회/h)를 구하시오.(4점)

〈설계 조건〉

- 실의 크기 : 16m×25m
- 천장고 : 5m
- 1인당 이산화탄소 발생량 : 17L/h
- 외기 이산화탄소 농도 : 0.04%

정답

필요환기량 $Q = \dfrac{CO_2\text{발생량}(m^3/h)}{\text{허용농도} - \text{외기농도}} = \dfrac{600 \times 0.017}{(1000-400) \times 10^{-6}} = 17{,}000(m^3/h)$

필요환기횟수 $N = \dfrac{\text{필요환기량}(m^3/h)}{\text{실의 체적}(m^3/\text{회})} = \dfrac{17{,}000m^3/h}{16 \times 25 \times 5m^3/\text{회}} = 8.5\text{회}/h$

제 3 장

환기의 종류

1. 자연 환기
2. 강제 환기

환기의 종류

1 자연 환기

바람 및 실내외 온도차에 의한 실내외의 압력차로 환기하는 방식으로써 환기량이 일정치 않다.

(1) 바람에 의한 환기

① 자연풍이 건물에 부딪치면 그 건물 주위에 복잡한 기류가 생긴다.
이 기류에 의해 건물의 주벽에 생기는 압력 P_u는 자연풍의 속도압과의 비를 C라고 하면, 그 위치에서의 정지 외기압을 기준으로 하여 다음 식으로 된다.

$$P_u = C\frac{r}{2}v^2$$

r은 공기의 비중, v는 자연풍의 풍속이며 계수 C는 풍압계수라고 한다.

② 건물에서의 환기량은 압력차가 커지면 증가하게 되며, 심지어 창문이 닫혀 있는 경우에는 극간풍에 의한 환기가 일어나기도 한다.

③ 풍량계산
유입부의 풍압 계수를 C_1, 유출부의 풍압계수를 C_2라 하면

- 유입압력 : $P_1 = C_1\frac{r}{2}v^2(Pa)$

- 유출압력 : $P_2 = C_2\frac{r}{2}v^2(Pa)$

$$\Delta P = P_1 - P_2 = (C_1 - C_2)\frac{r}{2}v^2(Pa)$$

따라서 풍량 $Q(\mathrm{m^3/sec})$는 다음과 같다.

$$Q = \alpha \cdot A\sqrt{\frac{2}{r}}\sqrt{\Delta P} = \alpha \cdot A \cdot v \cdot \sqrt{C_1 - C_2}\,(\mathrm{m^3/sec})$$

여기서, α : 유량계수

A : 개구부 면적(m^2)

개구부의 유량계수

명 칭	형 상		유량계수(α)		압력손실계수(ζ)	
단순창	→		0.65~0.7		2.4~2.0	
오리피스	→		0.60		2.78	
벨마우스	→		0.97~0.99		1.06~1.02	
돌출창		$\theta°$	1 : 1	1 : ∞	1 : 1	1 : ∞
	θ	15	0.25	0.18	1.60	3.08
		30	0.42	0.33	5.65	9.15
		45	0.52	0.44	3.68	5.15
		60	0.57	0.53	3.07	3.54
		90	0.62	0.62	2.59	2.59
	θ	15	0.30	0.18	11.1	30.8
		30	0.45	0.34	4.9	8.6
		45	0.56	0.46	3.18	4.70
		60	0.63	0.55	2.51	3.30
		90	0.67	0.63	2.22	2.51
회전창	→ θ	15	0.15	4.53	–	
		30	0.30	11.1		
		45	0.44	5.15		
		60	0.56	3.18		
		90	0.64	2.43		
블라인드	→ θ	30 50 70 90	0.15~0.30 0.35~0.4 5 0.4~0.5 0.65~0.8		–	

(2) 온도차에 의한 환기

실내기온이 외기온보다 높으면 실내 공기 밀도가 외기 밀도보다 작게 된다. 또 실내에서는 천정부분의 공기밀도가 바닥부분의 공기 밀도보다 작다. 이와 같이 온도차에 의한 압력차로 환기하는 것을 말한다.

1) 굴뚝효과(연돌효과)

실 외벽에 개구부가 있으면 실내 공기는 위쪽으로 나가고 실외 공기는 아래쪽으로 유입하는 현상이 생긴다. 이를 굴뚝효과라 하며 고층건물의 엘리베이터실과 계단실에서는 천정이 높아 큰 압력차가 생겨 강한 바람이 분다.

2) 중성대(neutral zone)

실내외의 압력차가 0이 되어 공기의 유출입이 없는 면, 대개는 실의 중앙부에 위치하나 개구나 틈새가 많은 면으로 이동한다.

■ 개구부를 통한 자연환기량
- 면적과 풍속 : 비례
- 압력차, 풍압계수차, 온도차, 밀도차, 개구부 높이차 : 제곱근의 비례

실내외의 압력차 $\Delta P = (r_o - r_i)(h - h_n)$

여기에서, r_o : 외기비중량

r_i : 실내공기의 비중량

h : 압력차를 계산하고자 하는 곳의 높이

h_n : 중성대의 높이

건물에서 실외온도가 실내온도보다 낮을 경우, 밀도차에 의한 압력차로 인해 부력이 발생하여 공기의 상승 유동이 일어나게 된다. 이러한 효과를 이용하여 건물 형태 설계를 할 경우, 환기 효율을 향상시킬 수 있다. 실내·외 온도차에 따른 압력차(부력)에 의한 환기량 예측식은 다음과 같다.

$$Q = C_d A \sqrt{2g \Delta H_{NPL} \Delta t / T_i}$$

여기서, Q : 부력에 의한 환기량(m^3/s)

C_d : 유량계수

A : 개구부 면적(m^2)

g : 중력가속도(m/s^2, 9.8)

ΔH_{NPL} : 하부 개구부 중간부터 중성대까지 거리(m)

Δt : 실내·외 온도차(℃)

T_i : 실내절대온도(K)

예제문제 01

자연환기에 관한 설명 중 틀린 것은? 【13년 2급 출제유형】

① 자연환기 계획시 바람의 유입구는 건물 외부 압력분포상 정압 위치에, 유출구는 부압 위치에 배치하는 것이 바람직하다.
② 자연환기는 온도차에 의한 환기와 풍압차에 의한 환기로 구분할 수 있다.
③ 온도차에 의한 환기유량은 2개 개구부간 수직거리의 제곱근에 비례한다.
④ 풍압차에 의한 환기유량은 외부 풍속의 제곱에 비례한다.

해설
$Q = A \cdot v$에서 풍속에 비례한다.

답 : ④

예제문제 02

자연환기에 관한 설명 중 틀린 것은? 【13년 1급 출제유형】

① 개구부의 환기유량은 유효 개구부 면적에 비례한다.
② 개구부의 환기유량은 외부풍속의 제곱에 비례하므로, 풍속이 빠를수록 많아진다.
③ 풍압에 의한 자연환기의 경우, 유입구는 풍압계수가 큰 위치에 설치하는 것이 바람직하다.
④ 개구부의 환기유량은 개구부 전후의 압력차의 제곱근의 비례한다.

해설
② $Q = A \cdot v$에서 환기유량(Q)은 개구부 면적(A)과 풍속(v)에 비례한다.

답 : ②

예제문제 03

자연환기에 대한 설명으로 가장 적절하지 않은 것은? 【20년 출제유형】

① 온도차 환기량은 개구부 유량계수에 비례한다.
② 온도차 환기량은 실내 · 외온도차와 개구부 높이차의 제곱근에 비례하여 증가한다.
③ 바람에 의한 환기량은 풍향이 일정한 경우 풍속의 제곱근에 비례하여 증가한다.
④ 바람에 의한 환기량은 개구부 풍압계수차의 제곱근에 비례하여 증가한다.

해설
③ 바람에 의한 환기량은 풍향이 일정한 경우 풍속에 비례하여 증가한다.

답 : ③

예제문제 04

창의 면적이 $2m^2$, 유량계수가 0.5, 바람이 유입되고 유출되는 창 양쪽의 풍압계수가 각각 +2, −2, 풍속이 1m/s인 조건에서의 풍량(m^3/s)은 얼마인가? **【16년 출제유형】**

① 1.0　　② 2.0
③ 3.0　　④ 4.0

정답
$Q = \alpha \cdot A \cdot v\sqrt{C_1 - C_2} = 0.5 \times 2 \times 1 \times \sqrt{4} = 2.0m^3/s$

답 : ②

예제문제 05

자연환기에 관한 기술 중 적당한 것은?

① 환기횟수란 실내기적을 소요공기량으로 나눈 것이다.
② 실내에 바람이 없을 때, 실내외의 온도차가 클수록 환기량도 많아진다.
③ 자연환기가 충분하면 통풍도 충분하다.
④ 실외의 바람의 속도가 클 때 환기량에 아무런 영향을 주지 않는다.

해설
① 소요공기량을 실내기적으로 나눈 것이다.
③ 자연환기가 충분하더라도 통풍은 일어나지 않을 수 있다.
④ 자연환기량은 풍속에 비례한다.

답 : ②

예제문제 06

건축물의 에너지절감을 위한 환기계획에 대한 설명으로 가장 적절하지 않은 것은? **【21년 출제유형】**

① 나이트 퍼지(night purge) 환기는 내부 공간의 축열계획과 연계할 경우 더 큰 효과를 나타낸다.
② 전열 열회수형 환기 장치를 사용하는 경우 실내·외 엔탈피 차가 크지 않은 기간에는 열교환 없이 바이패스(by-pass) 시키는 것이 좋다.
③ 동절기 상·하부 개구부가 있는 대공간에서는 온도차에 의해 상부에서 찬 공기가 들어와 하부로 빠져나가기 쉬우므로 열손실에 유의해야 한다.
④ 동절기에는 실내 공기질 확보에 필요한 최소 풍량의 환기를 도입하는 것이 좋다.

해설
③ 찬공기가 하부에서 들어와 데워지면 상부개구부로 빠져나간다.

답 : ③

예제문제 07

아래 그림과 같은 건축물에서 풍상측과 풍하측간에 발생하는 압력차(ΔP)를 구하시오.(단, 풍압계수는 풍상측 0.8, 풍하측 -0.4로 한다.) 【17년 출제유형】

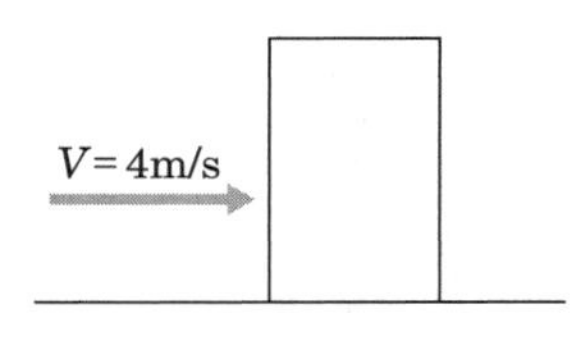

① 2.88 Pa ② 5.76 Pa
③ 11.52 Pa ④ 23.04 Pa

해설

③ $\Delta P = P_1 - P_2 = (C_1 - C_2)\frac{r}{2g}v^2(\text{kg/m}^2) = (C_1 - C_2)\frac{r}{2}v^2(\text{N/m}^2)$

$= (0.8-(-0.4))\cdot\frac{1.2}{2\times 9.8}\cdot 4^2$

$= 1.17551(\text{kg/m}^2)$

$= 11.52(\text{N/m}^2)$

답 : ③

예제문제 08

건물 개구부 전후의 압력차가 15.5 Pa인 경우, 개구부를 통한 풍량은? (단, 유량계수 0.5, 개구부면적 200 cm^2, 공기 밀도 1.2 kg/m^3이고, 소수점 이하 둘째자리에서 반올림한다.) 【18년 출제유형】

① 129.4 m^3/h ② 183.0 m^3/h
③ 405.0 m^3/h ④ 572.8 m^3/h

해설

$Q = \alpha \cdot A \cdot \sqrt{\frac{2}{r}} \cdot \sqrt{\Delta P}(\text{m}^3/\text{s})$

$= 0.5 \times 0.02 \times 1.291 \times 3.937$

$= 0.0508\ \text{m}^3/\text{s}$

$= 183.0\ \text{m}^3/\text{h}$

답 : ②

예제문제 09

그림과 같은 실에서 실내외 온도차에 의해 발생하는 환기량은? (단, 건물 주변 바람과 실내 공기 유동저항이 없는 것으로 한다.) 【19년 출제유형】

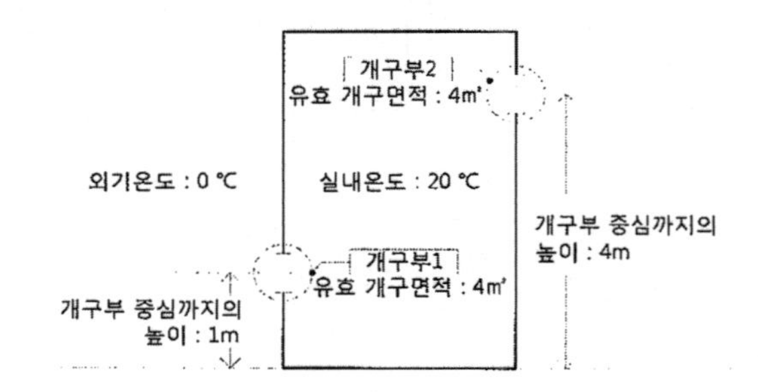

① $4.0m^3/s$　　② $5.7m^3/s$

③ $7.7m^3/s$　　④ $21.7m^3/s$

해설

$$Q = C_d A\sqrt{2g\Delta H_{NPL}\Delta t/T_i}$$
$$= 1\times 4\times\sqrt{2\times 9.8\times(2.5-1)\times 20/293}$$
$$= 5.7m^3/s$$

답 : ②

예제문제 10

아래 건물에서와 같이 2개의 개구부가 있고, 외부 풍속이 2m/s인 경우 바람에 의한 환기량은? (단, 개구부1, 개구부2의 풍압계수(C)는 0.5, -0.5, 실효면적(αA)는 $2m^2$, $4m^2$이며, 소수 둘째자리에서 반올림) 【20년 출제유형】

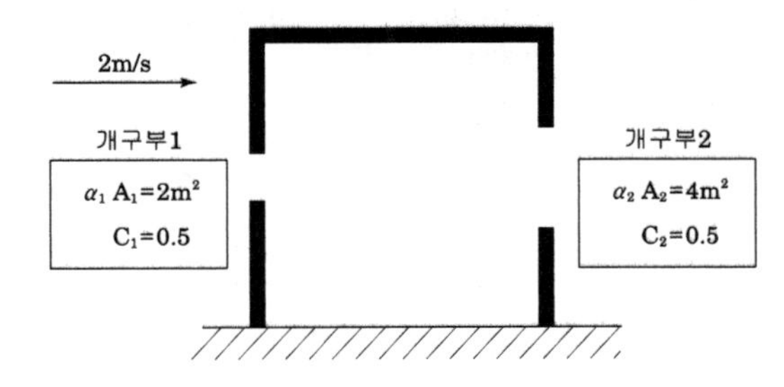

① $1.8m^3/s$ ② $2.7m^3/s$
③ $3.6m^3/s$ ④ $5.2m^3/s$

해설

풍압계수차에 따른 환기량은

$Q = \alpha \cdot A \cdot v \cdot \sqrt{C_1 - C_2}\ (m^3/s)$

여기서 αA는 유량계수를 고려한 유효개구부 크기로

$\alpha A = \dfrac{1}{\sqrt{\left(\dfrac{1}{\alpha_1 A_1}\right)^2 + \left(\dfrac{1}{\alpha_2 A_2}\right)^2}}$ 로 구해집니다.

$\alpha_1 A_1 = 2m^2$

$\alpha_2 A_2 = 4m^2$ 일 경우

$\alpha A = \dfrac{1}{\sqrt{\left(\dfrac{1}{2}\right)^2 + \left(\dfrac{1}{4}\right)^2}} = 1.79m^2$

따라서 $Q = 1.79 \times 2 \times \sqrt{0.5-(-0.5)}$

$= 3.58m^3/s$

답 : ③

예제문제 11

자연환기량 산출과 관련하여 다음 개구부 배치 조건에서의 총실효면적(αA)을 구한 것으로 가장 적절한 것은? 【21년 출제유형】

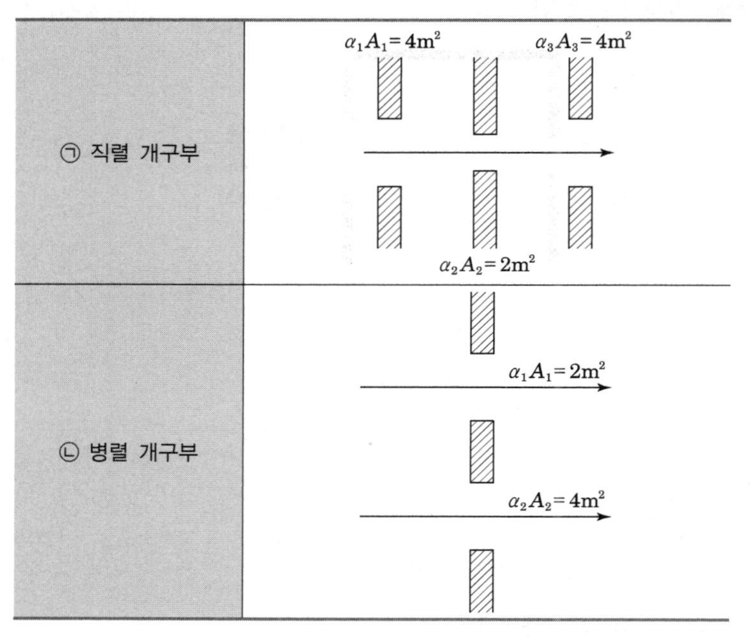

① ㉠ : $1.63m^2$, ㉡ : $3m^2$
② ㉠ : $1.63m^2$, ㉡ : $6m^2$
③ ㉠ : $2.83m^2$, ㉡ : $3m^2$
④ ㉠ : $2.83m^2$, ㉡ : $6m^2$

해설

1. 직렬 연결 시 총 실효면적

$$\alpha A = \frac{1}{\left(\frac{1}{\alpha_1 A_1}\right)^2 + \left(\frac{1}{\alpha_2 A_2}\right)^2 + \left(\frac{1}{\alpha_3 A_3}\right)^2}$$

$$= \frac{1}{\sqrt{\left(\frac{1}{4}\right)^2 + \left(\frac{1}{2}\right)^2 + \left(\frac{1}{4}\right)^2}}$$

$$= \frac{1}{0.612}$$

$$= 1.63(m^2)$$

2. 병렬 연결 시 총 실효면적

$$\alpha A = \alpha_1 A_1 + \alpha_2 A_2 = 2 + 4$$

$$= 6(m^2)$$

답 : ②

예제문제 12

다음 그림과 같은 건물 조건에서 건물 전후 개구부 부위의 압력차가 3.6Pa로 발생될 경우 바람에 의한 환기량으로 가장 적절한 것은? (단, 공기의 밀도는 1.2kg/m^3로 함)

【22년 출제유형】

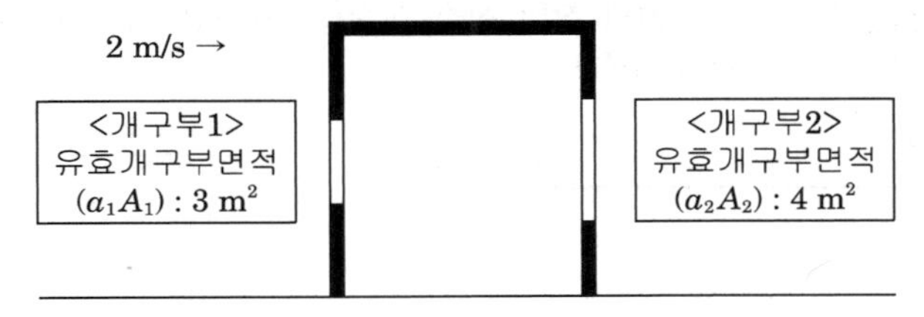

① 0.49m^3/s
② 4.38m^3/s
③ 5.88m^3/s
④ 12.25m^3/s

해설

1. $\alpha A = \dfrac{1}{\sqrt{\left(\dfrac{1}{\alpha_1 A_1}\right)^2 + \left(\dfrac{1}{\alpha_2 A_2}\right)^2}}$

$= \dfrac{1}{\sqrt{\left(\dfrac{1}{3}\right)^2 + \left(\dfrac{1}{4}\right)^2}} = \dfrac{1}{0.417} = 2.4(m^2)$

2. $Q = \alpha A \cdot \sqrt{\dfrac{2}{\gamma}} \cdot \sqrt{\Delta P}$

$= 2.4 \times \sqrt{\dfrac{2}{1.2}} \times \sqrt{3.6}$

$= 2.4 \times 1.29 \times 1.9$

$= 5.88(m^3/s)$

답 : ③

실기 출제유형[22년]

예제문제 13

다음 <그림 1>과 같이 자연환기성능 확보를 위해 사무실 공간을 주풍향에 면하게 배치하였다. 평균풍속 1.0m/s 조건에서 맞통풍을 통한 자연환기만으로 환기횟수 $5h^{-1}$ 이상을 만족시키기 위해 <그림 2>와 같은 창을 풍상측(면A)과 풍하측(면B)에 균일하게 배치하고자 할 때 필요한 전체 창의 최소 개수를 구하시오.(단, 풍압계수는 풍상측 0.15, 풍하측 -0.10으로 한다.)(6점)

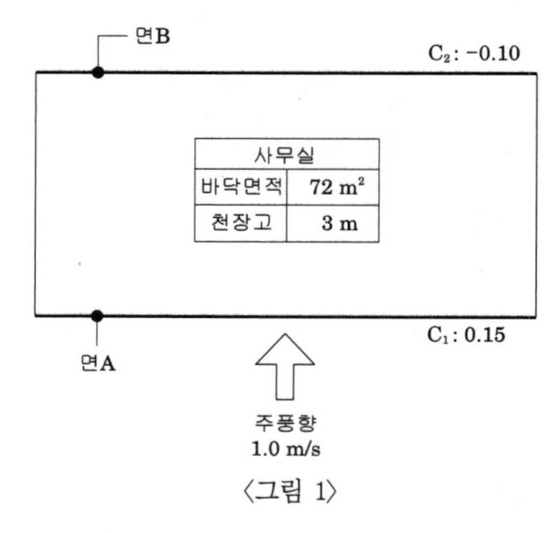

〈그림 1〉

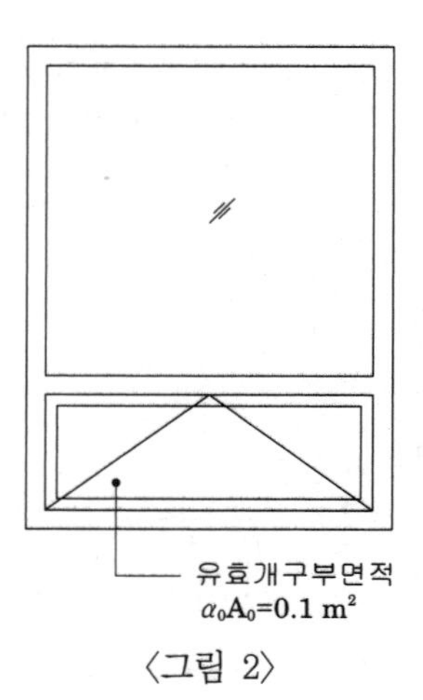

〈그림 2〉

해설

① 필요환기량

$$Q = n \cdot V(\mathrm{m^3/h})$$
$$= 5 \times (72 \times 3)$$
$$= 1{,}080(\mathrm{m^3/h})$$
$$= 0.3(\mathrm{m^3/s})$$

② 풍압계수차에 따른 자연환기량

$$Q = \alpha \cdot A \cdot v \cdot \sqrt{C_1 - C_2}\,(\mathrm{m^3/s})$$
$$0.3 = \alpha \cdot A \times 1 \times \sqrt{0.15-(-0.10)}$$
$$\alpha \cdot A = 0.6$$

③ 유효개구부 크기

$$\alpha \cdot A = \frac{1}{\sqrt{\left(\frac{1}{\alpha_1 A_1}\right)^2 + \left(\frac{1}{\alpha_2 A_2}\right)^2}}(\mathrm{m^2})$$

㉠ 창이 면 A, 면 B에 1개씩 설치될 경우

$$\alpha \cdot A = \frac{1}{\sqrt{\left(\frac{1}{0.1}\right)^2 + \left(\frac{1}{0.1}\right)^2}} = 0.07$$

㉡ 창이 면 A, 면 B에 2개씩 설치될 경우

$$\alpha \cdot A = \frac{1}{\sqrt{\left(\frac{1}{0.2}\right)^2 + \left(\frac{1}{0.2}\right)^2}} = 0.14$$

㉢ 창이 면 A, 면 B에 3개씩 설치될 경우

$$\alpha \cdot A = \frac{1}{\sqrt{\left(\frac{1}{0.3}\right)^2 + \left(\frac{1}{0.3}\right)^2}} = 0.21$$

㉣ 창이 면 A, 면 B에 4개씩 설치될 경우

$$\alpha \cdot A = \frac{1}{\sqrt{\left(\frac{1}{0.4}\right)^2 + \left(\frac{1}{0.4}\right)^2}} = 0.28$$

㉤ 창이 면 A, 면 B에 5개씩 설치될 경우

$$\alpha \cdot A = \frac{1}{\sqrt{\left(\frac{1}{0.5}\right)^2 + \left(\frac{1}{0.5}\right)^2}} = 0.35$$

㉥ 창이 면 A, 면 B에 6개씩 설치될 경우

$$\alpha \cdot A = \frac{1}{\sqrt{\left(\frac{1}{0.6}\right)^2 + \left(\frac{1}{0.6}\right)^2}} = 0.42$$

㉦ 창이 면 A, 면 B에 7개씩 설치될 경우

$$\alpha \cdot A = \frac{1}{\sqrt{\left(\frac{1}{0.7}\right)^2 + \left(\frac{1}{0.7}\right)^2}} = 0.50$$

㉧ 창이 면 A, 면 B에 8개씩 설치될 경우

$$\alpha \cdot A = \frac{1}{\sqrt{\left(\frac{1}{0.8}\right)^2 + \left(\frac{1}{0.8}\right)^2}} = 0.57$$

㉨ 창이 면 A, 면 B에 9개씩 설치될 경우

$$\alpha \cdot A = \frac{1}{\sqrt{\left(\frac{1}{0.9}\right)^2 + \left(\frac{1}{0.9}\right)^2}} = 0.64$$

따라서, 유효개구부 면적 $0.6m^2$를 만족하는 창의 최소 개수는 18개이다.

2 강제 환기

(1) 제1종(병용식)환기

급기팬, 배기팬 모두 사용, 병원수술실

(2) 제2종(압입식)환기

급기팬만 사용, 실내를 정압으로 유지, 반도체공장, 병원무균실

(3) 제3종(흡출식)환기

배기팬만 사용, 실내를 부압으로 유지, 부엌·화장실 등과 같이 연기나 냄새가 발생하는 곳

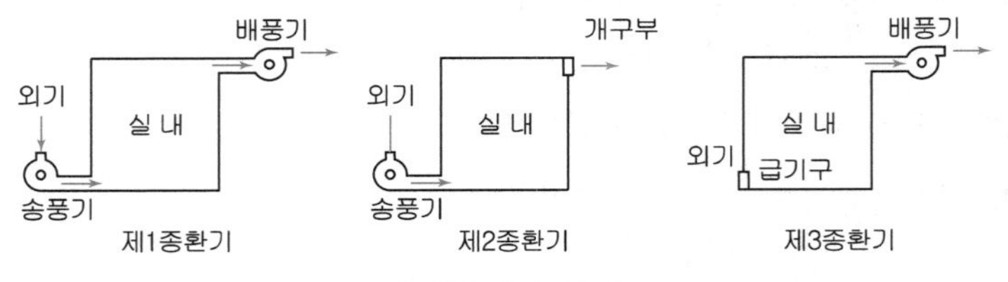

강제환기의 종류

■ 제3종 환기방식은 주로 국소환기에 많이 사용된다.

예제문제 14

끽연실(Smoking Room)의 환기방식으로 적절한 것은?

① 제1종 환기　　② 제2종 환기

③ 제3종 환기　　④ 제4종 환기

해설

끽연실은 연기를 배출하는 배풍기를 항상 가동하여 실내가 부압이 걸리도록 한다.

답 : ③

예제문제 15

건물 내 기류를 제어하기 위한 설계 전략으로 가장 부적합한 것은? **【15년 출제유형】**

① 고층건물에서 연돌효과를 방지하기 위해 수직통로를 여러 존으로 구분한다.
② 대공간 및 아트리움에서 연돌효과 또는 베르누이효과로 환기성능을 향상시킨다.
③ 오염공기의 전파를 방지하기 위해 화장실은 가압환기 방식을 주로 사용한다.
④ 환기에 따른 열손실을 줄이기 위해 전열 교환기, DCV(Demand Controlled Ventilation) 등을 적용한다.

해설

화장실은 제3종 환기방식 사용

답 : ③

예제문제 16

환기계획에 대한 설명으로 가장 적절한 것은? **【19년 출제유형】**

① 환기횟수가 시간당 2회라면 외기에 의해 실내공기가 전부 교체되는데 걸리는 시간은 2시간이다.
② 클린룸과 같은 청정공간을 유지하기에 적합한 환기방식은 층류방식이다
③ 일반적으로 청정해야 하는 곳에 배기구를, 오염되어도 되는 곳에 급기구를 설치한다.
④ '자연급기+강제배기' 보다 '강제급기+자연배기' 방식이 오염물질 배출에 효과적이다.

해설

① 2시간 → 0.5시간
③ 청정해야 하는 곳에 급기구를, 오염되어도 되는 곳에 배기구를 둔다.
④ 제3종 환기방식(자연급기+강제배기)이 오염물질 배출에 효과적이다.
② 층류환기방식이란 공기가 일정한 방향으로 흐르게 하는 방식으로 수술실, 클린룸 등의 고청정실의 환기에 사용된다.

답 : ②

memo

제 4 장

건축물 패시브 디자인 가이드라인상의 자연환기

건축물 패시브 디자인 가이드라인상의 자연환기

1 환기부하 저감

1. 연돌효과

(1) 계획방법(Commentary)

1) 연돌효과에 대한 이해

굴뚝효과라고도 불리는 연돌효과는 건물 내외부의 온도차와 공기의 밀도차에 의해 발생되며, 이로 인해 발생하는 공기의 흐름을 의미한다. 일반적으로 내외부의 온도차가 심해지는 동절기에 심각하며 하절기에도 발생한다. 또한 계절에 따라 여름철에는 역연돌효과가 발생하기도 한다. 연돌효과가 발생할 경우 저층부에서는 공기가 실내에 유입되고 상층부에서는 공기가 유출현상이 나타나게 된다.

특히 고층건물에서는 코어를 타고 음식물 냄새나 오염물질의 확산이 가능하며, 압력차가 큰 최상층과 지상층은 엘리베이터의 흔들림, 문의 오작동, 로비나 지하주차장, 세대현관문, 계단실 출입문의 개폐가 어려울 수 있다. 또한 결로 및 소음이 발생하기도 하며, 화장실 및 주방 배기가 어려워진다. 따라서 벽체비중을 높여 난방부하를 저감시키고 이중유리, 로이유리 등 고단열 유리를 사용하며 외벽부분 및 슬라브 층간 방화구획의 기밀성을 증대시키고 주출입구에 방풍실, 회전문 등을 설치하여 공기유입을 줄여야 한다.

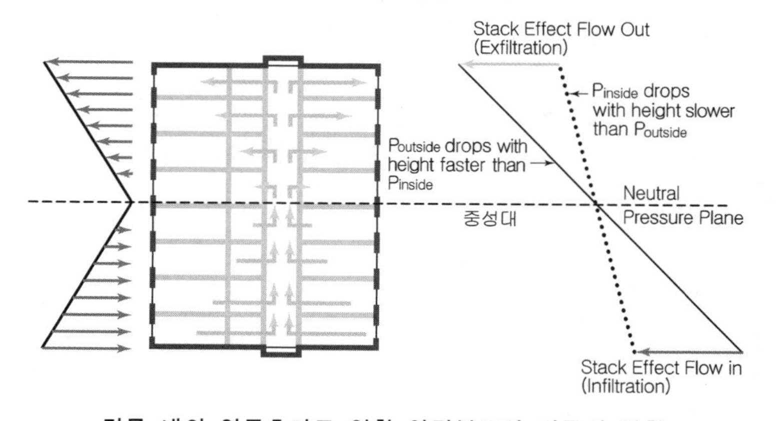

건물 내의 연돌효과로 인한 압력분포와 기류의 방향

| 참고 |

연돌효과의 특징

- 발생장소 : 계단실, 승강기 샤프트, 배관(기계, 전기) 샤프트, 슈트(우편, 쓰레기, 세탁물)
- 작용방향 : 정방향(실내가 실외보다 온도가 높은 겨울철 상층부로 상승기류 발생), 역방향(여름철 냉방효과로 하층부 방향으로 하강기류가 발생, 온도차가 작아 영향은 미미함)
- 유발요인 : 내외부 온도차 〉 바람의 압력분포에 의한 부력발생
- 영향을 미치는 요인 : 건물의 구조(환기구조, 열드래프트, 단열구조), 공조운전방식, 샤프트 배치, 승강기 운행
- 단점 : 코어부의 에너지 손실, 엘리베이터 문 오작동, 코어 부근 문 개폐의 어려움, 침기 및 누기에 따른 소음
- 장점 : 자연환기, 환기동력부하 저감, 실내공기질(IAQ) 개선

2) 연돌효과를 고려한 계획방법

① 굴뚝효과에 의한 실내환기효과를 높이기 위해서는 개구부 간 수직거리는 멀고 개구부가 클수록 좋으며, 실내 기류가 원활하도록 개구부 간 장애요인을 최소화할 필요가 있음

② 내외부 온도차에 의한 부력으로 인해 건물의 수직공간(코어, 샤프트 등)에서 발생하므로 수직공간을 조성하거나 관련 기술을 이용하여 굴뚝효과를 이용한 자연환기가 가능함

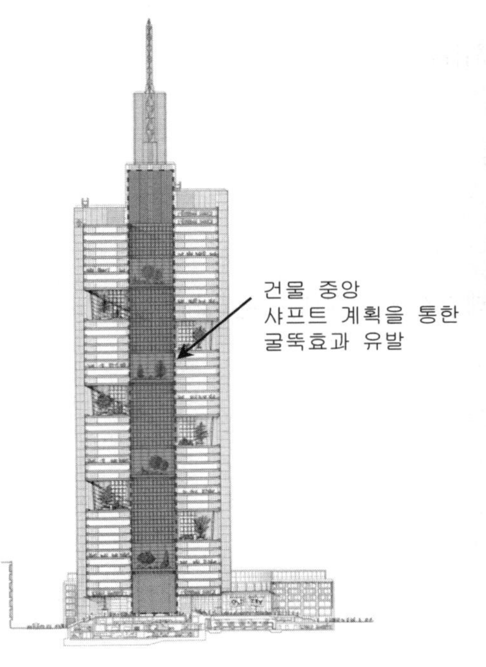

③ 연돌효과는 베르누이 효과와 달리 바람에 의존하지 않는 장점이 있으며 베르누이 효과와 혼합하여 이용하면 실내환기에 더 효과적임

④ 기류의 흐름이 비교적 느리기 때문에 효과를 극대화하기 위해서는 개구부를 가능한 크게 설치하고 층고도 높게 계획해야 함

⑤ 연돌효과로 인한 문제점을 최소화하기 위해 출입구에 방풍실을 설치하거나 엘리베이터 앞에는 전실을 계획함

⑥ 베란다가 없는 경우 과도한 압력차가 현관문 및 외피에 작용할 수 있기 때문에 베란다 및 현관 앞 전실을 계획함

⑦ 엘리베이터 샤프트 상부의 개구부는 연돌효과의 측면에서 불리하므로 피함

⑧ 외피는 기밀하게 설계하고, 지하층 및 1층 출입구는 연돌효과의 주요 원인이 되는 공기 유입구이므로 방풍실 및 회전문을 설치하며, 고층부 엘리베이터 홀의 문 설치 등을 통한 현관 출입문과 같은 구획의 건축적 기법을 통해 코어부로의 공기유입을 차단함

(2) 산출방법

연돌효과에 의한 이론적인 압력차 산출식

$$\Delta P_s = g\Delta\rho(N-h) = g\rho_o(\Delta T/T_i)(N-h)$$

ΔP_s : 연돌효과에 의한 압력차[Pa]

T : 실내온도[K]

g : 중력가속도 9.8[m/s²]

ρ : 공기의 비중[kg/m³]

h : 측정점 높이[m]

N : 중성대의 높이[m] (아래첨자 i는 실내, o는 실외)

예제문제 01

우리나라에서 에너지 절약을 위한 건축계획으로 가장 적절하지 않은 것은?
【18년 출제유형】

① 건축물은 일조 및 주풍향 등을 고려하여 배치하며, 남향 또는 남동향 배치를 한다.
② 연돌효과를 방지하기 위해 공동주택 계단실의 지하 및 지상 출입문은 통기성을 좋게 한다.
③ 건축물의 연면적에 대한 외피면적의 비는 가능한 작게 한다.
④ 아트리움의 최상부에는 자연배기 또는 강제배기가 가능한 구조 또는 장치를 채택한다.

해설
② 연돌효과를 방지하기 위해 공동주택 계단실의 지하 및 지상 출입문은 기밀성을 좋게 한다.

답 : ②

예제문제 02

겨울철 연돌효과를 줄이기 위한 방법으로 가장 적절하지 않은 것은? 【19년 출제유형】

① 실내 난방 설정 온도를 높인다.
② 침기를 줄이기 위해 외피의 기밀성능을 높인다.
③ 엘리베이터를 고층부와 저층부를 분리하여 설치한다.
④ 1층 출입구에 회전문이나 방풍실을 설치한다.

해설
① 난방 설정온도를 낮추어 실내외 온도차를 작게 한다.

답 : ①

2. 벤츄리 효과

(1) 계획방법(Commentary)

1) 벤츄리 효과에 대한 이해

벤츄리 효과는 유체역학의 기본법칙 중 하나인 베르누이 정리를 적용하는 방법 중 하나로서 유체의 속력이 증가하면 압력이 낮아지고 반대로 속력이 감소하면 압력이 높아지는 현상을 의미한다. 이러한 현상을 건축물의 개구부에 적용하면 바람이 적은 날에도 효과적인 자연환기를 이용할 수 있다. 또한 대공간이나 실내 천정부 등 다양한 공간에서 대류현상과 함께 고려하여 계획할 수 있다.

베르누이 정리(Bernoulli's theorem)는 운동하고 있는 유체(공기, 액체) 내에서의 압력과 유속, 임의의 수평면에 대한 높이 사이의 관계를 나타내는 유체역학의 대표적인 기본개념으로 본래 베르누이의 원리는 비행기의 양력이 발생하는 원리를 설명한 것으로 사용되었다.

건축물 계획에서 자연환기에 사용되는 벤츄리 효과(Venturi effect)는 베르누이의 정리를 현상으로 설명한 것으로서 유체가 넓은 공간에서 흐를 때에는 압력이 높고 속력이 감소하며, 좁은 곳을 통과할 때에는 압력이 낮고 속력이 증가하는 현상을 의미한다. 이와 같은 원리를 건축물의 디자인으로 활용하면 실내외 기계적인 환기를 최소화하고 자연환기를 통해 필요한 환기량을 충족할 수 있으며, 나아가 건물의 배치 및 형태 등과 풍력발전을 결합하여 연중 풍속이 부족한 지역에서도 풍력발전이 가능하도록 계획할 수 있다. 건축물의 벤츄리 효과를 기술적으로 활용하는 방법에는 다양한 방법이 있으며, 대표적인 기법은 다음과 같다.

① 환기용 돌출지붕(wind cowl)

② 환기용 굴뚝(wind chimney)

③ 탑라이트(top light)

④ 돌출지붕(roof monitor)

2) 벤츄리 효과 계획방법

벤츄리 효과는 평면 혹은 단면상에서 예상하는 효과와 대상을 계획하면 효과를 극대화 할 수 있다.

① 평면상의 계획

- 실내공간
  - 평면상의 벤츄리 효과를 적용할 수 있는 사례는 맞통풍으로서 평면에서 주풍향에 대해서는 개구부를 넓히고 공기가 빠져나가는 개구부는 좁게 설계함으로써 실내 공기의 흐름을 원활하게 유도할 수 있음
  - 참고로 공동주택의 경우는 시간당 0.5회의 최소 환기량이 요구되고 있으며, "건축물의 피난·방화구조 등의 기준에 관한 규칙 제17조(채광 및 환기를 위한 창문 등) 제1항 : 채광을 위하여 거실에 설치하는 창문 등의 면적은 그 거실의 바닥면적의 10분의 1 이상이어야 함. 다만, 거실의 용도에 따라 별표 1의3에 따라 조도 이상의 조명장치를 설치하는 경우에는 그러하지 아니하다."라고 규정하고 있음

• 실외공간

풍속이 극대화 될 수 있도록 주풍향에 직각으로 배치하고 가능한 넓게 노출하여 바람을 최대로 인입하고 이를 한 곳에 집중하여 풍속을 최대로 계획함

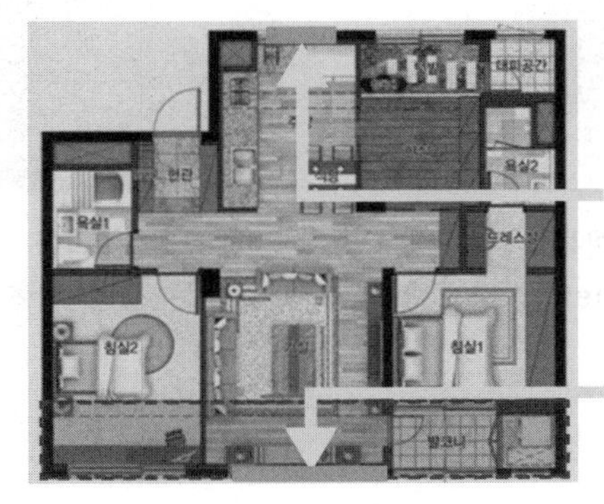

실내계획 : 맞통풍 효율 증대(화성 동탄2 A47, 48BL 현상(2011) 59Type)

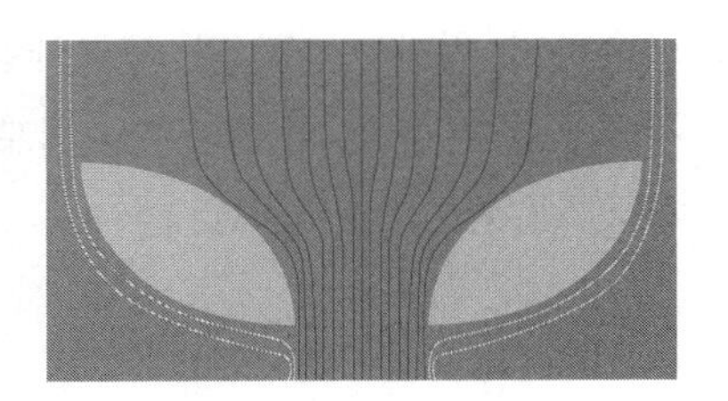

실외계획 풍력발전 연계
(Bahrain World Trade Center)

② 수직 단면상의 계획

• 한 개 층 규모 혹은 건물 전체를 대상으로 계획이 가능하며, 건물 전체를 대상으로 하는 경우 수직적인 기류가 흐를 수 있는 공간이 요구됨

• 그 예로 이중외피, 샤프트, 아트리움 등과 결합하여 구성이 가능하며, 상층부에 많은 굴뚝이나 좁은 개구부를 설치하여 효과적인 자연환기를 유도할 수 있음

• 지표면으로부터 수직거리가 멀어질수록 기류속도는 빨라지므로 지붕 주위의 공기압보다 벽체창 부근의 공기압이 커지므로 벤츄리 튜브와 같은 형태의 roof vent가 아니더라도 베르누이 효과에 의해 실 공기가 빠져나가게 됨

본 교재의 앞 부록에서 ☞ 칼라사진을 참조하시오.

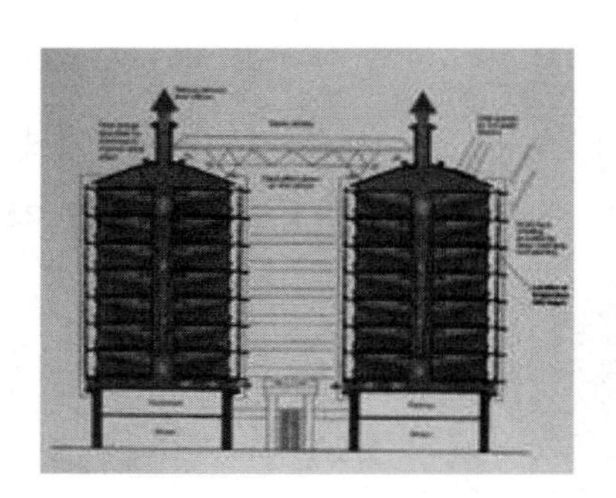

수직 단면상의 계획
(Eastgate Shopping Center, 짐바브웨)

벤츄리 효과를 극대화하기 위해 설치된 옥상의 총 56개 대형 굴뚝

(2) 산출방법

평면상의 계획에서 풍력과 연계할 경우 지표부근 수직풍속 변화에 대한 주풍향에 따른 연직높이의 풍력발전에 필요한 최소풍속을 확보할 필요가 있으며, 이를 산출하기 위한 기본식과 고려사항은 다음과 같다.

① 설치고도의 풍속 및 주풍향, 빈도

② 설치 위치의 풍압 분포

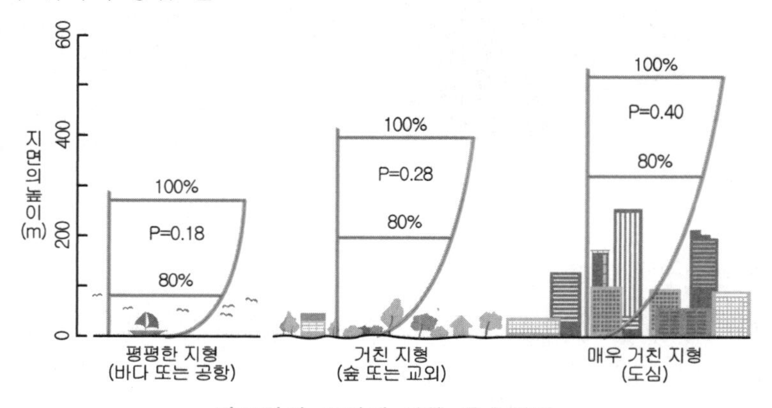

지표면의 조건에 따른 풍속변화

$$U = U_1\left(\frac{Z}{Z_1}\right)^P$$

U : 고도 Z 에서의 풍속

U_1 : 지표에서의 풍속(측점)

Z : 고도

Z_1 : 지표의 고도(측점)

P : 지표상태에 따른 계수(멱지수)

- U_1, Z_1은 해당지역 기상데이터를 참고하여 입력함
- 지표상태에 따른 계수 (도시 – 0.40, 교외 – 0.28, 시골 – 0.16)

3. 맞통풍

(1) 계획방법(Commentary)

1) 맞통풍에 대한 이해

통풍이란 하절기에 주로 시원한 느낌을 얻기 위해 외부에서 바람을 실내로 받아들이는 것으로 맞통풍(Cross Ventilation)은 건물 내 개구부를 마주보는 형태로 설치하여 실내의 환기 효과를 극대화하는 방법으로 평면상에서 자연 환기를 위해 계획하는 가장 보편적인 방법의 하나이다.

맞통풍은 과거 전통 건축에서 여름철을 위한 대표적인 냉각방식으로 사용되어 왔으며, 오늘날 공동주택의 자연환기를 위해 가장 많이 사용되고 있다. 맞통풍은 개구부 위치에 따른 환기 효율이 높으며, 신선한 외기를 실내에 유입하여 공기질(IAQ)를 개선하고, 여름철 실내 온도를 낮추는 효과가 있다.

맞통풍을 활용한 냉방 효과를 극대화하기 위해서는 실외 공기가 실내 공기보다 1.7℃ 이상 시원할 경우에만 현실성이 있다. 또한 공기 흐름이 많을수록 냉방성능은 개선된다. 그리고 풍속이 빠를수록 맞통풍냉방 잠재성이 배가 된다.

다음 그래프는 단위바닥면적당 제거된 열(실내외 온도차가 1.7℃라고 할 때)을 유입개구부 크기와 풍속의 함수로 나타내었다.

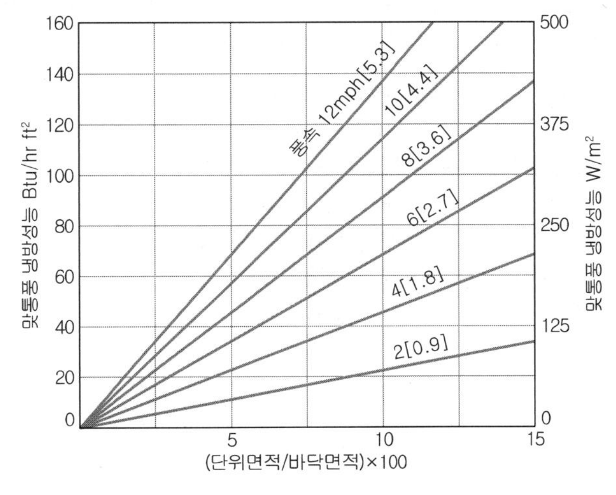

맞통풍 냉방성능

2) 맞통풍 계획방법

① 통풍경로 설정

- 개구부와 칸막이는 가능한 가변적인 것이 바람직하며, 단면상에서 유입구는 가능한 낮은 위치, 유출부는 높은 위치인 것이 바람직함
- 자연환기를 극대화하기 위해 주풍향과 부풍향의 방향에 위치한 실내 창, 문 등이 개방된 상태에서 마주보도록 계획

② 개구면적의 밸런스 검토

- 유입 개구면적이 크면 실내 평균 통풍률이 균질해져 실내 환기효율이 떨어지므로 유출 개구면적을 증대시켜 실내에 국부적으로 불균질한 평균 통풍률을 유도
- 통풍길이 좁아지는 것(벤츄리 효과)은 통풍저항이 늘고 통풍량을 감소시키는 효과가 있지만, 그 이상으로 해당 장소의 풍속을 증가시키는 효과가 있음

③ 실내 체적 계획 : 열대 전통가옥과 같이 실내 체적을 크게 계획하는 것은 실내 자연대류를 활성화하기 때문에 천정높이를 높여 자연대류를 유도할 수 있음

④ 개구부 위치 : 실내공기 유입량과 통풍량, 실내 풍속에 영향을 미치기 때문에 벽체의 중앙근처의 공기압이 가장 높은 지점과 바람의 방향을 고려해야 함

⑤ 틈새 풍압조절 : 건물의 배치, 형태에 따라 환기량 획득이 어려운 경우 수직벽, 수평벽을 계획하여 여름철 통풍량을 극대화 할 수 있음

| 참고 | 외기 유입을 위한 디자인 요소

(1) 수평벽(horizontal overhang) 설치

- 개구부로부터 일정거리 이상 떨어뜨려 설치하면 바람의 방향은 직진하게 됨
- 수평벽은 벽체와 6인치 이상의 간격이 있으면 바람의 방향에 미치는 영향이 줄어들어 직진하게 됨
- 개구부 외벽 상부에 수평벽을 설치하면 개구부 상하부에서 압력 균형이 깨져 바람의 방향이 실내의 천장으로 향하게 만들 수 있음

(2) 수직벽(Fin Wall, Wind Catcher) 설치

- 수직벽의 설치는 설치면의 공기압을 변화시켜 개구부를 통한 환기효과를 증대시키며, 개구부 하나당 1개의 수직벽을 두는 것이 효과적
- 기밀성이 높으면 침기량이 작아져 냉난방 부하 절감에 기여
- 벽체내부 결로를 방지하고, 실내방한 및 열손실 방지에 기여
- 바람의 방향에 대해 45도 각도로 설치될 때 실내 환기 효과가 가장 좋으며, 바람에 평행하여 계획할 경우 거의 효과가 없음

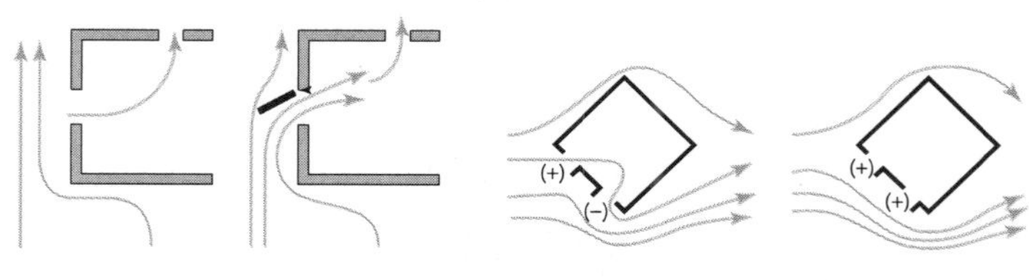

Wind Catcher 구성(예)　　수직벽을 이용한 틈새풍압조절(예)

3) 계획시 고려사항

① 맞통풍 전략을 이용한 건물에는 야간환기 전략이 의도되지 않는 한 밝은 색상의 재료를 사용하는 것이 유리함
② 거주자들을 가로질러 공기흐름이 유도된다면 실외 공기온도가 높을지라도 현실성 있는 쾌적 전략이 될 수 있을 것임
③ 야간 구조 냉방을 위한 맞통풍(풍속이 충분할 때)은 축열재 표면과의 접촉을 극대화하도록 유도되어야 할 것
④ 확연히 감지할 만한 수준의 냉방성능이 가능할 지라도 실외 상대습도가 높다면 거주자 쾌적 수준은 손상될 수 있음
⑤ 실외 공기를 건물 속으로 끌어들일 때는 공기 중에 있는 각종 이물질들도 함께 받아들이게 되므로 유입구의 위치와 주변 공기질에 대한 세심한 고려가 필요
⑥ 유입구를 통한 소음 침투에 대해 주의가 요구되며 인접 지역의 여건을 고려하여 실내공간의 소음효과를 최소화하는 지점에 개구부를 설치할 것

4) 전통 건축의 맞통풍과 공동주택 맞통풍의 개념적 차이

통상적으로 전통공간과 공동주택은 자연환기를 위해 맞통풍을 계획하지만 적용 개념에서는 상당한 차이가 있으며, 전통공간의 이용방법은 미기후에 대한 적극적인 이용이다.

① 전통 건축의 맞통풍 : 전통공간에서는 현대와 다르게 전국 단위의 기상측정에 한계가 있었으므로 지역의 계절적 주풍향보다는 대지주변의 지형, 지리, 자연환경에 의해 발생하는 바람의 방향을 이용하였다.
- 전통공간은 기본적으로 대지 주변의 미기후를 이용한 계획
- 북측의 산지나 식재는 겨울철에는 방풍, 여름철에는 기온을 낮추어 공기 밀도가 높음
- 남측면은 마당공간으로 개방되어 복사열을 받고 기온이 높고 공기 밀도가 낮음

② 공동주택의 맞통풍 : 공동주택의 맞통풍은 기본적으로 지역의 여름철 주풍향 바람에 개구부를 마주보며 노출하여 부력이나 풍력에 의해 바람을 유도하는 방식으로 적용됨
- 거시적인 기후(도시 단위)의 주풍향에 따르며 이는 기상데이터의 단위의 한계에 의한 것임

- 도시의 공동주택이나 빌딩의 경우 빌딩풍(Canyon Effect)의 영향으로 미기후 풍향에 대한 예측이 어려우며, CFD(전산유체역학)에 의한 산출이나 개념적인 도해를 통한 예측이 가능하나 이 역시 기상데이터에 의한 주풍향을 기준으로 산출하고 있음
- 공동주택의 맞통풍에 벤츄리 효과를 적용할 경우 압력 및 밀도차에 의한 자연환기 효율을 높일 수 있음

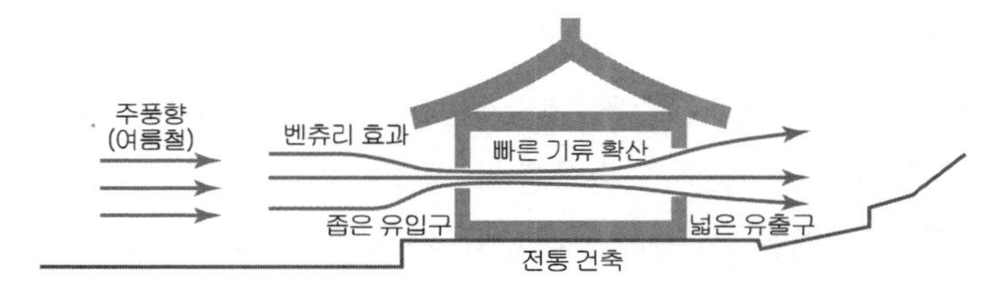

전통 건축에 벤츄리 효과 개념을 적용한 경우

(2) 산출방법

다음은 환기 통풍량의 기본 산출식이다. 이를 이용하여 개구면적과 풍압에 따른 환기 통풍량을 산출할 수 있다.

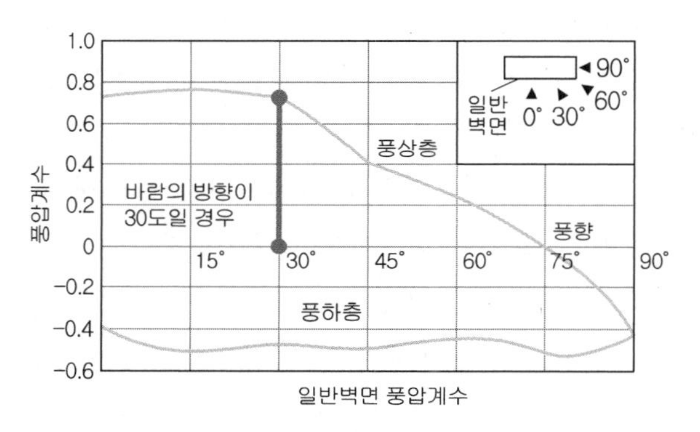

일반벽면 풍압계수

$$Q = \dot{\alpha} A \cdot v \cdot \sqrt{C_1 - C_2}$$

Q : 환기 통풍량

$\dot{\alpha}$: 풍상(風上), 실내, 풍하(風下)부분의 개구면적을 합성한 값(유량 계수)

A : 개구부 면적(m^2)

v : 외부 풍속

C_1과 C_2 : 풍상층 및 풍하층의 풍압계수

4. 나이트퍼지

(1) 계획방법(Commentary)

1) 나이트퍼지에 대한 이해

나이트퍼지(Night Purge) 환기는 나이트 플러싱(Night Flushing)으로도 불리며 낮 동안 데워진 건물의 구조체를 저녁 시간에 환기구를 개방하여 실내의 더워진 공기를 배출하고 구조체의 열을 식히는 역할을 한다.

나이트퍼지는 풍력과 부력에 의해 개구부를 통한 환기(Wind Ventilation)와 수직적인 대류를 유도하는 환기(Stack Ventialtion)로 구분할 수 있으며, 대류에 의해 건물의 축열된 열량을 외부로 배출하므로 완충공간의 축열체 계획과 연계할 경우 더욱 큰 효과를 기대할 수 있다. 이것은 더운 낮 동안 축열체가 열용량만큼 열을 흡수하는 동안 재실자들의 열쾌적과 냉방부하를 낮추는 효과가 있으며, 저녁 시간에는 낮 동안 쌓인 열을 배출함으로서 하루 중 냉방부하를 효과적으로 제어할 수 있기 때문이다. 따라서 축열체 설치를 위한 충분한 공간과 면적을 검토하고 축열체 표면에는 어떠한 덮개나 패널, 타일, 카페트 등을 씌워 가려서는 안 된다. 이러한 것들은 축열체와 외부 사이에서 열을 흡수하여 적외선으로 재방사함으로써 축열체의 성능을 저하시키는 역할을 한다.

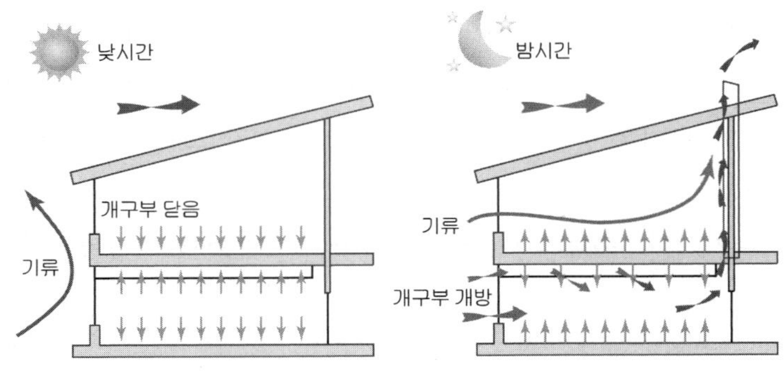

나이트퍼지 개념도

2) 나이트퍼지 계획 및 이용시 고려사항

① 기후적으로 낮과 밤의 일교차가 큰 지역에 적합하며, 저녁시간의 기온은 20~22℃ 이하일 경우 효과적이며 최소 24℃ 이하가 유리함

② 효과적인 야간환기를 위해 축열재는 실외 공기흐름에 충분히 노출되어야 함

③ 여름철 열획득시간은 잠재 냉각시간을 초과하므로 개구부는 짧은 시간 동안 많은 공기를 이동시킬 수 있도록 크게 설치될 필요가 있음 : 이는 낮 동안에 건물을 폐쇄시키고 밤에는 상당한 수준으로 개방시키는 능력에 달림

④ 주거시설의 경우 저녁 시간의 환기로 인해 재실자가 추위를 느끼는 등 열적으로 불쾌적함을 느낄 수 있음
⑤ 사용에 있어서의 문제는 저녁 시간마다 당일 기온변화를 측정해 재실자 혹은 관리자가 모든 개구부를 열고 닫아야 하는 불편함이 있다는 점이며, 이는 온도장치에 의해 자동화된 개폐장치를 설치하여 해결할 수 있음
⑥ 비가 오는 날 개구부를 열 경우 내부 마감이 손상될 우려가 있어 개구부에 수평·수직 루버 등의 구조체를 같이 설치할 필요가 있음
⑦ 저녁 시간에 건물 내 재실자가 부재할 경우 보안상의 문제가 발생할 수 있음

3) 나이트퍼지의 부하저감 효과

나이트 퍼지는 여름철 냉방부하 저감효과는 있지만 효과적인 나이트 퍼지를 가동하기 위해서는 각 지역에 대한 기후 상황을 고려해야 한다. 특히 여름철 열대야 현상으로 인해 야간의 실외 온도가 실내온도보다 높은 경우나, 장마철과 같이 다습한 공기의 특성으로 인해 주간에 냉방을 할 때 실내공기가 노점 온도 이하로 떨어지게 되면 결로가 발생할 가능성이 있으며, 비가 오는 경우 실내로 비가 들어오지 않도록 조치를 취하거나 나이트 퍼지 가동은 피하는 것이 좋다. 또한 나이트 퍼지를 가동하기 위해 대류에 의한 자연환기를 이용하거나 송풍기를 가동해야 하므로, 냉방부하의 저감으로 인해 절약한 에너지와 송풍기 가동시 소모한 에너지를 비교하여 효율적인 나이트 퍼지 기간을 선정할 필요가 있다.
① 나이트퍼지 가동시 국내기후에서는 난방 저감효과는 미미하며, 5~9월까지 냉방부하 저감에 기여함
② 특히 중간기인 5월에는 약 32%의 냉방저감 효과로 가장 큰 효과가 있음

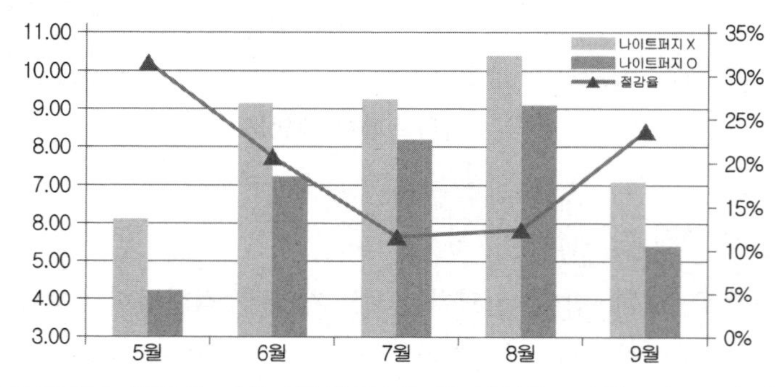

월별 나이트퍼지 운영에 따른 냉난방부하 및 절감율, 단위 : (kWh/m²·yr)

■ 나이트퍼지와 외기냉방과의 차이
나이트퍼지는 중간기(봄, 가을) 동안 사용될 수 있다는 점에서 외기냉방과 혼란이 있을 수 있으나 외기냉방은 중간기 낮 동안 실내보다 온도가 낮은 외기를 직접 실내로 끌어들여 냉방을 하는 방식으로 저녁 시간에 환기를 통해 구조체의 열을 배출하고 냉각하는 나이트퍼지와는 개념적인 차이가 있다.

예제문제 03

다음 중 자연환기를 이용한 건물의 냉방부하 저감기술이 아닌 것은?

① 굴뚝효과　　② 맞통풍
③ 야간천공복사　　④ 나이트 퍼지

해설
야간천공복사는 환기와 관계없다.

답 : ③

2 개구부 계획

바람이 건물에 수직으로 부딪칠 때 풍압이 최대이지만, 건물에 45° 각도로 부딪치면 풍압이 50% 감소한다. 또한 인접 벽체 개구부들에 의한 실내환기효과는 건물 주위 압력분포 및 바람의 방향에 따라 달라진다. 따라서 한 벽체 내 개구부들에 의한 실내 환기효과는 개구부의 위치 및 크기, 방향 등에 따라 달라진다. 그러므로 해당 지역의 계절별 주풍향 및 풍속, 주변의 인공환경 및 자연환경 등을 고려한 계획이 필요하다.

1. 개구부 계획에 대한 이해

건축물의 개구부는 위치와 크기, 형상에 따라 실내 자연환기 효율에 미치는 영향이 지대하다. 일반적으로 개구부는 환기창, 환기구 뿐만 아니라 일반 창의 개폐되는 부분을 의미하기도 한다. 일반적으로 '창면적=개구면적' 으로 인식하고 창면적이 크게 설계된 경우 채광과 환기가 모두 우수할 것으로 예상하지만, 창면적 대비 개구부 면적, 개폐가능한 창호면적이 작은 경우 실내 환기 효율은 떨어질 수 있다. 일례로 미닫이창의 경우 보통 창면적의 50% 정도가 개구면적에 포함된다. 환기량은 개구면적에 절대적으로 영향을 받기 때문에 채광창이 크더라도 개구면적이 작을 경우에는 환기성능이 떨어질 수 있다.

채광창 면적

개구부 면적

■ 창면적과 개구부 면적이 동일한 것은 아니다.

2. 개구부 계획방법

(1) 개구부 및 바람 방향

1) 건물 주위 바람이 불어오는 방향이 (+)압

① 바람이 건물에 수직으로 부딪힐 때 최대

② 바람이 건물에 45% 각도로 부딪히면 직각인 경우 비교할 때 풍압이 50% 감소함

2) 실내 환기 효과

① 바람이 건물과 비스듬히 부딪칠 때 더 효과적인 경우가 많음

② 이는 바람이 건물과 비스듬히 부딪치면 실내 기류를 난류로 만들기 때문

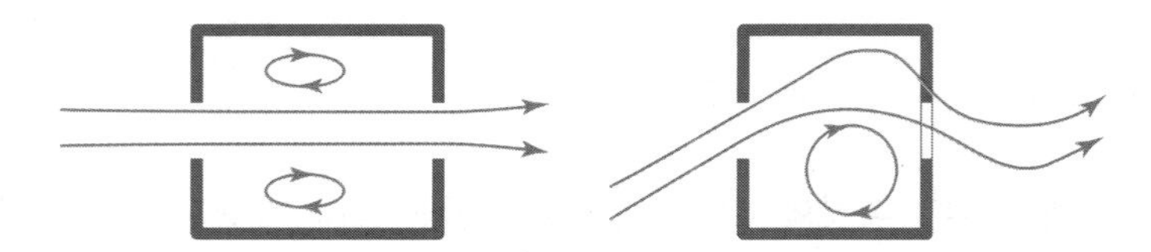

개구부 및 바람 방향과 실내 기류

(2) 개구부 배치

1) 맞통풍(cross ventilation)으로 계획함

① 바람이 불어오는 방향(+압력)에서 반대편 벽의 방향(–압력)으로 공기가 흘러가므로 실내 환기에 매우 효과적인 방법

② 인접 벽체 개구부들에 의한 실내 환기 효과는 건물 주위 압력분포(바람의 방향에 따라 변화함)에 의해 시간대별로 변화함

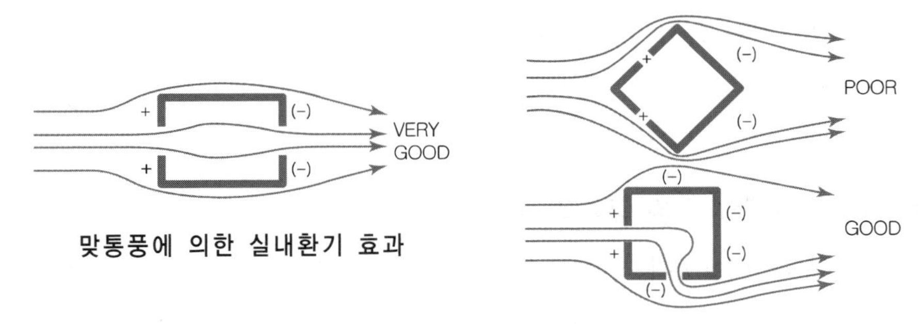

맞통풍에 의한 실내환기 효과

인접벽체 개구부에 의한 실내환기 효과

2) 한 벽체 내 개구부들에 의한 환기효과는 개구부의 위치에 따라 차이가 있음

① 바람이 부는 쪽 벽체 중앙의 공기압력이 모서리보다 높음

② 개구부를 비대칭으로 배치하는 것이 압력차 발생으로 인한 실내환기 효과가 좋아짐

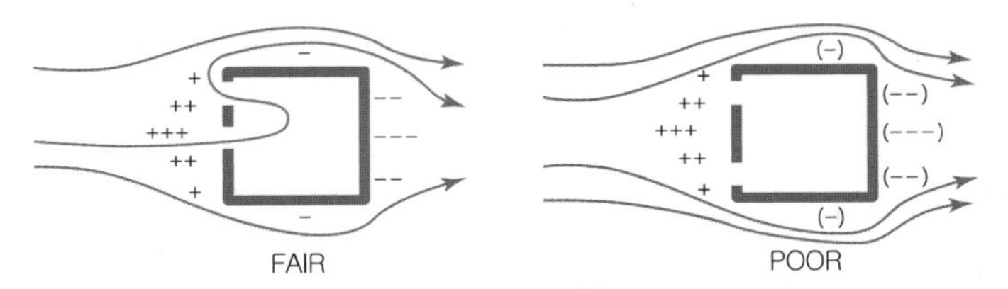

동일 벽체 내 개구부 위치에 의한 환기효과

(3) 개구부의 수직 위치

1) comfort ventilation

① 개구부 수직 위치를 낮게 계획하여 재실자에게 직접 바람이 불어가도록 계획

② 인체 피부로부터 증발을 증가시켜 열쾌적을 높이는 주간의 통풍방식으로 온도가 가장 높은 낮에 외기를 실내로 도입하여 피부에서의 증발 냉각을 촉진함

③ 주로 고온 다습한 기후에 사용 → 국내 기후 여름철 해당

2) convection cooling

① 개구부 수직 위치를 높게 하고 천장 환기구와 함께 설치하여 실내 더운 공기를 효과적으로 배출하고, 실 구조체와 바람이 많이 접하도록 계획

② 나이트퍼지와 같이 다음날 주간을 위해 건물 구조체를 야간에 예냉시키는 방법으로 야간에 비교적 찬 외기를 실로 도입하여 건물을 냉각함

③ 야간에 식혀진 건물 구조체는 주간에 축열하여 실내를 시원하게 하는 heat sink 역할을 수행 → 국내 기후 봄·가을에 해당

(4) 개구부와 배출구의 크기와 위치

① 개구부와 배출구의 크기는 같게 계획하는 것이 일반적이나 크기를 달리하는 경우 개구부의 크기를 작게 하는 것이 벤츄리 효과에 의해 실내 기류속도를 증가시키는데 효과적임

② 개구부는 실내 기류속도 및 패턴에 큰 영향을 미치나 배출구는 실내 기류속도 및 패턴에 별 영향이 없음

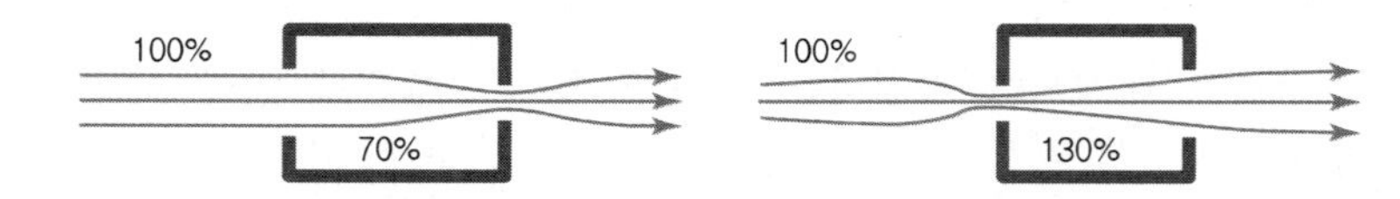

개구부·배출구 크기에 따른 실내 기류속도 변화

(5) 개구부 방충망

① 개구부에 방충망을 설치할 경우 기류의 유입량이 약 50% 감소됨

② 기류의 감소 정도는 바람과 방충망의 각도에 의해 좌우되며, 직각으로 만날 때 기류 감소정도가 가장 적음

③ 방충망에 의한 기류감소는 개구부 크기를 넓혀 보완할 수 있음

(6) 외부 수직벽(Fin Wall)

① 건물 외부에 수직벽을 계획하면 건물 면의 공기 압력분포를 변화시켜 개구부를 통한 실내 환기효과를 크게 개선함

② 각 개구부는 하나의 수직벽이 설치되어야 하며, 개구부들의 동일 위치에 수직벽을 설치하면 실내 환기 효과가 떨어짐

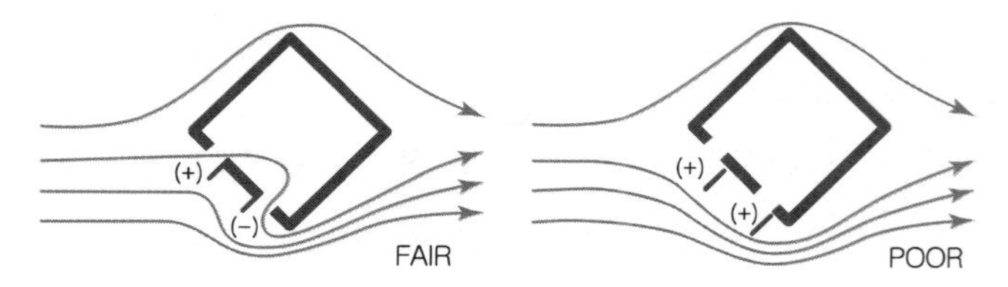

수직벽에 의한 실내환기효과(좌 : 좋은 예, 우 : 잘못된 예)

③ 수직벽은 바람 방향에 대해 45도 각도로 설치할 때 실내환기효과가 가장 우수하며, 바람의 방향에 평행하게 계획될 경우 환기 효과를 기대하기 어려움

④ 벽에서 개구부의 위치는 실내도입되는 환기량 뿐만 아니라 실내 바람의 초기방향에도 영향을 미치며, 벽체 중심에서 벗어난 곳에 개구부를 설치할 경우 실내로 유입되는 바람의 방향이 뒤틀어져 실 중앙으로 바람이 향하지 않게 되는데 이는 벽체 중앙의 공기 압력이 모서리보다 높기 때문

⑤ 바람의 전면에 수직벽을 두어 바람의 방향을 틀어주면 공기 압력분포가 변화하여 환기효율을 높일 수 있음

(7) 외부 수평벽(Horizontal Overhang)

① 개구부 상단외부에 수평벽을 설치하면 개구부 상하부의 압력균형이 깨져 바람의 방향이 천장으로 향하게 조절할 수 있음

② 수평벽을 개구부로부터 약 30cm 이상 이격하여 설치하거나 벽 사이에 15cm 이상의 공간이 있으면 바람의 방향에 영향을 미치지 않으므로 이격거리를 고려하여 계획함

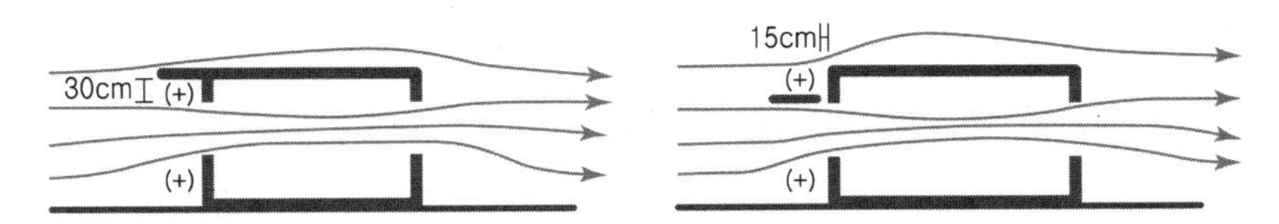

개구부 위치에서 이격하여 설치할 경우 바람 방향

(8) 내부형태

실내 칸막이는 바람이 불어오는 쪽에 더 많은 공간이 생기도록 배치하는 것이 더 효과적이며 환기가 필요한 경우 각 실은 단절되지 않고 연결되는 것이 더 효율적임

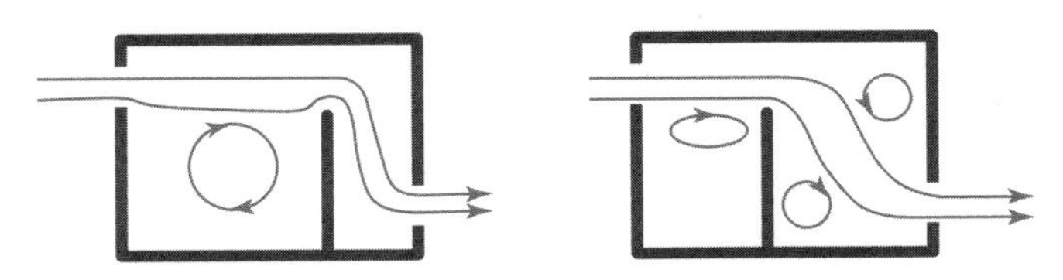

칸막이 위치에 의한 환기효과(좌 : 좋은 예, 우 : 잘못된 예)

(9) 중복도형 건물

① 중복도형 건물에서는 맞통풍이 불가능하므로 문 위에 설치되는 작은 창을 두어 맞통풍 효과를 유도하며, 맞통풍을 위해서는 개방 편복도형 평면이 유리함

② 단층 중복도형 건물에서는 문 위에 환기창을 설치하기 보다는 실내 고측창 설치를 통해 맞통풍을 유도할 수 있음

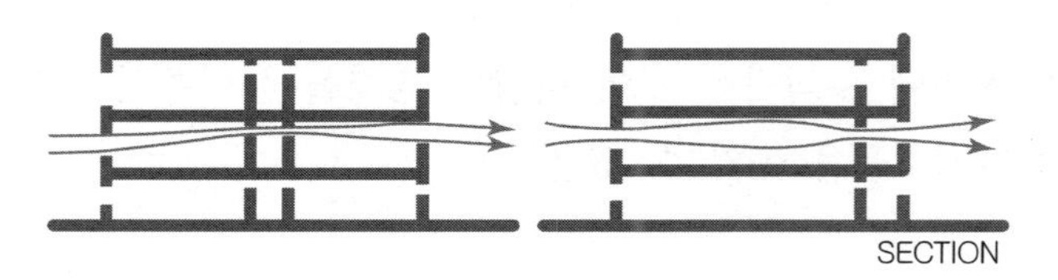

중복도 및 편복도형 건물의 맞통풍

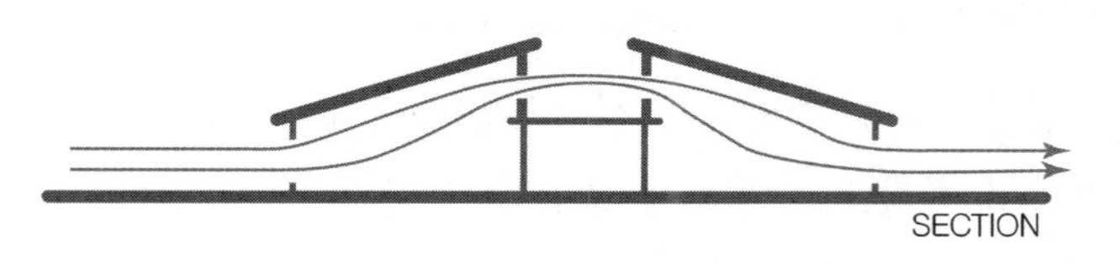

단층 중복도형 건물의 맞통풍

예제문제 04

다음은 자연환기를 극대화하기 위한 개구부 계획이다. 잘못된 것은?

① 계절별 주풍향 및 풍속, 주변의 인공환경 및 자연환경 등을 고려하여 개구부를 계획한다.

② 풍압계수차가 가장 크게 되도록 유입구와 유출구를 배치한다.

③ 벤츄리 효과에 의한 실내기류속도 증가를 위해 유입구의 크기를 유출부보다 크게 한다.

④ comfort ventilation을 위해서는 개구부 수직위치를 낮게 하여 재실자에게 직접 바람이 불어가도록 한다.

해설

③ 유입구를 유출구보다 작게 해야 한다.

답 : ③

예제문제 05

자연환기에 대한 설명으로 가장 적절한 것은? 【22년 출제유형】

① 실내 기류속도 증가를 위해서는 유입구의 크기를 유출구보다 크게 하는 것이 좋다.
② 외기온도가 실내온도보다 높더라도 자연환기를 도입하여 재실자의 온열쾌적감을 향상시킬 수 있다.
③ 바람의 영향이 없는 경우 실내외 온도차가 작을수록 자연환기량도 많아진다.
④ 연돌효과(stack effect)에 의한 자연환기량은 개구부 사이의 높이차가 작고 개구부의 크기가 클수록 많아진다.

해설
① 크게 → 작게
③ 작을수록 → 클수록
④ 작고 → 크고

$Q = C_d \cdot A \cdot \sqrt{2g \cdot \Delta H_{NPL} \cdot \Delta t / T_i}$

답 : ②

예제문제 06

 실기 예상문제 

건축물 에너지절약을 위한 기밀, 환기계획에 대해 서술하시오.

정답
1. 건물에너지 요구량에 미치는 기밀성능
(1) 기밀성능의 중요성
① 건물외피를 통한 열손실은 크게 구조체를 통한 관류열손실과 틈새바람에 의한 환기열손실이 있음
② 고단열과 고기밀을 통해 외피를 통한 열손실량을 줄일 수 있음
③ 환기에 의한 열손실량 = 0.34·Q·Δt(W)에서 기밀성능 확보를 통해 Q를 줄여야 함
④ 의도하지 않은 틈새를 통한 환기량을 줄이기 위해서는 건물외피의 기밀성능이 높아야 함
⑤ 기밀성능을 표시하는 방법에는 CMH50, ACH50, Air Permeability, ELA 등이 있음

(2) 기밀성능 측정방법
① 건물의 기밀성능 측정방법으로는 Tracer Gas Method(추적가스법)와 Blower Door를 이용한 가압법/감압법이 있음

② Tracer gas test : 추적가스법이라고 부르며, 일반적인 공기 중에 포함되어 있지 않거나 포함되어 있어도 그 농도가 낮은 CO_2, He(헬륨) 등의 가스를 실내에 대량으로 한 번에 또는 일정량을 정해진 시간 간격으로 분사시키고 해당 공간에서 추적가스 농도의 시간에 따라 감소량을 측정하여 건물 또는 외피 부위별 침기/누기량, 또는 실 전체의 환기량을 산정하는 방법

③ Blower door test : 외기와 접해있는 개구부에 팬을 설치하고 실내로 외기를 도입하여 가압(pressurization)을 하거나, 반대로 실내 공기를 외부로 방출시켜 실내를 감압(depressurization)시킨 후 실내외 압력차가 임의의 설정 값에 도달하였을 때 팬의 풍량을 측정하여 실측대상의 침기량 또는 누기량을 산정하는 방법

(3) 기밀성능 기준

① 일반건물 대비 난방에너지가 10%밖에 들어가지 않는 초에너지 절약형 건물인 독일 Passive House의 경우, 기밀성능을 0.6 ACH50 이하로 규정

② 한편, 한국건축친환경설비학회에서 2013년 제정한 '건축물 기밀성능 기준'에서는 모든 건물은 5.0 ACH 50 이하의 기밀성능을 가져야 하며, 에너지절약건물은 3.0, 제로에너지건물은 1.5 ACH50 이하를 만족하도록 권장하고 있음

(4) 기밀성능 향상 방안

① 목조건물 : 기밀쉬트, 기밀테이프, 기밀전선관, 기밀콘센트 등을 활용하여 의도하지 않은 틈새를 통한 침기와 누기를 최소화

② 철근콘크리트 건물 : 구조체 자체가 고 기밀성능을 갖고 있으므로, 구조체와 창호접합부위, 전선관, 덕트 등이 구조체를 관통하는 부위를 기밀성능이 높은 테이프, 전선관 등으로 기밀시공

2. 건물에너지 절약을 위한 환기계획

(1) 난방부하 저감을 위한 틈새바람 및 기계환기량 최소화

- 실내외 온도차(Δt)가 큰 겨울에는 실내공기질(IAQ) 유지에 필요한 최소풍량에 해당하는 환기만으로 환기량 최소화

(2) 전열교환기를 이용한 환기

① 동절기에는 고기밀성을 유지한 상태에서 전열교환기를 통한 최소환기량을 확보함으로써 배열회수

② 전열교환기는 전열효율 75% 이상의 고효율의 저소음, 저전력 제품을 채택

(3) 자연냉방을 위한 자연환기 계획

① 맞통풍 계획

- 맞통풍(Cross Ventilation)이란 건물 내 개구부를 마주보는 형태로 설치하여 실내의 환기 효과를 극대화하는 방법으로 평면상에서 자연 환기를 위해 계획하는 가장 보편적인 방법

- 맞통풍은 과거 전통 건축에서 여름철을 위한 대표적인 냉각방식으로 사용되어 왔으며, 오늘날 공동주택의 자연환기를 위해 가장 많이 사용되고 있음
- 맞통풍을 활용한 냉방 효과를 극대화하기 위해서는 실외 공기가 실내 공기보다 1.7℃ 이상 낮을 경우에만 현실성이 있다. 또한 공기 흐름이 많을수록 냉방성능은 개선된다. 그리고 풍속이 빠를수록 맞통풍냉방 잠재성이 배가
- 마주보는 개구부를 확보하여 바람길을 형성할 수 있도록 개구부 계획
- 개구부 위치는 실내공기 유입량과 통풍량, 실내풍속에 영향을 미치기 때문에 벽체의 중앙 근처의 풍압계수가 가장 높은 지점과 바람의 방향을 고려하여야 함
- 맞통풍에 의한 환기통풍량은 개구부 크기와 풍속에 비례하며, 풍상층과 풍하층의 풍압계수차의 제곱근에 비례

② 굴뚝효과를 이용한 환기유도

- 아트리움, 계단실 등에서 더운 공기가 위쪽 개구부로 빠져나가면 실외공기가 아래쪽 개구부로 유입되는데, 이와 같은 수직통로를 통한 자연환기를 굴뚝효과(Chimney Effect)를 이용한 자연환기라 함
- 굴뚝효과에 의한 자연환기는 높이가 다른 개구부에서, 동일 높이의 두 지점 간의 실내공기 온도차가 외부공기 온도차보다 클 때에만 발생
- 개구부 사이의 거리가 멀수록, 개구부 크기가 클수록, 그리고 개구부 사이에 장애물이 없어야 굴뚝 효과에 의한 자연환기가 잘 이루어짐
- 베르누이효과와 달리 바람에 의존하지 않는 장점이 있어 바람이 전혀 없는 경우에도 굴뚝효과에 따른 자연환기가 가능

③ 나이트퍼지 활용

- 나이트퍼지(Night Purge) 환기는 나이트 플러싱(Night Flushing, Night Flush Cooling)으로도 불리며 낮 동안 데워진 건물의 구조체를 저녁 시간에 환기구를 개방하여 실내의 더워진 공기를 배출하고 구조체의 열을 식히는 역할
- 나이트퍼지는 풍력에 의한 개구부를 통한 환기(Wind Ventilation)와 온도차에 따른 부력에 의한 수직적인 대류를 유도하는 환기(Stack Ventialtion)로 구분
- 대류에 의해 건물의 축열된 열량을 외부로 배출하므로 완충공간의 축열체 계획과 연계할 경우 더욱 큰 효과를 기대할 수 있음
- 더운 낮 동안 축열체가 열용량만큼 열을 흡수하는 동안 재실자들의 열쾌적과 냉방부하를 낮추는 효과가 있으며, 저녁 시간에는 낮 동안 쌓인 열을 배출함으로서 하루 중 냉방부하를 효과적으로 제어할 수 있음
- 따라서 축열체 설치를 위한 충분한 공간과 면적을 검토하고 축열체 표면에는 어떠한 덮개나 패널, 타일, 카페트 등을 씌워 가려서는 안 됨

04 종합예제문제

1 여름철 극장객석 부분의 환경에 관한 수치로 가장 부적당한 것은 다음 중 어느 것인가?

① 온도 : 26℃
② 탄산가스농도 : 0.5%
③ 기류속도 : 0.3m/sec
④ 신선공기량 : $35m^3$/h·man

> 건축법규상에 나타난 거실의 공기환경 성능기준을 암기하고 있어야 한다.
> CO_2(탄산가스) 농도는 1,000ppm(0.1%) 이하가 되어야 한다.
> CO는 10ppm 이하, 부유분진(TSP)는 $0.15mg/m^3$ 이하, 습도는 40~70%, 기류는 0.5m/s 이하로 규정되어 있다.
> 여름철 실내기온은 26℃±2℃가 쾌적범위이다.

2 여름철의 사무실내 환경에 관한 다음 수치 중 부적합한 것은?

① 탄산가스 농도 : 1,000ppm
② 신선공기량 : $35m^3$/h인
③ 일산화탄소 농도 : 30ppm
④ 온도 : 26℃, 습도 : 55%

> CO 농도는 10ppm 이하이다.

3 실내의 오염된 공기를 기계력으로 급·배기하는 환기방식은?

① 제1종 환기방식　② 제2종 환기방식
③ 제3종 환기방식　④ 간헐 환기방식

> ① 급기팬과 배기팬을 동시에 사용하는 병용식을 제1종 환기라 한다.

4 두 사람이 사는 $40m^3$의 작은 침실에서 CO_2의 최대 허용농도 0.2%, 외기농도 0.05%일 때 필요 환기량(Q)과 환기횟수(N)는? (단, 앉아서 쉴 때 CO_2 발생량은 15 l/hr임)

① Q=$10m^3$/hr, N=0.5회/hr
② Q=$10m^3$/hr, N=2회/hr
③ Q=$15m^3$/hr, N=1.5회/hr
④ Q=$20m^3$/hr, N=0.5회/hr

> CO_2 발생량에 따른 환기량(Q)산정 및 환기회수(N) 계산할 수 있어야 한다.
> $\cdot\ Q = \dfrac{CO_2\ \text{발생량}}{\text{허용온도}-\text{외기온도}} = \dfrac{2 \times 0.015m^3/h}{0.002-0.0005} = 20(m^3/h)$
> $\cdot\ N = \dfrac{\text{환기량}}{\text{실의 체적}} = \dfrac{20m^3/h}{40m^3/\text{회}} = 0.5(\text{회}/h)$

5 자연환기에 대한 설명 중 가장 부적당한 것은?

① 한 쪽에 큰 창을 두는 것보다 창의 크기를 반으로 줄여서라도 서로 마주보게 설치하는 것이 환기계획상 유효하다.
② 창문이 닫혀 있을 경우에도 압력차가 크면 극간풍에 의한 환기가 일어날 수 있다.
③ 실내외 압력이 같아지는 지점을 중성대라 하며, 실의 하부에 개구부나 틈이 많으면 중성대는 위로 이동한다.
④ 실외의 풍속이 클수록 환기량은 많아진다.

> 개구부나 틈이 많은 쪽으로 중성대가 이동한다.

해설 1. ② 2. ③ 3. ① 4. ④ 5. ③

6 **실내환기에 관한 설명으로 가장 부적합한 것은 다음 중 어느 것인가?**

① 환기횟수란 한 시간 동안의 환기량을 실의 용적으로 나눈 것이다.
② 실내공기의 탄산가스 농도를 일정수준 이하로 유지하도록 환기를 시킨다.
③ 급기구와 배기구의 크기와 위치에 따라 환기의 효과가 달라진다.
④ 실내·외 온도차가 크면 환기량이 줄어든다.

자연환기량은 실내의 온도차의 제곱근에 비례한다. 따라서 온도차가 클수록 환기량도 많아진다.

7 **환기기준(ventilation standards)을 설정하기 위한 평가의 척도로서 가장 부적당한 것은?**

① 실내외 압력차 ② 외기도입율
③ 1인당 외기도입량 ④ 단위면적당 외기도입량

환기기준에는 공기질을 규정하는 성능기준과 환기량을 규정하는 지시기준이 있으며, 지시기준 척도로 시간당 외기 도입량(m^3/h), 1인당 외기도입량(m^3/인), 단위면적당 외기도입량(m^3/m^2), 환기회수(회/h) 등이 쓰인다.

8 **체적이 $100m^3$인 실(室)에서 시간당 $200m^3$의 환기가 필요한 것으로 파악되었다. 이 실의 최소 환기회수로 가장 적당한 것은?**

① 0.5ACH ② 1.0ACH
③ 1.5ACH ④ 2.0ACH

실의 환기회수란 1시간 동안 그 실의 체적만큼의 공기가 몇 번 교체되는가를 뜻한다. 흔히 시간당 환기량(m^3/h)을 실의 체적(m^3/회)으로 나누어 계산한다.

따라서, $\frac{200m^3/h}{100m^3/회} = 2회/h$

ACH란 Air Changes per Hour(시간당 환기회수)

9 **지상 40층, 지하 3층의 고층건물이 있다. 연돌효과(stack effect)에 의한 극간풍량(air leakage due to infiltration)이 가장 많이 유입되는 곳은?**

① 지하 3층 ② 지상 1층
③ 지상 2층 ④ 지상 40층

고층건물의 경우 계단실, 엘리베이터실, 아트리움 등 수직높이차가 큰 공간에서는 굴뚝(연돌)효과에 의해 저층부는 공기가 외부에서 유입되고 상층부는 외부로 빠져나가는데, 그 정도로 중성대에서 부터의 거리에 비례한다. 즉 공기유출입이 가능한 최하층과 최상층의 공기 유입과 유출이 가장 많다.

10 **건축물의 자연 환기 및 통풍계획에 대한 설명 중 가장 적합하지 않은 것은?**

① 바람이 부딪히는 건물 주변은 정압(+)이 생긴다.
② 굴뚝효과를 높이기 위해서는 개구부를 줄이고 층고를 낮추어야 한다.
③ 바람에 의한 환기는 압력차에 따른 공기의 흐름을 이용하는 것이다.
④ 베르누이 효과는 외부 바람의 세기에 영향을 받는다.

굴뚝효과를 높이기 위해서는 개구부를 늘리고 층고를 높여야 한다.

해설 6. ④ 7. ① 8. ④ 9. ② 10. ②

11 **건축물의 실내공기 오염에 관한 다음의 기술 중 가장 부적합한 것은 무엇인가?**

① 흡연에 의해 생기는 공기오염에 대한 필요 공기량은 부유분진의 발생량에 따라 결정된다.
② 개방형 연소기구를 사용할 경우 실내의 산소농도가 18~19%로 불완전 연소에 따른 일산화탄소의 발생량이 급증한다.
③ 건축물 기밀화에 따른 내장재나 단열재에 포함된 포름알데히드 및 부엌·거실에서의 이산화질소의 발생이 문제시 되고 있다.
④ 벽면 등 오염물질의 부착이 없고 오염물질의 발생량과 실내환기량이 각각 일정한 경우 정상상태의 실내오염물의 농도는 용적이 큰 방에 비해 작은 방이 크다.

④ 실내오염물질의 농도(P)는 외부 공기 중의 오염물질 농도를 q, 실내의 오염물질 발생량 K, 실내 환기량을 Q라 하면 다음 식으로 표현할 수 있다.

$$P = q + \frac{K}{Q}$$

따라서 발생량과 환기량이 일정하면 용적의 대소에 관계없이 K/Q는 같기 때문에 오염물질의 농도는 일정하다.

12 **350인이 있는 사무실에서 허용 실내 CO_2 농도를 1000[ppm] 신선공기 도입량은? (단, 재실자 1인당의 CO_2 발생량을 0.02[m³/h], 외기중의 CO_2 농도를 0.03[%]로 한다.**

① 5,000 m³/h　② 7,500 m³/h
③ 10,000 m³/h　④ 15,000 m³/h

$$Q = \frac{0.02\text{m}^3/\text{h}\cdot\text{人} \times 350\text{人}}{(1{,}000 - 300) \times 10^{-6}}$$

$$= \frac{0.02 \times 350 \times 10^6}{700}(\text{m}^3/\text{h})$$

$$= 10{,}000(\text{m}^3/\text{h})$$

13 **실내 CO_2 발생량이 17[L/H], 실내 CO_2 허용농도가 0.1[%], 외기의 CO_2 농도가 0.04[%]일 경우 필요 환기량은?**

① 42.5m³/h
② 40.3m³/h
③ 35.0m³/h
④ 28.3m³/h

$$Q = \frac{CO_2\text{발생량}(\text{m}^3/\text{h})}{\text{허용농도} - \text{외기농도}}$$

$$= \frac{0.017\text{m}^3/\text{h}}{0.001 - 0.0004}$$

$$= 28.3\text{m}^3\ /\text{h}$$

14 **2,000명을 수용하는 극장에서 실온을 20℃로 유지하고자 할 때 환기량(m³/h)으로 적당한 것은?(단, 외기온도 10℃, 1인당 발열량 100W)**

① 22,000　② 32,000
③ 42,000　④ 59,000

환기에 의한 손실열량

$H_i = 0.34 \cdot Q \cdot \triangle T$ 에서

$$Q = \frac{2{,}000 \times 100}{0.34 \times 10} = 58{,}823\text{m}^3/\text{h}$$

15 **실내발생열량이 600W이고 실내허용온도가 20℃, 외기온도가 10℃일 때 필요환기량으로 적당한 것은? (단, 공기비중량 1.2kg/m³, 공기비열 1.01kJ /kg·K임)**

① 150m³/h　② 180m³/h
③ 230m³/h　④ 330m³/h

$$Q = \frac{H}{0.34 \cdot \triangle T}(\text{m}^3/\text{h})$$

$$= \frac{600\,W}{0.34\,Wh/\text{m}^3\cdot\text{K} \times (20-10)\text{K}}$$

$$= 176.5(\text{m}^3/\text{h})$$

해설 11. ④ 12. ③ 13. ④ 14. ④ 15. ②

16 어느 실의 용적이 200m³라 한다. 그 실의 수증기 발생량이 1.8kg/h일 때, 실내의 절대습도를 0.01 kg/kg'로 유지하기 위한 환기횟수를 고르시오.(이때, 외기의 절대습도는 0.005kg/kg'라 한다.)

① 1.0회/h ② 1.2회/h
③ 1.5회/h ④ 1.8회/h

환기량 $Q = \frac{W}{1.2(G_i - Go)} = \frac{1.8}{1.2(0.01 - 0.005)}$
$= 300\text{m}^3/\text{h}$
환기횟수 $N = \frac{Q}{V} = \frac{300}{200} = 1.5$회/h

17 지하역사의 경우 미세먼지(PM10)의 실내 공기질 유지 기준은?

① $100[\mu g/m^3]$ 이하 ② $150[\mu g/m^3]$ 이하
③ $200[\mu g/m^3]$ 이하 ④ $250[\mu g/m^3]$ 이하

다중이용시설 등의 실내공기질(IAQ)관리법 기준에 의하면 지하역사인 경우
미세먼지(PM10)는 $150\mu g/m^3$ 이하, CO_2는 1000ppm 이하, HCHO는 $100\mu g/m^3$ 이하, CO는 10ppm 이하로 규정하고 있다.

18 다음은 지하역사, 지하도상가, 여객자동차터미널의 대합실 등의 다중이용시설의 실내공기질 관리법 상의 실내 공기질 유지기준이다. 잘못된 것은?

① PM10 : $100\mu g/m^3$ 이하
② CO_2 : 1000ppm 이하
③ HCHO : $100\mu g/m^3$ 이하
④ CO : 10ppm 이하

① 의료기관, 국공립보육시설, 국공립 노인전문요양시설, 산후조리원 등의 다중이용시설기준임. 지하역사, 지하도상가 등의 PM10유지기준은 $150\mu g/m^3$ 이하이다.

19 신축 공동주택의 실내공기질 측정항목 및 권고기준이 맞는 것은?

① 에틸벤젠 $210[\mu g/m^3]$ 이하
② 벤젠 $50[\mu g/m^3]$ 이하
③ 톨루엔 $1000[\mu g/m^3]$ 이하
④ 포름알데히드 $360[\mu g/m^3]$ 이하

공동주택의 실내공기질 권고기준(30분 이상 환기, 5시간 밀폐 후 측정)
- 포름알데히드 $210[\mu g/m^3]$ 이하
- 벤젠 $30[\mu g/m^3]$ 이하
- 톨루엔 $1000[\mu g/m^3]$ 이하
- 에틸벤젠 $360[\mu g/m^3]$ 이하
- 자일렌 $700[\mu g/m^3]$ 이하
- 스틸렌 $300[\mu g/m^3]$ 이하

20 기계환기설비를 갖추어야 하는 다중이용시설 중에 필요환기량이 가장 많은 곳은?

① 지하역사 ② 지하도상가
③ 문화 및 집회시설 ④ 찜질방

기계환기설비를 설치하여야 하는 다중이용시설 및 필요환기량(별표1의6)

다중이용시설 구분		필요환기량(m^3/인·h)	비 고
지하시설	지하역사	25 이상	
	지하도상가	36 이상	매장(상점) 기준
문화 및 집회시설		29 이상	
판매 및 영업시설		29 이상	
의료시설		36 이상	
교육연구 및 복지시설		36 이상	
자동차 관련시설		27 이상	
그 밖의 시설(찜질방·산후조리원)		25 이상	

해설 16. ③ 17. ② 18. ① 19. ③ 20. ②

21 300인이 있는 사무실에서 허용 실내 CO_2 농도를 1000[ppm]으로 유지하기 위한 신선공기 도입량은?(단, 재실자 1인당의 CO_2 발생량을 0.02[m^3/h], 외기중의 CO_2 농도를 0.04[%]로 한다.

① 5,000 m^3/h ② 7,500 m^3/h
③ 10,000 m^3/h ④ 15,000 m^3/h

$$Q = \frac{0.02\text{m}^3/\text{h}\cdot 人 \times 300人}{(1{,}000-400)\times 10^{-6}} = \frac{0.02\times 300\times 10^6}{600}(\text{m}^3/\text{h}) = 10{,}000(\text{m}^3/\text{h})$$

22 100세대 이상인 신축 공동주택 단위세대의 실용적이 300m^3이라 한다. 이 공동주택의 법규에 의한 최소 필요환기량은 얼마인가?

① 100m^3/h ② 150m^3/h
③ 210m^3/h ④ 300m^3/h

2013.9.2일자로 개정된 건축물의 설비기준 등에 관한 규칙에 따르면 신축 공동주택의 환기횟수는 0.5회/h 이상이어야 한다.
이 때 필요환기량은 Q=N×V=0.5회/h×300m^3=150m^3/h

23 다음은 자연통풍량에 영향을 미치는 요소들에 대한 설명이다. 잘못된 것은?

① 바람에 의한 개구부를 통한 자연환기량은 개구부 면적과 풍속에 비례한다.
② 공기온도차에 따른 밀도차에 의한 환기를 중력환기라 하며, 자연환기량은 실내외 공기의 밀도차의 제곱근에 비례한다.
③ 바람에 의한 풍압계수차에 따른 환기를 풍력환기라 하며, 자연환기량은 유입구와 유출구의 풍압계수차에 비례한다.
④ 맞통풍 효과를 극대화하기 위해서는 유입구와 유출구를 풍압계수차가 크게 나는 부위에 두고, 반드시 바람길이 형성될 수 있도록 계획한다.

③ 개구부를 통한 자연환기량은 개구부 면적과 풍속에 비례하고, 실내외 공기온도차, 밀도차, 개구부 높이차, 풍압계수차의 제곱근에 비례한다.

24 자연환기에 관한 다음의 기술 중 틀리는 것은 어느 것인가?

① 개구부의 환기유량은 개구부 단면적에 비례한다.
② 개구부의 환기유량은 개구부 전후의 압력차의 제곱근에 비례한다.
③ 동일 풍향인 경우 풍력에 의한 환기 유량은 풍속의 제곱에 비례한다.
④ 실내외의 온도차에 의한 환기량은 내외 공기의 밀도차의 제곱근에 비례한다.

③ 풍속에 비례
※ 자연환기량은 압력차, 풍압계수차, 온도차, 밀도차, 개구부 높이차의 제곱근에 비례한다.
또한 개구부면적과 풍속에 비례한다.

25 실내기온과 실외기온의 차에 의한 온도차 환기(중력환기)에 관한 기술 중 틀린 것은?

① 실의 상하에 개구부를 설치한 경우, 실온이 외기온도보다 높을 때는 아래쪽 개구부로 외기가 유입되고 위쪽 개구부로 유출된다.
② 실내에 유입된 공기의 중량과 유출한 공기의 중량은 같아진다.
③ 환기량은 실내외 공기온도차의 2제곱에 비례한다.
④ 실내의 공기압이 실외의 대기압과 동일한 위치를 중성대라 한다.

③ 개구부를 통한 자연환기량은 개구부 면적과 풍속에 비례하고, 실내외 공기온도차, 밀도차, 개구부 높이차, 풍압계수차의 제곱근에 비례한다.

해설 21. ③ 22. ② 23. ③ 24. ③ 25. ③

26 자연환기에 관한 설명 중 틀린 것은?

① 개구부의 환기유량은 유효 개구부 면적과 풍속에 비례한다.
② 개구부의 환기유량은 개구부 전후의 압력차, 유출구와 유입구의 풍압계수차의 제곱근의 비례한다.
③ 굴뚝효과에 의한 자연환기는 높이가 다른 개구부에서, 동일 높이의 두 지점간의 외부공기 온도차가 실내공기 온도차 보다 클 때 발생된다.
④ 개구부 사이의 거리가 멀수록, 개구부 크기가 클수록, 그리고 개구부 사이에 장애물이 없어야 굴뚝 효과에 의한 자연환기가 잘 이루어진다.

> ③ 굴뚝효과에 의한 자연환기는 높이가 다른 개구부에서, 동일 높이의 두 지점간의 실내공기 온도차가 외부공기 온도차보다 클 때에만 발생된다.

27 다음은 자연환기를 극대화하기 위한 개구부 계획이다. 잘못된 것은?

① 계절별 주풍향 및 풍속, 주변의 인공환경 및 자연환경 등을 고려하여 개구부를 계획한다.
② 풍압계수차가 가장 크게 되도록 유입구와 유출구를 배치한다.
③ 벤츄리 효과에 의한 실내기류속도 증가를 위해 유입구의 크기를 유출부보다 크게 한다.
④ comfort ventilation을 위해서는 개구부 수직위치를 낮게 하여 재실자에게 직접 바람이 불어가도록 한다.

> ③ 벤츄리 효과에 의한 실내기류속도 증가를 위해 유입구의 크기를 유출부보다 작게 한다.

28 다음 중 자연환기를 이용한 건물의 냉방부하 저감기술이 아닌 것은?

① 연돌효과　　② 맞통풍
③ 쿨튜브　　④ 나이트 퍼지

> ③ 쿨튜브는 유입공기를 일정깊이의 지하를 통과시킴으로써 지중열을 이용하는 기술로 환기팬을 이용하여 공기를 유입한다. 따라서 자연환기를 이용한다고 보기 어렵다.

해설　26. ③　27. ③　28. ③

memo

building energy valuator

제4편
빛환경계획

제 1 장

빛환경개념

빛환경개념

1 빛의 정의

빛은 전자파 에너지 방사 중에서 자외선과 적외선 사이에 있는 약 380~760nm (1 nanometer=10^{-9}m) 파장범위의 가시광선을 말한다. 인간의 눈은 가시광선의 파장에 따라 각기 다른 색을 지각하게 된다.

2 빛의 성질

■ 가시광선의 파장영역

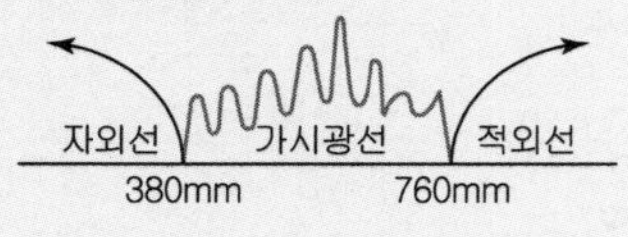

■ 자외선은 파장이 짧은 강한 에너지를 가진 전자기파(Electro magnetic wave)

■ 가시광선 : 380~760nm 영역의 전자기파

■ 적외선은 760nm 이상의 긴 파장을 가진 전자기파

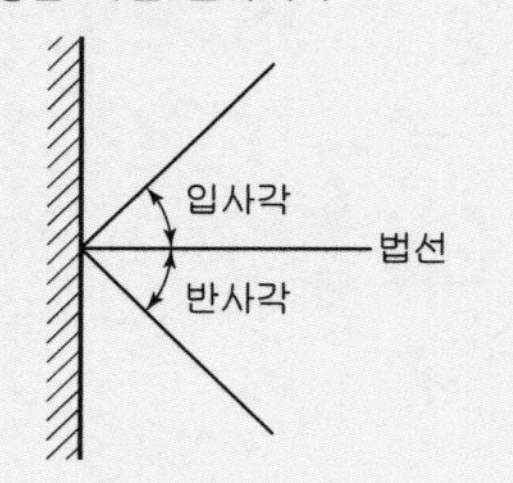

■ 경면반사에서 입사각과 반사각은 항상 같다.

(1) 투과(Transmission)

① 투명체(transparence) : 어느 정도 빛을 투과하는 물질

② 불투명체(opaque) : 빛을 투과하지 못하는 물질

③ 반투명체(translucence) : 빛을 통과시키기는 하나 빛의 직진을 교란시켜 확산광을 형성하는 물질

(2) 반사(Reflection)

① 경면반사 : 빛의 방향을 한 방향으로만 변화시키는 것. 입사각 = 반사각

② 확산반사 : 빛의 반사광선이 여러 방향으로 확산되는 것. 무광택면으로부터의 반사

(3) 굴절(Refraction)

빛이 하나의 투명매체에서 다른 매체로 들어갈 때 빛의 방향이 변하는 것

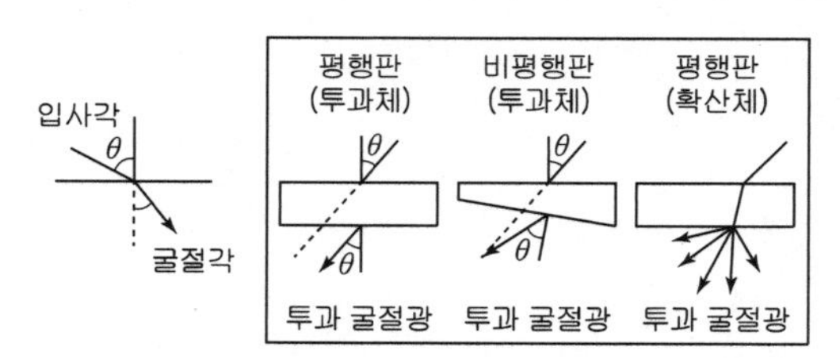

빛의 굴절

■ 굴절의 법칙

① 입사광선, 법선, 굴절광선은 같은 평면상에 있다.

② 평행한 한 쌍의 투과매체에 대해 그 굴절률은 일정하다.

3 빛의 단위

빛의 단위에는 광속, 조도, 광속 발산도, 광도, 휘도 등이 있다.

기본적인 빛의 단위표

측광량		정 의	기호	단위	단위약호	차원	비 고
광속		$F = km \int \phi(\lambda) V(\lambda) d(\lambda)$ 단위시간당 흐르는 광의 에너지량 1cd의 광원에 의해 방사되는 전광속은 4π 루멘이다.	F	lumen	lm	lm	$\phi(\lambda)$: 방사속 $V(\lambda)$: 표준비시감도 km : 최대시감도 (680 lm/W)
광속의 면적 밀도	조도	$E = \frac{dF}{dS}$ 단위 면적당의 입사광속	E	lux	lx	$\frac{lm}{m^2}$	S : 수조면의 면적 영미에서는 조도의 단위로 foot-candle(lm/ft^2)을 사용한다. 1fc=10.76 lx
	광속 발산도	$E = \frac{dF}{dS}$ 단위 면적당의 발산광속	R	radlux	rlx	$\frac{lm}{m^2}$	S : 발산면의 면적
발산 광속의 입체각 밀도	광도	$I = \frac{dF}{dW}$ 점광원으로부터의 단위입체각당의 발산 광속	I	candela (candle power	측광 cd	$\frac{lm}{sr}$	w : 입체각 sr : 입체각이 단위 (steradian)
광도의 면적 밀도 투영	휘도	$B = \frac{dI_0}{dS \cdot \cos\theta} = \frac{d^2 F}{(dS \cdot \cos\theta) \cdot dw}$ 발산면의 단위투영면적당 단위입체각당의 발산광속	B	$\frac{candela}{m^2}$ (nit)	$\frac{cd}{m^2}$ (nt)	$\frac{lm}{m^2 \cdot sr}$	apostilb(asb)라는 단위도 사용된다. 영미에서는 foot-lambert(fL)를 사용한다. $1fL = \frac{1}{\pi cd/ft^2}$ $1cd/m^2 = \pi asb = 0.2919fL$

■ 측광량을 나타내는 용어들의 정의 및 단위

1. 광속 : 단위시간당 흐르는 광에너지량으로 1cd의 광도를 가진 광원에서 방사되는 전광속은 4π 루멘이며, 단위입체각 1sr을 통해 방사되는 광속을 1lm이라 한다. 단위는 1lumen(lm)을 쓴다.
2. 조도 : 단위 면적당의 입사광속($1m/m^2$)로 lux(lx)라는 단위를 쓴다.
3. 광속발산도 : 단위면적당의 발산광속($1m/m^2$)로 radlux(rlx)를 쓴다.
4. 광도 : 빛의 세기를 나타내는 말이며, 점광원으로부터의 단위입체각상의 발산광속(1m/sr)을 말하는 것으로 candela(cd)를 쓴다.
5. 휘도 : 발산면(광원)의 단위투영 면적당 단위입체각당의 발산광속($1m/m^2 \cdot sr$)으로 nit(nt)를 쓴다.

■ 빛 관련 용어의 설명

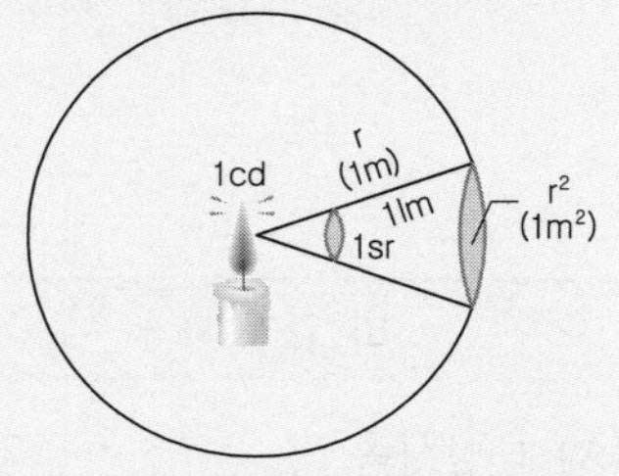

- 1cd의 점광원으로부터 반지름이 r인 가상의 구면 중 r^2을 비추는 입체각을 단위 입체각(1sr)이라 한다.
- 1cd의 점광원에서 1sr을 통해 방사되는 빛의 양은 1lm이다.
- 반지름이 r인 구의 표면적은 $4\pi r^2$이므로 구전체는 4π sr으로 되어있고, 1sr을 통해 1lm의 빛이 방사되므로 1cd의 점광원으로부터 구면 전체로 방사되는 빛의 양은 4π lm이다.
- 1sr을 통해 1lm의 빛이 방사되는 광원의 광도는 1cd이다. 만일 1sr을 통해 1000lm의 빛이 방사된다면 그 광원의 광도는 1000cd이다.
- 반지름이 1m인 구의 경우 1sr이 비추는 면은 $1m^2$가 되며, 1cd의 광원에서는 1sr을 통해 1lm의 빛이 방사되므로 $1m^2$ 면 위에 1lm의 빛이 비치는 것과 마찬가지인데, 이러한 조건을 1lx라 한다.
- $1m^2$의 면에 떨어지는 빛의 양을 조도라 하며 lx라는 단위를 쓴다.
- $1m^2$의 면으로부터 반사되어 나가는 빛의 양을 광속발산도라 하며 rlx를 쓴다.
- 빛을 내는 부분의 단위면적($1m^2$)당 단위입체각(1sr)당의 발산광속을 휘도라하며 nt를 쓴다.

예제문제 01

다음 빛에 관한 기술 중 잘못된 것은?

① 1cd의 점광원으로부터 사방으로 방사되는 총광속은 4π lm이다.
② 어떤 면이 받는 광속밀도를 조도라 하며 lx라는 단위를 쓴다.
③ 1lm이란 1cd의 점광원으로부터 방사되는 광속중 1sr속을 흐르는 빛의 양을 말한다.
④ 외부전천공조도에 대한 실내조도의 백분율을 주광률이라 하는데, 그 값은 외부조도에 비례한다.

답 : ④

예제문제 02

측광량의 용어와 단위를 알맞게 짝지은 것은? 【15년 출제유형】

용 어	단 위
㉠ 광속	ⓐ lm/sr
㉡ 광도	ⓑ lm/m^2
㉢ 조도	ⓒ lm
㉣ 휘도	ⓓ cd/m^2

① ㉠-ⓑ, ㉡-ⓐ, ㉢-ⓒ, ㉣-ⓓ
② ㉠-ⓒ, ㉡-ⓑ, ㉢-ⓐ, ㉣-ⓓ
③ ㉠-ⓑ, ㉡-ⓒ, ㉢-ⓓ, ㉣-ⓐ
④ ㉠-ⓒ, ㉡-ⓐ, ㉢-ⓑ, ㉣-ⓓ

답 : ④

예제문제 03

빛환경 용어와 단위의 연결이 가장 적절하지 않은 것은? 【19년 출제유형】

① 조도 - lm/m^2
② 휘도 - cd/m^2
③ 광도 - lux/m^2
④ 광속발산도 - lm/m^2

해설
③ 광도 - 1m/sr

답 : ③

예제문제 04

빛의 단위에 대한 설명으로 가장 적절한 것은? 【21년 출제유형】

① 광도는 점광원으로부터의 단위입체각당 발산 광속을 의미한다.
② 광속은 단위면적당 흐르는 광의 에너지량을 의미한다.
③ 조도는 단위면적당 광속밀도로써 광원의 밝기를 의미한다.
④ 휘도는 단위면적당의 입사광속을 의미한다.

해설
② 광속은 단위 시간당 흐르는 광에너지량
③ 조도는 단위 면적당 입사 광속
④ 휘도는 발산면의 단위투영면적당 단위입체각당 발산광속

답 : ①

4 시각

(1) 순응(順應)

① 동공의 면적 변화는 1:8 정도이나 망막의 감도변화의 폭은 수만 배에 달하기도 하므로 시각을 일으키게 하는 빛의 밝기의 범위는 $1:10^6$ 이상에까지 달한다.
② 안구의 내부에 입사하는 빛의 양에 따라 망막의 감도가 변화하는 현상과 변화하는 상태를 순응(順應 : adaptation)이라고 한다.
③ 어두워질 때, 즉 입사하는 빛의 양이 감소할 때에는 망막의 감도가 높아진다. 이것을 암순응(暗順應 : dark adaptation)이라고 하며 소요시간 약 30분이다.
④ 밝아질 때, 입사하는 빛의 양이 증대할 때에는 망막의 감도가 낮아진다. 이것을 명순응(明順應 : light adaptation)이라고 하며 소요시간은 약 5분이다.

(2) 물리량과 주관량

① 휘도나 조도 등의 측광량은 물리량(物理量)으로서 다룰 수 있으나, 이 물리량을 자극하여 생기는 밝기의 감각은 주관량(主觀量)이며, 물리량으로서 다룰 수는 없다.

② 인간의 감각이 크게 관여하는 건축환경공학에서는 물리량으로서 표시되는 자극과 주관량인 감각의 관계를 아는 것이 필요하다.

③ 웨버(Weber)는 자극과 감각의 일반적인 관계로서 자극량이 ΔL만큼 증가했을 때 감각량 S의 증분 ΔS는 $\Delta L/L$에 비례한다고 보았다. 즉 k를 비례 정수로 $\Delta S = k \cdot \frac{\Delta L}{L}$로 나타내어 이것을 웨버의 법칙(Weber's law)이라 한다.

④ 페히너(Fechner)는 이 식을 적분 가능한 것으로 가정하고 초기치로서 감각이 생기는 최소의 자극량 L_o에 대한 감각량을 0이라고 하고 $S = k \cdot \log\left(\frac{L}{L_o}\right)$로 나타내어 이것을 페히너의 법칙(Fechnet's law)이라 한다.

(3) 시감도(視感度)와 비시감도(比視感度)

1) 시감도

사람이 빛을 느끼는 전자파의 파장은 약 380nm에서 약 760nm의 범위이며, 사람이 느끼는 밝기의 정도는 이 파장에 따라 다르다. 이를테면, 주간의 밝은 장소의시작업에서는 같은 에너지양의 빛이라도 510nm나 610nm의 빛은 555nm의 빛의 약 절반 정도의 밝기로 밖에 느껴지지 않는다. 파장마다 느끼는 빛의 밝기의 정도를 에너지량 1W당의 광속으로 나타내고 이것을 시감도(視感度)라고 한다.

2) 명소시와 암소시

눈은 밝은 곳에서 시작업을 할 때 색을 느끼거나 사물의 모양을 뚜렷이 분별할 수 있다. 이것은 안구속의 망막위에 있는 시세포 중에서 추상체(錐狀體 : cone vision)라는 것이 작용하기 때문인 것으로 설명되고 있다. 한편 어두운 곳에서는 간상체(杆狀體 : rod vision)라고 하는 시세포만이 작용한다. 이와 같이 밝은 곳에서 추상체가 작용하고 있는 상태를 명소시(明所視)라고 하고, 어두운 곳에서 간상체만이 작용하고 있는 상태를 암소시(暗所視)라고 한다.

■ **명순응, 암순응, 명소시, 암소시, 추상체, 간상체**
시각은 어두운 곳에서 밝은 곳으로 밝은 곳에서 어두운 곳으로 가게 되면 주위 밝기에 맞게 감도변화를 일으켜 순응하게 되는데, 전자를 명순응, 후자를 암순응이라 하며, 이 때 소요시간은 각각 5분, 30분이다.
밝은 곳에서는 추상체라는 시세포만 작용하게 되는데 이를 명소시, 어두운 곳에서는 간상체라는 시세포만 작용하게 되는데 이를 암소시라 한다.

3) 최대시감도 및 비시감도

명소시에서는 555nm파장의 빛이, 암소시에서는 507nm파장의 빛이 시감도(eye sensitivity)가 가장 높은데 이것을 최대 시감도라고 한다. CIE(국제조명위원회)에서는 최대시감도를 680lm/W로 정하고 있다. 최대 시감도를 단위로 하여 각각의 파장의 빛의 시감도를 비(比)로 나타났을 때, 이것을 비시감도(relative sensitibity)라고 한다. CIE에서는 비시감도의 표준을 정하고 있으며 이것을 표준비시감도라고 한다.

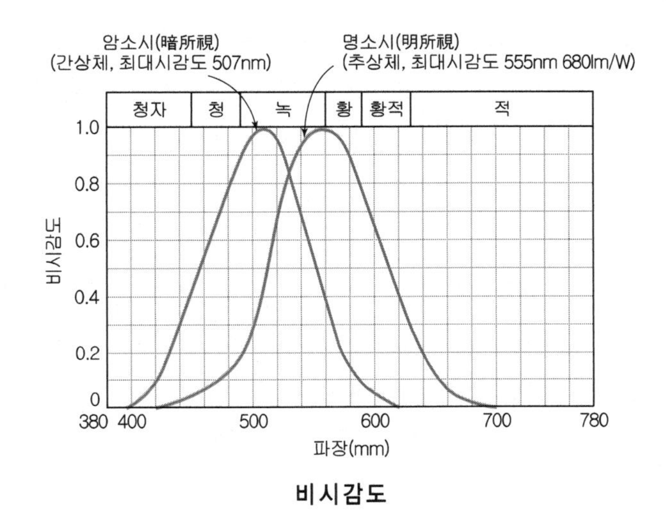

비시감도

4) 퍼킨제(purkinje)효과

저녁때 등 주위가 차츰 어두워지고 있을 때 선명하게 보이던 붉은색이 어둡게 가라앉은 색깔로 보이게 되고, 반대로 푸른색이 선명하게 보이게 되는 경우가 있다. 이것은 명소시에서 암소시로 이동함과 동시에 시감이 빨강에 가까운 쪽에서 파랑에 가까운 쪽으로 이동하기 때문이다. 이것을 퍼킨제효과라 한다.

(4) 명시(明視)의 조건

① 시대상이 보기 쉽고 잘 보이는 것을 명시(明視)라고 한다.

② 명시를 위한 기본적인 조건은 「크기」, 「밝기」, 「대비(對比)」, 「시간」이라고 하며 이것을 보임의 조건이라 한다.

③ 크기란 시대상의 크기를 말하며, 시각(視角)으로 나타낼 수 있다. 일반적으로 시각이 큰 시대상일수록 보기 쉽다고 생각하면 된다.

④ 밝기란 시대상의 휘도를 말한다.

⑤ 대비(對比)란 주로 휘도대비를 말하며, 시대상과 그 배경의 휘도의 차로 표시된다.

(5) 휘도와 조도의 분포

> 사무실에서의 쾌적한 밸런스의 휘도비는, 통상의 시점에서 보이는 범위에서 다음과 같은 값 이하로 하는 것이 바람직하며 또 실제적이다.
>
> | | |
> |---|---|
> | 1:1/3 | 작업면과 작업면이 주변 |
> | 1:1/5 | 작업면과 작업면에서부터 다소 떨어진 어두운 마감면 |
> | 1:5 | 작업면과 작업면에서부터 다소 떨어진 밝은 마감면 |

1) 휘도분포

① 시각 환경의 밝기의 분포, 즉 휘도의 분포는 시대상의 잘 보임이나 시작업성에 큰 영향을 준다. 이를 테면 실내의 인공 광원이나 창문의 휘도가 너무 크면 눈부심을 느낄 때가 있다. 또 눈부시지는 않더라도 시대상이 보기 힘들게 되거나 휘도가 높은 부분에 신경이 쓰여 시작업성이 저하하거나 피로의 원인이 되거나 한다.

② 특히 주광 조명일 때는 창면(窓面)의 휘도가 다른 부분의 휘도에 비해 현저하게 높아지는 경우가 많으므로 블라인드나 루버, 커튼, 투과율이 낮은 유리 사용 등에 의해 창면의 휘도를 낮게 할 필요가 있다.

> ■ **조도, 휘도분포, 균제도**
> ① 실내최대 조도와 최저 조도비는 10 : 1 이하
> ② 작업면과 작업면 주변의 추천 조도비는 3 : 1
> ③ 휘도, 조도, 주광률 등의 분포를 나타내는 지표로 균제도가 사용되는데, 평균치에 대한 최소치의 비로 1보다 클 수는 없다.

2) 조도분포

① 조도의 분포에는 실내의 마감면의 반사율 등 반사 특성이 관계가 있다.

② 일반적으로 실내의 최대 조도와 최저 조도의 비가 주광조명의 경우 10 : 1 이하, 인공Z조명의 경우 3 : 1 이하로 하는 것이 바람직한 것으로 되어 있다. 병용조명의 경우에는 주광조명의 경우와 인공조명의 경우의 중간, 즉 6 : 1 정도라고 생각하면 된다.

3) 균제도

휘도나 조도, 주광률 등의 분포를 나타내는 지표로서 균제도(均制度:uniformity factor)가 사용되고 있다. 균제도 U는 휘도나 조도, 주광률 등의 평균치에 대한 최소치의 비로서

$$U = \frac{(\text{휘도}\cdot\text{조도}\cdot\text{주광률의})\ \text{최소치}}{(\text{휘도}\cdot\text{조도}\cdot\text{주광률의})\ \text{평균치}}$$

이다. 인공조명의 광원으로서의 조명기구의 휘도나 주광조명의 광원으로서의 창면의 휘도는 불쾌글레어와 현저하게 관계가 있다. 실내의 휘도분포와 함께 불쾌글레어에 대해서도 충분한 배려가 필요하다.

(6) 글레어(현휘)

시야내에 눈이 순응하고 있는 휘도보다도 현저하게 휘도가 높은 부분이 있거나 휘도대비가 현저하게 큰 부분이 있으면 잘 보이지 않게 되거나 불쾌감을 느끼게 된다. 이것을 글레어(glare)라고 한다.
현휘의 원인이 되는 높은 휘도의 광원이 시야나 시선 가까이 있는 경우를 직접글레어, 시선에서 떨어져 있는 경우를 간접글레어라 한다.

1) 불능글레어

잘 보이지 않게 되는 글레어를 불능글레어(disability glare)라고 한다. 불능글레어는 안구 내부에 입사하는 강한 빛이 그 곳에서 산란하여 시각을 방해하거나 눈의 순응휘도를 높여 시대상을 잘 볼 수 없게 함으로써 생긴다.

2) 불쾌글레어

잘 보이지 않을 정도는 아니나, 신경이 쓰이거나 불쾌감을 느끼게 하거나 하는 글레어를 불쾌글레어(discomfort glare)라고 한다. 조명계획에서는 인공조명인 경우의 조명기구에 의한 불쾌글레어나 주광조명인 경우의 창문에 의한 불쾌글레어에 대해 특히 주의를 하지 않으면 안된다.

3) 광막반사

휘도가 높지 않은 경우에도 시대상의 표면 등에서 반사가 되어 잘 보이지 않는 경우가 있다. 이런 현상은 반사영상에 의해 시대상의 휘도대비가 저하되기 때문이며 이것을 광막반사라 한다. 광막반사를 감소시키기 위해서는 조명기구나 밝은 창 등을 반사시야범위 외부에 배치한다.

■ 광막반사(Veiling Reflection)는 엄격히 분류하면 글레어와는 다른 것이다.

(7) 실루엣 현상 및 창가 모델링

1) 실루엣 현상

■ 실루엣현상과 창가모델링현상은 실내상시보조 인공조명(PSALI)을 함으로써 해소할 수 있다.

밝은 창문을 배경으로 한 사람의 얼굴은 잘 보이지 않는다. 이것을 실루엣(silhouette) 현상이라고 한다. 실루엣 현상은 창가에서 뿐만 아니라 창가에서 떨어진 실내 안쪽에서도 나타난다. 실루엣 현상은 실내에서 창문 쪽으로 흐르는 빛의 양을 증대하면 해소된다. 얼굴면의 휘도와 창면휘도의 비가 0.007을 초과하면 실루엣 현상은 생기지 않는다. 즉,

$$\frac{\text{얼굴면의 휘도}}{\text{창면의 휘도}} > 0.007$$

2) 창가 모델링

창가에서 실외로부터 들어오는 빛이 너무 강하면 얼굴의 모델링이 나빠진다. 이것을 특히 창가 모델링이라고 한다. 창가 모델링도 실내에서 실외로 흐르는 빛을 조절하여 그 양을 늘려 밝은 부분인 창 쪽의 연직면 조도와 어두운 부분인 실 안쪽의 연직면 조도의 비가 10보다 작으면 해소된다. 즉,

$$\frac{\text{창 쪽 연직면조도}}{\text{실 안쪽 연직면조도}} < 10$$

(8) 눈의 피로

작업환경 내에서 시작업이 피로를 야기시킬 수 있는 환경요인은 다음과 같다.

① 부적합한 조도

② 작업과 배경사이의 휘도대비가 너무 클 때

③ 불쾌감을 주는 현휘 발생 때

④ 작업시 머리 위에 잘못 설치된 광원으로 인한 광막반사

⑤ 연색성 : 빛의 분광특성이 색의 보임에 미치는 효과

⑥ 형광등의 플리커(flicker : 깜박거림) 현상

⑦ 전반적인 환경에서 개인의 만족과 관련이 있는 심리적 인자 : 이것은 환경의 특징, 창의 유무, 색채의 특징, 램프의 색치, 모델링(modeling)의 정도 등에 의해 영향을 받는다.

(9) 시력과 시야

1) 시력

사물의 형태를 자세히 식별하거나, 접근한 2개의 점이나 선 등을 구별하여 판별하는 능력을 시력이라고 한다. 시력의 측정 방법에는 여러 가지가 있으나 일반적으로 널리 사용되고 있는 것은 국제안과 학회에서 정해진 란돌트(Landolt) 환(環)을 사용하는 방법이다.

2) 시야

안구를 움직이지 않고 사물을 볼 수 있는 범위를 시야라고 한다. 안구만의 시야는 약 104° 이나 얼굴의 다른 부분에 가려지기 때문에 상하 좌우가 균등하지 않다. 또 빛의 색에 따라서도 다르다.

시야의 중심에 있어서의 시력을 중심시력이라고 한다. 시야의 주변에 있어서의 시력을 주변시력이라고 한다. 명순응에서의 주변시력은 중심시력에 비해 현저하게 작고, 시야 중에서 시대상을 선명하게 보고 있는 것처럼 느끼는 것은 안구나 두부를 무의식중에 움직이고 있기 때문이다.

예제문제 05

다음의 시각 현상 중 가급적 피해야 하는 현상이라 보기 어려운 것은?

① 암순응　② 글레어
③ 실루엣 현상　④ 창가 모델링

해설
암순응, 명순응 등은 시각작용으로 피해야 하는 현상이 아니다.

답 : ①

예제문제 06

다음 중 건강한 시각환경을 조성하기 위한 방법으로 가장 적절하지 않은 것은?

【22년 출제유형】

① 공간의 특정에 맞는 적절한 작업조도로 설계하고 주광률(DF)은 대략 2∼5%로 한다.
② 눈부심을 방지하기 위해 광원이 시야에 보이지 않도록 설계한다.
③ 주변환경 대비 작업면 휘도를 최대한 높여 큰 휘도대비효과를 유지할 수 있도록 계획한다.
④ 자연채광을 최대한 도입하고 밝기가 부족한 공간에 상시보조 인공조명(PSALI)을 도입해 균제도를 향상시킨다.

해설
③ 주변환경 대비 작업면 휘도는 1 : 3 이내가 좋다.

답 : ③

제 2 장

자연채광

1. 자연 광원
2. 채광 주간
3. 주광률
4. 기준 주광률
5. 자연채광 방식의 분류 및 각 방식의 채광특성
6. 주광설계 지침
7. 아트리움(Atrium)
8. 설비형 자연채광방식
9. 실내상시보조 인공조명(PSALI)
10. 조도의 법칙
11. 조명설계

- 종합예제문제

자연채광

1 자연 광원

■ 주광 ┌ 직사일광
└ 천공광 ┌ 청공광
└ 담천광

① 태양으로부터 방사되어 지구에 도달하는 빛 중, 대기층을 투과하여 지표면에 직접 도달하는 빛을 직사일광(Direct Sunlight)이라 한다.

② 대기층과 구름에서 확산, 투과, 반사되어 지표면에 도달하는 빛을 천공광(Sky Light)이라 한다.

③ 직사일광과 천공광을 합하여 주광(Daylight)이라 한다. 천공광은 하늘이 맑을 때의 청공광(Clear Sky Light)과 흐릴 때의 담천광(Overcast Sky Light)으로 구분된다. 자연채광설계에서는 현휘의 문제가 되는 직사일광이 없고 시간에 따른 조도의 변화도 적은 담천공을 기준으로 하며, 담천공의 모델로는 천공 모든 부분의 밝기가 일정하다고 가정하는 균일담천공과 천정에서의 휘도가 수평에서의 휘도보다 3배가 된다는 CIE 표준담천공이 있다.

2 채광 주간

■ 채광주간이란 태양고도 10° 이상인 시간대를 말한다.

일출이나 일몰 전후의 태양고도가 낮을 때는 천공 휘도가 작게 되어 채광의 광원으로서 적당하지 않다. 따라서 자연 채광 설계에 있어서 인공광의 보조없이 주광만으로 조명의 기능을 다할 수 있는 시간의 범위를 미리 파악할 필요가 있다. 일반적으로 태양의 고도가 10° 이상인 천공을 채광에 유효하다고 보고, 그 시간대를 채광주간이라 한다. 다음 그림은 북위 35° 의 채광 주간이다.

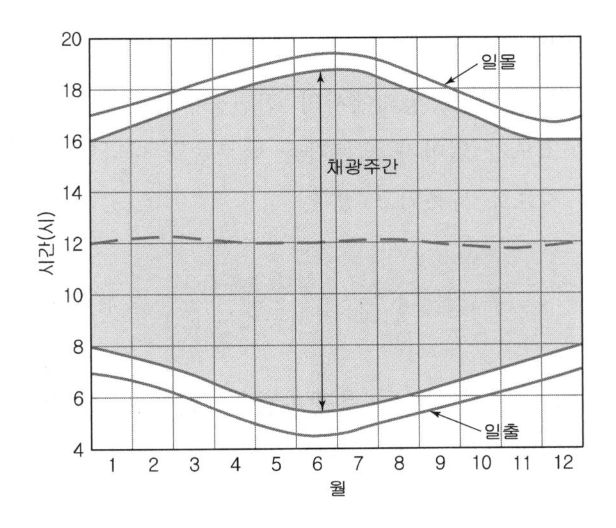

자연 채광 설계시 건물의 용도나 사용 시간대, 사용빈도 등도 합하여 채광을 필요로 하는 시간대를 결정해야 한다.

3 주광률

천공의 밝기는 계절이나 시각, 날씨에 따라 달라지므로 이와 함께 실내의 밝기도 변화한다. 이렇게 변화하는 주광의 양을 설계의 지표로 삼기가 곤란하므로 주광률(晝光率 : Daylight Factor)을 이용하여 채광 계획의 지표로 한다.

주광률 DF는 담천공으로부터의 전천공조도 E_s에 대한 실내 한 지점의 작업면 조도 E의 백분율(%)로 정의한다.

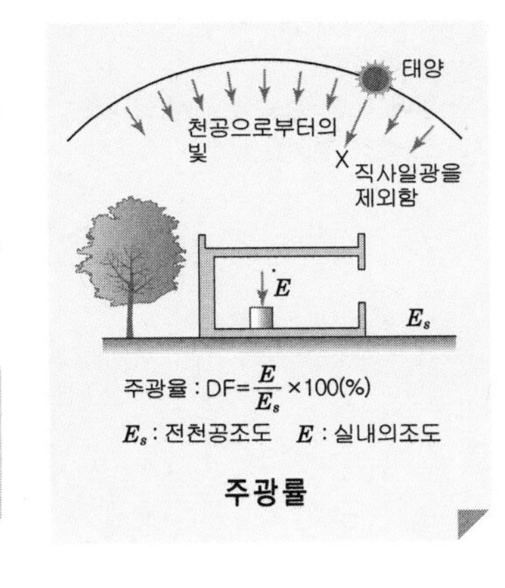

주광률

$$DF = \frac{E}{E_s} \times 100(\%)$$

예제문제 01

어떤 실의 주광에 의한 실내조도가 200 lx일 경우, 전천공조도가 10,000 lx라면 이 실의 주광률은?

① 10% ② 5%

③ 2% ④ 1%

해설

$$DF = \frac{200}{10,000} \times 100 = 2\%$$

답 : ③

■ 주광률(daylight factor)의 정의, 계산방법

주광률이란 구름낀 담천공상태에서의 전천공수평면 조도에 비해 주광에 의한 실내 작업면의 조도가 얼마가 되는가를 백분율로 나타낸 것으로 주광의 유입정도를 나타내는 지표로 사용되고 있다.

> ■ 주광률은 외부조도에 대한 실내조도의 비라 할 수 있으며, 외부조도에 따라 주광률이 변하지는 않는다. 다만, 어떤 실의 주광률이 일정하므로 외부조도가 높아지면 실내조도도 높아진다.

$$\text{주광률(DF)} = \frac{\text{실내조도(E)}}{\text{전천공조도(Es)}} \times 100(\%)$$

주광률을 계산하는 방법에는 ① 총광속법 ② 간이주광률 계산법 ③ 분할광속법 ④ CIE 방법 ⑤ IES 방법 등이 있다.

총광속법에 의한 주광률 계산방법을 설명하면 다음과 같다.

> ■ 주광률 영향요소
> - 창면적
> - 창의 유지율
> - 글래스율
> - 유효창 면적률
> - 실지수
> - 천장, 벽면 반사율
> - 창의 위치
> - 창에 대한 검토점 위치(실내조도 측정 위치)

① 창면적(Aw)×창면조도(Ew)를 이용하여 창에 도달하는 총광속량을 산정한다.

② 창의 입사유효광속을 구하기 위해 창의 유지율(MF), 글래스율(GF), 유효창 면적률(B)을 정한다.

③ 실지수, 천장, 벽 마감재의 반사율, 창의 위치(천창인지 측창인지), 창에 대한 검토점 위치 등을 고려하여 조명률(UF)을 산정한다.

④ 이상에서 구해진 여러 변수들을 종합하여 실내 조도를 다음과 같이 계산해 낼 수 있다.

$$E = \frac{E_w \times A_w \times MF \times GF \times B \times UF}{\text{Af(바닥면적)}}$$

⑤ 위 식에서 창면조도(E_w)를 제외한 부분인 $\frac{A_w \times MF \times GF \times B \times UF}{\text{Af(바닥면적)}}$가 주광률이 된다.

한편, 간이주광률 계산법이란 간이주광률표, 주광그래프 등을 이용하여, 간단히 주광률을 구해내는 방법이며, 분할광속법이란 주광성분을 천공성분(SC), 외부반사 성분(ERC), 내부반사 성분(IRC)으로 나누어 따로 계산한 결과를 합산하여 실내조도를 산정하여 주광률을 구하는 방식이며, CIE방법이란 측창채광을 이용하는 실에서 표준창의 반사율을 규정하고, 최저주광률을 유지하는데 필요한 실의 최대 깊이를 창의 크기에 따라 정한 것이며, IES법이란 창측(max), 중앙부(mid), 내측(min)의 주광을 검토하고 블라인드, 스크린, 지면 등의 반사율을 고려해서 주광률을 산정하는 방법이다.

| 참고 | 주광률

구름낀 담천공상태에서의 외부 전천공조도에 대한 실내조도 백분율이 주광률이다.

주광률이란 창을 통해 태양광이 얼마나 유입되는지에 대한 비율로 주광률에 영향을 미치는 요소는 창의 면적, 창의 투과율, 순수창면적비, 창의 위치, 실의형상(실지수), 실내면 반사율, 검토점의 위치, 외부 건물 및 수목의 유무 등이다.

따라서 위의 영향요소에 변화가 없다면 주광률은 외부 전천공조도에 관계없이 일정한 값을 갖게 된다.

검토점의 위치가 달라지면 즉, 창으로부터의 거리가 달라지면 주광의 유입량이 달라져 주광률은 변하게 된다.

주광률은 주광의 유입비율로 외부조도와 관계없이 일정한 값을 갖는다.
주광률이 일정하므로 외부조도가 높아지면 실내조도도 같은 비율로 높아질 뿐이다.

예제문제 02

자연채광계획에서 주광률에 대한 설명 중 틀린 것은? 【13년 1급 출제유형】

① 주광률이 높을수록 인공조명 에너지 절약에 유리하다.
② 실내 동일 지점에서 외부 조도가 변하면 주광률도 변한다.
③ 주광률은 실의 형태, 개구부의 형태 및 위치 등에 따라 달라진다.
④ 동일한 실이라도 실내부의 위치에 따라 주광률값이 다르게 나타난다.

해설
② 외부 조도가 변하더라도 주광률은 변하지 않는다.

답 : ②

예제문제 03

자연채광 관련 설명으로 가장 부적합한 것은? 【15년 출제유형】

① 주광률은 실외의 청천공 조도에 대한 실내 작업면조도의 백분율로 정의된다.
② 주광률 계산에 사용되는 작업면조도의 영향 인자로는 천공성분, 실외 반사성분, 실내 반사성분이 있다.
③ 천창채광방식은 채광량 확보에 유리하나 누수문제가 발생할 수 있다.
④ 균제도는 조도 또는 주광률 분포의 균일 정도를 나타내며, 1에 가까울수록 균일함을 의미한다.

해설
① 담천공 조도에 대한 실내작업면 조도 백분율

답 : ①

예제문제 04

주광률에 대한 설명으로 가장 적절하지 않은 것은? 【19년 출제유형】

① 실내 마감재의 반사율이 높을수록 간접 주광률은 낮아진다.
② 실외 전천공 수평면 조도에 대한 실내 작업면 조도의 비를 나타낸다.
③ 창호의 가시광선 투과율은 직접 주광률에 영향을 미친다.
④ 직사일광을 고려하지 않는다.

해설
① 실내 반사율이 높을수록 간접주광률은 높아진다.

답 : ①

예제문제 05

자연채광 설계에서 쓰이는 주광률에 대한 설명으로 가장 적절하지 않은 것은? 【21년 출제유형】

① 실의 어느 지점에서 주광에 의한 실내조도가 200lx이고, 전천공조도가 5,000lx일 때 이 지점의 주광률은 4%이다.
② 주광률 계산 시 전천공조도는 청천공상태를 기준으로 한다.
③ 주광률을 계산하는 방법은 총광속법, 간이주광률계산법, 분할광속법 등이 있다.
④ 개구부 및 실의 형태, 측정 지점 등에 따라 주광률은 달라진다.

해설
② 천청공상태 → 담천공상태

답 : ②

4 기준 주광률

채광설계에 사용하는 전천공조도를 설계용 전천공조도라 하고, 채광설계의 기준이 되는 주광률을 기준주광률이라 한다. 다음 표는 일본 건축학회가 추천하고 있는 설계용 전천공조도와 기준 주광률 작업별로 표시한 것이다.

■ 설계용 전천공조도

특히 밝은 날	50,000 lx
밝은 날	30,000 lx
보통의 날	15,000 lx
어두운 날	5,000 lx
매우 어두운 날	2,000 lx
쾌청한 날	10,000 lx

기준주광률 주광조도(일본건축학회)

단계	작업 또는 방의 종별 예	기준 주광률 (%)	주광 조도(lx)			
			밝은 날	보통	어두운 날	매우 어두운 날
A	시계 수리, 주광만의 수술실	10	3,000	1,500	500	200
B	장시간의 재봉, 정밀제도, 정밀공작	5	1,500	750	250	100
B	단시간의 재봉, 장시간의 독서, 일반제도, 타자, 전화교환, 치과진찰	3	900	450	150	60
C	독서·사무·일반진찰, 보통교실	2	600	300	100	40
C	회의, 용접, 강당, 평균, 체육관 최저, 일반병실	1.5	450	225	75	30
D	단시간의 독서(주간), 미술전시, 도서관, 서고, 차고	1	300	150	50	20
D	호텔로비, 주택식당, 일반거실, 영화관 휴게실, 교회객석	0.7	210	105	35	14
E	복도·일반계단, 소형화물 창고	0.5	150	75	25	10
E	대형화물창고, 주택창고	0.2	60	30	10	4

예제문제 06

자연채광설계의 기준이 되는 기준주광률이 독서, 사무, 일반진찰, 보통교실의 경우 얼마가 추천되고 있나?

① 10%　　② 5%

③ 2%　　④ 1%

해설

일반거실의 기준주광률은 2%이다.

답 : ③

5 자연채광 방식의 분류 및 각 방식의 채광특성

주광 ┌ 직사일광
　　 └ 천공광 ┌ 청공광
　　　　　　 └ 담천광

채광창 ┌ 측창 - 편측창, 양측창, 고측창
　　　 └ 정광창 ┌ 정측창 - 모니터창, 톱니창
　　　　　　　　 └ 천창

자연채광이란 태양광(주광)을 이용하여 시작업에 필요한 밝기를 제공하자는 개념이며, 이 때 사용되는 빛은 직사일광이 아닌 반사광인 천공광이라 할 수 있다.
주광은 유입되는 빛의 방향에 따라 정광(top light), 측광(side light), 정측광(top side light), 배광(rear light), 각광(foot light)등으로 나눌 수 있으며 각각 독특한 광특성과 분위기를 갖고 있다. 창은 그 설치위치에 따라 저창, 고창, 중창 등으로 나눌 수 있다.
이상과 같은 빛의 방향과 창의 위치에 따라 채광창은 크게 측창과 정광창으로 나눌 수 있으며, 측창은 다시 편측창, 양측장, 고측장으로 정광창은 빛이 수직면을 통해 유입되느냐 아니면 수평면을 통해 유입되느냐에 따라 정측창과 천창으로 구분될 수 있으며, 정측창은 다시 일방향 모니터창, 양방향 모니터창, 톱니창으로 구분된다.

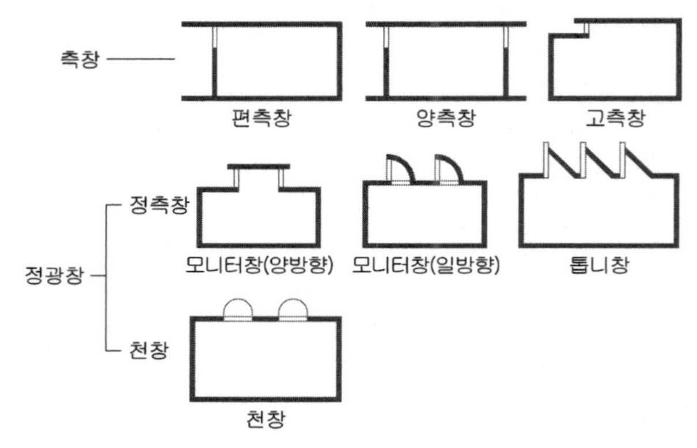

이상과 같은 다양한 채광창을 이용한 채광방식별 채광특성은 다음과 같다.

(1) 측창채광(side lighting)

① 벽면에 설치된 연직인 창에 의한 채광
② 측창채광 중 벽의 1면만 채광하는 것을 편측채광이라 함.
③ 측창채광 중 벽의 2면을 채광하는 것을 양측채광이라 함.
④ 측창채광 중 창의 높이가 보통 2.1m 이상에 위치한 창에 의한 채광을 고창채광이라 함
⑤ 편측채광
- 방구석의 조도가 부족
- 조도분포가 불균형
- 방구석의 주광선 방향이 저각도인 문제점

- 이상의 문제점은 실내상시보조 인공조명(PSALI)으로 해결 가능
- 외부조망, 통풍 등이 가능

⑥ 양측채광
- 채광량면에서 유리
- 주광선이 두 개로 나누어져 있어 그림자가 나누어짐과 동시에 분위기도 둘로 나누어지는 단점
- 모서리를 낀 2면 채광으로 다소 향상 가능

⑦ 고창채광
- 방구석에 빛을 공급하는데 유리
- 천장이 높은 건축물에만 가능
- 고미술관이나 공장 등에서 이용

(2) 천창채광(top lighting)

① 지붕면에 있는 수평 또는 수평에 가까운 창에 의한 채광
② 균일한 조도분포
③ 작은 창 면적으로도 채광 가능(측창의 3배 효과)
④ 일사유입우려, 비아무림이 어려움
⑤ 조망이 어려워 폐쇄된 느낌

(3) 정측창채광(top side lighting)

① 지붕면에 있는 수직 또는 수직에 가까운 창에 의한 채광
② 전시에 가장 효과적인 채광방식
③ 모니터 창
- 눈부심을 최소화하면서 일정 조도유지
- 실제적인 일사취득 없음
- 주광조절용 차폐장치 필요 없음
- 유입되는 주광은 확산천공광
- 박물관, 전시실과 같이 높은 조도가 필요없는 곳에 사용가능

④ 톱니창
- 지붕이 낮고 넓은 공장에 주로 이용
- 균일한 조도분포
- 실내에서 지붕이 경사지게 나타나므로 불안감을 줄 수 있음

예제문제 07

지붕면에 있는 수직 또는 수직에 가까운 창에 의한 채광으로 전시에 가장 효과적인 채광방식은?

① 측창채광
② 고창채광
③ 천창채광
④ 정측창채광

해설

정측창 채광에 대한 설명이다.

답 : ④

예제문제 08

자연채광 계획기법에 대한 설명 중 틀린 것은? 【13년 2급 출제유형】

① 빛환경의 질적 측면에서 천공광보다는 직사일광을 적극적으로 활용하는 것이 바람직하다.
② 주광률이 높을수록 인공조명 에너지 절약에 유리하다.
③ 천장이나 벽 내부 표면은 밝은 색으로 마감하여 반사율을 높이는 것이 좋다.
④ 주광률은 실의 형태, 개구부의 크기 및 위치 등에 따라 달라진다.

해설

① 자연채광의 광원으로는 천공광을 활용한다.

답 : ①

예제문제 09

측창에 비하여 수평형 천창의 채광 특성을 설명한 것으로 가장 적합하지 않은 것은? (단, 창 위치 이외의 창면적과 주변환경은 동일한 것으로 가정한다.) 【17년 출제유형】

① 주변건물의 영향을 덜 받는다.
② 더 많은 양의 주광을 받을 수 있다.
③ 직사광에 의한 글레어 발생 주의가 필요하다.
④ 실내위치에 따른 주광분포 불균일 위험성이 크다.

해설

④ 천창은 균일한 조도분포, 측창은 조도분포가 불균일한 특성을 지니고 있다.

답 : ④

예제문제 10

자연채광계획에 대한 설명으로 가장 적절하지 않은 것은? 【22년 출제유형】

① 전체 창의 면적과 설치높이가 같다면 여러면에 분할된 창보다 1개의 창으로 채광을 집중시키는 것이 효과적이다.
② 주광률은 실의 형태, 개구부의 형상 및 위치 등에 따라 달라진다.
③ 일반적으로 천창채광방식은 측창채광방식 보다 균제도 향상에 유리하다.
④ 실내 자연채광 유입 경로는 직사광, 지형지물 반사광, 천공확산광으로 구분된다.

해설
① 여러 개의 분할창이 단일창보다 채광량 면에서 유리

답 : ①

6 주광설계 지침

(1) 주광이용계획의 기본사항

① 건축물 내부로 가능한 한 많은 양의 주광을 사입시킨다.
② 건축물 내·외부에서 시야내(視野內)의 휘도를 조절하고, 시력을 감소시키는 광대한 휘도차가 생기지 않도록 한다.
③ 주요한 작업면에 감능광막반사 현상(減能光幕反射 現象)이 생기지 않도록 해야 한다.

(2) 주광설계 지침

① 주요한 작업면에서는 직사광을 피하도록 한다. 직사광이 사입되면 과도한 현휘차가 생겨 시각(視覺)에 불쾌감을 느끼게 하기 때문에 주광은 반사의 과정을 거쳐 실내에 사입시킨다.

■ 자연채광 이용시 직사광을 피하고 주로 천공광을 도입할 수 있도록 계획하는 것이 바람직하다.

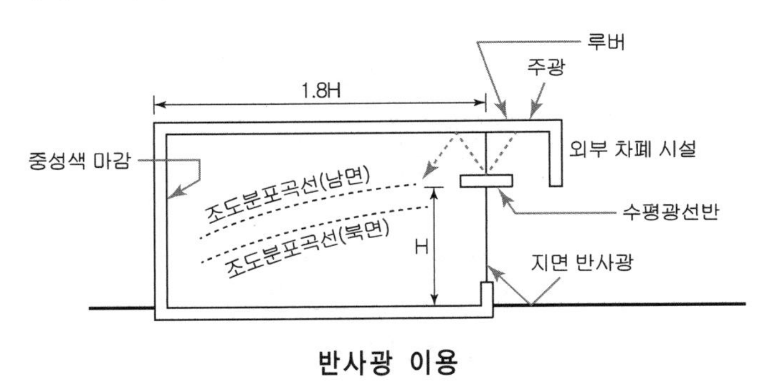

반사광 이용

② 높은 곳에서 사입(射入)시킨다. 창문의 높이는 최소한 실깊이의 1/2 이상에 오도록 설치한다.

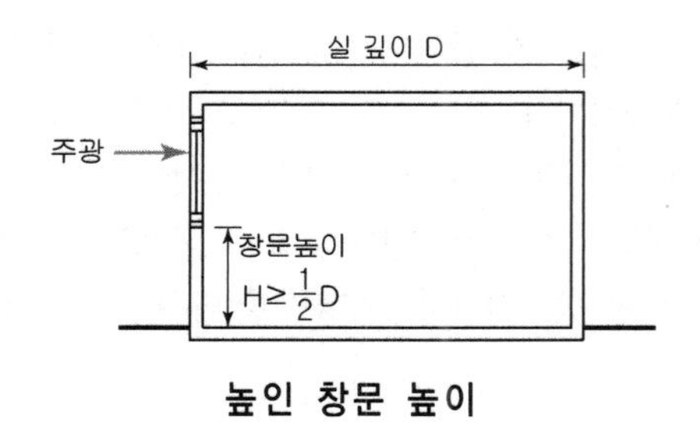

높인 창문 높이

③ 주광을 확산 분산시킨다. 주광은 광질 그 자체가 거칠기 때문에, 부드럽고 균일한 확산을 위해 여과시키거나 빛의 강도를 낮추고 확산시키는 장치를 한다. 지면의 반사광을 실내로 사입시키기 위해서는 수평차양 장치가 유용하다.

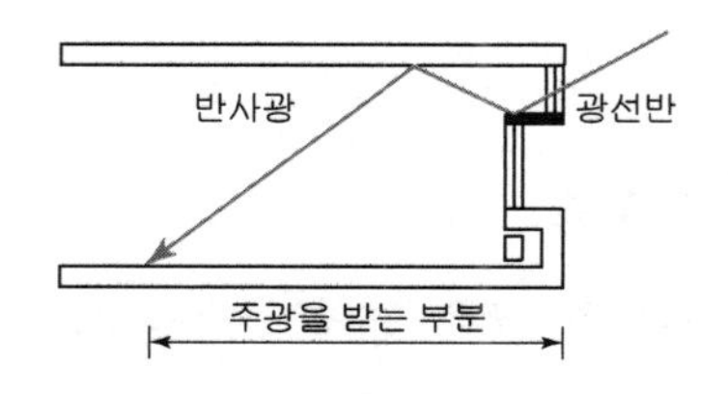

광선반에 의한 주광사입

④ 양측채광을 한다. 주광과 부근 벽면간의 심한 대비 현상을 막기 위해 2면 이상의 창으로 주광을 사입시킨다.

⑤ 천창, 고측창을 사용한다. 외부 조망과 깊은 관계가 없는 실에서는 천창을 이용하여 실내조도 레벨을 증가시킨다.

⑥ 천장은 현휘를 감소하기 위해 밝은색이나 흰색으로 마감하고, 천창 밑에는 빛을 확산시키는 장치를 한다. 천창의 배치는 최대 간격이 2X를 초과하지 않도록 한다.

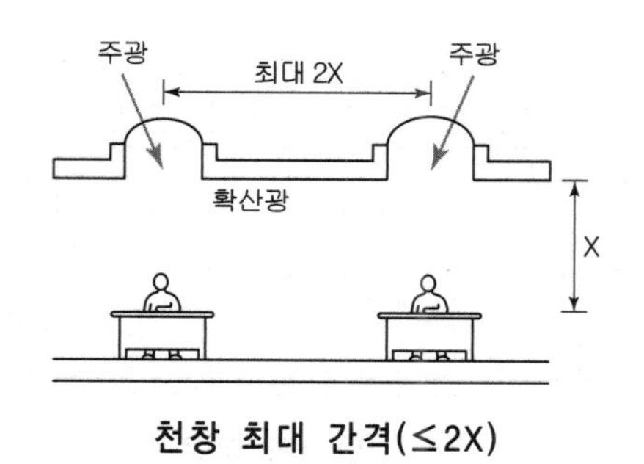

천창 최대 간격(≤2X)

⑦ 현휘를 방지하기 위하여 예각 모서리의 개구부는 피하고, 개구부 부근의 벽면을 경사지게 한다.

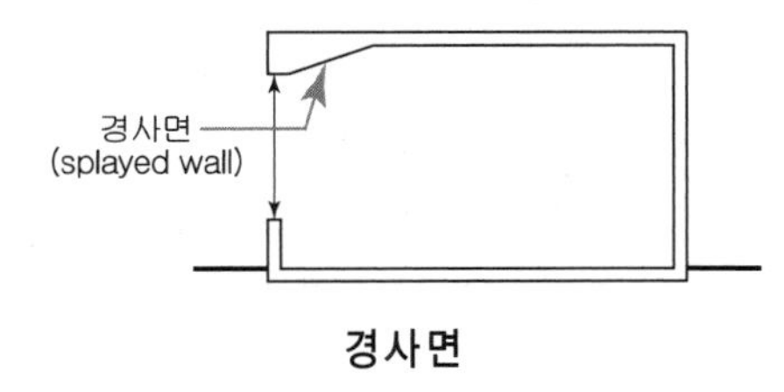

경사면

⑧ 주광을 실내 깊숙이 사입시키기 위하여 곡면경이나 평면경을 사용한다.

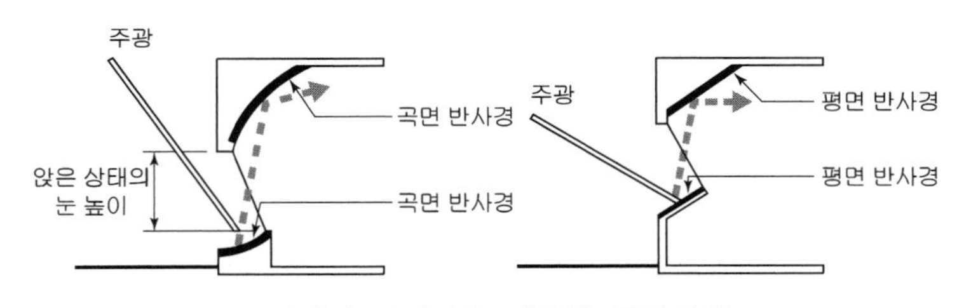

곡면경과 평면경을 이용한 주광사입

⑨ 주광과 다른 요소들을 종합시켜 계획한다. 채광창 계획에서는 다른 환경 요소, 즉 조망, 자연환기, 음향, 바람의 영향 등을 종합하여 계획해야 한다.

⑩ 작업위치는 창과 평행하게 하고 가능한 한 창에 근접시킨다. 또 현휘를 줄이기 위해 작업시선과 주광의 방향이 수직으로 교차하도록 한다.

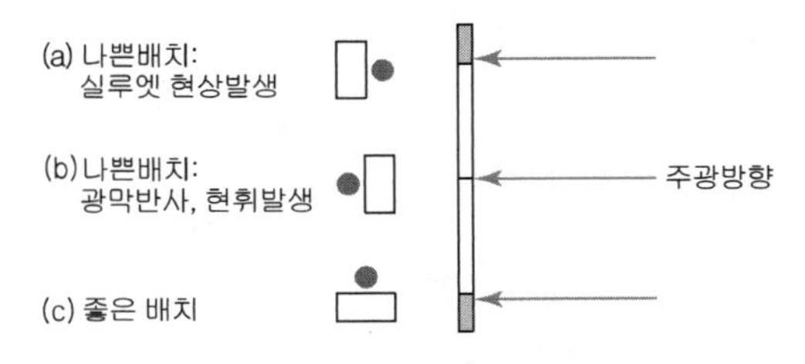

작업위치와 주광방향

예제문제 11

다음의 주광이용계획 중 잘못된 것은?

① 주요작업면에는 가급적 직사광을 많이 받아들인다.
② 가능한 높은 곳에서 주광이 유입되도록 한다.
③ 광선반이나 거울을 이용하여 실내 깊숙이 빛을 사입시킨다.
④ 현휘를 줄이기 위해 작업시선과 주광이 수직으로 교차하도록 한다.

해설
자연채광 계획시 주요작업면에는 직사광이 유입되지 않도록 한다. 주로 천공확산광이 유입되도록 한다.

답 : ①

7 아트리움(Atrium)

(1) 개념

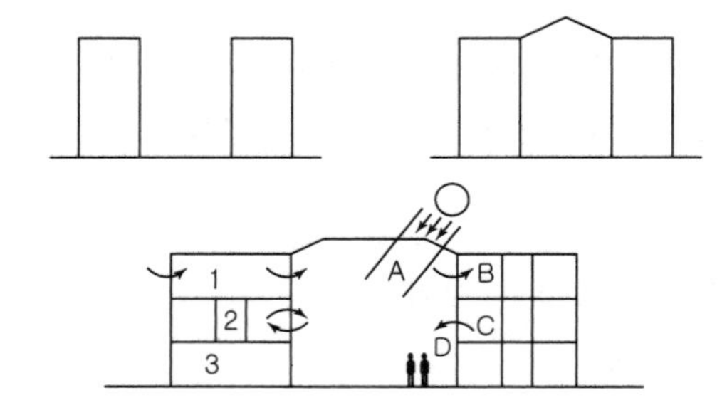

본래의 기능
1. 맞통풍
2. 자연환기
3. 자연채광

추가된 기능
A. 태양열의 적극적 이용
B. 예열환기 효과
C. 열손실의 감소
D. 유효공간의 증대

아트리움은 그림에서와 같이 Open Space의 개념에서 발전한 것으로 이 Open Space의 지붕부분을 유리로 덮어씌운다면 새로운 환경 기능이 추가된다. 이와 같은 환경조절 기능은 모든 경우에서 당연하게 얻어지는 것이 아니라 개념에 대한 이해와 함께 적절한 건축계획적 고려가 뒤따라야 가능하게 된다.

(2) 아트리움 설계시 고려 사항

① Atrium을 통한 자연채광효율을 높이기 위하여 투과율이 높은 투명유리를 사용하고 주변벽체를 반사율이 높게 마감한다.
② 겨울철 Atrium 공간의 온도상승은 Atrium 주변의 벽면적에 대한 Atrium의 Glazing 면적비, Atrium에 면한 벽체의 열관류율 및 Atrium glazing의 향과 경사각 등에 좌우되며 외기온에 비해 연평균 5~8℃ 정도가 된다.

③ Atrium의 공기를 모건물의 환기용 공기로 사용하는 예열효과의 이용 등은 건물의 난방부하를 크게 감소시킨다.

④ 여름철 과열현상을 방지하기 위해서는 가동식차양장치의 설치와 굴뚝효과에 의한 유도환기의 이용이 필요하다.

⑤ Atrium 공간의 잔향시간을 줄이기 위해서는 내부표면을 흡음율이 높은 재료를 마감하고 장식 hanging이나 수목의 흡음효과를 이용한다.

⑥ Atium의 난방은 태양열과 모건물로부터의 배기를 적극 이용한다.

⑦ 작동 가능한 차양장치는 동시에 야간단열로 이용하도록 한다.

⑧ Atrium의 난방설비는 공기식이 아닌 복사난방을 이용한다.

⑨ Atrium의 수목은 저온에 잘 견디고 온도변화에 쉽게 적응하는 수종을 택한다.

예제문제 12

Atrium을 이용한 환경 조절기능이 잘못된 것은?

① 투광률이 높은 투명유리를 사용한다.
② 겨울철에 아트리움 내부기온은 외기온보다 높게 유지한다.
③ 아트리움의 과열현상에 대한 대책으로 적절한 차양장치를 설치한다.
④ 가능한 한 공기식 공조시스템을 사용한다.

해설
아트리움 공간은 대체로 크고 높아서 대류식보다는 복사난방을 한다.

답 : ④

8 설비형 자연채광방식

자연광에 의해서 얻을 수 있는 쾌적성이나 정신적 안정감이 중요시됨으로써 자연채광의 중요성은 더욱 크게 인식되고 있다. 도심부에 건설되는 오피스, 호텔 및 고층아파트 때문에 주변 환경은 자연채광이나 통풍면에서 여러 가지 제약을 받고 있다. 이러한 제약을 기존의 자연채광수법으로는 해결하기 어렵기 때문에 설비를 이용한 자연채광 시스템에 대해서 관심이 높아지고 있는데, 이러한 자연채광 방식을 "설비형 자연채광 방식"이라 한다.

설비형 자연채광 방식의 종류

채광장소	채광방식	해 설	그 림
건물의 일영부	태양광 자동추미 방식	· 태양의 위치에 맞추어 반사 거울을 제어하여 태양직사광을 도입하는 방식 · 태양광을 일정한 장소에 조사할 수 있고, 고층건축물에 사용가능	
	태양광 수동추미 방식	· 거울의 각도를 수동으로 제어하여 태양직사광을 도입하는 방식 · 2~3시간 정도의 일조시간을 얻을 수 있는 간이타입으로 코스트적으로 유리	
중정, 아트리움	태양광 자동추미 방식	· 태양의 위치에 맞추어 반사 거울을 제어하여 태양직사광을 도입하는 방식 · 태양광을 일정한 장소에 조사할 수 있고 고층건축물에 사용가능	
	볼록거울 방식	· 건물상부의 정해진 각도에 배치된 거울을 이용하여 태양직사광을 내벽에서 산란시키면서 도입하는 방식 · 건물이 중층인 경우 유리하고 내부 전체가 밝아진다.	
	건축화 덕트방식	· 건물의 내벽에 고반사체를 붙이고, 천공광을 상호반사에 의해 받아들이는 방식 · 건물 내부전체가 밝아지고 익사이팅한 빛을 얻을 수 있다.	

채광장소	채광방식	해 설	그 림
건물의 내부	톱라이트 방식	· 지붕에 설치한 돔으로 천공광을 내장재의 반사에 의해서 실내로 받아들이는 방식 · 코스트가 저렴하여 이용하기 쉽다.	
	광덕트 방식	· 채광구로부터 입사하는 청공광을 고반사 거울로 구성된 도광덕트에 의해 빛을 실내로 도입하는 방식 · 효율이 높고 자연광에 가까운 빛을 얻을 수 있다.	
	광화이버 방식	· 태양위치에 맞추어 최적각도로 제어된 렌즈로 태양직사광을 집광하고 광화이버에 의해 건물 내부로 도입하는 방식 · 도광로를 임의로 굴절시킬 수 있다.	
	광선반	· 광선반은 측창의 외부나 내부에 알루미늄이나 은도금금속과 같은 반사율이 높은 재질을 사용하며 외부의 주광을 측창을 통하여 실내에 유입시킬 수 있다.	

예제문제 13

태양의 위치에 맞추어 반사거울을 제어하여 태양광을 도입할 수 있어 주로 고층건축물에 사용가능한 설비형 채광방식은?

① 태양광 자동추미방식
② 건축화 덕트방식
③ 광덕트방식
④ 광화이버방식

해설

태양의 움직임에 따라 태양을 추적하는 방식이다.

답 : ①

9 실내상시보조 인공조명(PSALI)

실내의 모든 부분을 자연광만을 이용하여 균일한 조도를 유지하기란 매우 어려운 일이다. 그러므로 적절한 조도를 유지하기 위해서는 자연광과 인공광을 혼합한 조명방식의 채택이 요구된다. CIE에서는 이와 같이 자연조명을 보조하기 위한 인공조명을 PSALI(실내상시보조인공조명 : Permanent Supplementary Artificial Ligh ting of Interiors)라고 정의하고 있다.

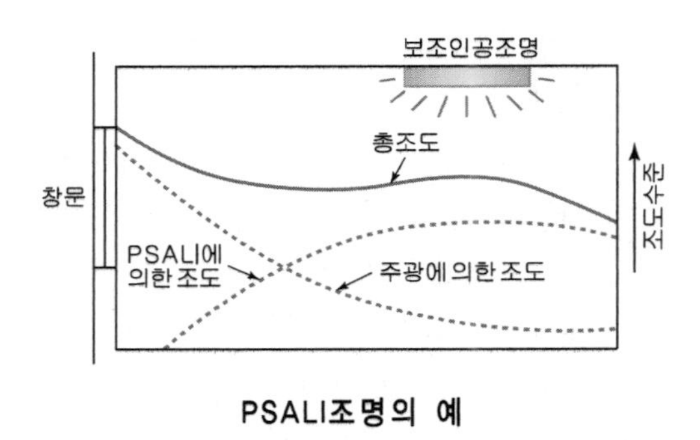

PSALI조명의 예

예제문제 14

다음 중 실내상시보조 인공조명(PSALI)으로 해결이 가능한 현상으로 보기 어려운 것은?

① 창가모델링 ② 실루엣현상
③ 조도균제도 ④ 광막반사

해설

PSALI를 통해 실 안쪽 조도를 높임으로써 조도균제도를 높이고, 창가모델링과 실루엣현상을 완화할 수 있다.

답 : ④

10 조도의 법칙

(1) 거리의 역자승법칙

빛은 직진하므로 점광원에서 d배 떨어진 곳에서는 동일광속이 d^2배의 면적으로 퍼지며 따라서 조도는 $1/d^2$배로 감소한다. 그리고 광도가 m배가 되면 광속도 m배가 된다. 그림에서 광원의 광도를 I(cd)라 하고 광원과 표면간의 거리를 d라 하면 조도(E)는 다음과 같다.

■ 조도법칙을 이용한 작업면의 조도산정 문제는 반드시 숙지해야 한다.

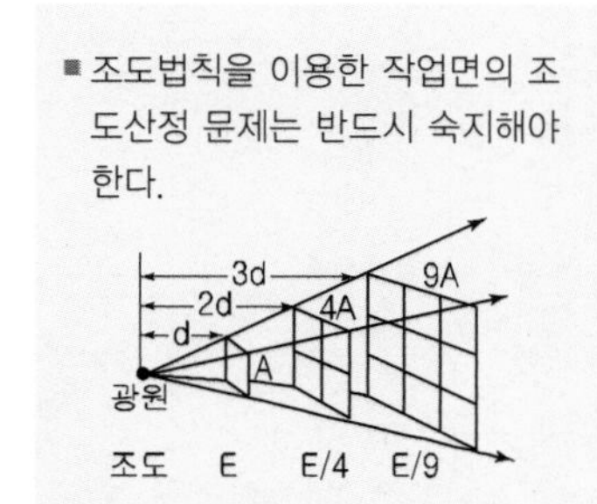

거리의 역자승 법칙

$$E = \frac{I}{d^2}$$

즉, 조도는 광도에 비례하고 거리의 제곱에 반비례한다. 이것을 거리의 역자승 법칙이라 한다.

(2) 코사인 법칙

빛이 경사각을 가진 표면에 입사될 경우 표면의 조도는 직각면의 조도와 다르게 된다. 그림에서 보듯이 만일 광속이 일정하고 수조면이 광원과 이루는 각 θ 가 증가할 때 수조면의 조도는 감소하게 된다. 즉 조도는 기울어진 각의 코사인에 비례한다. 이것을 Lambert의 코사인법칙이라 하며 다음 식과 같이 표시한다.

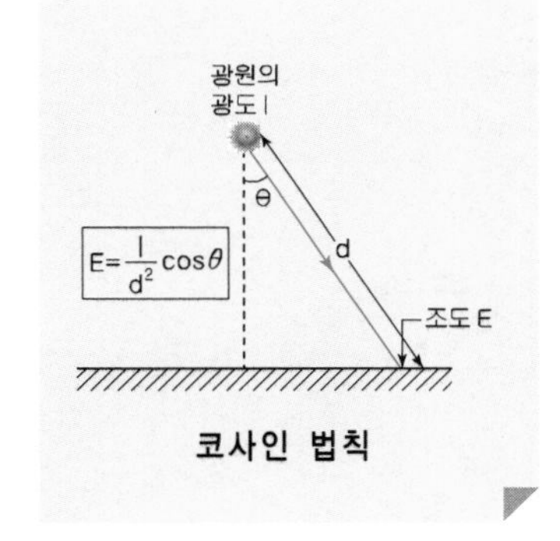

코사인 법칙

$$E = \frac{I}{d^2} \cdot \cos\theta$$

여기서, E : 표면조도(lx)

I : 광도(cd)

d : 광원과 수조면까지의 거리(m)

θ : 법선면과 이루는 광속의 방향각($\theta=0°$ 일 때 $\cos\theta = 1$)

예제문제 15

점광원으로 가정할 수 있는 평균 구면 광도 1,000cd의 램프가 반지름 1.5m인 원형 탁자 중심 바로 위 2m의 위치에 설치되어 있다. 이 탁자의 중심과 모서리 끝부분의 조도는 얼마인가? 단, 반사광은 무시한다.

① 100lx, 80lx
② 200lx, 160lx
③ 250lx, 128lx
④ 500lx, 250lx

해설

① $E = \frac{1000}{2^2} = 250\ lx$

② $E = \frac{I}{d^2} \cdot \cos\theta = \frac{1000}{2.5^2} \times \frac{2}{2.5} = 128\ lx$

답 : ③

예제문제 16

점광원에서 2m 떨어진 지점의 조도를 측정하니 200 lx였다. 이 광원의 광도와 광원에서 1m 떨어진 지점의 조도로 맞는 것은? 【13년 1급 출제유형】

① 200cd, 200 lx
② 300cd, 600 lx
③ 400cd, 200 lx
④ 800cd, 800 lx

해설

1\. $E = \frac{I}{d^2}$

$200 = \frac{x}{2^2}$

$x = 800cd$

2\. $E = \frac{800}{1^2} = 800\ lx$

답 : ④

예제문제 17

실기 출제유형[21년]

반지름이 1.5m인 원탁 중심에서 수직방향으로 2m 높이에 점광원이 설치되어 있고 원탁 중심 A의 조도가 300lx일 때, ㉠점광원의 광도(cd)와 ㉡원탁 끝 부분 B의 조도(lx)를 구하시오.(5점)

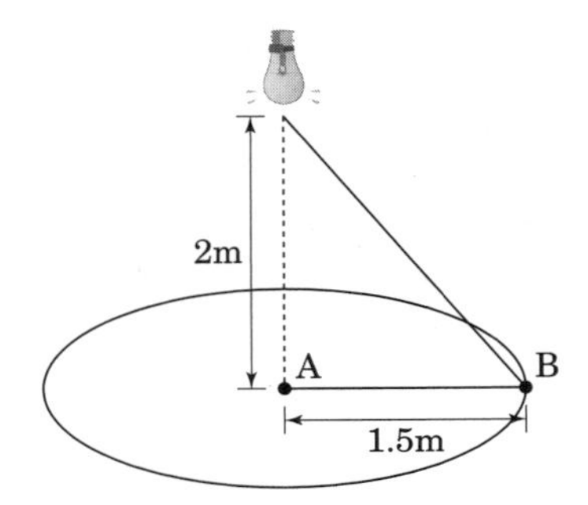

정답

㉠ 점광원의 광도 I [cd]

$$E=\frac{I}{d^2}\Rightarrow I=E\times d^2=300\times 2^2=1200[\text{cd}]$$

㉡ 원탁 끝부분의 조도[lx](수평면 조도)

$$E=\frac{I}{d^2}\times\cos\theta=\frac{1200}{\left(\sqrt{1.5^2+2^2}\right)^2}\times\frac{2}{2.5}=153.6[\text{lx}]$$

예제문제 18

아래 표는 램프의 성능을 정리한 것이다. 램프의 발광효율이 높은 순서대로 나열된 항목은? 【15년 출제유형】

구 분	용량 (W)	광속	연색 지수	색온도 (K)
㉠ 고압나트륨등	400	50,000	29	2,100
㉡ 형광등	40	3,100	63	4,200
㉢ 메탈할라이드등	400	36,000	70	4,000
㉣ LED등	9	747	70	5,700

① ㉠-㉢-㉣-㉡
② ㉡-㉢-㉣-㉠
③ ㉢-㉣-㉡-㉠
④ ㉣-㉢-㉡-㉠

해설

① 효율=lm/W

② 효율 ㉠ : 125lm/W　㉡ : 77.5lm/W
　　　㉢ : 90lm/W　㉣ : 83lm/W

답 : ①

11 조명설계

다음과 같은 순서에 의해 설계한다.

① 소요조도, 광원의 종류, 조명방식, 조명기구를 정한다.

② 실지수의 결정 : 방의 크기와 형태에 따라 달라지며 실지수가 커지면 조명률도 커진다. 실계수는 광속발산도를 검토할 때 이용된다.

$$\text{실지수} = \frac{XY}{H(X+Y)} \quad \text{실계수} = \frac{Z(X+Y)}{2XY}$$

X : 방의 가로 길이 (m)

Y : 방의 세로 길이 (m)

H : 작업면으로부터 광원까지의 거리 (m)

Z : 바닥으로부터 천정까지의 높이 (m)

③ 조명률의 결정 : 조명률표를 이용하며 실내반사율이 높을수록, 실지수가 높을수록 조명률은 크다. 조명률은 광원의 종류, 조명방식, 조명기구, 실지수, 실내면 반사율 등에 따라 달라진다.

④ 감광보상률의 결정 : 조명기구는 사용함에 따라 작업면의 조도가 점차 감소한다. 이러한 감소를 예상하여 소요광속에 여유를 두는데 그 정도를 감광보상률이라 하며, 감광보상률의 역수를 유지율, 보수율 또는 빛손실계수라한다. 보통 직접조명에서는 D를 1.3~2.0 정도로 계산한다.

⑤ 광속법을 사용하여 광원의 개수를 계산한다.

F · N · U = E · A · D 에서

$$N = \frac{E \cdot A \cdot D}{F \cdot U} = \frac{E \cdot A}{F \cdot U \cdot M}$$

F : 사용광원 1개의 광속(lm)

D : 감광보상률

E : 작업면의 평균조도(lx)

A : 방의 면적(m^2)

N : 광원의 개수

U : 조명률

M : 유지율(보수율, 빛손실계수)

⑥ 조명기구의 배치를 결정한다.

㉠ 광원의 높이(H)

직접조명일 때 – 책상 위(85cm)에서 광원까지의 높이

간접조명일 때 – 책상 위(85cm)에서 천정면까지의 높이

㉡ 광원의 간격 : 광원 상호간의 간격을 S라 하고, 벽과 광원 사이의 간격을 S_O라 하면

$S \leq 1.5H$

$S_O \leq \frac{H}{2}$(벽면을 사용하지 않을 때)

$S_O \leq \frac{H}{3}$(벽면을 사용할 때)

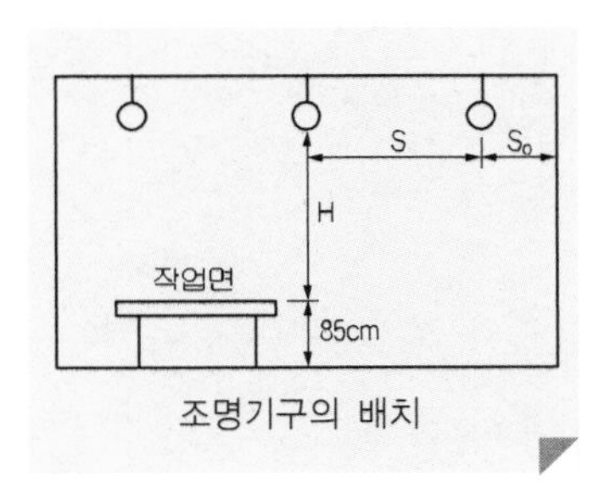

조명기구의 배치

⑦ 조도분포와 휘도 등을 재검토 한다.

⑧ 스위치, 콘센트 등의 배치를 정한다.

⑨ 건축 평면도에 배선설계를 한다.

조명률의 예(매입형 형광등)

반사율	천정	80%			50%			30%			0%
	벽	70	50	30	70	50	30	70	50	30	0%
	바닥	10%									0%
실지수		조 명 률(×0.01)									
0.6		46	35	28	42	34	28	33	33	27	22
0.8		54	44	37	50	42	36	41	41	36	30
1.0		60	50	44	56	48	43	47	47	42	36
1.25		65	56	50	61	54	49	53	53	48	42
1.5		69	61	55	65	58	53	57	57	52	47
2.0		74	67	62	70	64	60	63	63	59	54
3.0		79	74	70	75	71	68	70	70	67	62
5.0		84	80	78	80	78	75	76	76	74	70
10.0		87	85	84	84	82	81	81	81	80	76

예제문제 19

15m × 12m 크기의 사무실에서 광속 3,000lm 인 조명기구를 이용하여 작업면 평균조도를 500lux로 하고자 하는 경우, 필요한 최소 조명기구의 수는 몇 개인가? (단, 조명률은 71%, 보수율은 85%로 한다.) **【16년 출제유형】**

① 19　② 26

③ 36　④ 50

해설

$$N = \frac{E \cdot A}{F \cdot U \cdot M} = \frac{500 \times 180}{3000 \times 0.71 \times 0.85} = 49.7$$

답 : ④

예제문제 20

"건축전기설비설계기준"에 따른 실내 조명설계 순서로 가장 적합한 것은?
【17년 출제유형】

㉠ 조명방식 및 광원 선정	㉡ 조명기구 배치
㉢ 조도기준 파악	㉣ 조명기구 수량 계산

① ㉢ - ㉠ - ㉡ - ㉣
② ㉠ - ㉢ - ㉣ - ㉡
③ ㉢ - ㉠ - ㉣ - ㉡
④ ㉠ - ㉢ - ㉡ - ㉣

해설 실내조명 설계 순서
1. 소요조도결정
2. 광원선택
3. 조명방식 및 조명기구 선정
4. 광원의 개수 산정
5. 조명기구(광원) 배치

답 : ③

예제문제 21

총광속법에서 조명률에 영향을 미치는 인자로 가장 적절하지 않은 것은?
【18년 출제유형】

① 실내 마감재의 반사율
② 작업면 조도
③ 시 작업면으로부터 광원까지의 높이
④ 조명기구의 배광특성

해설
조명율(U)은 광원의 종류, 조명방식, 조명기구, 실지수, 실내면 반사율 등에 따라 달라진다.

답 : ②

예제문제 22

채광과 조명에 대한 설명으로 가장 적절하지 않은 것은? 【18년 출제유형】

① 시지각 대상이 바뀌어도 광원의 연색성 지수는 변하지 않는다.
② 일반적으로 낮은 조도와 낮은 색온도를 사용하는 것이 높은 조도와 높은 색온도를 사용하는 것보다 시지각적으로 쾌적하다.
③ 어두운 곳에서 밝은 곳으로 이동할 때보다 밝은 곳에서 어두운 곳으로 이동할 때 시각적으로 순응하는데 더 많은 시간이 소요된다.
④ 실내의 어느 점에서의 주광율은 창으로부터 거리와 연관이 있다.

해설
② 일반적으로 높은 조도와 높은 색온도를 사용하는 것이 시지각적으로 쾌적하다.

답 : ②

예제문제 23

바닥면적 80m²인 실내의 평균 조도를 400lux가 되도록 설계하고자 한다. 조명률 60%, 보수율 70%일 때, 필요한 조명기구의 최소 개수는? (단, 조명기구 1개의 전광속은 5,400lm이고 광속법으로 계산하시오.) 【19년 출제유형】

① 14개 ② 15개
③ 16개 ④ 17개

해설

$$N = \frac{E \cdot A}{F \cdot U \cdot M} = \frac{400 \times 80}{5{,}400 \times 0.6 \times 0.7} = 14.1$$

∴ 15 개

답 : ②

예제문제 24

광속법 조명계산에서 작업면조도 산정에 영향을 미치는 인자로 가장 적절하지 않은 것은? 【20년 출제유형】

① 실 면적 ② 실 천장고
③ 실 마감재 반사율 ④ 조명기구 배광특성

해설

② 실 천장고는 직접적인 관계가 없다. 작업면으로부터 조명기구까지의 높이는 작업면조도에 직접 영향을 미친다.

답 : ②

예제문제 25

다음과 같은 조건의 실에서 설계조도를 확보하기 위해 필요한 조명기구의 최소 개수는? 【21년 출제유형】

〈조건〉

- 실의 크기 : 가로 20m, 세로 20m, 천장고 2.8m
- 작업면은 바닥으로부터 0.8m에 위치
- 조명기구의 광속 : 4,000lm/개
- 설계조도 : 400lx
- 감광 보상율 : 1.3
- 조명기구는 천장면에 설치
- 실표면 반사율 : 천장 70%, 벽 50%, 바닥 10%

〈조명률〉

반사율 (%)	천장	70			
	벽	70	50	30	10
	바닥	10			
실지수		조명률(%)			
1.5		67	60	54	50
2.0		72	66	61	57
2.5		75	70	66	62
3.0		78	73	69	66
4.0		81	77	74	71
5.0		82	79	77	74
7.0		84	82	80	78

① 39개　② 51개
③ 66개　④ 86개

해설

1. 실지수 : $RI = \dfrac{20 \times 20}{2 \times (20 + 20)} = 5.0$
2. 조명률 : $U = 0.79$
3. 조명기구수 : $N = \dfrac{E \cdot A \cdot D}{F \cdot U}$

$$= \frac{400 \times 400 \times 1.3}{4{,}000 \times 0.79}$$

$$= 65.8(\text{개})$$

답 : ③

예제문제 26

10m×12m 크기의 사무실에서 총광속 2,000lm인 매입 조명기구를 이용하여 작업면 평균조도를 500lux로 하고자 하는 경우, 필요한 최소 조명기구의 개수는? (단, 조명률은 62%, 보수율은 80%) 【22년 출제유형】

① 10개
② 16개
③ 31개
④ 61개

해설

$$N = \frac{A \cdot E}{F \cdot U \cdot M}$$

$$= \frac{120 \times 500}{2{,}000 \times 0.62 \times 0.8} = 60.48(\text{개})$$

$$= 61\text{개}$$

답 : ④

02 종합예제문제

1 단위면적당 입사광속의 밀도를 나타내는 것은 어느 것인가?

① 휘도 ② 조도
③ 광도 ④ 채도

단위면적당 입사광속의 밀도는 1m/m² 로 조도의 정의이다.

2 지하주차장에서 암순응 또는 명순응을 고려할 때 가장 적합한 조치는 다음 중 어느 것인가?

① 지상에서의 출입경사로상에 높은 조도의 조명등을 설치한다.
② 출입경사로 부근에 채광공(SKY LIGHT)을 둔다.
③ 출입경사로 끝부분에서 곧 회전하도록 한다.
④ 출입경사로 부근에 주의표지판을 선명히 설치한다.

이론상 명순응에 걸리는 시간은 약 5분, 암순응에 걸리는 시간은 약30분이라 한다. 따라서 가능하면 갑작스런 밝기 변화가 일어나지 않도록 해야 자연스런 시각순응이 일어나며, 지하 주차장 출입 경사로 근처에는 외부와 주차장 내부 밝기의 중간정도를 유지할 수 있는 채광시설, 즉 채광공(SKY LIGHT)을 두는 것이 이상적이다.

3 초등학교 교실의 채광설계에서 200룩스(lux)의 조도를 얻을 수 있는 주광률은?(단, 실외 천공광 기준조도 = 5,000 룩스(lux))

① 0.2% ② 0.4%
③ 2.5% ④ 4%

$$\text{주광률(DF)} = \frac{\text{실내조도}}{\text{전천공조도}} \times 100\% = \frac{200}{5,000} \times 100\% = 4(\%)$$

4 글레어(눈부심, 현휘)에 관한 다음의 기술 중 적당치 않은 것은 어느 것인가?

① 시야내에 눈이 순응하고 있는 휘도보다는 현저하게 휘도가 높은 부분이 있을 때 글레어를 느낀다.
② 휘도대비가 현저하게 큰 부분이 있으면 잘 보이지 않게 되거나 불쾌감을 느끼게 되며, 이를 글레어라 한다.
③ 잘 보이지 않게 되는 글레어를 불능 글레어라 한다.
④ 유리로 보호된 그림이 광원용 반사하에 잘 보이지 않게 되는 것은 불쾌글레어 때문이다.

글레어(glare)와 광막반사(veiling reflection)를 구분할 수 있어야 한다.

5 광원의 색온도(상관온도, CCT)가 6,000K라고 할 때 이를 가장 적절히 설명하는 것은 다음 중 어느 것인가?

① 광원의 표면온도가 절대온도로 6,000도라는 뜻이다.
② 광원의 중심 필라멘트의 온도가 절대온도로 6,000도라는 뜻이다.
③ 광원으로부터 발산되는 빛의 색이 촛불 내부의 6,000K 부분에서 발하는 색과 동일하다는 뜻이다.
④ 광원으로부터 발산되는 빛의 색이 6,000K의 흑체가 발하는 색과 동일하다는 뜻이다.

광원의 색온도는 광원의 연색성과 밀접한 관계가 있으며 주광의 색온도인 6,000K에 가까울수록 연색성이 좋다고 할 수 있다. 색온도가 6,000K라는 의미는 어떤 광원으로부터 발산되는 빛의 색이 6,000K의 흑체가 발산하는 색과 동일하다는 것이다.

정답 1. ② 2. ② 3. ④ 4. ④ 5. ④

6 **자연채광 설계에서 쓰이는 주광률(Daylight Factor)에 대한 설명으로 가장 적당한 것은?**

① 인공조명에 대한 자연채광의 비율을 나타낸 것이다.
② 가조시간에 대한 실제 일조시간을 백분율로 나타낸 것이다.
③ 건물외부의 전천공조도에 대한 실내 작업면 조도의 백분율을 나타낸 것이다.
④ 주광률을 산정할 때 실내 표면에 의한 반사의 영향은 고려하지 않는다.

7 **건축조명의 용어와 단위의 조합으로 적절하지 못한 것은?**

① 광속 – lumen ② 조도 – lux
③ 광속발산도 – radlux ④ 광도 – nit

광도 – cd, 휘도 – nit(cd/m²)

8 **인간이 물체의 상을 가장 선명히 관찰할 수 있는 시각의 범위로서 가장 적절한 것은?**

① 상하 30° 및 좌우 30° ② 상하 35° 및 좌우 25°
③ 상하 40° 및 좌우 30° ④ 상하 40° 및 좌우 30°

안구회전은 상하방향보다는 좌우방향으로 운동하기가 쉬우며 일반적으로 시축을 중심으로 상하향 27° 이며 좌우향의 경우 40° 정도의 각도를 갖는 범위의 사물을 지각하는데 익숙하지만 보기 중에서 가장 적절한 조건은 ①번 항이다.

9 **눈부심(현휘)의 발생 원인으로 가장 부적당한 것은?**

① 눈에 입사되는 광속의 과다
② 순응의 결핍
③ 암순응에서 명순응으로서 갑작스런 이동
④ 실내조도와 실외조도의 대비

실내외 조도의 차이는 항상 있는 것이며 그 차이가 현휘의 원인이 되지는 않는다.

10 **조명의 질(質)을 평가하는 요소로서 중요성이 가장 작은 것은 다음 중 어느 것인가?**

① 불쾌현휘(discomfort glare)
② 주광률(daylight factor)
③ 휘도비(brightness ratio)
④ 광막반사(veiling reflection)

시야내에 눈이 순응하고 있는 휘도보다 현저하게 휘도가 높은 부분이 있을 경우 잘 보이지 않게 되거나 불쾌감을 느끼게 되는데, 전자를 불능현휘(disability glare) 후자를 불쾌현휘(discomfort glare)라 한다. 휘도가 높지 않은 경우에도 시대상의 표면반사에 의해 시대상이 잘 보이지 않는 경우가 있는데, 이를 광막반사(veiling reflection)이라 한다. 이상의 현상들은 조명의 질을 떨어뜨리는 주요 원인이 될 수 있으며 이러한 현상은 지나친 휘도비와 깊은 관계가 있다. 사무실에서의 작업면과 작업면 주변간의 휘도비는 3:1 이하가 되는 것이 바람직하다. 주광률(daylight factor)이란 외부전천공조도에 대한 실내조도로 자연채광의 유입 비율을 뜻한다. 따라서 조명의 질을 평가하는 요소로서의 중요성은 그리 크지 않은 것이다.

11 **눈부심을 최소화하면서 일정조도를 유지할 수 있어, 박물관, 전시실과 같이 높은 조도가 필요없는 곳에 알맞는 자연채광방식은?**

① 측창채광(side lighting)
② 천창채광(top lighting)
③ 정측창채광(top side lighting)
④ 고창채광(clerestory lighting)

자연채광에 이용되는 주광은 확산 천공광이며, 주광의 유입이 천정부근의 수직창을 통해 이루어지는 것으로 모니터창을 이용한 채광방식을 정측채광이라 한다.

주광 ┌ 직사일광
　　 └ 천공광 ┌ 청공광
　　　　　　 └ 담천광

채광창 ┌ 측창 – 편측창, 양측창, 고측창
　　　 └ 정광창 ┌ 정측창 – 모니터창, 톱니창
　　　　　　　　 └ 천창

정답 6. ③ 7. ④ 8. ① 9. ④ 10. ② 11. ③

12 홍콩 상해은행 본점의 아트리움에 사용한 자연 채광 방식으로 가장 적당한 것은 다음 중 어느 것인가?

① lightscoop ② sunscoop
③ suncatcher baffle ④ clerestory

홍콩 상하이은행 본점에는 은행홀의 트인 곳을 거쳐 1층 플라자에 이르는 건물 중심부분에 햇빛을 입사시키는 선스쿠프 시스템(sunscoop system)이 있다.
일종의 반사거울을 이용한 선스쿠프는 크게 두 부분으로 되어 외부 선스쿠프에서 1년 내내 태양을 추적하여 햇빛을 내부로 반사하면, 내부 선스쿠프가 중앙의 아트리움공간을 통해 아래쪽으로 빛을 반사시켜 줌으로써 아트리움에 면한 사무실에 빛을 공급하고 있다.
참고로 파키스탄에는 지나는 바람을 잡아채어 실내로 유도하는 장치가 있는데, 이를 윈드스쿠프(windscoop)라 한다. scoop란 주걱, 국자란 뜻이다.

13 주광설계 지침사항에 관한 설명 중 가장 부적당한 것은?

① 주광을 높은 곳에서 사입시키기 위해 창문 높이를 실 깊이의 1/2 이상이 되도록 한다.
② 주광과 부근 벽면간의 심한 대비 현상을 막기 위해 2면 이상의 창으로부터 주광을 사입시킨다.
③ 천창 부근은 현휘를 감소시키기 위해 밝은색이나 흰색으로 마감한다.
④ 주광을 많이 사입시키기 위해 수개의 창보다 1개의 큰 창으로 한다.

주광 ┌ 직사일광
　　 └ 천공광 ┌ 청공광
　　　　　　　 └ 담천광

자연채광의 광원 : 직사일광 차폐, 천공광 이용(직사광은 변동이 심하고 유해한 경우가 많다.)
④ 면적이 같다면 1개의 큰 창보다 넓게 분포된 여러 개의 창이 효과적

14 최근 자연광이 필요한 공간에 건축적인 수법으로서는 자연광을 실내에 유입시키기가 어려워 설비를 이용하여 필요한 공간에 자연광을 사입시키고 있다. 이러한 자연채광 수법을 설비형 자연채광방식 또는 태양광 조명방식이라 한다. 이에 대한 설명 중 옳지 않은 것은?

① 태양광 자동추미방식은 태양위치에 맞추어 반사거울을 제어하여 태양직사광을 도입하는 방식으로 고층건축물에 많이 사용한다.
② 건축화덕트 방식은 건물의 내벽에 고반사체를 붙이고, 천공광을 상호반사에 의해 유입시키는 방식으로 건물 내부전체가 밝아지고, 익사이팅한 빛을 얻을 수 있다.
③ 덕트방식은 채광부로부터 입사한 천공광을 고반사거울로 구성된 도광덕트를 이용하여 실내로 빛을 도입하는 방식으로 자연광에 가까운 빛을 얻을 수 있다.
④ 광화이버방식은 렌즈로 태양직사광을 집광하여 건물내부로 도입하는 방식으로, 도광로를 임의로 굴절시킬 수 있으며 가격이 저렴하다.

적극적으로 자연채광을 도입하는 설비형자연채광방식은 특수설비가 필요하므로 가격이 비싸다.

15 채광 조정에 대한 설명으로 가장 적합한 것은?

① 차양은 겨울철 직사일광을 차단하는 것이 목적이다.
② 루버를 설치했을 경우 실내마감에 대해서는 고려하지 않아도 된다.
③ 블라인드는 차양보다 일사조정이 용이하나 설치가 곤란하다.
④ 루버를 설치하면 실내의 조도분포가 좋아진다.

① 차양은 여름철 일사차단이 목적
② 반사율이 높은 재료로 마감하여 반사광을 실내 깊숙이 들어오도록 한다.
③ 블라인드는 차양보다 일사조정이 용이하고 설치도 간단하다.
④ 루버를 통한 반사광을 실내 깊숙이 들여올 수 있다.

정답 12. ② 13. ④ 14. ④ 15. ④

16 **전시공간의 자연채광방법 중 천장의 중앙에 천창을 설치하여 전시실 중앙을 밝게 하고, 전시벽면의 조도를 균등하게 하는 방식은?**

① 정광창 형식(Top light)
② 측광창 형식(Side light)
③ 고측광창 형식(Clerestory)
④ 정측광창 형식(Top side light monitor)

> 천창에 대한 설명으로 정광창의 일종이다.

17 **빛환경의 좋고 나쁨을 판단하는 기준이 될 수 없는 것은?**

① 현휘 여부　　② 광막반사 유무
③ 균제도　　④ 퍼킨제 효과

> ④ 퍼킨제 효과란 밝기에 따라 눈의 시감이 변화하는 현상을 말한다. 황혼 무렵 선명하게 보이던 붉은색이 어둡게 가라앉은 색으로 보이고 푸른 색이 더 선명하게 보이는 경우가 있다. 이것은 명소시에서 암소시로 이동함에 따라 시감이 붉은쪽 파장에서 푸른쪽 파장에 가까운 쪽으로 이동하기 때문이다.

18 **건축조명의 용어와 단위의 조합으로서 적절하지 못한 것은?**

① 광속 – lumen　　② 조도 – lux
③ 휘도 – radlux　　④ 광도 – candela

> 광속발산도 – radlux, 휘도 – nit(nt)

19 **다음 중 주광률에 영향을 미치는 요소가 아닌 것은?**

① 창면조도　　② 창의 위치
③ 실지수　　④ 벽면 반사율

> ① 창면조도는 외부조도에 해당하는 것으로 주광률을 결정짓는 요소가 아니다.
>
> 주광률 영향요소
> - 창면적
> - 창의 유지율
> - 글래스율
> - 유효창 면적률
> - 실지수
> - 천장, 벽면 반사율
> - 창의 위치
> - 창에 대한 검토점 위치(실내조도 측정 위치)

20 **주광률에 관한 기술 중에서 가장 적당한 것은?**

① 같은 벽면에서 같은 면적을 가진 창들에 대하여 그 높이와 수평방향의 위치가 변하면 주광률은 변한다.
② 주광률은 청천공상태에서의 전천공상태에 대한 실내조도의 백분율이다.
③ 주광률은 전천공조도가 클수록 커진다.
④ 주광률은 같은 실내라면 어느 곳이든 일정하다.

> ① 같은 크기라면 주광률은 대형창 〈 분할창, 횡장창 〈 종장창
> ② 주광률은 담천공상태에서의 전천공조도에 대한 실내조도의 백분율이다.
> ③ 전천공조도가 크면 실내조도도 높아지나 주광률은 항상 일정
> ④ 같은 실내에서도 창과의 거리에 따라 달라진다.

21 **주광률에 관한 기술 중에서 가장 적당한 것은?**

① 같은 벽면에서 같은 면적을 가진 창들에 대하여 그 높이와 수평방향의 위치가 변화하여도 주광률은 변화하지 않는다.
② 교실이나 사무실의 주광률이 표준치라고 생각되는 것은 약 2% 이다.
③ 주광률은 전천공조도가 클수록 커진다.
④ 주광률은 같은 실내라면 어느 곳이든 일정하다.

정답 16. ① 17. ④ 18. ③ 19. ① 20. ① 21. ②

① 같은 크기라면 대형창 < 분할창
횡장창 < 종장창
② 기준주광률
- 시계수리, 주광만 이용한 수술실 : 10%
- 정밀제도, 정밀공장 : 5%
- 독서, 사무, 진찰, 교실 : 2%
- 미술전시, 차고 : 1%
- 복도, 계단 : 0.5%
- 창고 : 0.2%

③ 전천공조도가 크면 실내조도도 높아지나 주광률은 항상 일정
④ 같은 실내에서도 창과의 거리에 따라 달라진다.

22 주광률에 관한 기술 중에서 잘못된 것은?

① 주광률이란 전천공수평면 조도에 대한 주광에 의한 실내작업면 조도 백분율이다.
② 주광률은 실의 형태, 개구부의 형태 및 위치, 검토점의 위치 등에 따라 달라진다.
③ 총광속법에 의한 주광률은 창면조도와 창면적이 클수록 커진다.
④ 주광률은 같은 실내라 하더라도 창으로부터의 거리와 검토점의 위치에 따라 달라진다.

③ 창면적, 창의 유지율, 글래스율, 유효창면적률, 실지수, 실 마감재의 반사율, 창의 형태, 검토점의 위치 등에 따라 주광률이 달라진다. 전천공조도나 창면조도 등은 주광률에 영향을 미치는 요소가 아니다.

23 다음 중 실내상시보조 인공조명(PSALI)으로 해결이 가능한 현상으로 보기 어려운 것은?

① 창가모델링　　② 실루엣현상
③ 조도균제도　　④ 광막반사

④ 광막반사를 방지하기 위해서는 반사시야 내에 휘도가 높은 광원이나 채광창을 배치하지 않도록 해야한다.

24 다음 중 아트리움을 활용한 환경조절 효과로 보기 어려운 것은?

① 자연채광　　② 자연환기
③ 온실효과　　④ 증발냉각

④ 증발냉각은 고온건조한 기후지역에서 적용하는 자연형조절기법으로 아트리움의 효과와는 거리가 있다.

25 다음 설명을 보고 어떤 설비형 자연채광방식인지 고르시오.

> 태양광 집광장치를 통해 태양광을 모아 광섬유를 통해 실내로 입사하는 설비형 자연채광방식으로 지하 깊숙한 곳까지도 양질의 빛을 전송하지만 가격이 다소 비싼 것이 단점이다.

① 태양광 자동 추미방식
② 광화이버 광식
③ 광덕트 방식
④ 건축화 덕트

② 광화이버 방식에 대한 설명이다.

26 점광원으로 가정할 수 있는 평균 구면 광도 2,000cd의 램프가 반지름 1.5m인 원형탁자 중심 바로 위 2m의 위치에 설치되어 있다. 이 탁자의 중심과 모서리 끝부분의 조도는 얼마인가? (단, 반사광은 무시한다.)

① 300lx, 162lx　　② 400lx, 196lx
③ 500lx, 256lx　　④ 600lx, 312lx

① $E = \frac{2000}{2^2} = 500\ \text{lx}$

② $E = \frac{I}{d^2} \cdot \cos\theta = \frac{2000}{2.5^2} \times \frac{2}{2.5} = 256\ \text{lx}$

정답 22. ③ 23. ④ 24. ④ 25. ② 26. ③

27 작은 램프가 1,257 lm의 광속을 모든 방향으로 방사하고 있다. 이 광원의 광도는 얼마인가?

① 100cd ② 200cd
③ 300cd ④ 400cd

① 1cd의 점광원에서 발산하는 총광속은 4π lm이다. 따라서 $1,257/4\pi$ = 100cd

28 다음 중 환경관련 용어와 단위가 잘못된 것은?

① 열콘덕턴스: W/m^2K ② 기밀성능 : m^3/m^2h
③ 투습저항 : MNs/gm ④ 열용량 : kJ/m^3K

③ 투습저항의 단위는 MNs/g이다. MNs/gm는 투습비저항의 단위이다. 재료의 투습비저항에 두께를 곱하면 투습저항을 얻을 수 있다.

정답 27. ① 28. ③

memo

building evaluator

과년도 출제문제

2013년 민간자격 1급 출제유형
2013년 민간자격 2급 출제유형
2015년 국가자격 제1회 출제문제
2016년 국가자격 제2회 출제문제
2017년 국가자격 제3회 출제문제
2018년 국가자격 제4회 출제문제
2019년 국가자격 제5회 출제문제
2020년 국가자격 제6회 출제문제
2021년 국가자격 제7회 출제문제
2022년 국가자격 제8회 출제문제
2023년 국가자격 제9회 출제문제
2024년 국가자격 제10회 출제문제

제2과목 : 건축환경계획

1. 겨울철 난방 에너지 절감을 위한 건물형태계획에 대한 설명 중 틀린 것은?

① 동일한 체적에서 외피표면적이 클수록 단위 바닥면적당 열손실은 크다.
② 한 층의 바닥면적이 같다면 바닥면적을 둘러싼 길이가 짧을수록 단위 바닥면적당 열손실이 크다.
③ 동일한 연면적에서 층고가 높아질수록 단위 바닥면적당 열손실은 커진다.
④ 한 층의 바닥면적이 같은 경우 층수가 증가할수록 단위면적당 열손실이 작아진다.

해설 ② 바닥면적을 둘러싼 길이가 짧을수록 단위면적당 열손실은 적다.

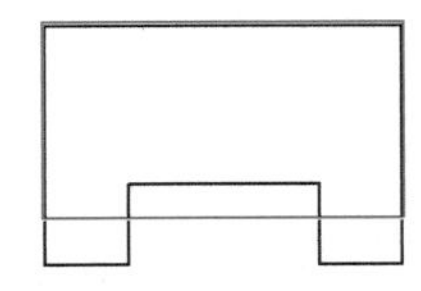

그림에서 바닥면적이 같지만 요철이 많은 평면의 외피면적이 더 커서 바닥면적당 열손실이 크다.

답 : ②

2. 다음 중 최대난방부하 계산시 반드시 고려하지 않아도 되는 것은?

① 구조체 열관류　② 침기에 의한 열손실
③ 환기열손실　④ 일사

해설 ④ 일사획득열은 냉방부하 계산시에만 고려한다.

답 : ④

3. 자연형 태양열 건물의 설계기법에 대한 설명 중 틀린 것은?

① 트롬월(Trombe Wall) 방식은 직접 획득 방식 자연형 태양열 설계기법이다.
② 여름철에는 과열방지를 위한 조치가 필요하다.
③ 열류조절을 위해 야간단열막, 통기구, 댐퍼, 등이 사용된다.
④ 축열 재료로는 열용량이 큰 콘크리트, 벽돌, 물, 상변화 물질(PCM : Phase Change Materials) 등이 이용된다.

해설 ① 트롬월 방식은 간접획득방식이다.

답 : ①

4. 건물외피계획에서의 열교에 대한 설명으로 틀린 것은?

① 열교부위에서는 일차원이 아닌 다차원의 열류경로가 발생한다.
② 열교부위에서는 겨울철 외벽 실내측 표면온도가 낮아져 결로가 발생하기 쉽다.
③ 열교란 인접 부위에 비해서 열전달저항이 작은 부위를 말한다.
④ 열교부위의 단열성능은 열관류율(U-factor)로 평가한다.

해설 ④ 열교부위의 단열성능은 선형열관류율로 나타낸다.

답 : ④

5. 도일법에 대한 설명 중 틀린 것은?

① 난방도일은 기준온도보다 일평균 외기온도가 낮은 경우 그 온도차의 합을 나타낸다.
② 난방도일법은 난방에너지 소요량을 추정할 수 있는 간이계산법이다.
③ 기준온도가 균형점 온도로 대치된 경우, 가변도일법이라 부른다.
④ 난방설정온도가 20℃이고, 외기온도가 10℃인 건물에서 난방가동 없이 실내온도가 18℃를 유지할 때, 균형점 온도는 외기온도와 실내온도의 평균인 14℃이다.

해설 ④ 균형점 온도(Balance Point Temperature)란 건물의 열획득과 열손실이 균형을 이룰 때의 외기온도로 난방개시온도라고도 한다. 따라서 10℃가 균형점 온도이다.

답 : ④

6. 위도 34.5°인 부산 지역에서, 동지 때 태양이 남중시 높이 H인 건물의 일영길이는?

① 1.2H　② 1.4H
③ 1.6H　④ 1.8H

해설 ① 동지의 태양남중고도
90° −34.5° −23.5° =32°
② 높이 H인 건물의 일영길이(L)

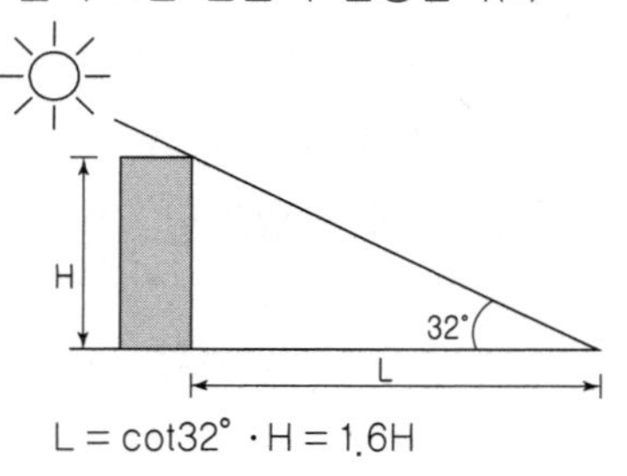

L = cot32° · H = 1.6H

답 : ③

7. 다음 그림은 겨울철 정상상태에 있는 외벽내부에 온도 분포를 나타낸 개념도이다. 이에 대한 설명 중 틀린 것은? (단, 벽체 면적과 벽체를 통한 열손실률은 동일하며 그림 중 ㉠, ㉡은 재료의 종류를 나타낸다.)

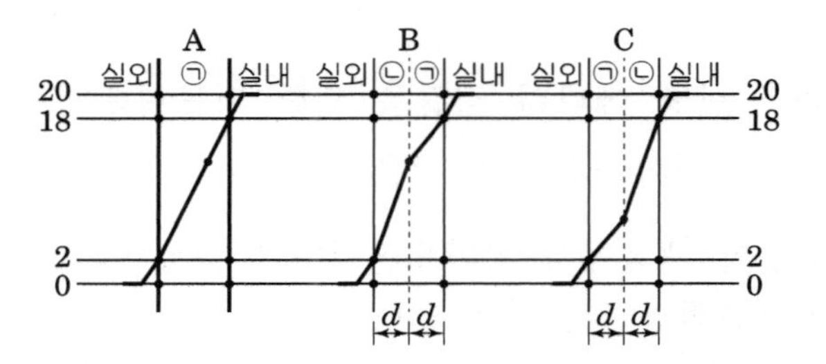

① 구조체의 열관류율은 A, B, C 모두 같다
② 간헐난방에 유리한 단열방식을 나타낸 것은 C이다.
③ ㉡의 열전도율은 ㉠의 열전도율보다 크다.
④ C에서 내부 결로 방지를 위한 방습층 설치 위치는 ㉡과 실내가 접한 부분이다.

해설 ③ ㉡의 온도구배가 급구배이므로 ㉠보다 열전도율이 작다.

답 : ③

8. 단열재의 종류별 특징을 설명한 것 중 틀린 것은?

① 스티로폼, 우레탄, 유리섬유, 암면 등은 저항형 단열재이다.
② 저항형 단열재는 섬유질이나 기포성으로 전도에 의한 열전달차단효과가 크다.
③ 반사형 단열재는 방사율이 높아 복사열전달을 차단하는데 효과적이다.
④ 용량형 단열재는 구조체의 높은 열용량을 활용하여 열이 흘러가는 시간을 지연시킨다.

해설 반사형 단열재는 방사율이 낮아 복사열전달차단효과가 크다.

답 : ③

9. 실내온도 20℃, 외기온도 0℃, 벽체의 실내측 열전달저항이 $0.11m^2 \cdot K/W$, 실외측 열전달저항이 $0.03m^2 \cdot K/W$, 실내공기의 노점온도 18℃, 벽체에서 단열재를 제외한 부분의 열관류저항이 $0.45m^2 \cdot K/W$, 단열재의 열전도율이 $0.034W/m \cdot K$일 때 표면결로가 발생하지 않기 위한 단열재의 두께는 얼마 이상이 되어야 하는가?

① 19mm ② 18mm
③ 20mm ④ 17mm

해설 실내공기의 노점온도가 18℃이므로 실내측 표면온도가 18℃보다 낮지 않아야 한다. 따라서 실내표면온도가 실내공기온도(20℃)보다 2℃ 이상 낮아지지 않도록 하는 조건을 구하면 된다.

$\frac{r}{R}=\frac{t}{T}$에서 t가 2일 경우보다 R값이 더 큰 단열 두께를 구하면 된다.

$$\frac{0.11}{0.11+0.45+\frac{x}{0.034}+0.03}=\frac{2}{20}$$

$$0.59+\frac{x}{0.034}=1.1$$

$x=0.0173(\text{m})=17.3(\text{mm})$

∴ 18mm 이상이 되어야 함

답 : ②

10. 난방에너지 절약을 위한 건물외피계획시 고려할 내용 중 틀린 것은?

① 외벽 길이 대비 바닥면적의 비가 증가하면 단위 바닥면적당 열손실량은 감소한다.
② 체적 대비 외피표면적 비가 증가하면 단위 바닥면적당 열손실량은 증가한다.
③ 일반적으로 창면적비가 증가하면 열손실은 증가한다.
④ 창의 SHGC(Solar Heat Gain Coefficient)가 증가하면 열손실은 감소한다.

해설 ④ SHGC가 증가하면 일사획득이 커진다.

답 : ④

11. 표준 기상데이터에 대한 설명 중 틀린 것은?

① TMY2 형식은 일사, 건구온도 노점온도 및 풍속을 고려하여 작성된다.
② 장기간의 추정 기상자료를 통계처리하여 선정된 대표성을 갖는 1개년의 데이터를 의미한다.
③ 냉난방설비의 장치용량을 산정하는데 사용된다.
④ 건물의 에너지소요량을 예측하는데 사용될 수 있다.

해설 냉난방설비의 장치용량은 위험률 2.5%를 고려한 설계외기온도를 사용하여 계산한 최대부하에 따라 결정된다. 표준기상데이터는 동적해석을 통한 기간부하산정에 사용된다.

답 : ③

12. 바닥면적 $100m^2$, 천장고 3m, 재실인원 36명인 회의실의 환기 횟수를 구하시오. (단, 1인당 CO_2 발생량은 $0.02m^3/h$, 실내 CO_2 허용농도는 0.1%, 외기 CO_2 농도는 0.004%이다.)

① 2회/h ② 4회/h
③ 6회/h ④ 8회/h

해설 실외체적(V)$=100m^2 \times 3m=300m^3$

$$\text{필요환기량(Q)}=\frac{0.02m^3/h \cdot \text{인} \times 36\text{인}}{(1000-400)\times 10^{-6}}=\frac{0.72\times 10^6}{600}$$

$$=1,200(m^3/h)$$

$$\text{환기횟수(n)}=\frac{\text{필요환기량(Q)}}{\text{실의 체적(V)}}=\frac{1,200m^3/h}{300m^3/\text{회}}=4\text{회}/h$$

답 : ②

13. 철근 콘크리트 구조물에서 외단열과 내단열을 비교한 설명 중 틀린 것은?

① 외단열은 내단열에 비해 난방중지시 실온강하속도가 느리다.
② 외단열은 내단열에 비해 구조체 축열효과가 커서 연속난방에 유리하다.
③ 외단열은 내단열에 비해 실내 표면결로방지에 불리하다.
④ 외단열은 내단열에 비해 열교 발생 가능성이 작다.

해설 ③ 외단열이 결로방지에 유리하다.

답 : ③

14. 건물의 결로에 관한 다음 기술 중 잘못된 것은?

① 구조체의 표면이나 내부온도가 주위 공기의 노점온도보다 낮아지면 결로가 발생한다.
② 결로방지대책으로는 단열, 난방, 환기, 방습층 설치 등이 있다.
③ 내단열 벽체에서 내부결로를 방지하기 위해 방습층을 단열재 외측에 설치한다.
④ 내단열의 경우 외단열에 비해 결로발생가능성이 크다.

해설 방습층은 반드시 단열재보다 고온측에 설치하여 실내로부터의 습기이동을 차단한다.

답 : ③

15. 점광원에서 2m 떨어진 지점의 조도를 측정하니 200 lx였다. 이 광원의 광도와 광원에서 1m 떨어진 지점의 조도로 맞는 것은?

① 200cd, 200 lx　　② 300cd, 600 lx
③ 400cd, 200 lx　　④ 800cd, 800 lx

해설 1. $E = \frac{I}{d^2}$

$200 = \frac{x}{2^2}$

$x = 800\text{cd}$

2. $E = \frac{800}{1^2} = 800\ \text{lx}$

답 : ④

16. 건축물의 일사 조절방법에 대한 설명 중 틀린 것은?

① 고정차양의 외부 돌출길이는 태양고도가 낮은 동지를 기준으로 설계한다.
② 수직차양은 동서측면의 일사차폐에 효과적이다.
③ 수평차양은 남측면의 일사차폐에 효과적이다.
④ 내부차양보다 외부차양이 일사차폐에 효과적이다.

해설 ① 태양고도가 높은 하지에서 춘추분까지 일사차단을 할 수 있도록 한다.

답 : ①

17. 자연채광계획에서 주광률에 대한 설명 중 틀린 것은?

① 주광률은 실의 형태, 개구부의 크기 및 위치 등에 따라 달라진다.
② 실내 동일 지점에서 외부 조도가 변하면 주광률도 변한다.
③ 주광률이 높을수록 인공조명 에너지 절약에 유리하다.
④ 동일한 실이라도 실내부의 검토점 위치에 따라 주광률은 다르게 나타난다.

해설 ② 외부 조도가 변하더라도 주광률은 변하지 않는다.

답 : ②

18. 자연환기에 관한 설명 중 틀린 것은?

① 개구부의 환기유량은 유효 개구부 면적에 비례한다.

② 개구부의 환기유량은 외부풍속의 제곱에 비례하므로, 풍속이 빠를수록 많아진다.

③ 풍압에 의한 자연환기의 경우, 유입구는 풍압계수가 큰 위치에 설치하는 것이 바람직하다.

④ 개구부의 환기유량은 개구부 전후의 압력차의 제곱근의 비례한다.

해설 ② Q=A·v에서 환기유량(Q)은 개구부 면적(A)과 풍속(v)에 비례한다.

답 : ②

19. 건물에너지 및 그 해석과 관련된 설명이 틀린 것은?

① 1kWh란 1kW의 일률로 1시간 동안 사용할 수 있는 에너지이다.

② 냉난방도입법은 실내외 온도조건을 비정상상태로 가정하여 건물의 냉난방부하를 추정하는 동적해석법이다.

③ 동적 계산법은 건물의 열적 거동을 시간의 함수에 따라 계산하며 주로 컴퓨터를 이용한다.

④ 최대부하계산은 일반적으로 냉난방설비의 용량을 산정하는데 활용되며 기간부하계산은 일정기간 동안 건물의 에너지 사용량을 계산하는데 활용된다.

해설 ② 냉난방도일법은 실내외 온도조건을 정상상태로 가정하는 정적해석법이다.

답 : ②

20. 로이유리의 특성 중 잘못된 것은?

① 2면 코팅 복층유리는 일사열 획득을 차단하는 데 효과적이다.

② 복층유리의 안쪽에 저반사 코팅을 하여 복사열 이동을 줄임으로서 단열성능을 향상시켰다.

③ 로이유리의 차폐계수를 낮추기 위해 코팅 횟수를 늘리는 방법이 사용된다.

④ 복층유리는 열저항성능을 좋게 하기 위하여 유리와 유리 사이에 아르곤, 크립톤 및 헬륨 등의 가스를 주입하고 밀봉한 것이다.

해설 비활성가스인 아르곤, 크립톤 등을 사용하지만 헬륨을 쓰지는 않는다.

답 : ④

제2과목 : 건축환경계획

1. 주택의 거실에서 외벽 면적이 $12m^2$일 때, 외벽을 통한 열손실량은? (단, 외벽의 열관류저항 $0.8m^2 \cdot K/W$, 실내온도 20℃, 외기온도 −5℃이다.)

① 225W ② 275W
③ 325W ④ 375W

해설 $H = K \cdot A \cdot \Delta t = \frac{1}{0.8} \times 12 \times 25 = 375W$

답 : ④

2. 건물의 일영길이를 계산할 때 필요하지 않은 항목은?

① 일적위
② 태양상수
③ 건물높이
④ 위도

해설 ② 태양상수(Solar Constant)란 지구대기권에 도달하는 태양에너지 양으로 항상 일정한 값을 갖는다. 따라서 건물의 그림자 길이에 영향을 미치지 않는다.

답 : ②

3. 다음 냉방부하 발생요인 중에서 잠열부하 요인이 아닌 것은?

① 인체 ② 환기
③ 취사 ④ 조명

해설 ④ 조명은 현열부하만 있다.

답 : ④

4. 철근 콘크리트 구조물에서 외단열과 내단열을 비교한 설명 중 틀린 것은?

① 외단열은 내단열에 비해 열교 발생 가능성이 작다.
② 외단열은 내단열에 비해 난방중지시 실온강하속도가 느리다.
③ 외단열은 내단열에 비해 구조체 축열효과가 커서 연속난방에 유리하다.
④ 외단열은 내단열에 비해 실내 표면결로방지에 불리하다.

해설 ③ 외단열이 결로방지에 유리하다.

답 : ③

5. 난방에너지 절약을 위한 건물외피계획시 고려할 내용 중 틀린 것은?

① 체적 대비 외피표면적 비가 증가하면 단위 바닥면적당 열손실량은 증가한다.
② 일반적으로 창면적비가 증가하면 열손실은 증가한다.
③ 외벽 길이 대비 바닥면적의 비가 증가하면 단위 바닥면적당 열손실량은 감소한다.
④ 창의 SHGC(Solar Heat Gain Coefficient)가 증가하면 열손실은 감소한다.

해설 ④ SHGC가 증가하면 일사획득이 커진다.

답 : ④

6. 건물에너지 및 그 해석과 관련된 설명이 틀린 것은?

① 동적 계산법은 건물의 열적 거동을 시간의 함수에 따라 계산하며 주로 컴퓨터를 이용한다.
② 냉난방도입법은 실내외 온도조건을 비정상 상태로 가정하여 건물의 냉난방부하를 추정하는 방법이다.
③ 최대부하계산은 일반적으로 냉난방설비의 용량을 산정하는데 활용되며 기간부하계산은 일정기간 동안 건물의 에너지 사용량을 계산하는데 활용된다.
④ 1kWh란 1kW의 일률로 1시간 동안 사용할 수 있는 에너지이다.

해설 ② 냉난방도일법은 실내외 온도조건을 정상상태로 가정하는 정적해석법이다.

답 : ②

7. 자연환기에 관한 설명 중 틀린 것은?

① 자연환기 계획시 바람의 유입구는 건물 외부 압력분포상 정압 위치에, 유출구는 부압 위치에 배치하는 것이 바람직하다.
② 자연환기는 온도차에 의한 환기와 풍압차에 의한 환기로 구분할 수 있다.
③ 온도차에 의한 환기유량은 2개 개구부간 수직거리의 제곱근에 비례한다.
④ 풍압차에 의한 환기유량은 외부 풍속의 제곱에 비례한다.

해설 Q=A·v에서 풍속에 비례한다.

답 : ④

8. 재실의 열쾌적을 고려하여 건물의 패시브 설계 전략을 결정하는 도구로 건물 생체기후도가 유용하게 이용될 수 있다. 다음 건물생체기후도에서 ㉠~㉣과 같은 기후특성을 갖는 지역에 적절한 패시브 설계전략에 대한 설명 중 틀린 것은?

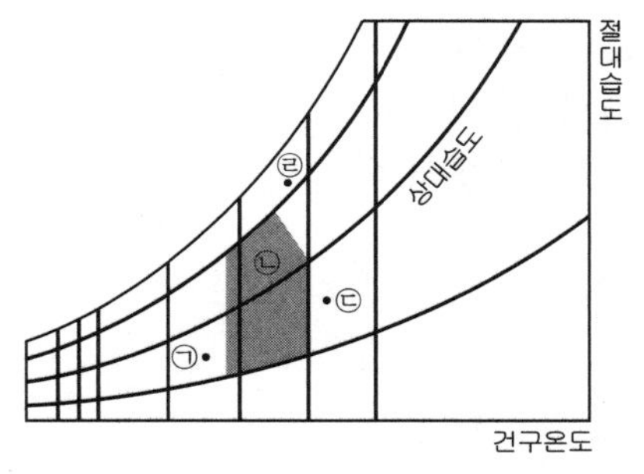

① 지역의 기후특성이 ㉡일 경우, 온도 및 습도의 쾌적조건을 만족하므로 일사조절 등 기본적인 설계전략만을 고려하면 된다.
② 지역의 기후특성이 ㉠일 경우, 자연형 태양열 시스템 설계를 고려한다.
③ 지역의 기후특성이 ㉢일 경우, 축열체를 이용한 자연냉각을 고려한다.
④ 지역의 기후특성이 ㉣일 경우, 증발 냉각을 촉진시키는 설계를 고려한다.

해설 ㉣은 다습한 경우로 자연통풍을 활용한다. 증발냉각은 고온건조한 경우에 알맞은 환경조절방법이다.

답 : ④

9. 두께 150mm, 열관류율 $2.0W/m^2 \cdot K$인 벽체의 실내측 표면온도와 표면결로 발생여부는? (단, 실내 공기온도 20℃, 실내 노점온도 17℃, 외기온도 −4℃이고, 실내측 표면 열전달율은 $8.0W/m^2 \cdot K$이다.)

① 14℃, 결로 발생
② 18℃, 결로 발생
③ 22℃, 결로 발생하지 않음
④ 24℃, 결로 발생하지 않음

해설 1. $\frac{r}{R} = \frac{t}{T}$

$$\frac{\frac{1}{8.0}}{\frac{1}{2.0}} = \frac{x}{20-(-4)}$$

$$\frac{0.125}{0.5} = \frac{x}{24}$$

$x = 6℃$

∴ 실내 표면온도 = 20℃ − 6℃ = 14℃

2. 실내 표면온도(14℃)가 실내공기의 노점온도(17℃)보다 낮으므로 결로 발생

답 : ①

10. 자연채광 계획기법에 대한 설명 중 틀린 것은?

① 빛환경의 질적 측면에서 천공광보다는 직사일광을 적극적으로 활용하는 것이 바람직하다.
② 주광률이 높을수록 인공조명 에너지 절약에 유리하다.
③ 천장이나 벽 내부 표면은 밝은 색으로 마감하여 반사율을 높이는 것이 좋다.
④ 주광률은 실의 형태, 개구부의 크기 및 위치 등에 따라 달라진다.

해설 ① 자연채광의 광원으로는 천공광을 활용한다.

답 : ①

제2과목 : 건축환경계획

1. 건물에너지 효율화를 위한 열적조닝(Thermal Zoning) 계획으로 가장 부적합한 것은?

① 열적조닝 기준이 되는 것은 실 설정온도, 실 사용시간, 실 용도 등이다.
② 상하층으로 분리된 실이라도 열적특성이 동일한 경우 하나의 존으로 설정할 수 있다.
③ 대규모 급식시설의 조리실과 식사공간은 별도의 열적조닝이 필요하다.
④ 대규모 개방형 사무공간(Open Office)에서는 칸막이 벽에 의한 공간 구획이 없으므로 열적조닝이 불필요하다.

해설 대규모 사무소 건물의 경우, 방위와 위치에 따라 조닝이 필요

답 : ④

2. A사무소 건물의 2014년 에너지진단 결과 건물외피의 열손실계수가 1,200W/℃이고 보일러의 효율이 70%였다. 아래와 같이 리모델링을 수행할 경우 예상되는 2015년 난방에너지 사용량으로 가장 적합한 것은? (단, 2015년 예상 난방도일은 3,700℃ · day)

> • Case-1 : 건물외피 단열성는 20% 강화
> • Case-2 : 효율 90% 보일러로 교체

① Case-1 : 7.6MWh, Case-2 : 4.9MWh
② Case-1 : 121.8MWh, Case-2 : 118.4MWh
③ Case-1 : 182.7MWh, Case-2 : 118.4MWh
④ Case-1 : 9.1MWh, Case-2 : 4.9MWh

해설 CASE-1
① 1,200W/℃×0.8×3,700℃·day×24h/day
=85,248,000Wh
② 0.7 : 85,248,000=1 : x
x=121,782,857Wh
=121.8MWh

CASE-2
① 1,200W/℃×3,700℃-day×24h/day
=106,560,000Wh
② 0.9 : 106,560,000=1 : x
x=118,400,000Wh
=118.4MWh

답 : ②

3. 건물에너지 해석방법에 대한 설명으로 가장 부적합한 것은?

① 최대 냉난방 부하는 위험률을 고려한 설계외기 온도로 산정하며, 장치용량 산정에 활용된다.
② 구조체의 축열효과를 고려한 에너지요구량 계산에는 수정 빈(Modified BIN)법을 활용할 수 있다.
③ 회귀분석과 신경망 기법은 과거 데이터를 활용하여 에너지 사용량을 예측하는 기법이다.
④ 동적해석에 활용되는 표준기상데이터는 TRY, TMY, WYEC 방식 등으로 작성된다.

해설 구조체의 축열량을 고려한 건물에너지 요구량 계산에는 동적해석법이 사용된다.

답 : ②

4. 방습층에 대한 설명으로 가장 부적합한 것은?

① 결로 방지를 위하여 지붕, 벽체, 최하층 바닥 등 외피 구조체에 설치하는 것이다.
② 방습층은 단열재의 고온측에 설치하여야 한다.
③ 내수 합판 등 투습방지 처리가 된 합판으로서 이음새가 투습방지가 될 수 있도록 시공된 경우도 방습층으로 인정될 수 있다.
④ 모르타르 마감이 된 조적벽, 콘크리트벽, 타공 알루미늄판 등은 방습층으로 인정될 수 있다.

해설 타공알루미늄판은 방습성이 없다.

답 : ④

5. 창호에서 에너지절약을 위한 유리의 성능 검토 시 고려항목으로 가장 부적합한 것은?

① 태양열취득률
② 차폐계수
③ 열관류율
④ 통기량

해설 통기량은 창호의 성능요소이지만, 유리의 성능요소는 아니다.

답 : ④

6. 금속재 커튼월에 대한 설명으로 가장 부적합한 것은?

① 외벽에 금속부재와 고정용 철물이 다수 설치되어 열교 방지에 취약하다.
② 멀리온, 트랜섬 등에는 폴리우레탄이나 폴리아미드 등의 열교 차단재를 삽입하여 단열성능을 향상시킬 수 있다.
③ 창 면적비가 클수록 하계에는 일사열획득이 증가하여 냉방에너지 절약에 불리하고, 동계에는 전열손실이 증가하여 난방에너지 절약에 불리하다.
④ 콘크리트 외벽에 비해 타임랙(Time-lag)이 길어진다.

해설 ④ 금속재 커튼월이 콘크리트 외벽보다 타임랙이 짧음

답 : ④

7. 단열재에 대한 설명으로 가장 적합한 것은?

① 압출법보온판은 그라스울보온판에 비해 투습저항이 크고 화재시 유독가스 발생 위험이 적다.
② 비드법보온판 2종은 그라파이트를 첨가하여 기존 비드법보온판 1종보다 열전도율은 높아졌으나 재료의 열화를 늦춰 장기 단열성능이 개선되었다.
③ 투과형 단열재(Transparent Insulation Material)에는 모세관형, 허니콤형 등이 있으며, 일사열 획득이 가능하다.
④ 진공단열재는 단열두께를 크게 줄일 수 있으며, 보통 심재와 방사율이 높은 외부피복재로 구성된다.

해설 ① 압출법보온판은 화재 발생시 유독가스 발생
② 비드법보온판은 2종이 1종 보다 열전도율이 낮음
④ 진공단열재는 방사율이 낮은 알루미늄 필름으로 외부 피복

답 : ③

8. 실외온도가 -10℃이고, 실내온도가 20℃일 때 벽체의 실내표면온도는? (단, 벽체 열관류율은 $0.250W/m^2 \cdot K$, 실내표면열전달저항은 $0.1m^2 \cdot K/W$)

① 18.50℃ ② 18.75℃
③ 19.25℃ ④ 19.50℃

해설 $\frac{r}{R} = \frac{t}{T}$

$\frac{0.1}{\frac{1}{0.25}} = \frac{x}{30}$

$x = 0.75$

$20℃ - 0.75℃ = 19.25$

답 : ③

9. 외벽 열관류율 값이 $0.350W/m^2 \cdot K$ 인 경우, 열관류율을 $0.250W/m^2 \cdot K$ 이하로 낮추기 위해 추가로 설치해야 하는 단열재의 최소 두께를 다음에서 고르시오. (단, 단열재의 열전도율은 $0.035W/m \cdot K$)

① 20mm
② 30mm
③ 40mm
④ 50mm

해설 $R_1 = \frac{1}{0.35} = 2.857$

$R_2 = \frac{1}{0.25} = 4.000$

$\Delta R = 1.143$

$\frac{x}{0.035} = 1.143$

$x = 0.040(m)$

답 : ③

10. 창호에 대한 설명으로 가장 부적합한 것은?

① 로이코팅은 저방사 코팅으로 유리를 통한 복사열전달을 줄여준다.
② 비활성 기체 충진시 크립톤보다 아르곤의 단열성능이 더 우수하다.
③ 로티코팅 방법 중 소프트코팅은 일반적으로 하드코팅보다 방사율이 낮아 단열성능이 더 우수하다.
④ 복층유리에서 알루미늄 스페이서는 주요 열전달 경로가 되어 유리 엣지(Edge) 부위 실내표면결로의 원인이 된다.

해설 아르곤의 열전도율은 0.0163W/mK
크립톤의 열전도율은 0.0087W/m·K
로 크립톤이 아르곤보다 단열성능이 더 우수하다.

답 : ②

11. 건물 외피의 열교에 대한 설명으로 가장 적합한 것은?

① 선형 열교에서는 3차원 열전달이, 점형 열교에서는 2차원 열전달이 발생한다.
② 선형 열관류율, 선형 열교가 연속되는 길이, 실내외 온도차를 곱하면 선형 열교부위를 통한 전열량을 구할 수 있다.
③ 선형 열관류율의 단위는 $W/m^2 \cdot K$이다.
④ 동계 난방시 야간에 열교부위에서는 열손실이 증가하여 실외 표면온도는 낮아지고 실내 표면온도는 높아진다.

해설 ① 선형 열교에서는 2차원 열전달이, 점형 열교에서는 3차원 열전달이 발생
③ 선형 열관류율의 단위는 W/m·K
④ 열교부위에서 열손실이 증가하면 실외 표면온도는 높아지고 실내 표면온도는 낮아짐

답 : ②

12. 다음 도시의 동지날 외기온도가 아래 표와 같을 경우, 하루의 난방도일 값으로 가장 적합한 것은? (단, 균형점 온도는 15℃로 함)

구 분	최고 외기온도(℃)	최저 외기온도(℃)
서울	0	−14
홍콩	20	6

① 서울 18℃·day, 홍콩 0℃·day
② 서울 20℃·day, 홍콩 1℃·day
③ 서울 22℃·day, 홍콩 2℃·day
④ 서울 24℃·day, 홍콩 3℃·day

해설 서울 : 15−(−7)=22℃·day
홍콩 : 15−13=2℃·day

답 : ③

13. 습공기에 대한 설명으로 가장 부적합한 것은?

① 상대습도 100%에서는 건구온도, 습구온도, 노점온도가 동일하다.
② 가열하면 건구온도는 높아지고 상대습도는 낮아진다.
③ 가습하면 수증기분압이 높아진다.
④ 가열하면 노점온도가 높아진다.

해설 가열하더라도 절대습도와 노점온도 변화는 없다.

답 : ④

14. 구조체의 실내 표면결로 평가지표인 온도차이비율(TDR)에 대한 설명으로 가장 부적합한 것은?

① 특정 실내외 온도로 구한 TDR은 정상상태 조건에서 구조체의 열저항에 변화가 없다면 실내외 온도가 달라져도 변하지 않는다.
② 실내외 온도차에 대한 구조체 실내 표면온도와 실외 온도차의 비율로 정의된다.
③ 실내외 온도와 실내 노점온도를 알면 구조체에서 실내 표면결로가 발생하기 시작하는 TDR을 알 수 있다.
④ 유사 지표로서 ISO 10211:2007 에서는 Temperature Factor를 제시하고 있으며, 1에서 TDR을 뺀 값이다.

해설 실내외 온도차에 대한 구조체 실내 표면온도와 실내 온도차의 비율

답 : ②

15. 0℃의 얼음 2kg을 20℃의 물로 변화시킬 때 필요한 열량은? (단, 융해열은 334 kJ/kg)

① 668kJ
② 688kJ
③ 836kJ
④ 13,360kJ

해설 ① 0℃얼음 2kg을 0℃물로 바꾸기 위한 잠열 :
2kg×334kJ/kg=668kJ
② 0℃물 2kg을 20℃ 물로 바꾸기 위한 현열 :
2kg×4.19kJ/kg×20℃=167.6kJ
③ 668kJ＋167.6kJ=835.6kJ

답 : ③

16. 건물 내 기류를 제어하기 위한 설계 전략으로 가장 부적합한 것은?

① 고층건물에서 연돌효과를 방지하기 위해 수직통로를 여러 존으로 구분한다.
② 대공간 및 아트리움에서 연돌효과 또는 베르누이효과로 환기성능을 향상시킨다.
③ 오염공기의 전파를 방지하기 위해 화장실은 가압환기 방식을 주로 사용한다.
④ 환기에 따른 열손실을 줄이기 위해 전열 교환기, DCV(Demand Controlled Ventilation) 등을 적용한다.

해설 화장실은 제3종 환기방식 사용

답 : ③

17. 체적이 $300m^3$인 실을 5명이 사용한다. 1인당 필요환기량이 $30m^3/h$일 경우 창일체 선형 자연환기구의 최소 소요길이는 얼마인가? (단, 자연환기구의 통풍성능은 $50m^3/h \cdot m$이며, 실특성 가중치는 1로 가정함)

① 3m
② 4m
③ 5m
④ 6m

해설 ① 필요환기량 : $5人 \times 30m^3/h \cdot 人 = 150m^3/h$
② 자연환기구 길이 : $\dfrac{150m^3/h}{50m^3/h \cdot m} = 3m$

답 : ①

18. 측광량의 용어와 단위를 알맞게 짝지은 것은?

용 어	단 위
㉠ 광속	ⓐ lm/sr
㉡ 광도	ⓑ lm/m^2
㉢ 조도	ⓒ lm
㉣ 휘도	ⓓ cd/m^2

① ㉠-ⓑ, ㉡-ⓐ, ㉢-ⓒ, ㉣-ⓓ
② ㉠-ⓒ, ㉡-ⓑ, ㉢-ⓐ, ㉣-ⓓ
③ ㉠-ⓑ, ㉡-ⓒ, ㉢-ⓓ, ㉣-ⓐ
④ ㉠-ⓒ, ㉡-ⓐ, ㉢-ⓑ, ㉣-ⓓ

답 : ④

19. 자연채광 관련 설명으로 가장 부적합한 것은?

① 주광률은 실외의 청천공 조도에 대한 실내 작업면조도의 백분율로 정의된다.
② 주광률 계산에 사용되는 작업면조도의 영향인자로는 천공성분, 실외 반사성분, 실내 반사성분이 있다.
③ 천창채광방식은 채광량 확보에 유리하나 누수문제가 발생할 수 있다.
④ 균제도는 조도 또는 주광률 분포의 균일 정도를 나타내며, 1에 가까울수록 균일함을 의미한다.

해설 담천공 조도에 대한 실내작업면 조도 백분율

답 : ①

20. 아래 표는 램프의 성능을 정리한 것이다. 램프의 발광효율이 높은 순서대로 나열된 항목은?

구 분	용량 (W)	광속	연색지수	색온도 (K)
㉠ 고압나트륨등	400	50,000	29	2,100
㉡ 형광등	40	3,100	63	4,200
㉢ 메탈할라이드등	400	36,000	70	4,000
㉣ LED등	9	747	70	5,700

① ㉠-㉢-㉣-㉡
② ㉡-㉢-㉣-㉠
③ ㉢-㉣-㉡-㉠
④ ㉣-㉢-㉡-㉠

해설 ① 효율=lm/W
② 효율 ㉠ : 125lm/W
㉡ : 77.5lm/W
㉢ : 90lm/W
㉣ : 83lm/W

답 : ①

제2과목 : 건축환경계획

1. 난방도일에 대한 설명 중 가장 적절하지 않은 것은?

① 난방도일이 크다는 것은 기후가 춥다는 것과 난방을 위해 연료비가 많이 드는 것을 의미한다.
② 난방도일은 잠열을 고려하지 않기 때문에 외기의 습도와는 관계가 없다.
③ 난방도일은 지역 간의 난방투입열량을 비교하기 위한 목적으로 사용된다.
④ 난방도일은 외기온이 기준실온보다 높아지는 기간 중의 온도차 합으로 나타낸다.

해설 ④ 높아지는 → 낮아지는

답 : ④

2. 외기에 직접면한 면적 $10m^2$의 벽체와 면적 $5m^2$의 창호로 구성된 외벽이 있다. 벽체와 창호의 열관류율이 각각 $0.270W/m^2 \cdot K$, $1.500W/m^2 \cdot K$ 라고 할 때, 외벽의 평균열관류율($W/m^2 \cdot K$)은 얼마인가?

① 0.059　② 0.680
③ 0.885　④ 1.770

해설 $\frac{10 \times 0.270 + 5 \times 1.500}{10+5} = 0.680$

답 : ②

3. 건물의 냉방에너지사용량을 줄이기 위한 방법 중 가장 적절한 것은?

① 서울 소재 건물의 일사 유입을 방지하기 위해 남향은 수직차양, 서향은 수평차양을 사용하는 것이 효과적이다.
② 옥상 쿨루프(Cool Roof)의 경우 낮은 일사반사율의 재료를 선택하는 것이 좋다.
③ 우리나라와 같은 기후에서는 증발냉각을 활용하는 것이 매우 효과적이다.
④ 연중 내부발열이 매우 많은 건물의 경우 열관류율이 매우 낮은 창을 선택하는 것은 불리할 수 있다.

해설 ① 남향은 수평차양, 서향은 수직차양
② 낮은 → 높은
③ 증발냉각 → 자연통풍

답 : ④

4. 1시간 이하 시간간격의 동적건물에너지해석을 통한 에너지요구량 계산시 고려하지 않는 것은?

① 창호를 통한 일사열
② 공조기(AHU)의 팬 효율
③ 시간에 따른 재실자, 조명, 기기 등에 의한 현열 및 잠열
④ 자연환기 또는 침기에 의한 열손실 및 열획득

해설 ② 에너지요구량은 건물자체의 에너지 성능으로 공조기의 팬 효율은 에너지 소요량 계산 시 고려사항

답 : ②

5. 자연형 태양열 시스템(Passive Solar System) 의 특징 중 가장 적절하지 않은 것은?

① 자연형 태양열 시스템은 전도, 대류, 복사 등 자연에너지의 흐름을 이용한다.
② 자연형 태양열 시스템은 태양, 야간천공과 같은 자연에너지원을 활용한다.
③ 자연형 태양열 시스템은 직접획득방식, 축열벽방식, 온실방식, 이중외피방식, 쿨튜브 방식 등이 있다.
④ 자연형 태양열 시스템은 설비형 태양열 시스템에 비해 경제적인 반면 성능면에서 불리하다.

해설 ③ 쿨튜브방식은 지중열 이용 시스템

답 : ③

6. 건물외피계획에 관한 설명으로 가장 적절하지 않은 것은?

① 구조체의 열용량은 냉난방부하와 실내온도 변화에 영향을 크게 미친다.
② 로이유리는 유리에 투명금속피막 코팅으로 복사열을 반사하여 실내측의 열을 보존한다.
③ 태양열취득률(SHGC)은 3mm 투명유리 대비 태양에너지 취득량의 비율로 구한다.
④ 이중외피 시스템은 외피 사이의 중공층을 이용하여 외부의 자연환경을 적극적으로 활용한다.

해설 ③ 3mm 투명유리 대비 태양에너지 취득량 비율은 차폐계수(SC)이다.

답 : ③

7. 열관류율 $0.260W/m^2 \cdot K$, 외표면 열전달률 $20W/m^2 \cdot K$, 일사흡수율 0.6인 면적 $2m^2$의 외벽에서 외기온도 30℃, 실내온도 26℃, 외벽면 전일사량 $300W/m^2$ 인 경우 상당외기온도차에 의한 총관류열량(W)은 얼마인가?

① 2.08　② 3.38
③ 6.76　④ 20.28

해설 $te = \frac{\alpha}{\alpha_0} \times \mathrm{I} + t_0 = \frac{0.6}{20} \times 300 + 30 = 39$

$\mathrm{H} = \mathrm{K} \times \mathrm{A} \times \Delta \mathrm{Te} = 0.260 \times 2 \times (39 - 26) = 6.76$

답 : ③

8. 결로 방지대책에 관한 설명으로 가장 적절하지 않은 것은?

① 실내의 수증기 발생을 억제한다.
② 외부 공기 습도가 낮은 경우 환기를 통하여 실내 습한 공기를 제거한다.
③ 방습층을 단열층의 온도가 높은 곳에 설치한다.
④ 표면결로 방지를 위해 온도차이비율(TDR) 값을 높게 한다.

해설 ④ 온도차이비율(TDR) 값을 낮게 한다.

답 : ④

9. 창면적비 40%, 창호(창세트)의 열관류율 $1.800W/m^2 \cdot K$, 벽체의 열관류율 $0.300W/m^2 \cdot K$인 외기에 직접 면하는 외벽 구성체에서 단열성능 향상을 위한 대안으로 가장 우수한 것은? (단, 일사의 영향은 고려하지 않는다.)

① 열관류율 $1.500W/m^2 \cdot K$의 창호로 교체한다.
② 창면적비를 30%로 변경한다.
③ 열전도율 $0.020W/m \cdot K$인 단열재 100mm를 벽체에 추가한다.

④ 창면적비를 35%로 변경하고 열전도율 0.020W/m·K인 단열재 30mm를 벽체에 추가한다.

해설 ① $1.5 \times 0.4 + 0.3 \times 0.6 = 0.78$

② $1.8 \times 0.3 + 0.3 \times 0.7 = 0.75$

③ $R_1 = \dfrac{1}{0.3} = 3.333$

$R_2 = 3.333 + 5 = 8.333$

$K_2 = \dfrac{1}{8.333} = 0.120$

$1.8 \times 0.4 + 0.12 \times 0.6 = 0.792$

④ $R_2 = 3.333 + 1.5 = 4.833$

$K_2 = \dfrac{1}{4.833} = 0.207$

$1.8 \times 0.35 + 0.207 \times 0.65 = 0.765$

답 : ②

10. 저항형 단열재를 사용한 외단열과 내단열 방식의 특징 중 가장 적절하지 않은 것은?

① 열교현상과 결로현상 방지에는 외단열이 더 적합하다.
② 구조체의 축열성능 활용에는 외단열이 더 적합하다.
③ 초기 난방시(Warm-up) 실내 설정온도에 신속하게 도달하는 데는 외단열이 더 적합하다.
④ 모든 벽체 구성요소의 열전도율과 두께가 동일한 경우 단열재의 위치와 관계없이 열관류율 계산값은 동일하다.

해설 ③ 외단열 → 내단열

답 : ③

11. 주거용 건물의 결로에 관한 설명으로 가장 적절하지 않은 것은?

① 외벽의 접합부나 모서리 부위는 열교면적이 상대적으로 커서 결로 발생 우려가 높다.
② 습도가 높은 장마철에 지하 주차장의 결로 문제를 해결하기 위해 충분한 외기를 도입하여 환기한다.
③ 내표면결로는 난방이 제공되는 실보다 비난방실이나 창고 등에서 발생 우려가 높다.
④ 가구 후면 결로방지를 위해 외벽에서 일정 거리를 두어 통기가 이루어지도록 한다.

해설 ② 습도가 높은 장마철에는 환기를 하면 오히려 표면결로가 더 많이 발생한다.

답 : ②

12. 건물의 최대 난방부하 계산과 가장 거리가 먼 요소는?

① 유리의 태양열취득률(SHGC)
② 단열재의 종류와 두께
③ 건물의 기밀도
④ 환기량

해설 ① SHGC는 최대냉방부하 계산에 사용된다.

답 : ①

13. 구조체 내부 중공층의 단열효과에 관한 설명 중 가장 적절하지 않은 것은?

① 중공층의 기밀성능이 떨어지면 단열효과가 저하된다.
② 중공층 내부에서는 대류와 복사에 의하여 열전달이 이루어진다.
③ 중공층의 두께가 두꺼울수록 단열성능이 향상된다.

④ "건축물의 에너지절약설계기준"에서 두께 1cm 초과 현장시공 공기층의 열저항은 $0.086m^2 \cdot K/W$로 규정된다.

해설 ③ 중공층의 두께가 20mm 일 때 열저항이 가장 크다. 20mm보다 두꺼워질수록 단열성능이 오히려 떨어진다.

답 : ③

14. 다음 그림의 겨울철 외벽 내부의 정상상태 온도 분포를 나타낸 것이다. 이에 대한 설명으로 맞는 내용을 모두 나타낸 것은? (단, 복사의 영향은 고려하지 않는다.)

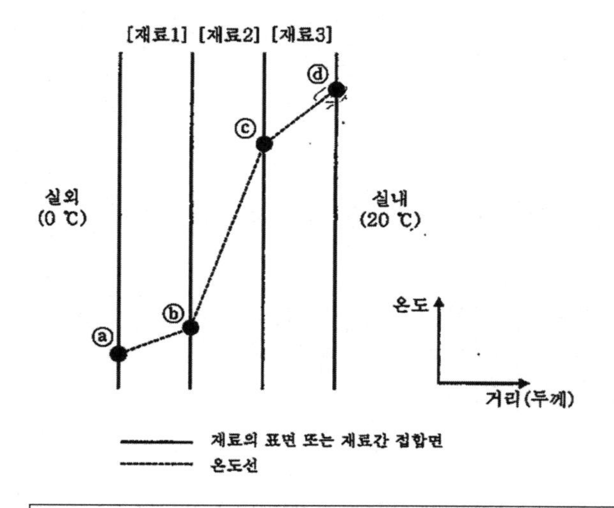

> ㉠ ⓐ지점의 표면온도는 0℃ 이다.
> ㉡ ⓓ지점의 표면온도는 20℃ 보다 낮다.
> ㉢ 벽체의 단열 성능 향상을 위해서는 [재료1]의 두께를 증가시키는 것이 가장 효과적이다.
> ㉣ [재료1]의 열전도율이 [재료2]의 열전도율보다 높다.
> ㉤ ⓐ–ⓑ 구간의 열저항값이 ⓒ–ⓓ 구간의 열저항값보다 크다.

① ㉠, ㉣　　② ㉠, ㉤
③ ㉡, ㉣　　④ ㉡, ㉢, ㉤

해설 ㉠ 외표면 공기층 저항이 있어 ⓐ면의 온도는 0℃ 보다 높다.
㉢ 재료1 → 재료2
㉤ 크다 → 작다

답 : ③

15. 일사에 대한 설명으로 가장 적절하지 않은 것은?

① 직달일사는 태양의 복사선이 대기를 투과하여 지상에 도달한 것이다.
② 대기투과율은 대기의 투명도를 표시한 값이다.
③ 태양상수는 지상에 도달하는 평균 일사량이다.
④ 천공일사는 태양의 복사선이 대기 중에 산란되어 지상에 도달한 것이다.

해설 ③ 지상 → 대기권

답 : ③

16. 건물에서 연중 열획득에만 관계되는 요소로 가장 적절하지 않은 것은?

① 복사기
② 고휘도방전램프(HID)
③ 그라스울 보온판
④ 재실자

해설 ③ 내부발생열원에는 인체, 조명기구, 기기장치가 있다.

답 : ③

17. 창의 면적이 $2m^2$, 유량계수가 0.5, 바람이 유입되고 유출되는 창 양쪽의 풍압계수가 각각 +2, −2, 풍속이 1m/s인 조건에서의 풍량(m^3/s)은 얼마인가?

① 1.0
② 2.0
③ 3.0
④ 4.0

해설 $Q=\alpha \cdot A \cdot N\sqrt{C_1-C_2}=0.5\times2\times1\times\sqrt{4}$
$=2.0\,m^3/s$

답 : ②

18. 실내 공기를 오염시키는 오염물질에 대한 설명 중 가장 적절하지 않은 것은?

① 실내공기오염의 대표적인 척도는 인간의 호흡활동에 의해 발생하는 이산화탄소(CO_2)이다.
② 폼알데히드(HCHO)는 건축 마감재, 접착제 등에서 발생하는데 무색의 물질로 자극성 있는 냄새가 난다.
③ 라돈은 토양, 암반, 지하수, 콘크리트 등에 존재하는 무색의 방사성 물질로 암을 유발시키며 자극성 있는 냄새가 난다.
④ 미세먼지는 호흡기에 영향을 주며 입자 크기가 직경 10μm 이하인 미세먼지를 PM10 이라고 한다.

해설 ③ 실내 공기를 오염시키는 라돈가스는 무색, 무미, 무취이다.

답 : ③

19. 15m × 12m 크기의 사무실에서 광속 3,000lm인 조명기구를 이용하여 작업면 평균조도를 500lux로 하고자 하는 경우, 필요한 최소 조명기구의 수는 몇 개인가? (단, 조명률은 71%, 보수율은 85%로 한다.)

① 19　② 26
③ 36　④ 50

해설 $N=\dfrac{E\cdot A}{F\cdot U\cdot M}=\dfrac{500\times180}{3000\times0.71\times0.85}=49.7$

답 : ④

20. 습공기선도 상에 온도와 상대습도에 따른 인체의 쾌적 범위를 표시할 수 있다. 겨울철 평균복사온도가 상승하는 경우 표시된 쾌적 범위는 습공기선도상에서 어떻게 이동하는가?

① 오른쪽으로 이동
② 왼쪽으로 이동
③ 위로 이동
④ 아래로 이동

해설 ② 복사패널설치 등을 통해 평균복사온도가 상승하면 실내기온은 다소 낮아지더라도 쾌적감을 얻을 수 있다.

답 : ②

제2과목 : 건축환경계획

1. 건축물의 에너지절약 관련 다음 설명 중 가장 적합하지 않은 것은?

① 공동주택은 인동간격을 넓게하여 저층부의 일사 수열량을 증대시킨다.
② 야간난방이 필요한 숙박시설 및 공동주택에는 창의 열손실을 줄이기 위해 단열셔터 등 야간 단열장치를 설치한다.
③ 학교의 교실, 문화 및 집회시설의 공용부분은 1면 이상 자연채광이 가능하도록 한다.
④ 「건축물의 에너지절약설계기준」에서 단열재의 등급분류는 단열재의 열전도율 및 밀도의 범위에 따라 등급을 분류한다.

해설 ④ 단열재 등급 분류는 열전도율 범위에 따른다.

답 : ③

2. 다음 그림은 기후특성이 반영된 패시브 건축계획 수립을 위한 건물생체기후도(Building bioclimatic chart)를 나타낸 것이다. 굵은 선으로 둘러싸인 부분이 열쾌적 영역일 경우 ㉠~㉣ 지점에 대한 패시브 건축계획으로 가장 적합하지 않은 것은?

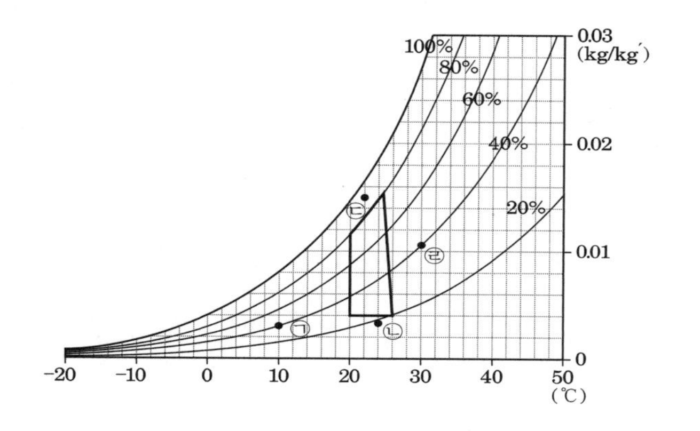

① ㉠지점 : 단열, 침기차단, 태양열 획득
② ㉡지점 : 차양, 증발냉각
③ ㉢지점 : 차양, 통풍냉각
④ ㉣지점 : 차양, 축열냉각

해설 ③ ㉢ 지점: 자연 통풍

답 : ③

3. 난방 및 냉방 에너지소요량의 동적 계산(Dynamic simulation)과 가장 관련이 적은 것은?

① 보일러, 냉동기 및 냉·온수 순환펌프의 부분부하 효율, 제어방식
② 외벽 재료의 비열 및 밀도, 창의 열관류율 및 면적
③ 인체, 조명, 기기 등의 실내 발열밀도 및 발열 스케쥴
④ 난방 및 냉방 디그리데이(Degree day)

해설 ④ 냉·난방 도일법은 정적해석법이다.

답 : ④

4. 일반적인 복층 유리창(창세트)의 에너지 성능 관련 설명으로 가장 적합하지 않은 것은?

① SHGC가 클수록 패시브 난방에 효과적이다.
② 창틀 단면에서의 중공(Cavity)은 대류열전달을 줄이기 위해 작은 크기로 구획한다.
③ 아르곤 주입은 로이코팅보다 일반적으로 열관류율 감소 효과가 크다.

④ 금속재 창틀에는 폴리우레탄이나 폴리아미드 재질의 열교 차단재를 설치하여 열손실을 줄인다.

해설 ③ 로이코팅이 아르곤 주입보다 열관류율 감소효과가 크다.

답 : ③

5. 다음은 유리창의 단면을 나타낸 그림이다. 에너지 절약 측면에서 국내 건물의 정북향벽에 가장 적합한 창호 구성은?

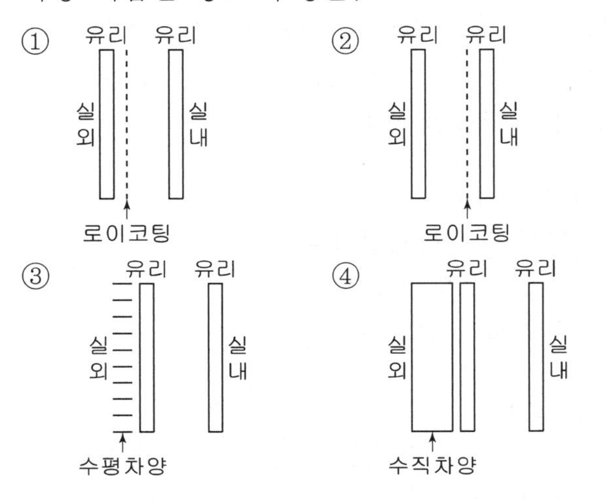

해설 ② 3면 로이코팅

답 : ②

6. 난방에너지 절약을 위한 공동주택의 일반적인 계획 기법으로 가장 적합하지 않은 것은?

① 외피의 열관류율을 작게 한다.
② 실내외 온도차를 줄이기 위한 열적완충공간을 둔다.
③ 주동 출입구는 방풍실을 두거나 회전문으로 한다.
④ 평면상에서 외벽은 일자형보다는 요철형으로 한다.

해설 ④ 외피면적이 작은 일자형이 좋다.

답 : ④

7. 겨울철 외벽 내부의 1차원 정상상태 온도분포가 다음 그림과 같은 경우 이에 대한 설명으로 가장 적합하지 않은 것은?(단, ㉠, ㉡, ㉢ 재료는 고체이며 두께가 같다. A-B, C-D의 온도 기울기는 같으며, 복사의 영향은 고려하지 않는다.)

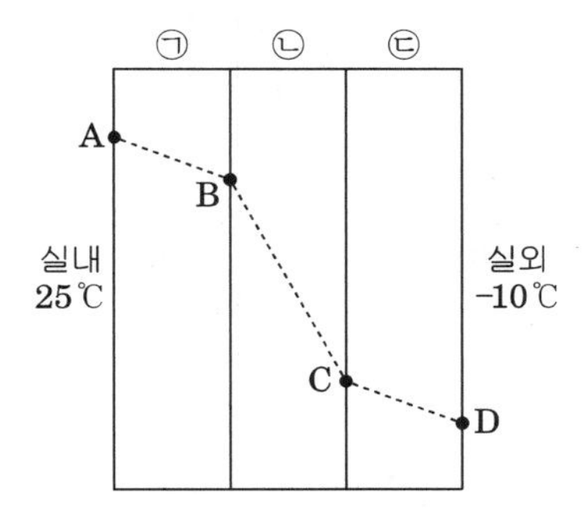

① 실내 상대습도가 100%인 경우 A점에서는 결로가 발생한다.
② ㉠재료의 열저항은 ㉢재료보다 크다.
③ 방습층은 B점이 위치한 면에 설치한다.
④ ㉡재료의 열전도율은 ㉢재료보다 작다.

해설 ② 온도구매가 같으면 열저항도 같다.

답 : ②

8. 건물 외피의 열교 관련 설명으로 가장 적합하지 않은 것은?

① 단열층을 관통하는 자재 고정용 철물 등은 점형 열교가 되므로 가급적 설치를 최소화 한다.
② 구조체 접합부에서의 열교 방지를 위해서는 내단열보다 외단열이 효과적이다.
③ 열교 부위는 인접한 비열교 부위보다 동계 야간 난방시 실외 표면온도가 높게 된다.
④ 선형 열교를 통한 실내외 단위 온도차당 전열량은 보통 선형 열관류율과 선형 열교면적의 곱으로 구한다.

해설 ④ 선형 열관류율(W/m · k)×선형열교길이(m)로 구함

답 : ④

9. 아래 벽체에서 실내표면 온도(℃)를 구하시오. (단, 실내표면 열전달저항은 0.11, 실외표면 열전달 저항은 0.043, 공기층의 열저항은 0.086 $m^2 \cdot K/W$로 한다.)

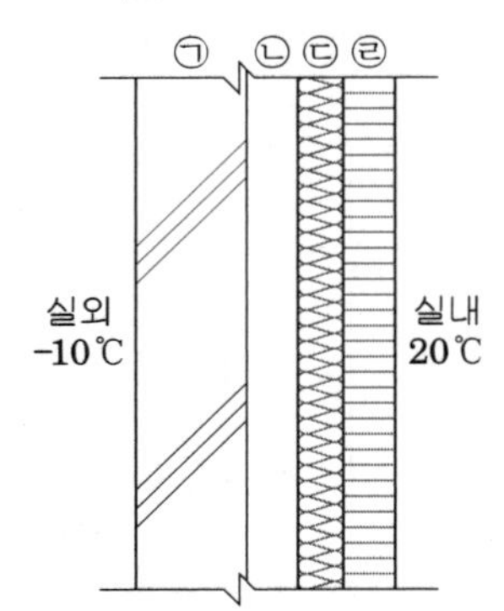

	재료	두께(mm)	열전도율(W/m · K)
㉠	콘크리트	200	1.6
㉡	공기층	20	-
㉢	그라스울	140	0.035
㉣	석고보드	18	0.18

① 18.7 ② 19.0
③ 19.3 ④ 19.6

해설 ③ $\frac{r}{R}=\frac{t}{T}=\frac{t_i-t_{si}}{t_i-t_o}=\frac{0.11}{4.464}=\frac{20-t_{ai}}{20-(-10)}$

$t_{si}=19.26$

답 : ③

10. 냉방부하 계산시, 일사유입에 의한 획득열량 산출에 필요 없는 것은?

① 유리의 차폐계수
② 유리창 면적
③ 실내외 온도차
④ 일사량

해설 $gG = I \cdot SC \cdot A$

답 : ③

11. 다음 중 최대 냉 · 난방부하 계산시 부하요인 - 부하종류 - 부하구분 연결이 틀린 것은?

① 침기 - 현열, 잠열 - 냉방, 난방
② 조명 - 현열 - 냉방
③ 인체 - 현열, 잠열 - 냉방, 난방
④ 환기 - 현열, 잠열 - 냉방, 난방

해설 ③ 인체 발생열은 냉방부하만 계산

답 : ③

12. 다음 조건에서 온도차이비율(TDR)을 산출하고, "공동주택 결로 방지를 위한 설계기준"의 만족 여부로 가장 적합한 것은?

- 위치 : 속초
- 검토부위 : 벽체접합부
- 실내표면온도 : 15℃
- 결로방지 성능기준

대상부위	TDR값		
	지역 Ⅰ	지역 Ⅱ	지역 Ⅲ
벽체접합부	0.25	0.26	0.28

- 소수 셋째자리에서 반올림

① TDR : 0.25, 기준만족
② TDR : 0.25, 기준미달
③ TDR : 0.29, 기준만족
④ TDR : 0.29, 기준미달

해설 ④ $TDR=\frac{t_i-t_{si}}{t_i-t_o}=\frac{25-15}{25-(-10)}=\frac{10}{35}=0.29$

답 : ④

13. 공동주택에서의 결로 방지에 관한 설명으로 가장 적합하지 않은 것은?

① 표면 결로를 방지하기 위해 온도차이비율(TDR)을 작게 한다.
② 창에서 유리 중앙보다는 유리 모서리가 특히 결로에 취약하므로 주의가 필요하다.
③ 복층유리의 간봉(Spacer)내부 공간에는 흡습재를 두어 중공층 내부결로를 방지한다.
④ 출입문, 벽체접합부, 외기에 직접·간접 접하는 창은「공동주택 결로 방지를 위한 설계기준」에 따라 결로방지성능을 만족해야 한다.

해설 ④ 외기에 간접 면하는 창은 제외

답 : ④

14. 아래 그림은 우리나라 건물부위별 일사량을 나타낸다. 그림에 대한 설명이 옳은 것은?

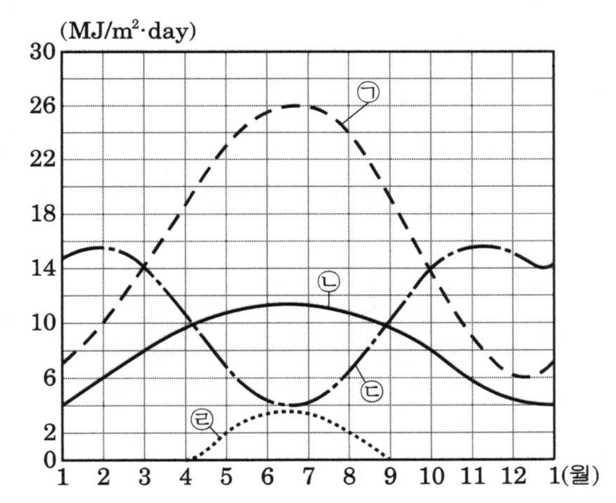

① ㉠ - 남측면 직달일사량
② ㉡ - 동서측면 직달일사량
③ ㉢ - 북측면 직달일사량
④ ㉣ - 수평면 직달일사량

해설 ㉠ - 수평면, ㉢ 남면, ㉣ 북면

답 : ②

15. 태양위치 및 일사에 대한 설명으로 가장 적합하지 않은 것은?

① 진태양시와 평균태양시의 차이를 균시차라하며, 지구 공전속도가 일정하지 않기 때문에 발생한다.
② 태양이 남중할 때 태양방위각을 0이라고 하면, 정남에서 동(오전)은 +, 서(오후)는 -값을 갖는다.
③ 지구 대기권 표면에 도달하는 연평균 법선면 일사량을 태양정수라 하며, 통상 1,353W/m^2 값을 갖는다.
④ 지표면에 도달하는 법선면 직달일사량을 태양정수로 나눈 값을 대기투과율이라 하며, 대기 중 수증기량과 오염도에 따라 값이 변화한다.

해설 ② 태양 방위각은 동쪽은 -, 서쪽은 + 값을 갖는다.

답 : ②

16. 아래 그림과 같은 건축물에서 풍상측과 풍하측 간에 발생하는 압력차(ΔP)를 구하시오.(단, 풍압계수는 통상측 0.8, 풍하측 -0.4로 한다.)

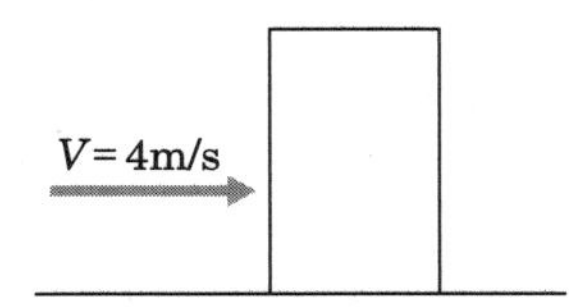

① 2.88pa ② 5.76pa
③ 11.52pa ④ 23.04

해설 ③ $\Delta P = P_1 - P_2 = (C_1 - C_2)\frac{r}{2g}v^2(\text{kg/m}^2)$

$= (C_1 - C_2)\frac{r}{2}v^2(\text{N/m}^2)$

$= (0.8-(-0.4)) \cdot \frac{1.2}{2\times 9.8} \cdot 4^2$

$= 1.17551(\text{kg/m}^2)$

$= 11.52(\text{N/m}^2)$

답 : ③

17. 공기령(Age of air)에 의한 환기성능 평가에 대한 설명으로 가장 적합하지 않은 것은?

① 어떤 지점의 공기령이 클수록 신선한 공기가 잘 도달된다.
② 환기횟수가 커지면 급기구로부터 유입된 공기가 배기구까지 흘러가는데 걸리는 시간이 짧아진다.
③ 천정부근 벽체에서 급기하여 반대쪽 벽체천정부근으로 폐기하는 경우, 공기령 편차가 커질 위험성이 있다.
④ 대공간의 거주역만을 대상으로 하는 치환 환기의 경우, 대상 공간의 공기령을 균일하게 설계해야 한다.

해설 ① 공기령이 짧을수록 신선한 공기가 잘 도달된다.

답 : ①

18. 수증기발생량이 1.2kg/h인 경우, 실내절대습도를 0.010kg/kg' 로 유지하기 위한 필요 환기량 $Q(m^3/h)$을 구하시오.(단, 공기밀도는 $1.2kg/m^3$, 외기에 절대 습도는 0.005kg/kg' 로 한다.)

① 100 ② 120
③ 200 ④ 240

해설 ③ $Q = \frac{1.2}{1.2 \times (0.010 - 0.005)} = 200m^3/h$

답 : ③

19. "건축전기설비설계기준"에 따른 실내 조명설계 순서로 가장 적합한 것은?

㉠ 조명방식 및 광원 선정
㉡ 조명기구 배치
㉢ 조도기준 파악
㉣ 조명기구 수량 계산

① ㉢ - ㉠ - ㉡ - ㉣
② ㉠ - ㉢ - ㉣ - ㉡
③ ㉢ - ㉠ - ㉣ - ㉡
④ ㉠ - ㉢ - ㉡ - ㉣

해설 실내조명 설계 순서
1. 소요조도결정
2. 광원선택
3. 조명방식 및 조명기구 선정
4. 광원의 개수 산정
5. 조명기구(광원) 배치

답 : ③

20. 측창에 비하여 수평형 천창의 채광 특성을 설명한 것으로 가장 적합하지 않은 것은?(단, 창 위치 이외의 창면적과 주변환경은 동일한 것으로 가정한다.)

① 주변건물의 영향을 덜 받는다.
② 더 많은 양의 주광을 받을 수 있다.
③ 직사광에 의한 글레어 발생 주의가 필요하다.
④ 실내위치에 따른 주광분포 불균일 위험성이 크다.

해설 ④ 천창은 균일한 조도분포, 측창은 조도분포의 불균일한 특성을 지니고 있다.

답 : ④

제2과목 : 건축환경계획

1. 우리나라에서 에너지 절약을 위한 건축계획으로 가장 적절하지 않은 것은?

① 건축물은 일조 및 주풍향 등을 고려하여 배치하며, 남향 또는 남동향 배치를 한다.
② 연돌효과를 방지하기 위해 공동주택 계단실의 지하 및 지상 출입문은 통기성을 좋게 한다.
③ 건축물의 연면적에 대한 외피면적의 비는 가능한 작게 한다.
④ 아트리움의 최상부에는 자연배기 또는 강제배기가 가능한 구조 또는 장치를 채택한다.

해설 ② 연돌효과를 방지하기 위해 공동주택 계단실의 지하 및 지상 출입문은 기밀성을 좋게 한다.

답 : ②

2. 인체의 열쾌적에 대한 설명으로 가장 적절하지 않은 것은?

① 착의량의 단위인 clo는 W/㎡·K에 해당한다.
② 활동량의 단위인 met는 W/㎡에 해당한다.
③ 동일한 건구온도에서 습구온도와 차이가 클수록 상대습도는 낮다.
④ 겨울철에 평균복사온도가 상승하는 경우 습공기선도 상의 열쾌적 범위는 왼쪽으로 이동한다.

해설 ① clo는 의복의 열저항을 나타내는 단위로 1clo는 $0.155m^2K/W$에 해당

답 : ①

3. 고온건조한 기후 지역에서의 패시브 냉방기법으로 가장 적절하지 않은 것은?

① 일사열획득을 최소화하기 위해 반사율이 높은 외부 표면 마감재를 사용한다.
② 열용량이 큰 재료로 구조체를 구성하여 열전달을 지연시킨다.
③ 넓은 창을 다수 설치하여 주간에 통풍을 원활하게 한다.
④ 연못을 두어 증발냉각 효과를 얻는다.

해설 ③ 개구부를 최소화하여 외부로부터 더운 공기가 유입되는 것을 최소화한다.

답 : ③

4. 우리나라에서 에너지 절약을 위한 패시브 및 자연에너지 활용 건축기법에 대한 설명으로 가장 적절하지 않은 것은?

① 고기밀 시공이 중요하며, 결로·곰팡이 방지 및 실내공기질 유지를 위해서는 폐열회수형 기계 환기가 필요할 수 있다.
② 고단열 시공과 열교의 최소화가 필요하며, 창을 통한 일사열획득 수준을 높여 난방에너지 요구량을 낮춘다.
③ 지중에 설치한 외기 도입용 쿨튜브는 단열을 철저히 하여 열손실을 방지한다.
④ 외기 도입용 지중 덕트에서 지중을 덜 거치는 바이패스 경로로 두면 중간기(봄, 가을)팬 동력 절감에 효과적이다.

해설 ③ 지중에 설치되는 쿨튜브는 열전도율이 높아야 지중과의 열교환이 쉽게 일어난다.

답 : ③

5. 열전달에 대한 설명으로 가장 적절하지 않은 것은?

① 복사에 의한 열의 이동에는 공기가 필요하지 않다.
② 벽체의 실내표면열전달저항은 일반적으로 외기에 직접 면한 실외표면열전달저항보다 크다.
③ 벽체 표면 근처의 풍속이 커질수록 해당 표면 열전달저항이 커진다.
④ 방사율이 낮은 재료로 벽체 표면에 부착 시키면 복사에 의한 열전달을 줄일 수 있다.

해설 ③ 벽체 표면 근처의 풍속이 커질수록 해당 표면 열전달저항이 작아진다.

답 : ③

6. 창의 열성능에 대한 설명으로 가장 적절하지 않은 것은?

① 유리의 색깔은 태양열취득률 및 가시광선 투과율에 큰 영향을 준다.
② 복층유리 중공층에 공기 대신 아르곤이나 크립톤 가스를 주입하면 복사 열전달을 억제하는 효과가 크다.
③ 알루미늄 대신 플라스틱 스페이서를 설치하면 유리 모서리의 결로 위험을 줄일 수 있다.
④ 로이코팅을 하면 복사 열전달을 줄여 창의 열관류율을 낮출 수 있다.

해설 ② 복사 → 전도

답 : ②

7. 업무시설의 이중외피(더블스킨) 커튼월시스템에 대한 설명으로 가장 적절하지 않은 것은?

① 주요 구성요소는 외측 및 내측 스킨과 중공층, 내부차양(블라인드)이다.
② 개구부 개방에 의한 자연환기가 곤란하다.
③ 중공층을 열적 완충공간으로 활용하여 난방 및 냉방 에너지 요구량을 절감할 수 있다.
④ 내부차양(블라인드) 제어가 중요하며, 여름철에 가열된 중공층 공기는 배기하여 냉방 에너지 사용을 줄인다.

해설 ② 개구부 개방에 의한 자연환기가 가능하다.

답 : ②

8. 단열에 대한 설명으로 가장 적절한 것은?

① 용량형 단열의 효과는 재료의 비열 및 질량과 관련이 있다.
② 반사형 단열은 높은 방사율을 가지는 재료를 사용하여 복사열 에너지를 반사하는 것이다.
③ 쿨루프(cool roof)의 주요 원리는 열전도율이 낮은 지붕재료에 의한 저항형 단열이다.
④ 저항형 단열은 열용량이 큰 재료를 활용하여 열전달을 억제하는 방법이다.

해설 ② 높은 → 낮은
③ 열전도율 → 일사흡수율, 저항형 → 반사형
④ 저항형 → 용량형

답 : ①

9. 다음 그림과 같은 선형 열교를 포함한 구조체에 대해 2차원 정상상태 전열해석으로 구한 총 열류량은 40W/m이다. A 및 C 부위의 열관류율이 0.25W/㎡·K인 경우 열교 부위의 선형 열관류율로 가장 적절한 것은? (단, 선형 열관류율은 실내측 치수를 기준으로 구한다.)

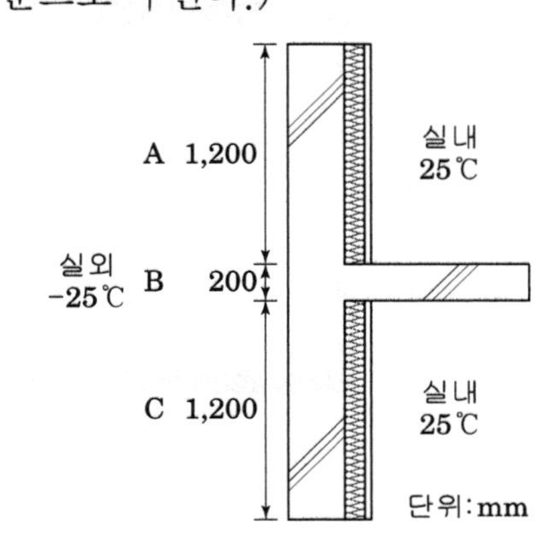

① 0.6 W/m·K　　② 0.5 W/m·K
③ 0.4 W/m·K　　④ 0.2 W/m·K

해설 $\psi = \frac{40}{25-(-15)} - 0.25 \times 2.4 = 0.4$ W/m·K

답 : ③

10. 열전도에 대한 설명으로 가장 적절하지 않은 것은?

① 건축재료의 열전도율은 일반적으로 금속이 크고 보통콘크리트, 목재 순으로 작아진다.
② 단열재 열전도율은 일반적으로 수분을 포함하면 커진다.
③ 중공층 외 각 재료층의 열전도저항은 재료의 열전도율을 재료의 두께로 나눈 값이다.
④ 한국산업규격에서 정하는 비드법보온판 2종은 비드법보온판 1종에 비해 열전도율이 낮다.

해설 ③ 중공층 외 각 재료층의 열전도저항은 재료의 두께를 재료의 열전도율로 나눈 값이다.

답 : ③

11. 다음과 같은 조건에서 외벽의 열관류율과 상당외기온도차를 이용하여 계산한 총 열류량이 21W 일 때, 이 벽체의 열관류율은?

- 외기온도 = 32 ℃
- 실내온도 = 26 ℃
- 실외표면열전달저항 = 0.05 ㎡·K/W
- 외벽면에 입사하는 전일사량 = 320 W/㎡
- 외벽의 일사흡수율 = 0.5
- 외벽 면적 = 5 ㎡

* 문제에서 제시한 이외의 조건은 무시한다.

① 0.20 W/㎡·K　　② 0.25 W/㎡·K
③ 0.30 W/㎡·K　　④ 0.35 W/㎡·K

해설 21W = K × 5m² × (te − 26℃)

$te = \frac{0.5}{20} \times 320 + 32 = 40$℃

K = 0.30 W/m²·K

답 : ③

12. 1차원 정상상태 열전달 조건에서 구한 벽체 실내표면의 온도차이비율(TDR)이 0.05이고 실내온도 20℃, 외기온도 -10℃, 실내표면열전달계수가 9.1 W/㎡·K인 경우, 벽체의 실내표면온도와 열관류율은?

① 19.2 ℃, 0.228 W/m²·K
② 19.2 ℃, 0.455 W/m²·K
③ 18.5 ℃, 0.228 W/m²·K
④ 18.5 ℃, 0.455 W/m²·K

해설 $\frac{0.11}{R} = \frac{20 - tsi}{20-(-10)} = 0.05$

R = 2.2

$tsi = 18.5$℃

K = 0.455 W/m²·K

답 : ④

13. 습공기선도에서 습공기의 특성에 대한 설명으로 가장 적절하지 않은 것은?

① 공기를 가열하면 습구온도도 변화한다.
② 건구온도가 동일한 경우, 상대습도가 높을수록 절대습도도 높아진다.
③ 공기를 노점온도까지 냉각하면 온도와 함께 상대습도도 낮아진다.
④ 건구온도가 높아지면 포화수증기압도 높아진다.

해설 ③ 공기를 노점온도까지 냉각하면 온도와 함께 상대습도는 높아진다.

답 : ③

14. 일사에 대한 설명으로 다음 보기 중 적절한 내용을 모두 고른 것은?

〈보 기〉

㉠ 대기투과율이 낮을수록 직달일사량은 많아진다.
㉡ 대기투과율은 태양상수에 대한 지표면 천공일사량으로 계산된다.
㉢ 태양고도가 높을수록 수평면 종일 직달일사량은 많아진다.
㉣ 우리나라에서 정남향 수직면에 도달하는 춘분의 종일 직달일사량이 하지의 종일 직달일사량보다 더 크다.

① ㉠, ㉢　　② ㉡, ㉣
③ ㉡, ㉢　　④ ㉢, ㉣

해설 ㉠ 대기투과율이 높을수록 직달일사량은 많아진다.
㉡ 대기투과율은 태양상수에 대한 지표면 직달일사량으로 계산된다.

답 : ④

15. 하지에 태양이 남중할 때, 그림과 같은 정남향의 창에서 직달일사를 완전히 차폐할 수 있는 수평차양의 최소길이 d에 가장 가까운 값은? (단, 태양고도는 60°이다.)

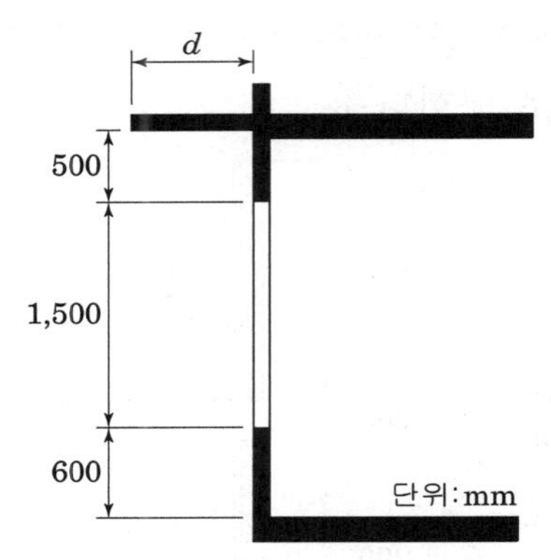

① 920 mm　　② 1,000 mm
③ 1,080 mm　　④ 1,160 mm

해설 $\tan(90-60)^\circ = \frac{d}{2000}$

$d = 2000 \times \tan 30^\circ$
$= 1,155\text{mm} \fallingdotseq 1,160\text{mm}$

답 : ④

16. 실내외 압력차 50 Pa에서 외피면적당 누기량(air permeability)이 3 m³/h · m²인 기밀성능을 ACH_{50}으로 나타낸 값은? (단, 건물의 실내 체적 300 m³, 외피면적 400 m²이다.)

① 3　　② 4
③ 5　　④ 6

해설 $Q = 3\text{m}^3/\text{h}\cdot\text{m}^2 \times 400\text{m}^2 = 1,200\text{m}^3/\text{h}$

$ACH_{50} = \frac{1,200\text{m}^3/\text{h}}{300\text{m}^3/\text{회}} = 4\text{회}/\text{h}$

답 : ②

17. 건물 개구부 전후의 압력차가 15.5 Pa인 경우, 개구부를 통한 풍량은? (단, 유량계수 0.5, 개구부 면적 200 cm^2, 공기 밀도 1.2 kg/㎥이고, 소수점 이하 둘째자리에서 반올림한다.)

① 129.4 ㎥/h ② 183.0 ㎥/h
③ 405.0 ㎥/h ④ 572.8 ㎥/h

해설 $Q = \alpha \cdot A \cdot \sqrt{\frac{2}{r}} \cdot \sqrt{\Delta P}$ (㎥/s)
= 0.5 × 0.02 × 1.291 × 3.937
= 0.0508 ㎥/s
= 183.0 ㎥/h

답 : ②

18. 실내 체적이 200 ㎥인 실에서 수증기 발생량이 2.4 kg/h인 경우, 실내 절대습도를 0.010 kg/kg로 유지하고자 할 때 필요한 환기횟수는? (단, 외기 절대습도는 0.005 kg/kg, 공기의 밀도는 1.2 kg/㎥이다.)

① 1.0 회/h ② 1.2 회/h
③ 2.0 회/h ④ 2.4 회/h

해설 $Q = \frac{2.4}{1.2 \times (0.01 - 0.005)}$ = 400 ㎥/h

환기횟수 = $\frac{400m^3/h}{200m^3/회}$ = 2 회/h

답 : ③

19. 총광속법에서 조명률에 영향을 미치는 인자로 가장 적절하지 않은 것은?

① 실내 마감재의 반사율
② 작업면 조도
③ 시 작업면으로부터 광원까지의 높이
④ 조명기구의 배광특성

해설 조명율(U)은 광원의 종류, 조명방식, 조명기구, 실지수, 실내면 반사율 등에 따라 달라진다.

답 : ②

20. 채광과 조명에 대한 설명으로 가장 적절하지 않은 것은?

① 시지각 대상이 바뀌어도 광원의 연색성 지수는 변하지 않는다.
② 일반적으로 낮은 조도와 낮은 색온도를 사용하는 것이 높은 조도와 높은 색온도를 사용하는 것보다 시지각적으로 쾌적하다.
③ 어두운 곳에서 밝은 곳으로 이동할 때보다 밝은 곳에서 어두운 곳으로 이동할 때 시각적으로 순응하는데 더 많은 시간이 소요된다.
④ 실내의 어느 점에서의 주광율은 창으로부터 거리와 연관이 있다.

해설 ② 일반적으로 높은 조도와 높은 색온도를 사용하는 것이 시지각적으로 쾌적하다.

답 : ②

제2과목 : 건축환경계획

1. 난방도일에 관한 설명으로 가장 적절하지 않은 것은?

① 난방도일은 난방이 필요한 날의 평균 외기온도를 합한 값이다.
② 추운 지역일수록 난방도일이 증가한다.
③ 난방도일 계산 시 외기 습도는 고려하지 않는다.
④ 난방도일을 이용하여 난방연료 소비량을 추정할 수 있다.

해설 ① 난방기준 온도와 난방이 필요한 날의 평균외기온도 차를 합한 것이다.

답 : ①

2. 고온 건조한 기후 지역의 자연형 냉방기법에 대한 설명으로 가장 적절하지 않은 것은?

① 증발냉각의 원리를 활용한다.
② 야간 환기를 이용하여 구조체 온도를 낮춘다.
③ 반사율이 높은 재료로 외관을 마감한다.
④ 축열을 줄이기 위해 경량 구조를 사용한다.

해설 ④ 열용량이 큰 중량구조를 사용한다.

답 : ④

3. 다음 보기 중 단위가 같은 것끼리 묶은 것은?

〈보 기〉

㉠ 열관류율	㉡ 열전도율
㉢ 대류열전달계수	㉣ 선형열관류율

① (㉠, ㉢) – (㉡, ㉣)
② (㉠, ㉢, ㉣) – (㉡)
③ (㉠, ㉣) – (㉡, ㉢)
④ (㉠, ㉣) – (㉡) – (㉢)

해설 ㉠ $W/m^2 \cdot K$ ㉡ $W/m \cdot K$
㉢ $W/m^2 \cdot K$ ㉣ $W/m \cdot K$

답 : ①

4. 습공기선도에 대한 설명으로 가장 적절하지 않은 것은?

① 공기를 가열하면 습구온도가 높아진다.
② 절대습도가 높아지면 수증기분압이 높아진다.
③ 공기를 가열하면 수증기분압이 높아진다.
④ 절대습도가 높아지면 노점온도가 높아진다.

해설 ③ 공기를 가열하더라도 절대습도와 수증기분압은 변하지 않는다.

답 : ③

5. 다음 보기 중 구조체를 통한 열전달에 대한 설명으로 적절한 것을 모두 고른 것은?

〈보 기〉

㉠ 단열성능 및 기밀성능을 높일수록 하계 냉방부하 중 일사부하의 비중이 줄어든다.
㉡ 열관류율은 벽체 표면의 풍속이 커질수록 증가한다.
㉢ 중공층 내에 공기가 없더라도 복사에 의한 열전달이 일어난다.
㉣ 중공층의 열저항은 중공층 기밀성과 무관하다.

① ㉠, ㉡　　② ㉠, ㉢
③ ㉡, ㉢　　④ ㉡, ㉣

해설 ㉠ 관류열 부하와 환기부하가 줄어들면 일사부하는 상대적으로 커진다.
㉣ 중공층이 기밀할수록 열저항은 커진다.

답 : ③

6. 온열환경지표에 대한 설명으로 가장 적절하지 않은 것은?

① 일반적으로 권장되는 쾌적범위는 PPD 〈 10%, − 0.5 〈 PMV 〈 +0.5 이다.
② PMV 값이 클수록 더 더운 환경이라는 것을 나타낸다.
③ PMV=0이라 하더라도 PPD는 5% 정도가 된다.
④ 유효온도(ET)는 상대습도 60%인 경우의 실내온도로 나타낸다.

해설 ④ 60% → 100%

답 : ④

7. 실내 공기 온도 20℃, 외기 온도 −20℃, 실내공기 노점온도 16.5℃ 일 때, 열관류율 2W/m²·K 인 벽체에서 표면결로를 방지하기 위해 추가하여야 하는 단열재의 최소 두께는? (단, 실내표면열전달저항은 0.1m²·K/W이고, 단열재의 열전도율은 0.03W/m·K이다.)

① 10mm　　② 15mm
③ 20mm　　④ 25mm

해설 ① 기존 벽체의 열저항

$R_1 = \frac{1}{K_1} = \frac{1}{2} = 0.5\text{m}^2 \cdot \text{K/W}$

② 표면결로방지를 위한 최소 열저항

$\frac{0.1}{R_2} = \frac{t_i - t_{si}}{t_i - t_0} = \frac{20-16.5}{20-(-20)}$

$R_2 = 1.143\text{m}^2 \cdot \text{K/W}$

③ 추가될 최소 단열재 두께

- $\triangle R = R_2 - R_1 = 0.643$
- $\frac{d}{0.03} = 0.643$

$d = 0.019\text{m} = 19\text{mm}$

답 : ③

8. 일사에 대한 설명으로 가장 적절하지 않은 것은?

① 담천공일 때 일사의 대부분은 천공일사이다.
② 태양으로부터의 일사 중 일부는 대기 중 오존과 수증기 등에 의해 흡수되거나 반사된다.
③ 전일사량은 직달일사와 천공일사의 합으로 계산되며, 반사일사는 포함되지 않는다.
④ 대기투과율은 태양상수에 대한 지표면 천공일사량의 비로 계산된다.

해설 ④ 천공일사량 → 직달일사량

답 : ④

9. 환기계획에 대한 설명으로 가장 적절한 것은?

① 환기횟수가 시간당 2회라면 외기에 의해 실내공기가 전부 교체되는데 걸리는 시간은 2시간이다.

② 클린룸과 같은 청정공간을 유지하기에 적합한 환기방식은 층류방식이다

③ 일반적으로 청정해야 하는 곳에 배기구를, 오염되어도 되는 곳에 급기구를 설치한다.

④ '자연급기+강제배기' 보다 '강제급기+자연배기' 방식이 오염물질 배출에 효과적이다.

해설 ① 2시간 → 0.5시간

③ 청정해야 하는 곳에 급기구를, 오염되어도 되는 곳에 배기구를 둔다.

④ 제3종 환기방식(자연급기+강제배기)이 오염물질 배출에 효과적이다.

② 층류환기방식이란 공기가 일정한 방향으로 흐르게 하는 방식으로 수술실, 클린룸 등의 고청정실의 환기에 사용된다.

답 : ②

10. 표준대기압(1기압)에 해당하는 값으로 가장 적절하지 않은 것은?

① 101,325Pa

② 760mmHg

③ $1.0332kgf/m^2$

④ 1,013.25mbar

해설 1atm=760mmHg
=1,013mbar
=1,013hPa
=101,325Pa
=$1.033kgf/cm^2$

답 : ③

11. 실내 온도와 절대습도는 22℃, 0.009kg/kg′이고, 외기 온도와 절대습도는 2℃, 0.002kg/kg′ 이다. 침기량이 $30m^3/h$일 때, 침기에 따른 현열부하와 잠열부하의 합은? (단, 공기의 밀도, 정압비열, 증발 잠열은 각각 $1.2kg/m^3$, 1.0kJ/kg·℃, 2,500kJ/kg이다.)

① 350W ② 375W

③ 400W ④ 425W

해설 ① 1W = 1J/s = 3.6kJ/h

$1kJ/h = \frac{1}{3.6}W$

② 헌열부하

$1.2kg/m^3 \times 1.0kJ/kg \cdot ℃ = 1.2kJ/m^3 \cdot ℃$

$1.2kJ/m^3 \cdot ℃ \times 30m^3/h \times 20℃ = 720kJ/h = 200W$

③ 잠열부하

$1.2kg/m^3 \times 2{,}500kJ/kg = 3{,}000kJ/m^3$

$3{,}000kJ/m^3 \times 30m^3/h \times 0.007 = 630kJ/h = 175W$

④ 총부하

200W + 175W = 375W

답 : ②

12. 겨울철 연돌효과를 줄이기 위한 방법으로 가장 적절하지 않은 것은?

① 실내 난방 설정 온도를 높인다.

② 침기를 줄이기 위해 외피의 기밀성능을 높인다.

③ 엘리베이터를 고층부와 저층부를 분리하여 설치한다.

④ 1층 출입구에 회전문이나 방풍실을 설치한다.

해설 ① 난방 설정온도를 낮추어 실내외 온도차를 작게 한다.

답 : ①

13. 실내 표면 온도가 일정하고 결로가 발생하지 않는 상태에서, 다음과 같이 실내공기의 상태가 변할 때 표면 결로 발생 가능성이 높아지는 경우가 아닌 것은?

① 건구온도의 변화없이 엔탈피만 높아지는 경우
② 엔탈피의 변화없이 건구온도만 낮아지는 경우
③ 건구온도의 변화없이 절대습도만 높아지는 경우
④ 상대습도의 변화없이 건구온도만 낮아지는 경우

해설 ④ 노점온도가 낮아진다.

답 : ④

14. 그림과 같은 실에서 실내외 온도차에 의해 발생하는 환기량은? (단, 건물 주변 바람과 실내 공기 유동저항이 없는 것으로 한다.)

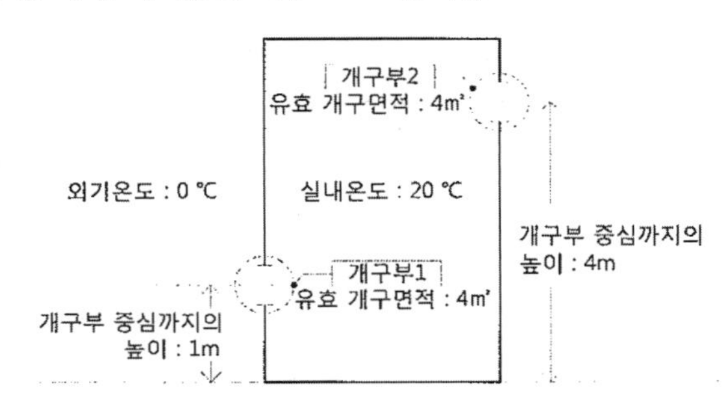

① $4.0m^3/s$　② $5.7m^3/s$
③ $7.7m^3/s$　④ $21.7m^3/s$

해설 $Q = C_d A\sqrt{2g\Delta H_{NPL}\Delta t/T_i}$
$= 1\times4\times\sqrt{2\times9.8\times(2.5-1)\times20/293}$
$= 5.7m^3/s$

답 : ②

15. 빛환경 용어와 단위의 연결이 가장 적절하지 않은 것은?

① 조도 - lm/m^2
② 휘도 - cd/m^2
③ 광도 - lux/m^2
④ 광속발산도 - lm/m^2

해설 ③ 광도 - 1m/sr

답 : ③

16. 바닥면적 $80m^2$ 인 실내의 평균 조도를 400lux가 되도록 설계하고자 한다. 조명률 60%, 보수율 70%일 때, 필요한 조명기구의 최소 개수는? (단, 조명기구 1개의 전광속은 5,400lm이고 광속법으로 계산하시오.)

① 14개　② 15개
③ 16개　④ 17개

해설 $N = \frac{E\cdot A}{F\cdot U\cdot M}$
$= \frac{400\times80}{5,400\times0.6\times0.7}$
$= 14.1$　∴ 15개

답 : ②

17. 주광률에 대한 설명으로 가장 적절하지 않은 것은?

① 실내 마감재의 반사율이 높을수록 간접 주광률은 낮아진다.
② 실외 전천공 수평면 조도에 대한 실내 작업면 조도의 비를 나타낸다.
③ 창호의 가시광선 투과율은 직접 주광률에 영향을 미친다.
④ 직사일광을 고려하지 않는다.

해설 ① 실내 반사율이 높을수록 간접주광률은 높아진다.

답 : ①

18. 실내 체적이 $120m^3$ 인 어느 건물에 환기량이 0.5회/h이고 외기 중 미세먼지를 50% 걸러줄 수 있는 필터가 장착된 환기장치가 설치되어 있다. 실내에서 분당 $18\mu g$의 미세먼지가 발생하고 있고 외기의 미세먼지 농도가 $80\mu g/m^3$ 일 때, 실내의 미세먼지 농도는? (단, 문제에서 주어진 조건만 고려하고 완전혼합과 정상상태를 가정한다)

① $38\mu g/m^3$ ② $58\mu g/m^3$
③ $78\mu g/m^3$ ④ $98\mu g/m^3$

해설 $P = q + \frac{K}{Q}$

$= 40\mu g/m^3 + \frac{1,080\mu g/h}{60m^3/h}$

$= 58\mu g/m^3$

답 : ②

19. 건축물의 일사 취득에 대한 설명으로 가장 적절하지 않은 것은?

① 창의 차폐계수(SC)가 클수록 일사 차단효과가 적어진다.
② 서울 지역에서 하지보다 동지에 남향 수직면이 받는 종일 일사량이 많다.
③ 외벽 마감 및 단열성능을 같게 하여도 방위에 따라 일사 취득량이 달라진다.
④ 일사에 의한 건물 구조체 축열량은 구조체의 열관류율에 의해 결정된다.

해설 ④ 구조체의 축열량은 구조체의 열용량에 비례한다.

답 : ④

20. 주택의 침기량 변화가 가장 작은 경우는?

① 외기 풍속이 증가하였다.
② 실내외 습도차이가 커졌다.
③ 실내외 온도차이가 커졌다.
④ 주방 후드 배기팬 풍량을 증가시켰다.

해설 실내외 습도차와 침기량과는 관계가 없다.

답 : ②

제2과목 : 건축환경계획

1. 우리나라에서 에너지 절약을 위한 건축계획으로 가장 적절하지 않은 것은?

① 건축물의 연면적에 대한 외피면적의 비는 가능한 작게 한다.
② 트롬월(Trombe Wall)은 건물의 남측보다 북측에 설치하는 것이 유리하다.
③ 공동주택 주동 출입구에 방풍실을 설치하면 겨울철 연돌효과를 줄일 수 있다.
④ 외피의 열관류율을 낮게 하면 열손실이 감소한다.

해설 ② 트롬월(Trombe Wall)은 자연형 태양열 시스템으로 태양열이 많이 유입되는 건물의 남측에 설치해야 한다.

답 : ②

2. 벽체 열용량에 대한 설명으로 가장 적절하지 않은 것은?

① 벽체 열용량은 벽체의 온도를 1℃ 높이는데 필요한 열량을 의미한다.
② 벽체 열용량은 "비열×밀도×체적"으로 구한다.
③ 일반적으로 동일 체적의 철근콘크리트 벽체의 열용량은 목재 벽체보다 작다.
④ 벽체 열용량이 클수록 타임랙이 커진다.

해설 ③ 일반적으로 동일 체적의 철근콘크리트 벽체의 열용량은 목재 벽체보다 크다.

답 : ③

3. 다음 그림과 같이 서울 지역에 위치한 건물의 남향 입면 커튼월에 의한 태양광 경면 반사 영향을 검토하고자 한다. 이에 대한 내용으로 가장 적절하지 않은 것은? (단, 남측 입면은 수직면이며 모두 경면 반사체인 유리로 가정)

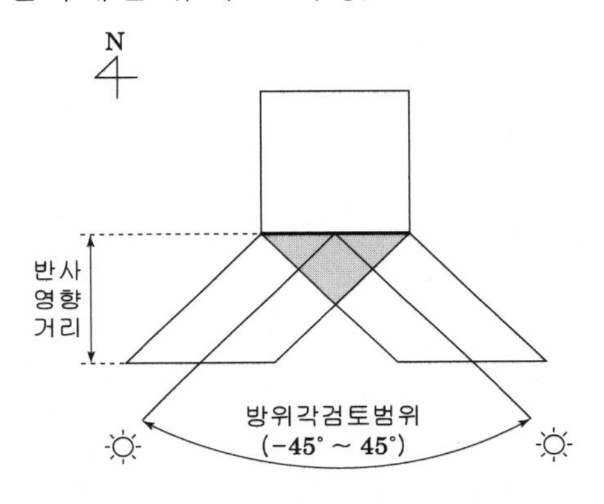

〈배치도〉

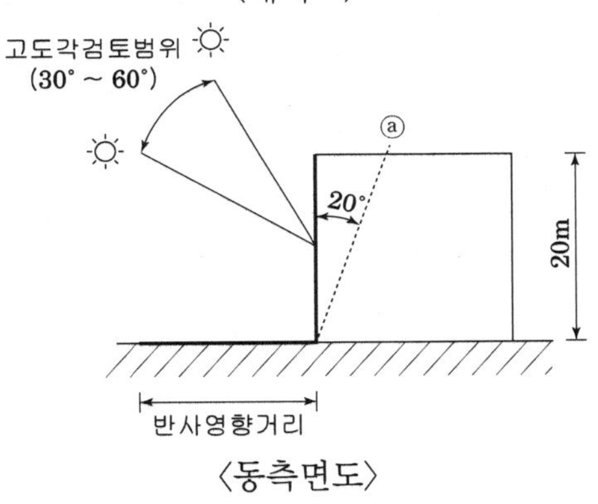

〈동측면도〉

① 남중시 태양 고도각 45도 조건에서의 반사 영향 거리는 20m이다.
② 태양 고도각이 동일한 경우 방위각에 관계 없이 반사 영향 거리는 동일하게 나타난다.

③ 남향 입면을 ⓐ와 같이 수직면으로부터 20도 경사지게 계획하면 남중 조건에서 반사 영향 거리가 증가될 수 있다.
④ 유리의 태양열취득률은 반사 영향 거리에 영향을 미치지 않는다.

해설 ② 태양 고도각이 동일한 경우 방위각이 커질수록 반사영향거리는 증가한다.

답 : ②

4. 지중에 관을 매설하여 외기의 유입 통로로 사용하는 쿨튜브 시스템에 관한 설명으로 가장 적절하지 않은 것은?

① 외기와 지중의 온도차가 클수록 에너지 절감 효과가 줄어든다.
② 쿨튜브의 길이가 길어질수록 쿨튜브 내의 공기와 지중 간의 열교환량이 증대된다.
③ 여름철 쿨튜브를 통해 외기를 예냉하여 실내에 공급하면 냉방에너지를 감소시킬 수 있다.
④ 쿨튜브의 성능은 매설깊이, 토양의 열전도율 및 수분함유율에 영향을 받는다.

해설 ① 외기와 지중의 온도차가 클수록 에너지 절감 효과가 커진다.

답 : ①

5. 에너지성능 확보를 위한 커튼월 스팬드럴 부위 단열패널 계획에 대한 설명으로 가장 적절하지 않은 것은? (단, 단열패널은 커튼월 프레임과 프레임 사이에 삽입되어 결합된 형식임)

① "건축물의 에너지절약설계기준"에서 정하는 지역별 외벽의 열관류율 기준을 만족해야 한다.
② 내부결로 발생 방지와 단열 성능 향상을 위해 단열재를 철판으로 완전히 감싸 프레임에 결합하는 것이 좋다.
③ 패널과 결합(연결)되는 프레임의 단면 구조와 패널 외측에 설치되는 유리의 사양도 단열 패널 부위 에너지 성능에 영향을 미친다.
④ 열성능 확보를 위해서는 단열패널과 프레임간 접합부를 기밀하게 처리해야 한다.

해설 ② 단열재를 철판으로 완전히 감싸게 되면 철판을 통한 열교로 인해 단열성능 저하와 함께 스팬드럴 실내측 표면에 결로가 발생할 수 있다.

답 : ②

6. 건축물 전열에 대한 설명으로 가장 적절하지 않은 것은?

① 중공층 열저항 값은 공기의 기밀도, 두께에 따라 변화한다.
② 외벽 단열성능과 기밀성능을 향상시키면 창으로 부터의 일사 유입에 의한 실온 상승 영향이 커지게 된다.
③ 벽체의 열관류저항은 실내 · 외 표면 열전달 저항과 벽체 각층의 열저항을 합한 값이다.
④ 공기층 이외의 벽체 각층 열전도저항값은 재료의 열전도율을 두께로 나눈 값이다.

해설 ④ 공기층 이외의 벽체 각층 열전도저항값은 재료의 두께를 열전도율로 나눈 값이다.

답 : ④

7. 내단열과 외단열에 대한 설명으로 가장 적절하지 않은 것은?

① 일반적으로 외단열은 내단열보다 열교 방지에 유리하다.

② 외단열보다는 내단열이 간헐난방을 하는 공간에 적합하다.

③ 재료 및 두께가 동일하다면 내단열과 외단열의 열저항 합계는 변하지 않는다.

④ 야간 외기도입을 통한 구조체 축열을 활용하는 경우 내단열이 외단열보다 더 유리하다.

해설 ④ 야간 외기도입을 통한 구조체 축열을 활용하는 경우 외단열이 내단열보다 더 유리하다.

답 : ④

8. 다음 그림은 겨울철 외벽 내부의 정상상태 온도 분포를 나타낸다. 이에 대한 설명으로 가장 적절한 것은? (단, 재료는 모두 고체로 두께가 같고 ⓐ~ⓓ점은 재료의 표면 또는 재료간 접합면에 위치하며, 복사의 영향은 고려하지 않음)

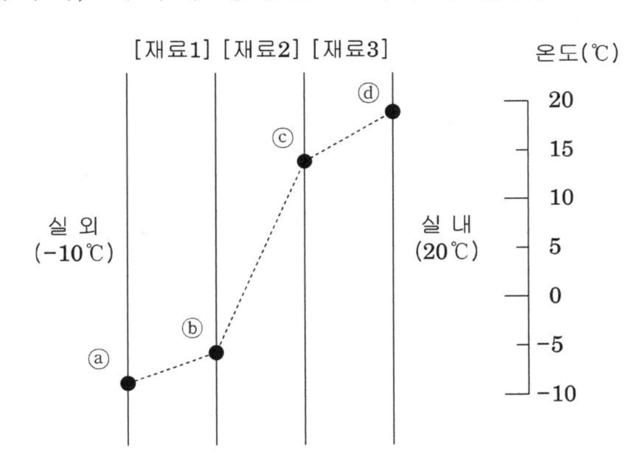

① 실외표면열전달저항이 커지면 ⓐ점이 위쪽으로 이동한다.

② [재료2]를 동일 두께의 열전도율이 높은 재료로 교체하는 경우 ⓑ점이 아래쪽으로 이동한다.

③ 실내 습공기의 건구온도 변화 없이 엔탈피가 증가하는 경우 ⓓ점이 아래쪽으로 이동한다.

④ ⓑ－ⓒ 구간의 기울기 변경은 [재료2]를 변경하는 경우에만 발생한다.

해설 ② [재료2]를 동일 두께의 열전도율이 높은 재료로 교체하는 경우 ⓑ점이 위쪽으로 이동한다.
③ 실내 습공기의 건구온도 변화 없이 엔탈피가 증가하는 경우 ⓓ점이 위쪽으로 이동한다.
④ ⓑ－ⓒ 구간의 기울기 변경은 [재료2]를 변경 또는 벽체 열저항의 합이 변하는 경우에 발생한다.

답 : ①

9. 다음 그림은 벽체 접합부 열교 발생 부위와 개선 대안을 나타낸다. 이에 대한 설명으로 가장 적절한 것은? (단, 단열보강과 단열위치 변경을 제외한 모든 조건은 기본안과 대안이 동일함)

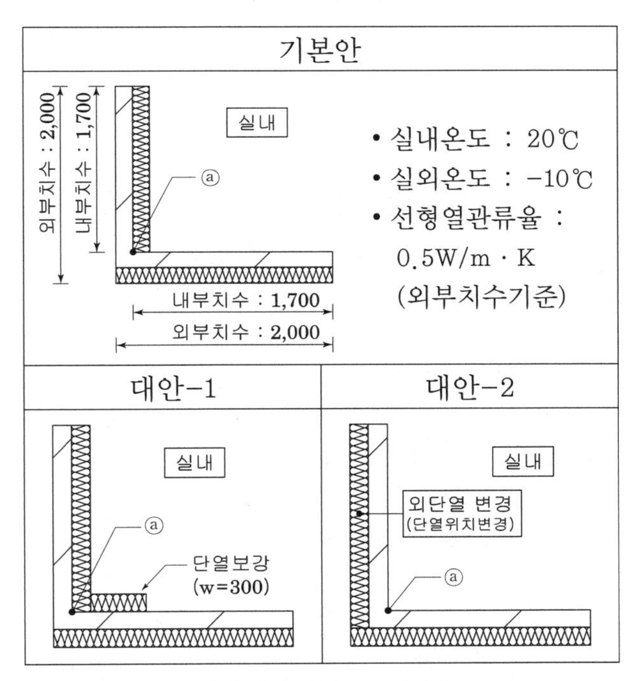

※ 그림은 검토 부위에 대한 평면도를 나타냄

① 기본안의 선형열관류율 산출 방식을 내부 치수 기준으로 변경하면 구조체 총 열류량이 변경된다.

② 기본안의 선형열관류율을 내부 치수 기준으로 구하면 0.5W/m · K 보다 높은 값으로 산출된다.
③ ⓐ지점의 온도는 기본안에서 가장 낮게 나타난다.
④ 대안-2 조건에서는 열교가 발생하지 않으므로 선형열관류율은 0W/m · K이 된다.

해설 ① 기본안의 선형열관류율 산출 방식을 내부 치수 기준으로 변경하더라도 구조체 총 열류량은 변하지 않는다.
② 기본안의 선형열관류율을 내부 치수 기준으로 구하면 $\psi = \frac{\phi}{t_i - t_o} - \sum U_i l_i$에서 l_i가 줄어들어 ψ는 0.5W/m · K보다 높은 값으로 산출된다.
③ ⓐ지점의 온도는 대안-1에서 가장 낮게 나타난다.
④ 대안-2 조건에서는 열교가 발생하지 않으므로 선형열관류율은 0W/m · K보다 작은 –값이 된다.

답 : ②

10. 건축물의 냉방부하에 영향을 미치는 요소를 보기에서 모두 고른 것으로 가장 적절한 것은?

〈보 기〉
㉠ 외벽의 열관류율
㉡ 조명밀도
㉢ 실내 수증기 발생량
㉣ 재실자의 수
㉤ 실내 미세먼지 발생량

① ㉠, ㉡ ② ㉠, ㉡, ㉢
③ ㉠, ㉡, ㉢, ㉣ ④ ㉠, ㉡, ㉢, ㉣, ㉤

해설 ㉤ 실내 미세먼지 발생량은 직접 냉방부하에 영향을 미치지는 않는다. 환기량은 냉방부하 영향요소이다.

답 : ③

11. 실내온도 20℃, 실외온도 –10℃인 경우, 창이 있는 외벽체를 통한 정상상태에서의 열손실량은? (단, 창면적 10m², 창을 제외한 외벽체 면적 20m², 창의 열관류율 1.5W/m²·K, 창을 제외한 외벽 열관류율 0.2W/m²·K로 함)

① 510W ② 570W
③ 630W ④ 690W

해설 1. 외피의 평균열관류율
(10×1.5+20×0.2)/(10+20) = 0.633W/m²·K
2. 외피를 통한 전체 열손실량
0.633W/m²·K*30m² *30℃ = 570W

답 : ②

12. 실내온도가 20℃이고, 실외온도가 –10℃인 실에서 벽체의 온도차이비율(TDR)은? (단, 벽체 열관류율은 0.27W/m²·K, 실내표면 열전달률은 9.0W/m²·K으로 함)

① 0.030 ② 0.045
③ 0.647 ④ 0.955

해설 1. r/R=t/T=(ti–tsi)/(ti–to)=TDR
2. (1/9.0)/(1/0.27)=0.030

답 : ①

13. 외기에 직접 면하는 공동주택 벽체의 결로에 대한 설명으로 가장 적절하지 <u>않은</u> 것은?

① 내단열인 경우 투습계수가 낮은 단열재가 높은 단열재보다 겨울철 내부결로 방지에 유리하다.

② 내부결로 방지를 위해 두께 0.1mm의 폴리에틸렌 필름을 설치하면 온도차이비율(TDR)이 현저하게 줄어들어 표면결로 방지에도 유리하다.

③ 벽체 각 재료층의 투습저항이 외부로 갈수록 점차 작아지게 구성하면 겨울철 내부결로 방지에 유리하다.

④ 내단열인 경우 방습층을 단열재의 실내측에 설치하면 겨울철 내부결로 방지에 유리하다.

해설 ② 방습층으로 사용되는 폴리에틸렌 필름은 열저항이 작아 온도차이비율(TDR)에는 영향을 미치지 않으며, 투습저항이 크기 때문에 실내로부터 벽체내부로의 습기이동을 차단하여 내부결로방지에 도움이 된다.

답 : ②

14. 일사에 대한 설명으로 가장 적절하지 <u>않은</u> 것은?

① 태양상수는 대기권 외에서의 법선면일사량의 연간 평균값이다.

② 대기투과율은 태양상수와 지표면에서의 법선면 직달일사량의 비로 나타낸다.

③ 대기투과율이 클수록 천공일사량이 커진다.

④ 대기투과율은 대기중 수증기량과 먼지 등에 영향을 받는다.

해설 ③ 대기투과율이 클수록 직달일사량이 커진다.

답 : ③

15. 우리나라에서 방위에 따른 청천일(晴天日) 일사 특성에 대한 설명으로 가장 적절하지 <u>않은</u> 것은?

① 하지 수직면 전일(全日) 직달일사량은 정동향이 정남향보다 크다.

② 하지 정남향의 수직면 일사량은 태양고도가 높으므로 차양 등에 의해 용이하게 차폐가능하다.

③ 정남향의 전일 수직면 직달일사량은 하지보다 동지가 크다.

④ 동지 전일 직달일사량은 정남향 수직면보다 수평면이 크다.

해설 ④ 동지 전일 직달일사량은 정남향 수직면보다 수평면이 적다.

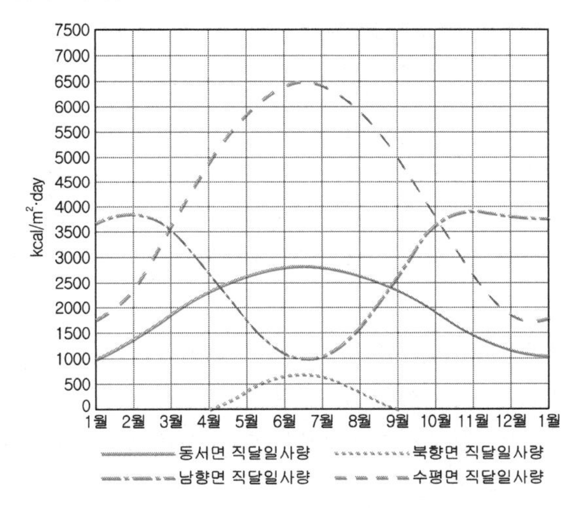

방위별 단위면적당 일평균 직달일사량

답 : ④

16. 다음 그림은 우리나라 어느 지역의 신태양궤적도를 나타낸다. 이에 대한 설명으로 가장 적절하지 않은 것은?

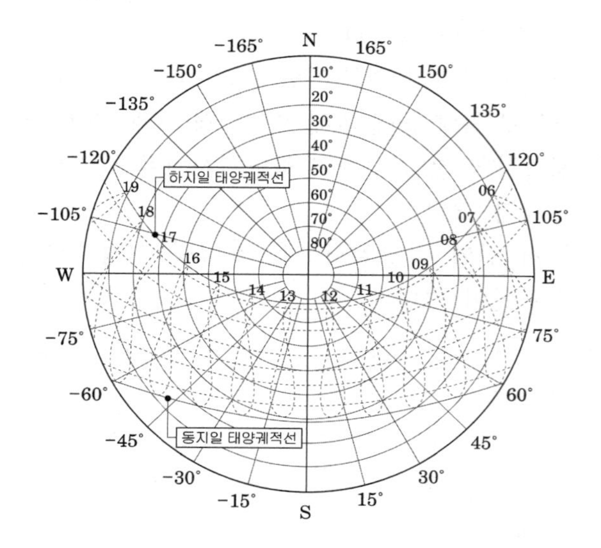

① 동지일 태양의 남중고도는 30도 이상이다.

② 09시~15시 동안 남동향(45도) 수직 입면의 직달일사 도달 시간은 동지일보다 하지일이 더 길다.

③ 하지일과 동지일의 오전 11시 태양방위각은 30도 이상 차이가 난다.

④ 하지일 일출시간은 06시 이전이며 일몰시간은 19시 이후이다.

해설 ① 동지일 태양의 남중고도는 30도 이하이다.

답 : ①

17. 아래 건물에서와 같이 2개의 개구부가 있고, 외부 풍속이 2m/s인 경우 바람에 의한 환기량은? (단, 개구부1, 개구부2의 풍압계수(C)는 0.5, −0.5, 실효면적(αA)는 $2m^2$, $4m^2$이며, 소수 둘째자리에서 반올림)

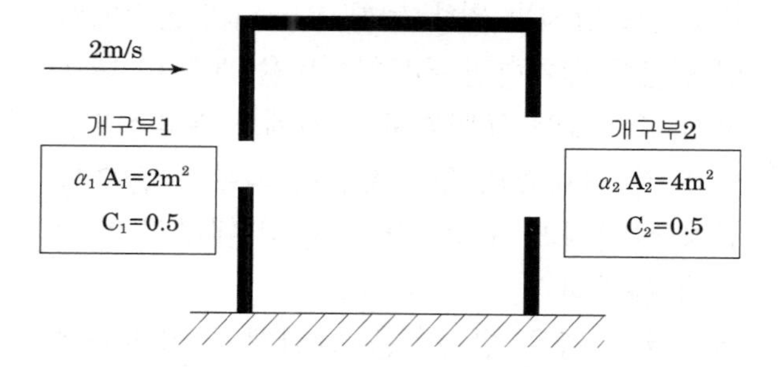

① $1.8m^3/s$ ② $2.7m^3/s$

③ $3.6m^3/s$ ④ $5.2m^3/s$

해설 풍압계수차에 따른 환기량은

$$Q=\alpha \cdot A \cdot v \cdot \sqrt{C_1-C_2}\ (m^3/s)$$

여기서 αA는 유량계수를 고려한 유효개구부 크기로

$$\alpha A=\frac{1}{\sqrt{\left(\frac{1}{\alpha_1 A_1}\right)^2+\left(\frac{1}{\alpha_2 A_2}\right)^2}}$$ 로 구해집니다.

$\alpha_1 A_1=2m^2$

$\alpha_2 A_2=4m^2$ 일 경우

$$\alpha A=\frac{1}{\sqrt{\left(\frac{1}{2}\right)^2+\left(\frac{1}{4}\right)^2}}=1.79m^2$$

따라서 $Q=1.79\times 2\times \sqrt{0.5-(-0.5)}$

$=3.58m^3/s$

답 : ③

18. 자연환기에 대한 설명으로 가장 적절하지 않은 것은?

① 온도차 환기량은 개구부 유량계수에 비례한다.
② 온도차 환기량은 실내·외온도차와 개구부 높이차의 제곱근에 비례하여 증가한다.
③ 바람에 의한 환기량은 풍향이 일정한 경우 풍속의 제곱근에 비례하여 증가한다.
④ 바람에 의한 환기량은 개구부 풍압계수차의 제곱근에 비례하여 증가한다.

해설 ③ 바람에 의한 환기량은 풍향이 일정한 경우 풍속에 비례하여 증가한다.

답 : ③

19. 체적이 100m³인 실내공간에서 시간당 1.0mg의 TVOC가 배출되고 있다. 10시간이 지난 후 시간당 2.0mg의 TVOC를 제거할 수 있는 공기정화장치를 가동하였다. 배출이 지속될 때, 실내 TVOC의 허용농도 0.05mg/m³를 만족할 수 있는 최소 장치 가동 시간은? (단, 실내 TVOC의 최초 농도는 0.0mg/m³, 흡착·분해·누출은 고려하지 않으며 완전혼합상태로 가정)

① 2.5시간 ② 3.5시간
③ 4시간 ④ 5시간

해설 1. 10시간 동안 TVOC 방출량: 1.0mg/h*10h = 10mg
2. 실 전체의 TVOC 허용농도: 0.05mg/m³ *100m³ = 5mg
3. 5mg으로 줄이기 위한 시간:
10mg+(1.0-2.0)mg/h*xh = 5mg에서 x=5

답 : ④

20. 광속법 조명계산에서 작업면조도 산정에 영향을 미치는 인자로 가장 적절하지 않은 것은?

① 실 면적
② 실 천장고
③ 실 마감재 반사율
④ 조명기구 배광특성

해설 ② 실 천장고는 직접적인 관계가 없다. 작업면으로부터 조명기구까지의 높이는 작업면조도에 직접 영향을 미친다.

답 : ②

제2과목 : 건축환경계획

1. 열전달과 관련한 설명으로 가장 적절한 것은?

① '전도'란 물체 내에서 분자가 이동하면서 열에너지를 직접 전달하는 것을 말한다.
② '대류'란 유체입자의 움직임에 의해 열에너지가 전달되는 것을 말한다.
③ '복사'란 전자기파에 의한 열에너지의 전달을 말하여 복사열 전달은 주위 공기 온도의 영향을 받는다.
④ '열관류율'이란 전도와 대류에 의한 열전달을 혼합하여 하나의 값으로 나타낸 것이며 복사열 전달은 포함되지 않는다.

해설 ① 이동 → 진동
③ 받는다 → 받지 않는다
④ 포함되지 않는다 → 포함된다

답 : ②

2. 특정 조건에서의 쾌적범위를 습공기선도에 표시한 결과가 ⓐ와 같을 때, 쾌적범위를 ⓑ와 같이 이동시키는 온열환경 요소의 변경 조건을 보기에서 모두 고른 것은?

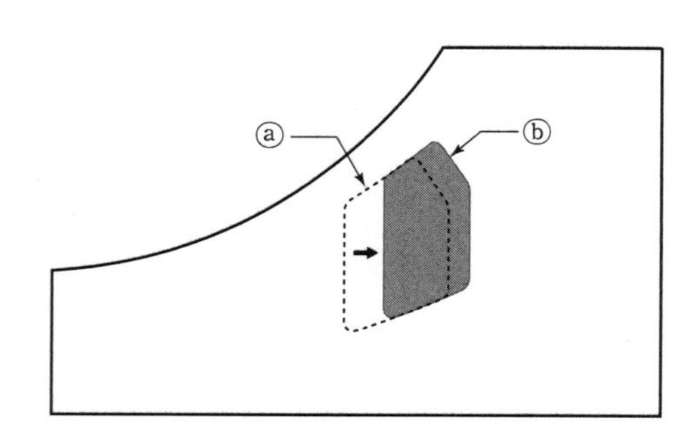

〈조 건〉
㉠ 건구온도의 감소
㉡ 기류속도의 증가
㉢ 착의량(clo)의 감소
㉣ 활동량(met)의 증가

① ㉠, ㉡ ② ㉡, ㉢
③ ㉠, ㉢ ④ ㉡, ㉣

해설 열을 발산할 수 있는 요소를 찾는다.

답 : ②

3. 건물의 지붕 표면을 밝을 색으로 처리하는 쿨 루프(cool roof)에 대한 설명으로 가장 적절하지 않은 것은?

① 쿨 루프용 도료는 높은 표면 반사율 속성을 갖는다.
② 도료 처리방식 외에도 백색콘크리트 마감, 흰색 자갈 도포 등 다양한 방식으로 구현이 가능하다.
③ 체적 대비 지붕면적이 큰 건물에 적용하는 것이 쿨 루프의 효과를 보는데 유리하다.
④ 건물 냉방부하 저감에 기여하지만 열섬효과를 가중시킨다는 단점이 있다.

해설 ④ 열섬 효과를 줄일 수 있다.

답 : ④

4. 우리나라 패시브 건축계획에 대하여 서술한 것 중 가장 적절한 것은?

① 데이터센터와 같이 실내발열이 높은 건축물은 단열성능을 높여 난방 및 냉방에너지 요구량을 줄이도록 한다.
② 사무소 건축물의 북측 창은 SHGC를 낮춰 난방 및 냉방에너지 요구량을 줄이도록 한다.
③ 사무소 건축물의 동서측 창은 단열성능을 높여 난방에너지 요구량을 줄이고, SHGC를 낮춰 냉방에너지 요구량을 줄이도록 한다.
④ 한냉 기후에서는 단열성능이 우수한 건축물 구조이어야 하며 체적 대비 외피면적 비율을 높이도록 한다.

해설 ① 높이 → 낮추어
② SHGC → 열관류율
④ 높이도록 → 낮추도록

답 : ③

5. 차양에 대한 설명 중 옳지 않은 것은?

① 외부 롤 스크린은 여름철 일사차단뿐 아니라 겨울철 천공복사에 의한 열손실을 줄일 수 있다.
② 남측에 설치하는 수평 고정차양은 돌출길이가 길어질수록 냉방 및 난방에너지 절감에 유리하다.
③ 태양고도에 따른 일사조절을 위해 수평 고정차양을 설치하고, 태양방위에 따른 일사조절을 위해 수직 고정차양을 설치하는 것이 유리하다.
④ 냉방 및 난방에너지를 절감하기 위해서는 외부차양, 창의 SHGC, 창의 크기를 고려하여 에너지 절감계획을 수립해야 한다.

해설 ② 난방에너지 절감에는 불리

답 : ②

6. 다음 조건에서 산출된 관류부하를 20% 줄이기 위해 창의 면적을 조절하고자 한다. 조절 후의 창의 면적으로 가장 적절한 것은? (단, 주어진 조건 외에는 고려하지 않음)

〈조 건〉
- 벽체 면적 : $10m^2$
- 벽체 열관류율 : $0.3W/m^2 \cdot K$
- 창 면적 : $5m^2$
- 창 열관류율 : $1.8W/m^2 \cdot K$

※ 총 외피면적(벽체+창호) $15m^2$는 유지함

① $1.1m^2$ ② $2.3m^2$
③ $3.4m^2$ ④ $4.6m^2$

해설 1. 기존 벽체의 평균 열관류율

$$\frac{10 \times 0.3 + 5 \times 1.8}{15} = 0.8(W/m^2 \cdot K)$$

2. 관류부하 20% 줄이는 창면적(x)

$$\frac{(15-x) \times 0.3 + 1.8x}{15} = 0.64(W/m^2 \cdot K)$$

$$4.5 + 1.5x = 9.6$$

$$x = 3.4(m^2)$$

답 : ③

7. 창의 단열성능에 대한 설명으로 가장 적절한 것은?

① 로이유리는 유리의 가시광선 반사원리를 이용하여 창의 열관류율을 낮추는 것이다.
② 유리와 창틀에서 발생하는 전도, 대류, 복사열전달 저항을 높여 창의 열관류율을 낮출 수 있다.
③ 복층유리를 구성하는 중공층의 두께를 늘릴수록 이에 비례하여 창의 단열성능이 향상된다.
④ 투명유리보다는 색유리 또는 반사유리를 사용하는 것이 창의 열관류율을 낮추는 데에 효과적이다.

해설 ① 가시광선 → 적외선(열선)
③ 중공층의 두께는 20mm일 때 열저항이 최대
④ 열관류율 → SHGC

답 : ②

8. 용량형 단열 계획과 관련한 설명으로 가장 적절하지 않은 것은?

① 용량형 단열이란 열전달을 지연시키는 축열의 성질을 이용하는 단열 방식이다.
② 일교차가 큰 고온 건조한 지역에 적용하면 효과가 크다.
③ 축열체에서 감쇄계수(decrement factor)에 의한 열류 변화는 열저항에 의한 것과 유사하다.
④ 콘크리트는 물보다 열용량이 큰 물질로 용량형 단열에 최적화된 재료이다.

해설 물이 콘크리트 보다 2배 이상의 열용량

답 : ④

9. 단열재에 대한 설명 중 가장 적절하지 않은 것은?

① 반사형 단열재는 주변 재료와 최대한 밀착시켜 단열성능을 높일 수 있도록 시공해야 한다.
② 지붕에 설치되는 반사형 단열재는 태양의 복사에너지를 반사하여 냉방부하 절감에 효과가 있다.
③ 저항형 단열재는 무수한 기포로 구성되어 있는 다공질 또는 섬유질의 형태를 갖고 있다.
④ 지면에 면해 설치되는 저항형 단열재는 흡수율이 낮고 투습저항이 큰 재료를 선택한다.

해설 ① 밀착시켜 → 공기층을 확보하여

답 : ①

10. 다음과 같이 직달일사가 도달하고 있는 건물 벽체 부위에 대하여 단위면적당 상당외기온도차에 의한 관류열량을 구한 것으로 가장 적절한 것은? (단, 일사량은 직달일사 성분만 고려)

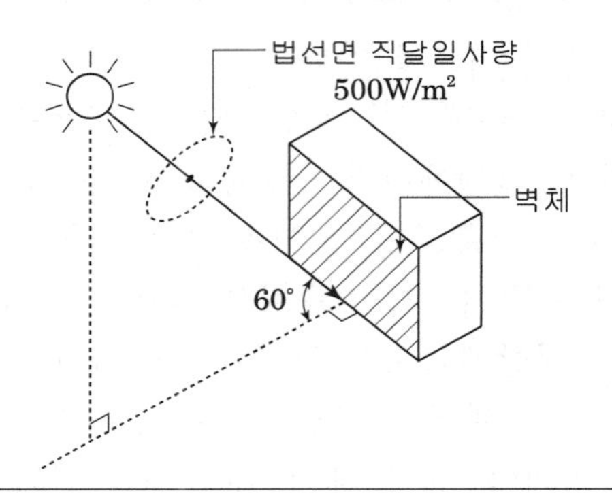

〈조 건〉
- 외기온도 : 28℃
- 실내온도 : 24℃
- 벽체의 열관류율 : 0.2W/m²· K
- 벽체의 외표면 열전달저항 : 0.05m²· K/W
- 벽체의 일사흡수율 : 0.6

① 2.30W/m² ② 3.40W/m²
③ 3.80W/m² ④ 6.00W/m²

해설 1. 벽면일사량 : 500×cos60°=250(W/m²)
2. 상당외기온도 : $T_e = \frac{\alpha}{\alpha_o} \times I + t_o$
$= \frac{0.6}{2.0} \times 250 + 28$
$= 35.5(℃)$
3. 열관류열량 $Q = K \cdot A \cdot \Delta T_e (W)$
단위면적당 열관류 :
$= 0.2W/m^2 \cdot K \times (T_e - T_i)K$
$= 0.2 \times (35.5 - 24)$
$= 2.3(W/m^2)$

답 : ①

11. 다층재료로 구성된 벽체의 중간에 형성되어 있는 공기층에 대한 설명 중 가장 적절한 것은?

① 벽체 내에 공기층을 설치할 경우, 동일 두께의 저항형 단열재를 설치하는 것보다 단열성능이 우수하다.
② 벽체 내에 형성되어 있는 공기층 내부로 통풍을 유도하여 겨울철 난방부하를 절감시킬 수 있도록 해야 한다.
③ 벽체 내에 형성되어 있는 공기층은 단열 성능과 축열 성능을 이용하는 것이다.
④ 동일 두께의 공기층을 벽체 내에 구성하는 경우 단층(single-layer) 보다는 다층(multi-layer) 구조로 하는 것이 단열성능에 유리하다.

해설 ① 우수하다 → 떨어진다.
② 중공층은 밀폐하여야 열저항이 더 커진다.
③ 공기는 열용량이 적어 축열능력은 없다.

답 : ④

12. 열관류율 $4W/m^2 \cdot K$로 계획된 지중벽체에서의 하절기 실내측 표면결로를 방지하기 위해 단열층을 추가하고자 한다. 다음 조건에서 요구되는 단열층의 최소 두께로 가장 적절한 것은?

〈조 건〉
- 벽체의 표면열전달저항 : $0.1m^2 \cdot K/W$
- 지중온도 : 12℃
- 실내온도 : 28℃
- 실내습공기의 노점온도 : 24℃
- 단열층의 열전도율 : $0.030W/m \cdot K$

① 3mm ② 4mm
③ 5mm ④ 6mm

해설 $\frac{r}{R} = \frac{t}{T}$

$$\frac{0.1}{\frac{1}{4} + \frac{x}{0.03}} = \frac{28-24}{28-12}$$

$x = 0.0045(\text{m})$
$= 4.5\text{mm}$

답 : ③

13. 다음 그림의 벽체에서 발생할 수 있는 겨울철 결로를 방지하기 위한 대책으로 가장 적절하지 않은 것은?

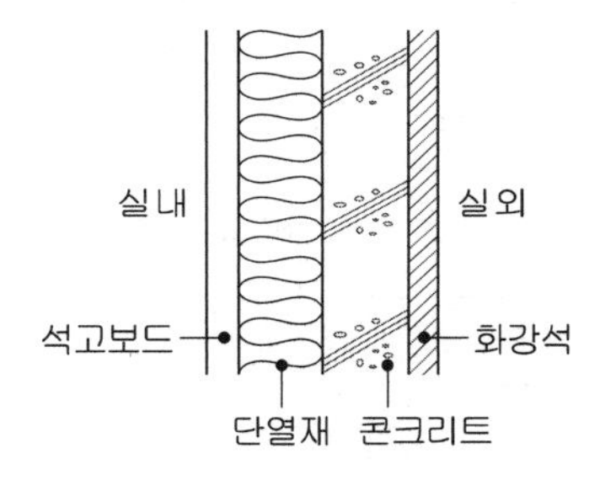

① 벽체 내부결로를 방지하기 위해 석고보드와 단열재 사이에 방습층을 계획한다.
② 벽체 내부결로를 방지하기 위해 단열재와 콘크리트의 위치를 서로 바꿔서 계획한다.
③ 벽체 내부결로를 방지하기 위해 벽체 내부의 수증기압을 포화수증기압 보다 높게 유지한다.
④ 벽체 표면결로를 방지하기 위해 난방을 실시하여 실내표면온도를 높인다.

해설 ③ 높게 → 낮게

답 : ③

14. 다음 그림과 같이 위도 35.0°N인 지역에 건물 A와 건물 B가 남북방향으로 배치되어 있을 때, 동짓날 남중 시 건물 A에 의해 건물 B에 발생하는 음영의 높이(L)로 가장 적절한 것은?

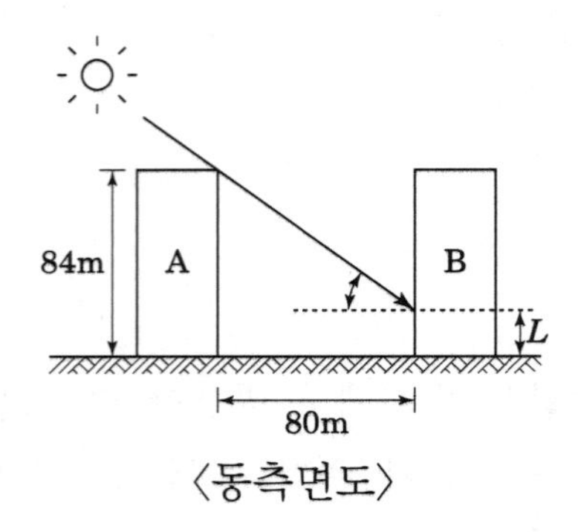

〈동측면도〉

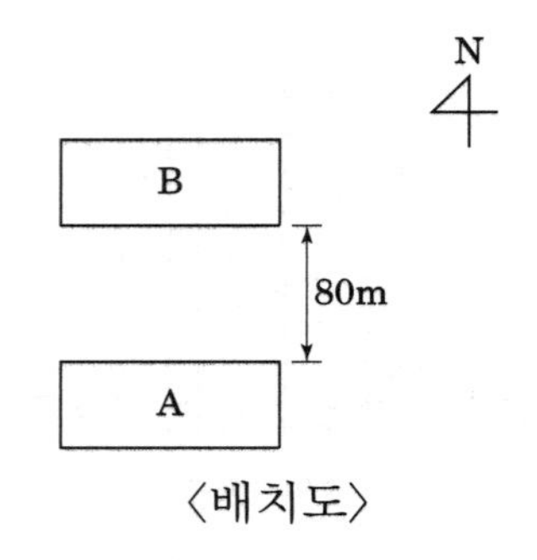

〈배치도〉

① 21m　　② 35m
③ 44m　　④ 52m

해설 1. 동지 남중고도
90°
−35°
−23.5°
31.5°
2. 음영이 생기지 않는 A 건물 높이
80 × tan 31.5° = 49(m)
3. B 건물의 음영높이
84 − 49 = 35(m)

답 : ②

15. 건축물의 에너지절감을 위한 환기계획에 대한 설명으로 가장 적절하지 않은 것은?

① 나이트 퍼지(night purge) 환기는 내부 공간의 축열계획과 연계할 경우 더 큰 효과를 나타낸다.
② 전열 열회수형 환기 장치를 사용하는 경우 실내·외 엔탈피 차가 크지 않은 기간에는 열교환 없이 바이패스(by-pass) 시키는 것이 좋다.
③ 동절기 상·하부 개구부가 있는 대공간에서는 온도차에 의해 상부에서 찬 공기가 들어와 하부로 빠져나가기 쉬우므로 열손실에 유의해야 한다.
④ 동절기에는 실내 공기질 확보에 필요한 최소 풍량의 환기를 도입하는 것이 좋다.

해설 ③ 찬공기가 하부에서 들어와 데워지면 상부개구부로 빠져나간다.

답 : ③

16. 자연환기량 산출과 관련하여 다음 개구부 배치 조건에서의 총실효면적(αA)을 구한 것으로 가장 적절한 것은?

㉠ 직렬 개구부	$\alpha_1 A_1 = 4m^2$　$\alpha_3 A_3 = 4m^2$ $\alpha_2 A_2 = 2m^2$
㉡ 병렬 개구부	$\alpha_1 A_1 = 2m^2$ $\alpha_2 A_2 = 4m^2$

① ㉠ : $1.63m^2$, ㉡ : $3m^2$
② ㉠ : $1.63m^2$, ㉡ : $6m^2$
③ ㉠ : $2.83m^2$, ㉡ : $3m^2$
④ ㉠ : $2.83m^2$, ㉡ : $6m^2$

해설 1. 직렬 연결 시 총 실효면적

$$\alpha A = \frac{1}{\left(\frac{1}{\alpha_1 A_1}\right)^2 + \left(\frac{1}{\alpha_2 A_2}\right)^2 + \left(\frac{1}{\alpha_3 A_3}\right)^2}$$

$$= \frac{1}{\sqrt{\left(\frac{1}{4}\right)^2 + \left(\frac{1}{2}\right)^2 + \left(\frac{1}{4}\right)^2}}$$

$$= \frac{1}{0.612}$$

$$= 1.63(m^2)$$

2. 병렬 연결 시 총 실효면적

$$\alpha A = \alpha_1 A_1 + \alpha_2 A_2 = 2 + 4$$

$$= 6(m^2)$$

답 : ②

17. 빛의 단위에 대한 설명으로 가장 적절한 것은?

① 광도는 점광원으로부터의 단위입체각당 발산 광속을 의미한다.
② 광속은 단위면적당 흐르는 광의 에너지량을 의미한다.
③ 조도는 단위면적당 광속밀도로써 광원의 밝기를 의미한다.
④ 휘도는 단위면적당의 입사광속을 의미한다.

해설
② 광속은 단위 시간당 흐르는 광에너지량
③ 조도는 단위 면적당 입사 광속
④ 휘도는 발산면의 단위투영면적당 단위입체각당 발산 광속

답 : ①

18. 다음 조건을 갖는 실에서 실내온도 24℃ 이하, 실내 CO_2 농도 0.1% 이하의 환경조건을 만족시키기 위해 필요한 최소 환기량은?

〈조 건〉
- 재실인원 : 100인
- 인당 발열량 : 60W
- 인당 CO_2 발생량 : $0.024m^3/h$
- 공기비중 :$1.2kg/m^3$
- 공기비열 : 1.0kJ/kg· K
- 외기온도 : 20℃
- 외기 CO_2 농도 : 0.04%

※ 주어진 조건 외에는 고려하지 않음

① $3,000m^3/h$ ② $3,500m^3/h$
③ $4,000m^3/h$ ④ $4,500m^3/h$

해설 1. CO_2 농도를 0.1% 이하로 유지하기 위한 최소환기량

$$Q = \frac{100\text{인} \times 0.024m^3/h \cdot \text{인}}{(1{,}000-400)\times 10^{-6}}$$

$$= \frac{2.4\times 10^6}{600}$$

$$= 4{,}000(m^3/h)$$

2. 실내온도를 24℃ 이하로 유지하기 위한 최소환기량

$$Q = \frac{100\times 60\,W}{1.2KJ/m^3 \cdot\ K\times(24-20)K}$$

$$= \frac{100\times 60\times 3.6kJ/h}{4.8kJ/m^3}$$

$$= 4{,}500(m^3/h)$$

3. 따라서 위의 두 조건을 만족하기 위한 최소환기량은 $4{,}500m^3/h$

답 : ④

19. 자연채광 설계에서 쓰이는 주광률에 대한 설명으로 가장 적절하지 않은 것은?

① 실의 어느 지점에서 주광에 의한 실내조도가 200lx이고, 전천공조도가 5,000lx일 때 이 지점의 주광률은 4%이다.
② 주광률 계산 시 전천공조도는 청천공상태를 기준으로 한다.
③ 주광률을 계산하는 방법은 총광속법, 간이주광률계산법, 분할광속법 등이 있다.
④ 개구부 및 실의 형태, 측정 지점 등에 따라 주광률은 달라진다.

해설
② 천청공상태 → 담천공상태

답 : ②

20. 다음과 같은 조건의 실에서 설계조도를 확보하기 위해 필요한 조명기구의 최소 개수는?

〈조 건〉
- 실의 크기 : 가로 20m, 세로 20m, 천장고 2.8m
- 작업면은 바닥으로부터 0.8m에 위치
- 조명기구의 광속 : 4,000lm/개
- 설계조도 : 400lx
- 감광 보상율 : 1.3
- 조명기구는 천장면에 설치
- 실표면 반사율 : 천장 70%, 벽 50%, 바닥 10%

〈조명률〉

반사율(%)	천장	70			
	벽	70	50	30	10
	바닥	10			
실지수		조명률(%)			
1.5		67	60	54	50
2.0		72	66	61	57
2.5		75	70	66	62
3.0		78	73	69	66
4.0		81	77	74	71
5.0		82	79	77	74
7.0		84	82	80	78

① 39개 ② 51개
③ 66개 ④ 86개

해설 1. 실지수 : $RI=\frac{20\times 20}{2\times(20+20)}=5.0$

2. 조명률 : $U=0.79$

3. 조명기구수 : $N=\frac{E\cdot\ A\cdot\ D}{F\cdot\ U}$

$=\frac{400\times 400\times 1.3}{4,000\times 0.79}$

$=65.8$(개)

답 : ③

제2과목 : 건축환경계획

1. 다음 그림은 패시브 건축 계획 수립을 위한 건물 생체기후도(building bioclimatic chart)를 나타낸 것이다. 보기 중 ⓐ~ⓓ 지점별 패시브 전략이 적합하게 선정된 것을 모두 고른 것은?

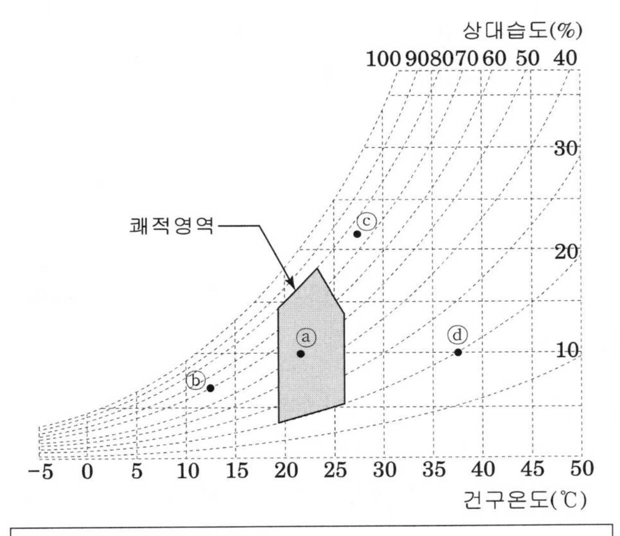

〈보　기〉

ⓐ : 외부차양
ⓑ : 트롬월(trombe wall)
ⓒ : 증발냉각
ⓓ : 축열냉각(thermal mass)

① ⓐ, ⓑ　　② ⓐ, ⓑ, ⓓ
③ ⓒ　　④ ⓑ, ⓓ

해설
ⓒ는 자연통풍

답 : ②

2. 체적에 비해 지붕면적이 큰 대형 판매시설의 냉방 및 난방에너지를 모두 절감하는데 효과적인 패시브 건축 기법으로 가장 적절한 것은? (단, 해당 건축물은 우리나라 중부지역에 위치함)

① 지붕을 남향으로 10-20° 경사지게 계획한다.
② 교목과 관목 등으로 이루어진 옥상녹화를 조성한다.
③ 반사율이 높은 흰색 마감재를 사용하여 쿨루프(cool roof) 를 조성한다.
④ 지붕면 위에 파고라(pergola) 형태의 고정 구조물을 설치한다.

답 : ②

3. 다음 보기 중 건물에너지 해석에 대한 설명으로 적절하지 않은 것을 모두 고른 것은?

〈보　기〉

㉠ 에너지 요구량은 단열 등의 패시브적 요소로 절감이 가능하다.
㉡ 에너지 소요량은 에너지 요구량보다 항상 크다.
㉢ 1차 에너지 소요량은 에너지 소요량보다 항상 크다.
㉣ 건물에너지의 동적 해석을 위해서는 기상데이터가 반드시 필요하다.
㉤ 건물에너지의 해석 방법 중 대표적인 정적 해석법으로는 도일법(degree-day method)이 있다.

① ㉠, ㉣　　② ㉡, ㉢
③ ㉡, ㉢, ㉣　　④ ㉢, ㉣, ㉤

해설 ㉡ 신재생에너지 생산으로 에너지 소요량이 작아질 수 있다.
㉣ 신재생에너지 생산으로 1차에너지 소요량이 작아질 수 있다.

답 : ②

4. 건물 외피계획에 관한 설명으로 가장 적절하지 않은 것은?

① 차폐계수(SC)는 3mm 투명유리 대비 태양에너지 취득량의 비율로 구한다.
② 유리와 창틀에서 발생하는 전도, 대류, 복사열 전달 저항을 높여 창의 열관류율을 낮출 수 있다.
③ 구조체의 열용량은 냉난방부하와 실내온도 변화에 영향을 미친다.
④ 로이유리는 유리에 투명금속피막 코팅으로 대류열을 반사하여 실내측의 열을 보존한다.

해설 ④ 대류열 → 복사열

답 : ④

5. 창을 통한 열전달에 관한 다음 설명 중 가장 적절 하지 않은 것은?

① 창을 통한 열전달량은 일조시간과 정비례 관계이다.
② 유리의 차폐계수(SC)는 태양열취득률(SHGC)보다 언제나 크다.
③ 차폐계수가 높은 창호를 설치하면 겨울철 일사 획득량을 증가시킬 수 있다.
④ 우리나라에서 북측면에 설치하는 복층유리의 로이코팅은 실외측 유리보다 실내측 유리에 하는 것이 난방에 유리하다.

해설 ① 일조시간 → 일사량

답 : ①

6. 건물 외피의 열전달에 관한 다음 기술 중 적절하지 않은 것은?

① 외피의 열관류율 값이 클수록 단열성능이 좋지 않다.
② 외피 구성요소 중 열전도율이 가장 높은 재료에서 온도기울기가 가장 급하게 나타난다.
③ 실온을 외기온에 가깝게 설정할수록 벽체를 통한 열전달량은 감소한다.
④ 외피의 표면 대류열전달저항은 풍속이 높을수록 낮아진다.

해설 ② 높은 → 낮은

답 : ②

7. 단열계획과 관련하여 다음 설명 중 가장 적절한 것은?

① 열저항이 큰 재료일수록 타임랙(time-lag) 또한 크게 나타난다.
② 공기층이 두꺼워질수록 공기층에 의한 열저항은 커진다.
③ 동일한 콘크리트 벽체라도 내단열 구조인 경우와 외단열 구조인 경우의 타임랙(time-lag)은 다르게 나타난다.
④ 저항형 단열은 열용량이 큰 재료를 사용할수록 저항효과가 높아진다.

해설 ① 온도진폭은 작아지나 타임 랙은 변화가 없다
② 공기층은 20mm일 때 열저항이 가장 크다.
④ 저항형 단열재들은 열용량이 거의 없다.
저항형 → 용량형

답 : ③

8. 겨울철 외벽 내부의 정상상태 온도 분포가 다음 그림과 같은 경우, 이에 대한 설명으로 가장 적절하지 않은 것은? (단, 벽체는 모두 고체 재료로 구성 되어 있으며, 실외표면열전달저항은 0.05m^2 · K/W임)

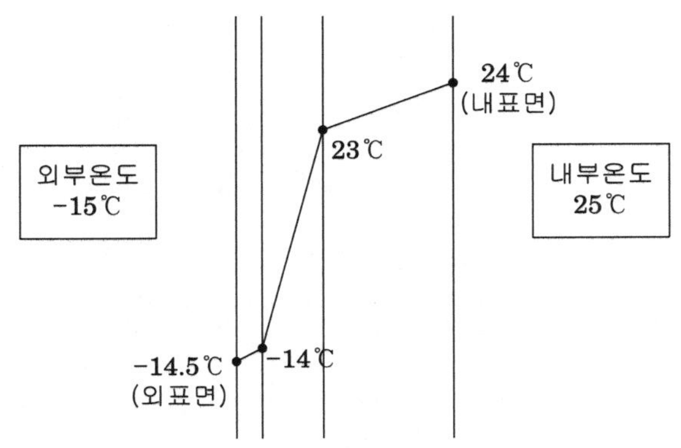

① 이 벽체의 온도차이비율(TDR)은 0.025 이다.
② 이 벽체의 열관류율은 0.25W/m^2 · K 이다.
③ 단열재 층의 열저항은 3.50m^2 · K/W 이다.
④ 정상상태 조건에서 전체 부위의 열저항 변화가 없다면 실내 온도가 20℃로 변경되어도 온도 차이비율(TDR)은 변하지 않는다.

해설 ① $TDR = \frac{25-24}{25-(15)} = 0.025$

② $\frac{r}{R} = \frac{t}{T}$

$\frac{0.05}{R} = \frac{0.5}{40}$

$R = 4 \quad \therefore K = \frac{1}{R} = 0.25$

③ $\frac{r}{R} = \frac{t}{T}$

$\frac{r}{4} = \frac{37}{40}$

$r = 3.7$

답 : ③

9. 다음 조건을 갖는 외기의 직접 면하는 외벽 구성체에서 단열성능 향상을 위한 대안으로 가장 우수한 것은?(단, 일사의 영향은 고려하지 않음)

〈조 건〉
- 창면적비 : 45%
- 창호(창세트) 열관류율 : 1.500W/m^2 · K
- 벽체 열관류율 : 0.240W/m^2 · K

① 열관류율 1.200W/m^2 · K의 창호로 교체한다.
② 창면적비를 35%로 변경한다.
③ 벽체에 10m^2 · K/W의 열저항 층을 추가한다.
④ 창면적비를 40%로 변경하고 벽체의 열관류율을 0.150W/m^2 · K로 보강한다.

해설 평균열관류율을 비교한다.
① $0.24 \times 0.55 + 1.2 \times 0.45 = 0.672$
② $0.24 \times 0.65 + 1.5 \times 0.35 = 0.681$
③ $K = 0.24\text{W/m}^2 \cdot \text{K}, \ R = \frac{1}{K} = 4.167(\text{m}^2 \cdot \text{K/W})$

$R' = 14.167, \ K' = \frac{1}{R'} = 0.071$

$0.071 \times 0.55 + 1.5 \times 0.45 = 0.714$
④ $0.15 \times 0.6 + 1.5 \times 0.4 = 0.69$

답 : ①

10. 다음 조건에서 침기에 따른 현열부하와 잠열부하의 합은?

〈조 건〉
- 실내 온도 : 20℃
- 실내 절대습도 : 0.009kg/kg′
- 외기 온도 : 2℃
- 외기 절대습도 : 0.003kg/kg′
- 침기량 : 26m^{3}h
- 공기의 밀도 : 1.2kg/m^3
- 공기의 정압비열 : 1.0kJ/kg · K
- 공기의 증발잠열 : 2,500kJ/kg

① 169W　② 220W
③ 286W　④ 1,456W

해설 1. $H_S = 0.34 \cdot Q \cdot \Delta T(W)$
$= 0.34 \times 26 \times 18$
$= 159(W)$
2. $H_L = 834 \cdot Q \cdot \Delta x(W)$
$= 834 \times 26 \times 0.006$
$= 130(W)$
3. $H_S + H_L = 289(W)$

답 : ③

11. 외기에 직접 면하는 공동주택 외벽의 동절기 결로 방지 계획에 대한 설명으로 가장 적절한 것은?

① 벽체 내부결로를 방지하기 위해 단열재를 방습층보다 고온측에 위치시킨다.
② 벽체 내부결로를 방지하기 위해 벽체 내부의 수증기압이 포화수증기압보다 낮게 유지될 수 있도록 계획한다.
③ 벽체 각 재료층의 투습계수가 외부로 갈수록 낮아지게 구성하면 내부결로 방지에 유리하다.
④ 단열재를 구조체의 실내측에 설치하는 것보다 외부측에 설치하는 것이 실내 표면결로 발생 방지에 유리하다.

해설 ① 방습층은 단열재보다 고온측에 위치
③ 투습계수 → 투습저항
④ 실내표면결로방지를 위해서는 단열재를 실내측에 설치

답 : ②

12. 다음 습공기선도에 대한 설명으로 적절하지 않은 것은?

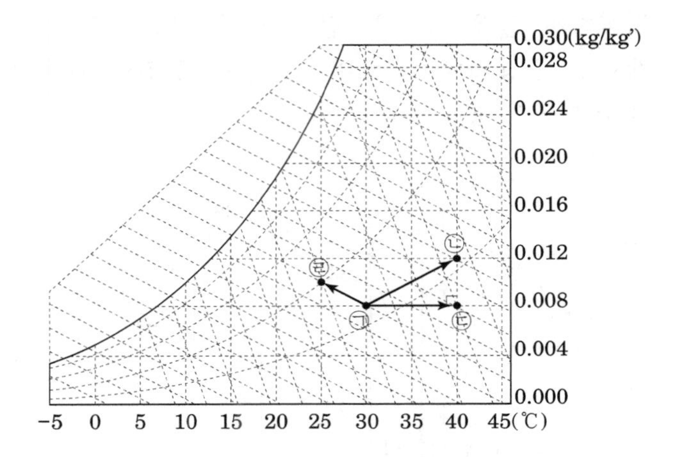

① ㉠에서 ㉡으로 공기상태 변화 시 현열과 잠열이 동시에 증가한다.
② ㉠에서 ㉢으로 공기상태 변화 시 노점온도는 변화하지 않는다.
③ ㉠에서 ㉡으로 공기상태 변화 시 현열비가 ㉠에서 ㉢으로 상태 변화 시 현열비보다 크다.
④ ㉠에서 ㉣으로 공기상태 변화 시 엔탈피는 동일하다.

해설 ③ 현열비는 수평일 때가 가장 큰 1이고, 기울기가 커질 수 록 작아진다.

답 : ③

13. 외기온도가 35℃ 일 때, 표면열전달계수가 $20W/m^2K$, 일사흡수율이 0.4, 상당외기온도가 45℃인 수직 불투명 벽체와 같은 면에 있는 유리를 통해 획득되는 일사부하가 $250W/m^2$ 일 때, 이 유리의 SHGC는?

① 0.4　② 0.5
③ 0.6　④ 0.7

해설 1. $t_e = \frac{\alpha}{\alpha_o} \cdot I + t_o$

$45 = \frac{0.4}{20} \times I + 35$

$I = 500(\mathrm{W/m^2})$

2. $SHGC = \frac{250}{500} = 0.5$

답 : ②

14. 다음 차양장치(shading device) 계획에 대한 설명 중 가장 적절하지 않은 것은?

① 우리나라에서 정북방위를 바라보는 창문에는 연중 직사광선이 도달하지 않으므로 차양장치 설치를 고려할 필요가 없다.
② 진태양시를 기준으로 차양장치를 계획하는 경우에는 경도를 고려할 필요가 없다.
③ 형태가 동일한 경우에는 실내차양장치보다 외부차양장치가 냉방부하 절감에 효과적이다.
④ 격자형루버는 수평·수직 차양장치의 장점을 모두 가진다.

해설 ① 북측창에도 춘분에서 추분까지 6개월 간은 직사광선(직달일사)가 도달하므로 수직차양을 설치하기도 한다.

답 : ①

15. 다음 그림과 같은 건물 조건에서 건물 전후 개구부 부위의 압력차가 3.6Pa로 발생될 경우 바람에 의한 환기량으로 가장 적절한 것은? (단, 공기의 밀도는 1.2kg/m^{3}로 함)

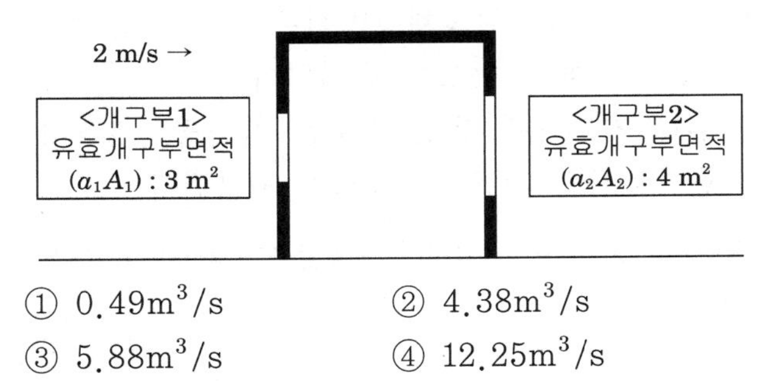

① 0.49m^3/s ② 4.38m^3/s
③ 5.88m^3/s ④ 12.25m^3/s

해설 1. $\alpha A = \frac{1}{\sqrt{\left(\frac{1}{\alpha_1 A_1}\right)^2 + \left(\frac{1}{\alpha_2 A_2}\right)^2}}$

$= \frac{1}{\sqrt{\left(\frac{1}{3}\right)^2 + \left(\frac{1}{4}\right)^2}} = \frac{1}{0.417} = 2.4(\mathrm{m^2})$

2. $Q = \alpha A \cdot \sqrt{\frac{2}{\gamma}} \cdot \sqrt{\Delta P}$

$= 2.4 \times \sqrt{\frac{2}{1.2}} \times \sqrt{3.6}$

$= 2.4 \times 1.29 \times 1.9$

$= 5.88(\mathrm{m^3/s})$

답 : ③

16. 자연환기에 대한 설명으로 가장 적절한 것은?

① 실내 기류속도 증가를 위해서는 유입구의 크기를 유출구보다 크게 하는 것이 좋다.
② 외기온도가 실내온도보다 높더라도 자연환기를 도입하여 재실자의 온열쾌적감을 향상시킬 수 있다.
③ 바람의 영향이 없는 경우 실내외 온도차가 작을수록 자연환기량도 많아진다.
④ 연돌효과(stack effect)에 의한 자연환기량은 개구부 사이의 높이차가 작고 개구부의 크기가 클수록 많아진다.

해설 ① 크게 → 작게
③ 작을수록 → 클수록
④ 작고 → 크고
$Q = C_d \cdot A \cdot \sqrt{2g \cdot \Delta H_{NPL} \cdot \Delta t / T_i}$

답 : ②

17. 다음 조건을 갖는 실에서 실내 절대습도가 0.015kg/kg′로 유지되고 있는 경우, 실내 절대습도를 0.012 kg/kg′까지 낮추기 위해 추가로 도입해야 하는 최소 환기량으로 가장 적절한 것은?

〈조 건〉
- 실내 수증기발생량 : 0.54kg/h
- 환기량 : $50m^3/h$
- 공기밀도 $1.2kg/m^3$

① $25m^3/h$　　② $30m^3/h$
③ $50m^3/h$　　④ $75m^3/h$

해설 1. $P = P + \frac{K}{Q}$

$$0.015 = P + \frac{\frac{0.54kg/h}{1.2kg/m^3}}{50m^3/h}$$
$$= P + 0.009$$
$$P = 0.006kg/kg'$$

2. $$0.012 = 0.006 + \frac{\frac{0.54kg/h}{1.2kg/m^3}}{x}$$
$$0.006 = \frac{0.45}{x}$$
$$x = 75m^3/h$$

3. $75 - 50 = 25m^3/h$

답 : ①

18. 10m×12m 크기의 사무실에서 총광속 2,000lm인 매입 조명기구를 이용하여 작업면 평균조도를 500lux로 하고자 하는 경우, 필요한 최소 조명기구의 개수는? (단, 조명률은 62%, 보수율은 80%)

① 10개　　② 16개
③ 31개　　④ 61개

해설 $N = \frac{A \cdot E}{F \cdot U \cdot M}$
$$= \frac{120 \times 500}{2{,}000 \times 0.62 \times 0.8} = 60.48(\text{개})$$
$= 61$개

답 : ④

19. 다음 중 건강한 시각환경을 조성하기 위한 방법으로 가장 적절하지 않은 것은?

① 공간의 특정에 맞는 적절한 작업조도로 설계하고 주광률(DF)은 대략 2~5%로 한다.
② 눈부심을 방지하기 위해 광원이 시야에 보이지 않도록 설계한다.
③ 주변환경 대비 작업면 휘도를 최대한 높여 큰 휘도대비효과를 유지할 수 있도록 계획한다.
④ 자연채광을 최대한 도입하고 밝기가 부족한 공간에 상시보조 인공조명(PSALI)을 도입해 균제도를 향상시킨다.

해설 ③ 주변환경 대비 작업면 휘도는 1:3 이내가 좋다.

답 : ③

20. 자연채광계획에 대한 설명으로 가장 적절하지 않은 것은?

① 전체 창의 면적과 설치높이가 같다면 여러 면에 분할된 창보다 1개의 창으로 채광을 집중시키는 것이 효과적이다.
② 주광률은 실의 형태, 개구부의 형상 및 위치 등에 따라 달라진다.
③ 일반적으로 천창채광방식은 측창채광방식보다 균제도 향상에 유리하다.
④ 실내 자연채광 유입 경로는 직사광, 지형지물 반사광, 천공확산광으로 구분된다.

해설 ① 여러 개의 분할창이 단일창보다 채광량 면에서 유리

답 : ①

제2과목 : 건축환경계획

1. 특정 조건에서의 쾌적범위를 습공기선도에 표시한 결과가 ⓐ와 같을 때, 쾌적범위를 ⓐ에서 ⓑ로 이동시키는 온열환경 요소의 변경 조건을 보기에서 모두 고른 것은?

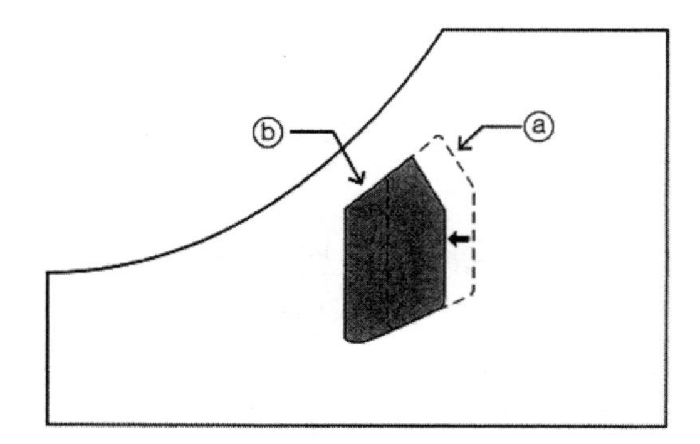

〈보 기〉

㉠ 평균복사온도의 감소
㉡ 기류속도의 증가
㉢ 착의량(clo)의 증가
㉣ 활동량(met)의 증가

① ㉠, ㉡
② ㉠, ㉢
③ ㉡, ㉣
④ ㉢, ㉣

해설 기온이 낮아져도 쾌적할 수 있는 조건을 찾는다.

답 : ④

2. 다음 그림과 같은 건물에서 ⓐ와 ⓑ사이에 발생하는 압력차(ΔP)를 구하시오.(단, ⓐ측의 풍압계수는 0.75, ⓑ측의 풍압계수는 −0.45, 공기밀도는 1.2kg/m^3)

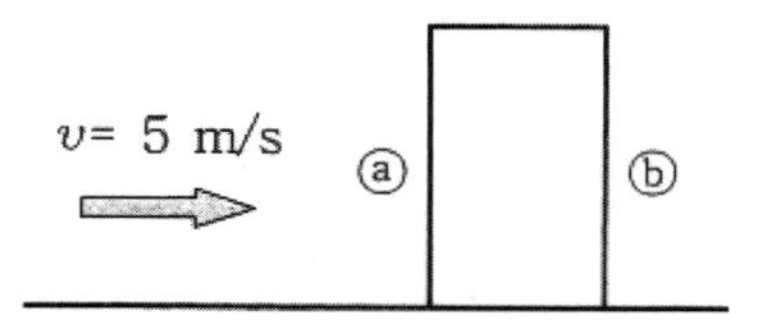

① 4.5Pa ② 15.0Pa
③ 18.0Pa ④ 36.0Pa

해설 $\Delta P = (C_1 - C_2) \cdot \frac{r}{2} \cdot v^2$(Pa)

$= (0.75 - (-0.45)) \times \frac{1.2}{2} \times 5^2 = 18.0$(Pa)

답 : ③

3. 다음은 기후대 별로 건물에 요구되는 특성을 기술한 것이다. 가장 적절하지 않은 것은?

① 온난기후에서는 차양계획을 통하여 계절별로 실내로 유입되는 일사량을 조절한다.
② 고온건조기후에서는 일사를 차단하고 구조체의 열용량을 크게 하는 것이 요구된다.
③ 한랭기후에서는 외피의 단열성능이 우수해야 하며, 용적에 대한 표면적 비율을 크게 하는 것이 요구된다.
④ 고온다습기후에서는 증발에 의한 냉각효과가 일어나지 않으므로 기류조절에 의한 환경조절을 우선적으로 고려한다.

해설 ③ 크게 → 작게

답 : ③

4. 다음 조건에서 산출된 관류부하를 30% 줄이기 위해 벽체의 면적을 조절하고자 한다. 조절 후 벽체의 면적으로 가장 적절한 것은?(단, 주어진 조건 외에는 고려하지 않음)

〈조 건〉

- 벽체 면적 : $10m^2$
- 벽체 열관류율 : $0.3W/m^2 \cdot K$
- 창 면적 : $5m^2$
- 창 열관류율 : $1.8W/m^2 \cdot K$

※ 총 외피면적(벽체+창) $15m^2$는 유지함

① $11.6m^2$ ② $12.0m^2$
③ $12.4m^2$ ④ $12.8m^2$

해설
1. 기존 외피의 열관류율

$$\frac{10\times0.3+5\times1.8}{15}=0.8W/m^2\cdot K$$

2. 관류부하 30% 줄이는 벽체 면적 x

$$\frac{x\times0.3+(15-x)\times1.8}{15}=0.8\times0.7 \qquad x=12.4m^2$$

답 : ③

5. 외단열에 대한 설명으로 적절하지 않은 것은?

① 외단열은 연속난방보다 간헐난방 건물에 적합하다.
② 외단열은 건물의 열교현상 방지에 유리하다.
③ 외단열은 내단열에 비해 난방정지 시 실온 변동이 작다.
④ 내단열에 비해 난방 시 벽체내부(단열층 제외) 온도가 높다

해설 ① 외단열은 연속난방, 내단열은 간헐난방에 적합

답 : ①

6. 다음 중 유기질 단열재에 해당하는 것은?

① 그라스울
② 페놀폼
③ 퍼라이트
④ 미네랄울

해설
- 유기질 단열재 : 주로 석유화학제품으로 스티로폼, 우레탄, 페놀폼 등의 발포 플라스틱
- 무기질 단열재 : 광물을 주원료로 하는 유리섬유, 미네랄울, 퍼라이트, 질석 등

답 : ②

7. 건물외피계획에 관한 설명으로 가장 적절하지 않은 것은?

① 구조체의 열용량은 냉난방부하와 실내온도 변화에 크게 영향을 미친다.
② 로이유리는 유리에 투명금속피막을 코팅하여 방사율을 낮춤으로서 복사 열전달을 줄인다.
③ 태양열취득률(SHGC : Solar Heat Gain Coefficient)은 3mm 투명유리 대비 태양에너지 취득량의 비율로 구한다.
④ 이중외피 시스템은 외피 사이의 중공층을 이용하여 외부의 자연환경을 적극적으로 활용한다.

해설 ③ 3mm 투명유리 대비 태양에너지 취득량의 비율을 차폐계수(SC, Shading Coefficient)라 한다.

답 : ③

8. 다음 그림은 겨울철 외벽 내부의 정상상태 온도분포를 나타낸 것이다. 이에 대한 설명으로 맞는 내용을 모두 고른 것은?(단, 복사의 영향은 고려하지 않음)

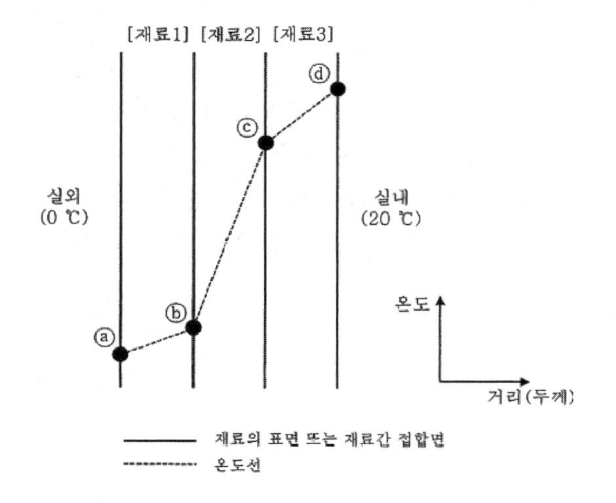

〈보 기〉

㉠ ⓐ지점의 표면온도는 0℃보다 낮다.
㉡ ⓓ지점의 표면온도는 20℃보다 낮다.
㉢ 벽체의 단열 성능 향상을 위해서는 [재료1]의 두께를 증가시키는 것이 가장 효과적이다.
㉣ [재료1]의 열전도율이 [재료2]의 열전도율보다 크다.
㉤ ⓐ–ⓑ 구간의 열저항값이 ⓒ–ⓓ 구간의 열저항값보다 크다.

① ㉠, ㉣　　② ㉡, ㉣
③ ㉡, ㉤　　④ ㉡, ㉢, ㉤

해설
㉠ 낮다 → 높다
㉢ 재료1 → 재료2
㉤ 크다 → 작다

답 : ②

9. 다음과 같은 조건에서 외벽의 열관류율과 실내 및 상당외기온도차를 이용하여 계산한 열류(heat flow rate)가 21W일 때, 이 벽체의 열관류율은?(단, 상당외기온도 계산 시 제시된 조건 외는 무시함)

〈조 건〉

- 외기온도 : 30℃
- 실내온도 : 26℃
- 실외표면열전달저항 : 0.05m² · K/W
- 외벽면에 입사하는 전일사량 : 320W/m²
- 외벽의 일사흡수율 : 0.5
- 외벽 면적 : 5m²

① 0.20W/m² · K
② 0.25W/m² · K
③ 0.30W/m² · K
④ 0.35W/m² · K

해설
1. $K \cdot A \cdot \Delta Te = 21\text{W}$
2. $\Delta Te = t_e - t_i$
3. $t_e = \frac{\alpha}{\alpha_o} \cdot I + t_o = \frac{0.5}{20} \times 320 + 30 = 38℃$
4. $K \times 5 \times 12 = 21 \quad K = 0.35\text{W/m}^2 \cdot \text{K}$

답 : ④

10. 다음 냉방부하 발생요인 중에서 잠열부하 요인이 아닌 것은?

① 침기
② 인체
③ 취사
④ 조명

해설 조명기구에서는 습기가 발생하지 않음

답 : ④

11. 다음 조건에서 온도차이비율(TDR)과 "공동주택결로 방지를 위한 설계기준"의 만족여부로 가장 적합한 것은?(단. TDR계산은 소수 셋째자리에서 반올림)

〈조 건〉

- 위치 : 지역 Ⅲ에 해당(기준 외기온도 −10℃)
- 검토부위 : 벽체접합부
- 실내표면온도 : 15℃
- 기준 실내온도 : 25℃
- 결로방지 성능기준

대상부위	TDR값		
	지역 Ⅰ	지역 Ⅱ	지역 Ⅲ
벽체접합부	0.25	0.26	0.28

① TDR : 0.25, 기준만족
② TDR : 0.25, 기준미달
③ TDR : 0.29, 기준만족
④ TDR : 0.29, 기준미달

해설

1. TDR$=\dfrac{t_i-t_{si}}{t_i-t_o}=\dfrac{25-15}{25-(-10)}=0.29$
2. 지역Ⅲ의 TDR 설계기준인 0.28보다 커서 기준미달

답 : ④

12. 다음은 겨울철 결로방지에 대한 설명이다. 다음 설명 중 가장 적절하지 않은 것은?

① 단열을 함으로써 벽 전체를 통한 열손실을 감소시키고 열교 부위 등 단열 취약 부위의 단열을 강화한다.
② 건물을 난방하여 실내 표면온도를 상승시켜 실내 공기의 노점온도보다 높게 유지한다.
③ 내부결로 발생으로 구조체 등에 피해를 줄 위험이 있는 경우에는 단열층에서 온도가 낮은 쪽에 방습층을 설치한다.
④ 환기를 행함으로써 실내 수증기 양을 감소시킨다.

해설 ③ 방습층은 단열재보다 고온측에 설치

답 : ③

13. 습공기선도에 대한 설명으로 가장 적절하지 않은 것은?

① 공기를 가열하면 수증기분압이 높아진다.
② 절대습도가 높아지면 수증기분압이 높아진다.
③ 공기를 가열하면 습구온도가 높아진다.
④ 절대습도가 높아지면 노점온도가 높아진다.

해설 ① 공기를 가열하여도 절대습도와 수증기분압은 변함이 없다.

답 : ①

14. 다음은 중위도 지역에서 춘·추분일 때의 태양의 이동 경로를 나타낸 것이다. 다음 설명 중 가장 적절하지 않은 것은?

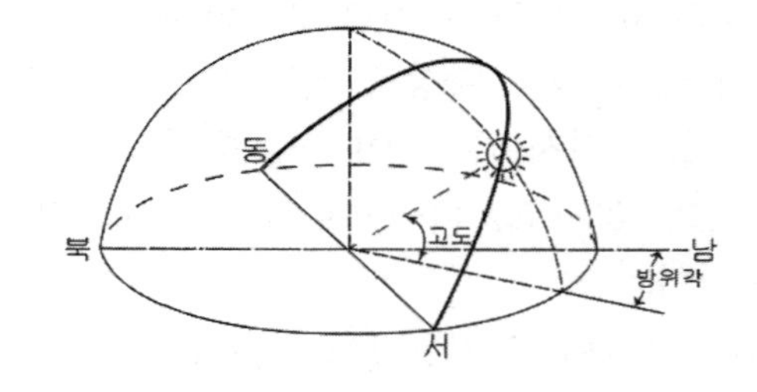

① 하지일의 경우 남중고도가 가장 높지만 일몰 시 방위각이 가장 작다.
② 동지일 북측면에는 직달일사가 도달하지 않는다.
③ 동지일 태양의 남중고도는 그림 상의 남중고도보다 낮다.
④ 진태양시 기준으로 정오 때의 고도가 태양의 남중고도이다.

해설
① • 태양이 남중시 태양고도가 가장 높고, 방위각은 0이다.
• 일몰시 태양고도는 0, 방위각은 가장 크다.

답 : ①

15. 다음 기밀성능과 관련된 설명 중 가장 적절하지 않은 것은?

① 압력차측정법(blower door test)은 건물의 자연상태 침기(누기)량을 직접 측정하는 방법으로 가스추적법에 비해 기상조건의 영향을 많이 받는다.
② 기밀성능 측정방법인 가스추적법은 시간에 따른 누기량 변화를 측정할 수 있다.
③ 일반적으로 풍속저하역(wind shadow)은 건물 후면 등 부압을 받는 영역에 형성되며, 건물이 높고 길수록 커진다.
④ 침기(누기)는 건물 내·외부 사이의 의도하지 않은 공기유동을 의미한다.

해설 ① 압력차측정법이 가스추적법에 비해 기상조건의 영향을 적게 받는다.

답 : ①

16. 실내 공기를 오염시키는 오염물질과 관련된 설명 중 가장 적절하지 않은 것은?

① 폼알데하이드(HCHO)는 건축 마감재, 접착제 등에서 발생하는데 무색의 물질로 자극성 있는 냄새가 난다.
② PM-10, PM-2.5, 이산화탄소(CO_2), 일산화탄소(CO), 폼알데하이드(HCHO) 농도는 모두 다중이용시설 실내공기질 유지의 척도로 활용된다.
③ 이산화탄소(CO_2) 농도 10ppm=0.001%이다.
④ 라돈은 토양, 암반, 지하수, 콘크리트 등에 존재하는 무색의 방사성 물질로 암을 유발시키며 자극성 있는 냄새가 난다.

해설 ④ 라돈가스는 무색, 무미, 무취

답 : ④

17. 겨울철에 발생하는 연돌효과에 대한 설명 중 가장 적절하지 않은 것은?

① 연돌효과는 건물 내·외부 온도차 또는 공기의 밀도차에 의해 발생한다.
② 한 건물의 측정 지점이 중성대로부터 멀어질수록 실내·외 압력차가 감소한다.
③ 연돌효과 발생 시 중성대 상부에서는 건물 외부의 공기압이 건물 내부의 공기압보다 낮다.
④ 연돌효과를 줄이기 위해 계단실 고층부 출입문과 개구부는 작게 계획하고, 외피에는 고기밀 창호를 적용한다.

해설 ② 감소 → 증가

답 : ②

18. 다음 조건을 갖는 실에서 실내 절대습도가 0.016kg/kg′로 유지되고 있는 경우, 실내 절대습도를 0.014kg/kg′까지 낮추기 위해 추가로 도입해야 하는 최소 환기량으로 가장 적절한 것은?

〈조 건〉
- 실내 수증기발생량 : 0.36kg/h
- 실 크기 : 5m×4m
- 실 천장고 : 3m
- 환기횟수 : 0.5회/h
- 공기밀도 : 1.2kg/m^3

① 5.5m^3/h
② 7.5m^3/h
③ 12.5m^3/h
④ 15.0m^3/h

해설

1. $P = q + \frac{K}{Q}$

$0.016 = q + \frac{0.36\text{kg/h}}{60\text{m}^3/\text{회} \times 0.5\text{회/h} \times 1.2\text{kg/m}^3}$

$q = 0.006\text{kg/kg}'$

2. $P = q + \frac{K}{Q}$

$0.014 = 0.006 + \frac{0.36\text{kg/h}}{x\text{m}^3/\text{h} \times 1.2\text{kg/m}^3}$

$x = 37.5\text{m}^3/\text{h}$

3. 추가환기량 $= 37.5 - 30 = 7.5\text{m}^3/\text{h}$

답 : ②

19. 자연채광 설계에서 쓰이는 주광률에 대한 설명으로 가장 적절하지 않은 것은?

① 개구부의 형태, 창의 면적, 실지수, 실내면 반사율, 측정 지점 등에 따라 주광률은 달라진다.

② 주광률은 외부조도에 대한 실내조도의 비율이며, 외부조도는 담천공상태를 기준으로 한다.

③ 실내 동일 지점에서 외부조도가 높아지면 주광률은 낮아진다.

④ 외부조도가 6,000lx이고, 실 어느 지점의 주광률이 5%일 때, 이 지점의 실내조도는 300lx이다.

해설 ③ 주광률은 외부조도와 관계없이 일정하므로 외부조도가 높아지면 실내조도가 높아진다.

답 : ③

20. 다음 빛의 단위에 대한 설명 중 가장 적절하지 않은 것은?

① 조도는 단위면적당 입사광속으로 광도의 제곱에 반비례한다.

② 광도는 단위입체각당 발산광속으로 단위는 칸델라(cd)이다.

③ 광속은 단위시간당 빛의 에너지량으로 단위는 루멘(lm)이다.

④ 휘도는 단위투영면적당 광도를 의미하며, 과도하게 높으면 글레어 현상을 유발한다.

해설 ① $E = \frac{I}{d^2}$이므로 조도는 광도에 비례하고 거리의 제곱에 반비례한다.

답 : ①

제2과목 : 건축환경계획

1. 건축물의 에너지 절약을 위한 건축계획 방법으로 가장 적절하지 않은 것은?

① 거실의 층고 및 반자높이는 실의 용도와 기능에 지장을 주지 않는 범위 내에서 가능한 낮게 한다.
② 건물체적에 대한 외피면적비를 크게 하여, 외피를 통한 에너지손실을 최소화 한다.
③ 거실은 주간 태양에너지를 확보할 수 있도록 건물의 남쪽에 배치한다.
④ 일사조건을 고려해 남북방향보다는 동서방향으로 긴 건물형태를 계획한다.

해설 ② 크게 → 작게

답 : ②

2. 인체의 열쾌적에 대한 설명으로 가장 적절하지 않은 것은?

① 착의량인 clo의 단위는 $m^2 \cdot K/W$이다.
② 활동량인 met의 단위는 W/m^2이다.
③ 상대습도가 높아질수록 건구온도와 습구온도의 차이가 커진다.
④ 겨울철에 평균복사온도가 상승하는 경우, 습공기선도 상의 열쾌적 범위는 왼쪽으로 이동한다.

해설 ③ 커진다 → 작아진다

답 : ③

3. 지중에 공기통로를 만들어 외기를 유입하는 쿨튜브 시스템(Cool Tube System)에 대한 설명으로 가장 적절하지 않은 것은?

① 쿨튜브의 매설깊이와 토양의 열전도율은 쿨튜브 성능에 영향을 주는 요인이다.
② 외기와 지중의 온도차가 크고 쿨튜브의 길이가 길어질수록 열교환량이 증대된다.
③ 하절기 동안 쿨튜브를 통해 외기를 실내에 공급하면 냉방부하 저감 효과를 얻을 수 있다.
④ 하절기에 비해 동절기 동안에는 쿨튜브 내부에 결로가 발생될 우려가 크다.

해설 ④ 쿨튜브 내부 결로는 외기 습도가 높은 하절기에 발생 우려가 높다.

답 : ④

4. 건물에너지 해석방법에 대한 설명으로 가장 적절하지 않은 것은?

① 최대부하계산법은 외기 조건이 가장 불리할 때를 기준으로 계산하는 방법이다.
② 구조체의 축열효과를 고려한 에너지요구량 계산에는 수정 빈(Modified BIN)법을 활용할 수 있다.
③ 난방도일법은 난방으로 인한 연료 소비량을 추정할 때 사용한다.
④ 동적 해석법은 외기나 실내조건을 비정상상태로 보고 1년 동안의 표준기상데이터를 활용한다.

해설 ② 구조체의 축열효과를 고려한 에너지 요구량 계산에는 동적해석법이 활용된다.

답 : ②

5. 다음 보기에서 건물의 난방 부하 저감을 위한 외피 계획으로 적절한 것을 모두 고른 것은?

〈보 기〉

㉠ 단열성능이 좋은 외벽
㉡ 열전도율이 높은 단층유리
㉢ 창 면적비가 큰 북측 외피
㉣ 틈새가 작은 기밀한 구조

① ㉠, ㉡
② ㉡, ㉢
③ ㉢, ㉣
④ ㉠, ㉣

해설 고단열, 고기밀 구조가 건물의 난방부하 저감에 필요하다.
㉡ 유리는 열전도율이 낮은 복층유리
㉢ 북측외피는 창 면적비가 작아야 함

답 : ④

6. 단열에 대한 설명으로 가장 적절한 것은?

① 용량형 단열의 효과는 재료의 비열 및 밀도와 관련이 있다.
② 쿨루프(Cool Roof)의 주요 원리는 반사율이 낮은 지붕재료에 의한 저항형 단열이다.
③ 반사형 단열은 높은 방사율을 가지는 재료를 사용하여 복사에너지를 반사하는 것이다.
④ 저항형 단열은 열전도율이 큰 재료를 활용하여 열전달을 억제하는 방법이다.

해설
② 반사율이 높은 반사형 단열
③ 높은 → 낮은
④ 큰 → 작은

답 : ①

7. 다음과 같은 구조체에 대해 2차원 정상상태 전열해석을 실시한 결과 총 열류율이 50W/m로 도출되었다. ㉠ 및 ㉢ 부위의 열관류율이 $0.20W/m^2 \cdot K$인 경우 열교 부위의 선형 열관류율로 가장 적절한 것은? (단, 선형 열관류율은 실내측 치수를 기준으로 구함)

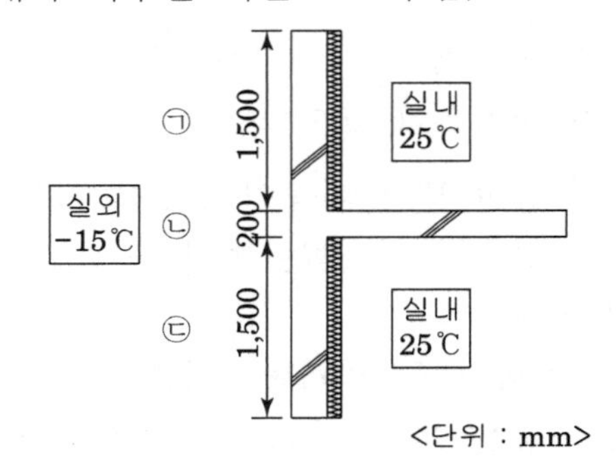

① 0.65W/m · K ② 0.91W/m · K
③ 0.95W/m · K ④ 1.40W/m · K

해설

$$\psi = \frac{50}{25-(-15)} - 0.20 \times 3.0 = 0.65W/m \cdot K$$

답 : ①

8. 복층유리의 단열성능을 향상시키기 위한 방법과 원리에 대한 설명으로 가장 적절한 것은?

① 로이코팅은 가능한 높은 방사율을 갖는 제품을 적용하여 복사열전달을 최소화한다.
② 중공층에는 밀도가 낮은 가스를 주입하여 대류열전달을 최소화한다.
③ 다른 조건이 같다면 알루미늄제 간봉보다 스테인리스 강제 간봉을 사용하는 것이 전도 열전달 저감 측면에서 유리하다.
④ 색유리를 사용하면 열 흡수량이 줄어 단열성능이 떨어진다.

해설
② 높은 → 낮은
③ 밀도가 → 열전도율이
④ 줄어 → 증가하여

답 : ③

9. 구조체 내부 중공층의 단열효과에 대한 설명으로 가장 적절하지 않은 것은?

① 중공층의 기밀성능이 떨어지면 단열효과가 저하된다.
② 중 공층 내부에서의 열전달은 전도, 복사, 대류 중 대류에 의해서만 이루어진다.
③ 중공층의 두께가 일정 이상으로 두꺼워지면 단열 성능이 떨어질 수 있다.
④ 총 두께가 같다면 하나의 두꺼운 중공층을 구성하는 것보다 다수의 얇은 중공층으로 구성하는 것이 단열성능 확보에 효과적이다.

해설
② 중공층 내부에서의 열전달은 전도, 대류, 복사에 의해 이루어진다.

답 : ②

10. 건물의 최대난방부하를 산출하여 난방설비의 용량을 결정하고자 할 때 관계되는 요소로 가장 적절하지 않은 것은?

① 지붕면적
② 주출입구의 기밀성능
③ 재실밀도
④ 기계환기량

해설
③ 재실밀도는 내부발생열에 영향을 주는 요소로 냉방부하 계산시에만 사용된다.

답 : ③

11. 다음은 우리나라 어느지역의 신태양궤적도를 나타낸 것이다. 이에 대한 설명으로 가장 적절하지 않은 것은?

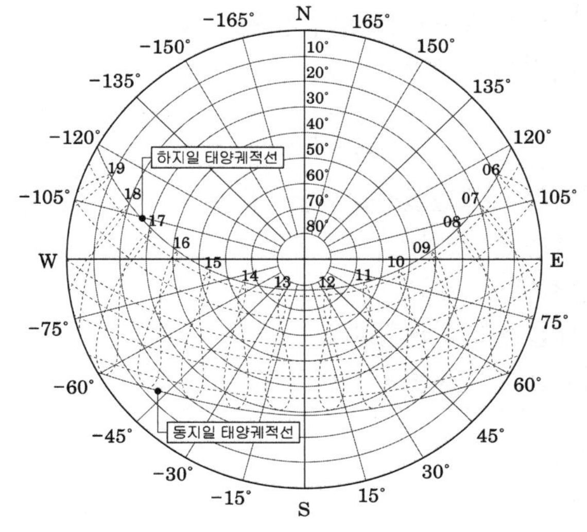

① 하지일 건축물 정북방향 입면의 가조시간은 6시간 이상이다.
② 동지일 태양의 남중고도는 30° 이상이다.
③ 오전 8시부터 16시까지 건축물 정남방향 입면의 가조시간은 하지일보다 동지일이 더 길다.
④ 하지일과 동지일 중 오전 10시 태양의 방위각이 남향에 가까운 날은 하지일이다.

해설
④ 하지일 → 동지일

답 : ④

12. 열관류율 4.0W/m² · K로 계획된 비난방공간 외벽의 동절기 실내측 표면결로를 방지하기 위해 단열층을 추가하고자 한다. 다음과 같은 조건에서 요구되는 단열층의 최소 두께로 가장 적절한 것은?

〈조 건〉

- 벽체의 내표면열전달저항 : 0.1m² · K/W
- 외기온도 : −15℃
- 실내온도 : 15℃
- 실내습공기의 노점온도 : 9℃
- 단열층의 열전도율 : 0.025W/m · K

① 4mm
② 7mm
③ 10mm
④ 13mm

해설

$\frac{r}{R}=\frac{t}{T}=\frac{t_i-t_{si}}{t_i-t_o}$

표면결로가 생기는 최소단열재 두께

$\frac{0.1}{\frac{1}{4}+\frac{d}{0.025}}=\frac{15-9}{15-(-15)}$

$3=6\times\left(0.25+\frac{d}{0.025}\right)$

$0.5=0.25+\frac{d}{0.025}$

$0.25=\frac{d}{0.025}$

$d=0.00625(\text{m})$

$=6.25$mm

따라서, 단열재 두께가 6.25mm보다 커야 실내 표면결로를 방지할 수 있다.

답 : ②

13. 차양장치 계획에 대한 설명으로 가장 적절하지 않은 것은?

① 차양장치는 태양광선 중 열적 효과를 갖는 자외선의 유입을 조절하기 위한 목적으로 주로 사용된다.
② 차양장치는 일사부하 조절뿐만 아니라 직사광선에 의한 현휘조절 기능도 갖는다.
③ 형태와 유형이 같은 경우 실내차양장치보다 외부차양장치가 냉방부하 절감에 유리하다.
④ 외부 가동형 차양과 태양열취득률(SHGC)이 높은 유리를 조합하여 계획하면 냉방부하와 난방부하를 모두 절감하는데 효과적이다.

해설

① 자외선 → 적외선

답 : ①

14. 건축물 외벽의 실내측 표면결로방지에 대한 설명으로 가장 적절한 것은?

① 온도차이비율(TDR : Temperature Difference Ratio)을 크게 계획하면 표면결로 발생을 방지할 수 있다.
② 실내 조건에 따라 벽체의 내표면열전달저항이 작아지면 표면온도가 떨어져 결로에 취약해 진다.
③ 알루미늄박(방습층)을 단열재의 고온측에 설치하면 표면결로 발생이 현저하게 줄어든다.
④ 절대습도의 변화 없이 실내 습공기의 건구온도를 높이면 표면결로 발생을 줄일 수 있다.

해설

① 크게 → 작게
② 작아지면 → 커지면
③ 방습층 설치로 인해 내부결로방지 효과는 있으나 표면결로는 조금 더 생길 가능성이 커진다.

답 : ④

15. 건축물의 에너지절약을 위한 환기계획에 대한 설명으로 가장 적절하지 않은 것은?

① 기계환기설비가 설치되는 지하주차장의 환기용 팬은 이산화탄소(CO_2)의 농도에 의한 자동제어 방식을 도입한다.
② 전열회수형 환기장치를 사용하는 경우 실내·외 엔탈피 차가 크지 않은 기간에는 열교환 없이 바이패스(By-pass) 시켜 외기를 도입하는 것이 좋다.
③ 동절기에는 실내공기질 확보에 필요한 최소 풍량의 외기를 도입하는 것이 좋다.
④ 나이트퍼지(Night Purge) 환기는 내부구조체의 열용량이 클수록 더 큰 효과를 나타낸다.

해설
① 이산화탄소(CO_2) → 일산화탄소(CO)

답 : ①

16. 다음과 같은 조건의 실에서 예상되는 CO_2 농도는?

〈조 건〉
- 면적 : 1,000m^2
- 높이 : 3m
- 재실인원 : 100인
- 1인당 CO_2 발생량 : 0.018m^3/h · 인
- 환기횟수 :1.5회/h
- 외기 CO_2 농도 : 400PPM

① 750 PPM ② 800 PPM
③ 850 PPM ④ 900 PPM

해설

$$P = g + \frac{K}{Q}$$

$$= \frac{400m^3}{1{,}000{,}000m^3} + \frac{0.018m^3/h \cdot \text{인} \times 100\text{인}}{3{,}000m^3/\text{회} \times 1.5\text{회}/h}$$

$$= 0.0004 + 0.0004 = 0.0008$$

$$= \frac{800}{1{,}000{,}000} = 800\text{ppm}$$

답 : ②

17. 자연채광계획에 대한 설명으로 가장 적절한 것은?

① 실내로 유입되는 자연광은 직사광, 지형지물 반사광, 천공확산광으로 구분된다.
② 빛환경의 질적 측면에서 천공광보다는 직사일광을 적극적으로 활용하는 것이 바람직하다.
③ 일반적으로 측창채광방식은 천창채광방식보다 균제도 향상에 유리하다.
④ 창의 전체면적과 설치높이가 같다면 여러면에 분할된 창보다 1개의 창으로 채광을 집중시키는 것이 효과적이다.

해설
② 직사일광보다는 천공광 활용이 바람직
③ 유리 → 불리
④ 단일창보다는 동일면적의 분할창이 자연채광 도입에 더 효과적이다.

답 : ①

18. 빛의 용어에 대한 설명으로 가장 적절하지 않은 것은?

① 조도는 단위면적당 광속밀도로 작업면의 밝기를 의미한다.
② 광도는 점광원으로부터의 단위입체각당 발산 광속을 의미한다.
③ 광속은 단위면적당 흐르는 빛의 에너지량으로 광원의 효율과 관계가 깊다.
④ 휘도는 발산면의 투영면적당 광도를 의미한다.

해설
③ 단위면적당 → 단위시간당

답 : ③

19. 지름이 2m인 원형 테이블의 중심에서 수직 방향으로 상부 2m 높이에 광도 2,000cd의 점광원이 설치되어 비추고 있다. 이 때 원형 테이블 모서리 지점의 수평면 조도는?

① 약 179 lx
② 약 200 lx
③ 약 358 lx
④ 약 447 lx

해설

$$E=\frac{I}{d^2}\cdot\cos\theta$$
$$=\frac{2,000}{5}\times\frac{2}{\sqrt{5}}\fallingdotseq 358\text{lx}$$

답 : ③

20. 주광률에 대한 설명으로 가장 적절하지 않은 것은?

① 동일한 실이라도 실내의 측정지점에 따라 주광률은 달라진다.
② 주광률은 실외 표준 담천공 시 전천공조도에 대한 실내 작업면 조도의 백분율로 정의한다.
③ 주광률이 높을수록 인공조명 에너지 절약에 유리하다.
④ 실내 동일지점에서 외부 조도가 변하면 주광률도 변한다.

해설
④ 주광률 변함이 없어 실내조도가 변한다.

답 : ④

건축물에너지평가사

❷ 건 축 환 경 계 획

定價 30,000원

저 자 권 영 철
발행인 이 종 권

2013年 7月 29日 초 판 발 행
2014年 5月 1日 1차개정1쇄발행
2015年 3月 9日 2차개정1쇄발행
2016年 3月 14日 3차개정1쇄발행
2017年 1月 23日 4차개정1쇄발행
2018年 2月 6日 5차개정1쇄발행
2019年 3月 12日 6차개정1쇄발행
2020年 3月 11日 7차개정1쇄발행
2021年 3月 24日 8차개정1쇄발행
2023年 4月 12日 9차개정1쇄발행
2024年 9月 26日 10차개정1쇄발행

發行處 (주) 한솔아카데미

(우)06775 서울시 서초구 마방로10길 25 트윈타워 A동 2002호
TEL : (02)575-6144/5 FAX : (02)529-1130
〈1998. 2. 19 登錄 第16-1608號〉

※ 본 교재의 내용 중에서 오타, 오류 등은 발견되는 대로 한솔아카데미 인터넷 홈페이지를 통해 공지하여 드리며 보다 완벽한 교재를 위해 끊임없이 최선의 노력을 다하겠습니다.

※ 파본은 구입하신 서점에서 교환해 드립니다.

www.inup.co.kr / www.bestbook.co.kr

ISBN 979-11-6654-561-0 13540